Hilbert 型不等式的理论与应用

（下册）

洪勇　和炳　著

科学出版社

北　京

内 容 简 介

本书利用权系数方法、实分析技巧以及特殊函数的理论, 系统地讨论了 Hilbert 型不等式, 不仅讨论了若干具体核的情形, 更从一般理论上讨论了各类抽象核的 Hilbert 型不等式最佳常数因子的参数搭配问题, 进而讨论了构建 Hilbert 型不等式的充分必要条件, 陈述了 Hilbert 型不等式的最新理论成果, 为探讨有界积分算子和离散算子的构建及算子范数的计算提供了方法.

本书上册主要探讨低维的 Hilbert 型不等式及应用, 由于针对各式各样的核陈述了大量的 Hilbert 型不等式, 因此读者可以从本书中方便地查到目前散见于各文献中的结果. 下册以讨论高维 Hilbert 型不等式为主, 把低维结果推广到高维情形.

阅读本书需要具备实分析、泛函分析、算子理论及特殊函数的基本知识. 本书可作为相关方向的研究生参考书, 也可供对解析不等式感兴趣的本科生及数学爱好者阅读参考.

图书在版编目 (CIP) 数据

Hilbert 型不等式的理论与应用. 下册/洪勇, 和炳著.—北京: 科学出版社, 2023.1
  ISBN 978-7-03-074228-5

Ⅰ.①H⋯ Ⅱ.①洪⋯ ②和⋯ Ⅲ.①不等式 Ⅳ.①O178

中国版本图书馆 CIP 数据核字 (2022) 第 235641 号

责任编辑: 李　欣　孙翠勤/责任校对: 杨聪敏
责任印制: 吴兆东/封面设计: 无极书装

科学出版社 出版
北京东黄城根北街 16 号
邮政编码: 100717
http://www.sciencep.com

北京中石油彩色印刷有限责任公司 印刷
科学出版社发行　各地新华书店经销
*
2023 年 1 月第 一 版　开本: 720 × 1000　1/16
2024 年 1 月第二次印刷　印张: 18 1/4
字数: 367 000
定价: 138.00 元
(如有印装质量问题, 我社负责调换)

作 者 简 介

洪勇，男，1959年10月生，云南省昭通市人，北京师范大学理学硕士，曾任广东财经大学二级教授、数学与统计学院院长，现为广州华商学院特聘岗教授、数字经济研究院院长，曾先后担任全国不等式研究会副理事长、全国经济数学与管理数学学会副理事长、广东省数学学会理事、广州市工业与应用数学学会常务理事、广东省本科高校数学类专业教学指导委员会委员、广东财经大学学术委员会理工分委员会主任，在调和分析、泛函分析、函数逼近论、抽象代数及模糊数学等领域都做出过一定贡献，特别是在 Hilbert 算子及其不等式的研究方面取得了许多国内外领先的成果，现已在国内外学术期刊发表论文 200 余篇，其中 60 余篇被 SCI 收录，30 余篇发表在《中国科学》、《数学学报》和《数学年刊》等国内学术期刊上，主持和参与完成国家及省部级课题 8 项，出版专著三部.

和炳，男，1980 年生，广东省信宜人，广东第二师范学院副教授，中山大学博士，美国《数学评论》评论员，从事微分方程、算子理论与解析不等式的研究，已在国内外学术期刊发表学术论文 30 余篇，其中在 *Math Ineq & Appl* 及《数学学报》等 SCI 或其他期刊发表论文 10 余篇，参与国家及省部级课题 3 项，参与出版专著 1 部.

序

2001 年，《数学学报 (中文版)》(第 4 期) 发表了当时在海南师范大学任教的洪勇教授的一篇关于多重 Hardy-Hilbert 积分不等式的研究论文, 该文引入独立参量, 推广了经典的多重 Hardy-Hilbert 积分不等式. 我阅读了该文, 觉得文章很有新意, 略不足的是该文未能证明常数因子的最佳性. 有鉴于此, 2003 年, 我在《数学年刊 (A)》(第 6 期) 发表论文, 补上了这一证明, 并改进了该文的结果. 此后, 我与洪勇教授建立了通讯联系, 后来, 他调到广东商学院 (现更名为广东财经大学) 工作, 我们之间的学术交往就更为紧密了. 2006 年, 他在国际期刊发表了关于多维 Hilbert 型积分不等式的原创性研究论文, 推广了经典的 Hardy-Hilbert 积分不等式. 我当即邀请他到学院讲学, 组织讨论班学员学习他的这一创新思想成果. 2016 年, 洪勇教授在《数学年刊 (A)》(第 3 期) 发表了关于一般离散 Hilbert 型不等式最佳常数因子联系多参数的等价描述的论文; 2017 年, 他在国内核心期刊《吉林大学学报 (理)》(第 2 期) 发表了关于 Hilbert 型积分不等式存在的联系参数的等价条件, 引来学术界的强烈关注. 这期间, 我鼓励他写作专著, 系统介绍自己的研究成果, 他欣然接受了我的意见. 印象中, 他是一个勤于思考、富于创新精神且对数学研究充满热情的学者. 二十多年来, 他在 Hilbert 型不等式的理论探索中, 贡献了不少重要的原创成果.

关于 Hilbert 型不等式, 其创立及发展至今才一百来年. 1908 年, 德国著名数学家 D. Hilbert 发表了以他名字命名的 Hilbert 不等式, 该不等式不含参数, 结构简洁、优美且理论内涵丰富. 1924 年, 英国数学家 G. H. Hardy 及 M. Riesz 引入一对共轭指数 (p, q), 推广了 Hilbert 不等式, 史称 Hardy-Hilbert 不等式. 1934 年, Hardy 等出版专著 *Inequalities*, 系统介绍了多类 -1 齐次核 Hardy-Hilbert 型不等式的理论成果, 但大部分都没给出证明. 此后六十多年, 到 1997 年, Hardy 的这一不等式理论思想未能进一步拓展. 值得一提的是, 1991 年, 我国著名数学家徐利治教授在国内核心期刊发表了 2 篇旨在改进 Hilbert 不等式的研究论文, 首倡权系数的方法, 以建立加强型的 Hilbert 不等式及 Hardy-Hilbert 不等式. 1992 年, 高明哲教授发表论文, 改进了徐利治的第一篇论文关于加强型 Hilbert 不等式的成果; 1997 年, 我与高明哲合作, 在《数学进展》(第 4 期) 发表论文, 求出了加强型 Hardy-Hilbert 不等式的最佳内常数. 然上述工作并没有超越 -1 齐次核的理论框架. 1998 年, 我在国外 SCI 数学期刊 (JMAA) 上发表论文, 引入独立参量及 Beta 函数, 推广了 Hilbert 积分不等式; 2004 年至 2006 年, 我引入另一对共轭指数, 辅以独立参数, 成功推广了 Hardy-Hilbert 不等式, 并用算子理论刻画了新的 Hilbert 型不等式, 解决了最佳推广式的唯一性及抽象化表示问题. 这一时期, 洪勇教授自创一套新的符号体系, 也进行了类似的工作. 2009 年, 科学出版社出版了我的专著:《算子范数与 Hilbert 型不等式》, 该书系统介绍我及研究团队 10 多年来的新成果及参量化思想方法. 随着研究的不断深入, 含 12 个门类的 Hilbert 型不等式得到进一步的拓展应用. 2013 年,《科技日报》发文, 称我们团队的这一创新成果为 Yang-Hilbert 型不等式理论, 以区别 1934 年创立的 -1 齐次核 Hardy-Hilbert 型不等式理论. 2016 年和 2017 年, 洪勇教授发表了多篇论文, 解决了多类 Hilbert 型不等式的逆问题, 即 Hilbert 型不等式联系最佳常数因子与多参量的等价描述及 Hilbert 型不等式存在的联系参数的等价描述等问题, 从而使 Hilbert 型不等式的理论研究跃升到一个新的思想高度.

　　经历了 3 年多的笔耕探索, 洪勇教授的新作《Hilbert 型不等式的理论与应用》终于印行. 作者由特殊到一般, 阐述了 Hilbert 型不等式的构造特征及其全方位、多角度的理论应用, 其内容丰富多彩, 为 Hilbert 型不等式的理论研究树立了一个新的里程碑. 殷切期望这一创新力作能提升国内学者对 Hilbert 型不等式的理论探索水平, 使这一属于中国学派的学术研究思想在国际上发扬光大!

杨必成

2021 年 12 月于广东第二师范学院

前　言

关于数学不等式, 目前已经形成了一个专门的研究领域, 国内外不仅出版了许多的不等式专著, 而且有若干的不等式专门期刊, 每年都有数以百计的各学科不等式研究成果发表, 最有影响的专著当属 Hardy、Littlewood 和 Polya 的 *Inequalities* (1934) 以及 Marshall 和 Olkin 的 *Inequalities: Theory of Majorization and Its Application* (1979), 我国学者匡继昌教授收集了 5000 多个数学不等式所著的《常用不等式》也有广泛的影响.

1908 年, 20 世纪最伟大的数学家之一 D.Hilbert 发表了一个结构非常优美的不等式, 被人们称为 Hilbert 不等式, Hilbert 不等式由于与奇异积分算子和序列算子具有本质的深刻联系, 因此受到广泛的关注. 之后, 经过 Hardy 等数学家的不断努力, 这个经典的 Hilbert 不等式至今已发展成为内容丰富门类众多的 Hilbert 型不等式理论体系, 并在算子研究中获得广泛应用. 在 Hilbert 型不等式研究中做出过重要贡献的有以数学家 J. E. Mitrinovic 和 J. Pecaric 等为代表的一批国外学者和国内的徐利治、杨必成、洪勇、匡继昌和赵长建等专家教授. 回顾 Hilbert 型不等式 100 余年的研究历程, 可以看到前面近 80 年的研究进程是很缓慢的, 其原因之一在于 Hilbert 和 Hardy 所使用的研究方法虽然极富技巧性, 但缺乏普遍意义, 很难使用该方法获得更新更大的成果, 因此仅能在不等式的改进和加强等方面做一些工作. 近 30 年来 Hilbert 型不等式的研究之所以能取得迅猛的发展, 在多个方面取得实质性成就, 我们认为主要有三个具有重要意义的突破.

(1) 我国著名数学家徐利治先生在 1991 年的一篇论文中创立了权函数方法, 这一方法为 Hilbert 型不等式的深入研究奠定了基础, 成为讨论 Hilbert 型不等式的基本方法, 极大地促进 Hilbert 型不等式的研究.

(2) 杨必成教授在精心分析了经典 Hilbert 不等式的结构后, 发现 "-1 阶齐次" 是其核函数的本质特征, 因而引入独立参数 λ, 考虑 λ 阶的齐次核, 沿着这种思维研究下去, 利用权函数方法, 引入适当的搭配参数, 得到了各种各样具有齐次核的 Hilbert 型不等式, 并证明了常数因子的最佳性. 独立参数的引入开启了 Hilbert 型不等式研究的新阶段, 国内外重要期刊随后发表了大量的相关文献, 其间杨必成教授对当初的研究成果进行了总结, 完成了第一部关于 Hilbert 型不等式的研究专著《算子范数与 Hilbert 型不等式》(2009, 科学出版社).

(3) 洪勇教授基于对大量文献的分析研究, 在《数学年刊》(2016) 等权威期刊上发表论文, 首次讨论了最佳搭配参数问题, 得到了齐次核 Hilbert 型不等式最佳搭配参数的充分必要条件, 消除了最佳搭配参数的神秘性, 从理论上较为完善地解决了 Hilbert 型不等式的一个重要理论问题, 随后将其结果推广到广义齐次核和若干非齐次核的情形. 之后不久, 洪勇又考虑了 Hilbert 型不等式的结构问题, 换言之, 就是要讨论在什么条件下才能构造出有界的 Hilbert 型算子并获得其算子范数的表达公式. 最终, 这些问题均获得了较为圆满的解决.

得益于上述三类问题的解决, Hilbert 型不等式目前已发展形成了系统的理论体系, 并进一步向高维方向发展. 本书汇集了作者近 20 年在 Hilbert 型不等式及其应用方面的主要研究成果及部分参考文献的相关结果, 不仅呈现了较为完整的理论体系, 而且展现了 Hilbert 型不等式从具体到抽象、从齐次核到非齐次核、从特殊到一般、从微观研究到宏观讨论以及从低维到高维的研究历程. 为了方便读者能够更好地阅读本书, 我们在第 1 章中对所需具备的基础知识及权函数方法的基本思想等都作了详细介绍. 本书分为上、下两册, 上册主要介绍低维 Hilbert 型不等式基本理论及其在算子研究中的应用. 下册则主要讨论高维情形的 Hilbert 型不等式.

值得指出的是, 本书从理论体系到符号系统都有别于其他相关专著, 从一个全新的角度和视野陈述 Hilbert 型不等式理论, 希望读者能够从本书中获得截然不同的感受与收获.

感谢广州华商学院全额资助了本书的出版, 感谢广州华商学院及各部门领导的关怀和指导, 也感谢广大同仁特别是杨必成教授的鼓励与支持. 从本书的撰写到出版历时 3 年, 其间我的夫人钟晓梅女士承担了绝大部分的家务劳动, 女儿洪虹也给予了很多的支持, 是她们的付出才使得本书的撰写工作顺利完成. 最后还要感谢科学出版社的李欣编辑, 是她对工作的认真负责促进了本书的顺利出版.

本书中部分引用了相关文献的结果, 对其作者在此一并致谢.

限于本人的水平与能力, 书中疏漏在所难免, 恳请读者不吝赐教.

洪　勇

2021 年 10 月 11 日于广州华商学院

目　　录

第 6 章　构建 Hilbert 型不等式的参数条件

在第 5 章中, 我们已讨论了如何选取适配数 a, b, 利用权系数方法获得具有最佳常数因子的 Hilbert 型不等式, 得到了判定其最佳常数因子的判别方法, 由此我们得到了求相应奇异积分算子和级数算子的算子范数公式.

本章中我们将更进一步地探讨如何去构建 Hilbert 型不等式. 由此得到相应的奇异积分算子和级数算子有界的判定方法. 设非负可测函数 $K(x, y)$ 与参数 λ_1, $\lambda_2, \cdots, \lambda_k$ 相联系, 则 Hilbert 型积分不等式

$$\int_0^{+\infty} \int_0^{+\infty} K(x, y) f(x) g(y) \,\mathrm{d}x\mathrm{d}y \leqslant M \|f\|_{p,\alpha} \|g\|_{q,\beta} \tag{6.0.1}$$

中就涉及参数 $p, q, \alpha, \beta, \lambda_1, \cdots, \lambda_k$, 当这些参数满足什么条件时, 存在常数 $M > 0$, 使 $\forall f(x) \in L_p^\alpha(0, +\infty)$, $g(y) \in L_q^\beta(0, +\infty)$, 有 (6.0.1) 式成立? 定义奇异积分算子 T:

$$T(f)(y) = \int_0^{+\infty} K(x, y) f(x) \,\mathrm{d}x, \quad f(x) \in L_p^\alpha(0, +\infty).$$

若 $\dfrac{1}{p} + \dfrac{1}{q} = 1 \, (p > 1)$, 则 (6.0.1) 式等价于

$$\|T(f)\|_{p,\beta(1-p)} \leqslant M \|f\|_{p,\alpha}, \tag{6.0.2}$$

于是问题化为: 当参数 $p, q, \alpha, \beta, \lambda_1, \cdots, \lambda_k$ 满足什么条件时, T 是从 $L_p^\alpha(0, +\infty)$ 到 $L_p^{\beta(1-p)}(0, +\infty)$ 的有界算子? 进一步, 我们也将研究当 (6.0.2) 式成立时, 如何求出 T 的算子范数.

6.1　构建 Hilbert 型积分不等式的参数条件

6.1.1　齐次核的 Hilbert 型积分不等式的构建条件

引理 6.1.1　设 $\dfrac{1}{p} + \dfrac{1}{q} = 1 \, (p > 1)$, $\dfrac{\alpha}{p} + \dfrac{\beta}{q} = \lambda + 1$, $K(x, y)$ 是 λ 阶齐次函数, 记

$$W_1(\beta, q) = \int_0^{+\infty} K(1, t) t^{-\frac{\beta+1}{q}} \mathrm{d}t, \quad W_2(\alpha, p) = \int_0^{+\infty} K(t, 1) t^{-\frac{\alpha+1}{p}} \mathrm{d}t,$$

则 $W_1(\beta, q) = W_2(\alpha, p)$, 且

$$\omega_1(\beta, q, x) = \int_0^{+\infty} K(x, y) y^{-\frac{\beta+1}{q}} \mathrm{d}y = x^{\lambda - \frac{\beta}{q} + \frac{1}{p}} W_1(\beta, q),$$

$$\omega_2(\alpha, p, y) = \int_0^{+\infty} K(x, y) x^{-\frac{\alpha+1}{p}} \mathrm{d}x = y^{\lambda - \frac{\alpha}{p} + \frac{1}{q}} W_2(\alpha, p).$$

证明　由于 $\dfrac{\alpha}{p} + \dfrac{\beta}{q} = \lambda + 1$, 故 $\dfrac{\beta}{q} + \dfrac{1}{q} - \lambda - 2 = -\dfrac{\alpha+1}{p}$. 于是

$$W_1(\beta, q) = \int_0^{+\infty} K\left(\frac{1}{t}, 1\right) t^{\lambda - \frac{\beta+1}{q}} \mathrm{d}t = \int_0^{+\infty} K(u, 1) u^{\frac{\beta}{q} + \frac{1}{q} - \lambda - 2} \mathrm{d}u$$

$$= \int_0^{+\infty} K(t, 1) t^{-\frac{\alpha+1}{p}} \mathrm{d}t = W_2(\alpha, p).$$

作变换 $y = xt$, 有

$$\omega_1(\beta, q, x) = \int_0^{+\infty} K\left(1, \frac{y}{x}\right) y^{-\frac{\beta+1}{q}} x^{\lambda} \mathrm{d}y = x^{\lambda+1} \int_0^{+\infty} K(1, t)(xt)^{-\frac{\beta}{q} - 1} \mathrm{d}t$$

$$= x^{\lambda + 1 - \frac{\beta}{q} - \frac{1}{q}} \int_0^{+\infty} K(1, t) t^{-\frac{\beta+1}{q}} \mathrm{d}t = x^{\lambda - \frac{\beta}{q} + \frac{1}{p}} W_1(\beta, q).$$

同理可证 $\omega_2(\alpha, p, y) = y^{\lambda - \frac{\alpha}{p} + \frac{1}{q}} W_2(\alpha, p)$. 证毕.

定理 6.1.1　设 $\dfrac{1}{p} + \dfrac{1}{q} = 1 \ (p > 1)$, $\lambda, \alpha, \beta \in \mathbb{R}$, $K(x, y)$ 是 λ 阶齐次非负可测函数, $\displaystyle\int_0^{+\infty} K(t, 1) t^{-(\alpha+1)/p} \mathrm{d}t$ 收敛, 则

(i) 当且仅当 $\dfrac{\alpha}{p} + \dfrac{\beta}{q} = \lambda + 1$ 时, 存在常数 $M > 0$, 使 $\forall f(x) \in L_p^{\alpha}(0, +\infty)$, $g(y) \in L_q^{\beta}(0, +\infty)$ 时, 有

$$\int_0^{+\infty} \int_0^{+\infty} K(x, y) f(x) g(y) \mathrm{d}x \mathrm{d}y \leqslant M \|f\|_{p,\alpha} \|g\|_{q,\beta}. \tag{6.1.1}$$

(ii) 当 $\dfrac{\alpha}{p} + \dfrac{\beta}{q} = \lambda + 1$ 时, (6.1.1) 式的最佳常数因子为

$$\inf M = \int_0^{+\infty} K(t, 1) t^{-\frac{\alpha+1}{p}} \mathrm{d}t. \tag{6.1.2}$$

证明 (i) 设 (6.1.1) 式成立. 记 $\dfrac{\alpha}{p}+\dfrac{\beta}{q}-(\lambda+1)=c$. 若 $c>0$, 对 $0<\varepsilon<c$, 取

$$f(x)=\begin{cases} x^{(-\alpha-1+\varepsilon)/p}, & 0<x\leqslant 1,\\ 0, & x>1,\end{cases} \qquad g(y)=\begin{cases} y^{(-\beta-1+\varepsilon)/q}, & 0<y\leqslant 1,\\ 0, & y>1.\end{cases}$$

则有

$$\|f\|_{p,\alpha}\,\|g\|_{q,\beta}=\int_0^1 t^{-1+\varepsilon}\mathrm{d}t=\frac{1}{\varepsilon},$$

$$\int_0^{+\infty}\int_0^{+\infty}K(x,y)f(x)g(y)\,\mathrm{d}x\mathrm{d}y$$

$$=\int_0^1 y^{-\frac{\beta}{q}-\frac{1}{q}+\frac{\varepsilon}{q}}\left(\int_0^1 K(x,y)x^{-\frac{\alpha}{p}-\frac{1}{p}+\frac{\varepsilon}{p}}\mathrm{d}x\right)\mathrm{d}y$$

$$=\int_0^1 y^{-\frac{\beta}{q}-\frac{1}{q}+\frac{\varepsilon}{q}+1+\lambda-\frac{\alpha}{p}-\frac{1}{p}+\frac{\varepsilon}{p}}\left(\int_0^{\frac{1}{y}} K(t,1)\,t^{-\frac{\alpha+1}{p}+\frac{\varepsilon}{p}}\mathrm{d}t\right)\mathrm{d}y$$

$$\geqslant\int_0^1 y^{-1-c+\varepsilon}\mathrm{d}y\int_0^1 K(t,1)\,t^{-\frac{\alpha+1}{p}+\frac{\varepsilon}{p}}\mathrm{d}t.$$

于是可得

$$\int_0^1 y^{-1-c+\varepsilon}\mathrm{d}y\int_0^1 K(t,1)\,t^{-\frac{\alpha+1}{p}+\frac{\varepsilon}{p}}\mathrm{d}t\leqslant\frac{1}{\varepsilon}M<+\infty.$$

由于 $c>0$, 故 $\displaystyle\int_0^1 y^{-1-c+\varepsilon}\mathrm{d}y=+\infty$, 这与上式矛盾, 从而 $c>0$ 不成立.

若 $c<0$, 对 $0<\varepsilon<-c$, 取

$$f(x)=\begin{cases} x^{(-\alpha-1-\varepsilon)/p}, & x\geqslant 1,\\ 0, & 0<x<1,\end{cases} \qquad g(y)=\begin{cases} y^{(-\beta-1-\varepsilon)/\beta}, & y\geqslant 1,\\ 0, & 0<y<1.\end{cases}$$

类似地可得

$$\int_1^{+\infty} y^{-1-c-\varepsilon}\mathrm{d}y\int_1^{+\infty} K(t,1)\,t^{-\frac{\alpha+1}{p}-\frac{\varepsilon}{p}}\mathrm{d}t\leqslant\frac{1}{\varepsilon}M<+\infty.$$

由于 $c<0$, $0<\varepsilon<-c$, 故 $\displaystyle\int_1^{+\infty} y^{-1-c-\varepsilon}\mathrm{d}y=+\infty$, 这与上式矛盾, 故 $c<0$ 也不能成立.

综上可得 $c = 0$, 即 $\dfrac{\alpha}{p} + \dfrac{\beta}{q} = \lambda + 1$.

反之, 设 $\dfrac{\alpha}{p} + \dfrac{\beta}{q} = \lambda + 1$. 记 $a = \dfrac{\alpha}{pq} + \dfrac{1}{pq}$, $b = \dfrac{\beta}{pq} + \dfrac{1}{pq}$, 根据 Hölder 不等式
及引理 6.6.1, 有

$$
\int_0^{+\infty} \int_0^{+\infty} K(x,y) f(x) g(y) \,\mathrm{d}x\mathrm{d}y
$$

$$
= \int_0^{+\infty} \int_0^{+\infty} \left(f(x) \frac{x^a}{y^b} \right) \left(g(y) \frac{y^b}{x^a} \right) K(x,y) \mathrm{d}x\mathrm{d}y
$$

$$
\leqslant \left(\int_0^{+\infty} \int_0^{+\infty} x^{ap} f^p(x) y^{-bp} K(x,y)\mathrm{d}x\mathrm{d}y \right)^{\frac{1}{p}}
$$

$$
\times \left(\int_0^{+\infty} \int_0^{+\infty} y^{bq} g^q(y) x^{-aq} K(x,y)\mathrm{d}x\mathrm{d}y \right)^{\frac{1}{q}}
$$

$$
= \left(\int_0^{+\infty} x^{ap} f^p(x) \omega_1(\beta, q, x) \,\mathrm{d}x \right)^{\frac{1}{p}} \left(\int_0^{+\infty} y^{bq} g^q(y) \omega_2(\alpha, p, y) \,\mathrm{d}y \right)^{\frac{1}{q}}
$$

$$
= W_1^{\frac{1}{p}}(\beta, q) W_2^{\frac{1}{q}}(\alpha, p) \left(\int_0^{+\infty} x^{\alpha} f^p(x) \,\mathrm{d}x \right)^{\frac{1}{p}} \left(\int_0^{+\infty} y^{\beta} g^q(y) \,\mathrm{d}y \right)^{\frac{1}{q}}
$$

$$
= W_2(\alpha, p) \|f\|_{p,\alpha} \|g\|_{q,\beta} .
$$

任取 $M \geqslant W_2(\alpha, p) = \displaystyle\int_0^{+\infty} K(t,1) t^{-(\alpha+1)/p}\mathrm{d}t$, (6.6.1) 式都成立.

(ii) 若 (6.1.2) 式不成立, 则存在常数 $M_0 < \displaystyle\int_0^{+\infty} K(t,1) t^{-(\alpha+1)/p}\mathrm{d}t$, 使得用
M_0 代替 (6.1.1) 式中的 M 后, (6.1.1) 式仍成立.

对充分小的 $\varepsilon > 0$ 及 $\delta > 0$, 取

$$
f(x) = \begin{cases} x^{(-\alpha-1-\varepsilon)/p}, & x \geqslant \delta, \\ 0, & 0 < x < \delta, \end{cases} \qquad g(y) = \begin{cases} y^{(-\beta-1-\varepsilon)/q}, & y \geqslant 1, \\ 0, & 0 < y < 1. \end{cases}
$$

则有

$$
\|f\|_{p,\alpha} \|g\|_{q,\beta} = \left(\int_\delta^{+\infty} x^{-1-\varepsilon}\mathrm{d}x \right)^{\frac{1}{p}} \left(\int_1^{+\infty} y^{-1-\varepsilon}\mathrm{d}y \right)^{\frac{1}{q}} = \frac{1}{\varepsilon} \delta^{-\frac{\varepsilon}{p}},
$$

同时有

$$\int_0^{+\infty} \int_0^{+\infty} K(x,y) f(x) g(y) \, \mathrm{d}x \mathrm{d}y$$

$$= \int_1^{+\infty} y^{-\frac{\beta}{q}-\frac{1}{q}-\frac{\varepsilon}{q}} \left(\int_\delta^{+\infty} K(x,y) x^{-\frac{\alpha}{p}-\frac{1}{p}-\frac{\varepsilon}{p}} \mathrm{d}x \right) \mathrm{d}y$$

$$= \int_1^{+\infty} y^{-1-\varepsilon} \left(\int_{\delta/y}^{+\infty} K(t,1) t^{-\frac{\alpha+1}{p}-\frac{\varepsilon}{p}} \mathrm{d}t \right) \mathrm{d}y$$

$$\geqslant \int_1^{+\infty} y^{-1-\varepsilon} \mathrm{d}y \int_\delta^{+\infty} K(t,1) t^{-\frac{\alpha+1}{p}-\frac{\varepsilon}{p}} \mathrm{d}t$$

$$= \frac{1}{\varepsilon} \int_\delta^{+\infty} K(t,1) t^{-\frac{\alpha+1}{p}-\frac{\varepsilon}{p}} \mathrm{d}t.$$

从而可得

$$\int_\delta^{+\infty} K(t,1) t^{-\frac{\alpha+1}{p}-\frac{\varepsilon}{p}} \mathrm{d}t \leqslant M_0 \delta^{-\frac{\varepsilon}{p}}.$$

令 $\varepsilon \to 0^+$ 后, 再令 $\delta \to 0^+$, 得 $\int_0^{+\infty} K(t,1) t^{-(\alpha+1)/p} \mathrm{d}t \leqslant M_0$, 这与假设相矛盾. 故 $\inf M = \int_0^{+\infty} K(t,1) t^{-(\alpha+1)/p} \mathrm{d}t$. 证毕.

注 证明过程中可知, 当 (6.1.1) 式成立时, 不论 $\int_0^{+\infty} K(t,1) t^{-(\alpha+1)/p} \mathrm{d}t$ 是否收敛, 都可得到 $\frac{\alpha}{p} + \frac{\beta}{q} = \lambda + 1$.

例 6.1.1 设 $\frac{1}{p} + \frac{1}{q} = 1$ $(p > 1)$, $\frac{\alpha}{p} + \frac{\beta}{q} + 1 = 0$, $f(x) \in L_p^\alpha (0, +\infty)$, $g(y) \in L_q^\beta (0, +\infty)$, $-1 < \alpha < p-1$, $a > b > 0$, 求证:

$$\int_0^{+\infty} \int_0^{+\infty} \frac{f(x) g(y)}{(x+ay)(x+by)} \mathrm{d}x \mathrm{d}y$$

$$\leqslant \left(\frac{a^{-(\alpha+1)/p}}{b-a} + \frac{b^{-(\alpha+1)/p}}{a-b} \right) B\left(\frac{\alpha+1}{p}, 1-\frac{\alpha+1}{p} \right) \|f\|_{p,\alpha} \|g\|_{q,\beta}, \quad (6.1.3)$$

其中的常数因子是最佳的. 并讨论是否存在常数 $M > 0$, 使

$$\int_0^{+\infty} \int_0^{+\infty} \frac{f(x) g(y)}{(x+ay)(x+by)} \mathrm{d}x \mathrm{d}y \leqslant M \|f\|_p \|g\|_q. \quad (6.1.4)$$

证明 记 $K(x,y) = 1/[(x+ay)(x+by)]$, 则 $K(x,y)$ 是 -2 阶齐次函数. 因为 $\frac{\alpha}{p} + \frac{\beta}{q} + 1 = 0$, 故 $\frac{\alpha}{p} + \frac{\beta}{q} = -2 + 1$.

由于 $-1 < \alpha < p-1$, 故 $\dfrac{\alpha+1}{p} > 0$, $1 - \dfrac{\alpha+1}{p} > 0$, 于是

$$
\begin{aligned}
\int_0^{+\infty} K(t,1)\, t^{-\frac{\alpha+1}{p}} \mathrm{d}t &= \int_0^{+\infty} \frac{1}{(t+a)(t+b)} t^{-\frac{\alpha+1}{p}} \mathrm{d}t \\
&= \frac{1}{b-a} \int_0^{+\infty} \frac{1}{t+a} t^{-\frac{\alpha+1}{p}} \mathrm{d}t + \frac{1}{a-b} \int_0^{+\infty} \frac{1}{t+b} t^{-\frac{\alpha+1}{p}} \mathrm{d}t \\
&= \left(\frac{a^{-(\alpha+1)/p}}{b-a} + \frac{b^{-(\alpha+1)/p}}{a-b} \right) \int_0^{+\infty} \frac{1}{1+u} u^{-\frac{\alpha+1}{p}} \mathrm{d}u \\
&= \left(\frac{a^{-(\alpha+1)/p}}{b-a} + \frac{b^{-(\alpha+1)/p}}{a-b} \right) B\left(1 - \frac{\alpha+1}{p}, \frac{\alpha+1}{p} \right).
\end{aligned}
$$

根据定理 6.1.1, (6.1.3) 式成立, 且常数因子是最佳的.

因为 (6.1.4) 式中的 $\alpha = \beta = 0$, 不满足 $\dfrac{\alpha}{p} + \dfrac{\beta}{q} = -2+1 = -1$, 故根据定理 6.1.1, 不存在常数 $M > 0$, 使 (6.1.4) 式成立. 证毕.

例 6.1.2　设 $\dfrac{1}{p} + \dfrac{1}{q} = 1$ $(p>1)$, $\dfrac{\alpha}{p} + \dfrac{\beta}{q} = \sigma - \lambda + 1$, $\sigma > -1$, $(p-1) - p(\lambda - \sigma) < \alpha < p-1$, $f(x) \in L_p^\alpha(0,+\infty)$, $g(y) \in L_q^\beta(0,+\infty)$, 求证:

$$
\int_0^{+\infty}\int_0^{+\infty} \frac{|x-y|^\sigma}{\max\{x^\lambda, y^\lambda\}} f(x) g(y)\,\mathrm{d}x\mathrm{d}y \leqslant M_0 \|f\|_{p,\alpha} \|g\|_{q,\beta}, \tag{6.1.5}
$$

其中的常数因子 $M_0 = B\left(\sigma+1, 1 - \dfrac{\alpha+1}{p} \right) + B\left(\sigma+1, \lambda-\sigma+\dfrac{\alpha+1}{p} - 1 \right)$ 是最佳的.

证明　记 $K(x,y) = |x-y|^\sigma / \max\{x^\lambda, y^\lambda\}$, 则 $K(x,y)$ 是 $\sigma - \lambda$ 阶齐次非负函数.

因为 $(p-1) - p(\lambda - \sigma) < \alpha < p-1$, 有 $1 - \dfrac{\alpha+1}{p} > 0$, $\lambda - \sigma + \dfrac{\alpha+1}{p} - 1 > 0$, 于是

$$
\begin{aligned}
\int_0^{+\infty} K(t,1)\, t^{-\frac{\alpha+1}{p}} \mathrm{d}t &= \int_0^{+\infty} \frac{|t-1|^\sigma}{\max\{t^\lambda, 1\}} t^{-\frac{\alpha+1}{p}} \mathrm{d}t \\
&= \int_0^1 (1-t)^\sigma t^{-\frac{\alpha+1}{p}} \mathrm{d}t + \int_1^{+\infty} (t-1)^\sigma t^{-\lambda - \frac{\alpha+1}{p}} \mathrm{d}t \\
&= \int_0^1 (1-t)^\sigma t^{-\frac{\alpha+1}{p}} \mathrm{d}t + \int_0^1 (1-u)^\sigma u^{\lambda - \sigma + \frac{\alpha+1}{p} - 2} \mathrm{d}u
\end{aligned}
$$

$$= B\left(\sigma + 1, 1 - \frac{\alpha + 1}{p}\right) + B\left(\sigma + 1, \lambda - \sigma + \frac{\alpha + 1}{p} - 1\right).$$

又因为 $\frac{\alpha}{p} + \frac{\beta}{q} = \sigma - \lambda + 1$, 根据定理 6.1.1, (6.1.5) 式成立, 且常数因子 M_0 是最佳的. 证毕.

若在例 6.1.2 中, 取 $\alpha = \beta = 0$, 则根据定理 6.1.1, 可得:

例 6.1.3 设 $\frac{1}{p} + \frac{1}{q} = 1 \ (p > 1)$, $\sigma > -1$, $\lambda > \sigma + \frac{1}{q}$, $f(x) \in L_p(0, +\infty)$, $g(y) \in L_q(0, +\infty)$, 则当 $\lambda = \sigma + 1$ 时, 有

$$\int_0^{+\infty} \int_0^{+\infty} \frac{|x - y|^\sigma}{\max\{x^\lambda, y^\lambda\}} f(x) g(y) \,\mathrm{d}x\mathrm{d}y$$
$$\leqslant \left[B\left(\sigma + 1, \frac{1}{q}\right) + B\left(\sigma + 1, \lambda - \sigma - \frac{1}{q}\right) \right] \|f\|_p \|g\|_q,$$

其中的常数因子是最佳的.

例 6.1.4 设 $\frac{1}{p} + \frac{1}{q} = 1 \ (p > 1)$, $\max\left\{\frac{\alpha}{p} - \frac{1}{q}, \frac{\beta}{q} - \frac{1}{p}\right\} < \lambda < 1$, $f(x) \in L_p^\alpha(0, +\infty)$, $g(y) \in L_q^\beta(0, +\infty)$, 则当 $\frac{\alpha}{p} + \frac{\beta}{q} = 1$ 时, 有

$$\int_0^{+\infty} \int_0^{+\infty} \left(\frac{\min\{1, x/y\}}{|1 - x/y|}\right)^\lambda f(x) g(y) \,\mathrm{d}x\mathrm{d}y \leqslant M_0 \|f\|_{p,\alpha} \|g\|_{q,\beta},$$

其中 $M_0 = B\left(1 - \lambda, \lambda + \frac{1}{q} - \frac{\alpha}{p}\right) + B\left(1 - \lambda, \lambda + \frac{1}{p} - \frac{\beta}{q}\right)$ 是最佳的.

证明 设 $K(x, y) = (\min\{1, x/y\}/|1 - x/y|)^\lambda$, 则 $K(x, y)$ 是 0 阶齐次非负函数.

因为 $\max\left\{\frac{\alpha}{p} - \frac{1}{q}, \frac{\beta}{q} - \frac{1}{p}\right\} < \lambda < 1$, 故 $1 - \lambda > 0$, $\lambda + \frac{1}{q} - \frac{\alpha}{p} > 0$, $\lambda + \frac{1}{p} - \frac{\beta}{q} > 0$, 于是当 $\frac{\alpha}{p} + \frac{\beta}{q} = 1$ 时, 有

$$\int_0^{+\infty} K(t, 1) t^{-\frac{\alpha+1}{p}} \,\mathrm{d}t = \int_0^{+\infty} \left(\frac{\min\{1, t\}}{|1 - t|}\right)^\lambda t^{-\frac{\alpha+1}{p}} \,\mathrm{d}t$$
$$= \int_0^1 \frac{t^{\lambda - \frac{\alpha+1}{p}}}{(1 - t)^\lambda} \,\mathrm{d}t + \int_1^{+\infty} \frac{t^{-\frac{\alpha+1}{p}}}{(t - 1)^\lambda} \,\mathrm{d}t$$
$$= \int_0^1 (1 - t)^{-\lambda} t^{\lambda - \frac{\alpha+1}{p}} \,\mathrm{d}t + \int_0^1 (1 - u)^{-\lambda} u^{\lambda + \frac{\alpha+1}{p} - 2} \,\mathrm{d}u$$

$$= B\left(1-\lambda, \lambda+1-\frac{\alpha+1}{p}\right) + B\left(1-\lambda, \lambda-1+\frac{\alpha+1}{p}\right)$$

$$= B\left(1-\lambda, \lambda+\frac{1}{q}-\frac{\alpha}{p}\right) + B\left(1-\lambda, \lambda+\frac{1}{p}-\frac{\beta}{q}\right).$$

于是根据定理 6.1.1, 知本例结论成立. 证毕.

6.1.2　拟齐次核的 Hilbert 型积分不等式的构建条件

引理 6.1.2　设 $\frac{1}{p}+\frac{1}{q}=1$ $(p>1)$, $\lambda, \alpha, \beta \in \mathbb{R}$, $\lambda_1\lambda_2>0$, $G(u,v)$ 是 λ 阶齐次函数, $K(x,y)=G\left(x^{\lambda_1}, y^{\lambda_2}\right)$, $\frac{\lambda_2\alpha-\lambda_1}{p}+\frac{\lambda_1\beta-\lambda_2}{q}=\lambda\lambda_1\lambda_2$. 记

$$W_1(\beta,q) = \int_0^{+\infty} G\left(1, t^{\lambda_2}\right) t^{-\frac{\beta+1}{q}} dt, \quad W_2(\alpha,p) = \int_0^{+\infty} G\left(t^{\lambda_1}, 1\right) t^{-\frac{\alpha+1}{p}} dt,$$

则 $\lambda_1 W_2(\alpha,p) = \lambda_2 W_1(\beta,q)$, 且

$$\omega_1(\beta,q,x) = \int_0^{+\infty} G\left(x^{\lambda_1}, y^{\lambda_2}\right) y^{-\frac{\beta+1}{q}} dy = x^{\lambda\lambda_1 - \frac{\lambda_1}{\lambda_2}\left(\frac{\beta+1}{q}-1\right)} W_1(\beta,q),$$

$$\omega_2(\alpha,p,y) = \int_0^{+\infty} G\left(x^{\lambda_1}, y^{\lambda_2}\right) x^{-\frac{\alpha+1}{p}} dx = y^{\lambda\lambda_2 - \frac{\lambda_2}{\lambda_1}\left(\frac{\alpha+1}{p}-1\right)} W_2(\alpha,p).$$

证明　因为 $\frac{\lambda_2\alpha-\lambda_1}{p}+\frac{\lambda_1\beta-\lambda_2}{q}=\lambda\lambda_1\lambda_2$, 有 $-\frac{\lambda_1}{\lambda_2}\left(\lambda\lambda_2-\frac{\beta+1}{q}\right)-\frac{\lambda_1}{\lambda_2}-1=-\frac{\alpha+1}{p}$, 故

$$W_1(\beta,q) = \int_0^{+\infty} K(1,t) t^{-\frac{\beta+1}{q}} dt = \int_0^{+\infty} K\left(t^{-\lambda_2/\lambda_1}, 1\right) t^{\lambda\lambda_2 - \frac{\beta+1}{q}} dt$$

$$= \frac{\lambda_1}{\lambda_2} \int_0^{+\infty} K(u,1) u^{-\frac{\lambda_1}{\lambda_2}\left(\lambda\lambda_2-\frac{\beta+1}{q}\right)-\frac{\lambda_1}{\lambda_2}-1} dt$$

$$= \frac{\lambda_1}{\lambda_2} \int_0^{+\infty} K(u,1) u^{-\frac{\alpha+1}{p}} du = \frac{\lambda_1}{\lambda_2} W_2(\alpha,p),$$

于是得到 $\lambda_1 W_2(\alpha,p) = \lambda_2 W_1(\beta,q)$.

作变换 $x^{-\lambda_1/\lambda_2} y = t$, 则

$$\omega_1(\beta,q,x) = \int_0^{+\infty} K(x,y) y^{-\frac{\beta+1}{q}} dy = \int_0^{+\infty} K\left(1, x^{-\lambda_1/\lambda_2}y\right) x^{\lambda\lambda_1} y^{-\frac{\beta+1}{q}} dy$$

$$= x^{\lambda\lambda_1 - \frac{\lambda_1}{\lambda_2}\left(\frac{\beta+1}{q}-1\right)} \int_0^{+\infty} K(1,t) t^{-\frac{\beta+1}{q}} \mathrm{d}t = x^{\lambda\lambda_1 - \frac{\lambda_1}{\lambda_2}\left(\frac{\beta+1}{q}-1\right)} W_1(\beta, q).$$

类似地可证 $\omega_2(\alpha, p, y) = y^{\lambda\lambda_2 - \frac{\lambda_2}{\lambda_1}\left(\frac{\alpha+1}{p}-1\right)} W_2(\alpha, p)$. 证毕.

定理 6.1.2 设 $\frac{1}{p} + \frac{1}{q} = 1 \ (p > 1)$, $\lambda, \alpha, \beta \in \mathbb{R}$, $\lambda_1\lambda_2 > 0$, $G(u, \sigma)$ 是 λ 阶齐次非负可测函数, $K(x, y) = G(x^{\lambda_1}, y^{\lambda_2})$, 且

$$W_1(\beta, q) = \int_0^{+\infty} G(1, t^{\lambda_2}) t^{-\frac{\beta+1}{q}} \mathrm{d}t, \quad W_2(\alpha, p) = \int_0^{+\infty} G(t^{\lambda_1}, 1) t^{-\frac{\alpha+1}{p}} \mathrm{d}t$$

都收敛. 则

(i) 当且仅当 $\dfrac{\lambda_2\alpha - \lambda_1}{p} + \dfrac{\lambda_1\beta - \lambda_2}{q} = \lambda\lambda_1\lambda_2$ 时, 存在常数 $M > 0$, 使

$$\int_0^{+\infty}\int_0^{+\infty} G(x^{\lambda_1}, y^{\lambda_2}) f(x) g(y) \mathrm{d}x\mathrm{d}y \leqslant M \|f\|_{p,\alpha} \|g\|_{q,\beta}, \tag{6.1.6}$$

其中 $f(x) \in L_p^\alpha(0, +\infty)$, $g(y) \in L_q^\beta(0, +\infty)$.

(ii) 当 $\dfrac{\lambda_2\alpha - \lambda_1}{p} + \dfrac{\lambda_1\beta - \lambda_2}{q} = \lambda\lambda_1\lambda_2$ 时, (6.1.6) 式的最佳常数因子为

$$\inf M = \frac{W_0}{|\lambda_1|^{1/q} |\lambda_2|^{1/p}} \quad (W_0 = |\lambda_1| W_2(\alpha, p) = |\lambda_2| W_1(\beta, q)).$$

证明 (i) 设存在常数 $M > 0$ 使 (6.1.6) 成立, 并设 $\dfrac{\lambda_2\alpha - \lambda_1}{p} + \dfrac{\lambda_1\beta - \lambda_2}{q} - \lambda\lambda_1\lambda_2 = c$.

若 $\dfrac{c}{\lambda_2} > 0$, 对于 $0 < \varepsilon < \dfrac{c}{|\lambda_1|\lambda_2}$, 取

$$f(x) = \begin{cases} x^{(-\alpha-1+|\lambda_2|\varepsilon)/p}, & 0 < x \leqslant 1, \\ 0, & x > 1, \end{cases} \qquad g(y) = \begin{cases} y^{(-\beta-1+|\lambda_2|\varepsilon)/q}, & 0 < y \leqslant 1, \\ 0, & y > 1. \end{cases}$$

则计算可得

$$\|f\|_{p,\alpha} \|g\|_{q,\beta} = \left(\int_0^1 x^{-1+|\lambda_1|\varepsilon}\mathrm{d}x\right)^{\frac{1}{p}} \left(\int_0^1 y^{-1+|\lambda_2|\varepsilon}\mathrm{d}y\right)^{\frac{1}{q}} = \frac{1}{\varepsilon |\lambda_1|^{1/p} |\lambda_2|^{1/q}},$$

$$\int_0^{+\infty}\int_0^{+\infty} G(x^{\lambda_1}, y^{\lambda_2}) f(x) g(y) \,\mathrm{d}x\mathrm{d}y = \int_0^{+\infty}\int_0^{+\infty} K(x, y) f(x) g(y) \mathrm{d}x\mathrm{d}y$$

$$= \int_0^1 x^{\frac{-\alpha-1+|\lambda_1|\varepsilon}{p}} \left(\int_0^1 K(x, y) y^{\frac{-\beta-1+|\lambda_2|\varepsilon}{q}} \mathrm{d}y\right) \mathrm{d}x$$

$$= \int_0^1 x^{\lambda\lambda_1 + \frac{-\alpha-1+|\lambda_1|\varepsilon}{p}} \left(\int_0^1 K\left(1, x^{-\lambda_1/\lambda_2} y\right) y^{\frac{-\beta-1+|\lambda_2|\varepsilon}{q}} \mathrm{d}y \right) \mathrm{d}x$$

$$= \int_0^1 x^{-1-\frac{c}{\lambda_2}+|\lambda_1|\varepsilon} \left(\int_0^{x^{-\lambda_1/\lambda_2}} K(1,t) t^{\frac{-\beta-1+|\lambda_2|\varepsilon}{q}} \mathrm{d}t \right) \mathrm{d}x$$

$$\geqslant \int_0^1 x^{-1-\frac{c}{\lambda_2}+|\lambda_1|\varepsilon} \mathrm{d}x \int_0^1 K(1,t) t^{\frac{-\beta-1+|\lambda_2|\varepsilon}{q}} \mathrm{d}t.$$

综上得到

$$\int_0^1 x^{-1-\frac{c}{\lambda_2}+|\lambda_1|\varepsilon} \mathrm{d}x \int_0^1 K(1,t) t^{-\frac{\beta+1-|\lambda_2|\varepsilon}{q}} \mathrm{d}t \leqslant \frac{M}{\varepsilon |\lambda_1|^{1/p} |\lambda_2|^{1/q}} < +\infty.$$

因为 $0 < \varepsilon < \dfrac{c}{|\lambda_1|\lambda_2}$, 故 $\displaystyle\int_0^1 x^{-1-\frac{c}{\lambda_2}+|\lambda_1|\varepsilon} \mathrm{d}x = +\infty$, 这是一个矛盾, 故 $\dfrac{c}{\lambda_2} > 0$ 不能成立, 从而 $\dfrac{c}{\lambda_2} \leqslant 0$.

若 $\dfrac{c}{\lambda_2} < 0$, 因 $\lambda_1\lambda_2 > 0$, 故 $\dfrac{c}{\lambda_1} < 0$. 对 $0 < \varepsilon < -\dfrac{c}{\lambda_1 |\lambda_2|}$, 取

$$f(x) = \begin{cases} x^{(-\alpha-1-|\lambda_1|\varepsilon)/p}, & x \geqslant 1, \\ 0, & 0 < x < 1, \end{cases} \qquad g(y) = \begin{cases} y^{(-\beta-1-|\lambda_2|\varepsilon)/q}, & y \geqslant 1, \\ 0, & 0 < y < 1. \end{cases}$$

则

$$||f||_{p,\alpha} ||g||_{q,\beta} = \left(\int_1^{+\infty} x^{-1-|\lambda_1|\varepsilon} \mathrm{d}x \right)^{\frac{1}{p}} \left(\int_1^{+\infty} y^{-1-|\lambda_2|\varepsilon} \mathrm{d}y \right)^{\frac{1}{q}} = \frac{1}{\varepsilon |\lambda_1|^{1/p} |\lambda_2|^{1/q}},$$

$$\int_0^{+\infty} \int_0^{+\infty} G\left(x^{\lambda_1}, y^{\lambda_2}\right) f(x) g(y) \mathrm{d}x\mathrm{d}y = \int_0^{+\infty} \int_0^{+\infty} K(x,y) f(x) g(y) \mathrm{d}x\mathrm{d}y$$

$$= \int_1^{+\infty} y^{\frac{-\beta-1-|\lambda_2|\varepsilon}{q}} \left(\int_1^{+\infty} K(x,y) x^{\frac{-\alpha-1-|\lambda_1|\varepsilon}{p}} \mathrm{d}x \right) \mathrm{d}y$$

$$= \int_1^{+\infty} y^{\lambda\lambda_2 + \frac{-\beta-1-|\lambda_2|\varepsilon}{q}} \left(\int_1^{+\infty} K\left(xy^{-\lambda_2/\lambda_1}, 1\right) x^{\frac{-\alpha-1-|\lambda_1|\varepsilon}{p}} \mathrm{d}x \right) \mathrm{d}y$$

$$= \int_1^{+\infty} y^{-1-\frac{c}{\lambda_1}-|\lambda_2|\varepsilon} \left(\int_{y^{-\lambda_2/\lambda_1}}^{+\infty} K(t,1) t^{-\frac{\alpha-1-|\lambda_1|\varepsilon}{p}} \mathrm{d}t \right) \mathrm{d}y$$

$$\geqslant \int_1^{+\infty} y^{-1-\frac{c}{\lambda_1}-|\lambda_2|\varepsilon} \mathrm{d}y \int_1^{+\infty} K(t,1) t^{\frac{-\alpha-1-|\lambda_1|\varepsilon}{p}} \mathrm{d}t,$$

于是可得

$$\int_1^{+\infty} y^{-1-\frac{c}{\lambda_1}-|\lambda_2|\varepsilon}\mathrm{d}y \int_1^{+\infty} K(t,1)t^{\frac{-\alpha-1-|\lambda_1|\varepsilon}{p}}\mathrm{d}t \leqslant \frac{M}{\varepsilon |\lambda_1|^{1/p}|\lambda_2|^{1/q}} < +\infty.$$

因为 $0 < \varepsilon < -\dfrac{c}{\lambda_1|\lambda_2|}$, 故 $\displaystyle\int_1^{+\infty} y^{-1-\frac{c}{\lambda_1}-|\lambda_2|\varepsilon}\mathrm{d}y = +\infty$, 因此得到矛盾, 从而 $\dfrac{c}{\lambda_2} < 0$ 不能成立, 即 $\dfrac{c}{\lambda_2} \geqslant 0$.

综上我们得到 $\dfrac{c}{\lambda_2} = 0$, 故 $c = 0$, 即 $\dfrac{\lambda_2\alpha - \lambda_1}{p} + \dfrac{\lambda_1\beta - \lambda_2}{q} = \lambda\lambda_1\lambda_2$.

反之, 设 $\dfrac{\lambda_2\alpha - \lambda_1}{p} + \dfrac{\lambda_1\beta - \lambda_2}{q} = \lambda\lambda_1\lambda_2$. 记 $a = \dfrac{1}{pq}(\alpha+1)$, $b = \dfrac{1}{pq}(\beta+1)$.

根据 Hölder 不等式及引理 6.1.2, 有

$$\int_0^{+\infty}\int_0^{+\infty} G\left(x^{\lambda_1}, y^{\lambda_2}\right)f(x)g(y)\,\mathrm{d}x\mathrm{d}y$$

$$= \int_0^{+\infty}\int_0^{+\infty}\left(\frac{x^a}{y^b}f(x)\right)\left(\frac{y^b}{x^a}g(y)\right)G\left(x^{\lambda_1}, y^{\lambda_2}\right)\mathrm{d}x\mathrm{d}y$$

$$\leqslant \left(\int_0^{+\infty}\int_0^{+\infty}\frac{x^{ap}}{y^{bp}}f^p(x)G\left(x^{\lambda_1}, y^{\lambda_2}\right)\mathrm{d}x\mathrm{d}y\right)^{\frac{1}{p}}$$

$$\times \left(\int_0^{+\infty}\int_0^{+\infty}\frac{y^{bq}}{x^{aq}}g^q(y)G\left(x^{\lambda_1}, y^{\lambda_2}\right)\mathrm{d}x\mathrm{d}y\right)^{\frac{1}{q}}$$

$$= \left(\int_0^{+\infty} x^{\frac{\alpha+1}{q}}f^p(x)\omega_1(\beta, q, x)\,\mathrm{d}x\right)^{\frac{1}{p}}\left(\int_0^{+\infty} y^{\frac{\beta+1}{p}}g^q(y)\omega_2(\alpha, p, y)\,\mathrm{d}y\right)^{\frac{1}{q}}$$

$$= W_1^{\frac{1}{p}}(\beta, q)\,W_2^{\frac{1}{q}}(\alpha, p)\left(\int_0^{+\infty} x^{\frac{\alpha+1}{q}+\lambda\lambda_1-\frac{\lambda_1}{\lambda_2}\left(\frac{\beta+1}{q}-1\right)}f^p(x)\,\mathrm{d}x\right)^{\frac{1}{p}}$$

$$\times \left(\int_0^{+\infty} y^{\frac{\beta+1}{p}+\lambda\lambda_2-\frac{\lambda_2}{\lambda_1}\left(\frac{\alpha+1}{q}-1\right)}g^q(y)\,\mathrm{d}y\right)^{\frac{1}{q}}$$

$$= W_1^{\frac{1}{p}}(\beta, q)\,W_2^{\frac{1}{q}}(\alpha, p)\left(\int_0^{+\infty} x^\alpha f^p(x)\,\mathrm{d}x\right)^{\frac{1}{p}}\left(\int_0^{+\infty} y^\beta g^q(y)\,\mathrm{d}y\right)^{\frac{1}{q}}$$

$$= \frac{W_0}{|\lambda_1|^{1/q}|\lambda_2|^{1/p}}\|f\|_{p,\alpha}\|g\|_{q,\beta}.$$

任取 $M \geqslant W_0 / \left(|\lambda_1|^{1/q}|\lambda_2|^{1/p}\right)$, 便可得到 (6.1.6) 式.

(ii) 若 (6.1.6) 式的最佳常数因子不是 $W_0/\left(|\lambda_1|^{1/q}|\lambda_2|^{1/p}\right)$, 则由前述证明可知, 存在常数 $M_0 < W_0/\left(|\lambda_1|^{1/q}|\lambda_2|^{1/p}\right)$, 使

$$\int_0^{+\infty}\int_0^{+\infty} G\left(x^{\lambda_1}, y^{\lambda_2}\right) f(x) g(y)\mathrm{d}x\mathrm{d}y \leqslant M_0\, \|f\|_{p,\alpha}\, \|g\|_{q,\beta}\,.$$

对充分小的 $\varepsilon > 0$ 及 $\delta > 0$, 取

$$f(x) = \begin{cases} x^{(-\alpha-1-|\lambda_1|\varepsilon)/p}, & x \geqslant \delta, \\ 0, & 0 < x < \delta, \end{cases} \qquad g(y) = \begin{cases} y^{(-\beta-1-|\lambda_2|\varepsilon)/q}, & y \geqslant 1, \\ 0, & 0 < y < 1. \end{cases}$$

则有

$$\|f\|_{p,\alpha}\, \|g\|_{q,\beta} = \left(\int_\delta^{+\infty} x^{-1-|\lambda_1|\varepsilon}\mathrm{d}x\right)^{\frac{1}{p}}\left(\int_1^{+\infty} y^{-1-|\lambda_2|\varepsilon}\mathrm{d}y\right)^{\frac{1}{q}}$$

$$= \frac{1}{\varepsilon\,|\lambda_1|^{1/p}\,|\lambda_2|^{1/q}}\delta^{-\frac{|\lambda_1|\varepsilon}{p}},$$

$$\int_0^{+\infty}\int_0^{+\infty} G\left(x^{\lambda_1}, y^{\lambda_2}\right) f(x) g(y)\mathrm{d}x\mathrm{d}y$$

$$= \int_1^{+\infty} y^{-\frac{\beta+1+|\lambda_2|\varepsilon}{q}}\left(\int_\delta^{+\infty} K(x,y)x^{-\frac{\alpha+1+|\lambda_1|\varepsilon}{p}}\mathrm{d}x\right)\mathrm{d}y$$

$$= \int_1^{+\infty} y^{\lambda\lambda_2-\frac{\beta+1+|\lambda_2|\varepsilon}{q}}\left(\int_\delta^{+\infty} K\left(xy^{-\lambda_2/\lambda_1}, 1\right) x^{-\frac{\alpha+1+|\lambda_1|\varepsilon}{p}}\mathrm{d}x\right)\mathrm{d}y$$

$$= \int_1^{+\infty} y^{\lambda\lambda_2-\frac{\beta+1+|\lambda_2|\varepsilon}{q}-\frac{\lambda_2}{\lambda_1}\frac{\alpha+1+|\lambda_1|\varepsilon}{p}+\frac{\lambda_2}{\lambda_1}}\left(\int_{\delta y^{-\lambda_2/\lambda_1}}^{+\infty} K(t,1)t^{-\frac{\alpha+1+|\lambda_1|\varepsilon}{p}}\mathrm{d}t\right)\mathrm{d}y$$

$$\geqslant \int_1^{+\infty} y^{-1-|\lambda_2|\varepsilon}\mathrm{d}y \int_\delta^{+\infty} K(t,1)t^{-\frac{\alpha+1+|\lambda_1|\varepsilon}{p}}\mathrm{d}t$$

$$= \frac{1}{|\lambda_2|\varepsilon}\int_0^{+\infty} G\left(t^{\lambda_1}, 1\right) t^{-\frac{\alpha+1+|\lambda_1|\varepsilon}{p}}\mathrm{d}t.$$

综上, 我们可得

$$\frac{1}{|\lambda_2|}\int_\delta^{+\infty} G\left(t^{\lambda_1}, 1\right) t^{-\frac{\alpha+1+|\lambda_1|\varepsilon}{p}}\mathrm{d}t \leqslant \frac{M_0}{|\lambda_1|^{1/p}\,|\lambda_2|^{1/q}}\delta^{-\frac{|\lambda_1|\varepsilon}{p}},$$

先令 $\varepsilon \to 0^+$, 再令 $\delta \to 0^+$, 得

$$\frac{1}{|\lambda_2|}\int_0^{+\infty} G\left(t^{\lambda_1}, 1\right) t^{-\frac{\alpha+1}{p}}\mathrm{d}t \leqslant \frac{M_0}{|\lambda_1|^{1/p}\,|\lambda_2|^{1/q}},$$

由此可得 $W_0/\left(|\lambda_1|^{1/q}|\lambda_2|^{1/p}\right) \leqslant M_0$, 这与 $M_0 < W_0/\left(|\lambda_1|^{1/q}|\lambda_2|^{1/p}\right)$ 矛盾. 故 $W_0/\left(|\lambda_1|^{1/q}|\lambda_2|^{1/p}\right)$ 是 (6.1.6) 式的最佳常数因子. 证毕.

注 定理 6.1.2 中的参数条件 $\dfrac{\lambda_2\alpha - \lambda_1}{p} + \dfrac{\lambda_\beta - \lambda_2}{q} = \lambda\lambda_1\lambda_2$ 也常写为

$$\frac{\alpha}{\lambda_1 p} + \frac{\beta}{\lambda_2 q} = \frac{1}{\lambda_1 q} + \frac{1}{\lambda_2 p} + \lambda \text{ 或者 } \frac{\alpha}{\lambda_1 p} + \frac{\beta}{\lambda_2 q} - \left(\frac{1}{\lambda_1 q} + \frac{1}{\lambda_2 p} + \lambda\right) = 0.$$

在定理 6.1.2 中取 $\alpha = \beta = 0$, 可得:

推论 6.1.1 设 $\dfrac{1}{p} + \dfrac{1}{q} = 1 \ (p > 1)$, $\lambda \in \mathbb{R}$, $\lambda_1\lambda_2 > 0$, $G(u, v)$ 是 λ 阶齐次非负可测函数, 且

$$W_1(\lambda_2, q) = \int_0^{+\infty} G\left(1, t^{\lambda_2}\right) t^{-\frac{1}{q}} \mathrm{d}t, \quad W_2(\lambda_1, p) = \int_0^{+\infty} G\left(t^{\lambda_1}, 1\right) t^{-\frac{1}{p}} \mathrm{d}t$$

都收敛. 则

(i) 当且仅当 $\dfrac{1}{\lambda_1 q} + \dfrac{1}{\lambda_2 p} + \lambda = 0$ 时, 存在常数 $M > 0$, 使

$$\int_0^{+\infty} \int_0^{+\infty} G\left(x^{\lambda_1}, y^{\lambda_2}\right) f(x) g(y) \, \mathrm{d}x \mathrm{d}y \leqslant M \|f\|_p \|g\|_q, \tag{6.1.7}$$

其中 $f(x) \in L_p(0, +\infty)$, $g(y) \in L_q(0, +\infty)$.

(ii) 当 $\dfrac{1}{\lambda_1 q} + \dfrac{1}{\lambda_2 p} + \lambda = 0$ 时, (6.1.7) 式的最佳常数因子为

$$\inf M = \frac{W_0}{|\lambda_1|^{1/q} |\lambda_2|^{1/p}} \quad \left(W_0 = |\lambda_1| W_2(\lambda_1, p) = |\lambda_2| W_1(\lambda_2, q)\right).$$

在定理 6.1.2 中取 $K(x, y) = G\left(x^{\lambda_1}/y^{\lambda_2}\right)$, 由于 $G(u/v)$ 是 0 阶齐次函数, 根据定理 6.1.2, 我们可得:

定理 6.1.3 设 $\dfrac{1}{p} + \dfrac{1}{q} = 1 \ (p > 1)$, $\alpha, \beta \in \mathbb{R}$, $\lambda_1\lambda_2 > 0$,

$$K(x, y) = G(x^{\lambda_1}/y^{\lambda_2})$$

非负可测, 且

$$W_1(\beta, q) = \int_0^{+\infty} G\left(t^{-\lambda_2}\right) t^{-\frac{\beta+1}{q}} \mathrm{d}t, \quad W_2(\alpha, p) = \int_0^{+\infty} G\left(t^{\lambda_1}\right) t^{-\frac{\alpha+1}{p}} \mathrm{d}t$$

收敛. 则

(i) 当且仅当 $\dfrac{\alpha}{\lambda_1 p} + \dfrac{\beta}{\lambda_2 q} = \dfrac{1}{\lambda_1 q} + \dfrac{1}{\lambda_2 p}$ 时, 存在常数 $M > 0$, 使

$$\int_0^{+\infty} \int_0^{+\infty} G\left(x^{\lambda_1}/y^{\lambda_2}\right) f(x) g(y) \,\mathrm{d}x\mathrm{d}y \leqslant M \left\|f\right\|_{p,\alpha} \left\|g\right\|_{q,\beta}, \tag{6.1.8}$$

其中 $f(x) \in L_p^\alpha(0, +\infty)$, $g(y) \in L_q^\beta(0, +\infty)$.

(ii) 当 $\dfrac{\alpha}{\lambda_1 p} + \dfrac{\beta}{\lambda_2 q} = \dfrac{1}{\lambda_1 q} + \dfrac{1}{\lambda_2 p}$ 时, (6.1.8) 式的最佳常数因子为

$$\inf M = \frac{W_0}{\left|\lambda_1\right|^{1/q} \left|\lambda_2\right|^{1/p}} \quad \left(W_0 = \left|\lambda_1\right| W_2(\alpha, p) = \left|\lambda_2\right| W_1(\beta, q)\right).$$

例 6.1.5　设 $\dfrac{1}{p} + \dfrac{1}{q} = 1$ $(p > 1)$, $\lambda_1 \lambda_2 > 0$, $K(x,y) = G\left(x^{\lambda_1}/y^{\lambda_2}\right)$ 非负可测, 试讨论是否存在常数 $M > 0$, 使 $\forall f(x) \in L_p(0, +\infty)$, $g(y) \in L_q(0, +\infty)$ 时, 有

$$\int_0^{+\infty} \int_0^{+\infty} G\left(x^{\lambda_1}/y^{\lambda_2}\right) f(x) g(y) \mathrm{d}x\mathrm{d}y \leqslant M \left\|f\right\|_p \left\|g\right\|_q. \tag{6.1.9}$$

解　因为 $G(u/v)$ 是 0 阶齐次函数, $\lambda_1\lambda_2 > 0$, $p > 0$, $q > 0$, 故 $\dfrac{1}{\lambda_1 q} + \dfrac{1}{\lambda_2 p} \neq 0$. 根据推论 6.1.1, 不存在常数 $M > 0$, 使 (6.1.9) 式成立. 解毕.

例 6.1.6　设 $\dfrac{1}{p} + \dfrac{1}{q} = 1$ $(p > 1)$, $\sigma > -1$, $\lambda_1 > 0$, $\lambda_2 > 0$, $\alpha < \beta - 1$, $\beta < q - 1$, $f(x) \in L_p^\alpha(0, +\infty)$, $g(y) \in L_q^\beta(0, +\infty)$, 求证: 当 $\dfrac{\alpha}{\lambda_1 p} + \dfrac{\beta}{\lambda_2 q} = \dfrac{1}{\lambda_1 q} + \dfrac{1}{\lambda_2 p} + \sigma - \lambda$ 时, 有

$$\int_0^{+\infty} \int_0^{+\infty} \frac{\left|x^{\lambda_1} - y^{\lambda_2}\right|^\sigma}{\left(\max\left\{x^{\lambda_1}, y^{\lambda_2}\right\}\right)^\lambda} f(x) g(y) \mathrm{d}x\mathrm{d}y \leqslant M_0 \left\|f\right\|_{p,\alpha} \left\|g\right\|_{q,\beta},$$

其中 $M_0 = \dfrac{1}{\lambda_1^{1/q} \lambda_2^{1/p}} \left[B\left(\sigma + 1, \dfrac{1}{\lambda_1}\left(\dfrac{1}{q} - \dfrac{\alpha}{p}\right)\right) + B\left(\sigma + 1, \dfrac{1}{\lambda_2}\left(\dfrac{1}{p} - \dfrac{\beta}{q}\right)\right) \right]$ 是最佳的.

证明　记 $K(x,y) = G\left(x^{\lambda_1}, y^{\lambda_2}\right) = \left|x^{\lambda_1} - y^{\lambda_2}\right|^\sigma / \left(\max\left\{x^{\lambda_1}, y^{\lambda_2}\right\}\right)^\lambda$, 则 $G(u, v)$ 是 $\sigma - \lambda$ 阶齐次非负函数.

由于 $\alpha < p - 1$, $\beta < q - 1$, 故 $\dfrac{1}{q} - \dfrac{\alpha}{p} > 0$, $\dfrac{1}{p} - \dfrac{\beta}{q} > 0$, 于是

$$W_0 = \lambda_1 W_2(\alpha, p) = \lambda_1 \int_0^{+\infty} G\left(t^{\lambda_1}, 1\right) t^{-\frac{\alpha+1}{p}} \mathrm{d}t$$

$$= \lambda_1 \int_0^{+\infty} \frac{\left|t^{\lambda_1} - 1\right|^{\sigma}}{(\max\{t^{\lambda_1}, 1\})^{\lambda}} t^{-\frac{\alpha+1}{p}} \mathrm{d}t = \int_0^{+\infty} \frac{|u - 1|^{\sigma}}{(\max\{u, 1\})^{\lambda}} u^{\frac{1}{\lambda_1}\left(\frac{1}{q} - \frac{\alpha}{p}\right) - 1} \mathrm{d}u$$

$$= \int_0^1 (1 - u)^{\sigma} u^{\frac{1}{\lambda_1}\left(\frac{1}{q} - \frac{\alpha}{p}\right) - 1} \mathrm{d}u + \int_1^{+\infty} (u - 1)^{\sigma} u^{-\lambda + \frac{1}{\lambda_1}\left(\frac{1}{q} - \frac{\alpha}{p}\right) - 1} \mathrm{d}u$$

$$= \int_0^1 (1 - u)^{\sigma} u^{\frac{1}{\lambda_1}\left(\frac{1}{q} - \frac{\alpha}{p}\right) - 1} \mathrm{d}u + \int_0^1 (1 - t)^{\sigma} t^{\frac{1}{\lambda_2}\left(\frac{1}{p} - \frac{\beta}{q}\right) - 1} \mathrm{d}t$$

$$= B\left(\sigma + 1, \frac{1}{\lambda_1}\left(\frac{1}{q} - \frac{\alpha}{p}\right)\right) + B\left(\sigma + 1, \frac{1}{\lambda_2}\left(\frac{1}{p} - \frac{\beta}{q}\right)\right).$$

根据定理 6.1.2, 知本例结论成立. 证毕.

例 6.1.7 设 $\frac{1}{p} + \frac{1}{q} = 1$ $(p > 1)$, $\sigma > -1$, $\lambda_1 > 0$, $\lambda_2 > 0$, $\alpha < p - 1$, $\beta < q - 1 + \lambda_2 q(\lambda - \sigma)$, $f(x) \in L_p^{\alpha}(0, +\infty)$, $g(y) \in L_q^{\beta}(0, +\infty)$, 求证: 当 $\frac{\alpha}{\lambda_1 p} + \frac{\beta}{\lambda_2 q} = \frac{1}{\lambda_1 q} + \frac{1}{\lambda_2 p}$ 时, 有

$$\int_0^{+\infty} \int_0^{+\infty} \frac{\left|1 - x^{\lambda_1}/y^{\lambda_2}\right|^{\sigma}}{(\max\{1, x^{\lambda_1}/y^{\lambda_2}\})^{\lambda}} f(x) g(y) \mathrm{d}x \mathrm{d}y \leqslant M_0 \|f\|_{p,\alpha} \|g\|_{q,\beta},$$

其中 $M_0 = \dfrac{1}{\lambda_1^{1/q} \lambda_2^{1/p}} \left[B\left(\sigma + 1, \dfrac{1}{\lambda_1}\left(\dfrac{1}{q} - \dfrac{\alpha}{p}\right)\right) + B\left(\sigma + 1, \lambda - \sigma + \dfrac{1}{\lambda_2}\left(\dfrac{1}{p} - \dfrac{\beta}{q}\right)\right) \right]$ 是最佳的.

证明 记 $G(x^{\lambda_1}/y^{\lambda_2}) = \left|1 - x^{\lambda_1}/y^{\lambda_2}\right|^{\sigma} / (\max\{1, x^{\lambda_1}/y^{\lambda_2}\})^{\lambda}$, 因为 $\alpha < p - 1$, $\beta < q - 1 + \lambda_2 q(\lambda - \sigma)$, 故 $\dfrac{1}{\lambda_1}\left(\dfrac{1}{q} - \dfrac{\alpha}{p}\right) > 0$, $\lambda - \sigma + \dfrac{1}{\lambda_2}\left(\dfrac{1}{p} - \dfrac{\beta}{q}\right) > 0$, 于是当 $\dfrac{\alpha}{\lambda_1 p} + \dfrac{\beta}{\lambda_2 q} = \dfrac{1}{\lambda_1 q} + \dfrac{1}{\lambda_2 p}$ 时,

$$W_0 = \lambda_1 \int_0^{+\infty} G(t^{\lambda_1}) t^{-\frac{\alpha+1}{p}} \mathrm{d}t = \lambda_1 \int_0^{+\infty} \frac{\left|1 - t^{\lambda_1}\right|^{\sigma}}{(\max\{1, t^{\lambda_1}\})^{\lambda}} t^{-\frac{\alpha+1}{p}} \mathrm{d}t$$

$$= \int_0^{+\infty} \frac{|1 - u|^{\sigma}}{(\max\{1, u\})^{\lambda}} u^{\frac{1}{\lambda_1}\left(\frac{1}{q} - \frac{\alpha}{p}\right) - 1} \mathrm{d}u$$

$$= \int_0^1 (1 - u)^{\sigma} u^{\frac{1}{\lambda_1}\left(\frac{1}{q} - \frac{\alpha}{p}\right) - 1} \mathrm{d}u + \int_0^1 (1 - t)^{\sigma} t^{\lambda - \sigma + \frac{1}{\lambda_2}\left(\frac{1}{p} - \frac{\beta}{q}\right) - 1} \mathrm{d}t$$

$$= \left[B\left(\sigma + 1, \frac{1}{\lambda_1}\left(\frac{1}{q} - \frac{\alpha}{p}\right)\right) + B\left(\sigma + 1, \lambda - \sigma + \frac{1}{\lambda_2}\left(\frac{1}{p} - \frac{\beta}{q}\right)\right) \right].$$

根据定理 6.1.3, 知本例结果成立. 证毕.

例 6.1.8 设 $\frac{1}{p} + \frac{1}{q} = 1 \, (p > 1)$, $\lambda_1 > 0$, $\lambda_2 > 0$, $\alpha < p - 1$, $\beta < q - 1$, $f(x) \in L_p^{\alpha}(0, +\infty)$, $g(y) \in L_q^{\beta}(0, +\infty)$, 求证: 当 $\frac{\alpha}{\lambda_1 p} + \frac{\beta}{\lambda_2 q} = \frac{1}{\lambda_1 q} + \frac{1}{\lambda_2 p} - 1$ 时, 有

$$\int_0^{+\infty} \int_0^{+\infty} \frac{\ln\left(x^{\lambda_1}/y^{\lambda_2}\right)}{x^{\lambda_1} - y^{\lambda_2}} f(x) g(y) \mathrm{d}x \mathrm{d}y \leqslant M_0 \|f\|_{p,\alpha} \|g\|_{q,\beta}, \tag{6.1.10}$$

其中 $M_0 = \frac{1}{\lambda_1^{1/q} \lambda_2^{1/p}} \Gamma(2) \left[\zeta\left(2, \frac{1}{\lambda_1}\left(\frac{1}{q} - \frac{\alpha}{p}\right)\right) + \zeta\left(2, \frac{1}{\lambda_2}\left(\frac{1}{p} - \frac{\beta}{q}\right)\right) \right]$ 是最佳的, 并讨论在什么条件下, 存在常数 $M > 0$, 使

$$\int_0^{+\infty} \int_0^{+\infty} \frac{\ln\left(x^{\lambda_1}/y^{\lambda_2}\right)}{x^{\lambda_1} - y^{\lambda_2}} f(x) g(y) \mathrm{d}x \mathrm{d}y \leqslant M \|f\|_p \|g\|_q. \tag{6.1.11}$$

证明 记 $G\left(x^{\lambda_1}, y^{\lambda_2}\right) = \left[\ln\left(x^{\lambda_1}/y^{\lambda_2}\right)\right]/\left(x^{\lambda_1} - y^{\lambda_2}\right)$, 则 $G(u, v)$ 是 -1 阶齐次函数.

因为 $\alpha < p - 1$, $\beta < q - 1$, 故 $\frac{1}{\lambda_1}\left(\frac{1}{q} - \frac{\alpha}{p}\right) > 0$, $\frac{1}{\lambda_2}\left(\frac{1}{p} - \frac{\beta}{q}\right) > 0$. 于是当 $\frac{\alpha}{\lambda_1 p} + \frac{\beta}{\lambda_2 q} = \frac{1}{\lambda_1 q} + \frac{1}{\lambda_2 p} - 1$ 时, 有

$$\begin{aligned}
W_0 &= \lambda_1 \int_0^{+\infty} G\left(t^{\lambda_1}, 1\right) t^{-\frac{\alpha+1}{p}} \mathrm{d}t = \int_0^{+\infty} G(u, 1) u^{\frac{1}{\lambda_1}\left(\frac{1}{q} - \frac{\alpha}{p}\right) - 1} \mathrm{d}u \\
&= \int_0^{+\infty} \frac{\ln u}{u - 1} u^{\frac{1}{\lambda_1}\left(\frac{1}{q} - \frac{\alpha}{p}\right) - 1} \mathrm{d}u \\
&= \int_0^1 \frac{\ln u}{u - 1} u^{\frac{1}{\lambda_1}\left(\frac{1}{q} - \frac{\alpha}{p}\right) - 1} \mathrm{d}u + \int_1^{+\infty} \frac{\ln u}{u - 1} u^{\frac{1}{\lambda_1}\left(\frac{1}{q} - \frac{\alpha}{p}\right) - 1} \mathrm{d}u \\
&= \int_1^{+\infty} \frac{\ln t}{t - 1} t^{-\frac{1}{\lambda_1}\left(\frac{1}{q} - \frac{\alpha}{p}\right)} \mathrm{d}t + \int_1^{+\infty} \frac{\ln t}{t - 1} t^{\frac{1}{\lambda_1}\left(\frac{1}{q} - \frac{\alpha}{p}\right) - 1} \mathrm{d}t \\
&= \int_0^{+\infty} \frac{x}{e^x - 1} e^{\left[1 - \frac{1}{\lambda_1}\left(\frac{1}{q} - \frac{\alpha}{p}\right)\right]x} \mathrm{d}x + \int_0^{+\infty} \frac{x}{e^x - 1} e^{\frac{1}{\lambda_1}\left(\frac{1}{q} - \frac{\alpha}{p}\right)x} \mathrm{d}x \\
&= \int_0^{+\infty} \frac{x}{e^x - 1} e^{\left[1 - \frac{1}{\lambda_1}\left(\frac{1}{q} - \frac{\alpha}{p}\right)\right]x} \mathrm{d}x + \int_0^{+\infty} \frac{x}{e^x - 1} e^{\left[1 - \frac{1}{\lambda_2}\left(\frac{1}{p} - \frac{\beta}{q}\right)\right]x} \mathrm{d}x \\
&= \Gamma(2) \left[\zeta\left(2, \frac{1}{\lambda_1}\left(\frac{1}{q} - \frac{\alpha}{p}\right)\right) + \zeta\left(2, \frac{1}{\lambda_2}\left(\frac{1}{p} - \frac{\beta}{q}\right)\right) \right].
\end{aligned}$$

根据定理 6.1.2, 当 $\dfrac{\alpha}{\lambda_1 p} + \dfrac{\beta}{\lambda_2 q} = \dfrac{1}{\lambda_1 q} + \dfrac{1}{\lambda_2 p} - 1$ 时, (6.1.10) 成立, 且常数因子 M_0 是最佳的. 又根据定理 6.1.2, 存在 $M > 0$ 使 (6.1.11) 式成立的充分必要条件是 $\dfrac{1}{\lambda_1 q} + \dfrac{1}{\lambda_2 p} = 1$. 证毕.

例 6.1.9 设 $\dfrac{1}{p} + \dfrac{1}{q} = 1 \ (p > 1)$, $\lambda > 0$, $\lambda_1 > 0$, $\lambda_2 > 0$, $a > 0$, $b > 0$, $\alpha < \dfrac{p}{q} + bp\lambda\lambda_1$, $\beta < \dfrac{q}{p} + aq\lambda\lambda_2$, $f(x) \in L_p^\alpha(0, +\infty)$, $g(y) \in L_q^\beta(0, +\infty)$, 求证: 当且仅当 $\dfrac{\alpha}{\lambda_1 p} + \dfrac{\beta}{\lambda_2 q} = \dfrac{1}{\lambda_1 q} + \dfrac{1}{\lambda_2 p}$ 时, 有

$$\int_0^{+\infty} \int_0^{+\infty} \left[\left(\frac{x^{\lambda_1}}{y^{\lambda_2}} \right)^a + \left(\frac{y^{\lambda_2}}{x^{\lambda_1}} \right)^b \right]^{-\lambda} f(x) g(y) \, \mathrm{d}x\mathrm{d}y \leqslant M_0 \|f\|_{p,\alpha} \|g\|_{q,\beta},$$

其中 $M_0 = \dfrac{1}{\lambda_1^{1/q} \lambda_1^{1/p} (a+b)} B\left(\dfrac{1}{a+b} \left(b\lambda + \dfrac{1}{\lambda_1} \left(\dfrac{1}{q} - \dfrac{\alpha}{p} \right) \right), \dfrac{1}{a+b} \left(a\lambda + \dfrac{1}{\lambda_2} \left(\dfrac{1}{p} - \dfrac{\beta}{q} \right) \right) \right)$ 是最佳的.

证明 记 $G(x^{\lambda_1}/y^{\lambda_2}) = \left[(x^{\lambda_1}/y^{\lambda_2})^a + (y^{\lambda_2}/x^{\lambda_1})^b \right]^{-\lambda}$. 因为 $\alpha < \dfrac{p}{q} + bp\lambda\lambda_1$, $\beta < \dfrac{q}{p} + aq\lambda\lambda_2$, 有 $\dfrac{1}{a+b} \left(b\lambda + \dfrac{1}{\lambda_1} \left(\dfrac{1}{q} - \dfrac{\alpha}{p} \right) \right) > 0$, $\dfrac{1}{a+b} \left(a\lambda + \dfrac{1}{\lambda_2} \left(\dfrac{1}{p} - \dfrac{\beta}{q} \right) \right) > 0$. 于是当 $\dfrac{\alpha}{\lambda_1 p} + \dfrac{\beta}{\lambda_2 q} = \dfrac{1}{\lambda_1 q} + \dfrac{1}{\lambda_2 p}$ 时, 有

$$W_0 = \lambda_1 \int_0^{+\infty} G(t^{\lambda_1}) t^{-\frac{\alpha+1}{p}} \mathrm{d}t = \int_0^{+\infty} G(u) u^{-\frac{1}{\lambda_1} \frac{\alpha+1}{p} + \frac{1}{\lambda_1} - 1} \mathrm{d}u$$

$$= \int_0^{+\infty} \left(u^a + \frac{1}{u^b} \right)^{-1} u^{\frac{1}{\lambda_1} \left(\frac{1}{q} - \frac{\alpha}{p} \right) - 1} \mathrm{d}u = \int_0^{+\infty} \frac{1}{(1 + u^{a+b})^\lambda} u^{b\lambda + \frac{1}{\lambda_1} \left(\frac{1}{q} - \frac{\alpha}{p} \right) - 1} \mathrm{d}u$$

$$= \frac{1}{a+b} \int_0^{+\infty} \frac{1}{(1+t)^\lambda} t^{\frac{1}{a+b} \left[b\lambda + \frac{1}{\lambda_1} \left(\frac{1}{q} - \frac{\alpha}{p} \right) \right] - 1} \mathrm{d}t$$

$$= \frac{1}{a+b} B\left(\frac{1}{a+b} \left(b\lambda + \frac{1}{\lambda_1} \left(\frac{1}{q} - \frac{\alpha}{p} \right) \right), \lambda - \frac{1}{a+b} \left(b\lambda + \frac{1}{\lambda_1} \left(\frac{1}{q} - \frac{\alpha}{p} \right) \right) \right)$$

$$= \frac{1}{a+b} B\left(\frac{1}{a+b} \left(b\lambda + \frac{1}{\lambda_1} \left(\frac{1}{q} - \frac{\alpha}{p} \right) \right), \frac{1}{a+b} \left(a\lambda + \frac{1}{\lambda_2} \left(\frac{1}{p} - \frac{\beta}{q} \right) \right) \right).$$

根据定理 6.1.3, 知本例结论成立. 证毕.

6.1.3　一类非齐次核的 Hilbert 型积分不等式的构建条件

引理 6.1.3　设 $\frac{1}{p}+\frac{1}{q}=1\ (p>1)$, $\lambda_1\lambda_2>0$, $K(x,y)=G\left(x^{\lambda_1}y^{\lambda_2}\right)$ 非负可测, $\frac{\alpha}{\lambda_1 p}-\frac{\beta}{\lambda_2 q}=\frac{1}{\lambda_1 q}-\frac{1}{\lambda_2 p}$, $\alpha,\beta\in\mathbb{R}$, 记

$$W_1(\beta,q)=\int_0^{+\infty}G\left(t^{\lambda_2}\right)t^{-\frac{\beta+1}{q}}\mathrm{d}t,\quad W_2(\alpha,p)=\int_0^{+\infty}G\left(t^{\lambda_1}\right)t^{-\frac{\alpha+1}{p}}\mathrm{d}t,$$

则 $\lambda_1 W_2(\alpha,p)=\lambda_2 W_1(\beta,q)$, 且

$$\omega_1(\beta,q,x)=\int_0^{+\infty}G\left(x^{\lambda_1}y^{\lambda_2}\right)y^{-\frac{\beta+1}{q}}\mathrm{d}y=x^{\frac{\lambda_1}{\lambda_2}\left(\frac{\beta+1}{q}-1\right)}W_1(\beta,q),$$

$$\omega_2(\alpha,p,y)=\int_0^{+\infty}G\left(x^{\lambda_1}y^{\lambda_2}\right)x^{-\frac{\alpha+1}{p}}\mathrm{d}x=y^{\frac{\lambda_2}{\lambda_1}\left(\frac{\alpha+1}{p}-1\right)}W_2(\alpha,p).$$

证明　由 $\frac{\alpha}{\lambda_1 p}-\frac{\beta}{\lambda_2 q}=\frac{1}{\lambda_1 q}-\frac{1}{\lambda_2 p}$, 可得 $-\frac{\lambda_2}{\lambda_1}\left(\frac{\alpha+1}{p}-1\right)-1=-\frac{\beta+1}{q}$, 于是

$$W_2(\alpha,p)=\int_0^{+\infty}K\left(t^{\lambda_1},1\right)t^{-\frac{\alpha+1}{p}}\mathrm{d}t=\int_0^{+\infty}K\left(1,t^{\lambda_1/\lambda_2}\right)t^{-\frac{\alpha+1}{p}}\mathrm{d}t$$

$$=\frac{\lambda_2}{\lambda_1}\int_0^{+\infty}K(1,u)u^{-\frac{\lambda_2}{\lambda_1}\left(\frac{\alpha+1}{p}-1\right)-1}\mathrm{d}u=\frac{\lambda_2}{\lambda_1}\int_0^{+\infty}K(1,u)u^{\frac{\beta+1}{q}}\mathrm{d}u$$

$$=\frac{\lambda_2}{\lambda_1}\int_0^{+\infty}G\left(t^{\lambda_2}\right)t^{-\frac{\beta+1}{q}}\mathrm{d}t=\frac{\lambda_2}{\lambda_1}W_1(\beta,q).$$

故 $\lambda_1 W_2(\alpha,p)=\lambda_2 W_1(\beta,q)$.

作变换 $x^{\frac{\lambda_1}{\lambda_2}}y=t$, 有

$$\omega_1(\beta,q,x)=\int_0^{+\infty}K(x,y)y^{-\frac{\beta+1}{q}}\mathrm{d}y=\int_0^{+\infty}K\left(1,x^{\lambda_1/\lambda_2}y\right)y^{-\frac{\beta+1}{q}}\mathrm{d}y$$

$$=x^{-\frac{\lambda_1}{\lambda_2}\left(-\frac{\beta+1}{q}+1\right)}\int_0^{+\infty}K(1,t)t^{-\frac{\beta+1}{q}}\mathrm{d}t=x^{\frac{\lambda_1}{\lambda_2}\left(\frac{\beta+1}{q}-1\right)}W_1(\beta,q).$$

同理可证 $\omega_2(\alpha,p,y)=y^{\frac{\lambda_2}{\lambda_1}\left(\frac{\alpha+1}{p}-1\right)}W_2(\alpha,p)$. 证毕.

定理 6.1.4　设 $\frac{1}{p}+\frac{1}{q}=1\ (p>1)$, $\alpha,\beta\in\mathbb{R}$, $K(x,y)=G\left(x^{\lambda_1}y^{\lambda_2}\right)$ 非负可测, $\lambda_1\lambda_2>0$, 且

$$W_1(\beta,q)=\int_0^{+\infty}G\left(t^{\lambda_2}\right)t^{-\frac{\beta+1}{q}}\mathrm{d}t,\quad W_2(\alpha,p)=\int_0^{+\infty}G\left(t^{\lambda_1}\right)t^{-\frac{\alpha+1}{p}}\mathrm{d}t$$

收敛. 则

(i) 当且仅当 $\dfrac{\alpha}{\lambda_1 p} - \dfrac{\beta}{\lambda_2 q} = \dfrac{1}{\lambda_1 q} - \dfrac{1}{\lambda_2 p}$ 时, 存在常数 $M > 0$, 使

$$\int_0^{+\infty} \int_0^{+\infty} G\left(x^{\lambda_1} y^{\lambda_2}\right) f(x) g(y) \, \mathrm{d}x \mathrm{d}y \leqslant M \|f\|_{p,\alpha} \|g\|_{q,\beta}, \qquad (6.1.12)$$

其中 $f(x) \in L_p^\alpha(0, +\infty)$, $g(y) \in L_q^\beta(0, +\infty)$.

(ii) 当 $\dfrac{\alpha}{\lambda_1 p} - \dfrac{\beta}{\lambda_2 q} = \dfrac{1}{\lambda_1 q} - \dfrac{1}{\lambda_2 p}$ 时, (6.1.12) 式的最佳常数因子为

$$\inf M = \frac{W_0}{|\lambda_1|^{1/q} |\lambda_2|^{1/p}} \quad \left(W_0 = |\lambda_1| W_2(\alpha, p) = |\lambda_2| W_2(\beta, q)\right).$$

证明　记 $\dfrac{\alpha}{\lambda_1 p} - \dfrac{\beta}{\lambda_1 q} - \left(\dfrac{1}{\lambda_1 q} - \dfrac{1}{\lambda_2 p}\right) = \dfrac{c}{\lambda_1}$.

(i) 设 (6.1.12) 式成立, 我们需证明 $c = 0$.

若 $c < 0$, 取 $\varepsilon = -\dfrac{c}{2|\lambda_1|} > 0$, 令

$$f(x) = \begin{cases} x^{(-\alpha-1-|\lambda_1|\varepsilon)/p}, & x \geqslant 1, \\ 0, & 0 < x < 1, \end{cases} \qquad g(y) = \begin{cases} y^{(-\beta-1+|\lambda_2|\varepsilon)/q}, & 0 < y \leqslant 1, \\ 0, & y > 1. \end{cases}$$

则计算可得

$$M \|f\|_{p,\alpha} \|g\|_{q,\beta} = M \left(\int_1^{+\infty} x^{-1-|\lambda_1|\varepsilon} \mathrm{d}x\right)^{\frac{1}{p}} \left(\int_0^1 y^{-1+|\lambda_2|\varepsilon} \mathrm{d}y\right)^{\frac{1}{q}}$$

$$= \frac{M}{\varepsilon |\lambda_1|^{1/p} |\lambda_2|^{1/q}} = \frac{2M}{-c} \left(\frac{\lambda_1}{\lambda_2}\right)^{\frac{1}{q}} < +\infty,$$

$$\int_0^{+\infty} \int_0^{+\infty} G\left(x^{\lambda_1} y^{\lambda_2}\right) f(x) g(y) \, \mathrm{d}x \mathrm{d}y$$

$$= \int_0^1 y^{\frac{-\beta-1+|\lambda_2|\varepsilon}{q}} \left(\int_1^{+\infty} K(x,y) x^{\frac{-\alpha-1-|\lambda_1|\varepsilon}{p}} \mathrm{d}x\right) \mathrm{d}y$$

$$= \int_1^{+\infty} y^{\frac{-\beta-1+|\lambda_2|\varepsilon}{q}} \left(\int_1^{+\infty} K\left(y^{\lambda_2/\lambda_1} x, 1\right) x^{\frac{-\alpha-1-|\lambda_1|\varepsilon}{p}} \mathrm{d}x\right) \mathrm{d}y$$

$$= \int_0^1 y^{\frac{-\beta-1+|\lambda_2|\varepsilon}{q} + \frac{\lambda_2}{\lambda_1} \frac{\alpha+1+|\lambda_1|\varepsilon}{p} - \frac{\lambda_2}{\lambda_1}} \left(\int_{y^{\lambda_2/\lambda_1}}^{+\infty} K(t,1) t^{-\frac{\alpha+1+|\lambda_1|\varepsilon}{p}} \mathrm{d}t\right) \mathrm{d}y$$

$$= \int_0^1 y^{-1+\frac{\lambda_2}{\lambda_1} c + |\lambda_2|\varepsilon} \mathrm{d}y \int_1^{+\infty} K(t,1) t^{-\frac{\alpha+1+|\lambda_1|\varepsilon}{p}} \mathrm{d}t$$

$$= \int_0^1 y^{-1+\frac{c}{2}\frac{\lambda_2}{\lambda_1}} \mathrm{d}y \int_1^{+\infty} K(t,1) t^{-\frac{\alpha+1+|\lambda_1|\varepsilon}{p}} \mathrm{d}t.$$

综上可得

$$\int_0^1 y^{-1+\frac{c}{2}\frac{\lambda_2}{\lambda_1}} \mathrm{d}y \int_1^{+\infty} K(t,1) t^{-\frac{\alpha+1+|\lambda_1|\varepsilon}{p}} \mathrm{d}t \leqslant \frac{2M}{-c}\left(\frac{\lambda_1}{\lambda_2}\right)^{\frac{1}{q}} < +\infty.$$

因为 $\dfrac{c}{2}\dfrac{\lambda_2}{\lambda_1} < 0$, 故 $\displaystyle\int_0^1 y^{-1+\frac{c}{2}\frac{\lambda_2}{\lambda_1}} \mathrm{d}y = +\infty$, 故得到矛盾, 所以 $c \geqslant 0$.

若 $c > 0$, 取 $\varepsilon = \dfrac{c}{2|\lambda_1|} > 0$, 令

$$f(x) = \begin{cases} x^{(-\alpha-1+|\lambda_1|\varepsilon)/p}, & 0 < x \leqslant 1, \\ 0, & x > 1, \end{cases} \qquad g(y) = \begin{cases} y^{(-\beta-1-|\lambda_2|\varepsilon)/q}, & y \geqslant 1, \\ 0, & 0 < y < 1. \end{cases}$$

类似地, 我们可得到

$$\int_1^{+\infty} y^{-1+\frac{\lambda_2 c}{2\lambda_1}} \mathrm{d}y \int_0^1 K(t,1) t^{-\frac{\alpha+1-|\lambda_1|\varepsilon}{p}} \mathrm{d}t \leqslant \frac{2M}{c}\left(\frac{\lambda_1}{\lambda_2}\right)^{\frac{1}{q}} < +\infty,$$

因为 $\dfrac{\lambda_2 c}{2\lambda_1} > 0$, 故 $\displaystyle\int_1^{+\infty} y^{-1+\frac{\lambda_2 c}{2\lambda_1}} \mathrm{d}y = +\infty$, 从而得到矛盾, 所以 $c \leqslant 0$.

综合上面两方面, 得到 $c = 0$, 即 $\dfrac{\alpha}{\lambda_1 p} - \dfrac{\beta}{\lambda_2 q} = \dfrac{1}{\lambda_1 q} - \dfrac{1}{\lambda_2 p}$.

反之, 设 $\dfrac{\alpha}{\lambda_1 p} - \dfrac{\beta}{\lambda_2 q} = \dfrac{1}{\lambda_1 q} - \dfrac{1}{\lambda_2 p}$. 根据 Hölder 不等式及引理 6.1.3, 有

$$\int_0^{+\infty}\int_0^{+\infty} G(x^{\lambda_1} y^{\lambda_2}) f(x) g(y) \,\mathrm{d}x\mathrm{d}y$$

$$= \int_0^{+\infty}\int_0^{+\infty} \left(\frac{x^{(\alpha+1)/(pq)}}{y^{(\beta+1)/(pq)}} f(x)\right) \left(\frac{y^{(\beta+1)/(pq)}}{x^{(\alpha+1)/(pq)}} g(y)\right) G(x^{\lambda_1} y^{\lambda_2}) \,\mathrm{d}x\mathrm{d}y$$

$$\leqslant \left(\int_0^{+\infty}\int_0^{+\infty} \frac{x^{(\alpha+1)/q}}{y^{(\beta+1)/q}} f^p(x) G(x^{\lambda_1} y^{\lambda_2}) \,\mathrm{d}x\mathrm{d}y\right)^{\frac{1}{p}}$$

$$\times \left(\int_0^{+\infty}\int_0^{+\infty} \frac{y^{(\beta+1)/p}}{x^{(\alpha+1)/p}} g^q(y) G(x^{\lambda_1} y^{\lambda_2}) \,\mathrm{d}x\mathrm{d}y\right)^{\frac{1}{q}}$$

$$= \left(\int_0^{+\infty} x^{\frac{\alpha+1}{q}} f^p(x) \omega_1(\beta,q,x) \,\mathrm{d}x\right)^{\frac{1}{p}} \left(\int_0^{+\infty} y^{\frac{\beta+1}{p}} g^q(y) \omega_2(\alpha,p,y) \,\mathrm{d}y\right)^{\frac{1}{q}}$$

$$= \left(\int_0^{+\infty} x^{\frac{\alpha+1}{q}+\frac{\lambda_1}{\lambda_2}\left(\frac{\beta+1}{q}-1\right)} f^p(x) W_1(\beta,q) \,\mathrm{d}x\right)^{\frac{1}{p}}$$

$$\times \left(\int_0^{+\infty} y^{\frac{\beta+1}{p} + \frac{\lambda_2}{\lambda_1} \left(\frac{\alpha+1}{p} - 1 \right)} g^q(y) \, W_2(\alpha, p) \, \mathrm{d}y \right)^{\frac{1}{q}}$$

$$= W_1^{\frac{1}{p}}(\beta, q) \, W_2^{\frac{1}{q}}(\alpha, p) \left(\int_0^{+\infty} x^\alpha f^p(x) \, \mathrm{d}x \right)^{\frac{1}{p}} \left(\int_0^{+\infty} y^\beta g^q(y) \, \mathrm{d}y \right)^{\frac{1}{q}}$$

$$= \frac{W_0}{|\lambda_1|^{1/q} |\lambda_2|^{1/p}} \|f\|_{p,\alpha} \|g\|_{q,\beta}.$$

任取 $M \geqslant W_0 / \left(|\lambda_1|^{1/q} |\lambda_2|^{1/p} \right)$, 都可得到 (6.1.12) 式.

(ii) 当 $\dfrac{a}{\lambda_1 p} - \dfrac{\beta}{\lambda_2 q} = \dfrac{1}{\lambda_1 q} - \dfrac{1}{\lambda_2 p}$ 时, 设 (6.1.12) 式的最佳常数因子为 M_0, 则由上述证明可知 $M_0 \leqslant W_0 / \left(|\lambda_1|^{1/q} |\lambda_2|^{1/p} \right)$, 且

$$\int_0^{+\infty} \int_0^{+\infty} G\left(x^{\lambda_1} y^{\lambda_2} \right) f(x) \, g(y) \, \mathrm{d}x\mathrm{d}y \leqslant M_0 \|f\|_{p,\alpha} \|g\|_{q,\beta}.$$

取充分小 $\varepsilon > 0$ 及足够大的 $n > 0$, 令

$$f(x) = \begin{cases} x^{(-\alpha-1-|\lambda_1|\varepsilon)/p}, & x \geqslant 1, \\ 0, & 0 < x < 1, \end{cases} \qquad g(y) = \begin{cases} y^{(-\beta-1+|\lambda_2|\varepsilon)/q}, & 0 < y \leqslant n, \\ 0, & y > n. \end{cases}$$

则计算可得

$$M_0 \|f\|_{p,\alpha} \|g\|_{q,\beta}$$

$$= M_0 \left(\int_1^{+\infty} x^{-1-|\lambda_1|\varepsilon} \mathrm{d}x \right)^{\frac{1}{p}} \left(\int_0^n y^{-1+|\lambda_2|\varepsilon} \mathrm{d}y \right)^{\frac{1}{q}}$$

$$= M_0 \left(\frac{1}{|\lambda_1|\varepsilon} \right)^{\frac{1}{p}} \left(\frac{1}{|\lambda_2|\varepsilon} n^{|\lambda_2|\varepsilon} \right)^{\frac{1}{q}} = \frac{M_0}{\varepsilon |\lambda_1|^{1/p} |\lambda_2|^{1/q}} n^{\frac{|\lambda_2|\varepsilon}{q}},$$

$$\int_0^{+\infty} \int_0^{+\infty} G\left(x^{\lambda_1} y^{\lambda_2} \right) f(x) \, g(y) \mathrm{d}x\mathrm{d}y$$

$$= \int_1^{+\infty} x^{-\frac{\alpha+1+|\lambda_1|\varepsilon}{p}} \left(\int_0^n K(x,y) y^{-\frac{\beta+1-|\lambda_2|\varepsilon}{q}} \mathrm{d}y \right) \mathrm{d}x$$

$$= \int_1^{+\infty} x^{-\frac{\alpha+1+|\lambda_1|\varepsilon}{p}} \left(\int_0^n K\left(1, x^{\lambda_1/\lambda_2} y \right) y^{-\frac{\beta+1-|\lambda_2|\varepsilon}{q}} \mathrm{d}y \right) \mathrm{d}x$$

$$= \int_1^{+\infty} x^{-\frac{\alpha+1+|\lambda_1|\varepsilon}{p} + \frac{\lambda_1}{\lambda_2} \frac{\beta+1-|\lambda_2|\varepsilon}{q} - \frac{\lambda_1}{\lambda_2}} \left(\int_0^{nx^{\lambda_1/\lambda_2}} K(1,u) u^{-\frac{\beta+1-|\lambda_2|\varepsilon}{q}} \mathrm{d}u \right) \mathrm{d}x$$

$$\geqslant \int_1^{+\infty} x^{-1-|\lambda_1|\varepsilon}\mathrm{d}x \int_0^n G\left(t^{\lambda_2}\right) t^{-\frac{\beta+1-|\lambda_2|\varepsilon}{q}}\mathrm{d}t$$

$$= \frac{1}{|\lambda_1|\varepsilon} \int_0^n G\left(t^{\lambda_2}\right) t^{-\frac{\beta+1-|\lambda_2|\varepsilon}{q}}\mathrm{d}t.$$

综上可得

$$\frac{1}{|\lambda_1|} \int_0^n G\left(t^{\lambda_2}\right) t^{-\frac{\beta+1-|\lambda_2|\varepsilon}{q}}\mathrm{d}t \leqslant \frac{M_0}{|\lambda_1|^{1/p}|\lambda_2|^{1/q}} n^{\frac{|\lambda_2|\varepsilon}{q}}.$$

先令 $\varepsilon \to 0^+$, 再令 $n \to +\infty$, 则有

$$\frac{1}{|\lambda_1|} \int_0^{+\infty} G\left(t^{\lambda_2}\right) t^{-\frac{\beta+1}{q}}\mathrm{d}t \leqslant \frac{M_0}{|\lambda_1|^{1/p}|\lambda_2|^{1/q}},$$

于是, 可得 $W_0/\left(|\lambda_1|^{1/q}|\lambda_2|^{1/p}\right) \leqslant M_0$, 故 (6.1.12) 式的最佳常数因子 $M_0 = W_0/\left(|\lambda_1|^{1/q}|\lambda_2|^{1/p}\right)$. 证毕.

推论 6.1.2　设 $\frac{1}{p}+\frac{1}{q}=1$ $(p>1)$, $\lambda_1\lambda_2>0$, $K(x,y)=G\left(x^{\lambda_1}y^{\lambda_2}\right)$ 非负可测, 且

$$W_1(\lambda_2,q)=\int_0^{+\infty} G\left(t^{\lambda_2}\right) t^{-\frac{1}{q}}\mathrm{d}t, \quad W_2(\lambda_1,p)=\int_0^{+\infty} G\left(t^{\lambda_1}\right) t^{-\frac{1}{p}}\mathrm{d}t$$

收敛, 则

(i) 当且仅当 $\frac{1}{\lambda_1 q}=\frac{1}{\lambda_2 p}$ 时, 存在常数 $M>0$, 使

$$\int_0^{+\infty}\int_0^{+\infty} G\left(x^{\lambda_1}y^{\lambda_2}\right) f(x)g(y)\,\mathrm{d}x\mathrm{d}y \leqslant M\|f\|_p\|g\|_q, \tag{6.1.13}$$

其中 $f(x)\in L_p(0,+\infty)$, $g(y)\in L_q(0,+\infty)$.

(ii) 当 $\frac{1}{\lambda_1 q}=\frac{1}{\lambda_2 p}$ 时, (6.1.13) 式的最佳常数因子为

$$\inf M = \frac{W_0}{|\lambda_1|^{1/q}|\lambda_2|^{1/p}} \quad \left(W_0=|\lambda_1|W_2(\lambda_1,p)=|\lambda_2|W_1(\lambda_2,q)\right).$$

证明　在定理 6.1.4 中取 $\alpha=\beta=0$ 即可得. 证毕.

若在推论 6.1.2 中取 $p=q=2$, 可得:

推论 6.1.3 设 $\lambda_1\lambda_2 > 0$, $K(x,y) = G\left(x^{\lambda_1}y^{\lambda_2}\right)$ 非负可测, 且

$$W_1\left(\lambda_2, q\right) = \int_0^{+\infty} G\left(t^{\lambda_2}\right) t^{-\frac{1}{q}}\mathrm{d}t, \quad W_2\left(\lambda_1, p\right) = \int_0^{+\infty} G\left(t^{\lambda_1}\right) t^{-\frac{1}{p}}\mathrm{d}t$$

收敛, 则

(i) 当且仅当 $\lambda_1 = \lambda_2$ 时, 存在常数 $M > 0$, 使

$$\int_0^{+\infty}\int_0^{+\infty} G\left(x^{\lambda_1}y^{\lambda_2}\right) f(x) g(y) \,\mathrm{d}x\mathrm{d}y \leqslant M \|f\|_2 \|g\|_2, \tag{6.1.14}$$

其中 $f(x) \in L_2(0, +\infty)$, $g(y) \in L_2(0, +\infty)$.

(ii) 当 $\lambda_1 = \lambda_2 = \lambda$ 时, (6.1.14) 式的最佳常数因子为

$$\inf M = W_1\left(\lambda_2, q\right) = W_2\left(\lambda_1, p\right).$$

例 6.1.10 设 $\frac{1}{p} + \frac{1}{q} = 1$ $(p > 1)$, $\lambda < 1$, $a > 0$, $\lambda_1 > 0$, $\lambda_2 > 0$, $\alpha < \frac{p}{q} + \lambda_1 p\sigma$, $\beta > \frac{q}{p} - \lambda_2 q\lambda$, $f(x) \in L_p^\alpha(0, +\infty)$, $g(y) \in L_q^\beta(0, +\infty)$, 求证: 当

$$\frac{\alpha}{\lambda_1 p} - \frac{\beta}{\lambda_2 q} = \frac{1}{\lambda_1 q} - \frac{1}{\lambda_2 p} \text{ 时, 有}$$

$$\int_0^{+\infty}\int_0^{+\infty} \frac{\left(\min\left\{1, ax^{\lambda_1}y^{\lambda_2}\right\}\right)^\sigma}{\left|1 - ax^{\lambda_1}y^{\lambda_2}\right|^\lambda} f(x) g(y) \,\mathrm{d}x\mathrm{d}y \leqslant M_0 \|f\|_{p,\alpha} \|g\|_{q,\beta},$$

其中的常数因子

$$M_0 = \frac{1}{\lambda_1^{1/q}\lambda_2^{1/p}} a^{\frac{1}{\lambda_1}\left(\frac{\alpha}{p} - \frac{1}{q}\right)}\left[B\left(1 - \lambda, \sigma + \frac{1}{\lambda_1}\left(\frac{1}{q} - \frac{\alpha}{p}\right)\right)\right.$$
$$\left. + B\left(1 - \lambda, \lambda - \frac{1}{\lambda_2}\left(\frac{1}{p} - \frac{\beta}{q}\right)\right)\right]$$

是最佳的.

证明 记

$$G\left(x^{\lambda_1}y^{\lambda_2}\right) = \left(\min\left\{1, ax^{\lambda_1}y^{\lambda_2}\right\}\right)^\sigma / \left|1 - ax^{\lambda_1}y^{\lambda_2}\right|^\lambda.$$

因为 $\alpha < \frac{p}{q} + \lambda_1 p\sigma$, $\beta > \frac{q}{p} - \lambda_2 q\lambda$, 故有

$$\sigma + \frac{1}{\lambda_1}\left(\frac{1}{q} - \frac{\alpha}{p}\right) > 0, \quad \lambda - \frac{1}{\lambda_2}\left(\frac{1}{p} - \frac{\beta}{q}\right) > 0,$$

于是当 $\dfrac{\alpha}{\lambda_1 p} - \dfrac{\beta}{\lambda_2 q} = \dfrac{1}{\lambda_1 q} - \dfrac{1}{\lambda_2 p}$ 时, 有

$$W_0 = \lambda_1 W_2(\alpha, p) = \lambda_1 \int_0^{+\infty} G\left(t^{\lambda_1}\right) t^{-\frac{\alpha+1}{p}} \mathrm{d}t$$

$$= \int_0^{+\infty} G(u) u^{\frac{1}{\lambda_1}\left(1 - \frac{\alpha+1}{p}\right) - 1} \mathrm{d}u = \int_0^{+\infty} \frac{(\min\{1, au\})^\sigma}{|1 - au|^\lambda} u^{\frac{1}{\lambda_1}\left(\frac{1}{q} - \frac{\alpha}{p}\right) - 1} \mathrm{d}u$$

$$= a^{\frac{1}{\lambda_1}\left(\frac{\alpha}{p} - \frac{1}{q}\right)} \int_0^{+\infty} \frac{(\min\{1, t\})^\sigma}{|1 - t|^\lambda} t^{\frac{1}{\lambda_1}\left(\frac{1}{q} - \frac{\alpha}{p}\right) - 1} \mathrm{d}t$$

$$= a^{\frac{1}{\lambda_1}\left(\frac{\alpha}{p} - \frac{1}{q}\right)} \left(\int_0^1 (1 - t)^{-\lambda} t^{\sigma + \frac{1}{\lambda_1}\left(\frac{1}{q} - \frac{\alpha}{p}\right) - 1} \mathrm{d}t + \int_1^{+\infty} (t - 1)^{-\lambda} t^{\frac{1}{\lambda_1}\left(\frac{1}{q} - \frac{\alpha}{p}\right) - 1} \mathrm{d}t \right)$$

$$= a^{\frac{1}{\lambda_1}\left(\frac{\alpha}{p} - \frac{1}{q}\right)} \left(\int_0^1 (1 - t)^{-\lambda} t^{\sigma + \frac{1}{\lambda_1}\left(\frac{1}{q} - \frac{\alpha}{p}\right) - 1} \mathrm{d}t + \int_0^1 (1 - u)^{-\lambda} u^{\lambda - \frac{1}{\lambda_2}\left(\frac{1}{p} - \frac{\beta}{q}\right) - 1} \mathrm{d}u \right)$$

$$= a^{\frac{1}{\lambda_1}\left(\frac{\alpha}{p} - \frac{1}{q}\right)} \left[B\left(1 - \lambda, \sigma + \frac{1}{\lambda_1}\left(\frac{1}{q} - \frac{\alpha}{p}\right)\right) + B\left(1 - \lambda, \lambda - \frac{1}{\lambda_2}\left(\frac{1}{p} - \frac{\beta}{q}\right)\right) \right].$$

根据定理 6.1.4, 知本例结论成立. 证毕.

在例 6.1.10 中取 $\lambda_1 = p$, $\lambda_2 = q$, $\alpha = 0$, $\beta = 0$, 可得:

例 6.1.11 设 $\dfrac{1}{p} + \dfrac{1}{q} = 1$ $(p > 1)$, $\lambda > 1$, $a > 0$, $\sigma > -\dfrac{1}{pq}$, $\lambda > \dfrac{1}{pq}$, $f(x) \in L_p(0, +\infty)$, $g(y) \in L_q(0, +\infty)$, 则有

$$\int_0^{+\infty} \int_0^{+\infty} \frac{(\min\{1, ax^p y^q\})^\sigma}{|1 - ax^p y^q|^\lambda} f(x) g(y) \mathrm{d}x\mathrm{d}y \leqslant M_0 \|f\|_p \|g\|_q,$$

其中 $M_0 = p^{-1/q} q^{-1/p} a^{-1/(\lambda_1 q)} \left[B\left(1 - \lambda, \sigma + \dfrac{1}{pq}\right) + B\left(1 - \lambda, \lambda - \dfrac{1}{pq}\right) \right]$ 是最佳的.

在例 6.1.10 中取 $\sigma = 0$, $\alpha = p\left(1 - \dfrac{1}{2}\lambda\lambda_1\right) - 1$, $\beta = q\left(1 - \dfrac{1}{2}\lambda\lambda_2\right) - 1$, 则可得到第 2 章的定理 2.3.1.

例 6.1.12 设 $\dfrac{1}{p} + \dfrac{1}{q} = 1$ $(p > 1)$, $\lambda > 0$, $\lambda_1 > 0$, $\lambda_2 > 0$, $\sigma_1 \geqslant 0$, $\sigma_2 \geqslant 0$, $\sigma_1 + \sigma_2 \neq 0$, $\dfrac{p}{q} - \lambda_1 p \lambda \sigma_1 < \alpha < \dfrac{p}{q} + \lambda_1 p \sigma_2$, $f(x) \in L_p^\alpha(0, +\infty)$, $g(y) \in L_q^\beta(0, +\infty)$, 求证: 当且仅当 $\dfrac{\alpha}{\lambda_1 p} - \dfrac{\beta}{\lambda_2 q} = \dfrac{1}{\lambda_1 q} - \dfrac{1}{\lambda_2 p}$ 时, 有

$$\int_0^{+\infty}\int_0^{+\infty}\frac{\left(\min\left\{1,x^{\lambda_1}y^{\lambda_2}\right\}\right)^{\sigma_2}}{\left[1+\left(x^{\lambda_1}y^{\lambda_2}\right)^{\lambda}\right]^{\sigma_1}}f(x)\,g(y)\,\mathrm{d}x\mathrm{d}y\leqslant M_0\left\|f\right\|_{p,\alpha}\left\|g\right\|_{q,\beta},$$

其中常数因子

$$M_0=\frac{1}{\lambda\lambda_1^{1/q}\lambda_2^{1/p}}\int_0^1\frac{1}{(1+t)^{\sigma_1}}\left(t^{\frac{1}{\lambda}\left(\sigma_2+\frac{1}{\lambda_1}\left(\frac{1}{q}-\frac{\alpha}{p}\right)\right)-1}+t^{\frac{1}{\lambda}\left(\lambda\sigma_1-\frac{1}{\lambda_1}\left(\frac{1}{q}-\frac{\alpha}{p}\right)\right)-1}\right)\mathrm{d}t$$

是最佳值.

证明 记

$$G\left(x^{\lambda_1}y^{\lambda_2}\right)=\left(\min\left\{1,x^{\lambda_1}y^{\lambda_2}\right\}\right)^{\sigma_2}\Big/\left[1+\left(x^{\lambda_1}y^{\lambda_2}\right)^{\lambda}\right]^{\sigma_1}.$$

因为 $\frac{p}{q}-\lambda_1p\lambda\sigma_1<\alpha<\frac{p}{q}+\lambda_1p\sigma_2$, 故可得

$$\frac{1}{\lambda}\left(\sigma_2+\frac{1}{\lambda_1}\left(\frac{1}{q}-\frac{\alpha}{p}\right)\right)>0,\quad\frac{1}{\lambda}\left(\lambda\sigma-\frac{1}{\lambda_1}\left(\frac{1}{q}-\frac{\alpha}{p}\right)\right)>0,$$

由此可知 M_0 中的积分收敛.

当 $\dfrac{\alpha}{\lambda_1p}-\dfrac{\beta}{\lambda_2q}=\dfrac{1}{\lambda_1q}-\dfrac{1}{\lambda_2p}$ 时, 有

$$W_0=\lambda_1W_2\left(\alpha,p\right)=\lambda_1\int_0^{+\infty}G\left(t^{\lambda_1}\right)t^{-\frac{\alpha+1}{p}}\mathrm{d}t$$

$$=\int_0^{+\infty}G\left(u\right)u^{\frac{1}{\lambda_1}\left(\frac{1}{q}-\frac{\alpha}{p}\right)-1}\mathrm{d}u=\int_0^{+\infty}\frac{\left(\min\{1,u\}\right)^{\sigma_2}}{(1+u^{\lambda})^{\sigma_1}}u^{\frac{1}{\lambda_1}\left(\frac{1}{q}-\frac{\alpha}{p}\right)-1}\mathrm{d}u$$

$$=\int_0^1\frac{1}{(1+u^{\lambda})^{\sigma_1}}u^{\sigma_2+\frac{1}{\lambda_2}\left(\frac{1}{q}-\frac{\alpha}{p}\right)-1}\mathrm{d}u+\int_1^{+\infty}\frac{1}{(1+u^{\lambda})^{\sigma_1}}u^{\frac{1}{\lambda_1}\left(\frac{1}{q}-\frac{\alpha}{p}\right)-1}\mathrm{d}u$$

$$=\frac{1}{\lambda}\int_0^1\frac{1}{(1+t)^{\sigma_1}}t^{\frac{1}{\lambda}\left(\sigma_2+\frac{1}{\lambda_1}\left(\frac{1}{q}-\frac{\alpha}{p}\right)\right)-1}\mathrm{d}t+\frac{1}{\lambda}\int_1^{+\infty}\frac{1}{(1+t)^{\sigma_1}}t^{\frac{1}{\lambda}\left(\frac{1}{\lambda_1}\left(\frac{1}{q}-\frac{\alpha}{p}\right)\right)-1}\mathrm{d}t$$

$$=\frac{1}{\lambda}\int_0^1\frac{1}{(1+t)^{\sigma_1}}\left(t^{\frac{1}{\lambda}\left(\sigma_2+\frac{1}{\lambda_1}\left(\frac{1}{q}-\frac{\alpha}{p}\right)\right)-1}+t^{\frac{1}{\lambda}\left(\lambda\sigma_1-\frac{1}{\lambda}\left(\frac{1}{q}-\frac{\alpha}{p}\right)\right)-1}\right)\mathrm{d}t.$$

根据定理 6.1.4, 知本例结论成立. 证毕.

在例 6.1.12 中, 取 $\sigma_2=0$, 可得:

例 6.1.13 设 $\dfrac{1}{p}+\dfrac{1}{q}=1\ (p>1)$, $\lambda>0$, $\lambda_1>0$, $\lambda_2>0$, $\sigma_1>0$, $\dfrac{p}{q}-$ $\lambda_1p\lambda\sigma_1<\sigma<\dfrac{p}{q}, f(x)\in L_p^{\alpha}\left(0,+\infty\right), g(y)\in L_q^{\beta}\left(0,+\infty\right)$, 则当且仅当 $\dfrac{\alpha}{\lambda_1p}-$

$$\frac{\beta}{\lambda_2 q} = \frac{1}{\lambda_1 q} - \frac{1}{\lambda_2 p} \text{ 时, 有}$$

$$\int_0^{+\infty} \int_0^{+\infty} \frac{1}{\left[1 + (x^{\lambda_1} y^{\lambda_2})^\lambda\right]^{\sigma_1}} f(x) g(y) \, \mathrm{d}x \mathrm{d}y \leqslant M_0 \|f\|_{p,\alpha} \|g\|_{q,\beta},$$

其中的常数因子

$$M_0 = \frac{1}{\lambda \lambda_1^{1/q} \lambda_2^{1/p}} B\left(\frac{1}{\lambda \lambda_1}\left(\frac{1}{q} - \frac{\alpha}{p}\right), \quad \sigma_1 - \frac{1}{\lambda \lambda_2}\left(\frac{1}{q} - \frac{\alpha}{p}\right)\right)$$

是最佳值.

在例 6.1.12 中, 取 $\alpha = \beta = 0$, 可得:

例 6.1.14　设 $\frac{1}{p} + \frac{1}{q} = 1 \ (p > 1)$, $\lambda > 0$, $\lambda_1 > 0$, $\lambda_2 > 0$, $\sigma_1 \geqslant 0$, $\sigma_2 \geqslant 0$, $\sigma_1 + \sigma_2 \neq 0$, $-\lambda_1 \sigma_2 < \frac{1}{q} < \lambda_1 \lambda \sigma_1$, $f(x) \in L_p(0, +\infty)$, $g(y) \in L_q(0, +\infty)$, 则当且仅当 $\lambda_1 q = \lambda_2 p$ 时, 有

$$\int_0^{+\infty} \int_0^{+\infty} \frac{(\min\{1, x^{\lambda_1} y^{\lambda_2}\})^{\sigma_2}}{\left[1 + (x^{\lambda_1} y^{\lambda_2})^\lambda\right]^{\sigma_1}} f(x) g(y) \mathrm{d}x \mathrm{d}y \leqslant M_0 \|f\|_p \|g\|_q,$$

其中的常数因子

$$M_0 = \frac{1}{\lambda \lambda_1^{1/q} \lambda_2^{1/p}} \int_0^1 \frac{1}{(1+t)^{\sigma_1}} \left(t^{\frac{1}{\lambda}\left(\sigma + \frac{1}{\lambda_1 q}\right)-1} + t^{\frac{1}{\lambda}\left(\lambda \sigma_1 - \frac{1}{\lambda_1 q}\right)-1}\right) \mathrm{d}t$$

是最佳值.

6.2　积分算子 $T : L_p^\alpha(0, +\infty) \to L_p^{\beta(1-p)}(0, +\infty)$ 有界的判定

根据定理 6.1.2 和定理 6.1.4, 我们可以得到:

定理 6.2.1　设 $\frac{1}{p} + \frac{1}{q} = 1 \ (p > 1)$, $\lambda, \alpha, \beta \in \mathbb{R}$, $\lambda_1 \lambda_2 > 0$, $K(x,y) \geqslant 0$, 且

$$W_1(\beta, q) = \int_0^{+\infty} K(1,t) t^{-\frac{\beta+1}{q}} \mathrm{d}t < +\infty,$$

$$W_2(\alpha, p) = \int_0^{+\infty} K(t,1) t^{-\frac{\alpha+1}{p}} \mathrm{d}t < +\infty.$$

奇异积分算子 T 为

$$T (f) (y) = \int_0^{+\infty} K(x, y) f(x) \, \mathrm{d}x, \quad f(x) \geqslant 0.$$

(1) 若 $K(x, y) = G_1 (x^{\lambda_1}, y^{\lambda_2})$ 而 $G_1(u, v)$ 是 λ 阶齐次非负函数, 则当且仅当其判别式 $\Delta_1 = \dfrac{\alpha}{\lambda_1 p} + \dfrac{\beta}{\lambda_2 q} - \left(\dfrac{1}{\lambda_1 q} + \dfrac{1}{\lambda_2 p} + \lambda \right) = 0$ 时, T 是 $L_p^\alpha (0, +\infty)$ 到 $L_p^{\beta(1-p)}(0, +\infty)$ 的有界算子, 且 T 的范数为

$$\|T\| = \left(\frac{\lambda_2}{\lambda_1} \right)^{\frac{1}{q}} \int_0^{+\infty} G_1 \left(1, t^{\lambda_2} \right) t^{-\frac{\beta+1}{q}} \mathrm{d}t = \left(\frac{\lambda_1}{\lambda_2} \right)^{\frac{1}{p}} \int_0^{+\infty} G_1 \left(t^{\lambda_1}, 1 \right) t^{-\frac{\alpha+1}{p}} \mathrm{d}t.$$

(2) 当 $K(x, y) = G_2 \left(x^{\lambda_1} y^{\lambda_2} \right) \geqslant 0$, 则当且仅当其判别式 $\Delta_2 = \dfrac{\alpha}{\lambda_1 p} - \dfrac{\beta}{\lambda_2 q} - \left(\dfrac{1}{\lambda_1 q} - \dfrac{1}{\lambda_2 p} \right) = 0$ 时, T 是 $L_p^\alpha (0, +\infty)$ 到 $L_p^{\beta(1-p)}(0, +\infty)$ 的有界算子, 且 T 的范数为

$$\|T\| = \left(\frac{\lambda_2}{\lambda_1} \right)^{\frac{1}{q}} \int_0^{+\infty} G_2 \left(t^{\lambda_2} \right) t^{-\frac{\beta+1}{q}} \mathrm{d}t = \left(\frac{\lambda_1}{\lambda_2} \right)^{\frac{1}{p}} \int_0^{+\infty} G_2 \left(t^{\lambda_1} \right) t^{-\frac{\alpha+1}{p}} \mathrm{d}t.$$

例 6.2.1 设 $\dfrac{1}{p} + \dfrac{1}{q} = 1 \ (p > 1)$, $\lambda_1 > 0$, $\lambda_2 > 0$, $a > 0$, $b > 0$, $\dfrac{p}{q} - \lambda_1 p (a + b) < \alpha < \dfrac{p}{q}, \dfrac{\alpha}{\lambda_1 p} + \dfrac{\beta}{\lambda_2 q} = \dfrac{1}{\lambda_1 q} + \dfrac{1}{\lambda_2 p} - (a + b)$, 求证: 算子 T:

$$T (f) (y) = \int_0^{+\infty} \frac{f(x) \, \mathrm{d}x}{|x^{\lambda_1} - y^{\lambda_2}|^a \left(\max \{x^{\lambda_1}, y^{\lambda_2}\} \right)^b}$$

是从 $L_p^\alpha (0, +\infty)$ 到 $L_p^{\beta(1-p)}(0, +\infty)$ 的有界算子.

证明 记

$$G_1 \left(x^{\lambda_1}, y^{\lambda_2} \right) = \frac{1}{|x^{\lambda_1} - y^{\lambda_2}|^a \left(\max \{x^{\lambda_1}, y^{\lambda_2}\} \right)^b}.$$

则 $G_1(u, v)$ 是 $-(a + b)$ 阶齐次非负函数. 因为

$$W_2 (\alpha, p) = \int_0^{+\infty} G \left(t^{\lambda_1}, 1 \right) t^{-\frac{\alpha+1}{p}} \mathrm{d}t = \int_0^{+\infty} \frac{t^{-(\alpha+1)/p}}{|t^{\lambda_1} - 1|^a \left(\max \{t^{\lambda_1}, 1\} \right)^b} \mathrm{d}t$$

$$= \int_0^1 \frac{1}{(1-t^{\lambda_1})^a \, t^{(\alpha+1)/p}} \mathrm{d}t + \int_1^{+\infty} \frac{1}{(t^{\lambda_1}-1)^a \, t^{\lambda_1 b + (\alpha+1)/p}} \mathrm{d}t = I_1 + I_2 \,,$$

根据 $\alpha < \dfrac{p}{q}$, 有 $(\alpha+1)/p < 1$, 故积分 I_1 收敛. 根据 $\dfrac{p}{q} - \lambda_1 p\,(a+b) < \alpha$, 有 $\lambda_1 a + \lambda_1 b + (\alpha+1)/p > 1$, 故积分 I_2 收敛. 于是

$$W_2\,(\alpha,p) < +\infty, \quad W_1\,(\beta,q) = \frac{\lambda_1}{\lambda_2} W_2\,(\beta,q) < +\infty.$$

又 $\dfrac{\alpha}{\lambda_1 p} + \dfrac{\beta}{\lambda_2 q} = \dfrac{1}{\lambda_1 q} + \dfrac{1}{\lambda_2 p} - (a+b)$, 根据定理 6.2.1, 知 T 是从 $L_p^\alpha\,(0,+\infty)$ 到 $L_p^{\beta(1-p)}\,(0,+\infty)$ 的有界算子. 证毕.

例 6.2.2　设 $\dfrac{1}{p} + \dfrac{1}{q} = 1$ $(p>1)$, $a,b,c,d \in \mathbb{R}_+$, $\alpha = \dfrac{p}{q} - 2\lambda_1 p$, $\beta = \dfrac{q}{p} - 2\lambda_2 q$, $\lambda_1 > 0$, $\lambda_2 > 0$, 定义算子 T:

$$T\,(f)\,(y) = \int_0^{+\infty} \frac{f\,(x)\,\mathrm{d}x}{(x^{\lambda_1} + ay^{\lambda_2})(x^{\lambda_1} + by^{\lambda_2})(x^{\lambda_1} + cy^{\lambda_2})(x^{\lambda_1} + dy^{\lambda_2})}.$$

求证: T 是 $L_p^\alpha\,(0,+\infty)$ 到 $L_p^{\beta(1-p)}\,(0,+\infty)$ 的有界算子.

证明　记

$$G_1\left(x^{\lambda_1},y^{\lambda_2}\right) = \frac{1}{(x^{\lambda_1} + ay^{\lambda_2})(x^{\lambda_1} + by^{\lambda_2})(x^{\lambda_1} + cy^{\lambda_2})(x^{\lambda_1} + dy^{\lambda_2})},$$

则 $G\,(u,v)$ 是 -4 阶齐次非负函数.

因为 $\alpha = \dfrac{p}{q} - 2\lambda_1 p$, $\beta = \dfrac{q}{p} - 2\lambda_2 q$, 故有

$$\Delta_1 = \frac{\alpha}{\lambda_1 p} + \frac{\beta}{\lambda_2 q} - \left(\frac{1}{\lambda_1 q} + \frac{1}{\lambda_2 p} - 4\right) = 0.$$

于是 $\lambda_1 W_2\,(\alpha,p) = \lambda_2 W_1\,(\beta,q)$. 又因为

$$W_2\,(\alpha,p) = \int_0^{+\infty} G\left(t^{\lambda_1},1\right) t^{-\frac{\alpha+1}{p}} \mathrm{d}t = \int_0^{+\infty} G\left(t^{\lambda_1},1\right) t^{2\lambda_1 - 1} \mathrm{d}t$$

$$= \int_0^{+\infty} \frac{1}{t^{1-2\lambda}\,(t^{\lambda_1} + a)(t^{\lambda_1} + b)(t^{\lambda_1} + c)(t^{\lambda_1} + d)} \mathrm{d}t,$$

而 $1 - 2\lambda_1 < 1$, $(1 - 2\lambda_1) + 4\lambda_1 = 1 + 2\lambda_1 > 1$, 故 $W_2\,(\alpha,p)$ 收敛, $W_1\,(\beta,q)$ 也收敛.

根据定理 6.2.1, 知 T 是 $L_p^\alpha(0, +\infty)$ 到 $L_p^{\beta(1-p)}(0, +\infty)$ 的有界算子. 证毕.

例 6.2.3 设 $\dfrac{1}{p} + \dfrac{1}{q} = 1$ $(p > 1)$, $\lambda > -1$, $\lambda_1 \lambda_2 > 0$, 定义算子 T 为

$$T(f)(y) = \int_0^{+\infty} \frac{\arctan^\lambda (x^{\lambda_1}/y^{\lambda_2})}{(x^{\lambda_1})^2 + (y^{\lambda_2})^2} f(x) \, dx,$$

求证: T 是 $L_p^{p(\frac{1}{q} - \lambda_1)}(0, +\infty)$ 到 $L_p^{\lambda_2 p - 1}(0, +\infty)$ 的有界算子, 且 T 的算子范数为

$$\|T\| = \frac{1}{|\lambda_1|^{1/q} |\lambda_2|^{1/p} (\lambda + 1)} \left(\frac{\pi}{2}\right)^{\lambda+1}.$$

证明 记

$$G_1\left(x^{\lambda_1}, y^{\lambda_2}\right) = \arctan^\lambda (x^{\lambda_1}/y^{\lambda_2}) / \left[\left(x^{\lambda_1}\right)^2 + \left(y^{\lambda_2}\right)^2\right],$$

则 $G_1(u, v)$ 是 -2 阶齐次函数. 记 $\alpha = p\left(\dfrac{1}{q} - \lambda_1\right)$, $\beta = q\left(\dfrac{1}{p} - \lambda_2\right)$, 则计算可得

$$\frac{\alpha}{\lambda_1 p} + \frac{\beta}{\lambda_2 p} = \frac{1}{\lambda_1 q} + \frac{1}{\lambda_2 p} + (-2), \quad \beta(1 - p) = \lambda_2 p - 1.$$

又因为

$$\begin{aligned}
W_2(\alpha, p) &= \int_0^{+\infty} G_1\left(t^{\lambda_1}, 1\right) t^{-\frac{\alpha+1}{p}} dt = \frac{1}{|\lambda_1|} \int_0^{+\infty} G_1(u, 1) u^{\frac{1}{\lambda_1}\left(\frac{1}{q} - \frac{\alpha}{p}\right) - 1} du \\
&= \frac{1}{|\lambda_1|} \int_0^{+\infty} \frac{\arctan^\lambda u}{1 + u^2} du = \frac{1}{|\lambda_1|} \int_0^{+\infty} \arctan^\lambda u \, d(\arctan u) \\
&= \frac{1}{|\lambda_1|(\lambda + 1)} \arctan^{\lambda+1} u \Big|_0^{+\infty} = \frac{1}{|\lambda_1|(\lambda + 1)} \left(\frac{\pi}{2}\right)^{\lambda+1}.
\end{aligned}$$

根据定理 6.2.1, 本例结论成立. 证毕.

例 6.2.4 设 $\dfrac{1}{p} + \dfrac{1}{q} = 1$ $(p > 1)$, $\lambda > 0$, $\lambda_1 > 0$, $\lambda_2 > 0$, $a > 0$, $b > 0$, $\dfrac{p}{q} - \lambda_1 p > \alpha > \dfrac{p}{q} - p\lambda_1 \lambda$, $\dfrac{q}{p} > \beta > \dfrac{q}{p} - q\lambda_2 \lambda$. 求证: 当且仅当 $\dfrac{\alpha}{\lambda_1 p} - \dfrac{\beta}{\lambda_2 q} = \dfrac{1}{\lambda_1 q} - \dfrac{1}{\lambda_2 p}$ 时, 算子 T:

$$T(f)(y) = \int_0^{+\infty} \frac{\ln\left(1 + bx^{\lambda_1} y^{\lambda_2}\right)}{\left(a + x^{\lambda_1} y^{\lambda_2}\right)^\lambda} f(x) \, dx$$

是 $L_p^\alpha (0, +\infty)$ 到 $L_p^{\beta(1-p)} (0, +\infty)$ 的有界算子.

证明　记

$$G_2 \left(x^{\lambda_1} y^{\lambda_2} \right) = \frac{\ln \left(1 + bx^{\lambda_1} y^{\lambda_2} \right)}{\left(a + x^{\lambda_1} y^{\lambda_2} \right)^\lambda}, \quad x > 0, y > 0,$$

则 $G_2 \left(x^{\lambda_1} y^{\lambda_2} \right) \geqslant 0$.

记 $\sigma = \dfrac{1}{\lambda_1} \left(\dfrac{\alpha}{p} - \dfrac{1}{q} \right) + 1$, 根据 $\alpha > \dfrac{p}{q} - p\lambda_1\lambda$, 可得 $\lambda + \dfrac{1}{\lambda_1} \left(\dfrac{\alpha}{p} - \dfrac{1}{q} \right) + 1 > 1$, 于是 $\lambda + \sigma > 1$, 存在 $\delta > 0$, 使 $\lambda + \sigma - \delta > 1$.

$$W_2 (\alpha, p) = \int_0^{+\infty} G_2 \left(t^{\lambda_1} \right) t^{-\frac{\alpha+1}{p}} dt = \frac{1}{\lambda_1} \int_0^{+\infty} G_2 (u) u^{\frac{1}{\lambda_1} \left(\frac{1}{q} - \frac{\alpha}{p} \right) - 1} du$$

$$= \frac{1}{\lambda_1} \int_0^{+\infty} \frac{\ln (1 + au)}{(a + u)^\lambda} u^{-\frac{1}{\lambda_1} \left(\frac{\alpha}{p} - 1 \right) - 1} du = \frac{1}{\lambda_1} \int_0^{+\infty} \frac{\ln (1 + bu)}{(a + u)^\lambda u^{\sigma+1}} du$$

$$= \frac{1}{\lambda_1} \int_0^1 \frac{\ln (1 + bu)}{(a + u)^\lambda u^{\sigma+1}} du + \frac{1}{\lambda_1} \int_1^{+\infty} \frac{\ln (1 + bu)}{(a + u)^\lambda u^{\sigma+1}} du = I_1 + I_2,$$

由于 $\alpha < \dfrac{p}{q} - \lambda_1 p$, 可知 $\sigma + 1 < 1$, 从而 I_1 收敛, 又因为

$$\lim_{u \to +\infty} \frac{\ln (1 + bu)}{(a + u)^\lambda u^{\sigma+1}} \bigg/ \frac{1}{u^{\lambda+\sigma-\delta}} = \lim_{u \to +\infty} \frac{u^{\lambda-\delta-1} \ln (1 + bu)}{(a + u)^\lambda}$$

$$= \lim_{u \to +\infty} \left(\frac{u}{a + u} \right)^\lambda \frac{\ln (1 + bu)}{u^{\delta+1}} = \lim_{u \to +\infty} \frac{\ln (1 + bu)}{u^{\delta+1}} = \lim_{u \to +\infty} \frac{b (1 + bu)^{-1}}{(\delta + 1) u^\delta}$$

$$= \frac{b}{\delta + 1} \lim_{u \to +\infty} u^{-\delta} \frac{1}{1 + bu} = 0,$$

而 $\displaystyle\int_1^{+\infty} u^{-\lambda-\sigma+\delta} du$ 收敛, 故 I_2 收敛.

综上, $W_2 (\alpha, p) < +\infty$. 同理, 由 $\dfrac{q}{p} > \beta > \dfrac{q}{p} - q\lambda_2\lambda$, 可得

$$W_1 (\beta, q) = \int_0^{+\infty} G_2 \left(t^{\lambda_2} \right) t^{-\frac{\beta+1}{q}} dt < +\infty.$$

根据定理 6.2.1, 当且仅当 $\dfrac{\alpha}{\lambda_1 p} - \dfrac{\beta}{\lambda_2 q} = \dfrac{1}{\lambda_1 q} - \dfrac{1}{\lambda_2 p}$ 时, T 是 $L_p^\alpha (0, +\infty)$ 到 $L_p^{\beta(1-p)} (0, +\infty)$ 的有界算子. 证毕.

例 6.2.5　设 $\dfrac{1}{p} + \dfrac{1}{q} = 1$ $(p > 1)$, $p \neq q$, $\lambda_1\lambda_2 > 0$, $\lambda > 0$, 试判别算子 T:

$$T(f)(y) = \int_0^{+\infty} \frac{\min\{1, x^{\lambda_1} y^{\lambda_2}\}}{|1 - x^{\lambda_1} y^{\lambda_2}|^{\lambda}} |\ln(x^{\lambda_1} y^{\lambda_2})| \, dx$$

是否是从 $L_p^1(0, +\infty)$ 到 $L_p^{1-p}(0, +\infty)$ 的有界算子.

解 记

$$G(x^{\lambda_1} y^{\lambda_2}) = \frac{\min\{1, x^{\lambda_1} y^{\lambda_2}\}}{|1 - x^{\lambda_1} y^{\lambda_2}|^{\lambda}} |\ln(x^{\lambda_1} y^{\lambda_2})|, \quad x > 0, y > 0,$$

则 $G(x^{\lambda_1} y^{\lambda_2}) \geqslant 0$. 又记 $\alpha = \beta = 1$, 根据定理 6.2.1, T 若是 $L_p^{\alpha}(0, +\infty)$ 到 $L_p^{\beta(1-p)}(0, +\infty)$ 的有界算子, 则有

$$\frac{1}{\lambda_1 p} - \frac{1}{\lambda_2 q} = \frac{\alpha}{\lambda_1 p} - \frac{\beta}{\lambda_2 q} = \frac{1}{\lambda_1 q} - \frac{1}{\lambda_2 p}.$$

故 $\dfrac{1}{p}\left(\dfrac{1}{\lambda_1} + \dfrac{1}{\lambda_2}\right) = \dfrac{1}{q}\left(\dfrac{1}{\lambda_1} + \dfrac{1}{\lambda_2}\right)$, 从而 $p = q$, 这与 $p \neq q$ 矛盾. 所以 T 不是从 $L_p^1(0, +\infty)$ 到 $L_p^{1-p}(0, +\infty)$ 的有界算子. 解毕.

6.3 构建 Hilbert 型级数不等式的参数条件

6.3.1 齐次核的 Hilbert 型级数不等式的构建条件

引理 6.3.1 设 $\dfrac{1}{p} + \dfrac{1}{q} = 1$ $(p > 1)$, $K(x, y)$ 是 λ 阶齐次非负可测函数, $\dfrac{\alpha}{p} + \dfrac{\beta}{q} - (\lambda + 1) = c$, $K(1, t) t^{-\frac{\beta+1}{q}}$ 及 $K(t, 1) t^{-\frac{\alpha+1}{p}+c}$ 都在 $(0, +\infty)$ 上递减, 记

$$W_1(\beta, q) = \int_0^{+\infty} K(1, t) t^{-\frac{\beta+1}{q}} dt, \quad W_2(\alpha, p) = \int_0^{+\infty} K(t, 1) t^{-\frac{\alpha+1}{p}+c} dt,$$

则 $W_1(\beta, q) = W_2(\alpha, p)$, 且

$$\omega_1(\beta, q, m) = \sum_{n=1}^{\infty} K(m, n) n^{-\frac{\beta+1}{q}} \leqslant m^{\lambda - \frac{\beta}{q} + \frac{1}{p}} W_1(\beta, q),$$

$$\omega_2(\alpha, p, n) = \sum_{m=1}^{\infty} K(m, n) m^{-\frac{\alpha+1}{p}+c} \leqslant n^{\lambda - \frac{\alpha}{p} + \frac{1}{q} + c} W_2(\alpha, p)$$

证明 利用引理 6.1.1 证明方法, 可得 $W_1(\beta, q) = W_2(\alpha, p)$.

因为 $K(1, t) t^{-\frac{\beta+1}{q}}$ 在 $(0, +\infty)$ 上递减, 有

$$\omega_1(\beta, q, m) = m^{\lambda - \frac{\beta+1}{q}} \sum_{n=1}^{\infty} K\left(1, \frac{n}{m}\right) \left(\frac{n}{m}\right)^{-\frac{\beta+1}{q}}$$

$$\leqslant m^{\lambda-\frac{\beta+1}{q}} \int_0^{+\infty} K\left(1,\frac{u}{m}\right)\left(\frac{u}{m}\right)^{-\frac{\beta+1}{q}} \mathrm{d}u$$

$$= m^{\lambda-\frac{\beta+1}{q}+1} \int_0^{+\infty} K\left(1,t\right) t^{-\frac{\beta+1}{q}} \mathrm{d}t$$

$$= m^{\lambda-\frac{\beta}{q}+\frac{1}{p}} W_1\left(\beta,q\right).$$

同理可证 $\omega_2\left(\alpha,p,n\right) \leqslant n^{\lambda-\frac{\alpha}{p}+\frac{1}{q}+c} W_2\left(\alpha,p\right)$. 证毕.

定理 6.3.1　设 $\dfrac{1}{p}+\dfrac{1}{q}=1\,(p>1)$, $\lambda,\alpha,\beta \in \mathbb{R}$, $K(x,y)$ 是 λ 阶齐次非负可测函数, $\dfrac{\alpha}{p}+\dfrac{\beta}{q}-(\lambda+1)=c$, $K\left(1,t\right) t^{-\frac{\lambda+1}{q}}$, $K\left(t,1\right) t^{-\frac{\alpha+1}{p}}$ 及 $K\left(t,1\right) t^{-\frac{\alpha+1}{p}+c}$ 都在 $(0,+\infty)$ 上递减, 且

$$W_1\left(\beta,q\right) = \int_0^{+\infty} K\left(1,t\right) t^{-\frac{\beta+1}{q}} \mathrm{d}t < +\infty,$$

$$W_2\left(\alpha,p\right) = \int_0^{+\infty} K\left(t,1\right) t^{-\frac{\alpha+1}{p}+c} \mathrm{d}t < +\infty,$$

那么

(i) 当且仅当 $c \geqslant 0$ 即 $\dfrac{\alpha}{p}+\dfrac{\beta}{q}-(\lambda+1) \geqslant 0$, 存在常数 $M>0$, 使

$$\sum_{n=1}^{\infty}\sum_{m=1}^{\infty} K\left(m,n\right) a_m b_n \leqslant M \left\|\widetilde{a}\right\|_{p,\alpha} \left\|\widetilde{b}\right\|_{q,\beta}, \tag{6.3.1}$$

其中 $\widetilde{a}=\{a_m\} \in l_p^\alpha$, $\widetilde{b}=\{b_n\} \in l_q^\beta$.

(ii) 当 $c=0$ 即 $\dfrac{\alpha}{p}+\dfrac{\beta}{q}=\lambda+1$ 时, (6.3.1) 式的最佳常数因子为

$$\inf M = W_1\left(\beta,q\right) = W_2\left(\alpha,p\right).$$

证明　(i) 设存在常数 $M>0$ 使 (6.3.1) 式成立.
若 $c<0$, 取 $0<\varepsilon<-c$, 令

$$a_m = m^{(-\alpha-1-\varepsilon)/p} \quad (m=1,2,\cdots), \quad b_n = n^{(-\beta-1-\varepsilon)/q} \quad (n=1,2,\cdots),$$

则计算可得

$$\left\|\widetilde{a}\right\|_{p,\alpha} \left\|\widetilde{b}\right\|_{q,\beta} = \left(\sum_{m=1}^{\infty} m^{-1-\varepsilon}\right)^{\frac{1}{p}} \left(\sum_{n=1}^{\infty} n^{-1-\varepsilon}\right)^{\frac{1}{q}} = 1 + \sum_{k=2}^{\infty} k^{-1-\varepsilon}$$

$$\leqslant 1 + \int_1^{+\infty} t^{-1-\varepsilon} \mathrm{d}t = 1 + \frac{1}{\varepsilon} = \frac{1}{\varepsilon}(1+\varepsilon).$$

根据 $K(t,1)\,t^{-\frac{\alpha+1}{p}}$ 在 $(0,+\infty)$ 上递减, 故有

$$\begin{aligned}
\sum_{n=1}^{\infty}\sum_{m=1}^{\infty} K(m,n)\,a_m b_n &= \sum_{n=1}^{\infty} n^{-\frac{\beta+1+\varepsilon}{q}}\left(\sum_{m=1}^{\infty} K(m,n)\,m^{-\frac{\alpha+1+\varepsilon}{p}}\right)\\
&= \sum_{n=1}^{\infty} n^{\lambda-\frac{\beta+1+\varepsilon}{q}-\frac{\alpha+1+\varepsilon}{p}}\left(\sum_{m=1}^{\infty} K\left(\frac{m}{n},1\right)\left(\frac{m}{n}\right)^{-\frac{\alpha+1+\varepsilon}{p}}\right)\\
&\geqslant \sum_{n=1}^{\infty} n^{\lambda-\frac{\beta+1+\varepsilon}{q}-\frac{\alpha+1+\varepsilon}{p}}\left(\int_1^{+\infty} K\left(\frac{u}{n},1\right)\left(\frac{u}{n}\right)^{-\frac{\alpha+1+\varepsilon}{p}}\mathrm{d}u\right)\\
&= \sum_{n=1}^{\infty} n^{\lambda-\frac{\beta+1+\varepsilon}{q}-\frac{\alpha+1+\varepsilon}{p}+1}\left(\int_{\frac{1}{n}}^{+\infty} K(t,1)\,t^{-\frac{\alpha+1+\varepsilon}{p}}\mathrm{d}t\right)\\
&\geqslant \sum_{n=1}^{\infty} n^{-1-(c+\varepsilon)}\int_1^{+\infty} K(t,1)\,t^{-\frac{\alpha+1+\varepsilon}{p}}\mathrm{d}t.
\end{aligned}$$

综上可得

$$\sum_{n=1}^{\infty} n^{-1-(c+\varepsilon)}\int_1^{+\infty} K(t,1)\,t^{-\frac{\alpha+1+\varepsilon}{p}}\mathrm{d}t \leqslant \frac{M}{\varepsilon}(1+\varepsilon) < +\infty.$$

因为 $c+\varepsilon < 0$, 故 $\displaystyle\sum_{n=1}^{\infty} n^{-1-(c+\varepsilon)} = +\infty$, 这就得到了矛盾. 所以 $c \geqslant 0$.

反之, 设 $c \geqslant 0$, 根据级数的 Hölder 不等式及引理 6.1.1, 有

$$\sum_{n=1}^{\infty}\sum_{m=1}^{\infty} K(m,n)\,a_m b_n$$

$$= \sum_{n=1}^{\infty}\sum_{m=1}^{\infty}\left(\frac{m^{\frac{1}{pq}(\alpha+1-pc)}}{n^{\frac{1}{pq}(p+1)}}a_m\right)\left(\frac{n^{\frac{1}{pq}(\beta+1)}}{m^{\frac{1}{pq}(\alpha+1-pc)}}b_n\right)K(m,n)$$

$$\leqslant \left(\sum_{n=1}^{\infty}\sum_{m=1}^{\infty}\frac{m^{(\alpha+1-pc)/q}}{n^{(\beta+1)/q}}a_m^p K(m,n)\right)^{\frac{1}{p}}\left(\sum_{n=1}^{\infty}\sum_{m=1}^{\infty}\frac{n^{(\beta+1)/p}}{m^{(\alpha+1-pc)/p}}b_n^q K(m,n)\right)^{\frac{1}{q}}$$

$$= \left(\sum_{m=1}^{\infty} m^{\frac{\alpha+1-pc}{q}}a_m^p\,\omega_1(\beta,q,m)\right)^{\frac{1}{p}}\left(\sum_{n=1}^{\infty} n^{\frac{\beta+1}{p}}b_n^q\,\omega_2(\alpha,p,n)\right)^{\frac{1}{q}}$$

$$\leqslant W_1^{\frac{1}{p}}(\beta,q)\,W_2^{\frac{1}{q}}(\alpha,p)\left(\sum_{m=1}^{\infty} m^{\frac{\alpha+1-pc}{q}+\lambda-\frac{\beta}{q}+\frac{1}{p}}a_m^p\right)^{\frac{1}{p}}\left(\sum_{n=1}^{\infty} n^{\frac{\beta+1}{p}+\lambda-\frac{\alpha}{p}+\frac{1}{q}+c}b_n^q\right)^{\frac{1}{q}}$$

$$= W_1^{\frac{1}{p}}\left(\beta,q\right) W_2^{\frac{1}{q}}\left(\alpha,p\right)\left(\sum_{m=1}^{\infty} m^{\alpha-pc}a_m^p\right)^{\frac{1}{p}}\left(\sum_{n=1}^{\infty} n^{\beta}b_n^q\right)^{\frac{1}{q}}$$

$$\leqslant W_1^{\frac{1}{p}}\left(\beta,q\right) W_2^{\frac{1}{q}}\left(\alpha,p\right)\left(\sum_{m=1}^{\infty} m^{\alpha}a_m^p\right)^{\frac{1}{p}}\left(\sum_{n=1}^{\infty} n^{\beta}b_n^q\right)^{\frac{1}{q}}$$

$$= W_1^{\frac{1}{p}}\left(\beta,q\right) W_2^{\frac{1}{q}}\left(\alpha,p\right)\left\|\widetilde{a}\right\|_{p,\alpha}\left\|\widetilde{b}\right\|_{q,\beta}.$$

任取 $M \geqslant W_1^{\frac{1}{p}}\left(\beta,q\right) W_2^{\frac{1}{q}}\left(\alpha,p\right)$, 都可得到 (6.3.1) 式.

(ii) 当 $c=0$ 时, 设 (6.3.1) 式的最佳常数因子为 M_0, 则由上述证明可知 $M_0 \leqslant W_1^{\frac{1}{p}}\left(\beta,q\right) W_2^{\frac{1}{q}}\left(\alpha,p\right)$, 且有

$$\sum_{n=1}^{\infty}\sum_{m=1}^{\infty} K\left(m,n\right)a_m b_n \leqslant M_0 \left\|\widetilde{a}\right\|_{p,\alpha}\left\|\widetilde{b}\right\|_{q,\beta}.$$

取充分小的 $\varepsilon>0$ 及足够大的自然数 N. 令 $b_n = n^{(-\beta-1-\varepsilon)/q}$, $n=1,2,\cdots$,

$$a_m = \begin{cases} m^{(-\alpha-1-\varepsilon)/p}, & m=N,N+1,\cdots, \\ 0, & m=1,2,\cdots,N-1. \end{cases}$$

则有

$$M_0 \left\|\widetilde{a}\right\|_{p,\alpha}\left\|\widetilde{b}\right\|_{q,\beta} = M_0 \left(\sum_{m=N}^{\infty} m^{-1-\varepsilon}\right)^{\frac{1}{p}}\left(\sum_{n=1}^{\infty} n^{-1-\varepsilon}\right)^{\frac{1}{q}}$$

$$\leqslant M_0 \left(\int_{N-1}^{+\infty} t^{-1-\varepsilon}\mathrm{d}t\right)^{\frac{1}{p}}\left(1+\int_1^{+\infty} t^{-1-\varepsilon}\mathrm{d}t\right)^{\frac{1}{q}}$$

$$= \frac{M_0}{\varepsilon}\left(N-1\right)^{-\frac{\varepsilon}{p}}\left(1+\varepsilon\right)^{\frac{1}{q}}.$$

因为 $K\left(1,t\right)t^{-\frac{\beta+1}{q}}$ 在 $(0,+\infty)$ 上递减. 故有

$$\sum_{n=1}^{\infty}\sum_{m=1}^{\infty} K\left(m,n\right)a_m b_n = \sum_{m=N}^{\infty} m^{-\frac{\alpha+1+\varepsilon}{p}}\left(\sum_{n=1}^{\infty} K\left(m,n\right)n^{-\frac{\beta+1+\varepsilon}{q}}\right)$$

$$= \sum_{m=N}^{\infty} m^{\lambda-\frac{\alpha+1+\varepsilon}{p}-\frac{\beta+1+\varepsilon}{q}}\left(\sum_{n=1}^{\infty} K\left(1,\frac{n}{m}\right)\left(\frac{n}{m}\right)^{-\frac{\beta+1+\varepsilon}{q}}\right)$$

$$\geqslant \sum_{m=N}^{\infty} m^{\lambda-\frac{\alpha}{p}-\frac{\beta}{q}-1-\varepsilon}\left(\int_1^{+\infty} K\left(1,\frac{u}{m}\right)\left(\frac{u}{m}\right)^{-\frac{\beta+1+\varepsilon}{q}}\mathrm{d}u\right)$$

$$= \sum_{m=N}^{\infty} m^{\lambda - \left(\frac{\alpha}{p} + \frac{\beta}{q}\right) - \varepsilon} \left(\int_{\frac{1}{m}}^{+\infty} K(1,t) t^{-\frac{\beta+1+\varepsilon}{q}} \mathrm{d}t \right)$$

$$\geqslant \sum_{m=N}^{\infty} m^{-1-\varepsilon} \int_{\frac{1}{N}}^{+\infty} K(1,t) t^{-\frac{\beta+1+\varepsilon}{q}} \mathrm{d}t$$

$$\geqslant \int_{N}^{+\infty} t^{-1-\varepsilon} \mathrm{d}t \int_{\frac{1}{N}}^{+\infty} K(1,t) t^{-\frac{\beta+1+\varepsilon}{q}} \mathrm{d}t$$

$$= \frac{1}{\varepsilon} N^{-\varepsilon} \int_{\frac{1}{N}}^{+\infty} K(1,t) t^{-\frac{\beta+1+\varepsilon}{q}} \mathrm{d}t.$$

综上, 我们得到

$$N^{-\varepsilon} \int_{\frac{1}{N}}^{+\infty} K(1,t) t^{-\frac{\beta+1+\varepsilon}{q}} \mathrm{d}t \leqslant M_0 (N-1)^{-\frac{\varepsilon}{p}} (1+\varepsilon)^{\frac{1}{q}}.$$

令 $\varepsilon \to 0^+$, 有

$$\int_{\frac{1}{N}}^{+\infty} K(1,t) t^{-\frac{\beta+1}{q}} \mathrm{d}t \leqslant M_0,$$

再令 $N \to +\infty$, 并利用引理 6.3.1, 有

$$W_1^{\frac{1}{p}}(\beta, q) W_2^{\frac{1}{q}}(\alpha, p) = W_1(\beta, q) = \int_0^{+\infty} K(1,t) t^{-\frac{\beta+1}{q}} \mathrm{d}t \leqslant M_0$$

故 (6.3.1) 式的最佳常数因子 $M_0 = W_1(\beta, q) = W_2(\alpha, p)$. 证毕.

在定理 6.3.1 中取 $\alpha = \beta = 0$, 可得:

推论 6.3.1 设 $\frac{1}{p} + \frac{1}{q} = 1 \ (p > 1)$, $K(x,y)$ 是 λ 阶齐次非负函数, $K(1,t) t^{-\frac{1}{q}}$, $K(t,1) t^{-\frac{1}{p}}$ 及 $K(t,1) t^{-\frac{1}{p} - (\lambda+1)}$ 都在 $(0, +\infty)$ 上递减, 且

$$W_1 = \int_0^{+\infty} K(1,t) t^{-\frac{1}{q}} \mathrm{d}t < +\infty, \quad W_2 = \int_0^{+\infty} K(t,1) t^{-\frac{1}{p} - (\lambda+1)} \mathrm{d}t < +\infty.$$

那么

(i) 当且仅当 $\lambda < -1$ 时, 存在常数 $M > 0$, 使

$$\sum_{n=1}^{\infty} \sum_{m=1}^{\infty} K(m,n) a_m b_n \leqslant M \|\widetilde{a}\|_p \left\|\widetilde{b}\right\|_q, \tag{6.3.2}$$

其中 $\widetilde{a} = \{a_m\} \in l_p$, $\widetilde{b} = \{b_n\} \in l_q$.

(ii) 当 $\lambda = -1$ 时, (6.3.2) 式的最佳常数因子是 $M_0 = W_1 = W_2$.

例 6.3.1　设 $\dfrac{1}{p} + \dfrac{1}{q} = 1\ (p > 1)$, $\dfrac{1}{r} + \dfrac{1}{s} = 1\ (r > 1)$, $\lambda > 0$, $\sigma > 0$, $\alpha = \dfrac{p}{r}(1 - \lambda\sigma)$, $\beta = \dfrac{q}{s}(1 - \lambda\sigma)$, $\max\left\{ s\left(\dfrac{1}{q} - \dfrac{1}{r}\right), r\left(\dfrac{1}{p} - \dfrac{1}{s}\right) \right\} < \lambda\sigma \leqslant \min\left\{ 1 + \dfrac{r}{p}, 1 + \dfrac{s}{q} \right\}$, $\widetilde{a} = \{a_m\} \in l_p^{\alpha}$, $\widetilde{b} = \{b_n\} \in l_q^{\beta}$, 求证:

$$\sum_{n=1}^{\infty} \sum_{m=1}^{\infty} \frac{1}{(m^\lambda + n^\lambda)^\sigma} a_m b_n$$
$$\leqslant \frac{1}{\lambda} B\left(\frac{\sigma}{s} + \frac{1}{\lambda}\left(\frac{1}{r} - \frac{1}{q}\right), \frac{\sigma}{r} + \frac{1}{\lambda}\left(\frac{1}{s} - \frac{1}{p}\right) \right) \|\widetilde{a}\|_{p,\alpha} \left\|\widetilde{b}\right\|_{q,\beta},$$

其中的常数因子是最佳的.

证明　记 $K(x, y) = 1/(x^\lambda + y^\lambda)^\sigma$, 则 $K(x, y)$ 是 $-\lambda\sigma$ 阶齐次非负函数. 由于 $\alpha = \dfrac{p}{r}(1 - \lambda\sigma)$, $\beta = \dfrac{q}{s}(1 - \lambda\sigma)$, 故

$$\frac{\alpha}{p} + \frac{\beta}{q} = \frac{1}{r}(1 - \lambda\sigma) + \frac{1}{s}(1 - \lambda\sigma) = 1 + (-\lambda\sigma).$$

根据 $\lambda\sigma \leqslant \min\left\{ 1 + \dfrac{r}{p}, 1 + \dfrac{s}{q} \right\}$, 可知 $-\dfrac{\alpha + 1}{p} \leqslant 0$, $-\dfrac{\beta + 1}{q} \leqslant 0$, 于是

$$K(t, 1)\, t^{-\frac{\alpha+1}{p}} = \frac{1}{(t^\lambda + 1)^\sigma} t^{-\frac{\alpha+1}{p}}, \quad K(1, t)\, t^{-\frac{\beta+1}{q}} = \frac{1}{(1 + t^\lambda)^\sigma} t^{-\frac{\beta+1}{q}}$$

都在 $(0, +\infty)$ 上递减, 又根据 $\lambda\sigma > \max\left\{ s\left(\dfrac{1}{q} - \dfrac{1}{r}\right), r\left(\dfrac{1}{p} - \dfrac{1}{s}\right) \right\}$, 可知

$$\frac{\sigma}{s} + \frac{1}{\lambda}\left(\frac{1}{r} - \frac{1}{q}\right) > 0, \quad \frac{\sigma}{r} + \frac{1}{\lambda}\left(\frac{1}{s} - \frac{1}{p}\right) > 0,$$

于是

$$W_2(\alpha, p) = W_1(\beta, q) = \int_0^{+\infty} K(1, t)\, t^{-\frac{\beta+1}{q}}\, \mathrm{d}t = \int_0^{+\infty} \frac{1}{(1 + t^\lambda)^\sigma} t^{-\frac{\beta+1}{q}}\, \mathrm{d}t$$

$$= \frac{1}{\lambda} \int_0^{+\infty} \frac{1}{(1 + u)^\sigma} u^{-\frac{1}{\lambda}\left(\frac{\beta+1}{q} - 1\right) - 1}\, \mathrm{d}u$$

$$= \frac{1}{\lambda} \int_0^{+\infty} \frac{1}{(1 + u)^\sigma} u^{\frac{\sigma}{s} + \frac{1}{\lambda}\left(\frac{1}{r} - \frac{1}{q}\right) - 1}\, \mathrm{d}u$$

$$= \frac{1}{\lambda} B\left(\frac{\sigma}{s} + \frac{1}{\lambda}\left(\frac{1}{r} - \frac{1}{q}\right), \sigma - \frac{\sigma}{s} - \frac{1}{\lambda}\left(\frac{1}{r} - \frac{1}{q}\right)\right)$$

$$= \frac{1}{\lambda} B\left(\frac{\sigma}{s} + \frac{1}{\lambda}\left(\frac{1}{r} - \frac{1}{q}\right), \frac{\sigma}{r} + \frac{1}{\lambda}\left(\frac{1}{s} - \frac{1}{p}\right)\right) < +\infty.$$

根据定理 6.3.1, 知 (6.3.2) 式成立, 且常数因子是最佳值. 证毕.

例 6.3.2 设 $\frac{1}{p} + \frac{1}{q} = 1$ $(p > 1)$, $\frac{1}{r} + \frac{1}{s} = 1$ $(r > 1)$, $\lambda > 0$, $\max\left\{p\left(\frac{1}{p} - \frac{1}{s}\right),\right.$ $\left.q\left(\frac{1}{s} - \frac{1}{p}\right)\right\} < \lambda \leqslant \min\left\{1 + \frac{q}{s}, 1 + \frac{p}{r}\right\}$, $\widetilde{a} = \{a_m\} \in l_p^{\frac{p}{r} - \lambda}$, $\widetilde{b} = \{b_n\} \in l_q^{\frac{q}{s} - \lambda}$, 求证:

$$\sum_{n=1}^{\infty} \sum_{m=1}^{\infty} \frac{\ln(m/n)}{m^\lambda - n^\lambda} a_m b_n$$

$$\leqslant \left[\pi\left(\lambda \sin\left(\frac{\pi}{p} + \frac{\pi}{\lambda}\left(\frac{1}{s} - \frac{1}{p}\right)\right)^{-1}\right)\right]^2 \|\widetilde{a}\|_{p, \frac{p}{r} - \lambda} \left\|\widetilde{b}\right\|_{q, \frac{q}{s} - \lambda}, \tag{6.3.3}$$

其中的常数因子是最佳的.

证明 记 $K(x, y) = [\ln(x/y)]/(x^\lambda - y^\lambda)$, 则 $K(x, y)$ 是 $-\lambda$ 阶齐次非负函数.

令 $\alpha = \frac{p}{r} - \lambda$, $\beta = \frac{q}{s} - \lambda$, 则 $\frac{\alpha}{p} + \frac{\beta}{q} = 1 + (-\lambda)$. 因为 $\lambda > 0$, 根据引理 3.1.4, 可知 $(\ln t)/(t^\lambda - 1)$ 在 $(0, +\infty)$ 上递减, 由 $\lambda \leqslant \min\left\{1 + \frac{q}{s}, 1 + \frac{p}{r}\right\}$, 可知 $\frac{1}{q}(\lambda - 1) - \frac{1}{s} < 0$, $\frac{1}{p}(\lambda - 1) - \frac{1}{r} < 0$, 故

$$K(1, t) t^{-\frac{\beta+1}{q}} = \frac{\ln t}{t^\lambda - 1} t^{\frac{1}{q}(\lambda-1) - \frac{1}{s}}, \quad K(t, 1) t^{-\frac{\alpha+1}{p}} = \frac{\ln t}{t^\lambda - 1} t^{\frac{1}{p}(\lambda-1) - \frac{1}{r}}$$

都在 $(0, +\infty)$ 上递减.

根据 $\max\left\{p\left(\frac{1}{p} - \frac{1}{s}\right), q\left(\frac{1}{s} - \frac{1}{p}\right)\right\} < \lambda$, 可得 $0 < \frac{1}{p} + \frac{1}{\lambda}\left(\frac{1}{s} - \frac{1}{p}\right) < 1$, 再由 Beta 函数的性质, 有

$$W_1(\beta, q) = W_2(\alpha, p) = \int_0^{+\infty} K(t, 1) t^{-\frac{\alpha+1}{p}} dt$$

$$= \int_0^{+\infty} \frac{\ln t}{t^\lambda - 1} t^{\frac{1}{p}(\lambda-1) - \frac{1}{r}} dt = \frac{1}{\lambda^2} \int_0^{+\infty} \frac{\ln u}{u - 1} u^{\left[\frac{1}{p} + \frac{1}{\lambda}\left(\frac{1}{s} - \frac{1}{p}\right)\right] - 1} du$$

$$= \frac{1}{\lambda_2} B^2 \left(\frac{1}{p} + \frac{1}{\lambda} \left(\frac{1}{s} - \frac{1}{p} \right), 1 - \frac{1}{p} - \frac{1}{\lambda} \left(\frac{1}{s} - \frac{1}{p} \right) \right)$$

$$= \left[\pi \left(\lambda \sin \left(\frac{\pi}{p} + \frac{\pi}{\lambda} \left(\frac{1}{s} - \frac{1}{p} \right) \right)^{-1} \right) \right]^2.$$

根据定理 6.3.1, 知 (6.3.3) 式成立, 且常数因子是最佳的. 证毕.

注 在例 6.3.2 中取 $s = p$, 则可得到例 3.1.6 的结论.

例 6.3.3 设 $\frac{1}{p} + \frac{1}{q} = 1$ $(p > 1)$, $a > 0, b > 0, \widetilde{a} = \{a_m\} \in l_p, \widetilde{b} = \{b_n\} \in l_q$, 试讨论: 是否可以构建出如下的 Hilbert 型级数不等式:

$$\sum_{n=1}^{\infty} \sum_{m=1}^{\infty} \frac{a_m b_n}{\sqrt[4]{am^3 + bn^3}} \leqslant M \left\| \widetilde{a} \right\|_p \left\| \widetilde{b} \right\|_q, \tag{6.3.4}$$

$$\sum_{n=1}^{\infty} \sum_{m=1}^{\infty} \frac{a_m b_n}{\sqrt[3]{am^4 + bn^4}} \leqslant M \left\| \widetilde{a} \right\|_p \left\| \widetilde{b} \right\|_q. \tag{6.3.5}$$

解 (1) 因为 $K(x,y) = 1/\sqrt[4]{ax^3 + by^3}$ 是 $\lambda = -\frac{3}{4}$ 阶齐次函数, $\beta = \alpha = 0$, 而 $\lambda = -\frac{3}{4} > -1$. 根据推论 6.3.1, 不存在常数 $M > 0$ 使 (6.3.4) 式成立.

(2) 因为 $K(x,y) = 1/\sqrt[3]{ax^4 + by^4}$ 是 $\lambda = -\frac{4}{3}$ 阶的齐次函数, $\alpha = \beta = 0$, 满足 $\lambda = -\frac{4}{3} < -1$. 显然 $K(1,t) t^{-\frac{1}{q}} = \frac{1}{\sqrt[3]{a + bt^4}} t^{-\frac{1}{q}}$, $K(t,1) t^{-\frac{1}{p}} = \frac{1}{\sqrt[3]{at^4 + b}} t^{-\frac{1}{p}}$ 及 $K(t,1) t^{-\frac{1}{p} - (\lambda+1)} = \frac{1}{\sqrt[3]{at^4 + b}} t^{-\frac{1}{p} - \frac{1}{3}}$ 都在 $(0, +\infty)$ 上递减. 因为 $\frac{1}{q} < 1, \frac{1}{p} < 1$, 故

$$W_1 = \int_0^{+\infty} K(1,t) t^{-\frac{1}{q}} \mathrm{d}t = \int_0^{+\infty} \frac{1}{t^{1/q} (a + bt^4)^{1/3}} \mathrm{d}t,$$

$$W_2 = \int_0^{+\infty} K(t,1) t^{-\frac{1}{p}} \mathrm{d}t = \int_0^{+\infty} \frac{1}{t^{1/p} (at^4 + b)^{1/3}} \mathrm{d}t$$

都收敛. 根据推论 6.3.1, 存在常数 $M > 0$ 使 (6.3.5) 式成立. 解毕.

6.3.2   拟齐次核的 Hilbert 型级数不等式的构建条件

引理 6.3.2 设 $\frac{1}{p} + \frac{1}{q} = 1$ $(p > 0)$, $\lambda, \alpha, \beta \in \mathbb{R}$, $\lambda_1 \lambda_2 > 0$, $K(x,y) = G(x^{\lambda_1}, y^{\lambda_2})$, $G(u,v)$ 是 λ 阶齐次非负可测函数, $\frac{\alpha}{\lambda_1 p} + \frac{\beta}{\lambda_2 q} - \left(\lambda + \frac{1}{\lambda_1 q} + \frac{1}{\lambda_2 p} \right) =$

$\dfrac{c}{\lambda_1}$, $K(1,t)\,t^{-\frac{\beta+1}{q}}$ 及 $K(t,1)\,t^{-\frac{\alpha+1}{p}+c}$ 都在 $(0,+\infty)$ 上递减, 记

$$W_1(\beta,q) = \int_0^{+\infty} K(1,t)\,t^{-\frac{\beta+1}{q}}\mathrm{d}t, \quad W_2(\alpha,p) = \int_0^{+\infty} K(t,1)\,t^{-\frac{\alpha+1}{p}+c}\mathrm{d}t,$$

则 $\lambda_1 W_2(\alpha,p) = \lambda_2 W_1(\beta,q)$, 且

$$\omega_1(\beta,q,m) = \sum_{n=1}^{\infty} K(m,n)\,n^{-\frac{\beta+1}{q}} \leqslant m^{\lambda_1\left(\lambda+\frac{1}{\lambda_2 p}-\frac{\beta}{\lambda_2 q}\right)} W_1(\beta,q),$$

$$\omega_2(\alpha,p,n) = \sum_{m=1}^{\infty} K(m,n)\,m^{-\frac{\alpha+1}{p}+c} \leqslant n^{\lambda_2\left(\lambda+\frac{1}{\lambda_1 q}-\frac{\alpha}{\lambda_1 p}+\frac{c}{\lambda_1}\right)} W_2(\alpha,p).$$

证明 根据 $\dfrac{\alpha}{\lambda_1 p} + \dfrac{\beta}{\lambda_2 q} - \left(\lambda + \dfrac{1}{q\lambda_1} + \dfrac{1}{\lambda_2 p}\right) = \dfrac{c}{\lambda_1}$, 有

$$-\frac{\lambda_1}{\lambda_2}\left(\lambda\lambda_2 - \frac{\beta+1}{q}\right) - \frac{\lambda_1}{\lambda_2} - 1 = -\frac{\alpha+1}{p} + c,$$

故

$$\begin{aligned}
W_1(\beta,q) &= \int_0^{+\infty} K\left(t^{-\lambda_2/\lambda_1},1\right) t^{\lambda\lambda_2-\frac{\beta+1}{q}}\mathrm{d}t \\
&= \frac{\lambda_1}{\lambda_2} \int_0^{+\infty} K(u,1)\,u^{-\frac{\lambda_1}{\lambda_2}\left(\lambda\lambda_2-\frac{\beta+1}{q}\right)-\frac{\lambda_1}{\lambda_2}-1}\mathrm{d}u \\
&= \frac{\lambda_1}{\lambda_2} \int_0^{+\infty} K(u,1)\,u^{-\frac{\alpha+1}{p}+c}\mathrm{d}u \\
&= \frac{\lambda_1}{\lambda_2} W_2(\alpha,p).
\end{aligned}$$

故 $\lambda_1 W_2(\alpha,p) = \lambda_2 W_1(\beta,q)$.

因为 $K(t,1)\,t^{-\frac{\alpha+1}{p}+c}$ 在 $(0,+\infty)$ 上递减, 故有

$$\begin{aligned}
\omega_2(\alpha,p,n) &= n^{\lambda_2\lambda} \sum_{m=1}^{\infty} K\left(mn^{-\lambda_2/\lambda_1},1\right) m^{-\frac{\alpha+1}{p}+c} \\
&= n^{\lambda_2\lambda-\frac{\lambda_2}{\lambda_1}\left(\frac{\alpha+1}{p}-c\right)} \sum_{m=1}^{\infty} K\left(n^{-\lambda_2/\lambda_1}m,1\right) \left(n^{-\lambda_2/\lambda_1}m\right)^{-\frac{\alpha+1}{p}+c} \\
&\leqslant n^{\lambda_2\lambda-\frac{\lambda_2}{\lambda_1}\left(\frac{\alpha+1}{p}-c\right)} \int_0^{+\infty} K\left(n^{-\lambda_2/\lambda_1}u,1\right) \left(n^{-\lambda_2/\lambda_1}u\right)^{-\frac{\alpha+1}{p}+c}\mathrm{d}u
\end{aligned}$$

$$= n^{\lambda_2\lambda - \frac{\lambda_2}{\lambda_1}\left(\frac{\alpha+1}{p} - c\right) + \frac{\lambda_2}{\lambda_1}} \int_0^{+\infty} K(t,1) t^{-\frac{\alpha+1}{p} + c} \mathrm{d}t$$

$$= n^{\lambda_2\left(\lambda + \frac{1}{\lambda_1 q} - \frac{\alpha}{\lambda_1 p} + \frac{c}{\lambda_1}\right)} W_2(\alpha, p).$$

利用 $K(1,t) t^{-\frac{\beta+1}{q}}$ 在 $(0, +\infty)$ 上的递减性, 类似可得

$$\omega_1(p, q, m) \leqslant m^{\lambda_1\left(\lambda + \frac{1}{\lambda_2 p} - \frac{\beta}{\lambda_2 q}\right)} W_1(\beta, q).$$

证毕.

定理 6.3.2　设 $\frac{1}{p} + \frac{1}{q} = 1 \ (p > 1)$, $\lambda, \alpha, \beta \in \mathbb{R}$, $\lambda_1\lambda_2 > 0$, $K(x,y) = G(x^{\lambda_1}, y^{\lambda_2})$, $G(u,v)$ 是 λ 阶齐次非负可测函数, $\frac{\alpha}{\lambda_1 p} + \frac{\beta}{\lambda_2 q} - \left(\lambda + \frac{1}{\lambda_1 q} + \frac{1}{\lambda_2 p}\right) = \frac{c}{\lambda_1}$, $K(1,t) t^{-\frac{\beta+1}{q}}$, $K(t,1) t^{-\frac{\alpha+1}{p}}$ 及 $K(t,1) t^{-\frac{\alpha+1}{p} + c}$ 都在 $(0, +\infty)$ 上递减, 且

$$W_1(\beta, q) = \int_0^{+\infty} G(1, t^{\lambda_2}) t^{-\frac{\beta+1}{q}} \mathrm{d}t < +\infty,$$

$$W_2(\alpha, p) = \int_0^{+\infty} G(t^{\lambda_1}, 1) t^{-\frac{\alpha+1}{p} + c} \mathrm{d}t < +\infty,$$

那么

(i) 当且仅当 $c \geqslant 0$ 即 $\frac{\alpha}{\lambda_1 p} + \frac{\beta}{\lambda_2 q} \geqslant \lambda + \frac{1}{\lambda_1 q} + \frac{1}{\lambda_2 p}$ 时, 存在常数 $M > 0$, 使

$$\sum_{n=1}^{\infty}\sum_{m=1}^{\infty} G(m^{\lambda_1}, n^{\lambda_2}) a_m b_n \leqslant M \|\widetilde{a}\|_{p,\alpha} \left\|\widetilde{b}\right\|_{q,\beta}, \tag{6.3.6}$$

其中 $\widetilde{a} = \{a_m\} \in l_p^\alpha$, $\widetilde{b} = \{b_n\} \in l_q^\beta$.

(ii) 当 $c = 0$, 即 $\frac{\alpha}{\lambda_1 p} + \frac{\beta}{\lambda_2 q} = \lambda + \frac{1}{\lambda_1 q} + \frac{1}{\lambda_2 p}$ 时, (6.3.6) 式的最佳常数因子为

$$\inf M = \frac{W_0}{|\lambda_1|^{1/q} |\lambda_2|^{1/p}} \quad (W_0 = |\lambda_1| W_2(\alpha, p) = |\lambda_2| W_1(\beta, q)).$$

证明　(i) 设存在常数 $M > 0$, 使 (6.3.6) 式成立.

若 $c < 0$, 取 $\varepsilon = \frac{-c}{2|\lambda_1|} > 0$, 令

$$a_m = m^{(-\alpha-1-|\lambda_1|\varepsilon)/p} \ (m = 1, 2, \cdots), \quad b_n = n^{(-\beta-1-|\lambda_2|\varepsilon)/q} \ (n = 1, 2, \cdots),$$

则计算可得

$$\|\widetilde{a}\|_{p,\alpha}\left\|\widetilde{b}\right\|_{q,\beta} \leqslant \frac{1}{\varepsilon\,|\lambda_1|^{1/p}\,|\lambda_2|^{1/q}}\,(1+|\lambda_1|\,\varepsilon)^{\frac{1}{p}}\,(1+|\lambda_2|\,\varepsilon)^{\frac{1}{q}}$$

$$= -\frac{2}{c}\left(\frac{\lambda_1}{\lambda_2}\right)^{\frac{1}{q}}(1+|\lambda_1|\,\varepsilon)^{\frac{1}{p}}\,(1+|\lambda_2|\,\varepsilon)^{\frac{1}{q}}.$$

根据 $K(t,1)\,t^{-\frac{\alpha+1}{p}}$ 在 $(0,+\infty)$ 上递减, 有

$$\sum_{n=1}^{\infty}\sum_{m=1}^{\infty}G\left(m^{\lambda_1},n^{\lambda_2}\right)a_mb_n = \sum_{n=1}^{\infty}n^{-\frac{\beta+1+|\lambda_2|\varepsilon}{q}}\left(\sum_{m=1}^{\infty}m^{-\frac{\alpha+1+|\lambda_1|\varepsilon}{p}}K(m,n)\right)$$

$$=\sum_{n=1}^{\infty}n^{\lambda_2\lambda-\frac{\beta+1+|\lambda_2|\varepsilon}{q}-\frac{\lambda_2}{\lambda_1}\frac{\alpha+1+|\lambda_1|\varepsilon}{p}}\left(\sum_{m=1}^{\infty}K\left(n^{-\lambda_2/\lambda_1}m,1\right)\left(n^{-\lambda_2/\lambda_1}m\right)^{-\frac{\alpha+1+|\lambda_1|\varepsilon}{p}}\right)$$

$$\geqslant\sum_{n=1}^{\infty}n^{\lambda_2\lambda-\frac{\beta+1+|\lambda_2|\varepsilon}{q}-\frac{\lambda_2}{\lambda_1}\frac{\alpha+1+|\lambda_1|\varepsilon}{p}}\left(\int_1^{+\infty}K\left(n^{-\lambda_2/\lambda_1}u,1\right)\left(n^{-\lambda_2/\lambda_1}u\right)^{-\frac{\alpha+1+|\lambda_1|\varepsilon}{p}}du\right)$$

$$=\sum_{n=1}^{\infty}n^{\lambda_2\lambda-\frac{\beta+1+|\lambda_2|\varepsilon}{q}-\frac{\lambda_2}{\lambda_1}\frac{\alpha+1+|\lambda_1|\varepsilon}{p}+\frac{\lambda_2}{\lambda_1}}\left(\int_{n^{-\lambda_2/\lambda_1}}^{+\infty}K(t,1)\,t^{-\frac{\alpha+1+|\lambda_1|\varepsilon}{p}}dt\right)$$

$$\geqslant\sum_{n=1}^{\infty}n^{-1-\frac{\lambda_2}{\lambda_1}c-|\lambda_2|\varepsilon}\left(\int_1^{+\infty}K(t,1)\,t^{-\frac{\alpha+1+|\lambda_1|\varepsilon}{p}}dt\right)$$

$$=\sum_{n=1}^{\infty}n^{-1-\frac{1}{2}\frac{\lambda_2}{\lambda_1}c}\int_1^{+\infty}K(t,1)\,t^{-\frac{\alpha+1+|\lambda_1|\varepsilon}{p}}dt.$$

综上, 我们得到

$$\sum_{n=1}^{\infty}n^{-1-\frac{1}{2}\frac{\lambda_2}{\lambda_1}c}\int_1^{+\infty}K(t,1)\,t^{-\frac{\alpha+1+|\lambda_1|\varepsilon}{p}}dt$$

$$\leqslant\frac{2}{-c}\left(\frac{\lambda_1}{\lambda_2}\right)^{\frac{1}{q}}(1+|\lambda_1|\,\varepsilon)^{\frac{1}{p}}\,(1+|\lambda_2|\,\varepsilon)^{\frac{1}{q}} < +\infty.$$

因为 $c<0$, 故 $\sum\limits_{n=1}^{\infty}n^{-1-\frac{1}{2}\frac{\lambda_2}{\lambda_1}c}=+\infty$, 这就得到了矛盾, 所以 $c\geqslant 0$.

反之, 设 $c\geqslant 0$. 根据级数的 Hölder 不等式及引理 6.3.2, 有

$$\sum_{n=1}^{\infty}\sum_{m=1}^{\infty}G\left(m^{\lambda_1},n^{\lambda_2}\right)a_mb_n$$

$$=\sum_{n=1}^{\infty}\sum_{m=1}^{\infty}\left(\frac{m^{\frac{1}{pq}(\alpha+1-pc)}}{n^{\frac{1}{pq}(\beta+1)}}a_m\right)\left(\frac{n^{\frac{1}{pq}(\beta+1)}}{m^{\frac{1}{pq}(\alpha+1-pc)}}b_n\right)K(m,n)$$

$$
= \left(\sum_{m=1}^{\infty} m^{\frac{1}{q}(\alpha+1-pc)} a_m^p \omega_1\left(\beta, q, m\right) \right)^{\frac{1}{p}} \left(\sum_{n=1}^{\infty} n^{\frac{1}{p}(\beta+1)} b_n^q \omega_2\left(\alpha, p, n\right) \right)^{\frac{1}{q}}
$$

$$
\leqslant W_1^{\frac{1}{p}}\left(\beta, q\right) W_2^{\frac{1}{q}}\left(\alpha, p\right) \left(\sum_{m=1}^{\infty} m^{\alpha-pc} a_m^p \right)^{\frac{1}{p}} \left(\sum_{n=1}^{\infty} n^{\beta} b_n^q \right)^{\frac{1}{q}}
$$

$$
\leqslant \frac{W_0}{|\lambda_1|^{1/q} |\lambda_2|^{1/p}} \left(\sum_{m=1}^{\infty} m^{\alpha} a_m^p \right)^{\frac{1}{p}} \left(\sum_{n=1}^{\infty} n^{\beta} b_n^q \right)^{\frac{1}{q}} = \frac{W_0}{|\lambda_1|^{1/q} |\lambda_2|^{1/p}} \left\| \widetilde{a} \right\|_{p,\alpha} \left\| \widetilde{b} \right\|_{q,\beta},
$$

任取 $M \geqslant W_0 / \left(|\lambda_1|^{1/q} |\lambda_2|^{1/p} \right)$, 都可得到 (6.3.6) 式.

(ii) 当 $c=0$ 时, 若 (6.3.6) 式的最佳常数因子不是 $W_0 / \left(|\lambda_1|^{1/q} |\lambda_2|^{1/p} \right)$, 则存在常数 $M_0 > 0$, 使 $M_0 < W_0 / \left(|\lambda_1|^{1/q} |\lambda_2|^{1/p} \right)$. 用 M_0 代替 (6.3.6) 式的常数因子后, (6.3.6) 式仍成立.

取充分小的 $\varepsilon > 0$ 及足够大的自然数 N, 令 $b_n = n^{(-\beta-1-|\lambda_2|\varepsilon)/q}(n=1,2,\cdots)$,

$$
a_m = \begin{cases} m^{(-\alpha-1-|\lambda_1|\varepsilon)/p}, & m = N, N+1, \cdots, \\ 0, & m = 1, 2, \cdots, N-1, \end{cases}
$$

则计算得

$$
M_0 \left\| \widetilde{a} \right\|_{p,\alpha} \left\| \widetilde{b} \right\|_{q,\beta} \leqslant \frac{M_0}{\varepsilon |\lambda_1|^{1/p} |\lambda_2|^{1/q}} (N-1)^{-\frac{|\lambda_1|\varepsilon}{p}} \left(1 + |\lambda_2|\varepsilon\right)^{\frac{1}{q}}.
$$

因为 $K\left(1, t\right) t^{-\frac{\beta+1}{q}}$ 在 $(0, +\infty)$ 上递减, 有

$$
\sum_{n=1}^{\infty} \sum_{m=1}^{\infty} G\left(m^{\lambda_1}, n^{\lambda_2}\right) a_m b_n = \sum_{m=N}^{\infty} m^{-\frac{\alpha+1+|\lambda_1|\varepsilon}{p}} \left(\sum_{n=1}^{\infty} K\left(m, n\right) n^{-\frac{\beta+1+|\lambda_2|\varepsilon}{q}} \right)
$$

$$
= \sum_{m=N}^{\infty} m^{\lambda_1\lambda - \frac{\alpha+1+|\lambda_1|\varepsilon}{p} - \frac{\lambda_1}{\lambda_2}\frac{\beta+1+|\lambda_2|\varepsilon}{q}} \left(\sum_{n=1}^{\infty} K\left(1, m^{-\lambda_1/\lambda_2} n\right) \left(m^{-\lambda_1/\lambda_2} n\right)^{-\frac{\beta+1+|\lambda_2|\varepsilon}{q}} \right)
$$

$$
\geqslant \sum_{m=N}^{\infty} m^{-1-\frac{\lambda_1}{\lambda_2}-|\lambda_1|\varepsilon} \left(\int_1^{+\infty} K\left(1, m^{-\lambda_1/\lambda_2} u\right) \left(m^{-\lambda_1/\lambda_2} u\right)^{-\frac{\beta+1+|\lambda_2|\varepsilon}{q}} \mathrm{d}u \right)
$$

$$
= \sum_{m=N}^{\infty} m^{-1-|\lambda_1|\varepsilon} \left(\int_{m^{-\lambda_1/\lambda_2}}^{+\infty} K\left(1, t\right) t^{-\frac{\beta+1+|\lambda_2|\varepsilon}{q}} \mathrm{d}t \right)
$$

$$
\geqslant \sum_{m=N}^{\infty} m^{-1-|\lambda_1|\varepsilon} \int_{N^{-\lambda_1/\lambda_2}}^{+\infty} K\left(1, t\right) t^{-\frac{\beta+1+|\lambda_2|\varepsilon}{q}} \mathrm{d}t
$$

$$\geqslant \int_N^{+\infty} t^{-1-|\lambda_1|\varepsilon}\mathrm{d}t \int_{N^{-\lambda_1/\lambda_2}}^{+\infty} K(1,t)\, t^{-\frac{\beta+1+|\lambda_2|\varepsilon}{q}}\mathrm{d}t$$

$$=\frac{1}{|\lambda_1|\varepsilon} N^{-|\lambda_1|\varepsilon} \int_{N^{-\lambda_1/\lambda_2}}^{+\infty} K(1,t)\, t^{-\frac{\beta+1+|\lambda_2|\varepsilon}{q}}\mathrm{d}t.$$

于是我们可得到

$$\frac{1}{|\lambda_1|} N^{-|\lambda_1|\varepsilon} \int_{N^{-\lambda_1/\lambda_2}}^{+\infty} K(1,t)\, t^{-\frac{\beta+1+|\lambda_2|\varepsilon}{q}}\mathrm{d}t$$

$$\leqslant \frac{M_0}{|\lambda_1|^{1/p}|\lambda_2|^{1/q}} (N-1)^{-\frac{|\lambda_1|\varepsilon}{p}} (1+|\lambda_2|\varepsilon)^{\frac{1}{q}},$$

先令 $\varepsilon \to 0^+$, 再令 $N \to +\infty$, 则有

$$\frac{1}{|\lambda_1|} \int_0^{+\infty} K(1,t)\, t^{-\frac{\beta+1}{q}}\mathrm{d}t \leqslant \frac{M_0}{|\lambda_1|^{1/p}|\lambda_2|^{1/q}},$$

由此得到 $W_0/\left(|\lambda_1|^{1/q}|\lambda_2|^{1/p}\right) \leqslant M_0$, 这就得到了矛盾, 故 (6.3.6) 式的最佳常数因子是 $W_0/\left(|\lambda_1|^{1/q}|\lambda_2|^{1/p}\right)$. 证毕.

由于 $G(u/v)$ 是 0 阶齐次函数, 于是根据定理 6.3.2, 可得:

定理 6.3.3 设 $\frac{1}{p}+\frac{1}{q}=1$ $(p>1)$, $\alpha,\beta \in \mathbb{R}$, $\lambda_1\lambda_2>0$, $K(x,y)=G\left(x^{\lambda_1}/y^{\lambda_2}\right)$ 是非负可测函数, $\frac{\alpha}{\lambda_1 p}+\frac{\beta}{\lambda_2 q}-\left(\frac{1}{\lambda_1 q}+\frac{1}{\lambda_2 p}\right)=\frac{c}{\lambda_1}$, $K(1,t)\,t^{-\frac{\beta+1}{q}}$, $K(t,1)\,t^{-\frac{\alpha+1}{p}}$ 及 $K(t,1)\,t^{-\frac{\alpha+1}{p}+c}$ 都在 $(0,+\infty)$ 上递减, 且

$$W_1(\beta,q)=\int_0^{+\infty} G\left(t^{-\lambda_2}\right) t^{-\frac{\beta+1}{q}}\mathrm{d}t < +\infty,$$

$$W_2(\alpha,p)=\int_0^{+\infty} G\left(t^{\lambda_1}\right) t^{-\frac{\alpha+1}{p}+c}\mathrm{d}t < +\infty,$$

那么

(i) 当且仅当 $c \geqslant 0$ 即 $\frac{\alpha}{\lambda_1 p}+\frac{\beta}{\lambda_2 q} \geqslant \frac{1}{\lambda_1 q}+\frac{1}{\lambda_2 p}$ 时, 存在常数 $M>0$, 使

$$\sum_{n=1}^{\infty}\sum_{m=1}^{\infty} G\left(x^{\lambda_1}/y^{\lambda_2}\right) a_m b_n \leqslant M\, \|\widetilde{a}\|_{p,\alpha} \left\|\widetilde{b}\right\|_{q,\beta}, \tag{6.3.7}$$

其中 $\widetilde{a}=\{a_m\} \in l_p^\alpha$, $\widetilde{b}=\{b_n\} \in l_q^\beta$.

(ii) 当 $c = 0$ 即 $\dfrac{\alpha}{\lambda_1 p} + \dfrac{\beta}{\lambda_2 q} = \dfrac{1}{\lambda_1 q} + \dfrac{1}{\lambda_2 p}$ 时, (6.3.7) 式的最佳常数因子是

$$\inf M = \frac{W_0}{|\lambda_1|^{1/q} |\lambda_2|^{1/p}} \quad (W_0 = |\lambda_1| \, W_2(\alpha, p) = |\lambda_2| \, W_1(\beta, q)).$$

例 6.3.4 设 $\dfrac{1}{p} + \dfrac{1}{q} = 1 \ (p > 1)$, $\dfrac{1}{r} + \dfrac{1}{s} = 1 \ (r > 1)$, $0 < \lambda_1 \leqslant r$, $0 < \lambda_2 \leqslant s$, $\alpha = p\left(\dfrac{1}{q} - \dfrac{\lambda_1}{r}\right)$, $\beta = q\left(\dfrac{1}{p} - \dfrac{\lambda_2}{s}\right)$, $\widetilde{a} = \{a_m\} \in l_p^\alpha$, $\widetilde{b} = \{b_n\} \in l_q^\beta$, 求证:

$$\sum_{n=1}^{\infty} \sum_{m=1}^{\infty} \frac{\ln\left(m^{\lambda_1}/n^{\lambda_2}\right)}{m^{\lambda_1} - n^{\lambda_2}} a_m b_n \leqslant \frac{1}{\lambda_1^{1/q} \lambda_2^{1/p}} \left(\frac{\pi}{\sin(\pi/r)}\right)^2 \|\widetilde{a}\|_{p,\alpha} \left\|\widetilde{b}\right\|_{q,\beta}, \quad (6.3.8)$$

其中的常数因子是最佳的.

证明 记 $K(x,y) = G\left(x^{\lambda_1}, y^{\lambda_2}\right) = \left[\ln\left(x^{\lambda_1}/y^{\lambda_2}\right)\right]/(x^{\lambda_1} - y^{\lambda_2})$, 则 $G(u,v)$ 是 -1 阶齐次非负函数. 计算可得

$$\frac{\alpha}{\lambda_1 p} + \frac{\beta}{\lambda_2 q} = \frac{1}{\lambda_1}\left(\frac{1}{q} - \frac{\lambda_1}{r}\right) + \frac{1}{\lambda_2}\left(\frac{1}{p} - \frac{\lambda_2}{s}\right) = \frac{1}{\lambda_1 q} + \frac{1}{\lambda_2 p} - 1.$$

根据引理 3.1.4, $(\ln t)/\left(t^{\lambda_1} - 1\right)$ 及 $(\ln t)/\left(t^{\lambda_2} - 1\right)$ 都在 $(0, +\infty)$ 上递减. 而 $0 < \lambda_1 \leqslant r$, $0 < \lambda_2 \leqslant s$, 故 $\dfrac{\lambda_2}{s} - 1 \leqslant 0$, $\dfrac{\lambda_1}{r} - 1 \leqslant 0$, 从而

$$G\left(1, t^{\lambda_2}\right) t^{-\frac{\beta+1}{q}} = \frac{\lambda_2 \ln t}{t^{\lambda_2} - 1} t^{\frac{\lambda_2}{r} - 1}, \quad G\left(t^{\lambda_1}, 1\right) t^{-\frac{\alpha+1}{p}} = \frac{\lambda_1 \ln t}{t^{\lambda_1} - 1} t^{\frac{\lambda_1}{r} - 1}$$

都在 $(0, +\infty)$ 上递减. 又因为 $\dfrac{\alpha}{\lambda_1 p} + \dfrac{\beta}{\lambda_2 q} = \dfrac{1}{\lambda_1 q} + \dfrac{1}{\lambda_2 p} - 1$, 故

$$\lambda_2 W_1(\beta, q) = \lambda_1 W_2(\alpha, p) = \lambda_1 \int_0^{+\infty} \frac{\ln t^{\lambda_1}}{t^{\lambda_1} - 1} t^{\frac{\lambda_1}{r} - 1} \mathrm{d}t$$

$$= \int_0^{+\infty} \frac{\ln u}{u - 1} u^{\frac{1}{r} - 1} \mathrm{d}u = B^2\left(\frac{1}{r}, 1 - \frac{1}{r}\right) = \left(\frac{\pi}{\sin(\pi/r)}\right)^2.$$

根据定理 6.3.2, (6.3.8) 式成立, 其常数因子是最佳的. 证毕.

例 6.3.5 设 $\dfrac{1}{p} + \dfrac{1}{q} = 1 \ (p > 1)$, $\dfrac{1}{r} + \dfrac{1}{s} = 1 \ (r > 1)$, $\lambda > 0$, $\lambda_1 > 0$, $\lambda_2 > 0$, $\alpha = \lambda_1\left(\dfrac{1}{\lambda_2} - \dfrac{p}{r}\lambda\right)$, $\beta = \lambda_2\left(\dfrac{1}{\lambda_1} - \dfrac{q}{s}\lambda\right)$, $\dfrac{1}{\lambda_1} + \dfrac{1}{\lambda_2} \geqslant \max\left\{q\dfrac{\lambda}{s}, p\left(1 + \dfrac{\lambda}{r}\right)\right\}$,

$$-\frac{\lambda}{s} < \frac{1}{\lambda_2 p} - \frac{1}{\lambda_1 q} < 1 + \frac{\lambda}{r}, \widetilde{a} = \{a_m\} \in l_p^\alpha, \widetilde{b} = \{b_n\} \in l_q^\beta, \text{ 且}$$

$$W_0 = \int_0^1 \frac{1}{(1+t)^\lambda} \left(t^{\frac{\lambda}{r} + \frac{1}{\lambda_1 q} - \frac{1}{\lambda_2 p}} + t^{\frac{\lambda}{s} + \frac{1}{\lambda_2 p} - \frac{1}{\lambda_1 q} - 1} \right) \mathrm{d}t,$$

求证:

$$\sum_{n=1}^\infty \sum_{m=1}^\infty \frac{\min\{1, m^{\lambda_1}/n^{\lambda_2}\}}{(m^{\lambda_1} + n^{\lambda_2})^\lambda} a_m b_n \leqslant \frac{W_0}{\lambda_1^{1/q} \lambda_2^{1/p}} \|\widetilde{a}\|_{p,\alpha} \left\|\widetilde{b}\right\|_{q,\beta}, \tag{6.3.9}$$

其中的常数因子是最佳的.

证明 记 $G\left(x^{\lambda_1}, y^{\lambda_2}\right) = \left(\min\left\{1, x^{\lambda_1}/y^{\lambda_2}\right\}\right)/\left(x^{\lambda_1} + y^{\lambda_2}\right)^\lambda$, 则 $G(u, v)$ 是 $-\lambda$ 阶齐次非负函数, 因 $\alpha = \lambda_1 \left(\frac{1}{\lambda_2} - \frac{p}{r}\lambda\right)$, $\beta = \lambda_2 \left(\frac{1}{\lambda_1} - \frac{q}{s}\lambda\right)$, 故

$$\frac{\alpha}{\lambda_1 p} + \frac{\beta}{\lambda_2 q} = \frac{1}{\lambda_2 p} - \frac{\lambda}{r} + \frac{1}{\lambda_1 q} - \frac{\lambda}{s} = \frac{1}{\lambda_1 q} + \frac{1}{\lambda_2 p} - \lambda.$$

因为 $\max\left\{q\dfrac{\lambda}{s}, p\left(1 + \dfrac{\lambda}{r}\right)\right\} \leqslant \dfrac{1}{\lambda_1} + \dfrac{1}{\lambda_2}$, 故有

$$-\frac{\lambda_2}{q}\left(\frac{1}{\lambda_1} + \frac{1}{\lambda_2} - \frac{q}{s}\lambda\right) \leqslant 0, \quad \lambda_1 - \frac{\lambda_1}{p}\left(\frac{1}{\lambda_1} + \frac{1}{\lambda_2} - \frac{p}{r}\lambda\right) \leqslant 0,$$

于是可知

$$G\left(1, t^{\lambda_2}\right) t^{-\frac{\beta+1}{q}} = \frac{\min\left\{1, t^{-\lambda_2}\right\}}{(1+t^{\lambda_2})^\lambda} t^{-\frac{\lambda_2}{q}\left(\frac{1}{\lambda_1} + \frac{1}{\lambda_2} - \frac{q}{s}\lambda\right)}$$

$$= \begin{cases} \dfrac{1}{(1+t^{\lambda_2})^\lambda} t^{-\frac{\lambda_2}{q}\left(\frac{1}{\lambda_1} + \frac{1}{\lambda_2} - \frac{q}{s}\lambda\right)}, & 0 < t \leqslant 1, \\[3mm] \dfrac{1}{(1+t^{\lambda_2})^\lambda} t^{-\lambda_2 - \frac{\lambda_2}{q}\left(\frac{1}{\lambda_1} + \frac{1}{\lambda_2} - \frac{q}{s}\lambda\right)}, & t > 1, \end{cases}$$

$$G\left(t^{\lambda_1}, 1\right) t^{-\frac{\alpha+1}{p}} = \frac{\min\left\{1, t^{\lambda_1}\right\}}{(t^{\lambda_1} + 1)^\lambda} t^{-\frac{\lambda_1}{p}\left(\frac{1}{\lambda_1} + \frac{1}{\lambda_2} - \frac{p}{r}\lambda\right)}$$

$$= \begin{cases} \dfrac{1}{(t^{\lambda_1} + 1)^\lambda} t^{\lambda_1 - \frac{\lambda_1}{p}\left(\frac{1}{\lambda_1} + \frac{1}{\lambda_2} - \frac{p}{r}\lambda\right)}, & 0 < t \leqslant 1, \\[3mm] \dfrac{1}{(t^{\lambda_1} + 1)^\lambda} t^{-\frac{\lambda_1}{p}\left(\frac{1}{\lambda_1} + \frac{1}{\lambda_2} - \frac{p}{r}\lambda\right)}, & t > 1 \end{cases}$$

都在 $(0, +\infty)$ 上递减.

根据 $-\dfrac{\lambda}{s} < \dfrac{1}{\lambda_2 p} - \dfrac{1}{\lambda_1 q} < 1 + \dfrac{\lambda}{r}$, 可得 $\dfrac{\lambda}{r} + \dfrac{1}{\lambda_1 q} - \dfrac{1}{\lambda_2 p} + 1 > 0$, $\dfrac{\lambda}{s} + \dfrac{1}{\lambda_2 p} - \dfrac{1}{\lambda_1 q} > 0$, 从而 W_0 中的积分收敛, 而且有

$$
\begin{aligned}
\lambda_2 W_1(\beta, q) = \lambda_1 W_2(\alpha, p) &= \lambda_1 \int_0^{+\infty} G\left(t^{\lambda_1}, 1\right) t^{-\frac{\alpha+1}{p}} \mathrm{d}t \\
&= \lambda_1 \int_0^{+\infty} \frac{\min\{1, t^{\lambda_1}\}}{(t^{\lambda_1}+1)^\lambda} t^{-\frac{\lambda_1}{p}\left(\frac{1}{\lambda_1} + \frac{1}{\lambda_2} - \frac{p}{r}\lambda\right)} \mathrm{d}t \\
&= \int_0^{+\infty} \frac{\min\{1, u\}}{(u+1)^\lambda} u^{\frac{1}{\lambda_1 q} - \frac{1}{\lambda_2 p} + \frac{\lambda}{r} - 1} \mathrm{d}u \\
&= \int_0^1 \frac{1}{(u+1)^\lambda} u^{\frac{1}{\lambda_1 q} - \frac{1}{\lambda_2 p} + \frac{\lambda}{r}} \mathrm{d}u + \int_1^{+\infty} \frac{1}{(u+1)^\lambda} u^{\frac{1}{\lambda_1 q} - \frac{1}{\lambda_2 p} + \frac{\lambda}{r} - 1} \mathrm{d}u \\
&= \int_0^1 \frac{1}{(1+t)^\lambda}\left(t^{\frac{1}{\lambda_1 q} - \frac{1}{\lambda_2 p} + \frac{\lambda}{r}} + t^{\frac{\lambda}{s} + \frac{1}{\lambda_2 p} - \frac{1}{\lambda_1 q} - 1}\right)\mathrm{d}t = W_0.
\end{aligned}
$$

根据定理 6.3.2, (6.3.9) 式成立, 其常数因子是最佳的. 证毕.

例 6.3.6　设 $\dfrac{1}{p} + \dfrac{1}{q} = 1$ $(p>1)$, $a>0$, $b>0$, $\widetilde{a} = \{a_m\} \in l_p$, $\widetilde{b} = \{b_n\} \in l_q$, 试讨论是否存在常数 $M>0$, 构建出 Hilbert 型级数不等式:

$$
\sum_{n=1}^\infty \sum_{m=1}^\infty \frac{1}{\sqrt{am^2 + bn^3}} a_m b_n \leqslant M \|\widetilde{a}\|_p \left\|\widetilde{b}\right\|_q. \tag{6.3.10}
$$

解　记 $G\left(x^2, y^3\right) = 1/\sqrt{ax^2 + by^3}$, 则 $G(u, v)$ 是 $-\dfrac{1}{2}$ 阶齐次非负函数, 因为 $\lambda_1 = 2$, $\lambda_2 = 3$, $\alpha = \beta = 0$, 故

$$
\frac{\alpha}{\lambda_1 p} + \frac{\beta}{\lambda_2 q} - \left(\frac{1}{\lambda_1 q} + \frac{1}{\lambda_2 p} - \frac{1}{2}\right) = \frac{1}{2q} + \frac{1}{3p} - \frac{1}{2} = -\frac{1}{6p} < 0
$$

故根据定理 6.3.2, 不存在常数 $M>0$ 使 (6.3.10) 式成立. 解毕.

6.3.3　构建一类非齐次核的 Hilbert 型级数不等式的条件

引理 6.3.3　设 $\dfrac{1}{p} + \dfrac{1}{q} = 1$ $(p>1)$, $\lambda_1 \lambda_2 > 0$, $\alpha_0, \beta_0 \in \mathbb{R}$, $K(x, y) = G\left(x^{\lambda_1} y^{\lambda_2}\right)$ 非负可测, $\dfrac{\alpha_0}{\lambda_1 p} - \dfrac{\beta_0}{\lambda_2 q} = \dfrac{1}{\lambda_1 q} - \dfrac{1}{\lambda_2 p}$, $K(1, t)^{-\frac{\beta_0+1}{q}}$ 与 $K(1, t) t^{-\frac{\alpha_0+1}{p}}$ 都在 $(0, +\infty)$ 上递减, 且

$$W_1\left(\beta_0,q\right)=\int_0^{+\infty}K\left(1,t\right)t^{-\frac{\beta_0+1}{q}}\mathrm{d}t,\quad W_2\left(\alpha_0,p\right)=\int_0^{+\infty}K\left(t,1\right)t^{-\frac{\alpha_0+1}{p}}\mathrm{d}t.$$

则 $\lambda_1 W_2\left(\alpha_0,p\right)=\lambda_2 W_1\left(\beta_0,q\right)$, 且

$$\omega_1\left(\beta_0,q,m\right)=\sum_{n=1}^\infty G\left(m^{\lambda_1}n^{\lambda_2}\right)n^{-\frac{\beta_0+1}{q}}\leqslant m^{\frac{\lambda_1}{\lambda_2}\left(\frac{\beta_0}{q}-\frac{1}{p}\right)}W_1\left(\beta_0,q\right),$$

$$\omega_2\left(\alpha_0,p,n\right)=\sum_{m=1}^\infty G\left(m^{\lambda_1}n^{\lambda_2}\right)m^{-\frac{\alpha_0+1}{p}}\leqslant n^{\frac{\lambda_2}{\lambda_1}\left(\frac{\alpha_0}{p}-\frac{1}{q}\right)}W_2\left(\alpha_0,p\right).$$

证明 根据引理 6.1.3, 可得 $\lambda_1 W_2\left(\alpha_0,p\right)=\lambda_2 W_1\left(\beta_0,q\right)$. 由于 $K\left(1,t\right)t^{-\frac{\beta_0+1}{q}}$ 在 $(0,+\infty)$ 上递减, 故

$$\omega_1\left(\beta_0,q,m\right)=\sum_{n=1}^\infty K\left(m,n\right)n^{-\frac{\beta_0+1}{q}}$$

$$=m^{\frac{\lambda_1}{\lambda_2}\frac{\beta_0+1}{q}}\sum_{n=1}^\infty K\left(1,m^{\lambda_1/\lambda_2}n\right)\left(m^{\lambda_1/\lambda_2}n\right)^{-\frac{\beta_0+1}{q}}$$

$$\leqslant m^{\frac{\lambda_1}{\lambda_2}\frac{\beta_0+1}{q}}\int_0^{+\infty}K\left(1,m^{\lambda_1/\lambda_2}u\right)\left(m^{\lambda_1/\lambda_2}u\right)^{-\frac{\beta_0+1}{q}}\mathrm{d}u$$

$$=m^{\frac{\lambda_1}{\lambda_2}\left(\frac{\beta_0}{q}-\frac{1}{p}\right)}\int_0^{+\infty}K\left(1,t\right)t^{-\frac{\beta_0+1}{q}}\mathrm{d}t=m^{\frac{\lambda_1}{\lambda_2}\left(\frac{\beta_0}{q}-\frac{1}{p}\right)}W_1\left(\beta_0,q\right).$$

由于 $K\left(t,1\right)t^{-\frac{\beta_0+1}{p}}$ 在 $(0,+\infty)$ 上递减, 同理可得

$$\omega_2\left(\alpha_0,p,n\right)\leqslant n^{\frac{\lambda_2}{\lambda_1}\left(\frac{\alpha_0}{p}-\frac{1}{q}\right)}W_2\left(\alpha_0,p\right).$$

证毕.

定理 6.3.4 设 $\frac{1}{p}+\frac{1}{q}=1\ (p>1)$, $\lambda_1\lambda_2>0$, $\alpha,\beta\in\mathbb{R}$, $K(x,y)=G\left(x^{\lambda_1}y^{\lambda_2}\right)$ 非负可测, $\frac{\alpha}{\lambda_1 p}-\frac{\beta}{\lambda_2 q}-\left(\frac{1}{\lambda_1 q}-\frac{1}{\lambda_2 p}\right)=c$, $\widetilde{a}=\{a_m\}\in l_p^\alpha$, $\widetilde{b}=\{b_n\}\in l_q^\beta$, 记

$$W_1\left(\beta_0,q\right)=\int_0^{+\infty}G\left(t^{\lambda_2}\right)t^{-\frac{\beta_0+1}{q}}\mathrm{d}t,\quad W_2\left(\alpha_0,p\right)=\int_0^{+\infty}G\left(t^{\lambda_1}\right)t^{-\frac{\alpha_0+1}{p}}\mathrm{d}t.$$

(i) 当 $\lambda_1 c\geqslant 0$ 时, 若 $K\left(1,t\right)t^{-\frac{\beta+1}{q}}$ 及 $K\left(t,1\right)t^{-\frac{\alpha+1-\lambda_1 pc}{p}}$ 都在 $(0,+\infty)$ 上递减, 则有

$$\sum_{n=1}^\infty\sum_{m=1}^\infty G\left(m^{\lambda_1}n^{\lambda_2}\right)a_m b_n\leqslant\left(\frac{\lambda_2}{\lambda_1}\right)^{\frac{1}{q}}W_1\left(\beta,q\right)\|\widetilde{a}\|_{p,\alpha}\left\|\widetilde{b}\right\|_{q,\beta}.$$

(ii) 当 $\lambda_1 c \leqslant 0$ 时, 若 $K(1,t) t^{-\frac{\beta+1+\lambda_2 qc}{q}}$ 及 $K(t,1) t^{-\frac{\alpha+1}{p}}$ 都在 $(0,+\infty)$ 上递减, 则有

$$\sum_{n=1}^{\infty}\sum_{m=1}^{\infty} G\left(m^{\lambda_1} n^{\lambda_2}\right) a_m b_n \leqslant \left(\frac{\lambda_1}{\lambda_2}\right)^{\frac{1}{p}} W_2\left(\alpha,p\right) \|\widetilde{a}\|_{p,\alpha} \left\|\widetilde{b}\right\|_{q,\beta}.$$

证明　(i) 当 $\lambda_1 c \geqslant 0$ 时, 令 $\alpha_0 = \alpha - \lambda_1 pc$, $\beta_0 = \beta$, 则

$$\frac{\alpha_0}{\lambda_1 p} - \frac{\beta_0}{\lambda_2 q} = \frac{1}{\lambda_1 q} - \frac{1}{\lambda_2 p}.$$

根据 Hölder 不等式和引理 6.3.3, 并注意 $\lambda_1 pc \geqslant 0$, 有

$$\sum_{n=1}^{\infty}\sum_{m=1}^{\infty} G\left(m^{\lambda_1} n^{\lambda_2}\right) a_m b_n$$

$$=\sum_{n=1}^{\infty}\sum_{m=1}^{\infty}\left(\frac{m^{\frac{1}{pq}(\alpha_0+1)}}{n^{\frac{1}{pq}(\beta_0+1)}} a_m\right)\left(\frac{n^{\frac{1}{pq}(\beta_0+1)}}{m^{\frac{1}{pq}(\alpha_0+1)}} b_n\right) G\left(m^{\lambda_1} n^{\lambda_2}\right)$$

$$\leqslant \left(\sum_{n=1}^{\infty}\sum_{m=1}^{\infty}\frac{m^{\frac{1}{q}(\alpha_0+1)}}{n^{\frac{1}{q}(\beta_0+1)}} a_m^p G\left(m^{\lambda_1} n^{\lambda_2}\right)\right)^{\frac{1}{p}}\left(\sum_{n=1}^{\infty}\sum_{m=1}^{\infty}\frac{n^{\frac{1}{p}(\beta_0+1)}}{m^{\frac{1}{p}(\alpha_0+1)}} b_n^q G\left(m^{\lambda_1} n^{\lambda_2}\right)\right)^{\frac{1}{q}}$$

$$=\left(\sum_{m=1}^{\infty} m^{\frac{\alpha_0+1}{q}} a_m^p \omega_1\left(\beta_0,q,m\right)\right)^{\frac{1}{p}}\left(\sum_{n=1}^{\infty} n^{\frac{\beta_0+1}{p}} b_n^q \omega_2\left(\alpha_0,p,n\right)\right)^{\frac{1}{q}}$$

$$\leqslant W_1^{\frac{1}{p}}\left(\beta_0,q\right) W_2^{\frac{1}{q}}\left(\alpha_0,p\right)\left(\sum_{m=1}^{\infty} m^{\frac{\alpha_0+1}{q}+\frac{\lambda_1}{\lambda_2}\left(\frac{\beta_0}{q}-\frac{1}{p}\right)} a_m^p\right)^{\frac{1}{p}}\left(\sum_{n=1}^{\infty} n^{\frac{\beta_0+1}{p}+\frac{\lambda_2}{\lambda_1}\left(\frac{\alpha_0}{p}-\frac{1}{q}\right)} b_n^q\right)^{\frac{1}{q}}$$

$$=W_1^{\frac{1}{p}}\left(\beta_0,q\right) W_2^{\frac{1}{q}}\left(\alpha_0,p\right)\left(\sum_{m=1}^{\infty} m^{\alpha_0} a_m^p\right)^{\frac{1}{p}}\left(\sum_{n=1}^{\infty} n^{\beta_0} b_n^q\right)^{\frac{1}{q}}$$

$$=W_1^{\frac{1}{p}}\left(\beta_0,q\right) W_2^{\frac{1}{q}}\left(\alpha_0,p\right)\left(\sum_{m=1}^{\infty} m^{\alpha-\lambda_1 pc} a_m^p\right)^{\frac{1}{p}}\left(\sum_{n=1}^{\infty} n^{\beta} b_n^q\right)^{\frac{1}{q}}$$

$$\leqslant W_1^{\frac{1}{p}}\left(\beta,q\right) W_2^{\frac{1}{q}}\left(\alpha-\lambda_1 pc,p\right)\left(\sum_{m=1}^{\infty} m^{\alpha} a_m^p\right)^{\frac{1}{p}}\left(\sum_{n=1}^{\infty} n^{\beta} b_n^q\right)^{\frac{1}{q}}$$

$$=\left(\frac{\lambda_2}{\lambda_1}\right)^{\frac{1}{q}} W_1\left(\beta,q\right) \|\widetilde{a}\|_{p,\alpha} \left\|\widetilde{b}\right\|_{q,\beta}.$$

(ii) 当 $\lambda_1 c \leqslant 0$ 时, 由于 $\lambda_1 \lambda_2 > 0$, 故 $\lambda_2 c \leqslant 0$, 此时令 $\alpha_0 = \alpha$, $\beta_0 = \beta + \lambda_2 qc$. 则有

$$\frac{\alpha_0}{\lambda_1 p} - \frac{\beta_0}{\lambda_2 q} = \frac{1}{\lambda_1 q} - \frac{1}{\lambda_2 p},$$

利用上面同样的方法, 并注意 $\lambda_2 qc \leqslant 0$, 则有

$$\sum_{n=1}^{\infty} \sum_{m=1}^{\infty} G\left(m^{\lambda_1} n^{\lambda_2}\right) a_m b_n$$

$$\leqslant W_1^{\frac{1}{p}}\left(\beta_0, q\right) W_2^{\frac{1}{q}}\left(\alpha_0, p\right) \left(\sum_{m=1}^{\infty} m^{\alpha_0} a_m^p\right)^{\frac{1}{p}} \left(\sum_{n=1}^{\infty} n^{\beta_0} b_n^q\right)^{\frac{1}{q}}$$

$$= W_1^{\frac{1}{p}}\left(\beta_0, q\right) W_2^{\frac{1}{q}}\left(\alpha_0, p\right) \left(\sum_{m=1}^{\infty} m^{\alpha} a_m^p\right)^{\frac{1}{p}} \left(\sum_{n=1}^{\infty} n^{\beta+\lambda_2 qc} b_n^q\right)^{\frac{1}{q}}$$

$$\leqslant W_1^{\frac{1}{p}}\left(\beta + \lambda_2 qc, q\right) W_2^{\frac{1}{q}}\left(\alpha, p\right) \left(\sum_{m=1}^{\infty} m^{\alpha} a_m^p\right)^{\frac{1}{p}} \left(\sum_{n=1}^{\infty} n^{\beta} b_n^q\right)^{\frac{1}{q}}$$

$$= \left(\frac{\lambda_1}{\lambda_2}\right)^{\frac{1}{p}} W_2\left(\alpha, p\right) \|\widetilde{a}\|_{p,\alpha} \left\|\widetilde{b}\right\|_{q,\beta}.$$

证毕.

注 定理 6.3.4 表明, 对于非齐次核 $G\left(m^{\lambda_1} n^{\lambda_2}\right)$, 不论 c 大于 0 还是小于 0, 在相应的 W_1 与 W_2 都收敛时, 总可构建出相应的 Hilbert 型级数不等式.

例 6.3.7 设 $\widetilde{a} = \{a_m\} \in l_2$, $\widetilde{b} = \{b_n\} \in l_2$, 试讨论是否存在常数 $M > 0$, 构建出 Hilbert 型级数不等式:

$$\sum_{n=1}^{\infty} \sum_{m=1}^{\infty} \frac{\operatorname{arccot}\left(m^3 n^4\right)}{\sqrt{1 + m^3 n^4}} a_m b_n \leqslant M \|\widetilde{a}\|_2 \left\|\widetilde{b}\right\|_2. \tag{6.3.11}$$

解 $p = q = 2$, $\alpha = \beta = 0$, $\lambda_1 = 3$, $\lambda_2 = 4$,

$$c = \frac{\alpha}{\lambda_1 p} - \frac{\beta}{\lambda_2 q} - \left(\frac{1}{\lambda_1 q} - \frac{1}{\lambda_2 p}\right) = \frac{1}{8} - \frac{1}{6} = -\frac{1}{24} < 0,$$

此时, $\lambda_1 c = -\dfrac{1}{8} < 0$. 因为 $\operatorname{arccot}(u)$ 在 $(0, +\infty)$ 上非负递减, 故可知

$$K\left(t, 1\right) t^{-\frac{\alpha+1}{p}} = \frac{\operatorname{arccot}\left(t^3\right)}{\sqrt{1 + t^3}} t^{-\frac{1}{2}}, \quad K\left(1, t\right) t^{-\frac{\beta+1+\lambda_2 qc}{q}} = \frac{\operatorname{arccot}\left(t^4\right)}{\sqrt{1 + t^4}} t^{-\frac{2}{3}}$$

在 $(0, +\infty)$ 上递减. 又因为

$$W_2\left(\alpha, p\right) = \int_0^{+\infty} G\left(t^{\lambda_1}\right) t^{-\frac{\alpha+1}{p}} \mathrm{d}t = \int_0^{+\infty} \frac{\operatorname{arccot}\left(t^3\right)}{t^{1/2}\left(1 + t^3\right)^{1/2}} \mathrm{d}t < +\infty.$$

根据定理 6.3.4, 存在常数 $M > 0$, 使 (6.3.11) 式成立. 解毕.

例 6.3.8　设 $\dfrac{1}{p} + \dfrac{1}{q} = 1\ (p > 1)$, $p \leqslant \dfrac{5}{3}$, $\widetilde{a} = \{a_m\} \in l_p$, $\widetilde{b} = \{b_n\} \in l_q$. 试讨论是否存在实数 $M > 0$, 使 Hilbert 型级数不等式

$$\sum_{n=1}^{\infty} \sum_{m=1}^{\infty} \frac{a_m b_n}{(1 + x^2 y^3)\sqrt{2 + x^2 y^3}} \leqslant M \|\widetilde{a}\|_p \left\|\widetilde{b}\right\|_q \tag{6.3.12}$$

成立.

解　记

$$K(x, y) = G(x^2 y^3) = \frac{1}{(1 + x^2 y^3)\sqrt{2 + x^2 y^3}},$$

因为 $p \leqslant \dfrac{5}{3}$, 故 $\dfrac{1}{3p} - \dfrac{1}{2q} > 0$. 又 $\lambda_1 = 2$, $\lambda_2 = 3$, $\alpha = \beta = 0$, 从而

$$c = \frac{\alpha}{\lambda_1 p} - \frac{\beta}{\lambda_2 q} - \left(\frac{1}{\lambda_1 q} - \frac{1}{\lambda_2 p}\right) = \frac{1}{3p} - \frac{1}{2q} > 0.$$

因为 $p > 1$, 故 $\left(p - \dfrac{2}{3}\right)/p > 0$, 从而

$$G(t^2)\, t^{-\frac{\alpha + 1 - \lambda_1 p c}{p}} = \frac{1}{(1 + t^2)\sqrt{2 + t^2}} t^{-(p - \frac{2}{3})/p},$$

$$G(t^3)\, t^{-\frac{\beta + 1}{q}} = \frac{1}{(1 + t^3)\sqrt{2 + t^3}} t^{-\frac{1}{q}}$$

都在 $(0, +\infty)$ 上递减, 又因为

$$W_1(\beta, q) = \int_0^{+\infty} G(t^3)\, t^{-\frac{\beta+1}{q}} \mathrm{d}t = \int_0^{+\infty} \frac{\mathrm{d}t}{t^{1/q}(1 + t^3)(2 + t^3)^{1/2}} < +\infty,$$

根据定理 6.3.4, 存在常数 $M > 0$, 使 (6.3.12) 式成立. 解毕.

6.4　级数算子 $T: l_p^\alpha \to l_p^{\beta(1-p)}$ 有界的判定

根据定理 6.3.2, 我们可得:

定理 6.4.1　设 $\dfrac{1}{p} + \dfrac{1}{q} = 1\ (p > 1)$, $\lambda, \alpha, \beta \in \mathbb{R}$, $\lambda_1 \lambda_2 > 0$, $K(x, y) = G(x^{\lambda_1}, y^{\lambda_2})$, $G(u, v)$ 是 λ 阶齐次非负函数, $\dfrac{\alpha}{\lambda_1 p} + \dfrac{\beta}{\lambda_2 q} - \left(\lambda + \dfrac{1}{\lambda_1 q} + \dfrac{1}{\lambda_2 p}\right) = \dfrac{c}{\lambda_1}$,

$K\left(1,t\right)t^{-\frac{\beta+1}{q}}$, $K\left(t,1\right)t^{-\frac{\alpha+1}{p}}$ 及 $K\left(t,1\right)t^{-\frac{\alpha+1}{p}+c}$ 都在 $(0,+\infty)$ 上递减, 且

$$W_1\left(\beta,q\right) = \int_0^{+\infty} G\left(1,t^{\lambda_2}\right)t^{-\frac{\beta+1}{q}}\mathrm{d}t < +\infty,$$

$$W_2\left(\alpha,p\right) = \int_0^{+\infty} G\left(t^{\lambda_1},1\right)t^{-\frac{\alpha+1}{p}+c}\mathrm{d}t < +\infty,$$

定义级数算子 T:

$$T\left(\widetilde{a}\right)_n = \sum_{m=1}^{\infty} G\left(m^{\lambda_1}, n^{\lambda_2}\right)a_m, \quad \widetilde{a} = \{a_m\} \in l_p^\alpha,$$

那么

(i) 当且仅当 $c \geqslant 0$ 即 $\dfrac{\alpha}{\lambda_1 p} + \dfrac{\beta}{\lambda_2 q} \geqslant \lambda + \dfrac{1}{\lambda_1 q} + \dfrac{1}{\lambda_2 p}$ 时, T 是从 l_p^α 到 $l_p^{\beta(1-p)}$ 的有界算子.

(ii) 当 $c = 0$, 即 $\dfrac{\alpha}{\lambda_1 p} + \dfrac{\beta}{\lambda_2 q} = \lambda + \dfrac{1}{\lambda_1 q} + \dfrac{1}{\lambda_2 p}$ 时, T 的算子范数为

$$\|T\| = \frac{W_0}{|\lambda_1|^{1/q}|\lambda_2|^{1/p}} \quad \left(W_0 = |\lambda_1|\,W_2\left(\alpha,p\right) = |\lambda_2|\,W_1\left(\beta,q\right)\right).$$

根据定理 6.3.4, 我们可得:

定理 6.4.2 设 $\dfrac{1}{p} + \dfrac{1}{q} = 1$ $(p > 1)$, $\lambda_1\lambda_2 > 0$, $\alpha,\beta \in \mathbb{R}$, $K(x,y) = G\left(x^{\lambda_1}y^{\lambda_2}\right)$ 非负可测, $\dfrac{\alpha}{\lambda_1 p} - \dfrac{\beta}{\lambda_2 q} - \left(\dfrac{1}{\lambda_1 q} - \dfrac{1}{\lambda_2 p}\right) = c$, 定义级数算子 T:

$$T\left(\widetilde{a}\right)_n = \sum_{m=1}^{\infty} G\left(m^{\lambda_1}n^{\lambda_2}\right)a_m, \quad \widetilde{a} = \{a_m\} \in l_p^\alpha,$$

那么

(i) 当 $\lambda_1 c \geqslant 0$, $K\left(1,t\right)t^{-\frac{\beta+1}{q}}$ 及 $K\left(t,1\right)t^{-\frac{\alpha+1-\lambda_1 pc}{p}}$ 在 $(0,+\infty)$ 上递减, 且 $W_1\left(\beta,q\right) = \int_0^{+\infty} G\left(t^{\lambda_2}\right)t^{-\frac{\beta+1}{q}}\mathrm{d}t < +\infty$ 时, T 是 l_p^α 到 $l_p^{\beta(1-p)}$ 的有界算子.

(ii) 当 $\lambda_1 c \leqslant 0$, $K\left(1,t\right)t^{-\frac{\beta+1+\lambda_2 qc}{q}}$ 及 $K\left(t,1\right)t^{-\frac{\alpha+1}{p}}$ 在 $(0,+\infty)$ 上递减, 且 $W_2\left(\alpha,p\right) = \int_0^{+\infty} G\left(t^{\lambda_1}\right)t^{-\frac{\alpha+1}{q}}\mathrm{d}t < +\infty$ 时, T 是 l_p^α 到 $l_p^{\beta(1-p)}$ 的有界算子.

例 6.4.1 试讨论级数算子 T:

$$T(\widetilde{a})_n = \sum_{m=1}^{\infty} \frac{\frac{\pi}{2} - \arctan(m^3 n^2)}{1 + m^3 n^2} a_m, \quad \widetilde{a} = \{a_m\} \in l_2$$

是否是 l_2 中的有界算子.

解　记

$$G(x^3 y^2) = \frac{\frac{\pi}{2} - \arctan(x^3 y^2)}{1 + x^3 y^2}, \quad x > 0, \quad y > 0,$$

则 $G(x^3 y^2)$ 非负.

由于 $\lambda_1 = 3$, $\lambda_2 = 2$, $\alpha = \beta = 0$, $p = q = 2$, 则可得

$$c = \frac{\alpha}{\lambda_1 p} - \frac{\beta}{\lambda_2 q} - \left(\frac{1}{\lambda_1 q} - \frac{1}{\lambda_2 p} \right) = \frac{1}{\lambda_2 p} - \frac{1}{\lambda_1 q} = \frac{1}{4} - \frac{1}{6} = \frac{1}{12} > 0.$$

因为 $\frac{\pi}{2} - \arctan u$ 在 $(0, +\infty)$ 上递减, 故

$$G(t^{\lambda_2}) t^{-\frac{\alpha+1}{q}} = \frac{\frac{\pi}{2} - \arctan(t^2)}{1 + t^2} t^{-\frac{1}{2}}, \quad G(t^{\lambda_1}) t^{-\frac{\alpha+1-\lambda_1 pc}{p}} = \frac{\frac{\pi}{2} - \arctan(t^3)}{1 + t^3} t^{-\frac{1}{4}}$$

都在 $(0, +\infty)$ 上递减. 又因为

$$W_1(\beta, q) = \int_0^{+\infty} G(t^{\lambda_2}) t^{-\frac{\beta+1}{q}} \mathrm{d}t = \int_0^{+\infty} \frac{\frac{\pi}{2} - \arctan(t^2)}{t^{1/2}(1 + t^2)} \mathrm{d}t < +\infty,$$

根据定理 6.4.2, T 是 l_2 中的有界算子. 解毕.

例 6.4.2　设 $\frac{1}{p} + \frac{1}{q} = 1$ $(p > 1)$, $\frac{1}{r} + \frac{1}{s} = 1$ $(r > 1)$, $0 < \lambda_1 \leqslant r$, $0 < \lambda_2 \leqslant s$, $\alpha = p\left(\frac{1}{q} - \frac{\lambda_1}{r} \right)$, $\beta = q\left(\frac{1}{p} - \frac{\lambda_2}{s} \right)$, 求证: 算子 T:

$$T(\widetilde{a})_n = \sum_{m=1}^{\infty} \frac{\ln(m^{\lambda_1} / n^{\lambda_2})}{m^{\lambda_1} - n^{\lambda_2}} a_m, \quad \widetilde{a} = \{a_m\} \in l_p^{\alpha},$$

是 l_p^{α} 到 $l_p^{\beta(1-p)}$ 的有界算子, 且 T 的算子范数为

$$\|T\| = \frac{1}{\lambda_1^{1/q} \lambda_2^{1/p}} \left(\frac{\pi}{\sin(\pi/r)} \right)^2.$$

证明　由例 6.3.4 可得. 证毕.

例 6.4.3　设 $\dfrac{1}{p} + \dfrac{1}{q} = 1 \ (p > 1)$, $\dfrac{1}{r} + \dfrac{1}{s} = 1 \ (r > 1)$, $\lambda > 0$, $\lambda_1 > 0$, $\lambda_2 > 0$, $\alpha = \lambda_1 \left(\dfrac{1}{\lambda_2} - \dfrac{p}{r}\lambda \right)$, $\beta = \lambda_2 \left(\dfrac{1}{\lambda_1} - \dfrac{q}{s}\lambda \right)$, $\dfrac{1}{\lambda_1} + \dfrac{1}{\lambda_2} \geqslant \max \left\{ q\dfrac{\lambda}{s}, p\left(1 + \dfrac{\lambda}{r} \right) \right\}$, $-\dfrac{\lambda}{s} < \dfrac{1}{\lambda_2 p} - \dfrac{1}{\lambda_1 q} < 1 + \dfrac{\lambda}{r}$, 求证: 算子 T:

$$T\left(\widetilde{a}\right)_n = \sum_{m=1}^{\infty} \frac{\min\left\{1, m^{\lambda_1}/n^{\lambda_2}\right\}}{\left(m^{\lambda_1} + n^{\lambda_2}\right)^{\lambda}} a_m, \quad \widetilde{a} = \{a_m\} \in l_p^{\alpha},$$

是 l_p^{α} 到 $l_p^{\beta(1-p)}$ 的有界算子, 且 T 的算子范数为

$$\|T\| = \frac{1}{\lambda_1^{1/q} \lambda_2^{1/p}} \int_0^1 \frac{1}{(1+t)^{\lambda}} \left(t^{\frac{\lambda}{r} + \frac{1}{\lambda_1 q} - \frac{1}{\lambda_2 p}} + t^{\frac{\lambda}{s} + \frac{1}{\lambda_2 p} - \frac{1}{\lambda_1 q} - 1} \right) \mathrm{d}t.$$

证明　根据例 6.3.5 可得. 证毕.

6.5　构建半离散 Hilbert 型不等式的参数条件

6.5.1　齐次核的半离散 Hilbert 型不等式的构建条件

引理 6.5.1　设 $\dfrac{1}{p} + \dfrac{1}{q} = 1 \ (p > 1)$, $\lambda, \alpha, \beta \in \mathbb{R}$, $K(u, v)$ 是 λ 阶齐次非负可测函数, $\dfrac{\alpha}{p} + \dfrac{\beta}{q} - (\lambda + 1) = c$, $K(t, 1)\, t^{-\frac{\alpha+1}{p} + c}$ 在 $(0, +\infty)$ 上递减, 记

$$W_1\left(\beta, q\right) = \int_0^{+\infty} K\left(1, t\right) t^{-\frac{\beta+1}{q}} \mathrm{d}t, \quad W_2\left(\alpha, p\right) = \int_0^{+\infty} K\left(t, 1\right) t^{-\frac{\alpha+1}{p} + c} \mathrm{d}t,$$

则有 $W_2\left(\alpha, p\right) = W_1\left(\beta, q\right)$, 且

$$\omega_1\left(\beta, q, n\right) = \int_0^{+\infty} K\left(n, x\right) x^{-\frac{\beta+1}{q}} \mathrm{d}x = n^{\frac{\alpha+1}{p} - 1 - c} W_1\left(\beta, q\right),$$

$$\omega_2\left(\alpha, p, x\right) = \sum_{n=1}^{\infty} K\left(n, x\right) n^{-\frac{\alpha+1}{p} + c} \leqslant x^{\frac{\beta+1}{q} - 1} W_2\left(\alpha, p\right).$$

证明　利用引理 6.3.1 的证明方法可得. 证毕.

定理 6.5.1　设 $\dfrac{1}{p} + \dfrac{1}{q} = 1 \ (p > 1)$, $\alpha, \beta, \lambda \in \mathbb{R}$, $K(u, v)$ 是 λ 阶非负可测函数, $\dfrac{\alpha}{p} + \dfrac{\beta}{q} - (\lambda + 1) = c$, $K(t, 1)\, t^{-\frac{\alpha+1}{p}}$ 及 $K(t, 1)\, t^{-\frac{\alpha+1}{p} + c}$ 都在 $(0, +\infty)$ 上递减,

且

$$W_1(\beta, q) = \int_0^{+\infty} K(1,t) t^{-\frac{\beta+1}{q}} \mathrm{d}t$$

收敛, 那么

(i) 当且仅当 $c \geqslant 0$, 即 $\dfrac{\alpha}{p} + \dfrac{\beta}{q} \geqslant \lambda + 1$ 时, 存在常数 $M > 0$, 使

$$\int_0^{+\infty} \sum_{n=1}^{\infty} K(n,x) a_n f(x)\,\mathrm{d}x \leqslant M \|\widetilde{a}\|_{p,\alpha} \|f\|_{q,\beta}, \tag{6.5.1}$$

其中 $\widetilde{a} = \{a_n\} \in l_p^{\alpha}$, $f(x) \in L_q^{\beta}(0, +\infty)$;

(ii) 当 $c = 0$, 即 $\dfrac{\alpha}{p} + \dfrac{\beta}{q} = \lambda + 1$ 时, (6.5.1) 式的最佳常数因子为

$$\inf M = \int_0^{+\infty} K(1,t) t^{-\frac{\beta+1}{q}}\,\mathrm{d}t = \int_0^{+\infty} K(t,1) t^{-\frac{\alpha+1}{p}}\,\mathrm{d}t.$$

证明 (i) 设 (6.5.1) 式成立, 用反证法证明 $c \geqslant 0$. 若 $c < 0$, 取 $\varepsilon = -\dfrac{c}{2} > 0$, 令

$$a_n = n^{(-\alpha-1-\varepsilon)/p} \quad (n=1,2,\cdots), \quad f(x) = \begin{cases} x^{(-\beta-1-\varepsilon)/q}, & x \geqslant 1, \\ 0, & 0 < x < 1. \end{cases}$$

则有

$$M\|\widetilde{a}\|_{p,\alpha}\|f\|_{q,\beta} = M\left(\sum_{n=1}^{\infty} n^{-1-\varepsilon}\right)^{\frac{1}{p}} \left(\int_1^{+\infty} x^{-1-\varepsilon}\mathrm{d}x\right)^{\frac{1}{q}}$$

$$\leqslant M\left(1 + \int_1^{+\infty} t^{-1-\varepsilon}\mathrm{d}t\right)^{\frac{1}{p}} \left(\int_1^{+\infty} x^{-1-\varepsilon}\mathrm{d}x\right)^{\frac{1}{q}} = \frac{2M}{-c}\left(1 - \frac{c}{2}\right)^{\frac{1}{p}}.$$

根据引理 6.5.1 和 $K(t,1) t^{-\frac{\alpha+1}{p}}$ 在 $(0, +\infty)$ 上的递减性, 有

$$\int_0^{+\infty} \sum_{n=1}^{\infty} K(n,x) a_n f(x)\,\mathrm{d}x = \int_1^{+\infty} x^{-\frac{\beta+1+\varepsilon}{q}}\left(\sum_{n=1}^{\infty} K(n,x) n^{-\frac{\alpha+1+\varepsilon}{p}}\right)\mathrm{d}x$$

$$= \int_1^{+\infty} x^{\lambda - \frac{\beta+1+\varepsilon}{q} - \frac{\alpha+1+\varepsilon}{p}}\left(\sum_{n=1}^{\infty} K(x^{-1}n, 1)\left(\frac{n}{x}\right)^{-\frac{\alpha+1+\varepsilon}{p}}\right)\mathrm{d}x$$

$$\geqslant \int_1^{+\infty} x^{\lambda - \frac{\beta+1}{q} - \frac{\alpha+1}{p} - \varepsilon}\left(\int_1^{+\infty} K\left(\frac{u}{x}, 1\right)\left(\frac{u}{x}\right)^{-\frac{\alpha+1+\varepsilon}{p}}\mathrm{d}u\right)\mathrm{d}x$$

$$= \int_1^{+\infty} x^{\lambda - \frac{\beta+1}{q} - \frac{\alpha+1}{p} - \varepsilon + 1} \left(\int_{\frac{1}{x}}^{+\infty} K(t,1) t^{-\frac{\alpha+1+\varepsilon}{p}} \mathrm{d}t \right) \mathrm{d}x$$

$$\geqslant \int_1^{+\infty} x^{-1-c-\varepsilon} \mathrm{d}x \int_1^{+\infty} K(t,1) t^{-\frac{\alpha+1+\varepsilon}{p}} \mathrm{d}t$$

$$= \int_1^{+\infty} x^{-1-\frac{c}{2}} \mathrm{d}x \int_1^{+\infty} K(t,1) t^{-\frac{\alpha+1+\varepsilon}{p}} \mathrm{d}t.$$

于是得到

$$\int_1^{+\infty} x^{-1-\frac{c}{2}} \mathrm{d}x \int_1^{+\infty} K(t,1) t^{-\frac{\alpha+1+\varepsilon}{p}} \mathrm{d}t \leqslant \frac{2M}{-c} \left(1 - \frac{c}{2}\right)^{\frac{1}{p}} < +\infty$$

因 $c < 0$, 故 $\int_1^{+\infty} x^{-1-\frac{c}{2}} \mathrm{d}x = +\infty$, 这就得到了矛盾, 故 $c \geqslant 0$.

反之, 设 $c \geqslant 0$, 根据引理 6.5.1, 取搭配参数 $a = \frac{1}{pq}(\alpha + 1 - cp)$, $b = \frac{1}{pq}(\beta + 1)$, 用权系数方法, 可得

$$\int_0^{+\infty} \sum_{n=1}^{\infty} K(n,x) a_n f(x) \mathrm{d}x$$

$$\leqslant \left(\sum_{n=1}^{\infty} n^{\frac{1}{q}(\alpha+1-cp)} a_n^p \omega_1(\beta, q, n) \right)^{\frac{1}{p}} \left(\int_0^{+\infty} x^{\frac{1}{p}(\beta+1)} f^q(x) \omega_2(\alpha, p, x) \mathrm{d}x \right)^{\frac{1}{q}}$$

$$\leqslant W_1^{\frac{1}{p}}(\beta, q) W_2^{\frac{1}{q}}(\alpha, p) \left(\sum_{n=1}^{\infty} n^{\alpha - pc} a_n^p \right)^{\frac{1}{p}} \left(\int_0^{+\infty} x^\beta f^q(x) \mathrm{d}x \right)^{\frac{1}{q}}$$

$$= W_1(\beta, q) \left(\sum_{n=1}^{\infty} n^\alpha a_n^p \right)^{\frac{1}{p}} \left(\int_0^{+\infty} x^\beta f^q(x) \mathrm{d}x \right)^{\frac{1}{q}} = W_1(\beta, q) \|\tilde{a}\|_{p,\alpha} \|f\|_{q,\beta}.$$

取常数 $M \geqslant W_1(\beta, q)$, 可得 (6.5.1) 式.

(ii) 当 $c = 0$ 时, 若 (6.5.1) 式的最佳常数因子不是 $W_1(\beta, q)$, 则存在常数 $M_0 < W_1(\beta, q)$, 使得用 M_0 替换 (6.5.1) 式的常数因子 M 后, 不等式仍成立.

取 $\varepsilon > 0$ 及 $\delta > 0$ 充分小, 令 $a_n = n^{(-\alpha-1-\varepsilon)/p}$ $(n = 1, 2, \cdots)$,

$$f(x) = \begin{cases} x^{(-\beta-1-\varepsilon)/q}, & x \geqslant \delta, \\ 0, & 0 < x < \delta. \end{cases}$$

则有

$$M_0 \, \|\widetilde{a}\|_{p,\alpha} \, \|f\|_{q,\beta} \leqslant \frac{M_0}{\varepsilon} \, (1+\varepsilon)^{\frac{1}{p}} \, \delta^{-\frac{\varepsilon}{q}},$$

$$\int_0^{+\infty} \sum_{n=1}^{\infty} K(n,x) \, a_n f(x) \, \mathrm{d}x = \sum_{n=1}^{\infty} n^{-\frac{\alpha+1+\varepsilon}{p}} \left(\int_{\delta}^{+\infty} x^{-\frac{\beta+1+\varepsilon}{q}} K(n,x) \, \mathrm{d}x \right)$$

$$= \sum_{n=1}^{\infty} n^{\lambda-\frac{\alpha+1+\varepsilon}{p}} \left(\int_{\delta}^{+\infty} K\left(1,\frac{x}{n}\right) x^{-\frac{\beta+1+\varepsilon}{q}} \, \mathrm{d}x \right)$$

$$= \sum_{n=1}^{\infty} n^{\lambda-\frac{\alpha+1+\varepsilon}{p}-\frac{\beta+1+\varepsilon}{q}+1} \left(\int_{\delta/n}^{+\infty} K(1,t) \, t^{-\frac{\beta+1+\varepsilon}{q}} \, \mathrm{d}t \right)$$

$$\geqslant \sum_{n=1}^{\infty} n^{-1-\varepsilon} \int_{\delta}^{+\infty} K(1,t) \, t^{-\frac{\beta+1+\varepsilon}{q}} \, \mathrm{d}t \geqslant \frac{1}{\varepsilon} \int_{\delta}^{+\infty} K(1,t) \, t^{-\frac{\beta+1+\varepsilon}{q}} \, \mathrm{d}t.$$

于是得到

$$\int_{\delta}^{+\infty} K(1,t) \, t^{-\frac{\beta+1+\varepsilon}{q}} \, \mathrm{d}t \leqslant M_0 \, (1+\varepsilon)^{\frac{1}{p}} \, \delta^{-\frac{\varepsilon}{q}},$$

先令 $\varepsilon \to 0^+$, 再令 $\delta \to 0^+$, 有

$$W_1(\beta,q) = \int_0^{+\infty} K(1,t) \, t^{-\frac{\beta+1}{q}} \, \mathrm{d}t \leqslant M_0,$$

这与 $M_0 < W_1(\beta,q)$ 矛盾, 故 $c = 0$, 即 $\dfrac{\alpha}{p} + \dfrac{\beta}{q} = \lambda + 1$. 证毕.

例 6.5.1 设 $\dfrac{1}{p} + \dfrac{1}{q} = 1 \ (p > 1)$, $\lambda > 0$, $\sigma > 0$, $1 \leqslant \lambda\sigma < 1 + \dfrac{1}{p}$, 求证: 存在常数 $M > 0$, 使得

$$\int_0^{+\infty} \sum_{n=1}^{\infty} \frac{\operatorname{arccot}(n/x)}{(n^\lambda + x^\lambda)^\sigma} a_n f(x) \, \mathrm{d}x \leqslant M \, \|\widetilde{a}\|_p \, \|f\|_q, \tag{6.5.2}$$

其中 $\widetilde{a} = \{a_n\} \in l_p$, $f(x) \in L_q(0, +\infty)$.

证明 记 $K(u,v) = [\operatorname{arccot}(u/v)]/(u^\lambda + v^\lambda)^\sigma$, 则 $K(u,v)$ 是 $-\lambda\sigma$ 阶齐次非负函数. 因为 $\beta = \alpha = 0$, 故

$$c = \frac{\alpha}{p} + \frac{\beta}{q} - (1 - \lambda\sigma) = \lambda\sigma - 1 \geqslant 0,$$

由 $1 \leqslant \lambda\sigma \leqslant 1 + \dfrac{1}{p}$, 可得 $-1 - \dfrac{1}{p} + \lambda\sigma \leqslant 0$, $1 + \dfrac{1}{p} - \lambda\sigma < 1$, 于是可知

$$K(t,1) \, t^{-\frac{\alpha+1}{p}} = \frac{\operatorname{arccot}(t)}{(t^\lambda+1)^\sigma} t^{-\frac{1}{p}}, \quad K(t,1) \, t^{-\frac{\alpha+1}{p}+c} = \frac{\operatorname{arccot}(t)}{(t^\lambda+1)^\sigma} t^{-1-\frac{1}{p}+\lambda\sigma}$$

都在 $(0, +\infty)$ 上递减, 且

$$W_1(\beta, q) = \int_0^{+\infty} K(1, t) t^{-\frac{\beta+1}{q}} \mathrm{d}t = \int_0^{+\infty} K(t, 1) t^{-\frac{\alpha+1}{p}+c} \mathrm{d}t$$

$$= \int_0^{+\infty} \frac{\operatorname{arccot}(t)}{(t^\lambda+1)^\sigma} t^{-1-\frac{1}{p}+\lambda\sigma} \mathrm{d}t \leqslant \int_0^{+\infty} \frac{\pi/2}{t^{1+\frac{1}{p}-\lambda\sigma}(t^\lambda+1)^\sigma} \mathrm{d}t < +\infty,$$

根据定理 6.5.1, 存在常数 $M > 0$, 使 (6.5.2) 式成立. 证毕.

例 6.5.2 设 $\frac{1}{p} + \frac{1}{q} = 1 \ (p > 1)$, $\lambda > 0$, $\frac{1}{r} - \frac{\lambda+1}{q} < \sigma < \min\left\{1 + \frac{1}{r} - \frac{\lambda+1}{q}, \right.$
$\left. \frac{\lambda+1}{p} - \frac{1}{s}\right\}$, $\alpha = p\left(\frac{1}{r} - \frac{\lambda}{q}\right)$, $\beta = q\left(\frac{1}{s} - \frac{\lambda}{p}\right)$, $\frac{1}{r} + \frac{1}{s} = 1 \ (r > 1)$, $\widetilde{a} = \{a_n\} \in l_p^\alpha$,
$f(x) \in L_q^\beta(0, +\infty)$, 求证:

$$\int_0^{+\infty} \sum_{n=1}^\infty \frac{(n/x)^\sigma}{\max\{n^\lambda, x^\lambda\}} a_n f(x) \mathrm{d}x$$

$$\leqslant \left(\left(\sigma + \frac{\lambda+1}{q} - \frac{1}{r}\right)^{-1} - \left(\sigma - \frac{\lambda+1}{p} + \frac{1}{s}\right)^{-1}\right) \|\widetilde{a}\|_{p,\alpha} \|f\|_{q,\beta},$$

其中的常数因子是最佳的.

证明 记 $K(u, v) = (u/v)^\sigma/\max\{u^\lambda, v^\lambda\}$, 则 $K(u, v)$ 是 $-\lambda$ 阶齐次非负函数. 因为 $\alpha = p\left(\frac{1}{r} - \frac{\lambda}{q}\right)$, $\beta = q\left(\frac{1}{s} - \frac{\lambda}{p}\right)$, 故

$$\frac{\alpha}{p} + \frac{\beta}{q} = \frac{1}{r} - \frac{\lambda}{q} + \frac{1}{s} - \frac{\lambda}{p} = 1 - \lambda.$$

由 $\sigma < 1 + \frac{1}{r} - \frac{\lambda+1}{q}$, 可得 $\sigma + \frac{\lambda}{q} - \frac{1}{r} - \frac{1}{p} < 0$, 于是可知

$$K(t, 1) t^{-\frac{\alpha+1}{p}} = \frac{t^{\sigma-\frac{\alpha+1}{p}}}{\max\{t^\lambda, 1\}} = \frac{1}{\max\{t^\lambda, 1\}} t^{\sigma+\frac{1}{q}-\frac{1}{r}-\frac{1}{p}}$$

在 $(0, +\infty)$ 上递减.

根据 $\frac{1}{r} - \frac{\lambda+1}{q} < \sigma < \frac{\lambda+1}{p} - \frac{1}{s}$, 可知 $\sigma + \frac{\lambda+1}{q} - \frac{1}{r} > 0$, $\sigma - \frac{\lambda+1}{p} + \frac{1}{s} < 0$,
故

$$\int_0^{+\infty} K(t, 1) t^{-\frac{\alpha+1}{p}} \mathrm{d}t = \int_0^{+\infty} \frac{1}{\max\{t^\lambda, 1\}} t^{\sigma-\frac{\alpha+1}{p}} \mathrm{d}t$$

$$= \int_0^1 t^{\sigma - \frac{\alpha+1}{p}} \mathrm{d}t + \int_1^{+\infty} t^{\sigma - \lambda - \frac{\alpha+1}{p}} \mathrm{d}t$$

$$= \int_0^1 t^{\left(\alpha + \frac{\lambda+1}{q} - \frac{1}{r}\right) - 1} \mathrm{d}t + \int_1^{+\infty} t^{\left(\sigma - \frac{\lambda+1}{p} + \frac{1}{s}\right) - 1} \mathrm{d}t$$

$$= \left(\sigma + \frac{\lambda+1}{q} - \frac{1}{r}\right)^{-1} - \left(\sigma - \frac{\lambda+1}{p} + \frac{1}{s}\right)^{-1}.$$

由定理 6.5.1, 可知本例结论成立. 证毕.

注　在例 6.5.2 中, 取 $r = q$, $s = p$, $\lambda = 1$, 则我们可以得到:

例 6.5.3　设 $\frac{1}{p} + \frac{1}{q} = 1$ $(p > 1)$, $-\frac{1}{q} < \sigma < \frac{1}{p}$, $\widetilde{a} = \{a_n\} \in l_p^\alpha$, $f(x) \in L_q^\beta (0, +\infty)$, 则有

$$\int_0^{+\infty} \sum_{n=1}^\infty \frac{(n/x)^\sigma}{\max\{n, x\}} a_n f(x) \, \mathrm{d}x \leqslant \left(\left(\sigma + \frac{1}{q}\right)^{-1} - \left(\sigma - \frac{1}{p}\right)^{-1}\right) \|\widetilde{a}\|_p \|f\|_q,$$

其中的常数因子是最佳的.

注　若在例 6.5.2 中取 $\sigma = 0$, 则可得:

例 6.5.4　设 $\frac{1}{p} + \frac{1}{q} = 1$ $(p > 1)$, $\widetilde{a} = \{a_n\} \in l_p$, $f(x) \in L_q (0, +\infty)$, 则

$$\int_0^{+\infty} \sum_{n=1}^\infty \frac{a_n f(x)}{\max\{n, x\}} \mathrm{d}x \leqslant pq \|\widetilde{a}\|_p \|f\|_q,$$

其中的常数因子 pq 是最佳的.

6.5.2　拟齐次核的半离散 Hilbert 型不等式的构建条件

引理 6.5.2　设 $\frac{1}{p} + \frac{1}{q} = 1$ $(p > 1)$, $\lambda, \alpha, \beta \in \mathbb{R}$, $\lambda_1 \lambda_2 > 0$, $G(u, v)$ 是 λ 阶齐次非负可测函数, $K(n, x) = G(n^{\lambda_1}, x^{\lambda_2})$, $\frac{\alpha}{\lambda_1 p} + \frac{\beta}{\lambda_2 q} - \left(\frac{1}{\lambda_1 q} + \frac{1}{\lambda_2 p} + \lambda\right) = \frac{c}{\lambda_1}$, $K(t, 1) t^{-\frac{\alpha+1}{p} + c}$ 在 $(0, +\infty)$ 上递减, 记

$$W_1(\beta, q) = \int_0^{+\infty} K(1, t) t^{-\frac{\beta+1}{q}} \mathrm{d}t, \quad W_2(\alpha, p) = \int_0^{+\infty} K(t, 1) t^{-\frac{\alpha+1}{p} + c} \mathrm{d}t.$$

则 $\lambda_1 W_2(\alpha, p) = \lambda_2 W_1(\beta, q)$, 且

$$\omega_1(\beta, q, n) = \int_0^{+\infty} K(n, x) x^{-\frac{\beta+1}{q}} \mathrm{d}x = n^{\frac{\alpha+1}{p} - 1 - c} W_1(\beta, q),$$

$$\omega_2\left(\alpha, p, x\right) = \sum_{n=1}^{\infty} K\left(n, x\right) n^{-\frac{\alpha+1}{p}+c} \leqslant x^{\frac{\beta+1}{q}-1} W_2\left(\alpha, p\right).$$

证明 利用引理 6.3.2 的证明方法可得. 证毕.

定理 6.5.2 设 $\dfrac{1}{p} + \dfrac{1}{q} = 1 \; (p > 1)$, $\lambda, \alpha, \beta \in \mathbb{R}$, $\lambda_1 \lambda_2 > 0$, $G(u, v)$ 是 λ 阶齐次非负可测函数, $K(n, x) = G\left(n^{\lambda_1}, x^{\lambda_2}\right)$, $\dfrac{\alpha}{\lambda_1 p} + \dfrac{\beta}{\lambda_1 q} - \left(\lambda + \dfrac{1}{\lambda_1 q} + \dfrac{1}{\lambda_2 p}\right) = \dfrac{c}{\lambda_1}$, $G\left(t^{\lambda_1}, 1\right) t^{-\frac{\alpha+1}{p}}$ 及 $G\left(t^{\lambda_1}, 1\right) t^{-\frac{\alpha+1}{p}+c}$ 都在 $(0, +\infty)$ 上递减, 且

$$W_1\left(\beta, q\right) = \int_0^{+\infty} G\left(1, t^{\lambda_2}\right) t^{-\frac{\beta+1}{q}} \mathrm{d}t$$

收敛, 那么

(i) 当且仅当 $c \geqslant 0$ 时, 存在常数 $M > 0$, 使

$$\int_0^{+\infty} \sum_{n=1}^{\infty} G\left(n^{\lambda_1}, x^{\lambda_2}\right) a_n f(x)\, \mathrm{d}x \leqslant M \left\|\widetilde{a}\right\|_{p,\alpha} \left\|f\right\|_{q,\beta}, \tag{6.5.3}$$

其中 $\widetilde{a} = \{a_n\} \in l_p^{\alpha}$, $f(x) \in L_q^{\beta}(0, +\infty)$;

(ii) 当 $c = 0$, 即 $\dfrac{\alpha}{\lambda_1 p} + \dfrac{\beta}{\lambda_2 q} = \lambda + \dfrac{1}{\lambda_1 q} + \dfrac{1}{\lambda_2 p}$ 时, (6.5.3) 式的最佳常数因子为

$$\inf M = \left(\frac{\lambda_2}{\lambda_1}\right)^{\frac{1}{q}} \int_0^{+\infty} G\left(1, t^{\lambda_2}\right) t^{-\frac{\beta+1}{q}} \mathrm{d}t = \left(\frac{\lambda_1}{\lambda_2}\right)^{\frac{1}{p}} \int_0^{+\infty} G\left(t^{\lambda_1}, 1\right) t^{-\frac{\alpha+1}{p}} \mathrm{d}t.$$

证明 (i) 设存在常数 $M > 0$, 使 (6.5.3) 式成立. 若 $c < 0$, 取 $\varepsilon = -\dfrac{c}{2|\lambda_1|} > 0$, 令

$$a_n = n^{(-\alpha-1-|\lambda_1|\varepsilon)/p}\,(n = 1, 2, \cdots), \quad f(x) = \begin{cases} x^{(-\beta-1-|\lambda_2|\varepsilon)/q}, & x \geqslant 1, \\ 0, & 0 < x < 1. \end{cases}$$

经计算, 有

$$M \left\|\widetilde{a}\right\|_{p,\alpha} \left\|f\right\|_{q,\beta} \leqslant \frac{2M}{-c} \left(\frac{\lambda_1}{\lambda_2}\right)^{\frac{1}{q}} \left(1 - \frac{c}{2}\right)^{\frac{1}{p}}.$$

根据引理 6.5.2 及 $K(t, 1) t^{-\frac{\alpha+1}{p}}$ 在 $(0, +\infty)$ 上递减, 有

$$\int_0^{+\infty} \sum_{n=1}^{\infty} G\left(n^{\lambda_1}, x^{\lambda_2}\right) a_n f(x)\, \mathrm{d}x$$

$$= \int_1^{+\infty} x^{-\frac{\beta+1+|\lambda_2|\varepsilon}{q}} \left(\sum_{n=1}^{\infty} K(n,x) n^{-\frac{\alpha+1+|\lambda_1|\varepsilon}{p}} \right) dx$$

$$= \int_1^{+\infty} x^{\lambda\lambda_2 - \frac{\beta+1+|\lambda_2|\varepsilon}{q} - \frac{\lambda_2}{\lambda_1}\frac{\alpha+1+|\lambda_1|\varepsilon}{p}} \left(\sum_{n=1}^{\infty} K\left(x^{-\lambda_2/\lambda_1}n, 1\right) \left(x^{-\lambda_2/\lambda_1}n\right)^{-\frac{\alpha+1+|\lambda_1|\varepsilon}{p}} \right) dx$$

$$\geqslant \int_0^{+\infty} x^{\lambda\lambda_2 - \frac{\beta+1+|\lambda_2|\varepsilon}{q} - \frac{\lambda_2}{\lambda_1}\frac{\alpha+1+|\lambda_1|\varepsilon}{p}}$$

$$\times \left(\int_1^{+\infty} K\left(x^{-\lambda_2/\lambda_1}u, 1\right) \left(x^{-\lambda_2/\lambda_1}u\right)^{-\frac{\alpha+1+|\lambda_1|\varepsilon}{p}} du \right) dx$$

$$= \int_0^{+\infty} x^{\lambda\lambda_2 - \frac{\beta+1+|\lambda_2|\varepsilon}{q} - \frac{\lambda_2}{\lambda_1}\frac{\alpha+1+|\lambda_1|\varepsilon}{p} + \frac{\lambda_2}{\lambda_1}} \left(\int_{x^{-\lambda_2/\lambda_1}}^{+\infty} K(t,1) t^{-\frac{\alpha+1+|\lambda_1|\varepsilon}{p}} dt \right) dx$$

$$\geqslant \int_1^{+\infty} x^{-1-\frac{\lambda_2}{\lambda_2}-|\lambda_2|\varepsilon} dx \int_1^{+\infty} K(t,1) t^{-\frac{\alpha+1+|\lambda_1|\varepsilon}{p}} dt.$$

于是我们得到

$$\int_1^{+\infty} \alpha^{-1-\frac{\lambda_2}{\lambda_1}-|\lambda_2|\varepsilon} dx \int_1^{+\infty} K(t,1) t^{-\frac{\alpha+1+|\lambda_1|\varepsilon}{p}} dt \leqslant \frac{2M}{-c} \left(\frac{\lambda_1}{\lambda_2} \right)^{\frac{1}{q}} \left(1 - \frac{c}{2} \right)^{\frac{1}{p}} < +\infty.$$

因为 $\frac{\lambda_2}{\lambda_1} + |\lambda_2|\varepsilon = \frac{\lambda_2}{2\lambda_1}c < 0$, 故 $\int_0^{+\infty} x^{-1-\frac{\lambda_2}{\lambda_1}-|\lambda_2|\varepsilon} dx = +\infty$, 这就得到矛盾, 于是得到 $c \geqslant 0$.

反之, 设 $c \geqslant 0$. 取搭配数 $a = \frac{1}{pq}(\alpha + 1 - cp)$, $b = \frac{1}{pq}(\beta + 1)$, 利用权系数方法及引理 6.5.2, 有

$$\int_0^{+\infty} \sum_{n=1}^{\infty} G\left(n^{\lambda_1}, x^{\lambda_2}\right) a_n f(x) dx$$

$$\leqslant \left(\sum_{n=1}^{\infty} n^{\frac{\alpha+1-cp}{q}} a_n^p \omega_1(\beta, q, n) \right)^{\frac{1}{p}} \left(\int_0^{+\infty} x^{\frac{\beta+1}{p}} f^q(x) \omega_2(\alpha, p, x) dx \right)^{\frac{1}{p}}$$

$$\leqslant W_1^{\frac{1}{p}}(\beta, q) W_2^{\frac{1}{q}}(\alpha, p) \left(\sum_{n=1}^{\infty} n^{\frac{\alpha+1-cp}{q}+\frac{\alpha+1}{p}-1-c} a_n^p \right)^{\frac{1}{p}} \left(\int_0^{+\infty} x^{\frac{\beta+1}{p}+\frac{\beta+1}{q}-1} f^q(x) dx \right)^{\frac{1}{q}}$$

$$= \left(\frac{\lambda_2}{\lambda_1} \right)^{\frac{1}{q}} W_1(\beta, q) \left(\sum_{n=1}^{\infty} n^{\alpha-cp} a_n^p \right)^{\frac{1}{p}} \left(\int_0^{+\infty} x^{\beta} f^q(x) dx \right)^{\frac{1}{q}}$$

$$\leqslant \left(\frac{\lambda_2}{\lambda_1}\right)^{\frac{1}{q}} W_1\left(\beta, q\right) \|\widetilde{a}\|_{p,\alpha} \|f\|_{q,\beta}.$$

任取 $M \geqslant \left(\frac{\lambda_2}{\lambda_1}\right)^{\frac{1}{q}} W_1\left(\beta, q\right)$, 都可得 (6.5.3) 式.

(ii) 当 $c = 0$ 时, 设 (6.5.3) 式的最佳常数因子为 M_0, 则 $M_0 \leqslant \left(\frac{\lambda_2}{\lambda_1}\right)^{\frac{1}{q}} \cdot$
$W_1\left(\beta, q\right)$, 且有

$$\int_0^{+\infty} \sum_{n=1}^{\infty} G\left(n^{\lambda_1}, x^{\lambda_2}\right) a_n f\left(x\right) \mathrm{d}x \leqslant M_0 \|\widetilde{a}\|_{p,\alpha} \|f\|_{p,\beta}.$$

取 $\varepsilon > 0$ 和 $\delta > 0$ 都充分小, 令 $a_n = n^{(-\alpha - 1 - |\lambda_1|\varepsilon)/p} \ (n = 1, 2, \cdots)$,

$$f(x) = \begin{cases} x^{(-\beta - 1 - |\lambda_2|\varepsilon)/q}, & x \geqslant \delta, \\ 0, & 0 < x < \delta. \end{cases}$$

则有

$$M_0 \|\widetilde{a}\|_{p,\alpha} \|f\|_{q,\beta} \leqslant \frac{M_0}{\varepsilon |\lambda_1|^{1/p} |\lambda_2|^{1/q}} (1 + |\lambda_1|\varepsilon)^{\frac{1}{p}} \delta^{-\frac{|\lambda_2|\varepsilon}{q}},$$

$$\int_0^{+\infty} \sum_{n=1}^{\infty} G\left(n^{\lambda_1}, x^{\lambda_2}\right) a_n f\left(x\right) \mathrm{d}x$$

$$= \sum_{n=1}^{\infty} n^{-\frac{\alpha + 1 + |\lambda_1|\varepsilon}{p}} \left(\int_\delta^{+\infty} K\left(n, x\right) x^{-\frac{\beta + 1 + |\lambda_2|\varepsilon}{q}} \mathrm{d}x\right)$$

$$= \sum_{n=1}^{\infty} n^{\lambda \lambda_1 - \frac{\alpha + 1 + |\lambda_1|\varepsilon}{p}} \left(\int_\delta^{+\infty} K(1, n^{-\lambda_1/\lambda_2} u) u^{-\frac{\beta + 1 + |\lambda_2|\varepsilon}{q}} \mathrm{d}u\right)$$

$$= \sum_{n=1}^{\infty} n^{\lambda \lambda_1 - \frac{\alpha + 1 + |\lambda_1|\varepsilon}{p} - \frac{\lambda_1}{\lambda_2}\frac{\beta + 1 + |\lambda_2|\varepsilon}{q} + \frac{\lambda_1}{\lambda_2}} \left(\int_{\delta n^{-\lambda_1/\lambda_2}}^{+\infty} K\left(1, t\right) t^{-\frac{\beta + 1 + |\lambda_2|\varepsilon}{q}} \mathrm{d}t\right)$$

$$\geqslant \sum_{n=1}^{\infty} n^{-1 - |\lambda_1|\varepsilon} \int_\delta^{+\infty} K\left(1, t\right) t^{-\frac{\beta + 1 + |\lambda_2|\varepsilon}{q}} \mathrm{d}t \geqslant \frac{1}{|\lambda_1|\varepsilon} \int_\delta^{+\infty} K\left(1, t\right) t^{-\frac{\beta + 1 + |\lambda_2|\varepsilon}{q}} \mathrm{d}t.$$

于是得到

$$\frac{1}{|\lambda_1|} \int_0^{+\infty} K(1, t) t^{-\frac{\beta + 1 + |\lambda_2|\varepsilon}{q}} \mathrm{d}t \leqslant \frac{M_0}{|\lambda_1|^{1/p} |\lambda_2|^{1/q}} (1 + |\lambda_1|\varepsilon)^{\frac{1}{p}} \delta^{-\frac{|\lambda_2|\varepsilon}{q}}.$$

先令 $\varepsilon \to 0^+$, 再令 $\delta \to 0^+$, 有

$$\frac{1}{|\lambda_1|} \int_0^{+\infty} K(1,t) t^{-\frac{\beta+1}{q}} \mathrm{d}t \leqslant \frac{M_0}{|\lambda_1|^{1/p} |\lambda_2|^{1/q}},$$

故有

$$\left(\frac{\lambda_2}{\lambda_1}\right)^{\frac{1}{q}} \int_0^{+\infty} K(1,t) t^{-\frac{\beta+1}{q}} \mathrm{d}t = \left(\frac{\lambda_2}{\lambda_1}\right)^{\frac{1}{q}} W_1(\beta,q) \leqslant M_0.$$

根据引理 6.5.2, (6.5.3) 式的最佳常数因子为

$$M_0 = \left(\frac{\lambda_2}{\lambda_1}\right)^{\frac{1}{q}} \int_0^{+\infty} G\left(1,t^{\lambda_2}\right) t^{-\frac{\alpha+1}{p}} \mathrm{d}t = \left(\frac{\lambda_1}{\lambda_2}\right)^{\frac{1}{p}} \int_0^{+\infty} G\left(t^{\lambda_1},1\right) t^{-\frac{\alpha+1}{p}} \mathrm{d}t.$$

证毕.

若在定理 6.5.2 中取 $K(u,v) = G(u/v)$, 则可得:

定理 6.5.3　设 $\frac{1}{p} + \frac{1}{q} = 1 \ (p>1)$, $\alpha,\beta \in \mathbb{R}$, $\lambda_1\lambda_2 > 0$, $K(n,x) = G\left(n^{\lambda_1}/x^{\lambda_2}\right)$ 非负可测, $\frac{\alpha}{\lambda_1 p} + \frac{\beta}{\lambda_2 q} - \left(\frac{1}{\lambda_1 q} + \frac{1}{\lambda_2 p}\right) = \frac{c}{\lambda_1}$, $G\left(t^{\lambda_1}\right) t^{-\frac{\alpha+1}{q}}$ 及 $G\left(t^{\lambda_1}\right) \cdot$ $t^{-\frac{\alpha+1}{p}+c}$ 都在 $(0,+\infty)$ 上递减, 且

$$W_1(\beta,q) = \int_0^{+\infty} G\left(t^{\lambda_2}\right) t^{-\frac{\beta+1}{q}} \mathrm{d}t$$

收敛, 那么

(i) 当且仅当 $c \geqslant 0$ 时, 存在常数 $M > 0$, 使

$$\int_0^{+\infty} \sum_{n=1}^{\infty} G\left(n^{\lambda_1}/x^{\lambda_2}\right) a_n f(x) \mathrm{d}x \leqslant M \|\widetilde{a}\|_{p,\alpha} \|f\|_{q,\beta}, \tag{6.5.4}$$

其中 $\widetilde{a} = \{a_n\} \in l_p^{\alpha}$, $f(x) \in L_q^{\beta}(0,+\infty)$.

(ii) 当 $c = 0$, 即 $\frac{\alpha}{\lambda_1 p} + \frac{\beta}{\lambda_2 q} = \frac{1}{\lambda_1 q} + \frac{1}{\lambda_2 p}$ 时, (6.5.4) 式的最佳常数因子为

$$\inf M = \left(\frac{\lambda_2}{\lambda_1}\right)^{\frac{1}{q}} \int_0^{+\infty} G(t^{\lambda_2}) t^{-\frac{\beta+1}{q}} \mathrm{d}t = \left(\frac{\lambda_1}{\lambda_2}\right)^{\frac{1}{p}} \int_0^{+\infty} G(t^{\lambda_1}) t^{-\frac{\alpha+1}{p}} \mathrm{d}t.$$

例 6.5.5　设 $\frac{1}{p} + \frac{1}{q} = 1 \ (p>1)$, $a>0$, $\lambda_1 > 0$, $\lambda_2 > 0$, $\frac{\alpha}{\lambda_1 p} + \frac{\beta}{\lambda_2 q} - \left(\frac{1}{\lambda_1 q} + \frac{1}{\lambda_2 p} - a\right) = \frac{c}{\lambda_1}$, $\max\{1-\lambda_1 a, c, \lambda_1 b + c, 0, \lambda_1 b\} < \frac{\alpha+1}{p} < 1 + \lambda_1 b$, 记

$$W_0 = \int_0^1 \frac{1}{(1+t)^a} \left(t^{b+\frac{1}{\lambda_1}\left(1-\frac{\alpha+1}{p}\right)-1} + t^{a-\frac{1}{\lambda_1}\left(1-\frac{\alpha+1}{p}\right)-1}\right) \mathrm{d}t,$$

求证:

(i) 当且仅当 $c \geqslant 0$ 时, 存在常数 $M > 0$, 使

$$\int_0^{+\infty} \sum_{n=1}^{\infty} \frac{\left(\min\left\{1, n^{\lambda_1}/x^{\lambda_2}\right\}\right)^b}{\left(n^{\lambda_1} + x^{\lambda_2}\right)^a} a_n f(x) \, dx \leqslant M \, \|\widetilde{a}\|_{p,\alpha} \, \|f\|_{q,\beta}, \tag{6.5.5}$$

其中 $\widetilde{a} = \{a_n\} \in l_p^{\alpha}$, $f(x) \in L_q^{\beta}(0, +\infty)$.

(ii) 当 $c = 0$ 时, (6.5.5) 式的最佳常数因子是 $W_0 / \left(|\lambda_1|^{1/q} |\lambda_2|^{1/p}\right)$.

证明 记

$$G(u, v) = \frac{\left(\min\left\{1, u/v\right\}\right)^b}{(u + v)^a} \quad (u > 0, v > 0),$$

则 $G(u, v)$ 是 $\lambda = -a$ 阶齐次非负函数. 根据 $1 - \lambda_1 a < \dfrac{\alpha + 1}{p} < 1 + \lambda_1 b$, 有

$$b + \frac{1}{\lambda_1}\left(1 - \frac{\alpha + 1}{p}\right) > 0, \quad a - \frac{1}{\lambda_1}\left(1 - \frac{\alpha + 1}{p}\right) > 0,$$

故 W_0 收敛.

$$W_2(\alpha, p) = \int_0^{+\infty} G\left(t^{\lambda_1}, 1\right) t^{-\frac{\alpha+1}{p}} \, dt = \int_0^{+\infty} \frac{\left(\min\left\{1, t^{\lambda_1}\right\}\right)^b}{\left(t^{\lambda_1} + 1\right)^a} t^{-\frac{\alpha+1}{p}} \, dt$$

$$= \frac{1}{\lambda_1} \int_0^{+\infty} \frac{\left(\min\left\{1, u\right\}\right)^b}{(1 + u)^a} u^{\frac{1}{\lambda_1}\left(1 - \frac{\alpha+1}{p}\right) - 1} \, du$$

$$= \frac{1}{\lambda_1} \int_0^1 \frac{1}{(1 + u)^a} u^{b + \frac{1}{\lambda_1}\left(1 - \frac{\alpha+1}{p}\right) - 1} \, du + \int_1^{+\infty} \frac{1}{(1 + u)^a} u^{\frac{1}{\lambda_1}\left(1 - \frac{\alpha+1}{p}\right) - 1} \, du$$

$$= \frac{1}{\lambda_1} \int_0^1 \frac{1}{(1 + t)^a} \left(t^{b + \frac{1}{\lambda_1}\left(1 - \frac{\alpha+1}{p}\right) - 1} + t^{a - \frac{1}{\lambda_1}\left(1 - \frac{\alpha+1}{p}\right) - 1}\right) \, dt.$$

根据 $\max\{c, \lambda_1 b + c\} < \dfrac{\alpha + 1}{p}$ 可知 $\lambda_1 b - \dfrac{\alpha + 1}{p} + c < 0$, $-\dfrac{\alpha + 1}{p} + c < 0$, 故

$$G\left(t^{\lambda_1}, 1\right) t^{-\frac{\alpha+1}{p} + c} = \begin{cases} \dfrac{1}{\left(t^{\lambda_1} + 1\right)^a} t^{\lambda_1 b - \frac{\alpha+1}{p} + c}, & 0 < t \leqslant 1, \\ \dfrac{1}{\left(t^{\lambda_1} + 1\right)^a} t^{-\frac{\alpha+1}{p} + c}, & t > 1 \end{cases}$$

在 $(0, +\infty)$ 上递减.

根据 $\max\{0, \lambda_1 b\} < \dfrac{\alpha + 1}{p}$, 同样可知 $G\left(t^{\lambda_1}, 1\right) t^{-\frac{\alpha+1}{p}}$ 在 $(0, +\infty)$ 上递减.

综上并根据定理 6.5.2, 知本例结论成立. 证毕.

在例 6.5.5 中, 取 $b = 0$, 由 Beta 函数性质, 有

$$W_0 = B\left(\frac{1}{\lambda_1}\left(1 - \frac{\alpha+1}{p}\right), a - \frac{1}{\lambda_1}\left(1 - \frac{\alpha+1}{p}\right)\right).$$

于是可得:

例 6.5.6　设 $\frac{1}{p} + \frac{1}{q} = 1$ $(p > 1)$, $a > 0, \lambda_1 > 0, \lambda_2 > 0$, $\frac{\alpha}{\lambda_1 p} + \frac{\beta}{\lambda_2 q} - \left(\frac{1}{\lambda_1 q} + \frac{1}{\lambda_2 p} - a\right) = \frac{c}{\lambda_1}$,　$\max\{1 - \lambda_1 a, 0, c\} < \frac{\alpha+1}{p} < 1$, 则有

(i) 当且仅当 $c \geqslant 0$ 时, 有

$$\int_0^{+\infty} \sum_{n=1}^{\infty} \frac{a_n f(x)}{(n^{\lambda_1} + x^{\lambda_2})^a} \mathrm{d}x$$

$$\leqslant \frac{1}{\lambda_1^{1/q} \lambda_2^{1/p}} B\left(\frac{1}{\lambda_1}\left(1 - \frac{\alpha+1}{p}\right), a - \frac{1}{\lambda_1}\left(1 - \frac{\alpha+1}{p}\right)\right) \|\widetilde{a}\|_{p,\alpha} \|f\|_{q,\beta}, \quad (6.5.6)$$

其中 $\widetilde{a} = \{a_n\} \in l_p^\alpha, f(x) \in L_q^\beta(0, +\infty)$.

(ii) 当 $c = 0$ 时, (6.5.6) 式的常数因子是最佳的.

在例 6.5.6 中, 取 $\alpha = \frac{\lambda_1}{\lambda_2}\left(1 - \frac{p}{r}a\lambda_2\right)$, $\beta = \frac{\lambda_2}{\lambda_1}\left(1 - \frac{q}{s}a\lambda_1\right)$, $\frac{1}{r} + \frac{1}{s} = 1$ $(r > 1)$, 则 $\frac{\alpha}{\lambda_1 p} + \frac{\beta}{\lambda_2 q} - \left(\frac{1}{\lambda_1 q} + \frac{1}{\lambda_2 p} - a\right) = 0$. 于是可得:

例 6.5.7　设 $\frac{1}{p} + \frac{1}{q} = 1$ $(p > 1), \frac{1}{r} + \frac{1}{s} = 1$ $(r > 1), a > 0, \lambda_1 > 0, \lambda_2 > 0$, $\max\{0, 1 - \lambda_1 a\} < \frac{\alpha+1}{p} < 1$,　$\alpha = \frac{\lambda_1}{\lambda_2}\left(1 - \frac{p}{r}a\lambda_2\right)$,　$\beta = \frac{\lambda_2}{\lambda_1}\left(1 - \frac{q}{s}a\lambda_1\right)$, 记

$$W_0 = B\left(\frac{a\lambda_2}{r} + \frac{1}{\lambda_1 q} - \frac{1}{\lambda_2 p}, \frac{a\lambda_1}{s} + \frac{1}{\lambda_2 p} - \frac{1}{\lambda_1 q}\right).$$

则当 $\widetilde{a} = \{a_n\} \in l_p^\alpha, f(x) \in L_q^\beta(0, +\infty)$ 时, 有

$$\int_0^{+\infty} \sum_{n=1}^{\infty} \frac{1}{(n^{\lambda_1} + x^{\lambda_2})^a} a_n f(x) \mathrm{d}x \leqslant \frac{W_0}{\lambda_1^{1/q} \lambda_2^{1/p}} \|\widetilde{a}\|_{p,\alpha} \|f\|_{q,\beta},$$

其中的常数因子是最佳的.

例 6.5.8　设 $\frac{1}{p} + \frac{1}{q} = 1$ $(p > 1), a > 0, \frac{1}{aq} < \lambda_1 \leqslant \frac{1}{p}, \lambda_2 > 0, \frac{1}{\lambda_1 q} + \frac{1}{\lambda_2 p} = a$, $\widetilde{a} = \{a_n\} \in l_p, f(x) \in L_q(0, +\infty)$, 求证: 存在常数 $M > 0$, 使

$$\int_0^{+\infty} \sum_{n=1}^\infty \frac{|\sin(n^2+x^2)| \ln\left(1+n^{\lambda_1}/x^{\lambda_2}\right)}{(n^{\lambda_1}+x^{\lambda_2})^a} a_n f(x) \, \mathrm{d}x \leqslant M \left\|\widetilde{a}\right\|_p \left\|f\right\|_q.$$

证明 记 $K(n,x) = G\left(x^{\lambda_1}, x^{\lambda_2}\right)$, 且 $G(u,v) = [\ln(1+u/v)]/(u+v)^a$, 则 $G(u,v)$ 是 $\lambda = -a$ 阶齐次非负函数. 因为 $\alpha = \beta = 0$, 故

$$\frac{1}{\lambda_1}c = \frac{\alpha}{\lambda_1 p} + \frac{\beta}{\lambda_2 q} - \left(\frac{1}{\lambda_1 q} + \frac{1}{\lambda_2 p} + \lambda\right) = a - \frac{1}{\lambda_1 q} - \frac{1}{\lambda_2 p} = 0.$$

因为 $\dfrac{1}{aq} < \lambda_1$, 故 $\dfrac{1}{p} + \lambda_1 a > 1$, 存在 $0 < \delta_1 < \lambda_1$, 使 $\dfrac{1}{p} + \lambda_1 a - \delta > 1$, 于是

$$\lim_{t\to+\infty} \frac{\ln\left(1+t^{\lambda_1}\right)}{t^{\frac{1}{p}}\left(1+t^{\lambda_1}\right)^a} \Big/ \frac{1}{t^{\frac{1}{p}-\delta}\left(1+t^{\lambda_1}\right)^a} = \lim_{t\to+\infty} \frac{\ln\left(1+t^{\lambda_1}\right)}{t^\delta} = \frac{\lambda_1}{\delta_1}\lim_{t\to+\infty} \frac{t^{\lambda_1-\delta}}{1+t^{\lambda_1}} = 0,$$

$$\int_1^{+\infty} \frac{1}{t^{1/p-\delta}\left(1+t^{\lambda_1}\right)^a} \mathrm{d}t$$

收敛, 故

$$\int_1^{+\infty} \frac{\ln\left(1+t^{\lambda_1}\right)}{t^{1/p}\left(1+t^{\lambda_1}\right)^a} \mathrm{d}t$$

收敛. $\dfrac{1}{p} < 1$, 故

$$\int_0^1 \frac{\ln\left(1+t^{\lambda_1}\right)}{t^{1/p}\left(1+t^{\lambda_1}\right)^a} \mathrm{d}t$$

收敛, 从而知

$$\int_0^{+\infty} K(t,1) t^{-\frac{\alpha+1}{p}} \mathrm{d}t = \int_0^{+\infty} \frac{\ln\left(1+t^{\lambda_1}\right)}{\left(1+t^{\lambda_1}\right)^a} t^{-\frac{1}{p}} \mathrm{d}t$$

$$= \int_0^1 \frac{\ln\left(1+t^{\lambda_1}\right)}{t^{1/p}\left(1+t^{\lambda_1}\right)^a} \mathrm{d}t + \int_1^{+\infty} \frac{\ln\left(1+t^{\lambda_1}\right)}{t^{1/p}\left(1+t^{\lambda_1}\right)^a} \mathrm{d}t < +\infty.$$

令 $\varphi(t) = t^{-\frac{1}{p}}\ln(1+t^{\lambda_1})$, 则

$$\varphi'(t) = t^{-1-\frac{1}{p}}\left(\frac{\lambda_1}{1+t^{\lambda_1}}t^{\lambda_1} - \frac{1}{p}\ln\left(1+t^{\lambda_1}\right)\right) = t^{-1-\frac{1}{p}}\varphi_1(t).$$

因为 $\lambda_1 \leqslant \dfrac{1}{p}$, 有 $\lambda_1 p - 1 \leqslant 0$, 故

$$\varphi_1'(t) = \frac{\lambda_1 t^{\lambda_1-1}}{1+t^{\lambda_1}}\frac{\lambda_1 p - 1 - t^{\lambda_1}}{p\left(1+t^{\lambda_1}\right)} \leqslant 0.$$

从而 $\varphi_1(t)$ 在 $[0, +\infty]$ 上递减. 当 $t > 0$ 时, $\varphi_1(t) < \varphi_1(0) = 0$, 由此知 $\varphi'(t) \leqslant 0$, 即 $\varphi(t)$ 在 $[0, +\infty]$ 上递减, 所以

$$K(t, 1) \, t^{-\frac{\alpha+1}{p}} = \frac{\ln\left(1 + t^{\lambda_1}\right)}{\left(1 + t^{\lambda_1}\right)^a} t^{-\frac{1}{p}} = \varphi(t) \frac{1}{\left(1 + t^{\lambda_1}\right)^a}$$

在 $(0, +\infty)$ 上递减.

综上并根据定理 6.5.2, 存在常数 $M > 0$, 使

$$\int_0^{+\infty} \sum_{n=1}^{\infty} \frac{\left|\sin\left(n^2 + x^2\right) \ln\left(1 + n^{\lambda_1}/x^{\lambda_2}\right)\right|}{\left(n^{\lambda_1} + x^{\lambda_2}\right)^a} a_n f(x) \, \mathrm{d}x$$

$$\leqslant \int_0^{+\infty} \sum_{n=1}^{\infty} \frac{\ln\left(1 + n^{\lambda_1}/x^{\lambda_2}\right)}{\left(n^{\lambda_1} + x^{\lambda_2}\right)^a} a_n f(x) \, \mathrm{d}x \leqslant M \left\|\widetilde{a}\right\|_p \left\|f\right\|_q.$$

证毕.

例 6.5.9　设 $a, b \in \mathbb{R}_+$, $\widetilde{a} = \{a_n\} \in l_2$, $f(x) \in L_2(0, +\infty)$, 试讨论: 是否存在常数 $M > 0$, 使

$$\int_0^{+\infty} \sum_{n=1}^{\infty} \frac{a_n f(x)}{\sqrt[3]{an^2 + bx^3}} \mathrm{d}x \leqslant M \left\|\widetilde{a}\right\|_2 \left\|f\right\|_2. \tag{6.5.7}$$

解　记 $K(n, x) = G\left(n^2, x^3\right)$, 而

$$G(u, v) = \frac{1}{\sqrt[3]{au + bv}},$$

则 $G(u, v)$ 是 $-\dfrac{1}{3}$ 阶齐次非负函数. 因为 $p = q = 2$, $\alpha = \beta = 0$, $\lambda = -\dfrac{1}{3}$, $\lambda_1 = 2$, $\lambda_2 = 3$, 故

$$\frac{c}{\lambda_1} = \frac{\alpha}{\lambda_1 p} + \frac{\beta}{\lambda_2 q} - \left(\frac{1}{\lambda_1 q} + \frac{1}{\lambda_2 p} + \lambda\right) = -\frac{1}{12} < 0 \ \Rightarrow \ c < 0,$$

所以不存在常数 $M > 0$, 使 (6.5.7) 式成立.

6.5.3　一类非齐次核的半离散 Hilbert 型不等式的构建条件

引理 6.5.3　设 $\dfrac{1}{p} + \dfrac{1}{q} = 1 \ (p > 1)$, $\alpha, \beta \in \mathbb{R}$, $\lambda_1 \lambda_2 > 0$, $K(n, x) = G\left(n^{\lambda_1} x^{\lambda_2}\right)$ 非负可测, $\dfrac{\alpha}{\lambda_1 p} - \dfrac{\beta}{\lambda_2 q} - \left(\dfrac{1}{\lambda_1 q} - \dfrac{1}{\lambda_2 p}\right) = \dfrac{c}{\lambda_1}$, $K(t, 1) t^{-\frac{\alpha+1}{p} + c}$ 在

$(0, +\infty)$ 上递减, 记

$$W_1(\beta, q) = \int_0^{+\infty} K(1, t)\, t^{-\frac{\beta+1}{q}} \mathrm{d}t, \quad W_2(\alpha, p) = \int_0^{+\infty} K(t, 1)\, t^{-\frac{\alpha+1}{p}+c} \mathrm{d}t,$$

则 $\lambda_1 W_2(\alpha, p) = \lambda_2 W_1(\beta, q)$, 且

$$\omega_1(\beta, q, n) = \int_0^{+\infty} K(n, x)\, x^{-\frac{\beta+1}{q}} \mathrm{d}x = n^{\frac{\lambda_1}{\lambda_2}\left(\frac{\beta+1}{q}-1\right)} W_1(\beta, q),$$

$$\omega_2(\alpha, p, x) = \sum_{n=1}^\infty K(n, x)\, n^{-\frac{\alpha+1}{p}+c} \leqslant x^{\frac{\lambda_2}{\lambda_1}\left(\frac{\alpha+1}{p}-1-c\right)} W_2(\alpha, p).$$

证明 由 $\dfrac{\alpha}{\lambda_1 p} - \dfrac{\beta}{\lambda_2 q} - \left(\dfrac{1}{\lambda_1 q} - \dfrac{1}{\lambda_2 p}\right) = \dfrac{c}{\lambda_1}$, 有

$$W_2(\alpha, p) = \int_0^{+\infty} K\left(1, t^{\lambda_1/\lambda_2}\right) t^{-\frac{\alpha+1}{p}+c} \mathrm{d}t = \frac{\lambda_2}{\lambda_1} \int_0^{+\infty} K(1, u)\, u^{\frac{\lambda_2}{\lambda_1}\left(-\frac{\alpha+1}{p}+c\right)-1} \mathrm{d}u$$

$$= \frac{\lambda_2}{\lambda_1} \int_0^{+\infty} K(1, u)\, u^{-\frac{\beta+1}{q}} \mathrm{d}u = \frac{\lambda_2}{\lambda_1} W_1(\beta, q).$$

故 $\lambda_1 W_2(\alpha, p) = \lambda_2 W_1(\beta, q)$.

$$\omega_1(\beta, q, n) = \int_0^{+\infty} K\left(1, n^{\lambda_1/\lambda_2} t\right) t^{-\frac{\beta+1}{q}} \mathrm{d}t$$

$$= n^{-\frac{\lambda_1}{\lambda_2}\left(-\frac{\beta+1}{q}\right)-\frac{\lambda_1}{\lambda_2}} \int_0^{+\infty} K(1, u)\, u^{-\frac{\beta+1}{q}} \mathrm{d}u = n^{\frac{\lambda_1}{\lambda_2}\left(\frac{\beta+1}{q}-1\right)} W_2(\alpha, p).$$

因为 $K(t, 1)\, t^{-\frac{\alpha+1}{p}+c}$ 在 $(0, +\infty)$ 上递减, 有

$$\omega_2(\alpha, p, x) = x^{\frac{\lambda_2}{\lambda_1}\left(\frac{\alpha+1}{p}-c\right)} \sum_{n=1}^\infty K\left(x^{\lambda_2/\lambda_1} n, 1\right) \left(x^{\lambda_2/\lambda_1} n\right)^{-\frac{\alpha+1}{p}+c}$$

$$\leqslant x^{\frac{\lambda_2}{\lambda_1}\left(\frac{\alpha+1}{p}-c\right)} \int_0^{+\infty} K\left(x^{\lambda_2/\lambda_1} u, 1\right) \left(x^{\lambda_2/\lambda_1} u\right)^{-\frac{\alpha+1}{p}+c} \mathrm{d}u$$

$$= x^{\frac{\lambda_2}{\lambda_1}\left(\frac{\alpha+1}{p}-1-c\right)} \int_0^{+\infty} K(t, 1)\, t^{-\frac{\alpha+1}{p}+c} \mathrm{d}t = x^{\frac{\lambda_2}{\lambda_1}\left(\frac{\alpha+1}{p}-1-c\right)} W_2(\alpha, p).$$

证毕.

定理 6.5.4 设 $\dfrac{1}{p} + \dfrac{1}{q} = 1\ (p > 1)$, $\alpha, \beta \in \mathbb{R}$, $\lambda_1 \lambda_2 > 0$, $K(n, x) = G\left(n^{\lambda_1} x^{\lambda_2}\right)$ 非负可测, $\dfrac{\alpha}{\lambda_1 p} - \dfrac{\beta}{\lambda_2 q} - \left(\dfrac{1}{\lambda_1 q} - \dfrac{1}{\lambda_2 p}\right) = \dfrac{c}{\lambda_1}$, $K(t, 1)\, t^{-\frac{\alpha+1}{p}}$ 及

$K(t,1)t^{-\frac{\alpha+1}{p}+c}$ 都在 $(0,+\infty)$ 上递减, 且

$$W_1(\beta,q)=\int_0^{+\infty}G\left(t^{\lambda_2}\right)t^{-\frac{\beta+1}{q}}\mathrm{d}t$$

收敛, 则

(i) 当且仅当 $c\geqslant0$ 时, 存在常数 $M>0$, 使

$$\int_0^{+\infty}\sum_{n=1}^{\infty}G\left(n^{\lambda_1}x^{\lambda_2}\right)a_nf(x)\mathrm{d}x\leqslant M\,\|\widetilde{a}\|_{p,\alpha}\,\|f\|_{q,\beta}.\qquad(6.5.8)$$

其中 $\widetilde{a}=\{a_n\}\in l_p^{\alpha}$, $f(x)\in L_q^{\beta}(0,+\infty)$.

(ii) 当 $c=0$, 即 $\dfrac{\alpha}{\lambda_1p}-\dfrac{\beta}{\lambda_2q}=\dfrac{1}{\lambda_1q}-\dfrac{1}{\lambda_2p}$ 时, (6.5.8) 式的最佳常数因子为

$$\inf M=\left(\frac{\lambda_2}{\lambda_1}\right)^{\frac{1}{q}}\int_0^{+\infty}G\left(t^{\lambda_2}\right)t^{-\frac{\beta+1}{q}}\mathrm{d}t=\left(\frac{\lambda_1}{\lambda_2}\right)^{\frac{1}{p}}\int_0^{+\infty}G\left(t^{\lambda_1}\right)t^{-\frac{\alpha+1}{p}}\mathrm{d}t.$$

证明　(i) 设存在常数 $M>0$, 使 (6.5.8) 式成立. 若 $c<0$, 我们取 $\varepsilon=\dfrac{-c}{2|\lambda_1|}>0$, 令 $a_n=n^{(-\alpha-1-|\lambda_1|\varepsilon)/p}(n=1,2,\cdots)$,

$$f(x)=\begin{cases}x^{(-\beta-1+|\lambda_2|\varepsilon)/q},&0<x\leqslant1\\0,&x>1.\end{cases}$$

则计算可得

$$M\|\tilde{a}\|_{p,\alpha}\|f\|_{q,\beta}=M\left(\sum_{n=1}^{\infty}n^{-1-1\lambda_1|\varepsilon}\right)^{\frac{1}{p}}\left(\int_0^1x^{-1+|\lambda_2|\varepsilon}\mathrm{d}x\right)^{\frac{1}{q}}$$

$$\leqslant\frac{2M}{-c}\left(\frac{\lambda_1}{\lambda_2}\right)^{\frac{1}{q}}\left(1-\frac{c}{2}\right)^{\frac{1}{p}}.$$

根据 $K(t,1)t^{-\frac{\alpha+1}{p}}$ 在 $(0,+\infty)$ 上递减, 有

$$\int_0^{+\infty}\sum_{n=1}^{\infty}G\left(n^{\lambda_1}x^{\lambda_2}\right)a_nf(x)\mathrm{d}x=\int_0^1x^{\frac{-\beta-1+|\lambda_2|\varepsilon}{q}}\left(\sum_{n=1}^{\infty}K(n,x)n^{-\frac{\alpha+1+|\lambda_1|\varepsilon}{p}}\right)\mathrm{d}x$$

$$=\int_0^1x^{\frac{\beta+1-|\lambda_2|\varepsilon}{q}+\frac{\lambda_2}{\lambda_1}\frac{\alpha+1+|\lambda_1|\varepsilon}{p}}\left(\sum_{n=1}^{\infty}K\left(x^{\lambda_2/\lambda_1}n,1\right)\left(x^{\lambda_2/\lambda_1}n\right)^{\frac{\alpha+1+|\lambda_1|\varepsilon}{p}}\right)\mathrm{d}x$$

$$\geqslant\int_0^1x^{-\frac{\beta+1-|\lambda_2|\varepsilon}{q}+\frac{\lambda_2}{\lambda_1}\frac{\alpha+1+|\lambda_1|\varepsilon}{p}}\left(\int_1^{+\infty}K\left(x^{\lambda_2/\lambda_1}u,1\right)\left(x^{\lambda_2/\lambda_1}u\right)^{\frac{\alpha+1+|\lambda_1|\varepsilon}{p}}\mathrm{d}u\right)\mathrm{d}x$$

$$= \int_0^1 x^{\frac{-\beta+1-|\lambda_2|\varepsilon}{q}+\frac{\lambda_2}{\lambda_1}\frac{\alpha+1+|\lambda_1|\varepsilon}{p}-\frac{\lambda_2}{\lambda_1}} \left(\int_{x^{\lambda_2/\lambda_1}}^{+\infty} K(t,1)t^{\frac{\alpha+1+|\lambda_1|\varepsilon}{p}} \, dt \right) dx$$

$$\geqslant \int_0^1 x^{-1+\frac{\lambda_2}{\lambda_1}c+|\lambda_2|\varepsilon}dx \int_1^{+\infty} K(t,1)t^{-\frac{\alpha+1+|\lambda_1|\varepsilon}{p}} \, dt$$

$$= \int_0^1 x^{-1+\frac{\lambda_2}{2\lambda_1}c} \, dx \int_1^{+\infty} K(t,1)t^{-\frac{\alpha+1+|\lambda_1|\varepsilon}{p}} \, dt.$$

于是可得

$$\int_0^1 x^{-1+\frac{\lambda_2}{2\lambda_1}c} \, dx \int_1^{+\infty} K(t,1)t^{-\frac{\alpha+1+|\lambda_1|\varepsilon}{p}} \, dt \leqslant \frac{2M}{-c}\left(\frac{\lambda_1}{\lambda_2}\right)^{\frac{1}{q}}\left(1-\frac{c}{2}\right)^{\frac{1}{p}} < +\infty$$

因为 $\frac{\lambda_2}{2\lambda_1}c < 0$, 故 $\int_0^1 x^{-1+\frac{\lambda_2}{2\lambda_1}c} \, dx = +\infty$, 这就得到了矛盾, 所以 $c \geqslant 0$.

反之, 设 $c \geqslant 0$, 取搭配参数 $a = \frac{1}{pq}(\alpha+1-pc)$, $b = \frac{1}{pq}(\beta+1)$, 利用权系数方法及引理 6.5.3, 有

$$\int_0^{+\infty} \sum_{n=1}^{\infty} G\left(n^{\lambda_1}x^{\lambda_2}\right) a_n f(x)dx$$

$$\leqslant \left(\sum_{n=1}^{\infty} n^{\frac{\alpha+1-pc}{q}}a_n^p \omega_1(\beta,q,n) \right)^{\frac{1}{p}} \left(\int_0^{+\infty} x^{\frac{\beta+1}{p}}f^q(x)\omega_2(\alpha,p,x)dx \right)^{\frac{1}{q}}$$

$$\leqslant W_1^{\frac{1}{p}}(\beta,q)W_2^{\frac{1}{q}}(x,p)\left(\sum_{n=1}^{\infty} n^{\alpha-pc}a_n^p \right)^{\frac{1}{p}}\left(\int_0^{+\infty} x^{\beta}f^q(x)dx \right)^{\frac{1}{q}}$$

$$\leqslant \left(\frac{\lambda_2}{\lambda_1}\right)^{\frac{1}{q}}W_1(\beta,q)\|\tilde{a}\|_{p,\alpha}\|f\|_{q,\beta}.$$

任取 $M \geqslant \left(\frac{\lambda_2}{\lambda_1}\right)^{\frac{1}{q}}W_1(\beta,q)$, 可得到 (6.5.8) 式.

(ii) 当 $c = 0$ 时, 设 (6.5.8) 式的最佳常数因子为 M_0. 则由上述证明可知 $M_0 \leqslant \left(\frac{\lambda_2}{\lambda_1}\right)^{\frac{1}{q}}W_1(\beta,q)$, 且

$$\int_0^{+\infty} \sum_{n=1}^{\infty} G\left(n^{\lambda_1}x^{\lambda_2}\right) a_n f(x)dx \leqslant M_0\|\tilde{a}\|_{p,\alpha}\|f\|_{q,\beta}.$$

取充分小的 $\varepsilon > 0$ 和足够大的正整数 N, 令 $a_n = n^{(-\alpha-1-|\lambda_1|\varepsilon)/p}(n=1,2,\cdots)$,

$$f(x) = \begin{cases} x^{(-\beta-1+|\lambda_2|\varepsilon)/q}, & 0 < x \leqslant N, \\ 0, & x > N. \end{cases}$$

则有

$$M_0\|\tilde{a}\|_{p,\alpha}\|f\|_{q,\beta} = M_0\left(\sum_{n=1}^{\infty} n^{-1-|\lambda_1|\varepsilon}\right)^{\frac{1}{p}}\left(\int_0^N x^{-1+|\lambda_2|\varepsilon}\mathrm{d}x\right)^{\frac{1}{q}}$$

$$\leqslant \frac{M_0}{\varepsilon}\frac{1}{|\lambda_1|^{1/p}|\lambda_2|^{1/q}}N^{\frac{|\lambda_2|\varepsilon}{q}}(1+|\lambda_1|\varepsilon)^{\frac{1}{p}},$$

$$\int_0^{+\infty}\sum_{n=1}^{\infty} G\left(n^{\lambda_1}x^{\lambda_2}\right)a_nf(x)\mathrm{d}x = \sum_{n=1}^{\infty} n^{-\frac{\alpha+1+|\lambda_1|\varepsilon}{p}}\left(\int_0^N K(n,x)x^{-\frac{\beta+1-|\lambda_2|\varepsilon}{q}}\mathrm{d}x\right)$$

$$= \sum_{n=1}^{\infty} n^{-\frac{\alpha+1+|\lambda_1|\varepsilon}{p}}\left(\int_0^N K\left(1,n^{\lambda_1/\lambda_2}x\right)x^{\frac{\beta+1-|\lambda_2|\varepsilon}{q}}\mathrm{d}x\right)$$

$$= \sum_{n=1}^{\infty} n^{\frac{\alpha+1+|\lambda_1|\varepsilon}{p}+\frac{\lambda_1}{\lambda_2}\frac{\beta+1-|\lambda_2|\varepsilon}{q}-\frac{\lambda_1}{\lambda_2}}\left(\int_0^{n^{\lambda_1/\lambda_2}N} K(1,t)t^{-\frac{\beta+1-|\lambda_2|\varepsilon}{q}}\mathrm{d}t\right)$$

$$\geqslant \sum_{n=1}^{\infty} n^{-1-|\lambda_1|\varepsilon}\int_0^N K(1,t)t^{-\frac{\beta+1-|\lambda_2|\varepsilon}{q}}\mathrm{d}t \geqslant \frac{1}{|\lambda_1|\varepsilon}\int_0^N G\left(t^{\lambda_2}\right)t^{-\frac{\beta+1-|\lambda_2|\varepsilon}{q}}\mathrm{d}t.$$

于是可得

$$\frac{1}{|\lambda_1|}\int_0^N G\left(t^{\lambda_2}\right)t^{-\frac{\beta+1-|\lambda_2|\varepsilon}{q}}\mathrm{d}t \leqslant \frac{M_0}{|\lambda_1|^{1/p}|\lambda_2|^{1/p}}N^{\frac{|\lambda_2|\varepsilon}{q}}(1+|\lambda_1|\varepsilon)^{\frac{1}{p}}.$$

先令 $\varepsilon \to 0^+$, 再令 $N \to +\infty$, 得到

$$\frac{1}{|\lambda_1|}\int_0^{+\infty} G\left(t^{\lambda_1}\right)t^{-\frac{\beta+1}{q}}\mathrm{d}t \leqslant \frac{M_0}{|\lambda_1|^{1/p}|\lambda_2|^{1/q}},$$

故 $\left(\frac{\lambda_2}{\lambda_1}\right)^{\frac{1}{q}}W_1(\beta,q) \leqslant M_0$, 于是 (6.5.8) 式的最佳常数因子:

$$M_0 = \left(\frac{\lambda_2}{\lambda_1}\right)^{\frac{1}{q}}\int_0^{+\infty} G\left(t^{\lambda_2}\right)t^{-\frac{\beta+1}{q}}\mathrm{d}t = \left(\frac{\lambda_1}{\lambda_2}\right)^{\frac{1}{p}}\int_0^{+\infty} G\left(t^{\lambda_1}\right)t^{-\frac{\alpha+1}{p}}\mathrm{d}t.$$

证毕.

注 从定理 6.5.4 的证明中, 我们看到, 在假设 (6.5.8) 式成立而推出 $c \geqslant 0$ 时, 并未用到 $W_1(\beta, q)$ 收敛的条件. 因而当 $c < 0$ 时, 不论 $W_1(\beta, q)$ 是否收敛, 都不存在常数 $M > 0$, 使 (6.5.8) 式成立.

例 6.5.10 设 $a > 0$, $\widetilde{a} = \{a_n\} \in l_2$, $f(x) \in L_2(0, +\infty)$, 讨论是否存在常数 $M > 0$, 使

$$\int_0^{+\infty} \sum_{n=1}^{\infty} \frac{\operatorname{arccot}(nx^5)}{\sqrt{a + nx^5}} a_n f(x) \, \mathrm{d}x \leqslant M \|\widetilde{a}\|_2 \|f\|_2. \tag{6.5.9}$$

解 记 $G(nx^5) = [\operatorname{arccot}(nx^5)]/\sqrt{a + nx^5}$, 则 $G(nx^5) \geqslant 0$. 因为 $\alpha = \beta = 0$, $p = q = 2$, $\lambda_1 = 1$, $\lambda_2 = 5$, 故

$$c = \lambda_1 \left[\frac{\alpha}{\lambda_1 p} - \frac{\beta}{\lambda_2 q} - \left(\frac{1}{\lambda_1 q} - \frac{1}{\lambda_2 p} \right) \right] = \frac{1}{5 \times 2} - \frac{1}{1 \times 2} = -\frac{2}{5} < 0,$$

而且

$$G\left(t^{\lambda_1}\right) t^{-\frac{\alpha+1}{p}} = \frac{\operatorname{arccot}(t)}{\sqrt{a + t}} t^{-\frac{1}{2}} = \frac{\operatorname{arccot}(t)}{\sqrt{at + t^2}}$$

在 $(0, +\infty)$ 上递减. 根据定理 6.5.4, 不存在常数 $M > 0$, 使 (6.5.9) 式成立. 解毕.

例 6.5.11 设 $\frac{1}{p} + \frac{1}{q} = 1$ $(p > 1)$, $a > 0$, $\lambda_1 > 0$, $\lambda_2 > 0$, $l = \lambda_1 \left[\frac{\alpha}{\lambda_1 p} - \frac{\beta}{\lambda_2 q} - \left(\frac{1}{\lambda_1 q} - \frac{1}{\lambda_2 p} \right) \right]$, $\frac{p}{q} + \max\{p\lambda_1(b - a), \, p(\lambda_1 b - 1), \, p(\lambda_1 c - 1), \, p(\lambda_1 \lambda + l - 1),$ $p(\lambda_1 c + l - 1)\} < \alpha < \frac{p}{q} + p\lambda_1 c$, 且

$$W_0 = \int_0^1 \frac{1}{(1 + t)^a} \left(t^{c + \frac{1}{\lambda_1} \left(1 - \frac{\alpha+1}{p} \right) - 1} + t^{a - b - \frac{1}{\lambda_1} \left(1 - \frac{\alpha+1}{p} \right) - 1} \right) \mathrm{d}t,$$

求证:

(i) 当且仅当 $l \geqslant 0$ 时, 存在常数 $M > 0$, 使

$$\int_0^{+\infty} \sum_{n=1}^{\infty} \frac{\left(\max\left\{ 1, n^{\lambda_1} x^{\lambda_2} \right\} \right)^b \left(\min\left\{ 1, n^{\lambda_1} x^{\lambda_2} \right\} \right)^c}{\left(1 + n^{\lambda_1} x^{\lambda_2} \right)^a} a_n f(x) \, \mathrm{d}x \leqslant M \|\widetilde{a}\|_{p,\alpha} \|f\|_{q,\beta},$$

$$\tag{6.5.10}$$

其中 $\widetilde{a} = \{a_n\} \in l_p^{\alpha}$, $f(x) \in L_q^{\beta}(0, +\infty)$.

(ii) 当 $l = 0$ 时, (6.5.10) 式的最佳常数因子为 $W_0 / \left(\lambda_1^{1/q} \lambda_2^{1/p} \right)$.

证明 根据 $\frac{p}{q} + p\lambda_1(b - a) < \alpha < \frac{p}{q} + p\lambda_1 c$, 可知 $c + \frac{1}{\lambda_1} \left(1 + \frac{\alpha+1}{p} \right) > 0$,

$a - b - \dfrac{1}{\lambda_1}\left(1 - \dfrac{\alpha+1}{p}\right) > 0$, 从而可知 W_0 收敛. 记

$$G\left(n^{\lambda_1}x^{\lambda_2}\right) = \frac{\left(\max\left\{1, n^{\lambda_1}x^{\lambda_2}\right\}\right)^b \left(\min\left\{1, n^{\lambda_1}x^{\lambda_2}\right\}\right)^c}{\left(1 + n^{\lambda_1}x^{\lambda_2}\right)^a},$$

则 $G\left(n^{\lambda_1}x^{\lambda_2}\right) \geqslant 0$, 且

$$
\begin{aligned}
\lambda_1 W_2(\alpha, p) &= \lambda_1 \int_0^{+\infty} G\left(t^{\lambda_1}\right) t^{-\frac{\alpha+1}{p}} \mathrm{d}t \\
&= \lambda_1 \int_0^{+\infty} \frac{\left(\max\left\{1, t^{\lambda_1}\right\}\right)^b \left(\min\left\{1, t^{\lambda_1}\right\}\right)^c}{\left(1 + t^{\lambda_1}\right)^a} t^{-\frac{\alpha+1}{p}} \mathrm{d}t \\
&= \int_0^{+\infty} \frac{\left(\max\left\{1, u\right\}\right)^b \left(\min\left\{1, u\right\}\right)^c}{\left(1 + u\right)^a} u^{\frac{1}{\lambda_1}\left(1 - \frac{\alpha+1}{p}\right) - 1} \mathrm{d}u \\
&= \int_0^1 \frac{1}{(1+t)^a}\left(t^{c + \frac{1}{\lambda_1}\left(1 - \frac{\alpha+1}{p}\right) - 1} + t^{a - b - \frac{1}{\lambda_1}\left(1 - \frac{\alpha+1}{p}\right) - 1}\right)\mathrm{d}t = W_0.
\end{aligned}
$$

根据 $\alpha > \dfrac{p}{q} + p\left(\lambda_1 b - 1\right)$, $\alpha > \dfrac{p}{q} + p\left(\lambda_1 c - 1\right)$, 可得 $\lambda_1 b - \dfrac{\alpha+1}{p} < 0$, $\lambda_1 c - \dfrac{\alpha+1}{p} < 0$, 而

$$
\begin{aligned}
G\left(t^{\lambda_1}\right) t^{-\frac{\alpha+1}{p}} &= \frac{\left(\max\left\{1, t^{\lambda_1}\right\}\right)^b \left(\min\left\{1, t^{\lambda_1}\right\}\right)^c}{\left(1 + t^{\lambda_1}\right)^a} t^{-\frac{\alpha+1}{p}} \\
&= \begin{cases} \dfrac{1}{(1+t^{\lambda_1})^a} t^{\lambda_1 c - \frac{\alpha+1}{p}}, & 0 < t \leqslant 1, \\[2mm] \dfrac{1}{(1+t^{\lambda_1})^a} t^{\lambda_1 b - \frac{\alpha+1}{p}}, & t > 1. \end{cases}
\end{aligned}
$$

故 $K(t,1) t^{-\frac{\alpha+1}{p}}$ 在 $(0, +\infty)$ 上递减.

根据 $\alpha > \dfrac{p}{q} + p\left(\lambda_1 b + l - 1\right)$, $\alpha > \dfrac{p}{q} + p\left(\lambda_1 c + l - 1\right)$, 可得 $\lambda_1 b - \dfrac{\alpha+1}{p} + l < 0$, $\lambda_1 c - \dfrac{\alpha+1}{p} + l < 0$, 而

$$
G\left(t^{\lambda_1}\right) t^{-\frac{\alpha+1}{p}+l} = \begin{cases} \dfrac{1}{(1+t^{\lambda_1})^a} t^{\lambda_1 c - \frac{\alpha+1}{p}+l}, & 0 < t \leqslant 1, \\[2mm] \dfrac{1}{(1+t^{\lambda_1})^a} t^{\lambda_1 b - \frac{\alpha+1}{p}+l}, & t > 1. \end{cases}
$$

故 $G\left(t^{\lambda_1}\right) t^{-\frac{\alpha+1}{p}+l}$ 在 $(0,+\infty)$ 上递减.

综上并根据定理 6.5.4, 知本例结论成立. 证毕.

在例 6.5.11 中, 取 $b=c$, 则由 Beta 函数性质, 有

$$W_0 = \int_0^1 \frac{1}{(1+t)^a}\left(t^{b+\frac{1}{\lambda_1}\left(1-\frac{\alpha+1}{p}\right)-1} + t^{a-\left[b+\frac{1}{\lambda_1}\left(1-\frac{\alpha+1}{p}\right)\right]-1}\right)\mathrm{d}t$$

$$= B\left(b+\frac{1}{\lambda_1}\left(1-\frac{\alpha+1}{p}\right), a-\left(b+\frac{1}{\lambda_1}\left(1-\frac{\alpha+1}{p}\right)\right)\right).$$

由此可得:

例 6.5.12 设 $\frac{1}{p}+\frac{1}{q}=1$ $(p>1)$, $a>0$, $\lambda_1>0$, $\lambda_2>0$, $\frac{p}{q}+\max\{p\lambda_1(b-a)$, $p(\lambda_1 b-1), p(\lambda_1 b+l-1)\}<\alpha<\frac{p}{q}+p\lambda_1 b, \lambda_1\left[\frac{\alpha}{\lambda_1 p}-\frac{\beta}{\lambda_2 q}-\left(\frac{1}{\lambda_1 q}-\frac{1}{\lambda_2 p}\right)\right]=l$, 则

(i) 当且仅当 $l\geqslant 0$ 时, 存在常数 $M>0$, 使

$$\int_0^{+\infty}\sum_{n=1}^{\infty}\frac{\left(n^{\lambda_1}x^{\lambda_2}\right)^b}{\left(1+n^{\lambda_1}x^{\lambda_2}\right)^a}a_n f(x)\,\mathrm{d}x \leqslant M\left\|\widetilde{a}\right\|_{p,\alpha}\left\|f\right\|_{q,\beta}, \tag{6.5.11}$$

其中 $\widetilde{a}=\{a_n\}\in l_p^{\alpha}$, $f(x)\in L_q^{\beta}(0,+\infty)$.

(ii) 当 $l=0$ 时, (6.5.11) 式的最佳常数因子为

$$\inf M = \frac{1}{\lambda_1^{1/q}\lambda_2^{1/p}}B\left(b+\frac{1}{\lambda_1}\left(1-\frac{\alpha+1}{p}\right), a-\left(b+\frac{1}{\lambda_1}\left(1-\frac{\alpha+1}{p}\right)\right)\right).$$

进一步, 在例 6.5.12 中, 取 $b=0$, 得到:

例 6.5.13 设 $\frac{1}{p}+\frac{1}{q}=1$ $(p>1)$, $a>0$, $\lambda_1>0$, $\lambda_2>0$, $\max\{p(1-\lambda_1 a)-1$, $-1, pl-1\}<\alpha<p-1, \lambda_1\left[\frac{\alpha}{\lambda_1 p}-\frac{\beta}{\lambda_2 q}-\left(\frac{1}{\lambda_1 q}-\frac{1}{\lambda_2 p}\right)\right]=l$, 则

(i) 当且仅当 $l>0$ 时, 存在常数 $M>0$, 使

$$\int_0^{+\infty}\sum_{n=1}^{\infty}\frac{1}{\left(1+n^{\lambda_1}x^{\lambda_2}\right)^a}a_n f(x)\,\mathrm{d}x \leqslant M\left\|\widetilde{a}\right\|_{p,\alpha}\left\|f\right\|_{q,\beta}, \tag{6.5.12}$$

其中 $\widetilde{a}=\{a_n\}\in l_p^{\alpha}$, $f(x)\in L_q^{\beta}(0,+\infty)$.

(ii) 当 $l=0$ 时, (6.5.12) 式的最佳常数因子为

$$\inf M = \frac{1}{\lambda_1^{1/q}\lambda_2^{1/p}}B\left(\frac{1}{\lambda_1}\left(1-\frac{\alpha+1}{p}\right), a-\frac{1}{\lambda_1}\left(1-\frac{\alpha+1}{p}\right)\right).$$

在例 6.5.11 中, 取 $\alpha = \frac{1}{\lambda_2}(p\sigma - \lambda_1)$, $\beta = \frac{1}{\lambda_1}(q\sigma - \lambda_2)$, 可验证它们满足 $\frac{\alpha}{\lambda_1 p} - \frac{\beta}{\lambda_2 q} - \left(\frac{1}{\lambda_1 q} - \frac{1}{\lambda_2 p}\right) = 0$, 于是可得:

例 6.5.14 设 $\frac{1}{p} + \frac{1}{q} = 1 \ (p > 1)$, $a > 0$, $\lambda_1 > 0$, $\lambda_2 > 0$, $\frac{\lambda_1}{p} + \frac{\lambda_2}{q} +$

$\max\{\lambda_1\lambda_2(b-a), \lambda_1\lambda_2 b - \lambda_2, \lambda_1\lambda_2 c - \lambda_2\} < \sigma < \frac{\lambda_1}{p} + \frac{\lambda_2}{q} + \lambda_1\lambda_2 c$, $\alpha = \frac{1}{\lambda_2}(p\sigma - $

$\lambda_1), \beta = \frac{1}{\lambda_1}(q\sigma - \lambda_2)$, $\widetilde{a} = \{a_n\} \in l_p^\alpha, f(x) \in L_q^\beta(0, +\infty)$, 记

$$W_0 = \int_0^1 \frac{1}{(1+t)^a}\left(t^{\frac{1}{\lambda_1\lambda_2}\left(\frac{\lambda_1}{p} + \frac{\lambda_2}{q} + \lambda_1\lambda_2 c - \sigma\right) - 1} + t^{a - \frac{1}{\lambda_1\lambda_2}\left(\frac{\lambda_1}{p} + \frac{\lambda_2}{q} + \lambda_1\lambda_2 c - \sigma\right) - 1}\right)\mathrm{d}t,$$

则有

$$\int_0^{+\infty}\sum_{n=1}^\infty \frac{1}{(1+t)^a}\frac{\left(\max\{1, n^{\lambda_1}x^{\lambda_2}\}\right)^b\left(\min\{1, n^{\lambda_1}x^{\lambda_2}\}\right)^c}{(1+n^{\lambda_1}x^{\lambda_2})^a}a_n f(x)\,\mathrm{d}x$$

$$\leqslant \frac{W_0}{\lambda_1^{1/q}\lambda_2^{1/p}}\|\widetilde{a}\|_{p,\alpha}\|f\|_{q,\beta},$$

其中的常数因子 $W_0/\left(\lambda_1^{1/q}\lambda_1^{1/p}\right)$ 是最佳的.

6.6 级数算子 $T_1: l_p^\alpha \to L_p^{\beta(1-p)}(0, +\infty)$ 和积分算子 $T_2: L_q^\beta(0, +\infty) \to l_q^{\alpha(1-q)}$ 有界的判定

根据定理 6.5.2, 我们可得到:

定理 6.6.1 设 $\frac{1}{p} + \frac{1}{q} = 1 \ (p > 1)$, $\lambda, \alpha, \beta \in \mathbb{R}$, $\lambda_1\lambda_2 > 0$, $G(u, v)$ 是 λ 阶齐

次非负可测函数, $K(n, x) = G(n^{\lambda_1}, x^{\lambda_2})$, $\frac{\alpha}{\lambda_1 p} + \frac{\beta}{\lambda_2 q} - \left(\lambda + \frac{1}{\lambda_1 q} + \frac{1}{\lambda_2 p}\right) = \frac{c}{\lambda_1}$,

$G\left(t^{\lambda_1}, 1\right)t^{-\frac{\alpha+1}{p}}$ 及 $G\left(t^{\lambda_1}, 1\right)t^{-\frac{\alpha+1}{p}+c}$ 都在 $(0, +\infty)$ 上递减, 且

$$W_1(\beta, q) = \int_0^{+\infty} G\left(1, t^{\lambda_2}\right)t^{-\frac{\beta+1}{q}}\,\mathrm{d}t$$

收敛, 定义级数算子 T_1 和奇异积分算子 T_2 为

$$T_1(\widetilde{a})(x) = \sum_{n=1}^\infty G\left(n^{\lambda_1}, x^{\lambda_2}\right)a_n, \quad T_2(f)_n = \int_0^{+\infty} G\left(n^{\lambda_1}, x^{\lambda_2}\right)f(x)\,\mathrm{d}x,$$

其中 $\widetilde{a} = \{a_n\} \in l_p^\alpha$, $f(x) \in L_q^\beta(0, +\infty)$, 那么

(i) 当且仅当 $c \geqslant 0$ 时, T_1 是 l_p^α 到 $L_p^{\beta(1-p)}(0, +\infty)$ 的有界算子, T_2 是 $L_q^\beta(0, +\infty)$ 到 $l_q^{\alpha(1-q)}$ 的有界算子.

(ii) 当 $c = 0$ 时, T_1 与 T_2 的算子范数为

$$||T_1|| = ||T_2|| = \left(\frac{\lambda_2}{\lambda_1}\right)^{\frac{1}{q}} \int_0^{+\infty} G\left(1, t^{\lambda_2}\right) t^{-\frac{\beta+1}{q}} \mathrm{d}t$$

$$= \left(\frac{\lambda_1}{\lambda_2}\right)^{\frac{1}{p}} \int_0^{+\infty} G\left(t^{\lambda_1}, 1\right) t^{-\frac{\alpha+1}{p}} \mathrm{d}t.$$

注 当 $c < 0$ 时, 不论 $W_1(\beta, q)$ 是否收敛, 都可判定 T_1 不是 l_p^α 到 $L_p^{\beta(1-p)}(0,$ $+\infty)$ 的有界算子, T_2 不是 $L_q^\beta(0, +\infty)$ 到 $l_q^{\alpha(1-q)}$ 的有界算子.

根据定理 6.5.4, 我们可得到:

定理 6.6.2 设 $\frac{1}{p} + \frac{1}{q} = 1 \ (p > 1)$, $\alpha, \beta \in \mathbb{R}$, $\lambda_1 \lambda_2 > 0$, $K(n, x) = G\left(n^{\lambda_1} x^{\lambda_2}\right)$ 非负可测, $\frac{\alpha}{\lambda_1 p} - \frac{\beta}{\lambda_2 q} - \left(\frac{1}{\lambda_1 q} - \frac{1}{\lambda_2 p}\right) = \frac{c}{\lambda_1}$, $K(t, 1) t^{-\frac{\alpha+1}{p}}$ 及 $K(t, 1) \cdot t^{\frac{-\alpha+1}{p} + c}$ 都在 $(0, +\infty)$ 上递减, 且

$$W_1(\beta, q) = \int_0^{+\infty} G\left(t^{\lambda_2}\right) t^{-\frac{\beta+1}{q}} \mathrm{d}t$$

收敛, 定义级数算子 T_1 与奇异积分算子 T_2 为

$$T_1(\widetilde{a})(x) = \sum_{n=1}^\infty G\left(n^{\lambda_1} x^{\lambda_2}\right) a_n, \quad T_2(f)_n = \int_0^{+\infty} G\left(n^{\lambda_1} x^{\lambda_2}\right) f(x) \mathrm{d}x,$$

其中 $\widetilde{a} = \{a_n\} \in l_p^\alpha$, $f(x) \in L_q^\beta(0, +\infty)$, 那么

(i) 当且仅当 $c \geqslant 0$ 时, T_1 是 l_p^α 到 $L_p^{\beta(1-p)}(0, +\infty)$ 的有界算子, T_2 是 $L_q^\beta(0, +\infty)$ 到 $l_q^{\alpha(1-q)}$ 的有界算子.

(ii) 当 $c = 0$ 时, T_1 与 T_2 的算子范数为

$$||T_1|| = ||T_2|| = \left(\frac{\lambda_2}{\lambda_1}\right)^{\frac{1}{q}} \int_0^{+\infty} G\left(t^{\lambda_2}\right) t^{-\frac{\beta+1}{q}} \mathrm{d}t = \left(\frac{\lambda_1}{\lambda_2}\right)^{\frac{1}{p}} \int_0^{+\infty} G\left(t^{\lambda_1}\right) t^{-\frac{\alpha+1}{p}} \mathrm{d}t.$$

注 当 $c < 0$ 时, 同定理 6.6.1 的注一样, 不论 $W_1(\beta, q)$ 是否收敛, 都可判定 T_1 不是 l_p^α 到 $L_p^{\beta(1-p)}(0, +\infty)$ 的有界算子, T_2 不是 $L_q^\beta(0, +\infty)$ 到 $l_q^{\alpha(1-q)}$ 的有界算子.

例 6.6.1 设 $\frac{1}{p} + \frac{1}{q} = 1$ $(p > 1)$, $a > 0$, $\lambda_1 > 0$, $\lambda_2 > 0$, $\lambda_1 \left[\frac{\alpha}{\lambda_1 p} - \frac{\beta}{\lambda_2 q} - \left(\frac{1}{\lambda_1 q} - \frac{1}{\lambda_2 p} \right) \right] = l$, $\max\{ p(1 - \lambda_1 a) - 1, -1, pl - 1 \} < \alpha > p - 1$, 定义算子 T_1 和 T_2 为

$$T_1(\widetilde{a})(x) = \sum_{n=1}^{\infty} \frac{1}{(1 + n^{\lambda_1} x^{\lambda_2})^a} a_n, \quad T_2(f)_n = \int_0^{+\infty} \frac{f(x)}{(1 + n^{\lambda_1} x^{\lambda_2})^a} \mathrm{d}x,$$

那么:

(i) 当且仅当 $l \geqslant 0$ 时, T_1 是 l_p^{α} 到 $L_p^{\beta(1-p)}(0, +\infty)$ 的有界算子, T_2 是 $L_q^{\beta}(0, +\infty)$ 到 $l_q^{\alpha(1-q)}$ 的有界算子.

(ii) 当 $l = 0$ 时, T_1 与 T_2 的算子范数为

$$\|T_1\| = \|T_2\| = \frac{1}{\lambda_1^{1/q} \lambda_2^{1/p}} B\left(\frac{1}{\lambda_1} \left(1 - \frac{\alpha + 1}{p} \right), a - \frac{1}{\lambda_1} \left(1 - \frac{\alpha + 1}{p} \right) \right).$$

证明 由例 6.5.13 即可得. 证毕.

根据例 6.5.1, 我们还可得到:

例 6.6.2 设 $\frac{1}{p} + \frac{1}{q} = 1$ $(p > 1)$, $a > 0$, $\lambda_1 > 0$, $\lambda_2 > 0$, $\frac{\lambda_1}{p} + \frac{\lambda_2}{q} + \max\{ \lambda_1 \lambda_2 (b - a), \lambda_1 \lambda_2 b - \lambda_2, \lambda_1 \lambda_2 c - \lambda_2 \} < \sigma < \frac{\lambda_1}{p} + \frac{\lambda_2}{q} + \lambda_1 \lambda_2 c$, $\alpha = \frac{1}{\lambda_2}(p\sigma - \lambda_1)$, $\beta = \frac{1}{\lambda_1}(q\sigma - \lambda_2)$, 记

$$W_0 = \int_0^1 \frac{1}{(1+t)^a} \left(t^{\frac{1}{\lambda_1 \lambda_2} \left(\frac{\lambda_1}{p} + \frac{\lambda_2}{q} + \lambda_1 \lambda_2 c - \sigma \right) - 1} + t^{a - \frac{1}{\lambda_1 \lambda_2} \left(\frac{\lambda_1}{p} + \frac{\lambda_2}{q} + \lambda_1 \lambda_2 b - \sigma \right) - 1} \right) \mathrm{d}t,$$

定义算子 T_1 和 T_2 为

$$T_1(\widetilde{a})(x) = \sum_{n=1}^{\infty} \frac{(\max\{1, n^{\lambda_1} x^{\lambda_2}\})^b (\min\{1, n^{\lambda_1} x^{\lambda_2}\})^c}{(1 + n^{\lambda_1} x^{\lambda_2})^a} a_n,$$

$$T_2(f)_n = \int_0^{+\infty} \frac{(\max\{1, n^{\lambda_1} x^{\lambda_2}\})^b (\min\{1, n^{\lambda_1} x^{\lambda_2}\})^c}{(1 + n^{\lambda_1} x^{\lambda_2})^a} f(x) \mathrm{d}x,$$

则 T_1 是 l_p^{α} 到 $L_p^{\beta(1-p)}(0, +\infty)$ 的有界算子, T_2 是 $L_q^{\beta}(0, +\infty)$ 到 $l_q^{\alpha(1-q)}$ 的有界算子, 且 T_1 与 T_2 的算子范数为 $\|T_1\| = \|T_2\| = W_0 / \left(\lambda_1^{1/q} \lambda_2^{1/p} \right)$.

在例 6.6.2 中取 $\lambda_1 = \lambda_2 = 1$, 则可得:

例 6.6.3 设 $\dfrac{1}{p} + \dfrac{1}{q} = 1$ $(p > 1)$, $a > 0$, $\max\{1+b-a, b, c\} < \sigma < 1+c$, 算子 T_1 和 T_2 如例 6.6.2 中所定义, 记

$$W_0 = \int_0^1 \frac{1}{(1+t)^a} \left(t^{c-\sigma} + t^{a-b+\sigma} \right) \mathrm{d}t,$$

则 T_1 是 $l_p^{p\sigma-1}$ 到 $L_p^{(q\sigma-1)(1-p)}(0, +\infty)$ 的有界算子, T_2 是 $L_q^{q\sigma-1}(0, +\infty)$ 到 $l_q^{(p\sigma-1)(1-q)}$ 的有界算子, 且 T_1 与 T_2 的范数为 $||T_1|| = ||T_2|| = W_0$.

例 6.6.4 定义算子 T_1 和 T_2 为

$$T_1\left(\widetilde{a}\right)(x) = \sum_{n=1}^\infty \frac{\ln\left(1 + \sqrt[10]{n^{-2}x^{-3}}\right)}{1 + n^2 x^3} a_n, \quad \widetilde{a} = \{a_n\} \in l_{3/2},$$

$$T_2(f)_n = \int_0^{+\infty} \frac{\ln\left(1 + \sqrt[10]{n^{-2}x^{-3}}\right)}{1 + n^2 x^3} f(x)\mathrm{d}x, \quad f(x) \in L_3(0 +\infty).$$

求证: T_1 是 $l_{3/2}$ 到 $L_{3/2}(0, +\infty)$ 的有界算子, T_2 是 $L_3(0+\infty)$ 到 l_3 的有界算子.

证明 记

$$G\left(n^2 x^3\right) = \frac{\ln\left(1 + \sqrt[10]{n^{-2}n^{-3}}\right)}{1 + n^2 x^3}.$$

因为 $p = \dfrac{3}{2}$, $q = 3$, 则 $\dfrac{1}{p} + \dfrac{1}{q} = 1$. 又因为 $\alpha = \beta = 0$, $\lambda_1 = 2$, $\lambda_2 = 3$, 故

$$c = \lambda_1 \left(\frac{\alpha}{\lambda_1 p} - \frac{\beta}{\lambda_2 q} - \left(\frac{1}{\lambda_1 q} - \frac{1}{\lambda_2 p} \right) \right) = \frac{1}{9} > 0.$$

显然

$$G\left(t^{\lambda_1}\right) t^{-\frac{\alpha+1}{p}} = \frac{\ln\left(1 + t^{-1/5}\right)}{1 + t^2} t^{-\frac{1}{3}}, \quad G\left(t^{\lambda_1}\right) t^{-\frac{\alpha+1}{p}+c} = \frac{\ln\left(1 + t^{-1/5}\right)}{1 + t^2} t^{-\frac{2}{9}}$$

都在 $(0, +\infty)$ 上递减, 而且

$$W_1(\beta, q) = \int_0^{+\infty} G\left(t^{\lambda_2}\right) t^{-\frac{\beta+1}{q}} \mathrm{d}t = \int_0^{+\infty} \frac{\ln\left(1 + t^{-3/10}\right)}{1 + t^3} t^{-\frac{1}{3}} \mathrm{d}t$$

$$\leqslant \int_0^{+\infty} \frac{t^{-3/10}}{1 + t^3} t^{-\frac{1}{3}} \mathrm{d}t = \int_0^{+\infty} \frac{1}{t^{1/30}(1 + t^3)} \mathrm{d}t < +\infty.$$

根据定理 6.6.2, T_1 是 $l_{3/2}$ 到 $L_{3/2}(0, +\infty)$ 的有界算子, T_2 是 $L_3(0, +\infty)$ 到 l_3 的有界算子. 证毕.

例 6.6.5 定义算子 T_1 和 T_2 为

$$T_1(\widetilde{a})(x) = \sum_{n=1}^{\infty} \frac{\ln(1 + x^3/n^2)}{\sqrt[3]{n^2 + x^3}} a_n, \quad \widetilde{a} = \{a_n\} \in l_2,$$

$$T_2(f)_n = \int_0^{+\infty} \frac{\ln(1 + x^3/n^2)}{\sqrt[3]{n^2 + x^3}} f(x)\,\mathrm{d}x, \quad f(x) \in L_2(0, +\infty).$$

试讨论 T_1 是否是 l_2 到 $L_2(0, +\infty)$ 的有界算子, T_2 是否是 $L_2(0, +\infty)$ 到 l_2 的有界算子.

解 记

$$G(u, v) = \frac{\ln(1 + v/u)}{\sqrt[3]{u + v}}, \quad G(n^2, x^3) = \frac{\ln(1 + x^3/n^2)}{\sqrt[3]{n^2 + x^3}}.$$

则 $G(u, v)$ 是 $\lambda = -\frac{1}{3}$ 阶齐次非负函数.

因为 $p = q = 2$, $\alpha = \beta = 0$, $\lambda_1 = 2$, $\lambda_2 = 3$, $\lambda = -\frac{1}{3}$, 故

$$c = \lambda_1 \left[\frac{\alpha}{\lambda_1 p} + \frac{\beta}{\lambda_2 q} - \left(\frac{1}{\lambda_1 q} + \frac{1}{\lambda_2 p} + \lambda \right) \right] = -\frac{1}{6} < 0.$$

显然

$$G(t^{\lambda_1}, 1)\, t^{-\frac{\alpha+1}{p}} = \frac{\ln(1 + 1/t^2)}{\sqrt[3]{t^2 + 1}} t^{-\frac{1}{2}}, \quad G(t^{\lambda_1}, 1)\, t^{-\frac{\alpha+1}{p}+c} = \frac{\ln(1 + 1/t^2)}{\sqrt[3]{t^2 + 1}} t^{-\frac{2}{3}}$$

都在 $(0, +\infty)$ 上递减.

根据定理 6.6.1, T_1 不是 l_2 到 $L_2(0, +\infty)$ 的有界算子, T_2 也不是 $L_2(0, +\infty)$ 到 l_2 的有界算子. 解毕.

参 考 文 献

洪勇, 陈强. 2020. 构建一类非齐次核的 Hilbert 型积分不等式的等价参数条件 [J]. 华南师范大学学报 (自然科学版), 52(5): 124-128.

洪勇, 温雅敏. 2018. 一类具有非齐次核的 Hilbert 型积分不等式成立的充要条件及其应用 [J]. 吉林大学学报 (理学版), 56(2): 227-232.

洪勇, 曾志红. 2018. 一类准齐次核的 Hilbert 型级数不等式成立的充要条件及应用 [J]. 吉林大学学报 (理学版), 56(3): 530-536.

洪勇, 曾志红. 2019. 齐次核的 Hilbert 型级数不等式成立的充要条件及其在算子理论中的应用 [J]. 西南大学学报 (自然科学版), 41(12): 61-68.

洪勇, 曾志红. 2020. 构建以 $G(n^{\lambda_1}/x^{\lambda_2})(\lambda_1\lambda_2 > 0)$ 为核的半离散 Hilbert 型不等式的充要条件及应用 [J]. 吉林大学学报 (理学版), 58(3): 507-512.

洪勇. 2012. 具有准齐次核的 Hardy-Hilbert 型积分不等式 [J]. 吉林大学学报 (理学版), 50(6): 1123-1128.

洪勇. 2017. 具有齐次核的 Hilbert 型积分不等式的构造特征及应用 [J]. 吉林大学学报 (理学版), 55(2): 189-194.

华柳斌, 黎永锦. 2011. Banach 空间上的 Hilbert 不等式 [J]. 内蒙古师范大学学报 (自然科学汉文版), 40(4): 359-361.

匡继昌. 2011. 关于有限形式的 Hilbert 不等式 [J]. 高等数学研究, 14(4): 9-11.

辛冬梅, 杨必成. 2020. 关于逆向 Hilbert 型积分不等式的一组等价陈述 [J]. 广东第二师范学院学报, 40(5): 28-36.

杨必成. 2017. Yang-Hilbert 型积分算子有界的若干等价条件 [J]. 广东第二师范学院学报, 37(5): 5-11.

杨必成. 2017. 非齐次核 Hardy 型及 Yang-Hilbert 型积分不等式成立的等价条件 [J]. 广东第二师范学院学报, 37(3): 5-10.

杨必成. 2018. 逆向 Hilbert 型积分不等式的一组等价陈述 [J]. 广东第二师范学院学报, 38(3): 1-13.

杨必成. 2020. 一个非齐次核较为精确半离散的 Hilbert 型不等式的等价性质 [J]. 广东第二师范学院学报, 40(5): 1-9.

Adiyasuren V, Batbold T, Sawano Y. 2016. A multidimensional integral inequality related to Hilbert-type Inequality[J]. Mediterr. J.Math., 13(6): 3837-3848.

Ahmed A M, Alnemer G, Zakarya M, et al. 2020. Some dynamic inequalities of Hilbert's type[J]. J. Funct. Spaces, Art. ID 4976050, 13 pp.

Batbold T, Azar L E. 2018. A new form of Hilbert integral Inequality[J]. J. Math. Inequal., 12: 379-390.

Chen Q, Yang B C. 2018. An extended reverse Hardy-Hilbert's Inequality in the whole plane[J]. J. Inequal. Appl., 2018(1): 1-15.

Chen Q, Yang B C. 2015. A survey on the study of Hilbert-type Inequalities[J]. J. Inequal. Appl., 2015(1): 1-29.

Dumitru B, Mario K, Predrag V. 2021. A class of fractal Hilbert-type inequalities obtained via Cantor-type spherical coordinates [J]. Math. Methods Appl. Sci., 44 (7): 6195-6208.

El-Deeb A A, Rashid S, Khan Z A, Makharesh S D. 2021. New dynamic Hilbert-type inequalities in two independent variables involving Fenchel-Legendre transform [J]. Adv. Difference Equ., 2021(1): 1-24.

El-Hamid H A A, Rezk H M, Ahmed A M, et al. 2021. Some dynamic Hilbert-type inequalities for two variables on time scales [J]. J. Inequal. Appl., 2021(1): 1-21.

Garayev M T, Gürdal M, Okudan A. 2016. Hardy-Hilbert's inequality and power inequalities for Berezin numbers of operators [J]. Math. Inequal. Appl., 19 (3): 883-891.

Garrigós G, Nana C. 2020. Hilbert-type inequalities in homogeneous cones [J]. Atti Accad. Naz. Lincei Rend. Lincei Mat. Appl., 31 (4): 815-838.

Hayajneh Mostafa, Hayajneh Saja, Kittaneh Fuad. 2018. On some classical trace inequalities and a new Hilbert-Schmidt norm inequality [J]. Math. Inequal. Appl., 21 (4):1175-1183.

Hong Y, He B, Yang B C. 2018. Necessary and sufficient conditions for the validity of Hilbert type integral inequalities with a class of quasi-homogeneous kernels and its application in operator theory[J]. J. Math. Inequal., 12(3): 777-788.

Hong Y, Huang Q L, Chen Q. 2021. The parameter conditions for the existence of the Hilbert-type multiple integral inequality and its best constant factor [J]. Ann. Funct. Anal., 12 (1): 1-15.

Huang Z X, Yang B C. Equivalent property of a half-discrete Hilbert's inequality with parameters [J]. J. Inequal. Appl., 2018(1): 1-11.

Jain P, Singh M. 2018. Hilbert inequality on grand function spaces[J]. Ric. Mat., 67(2): 481-490.

Krnić M, Vuković P. 2017. A class of Hilbert-type inequalities obtained via the improved young inequality[J]. Results Math., 71(1-2): 185-196.

Liao J Q, Hong Y, Yang B C. 2020. Equivalent conditions of a Hilbert-type multiple integral inequality holding[J]. J. Funct. Spaces, Art. ID305095: 6 pp.

Liu Q, Chen D Z. 2016.A Hilbert-type integral inequality with a hybrid kernel and its applications[J]. Colloq. Math., 143(2): 193-207.

Liu Q, Sun W B. 2017. A Hilbert-type fractal integral inequality and its applications[J]. J. Inequal. 2017(1): 1-8.

Mario K, Predrag V. 2017. A class of Hilbert-type Inequalities obtained via the improved young inequality[J]. Results Math., 71(1-2): 185-196.

O'Regan D, Rezk H M, Saker S H. 2018. Some dynamic Inequalities involving Hilbert and Hardy-Hilbert operators with kernels[J]. Results Math., 73(4): 1-22.

Predrag V. 2016. Refinements of Hilbert-type inequalities in whole plane [J]. Bull. Allahabad Math. Soc., 31(1): 85-97.

Rassias M Th, Yang B C. 2014. A multidimensional Hilbert-type integral inequality related to the Riemann zeta function [J]. Applications of mathematics and informatics in science and engineering, 417-433.

Rassias M Th, Yang B C. 2019. On an equivalent property of a reverse Hilbert-type integral inequality related to the extended Hurwitz-zeta function [J]. J. Math. Inequal., 13(2): 315-334.

Rassias M Th, Yang B C. 2019. On a Hilbert-type integral Inequality related to the extended Hurwitz zeta function in the whole plane [J]. Acta Appl. Math., 160: 67-80.

Saker S H, Ahmed A M, Rezk H M, et al. 2017. New Hilbert dynamic inequalities on time scales [J]. Math. Inequal. Appl., 20(4): 1017-1039.

Saker S H, Rezk H M, O'Regan D, et al. 2017. A variety of Inverse Hilbert type inequalities on time scales[J]. Dyn. Contin. Discrete Impuls. Syst. Ser. A Math. Anal., 24 (5): 347-373.

Shi Y P, Yang B C. 2015. A new Hardy-Hilbert-type inequality with multiparameters and a best possible constant factor [J]. J. Inequal. Appl., 2019(1): 1-12.

Tserendorj B , Azar L E, Mario K. 2019.A unified treatment of Hilbert-Pachpatte-type inequalities for a class of non-homogeneous kernels [J]. Appl. Math. Comput., 343: 167-182.

Tserendorj B , Mario K, Josip P. 2018. More accurate Hilbert-type inequalities in a difference form[J]. Results Math., 73(3): 18.

Vandanjav A, Tserendorj B, Mario K. 2016.Multiple Hilbert-type inequalities involving some differential operators [J]. Banach J. Math. Anal., 10(2): 320-337.

Vuković P. 2018. The refinements of Hilbert-type inequalities in discrete case [J]. An. Univ. Craiova Ser. Mat. Inform., 45(2): 323-328.

Wang A Z, Yang B C, Chen Q. 2019. Equivalent properties of a reverse half-discrete Hilbert's inequality [J]. J. Inequal. Appl., 2019(1): 1-12.

Xin D M, Yang B C, Wang A Z. 2018. Equivalent property of a Hilbert-type integral inequality related to the beta function in the whole plane[J]. J. Funct. Spaces, Art. ID 2691816, 8 pp.

Xu B, Wang X H, Wei W, et al. 2014. On reverse Hilbert-type inequalities[J]. J. Inequal. Appl., 2014(1): 1-11.

Yamancı U, Garayev M T, Çelik C. 2019. Hardy-Hilbert type inequality in reproducing kernel Hilbert space: its applications and related results[J]. Linear Multilinear Algebra, 67(4): 830-842.

Yang B C, Chen Q. A new extension of Hardy-Hilbert's inequality in the whole plane [J]. J. Funct. Spaces, Art. ID 9197476, 8 pp.

You M H, Song W, Wang X Y. 2021. On a new generalization of some Hilbert-type inequalities [J]. Open Math., 19(1): 569-582.

You M H. 2021. On a class of Hilbert-type inequalities in the whole plane related to exponent function[J]. J. Inequal. Appl., 2021(1): 1-13.

Zhao C J, Cheung W S. 2014. Reverse Hilbert's type integral inequalities[J]. Math. Inequal. Appl., 17(4): 1551-1561.

Zhao C J, Cheung W S. 2018. On Hilbert's inequalities with alternating signs[J]. J. Math. Inequal., 12(1): 191-200.

Zhao C J, Cheung W S. 2019. On reverse Hilbert-Pachpatte-type Inequalities[J]. Iran. J. Sci. Technol. Trans. A Sci., 43(6): 2899-2904.

第 7 章   第一类重积分 Hilbert 型不等式

设 $\displaystyle\sum_{i=1}^{n}\frac{1}{p_i}=1\ (p_i>1),\ \alpha_i\in\mathbb{R},\ f_i(x_i)\in L_{p_i}^{\alpha_i}(0,+\infty)\,(i=1,2,\cdots,n)$, $K(x_1,x_2,\cdots,x_n)$ 非负可测, M 是一个正的常数, 我们称

$$\int_{\mathbb{R}_+^n}K(x_1,\cdots,x_n)\prod_{i=1}^{n}f_i(x_i)\,\mathrm{d}x_1\cdots\mathrm{d}x_n\leqslant M\prod_{i=1}^{n}\|f\|_{p_i,\alpha_i}$$

为第一类重积分 Hilbert 型不等式.

本章中, 我们将讨论第一类重积分 Hilbert 型不等式的适配数问题及构建这类不等式的参数条件.

7.1   齐次核的第一类重积分 Hilbert 型不等式

7.1.1   齐次核的第一类重积分 Hilbert 型不等式的适配数条件

设 $\displaystyle\sum_{i=1}^{n}\frac{1}{p_i}=1\ (p_i>1)$, 非负可测函数 $K(x_1,\cdots,x_n)$ 是 λ 阶齐次函数, 选取搭配参数 $a_1,a_2,\cdots,a_n$, 若利用权系数方法, 我们能够得到具有最佳常数因子的第一类重积分 Hilbert 型不等式, 则我们称这样的搭配参数 $a_1,a_2,\cdots,a_n$ 为适配数.

本节中, 我们讨论适配数 $a_1,a_2,\cdots,a_n$ 应满足的条件.

引理 7.1.1   设 $n\geqslant 2$, $\displaystyle\sum_{i=1}^{n}\frac{1}{p_i}=1\ (p_i>1)$, $K(x_1,\cdots,x_n)$ 是 λ 阶齐次非负可测函数, $\displaystyle\sum_{i=1}^{n}a_i=\lambda+n$, 记

$$
\begin{aligned}
W_j=&\int_{\mathbb{R}_+^{n-1}}K(t_1,\cdots,t_{j-1},1,t_{j+1},\cdots,t_n)\\
&\times\left(\prod_{\substack{i=1\\i\neq j}}^{n}t_i^{-a_i}\right)\mathrm{d}t_1\cdots\mathrm{d}t_{j-1}\mathrm{d}t_{j+1}\cdots\mathrm{d}t_n\quad(j=1,2,\cdots,n),
\end{aligned}
$$

则 $W_1 = W_2 = \cdots = W_n$, 且

$$
\omega_j(x_j) = \int_{\mathbb{R}_+^{n-1}} K(x_1, \cdots, x_n)
$$

$$
\times \left(\prod_{i \neq j}^{n} x_i^{-a_i} \right) \mathrm{d}x_1 \cdots \mathrm{d}x_{j-1} \mathrm{d}x_{j+1} \cdots \mathrm{d}x_n = x_j^{\lambda + n - 1 - \sum\limits_{i \neq j}^{n} a_i} W_j.
$$

证明 因为 $K(x_1, \cdots, x_n)$ 是 λ 阶齐次函数, 故 $j \geqslant 2$ 时, 有

$$
W_j = \int_{\mathbb{R}_+^{n-1}} t_1^{\lambda} K\left(1, \frac{t_2}{t_1}, \cdots, \frac{t_{j-1}}{t_1}, \frac{1}{t_1}, \frac{t_{j+1}}{t_1}, \cdots, \frac{t_n}{t_1}\right)
$$

$$
\times \left(\prod_{i \neq j}^{n} t_i^{-a_i} \right) \mathrm{d}t_1 \cdots \mathrm{d}t_{j-1} \mathrm{d}t_{j+1} \cdots \mathrm{d}t_n.
$$

令

$$
\frac{t_2}{t_1} = u_2, \quad \cdots, \quad \frac{t_{j-1}}{t_1} = u_{j-1}, \quad \frac{1}{t_1} = u_j, \quad \frac{t_{j+1}}{t_1} = u_{j+1}, \quad \cdots, \quad \frac{t_n}{t_1} = u_n,
$$

则

$$
t_1 = \frac{1}{u_j}, \quad t_2 = \frac{1}{u_j} u_2, \quad \cdots, \quad t_{j-1} = \frac{1}{u_j} u_{j-1},
$$

$$
t_{j+1} = \frac{1}{u_j} u_{j+1}, \quad \cdots, \quad t_n = \frac{1}{u_j} u_n,
$$

于是可得

$$
W_j = \int_{\mathbb{R}_+^{n-1}} \left(\frac{1}{u_j} \right)^{\lambda} K(1, u_2, \cdots, u_n) \left(\frac{1}{u_j} \right)^{-a_1} \left(\frac{u_2}{u_j} \right)^{-a_2} \cdots \left(\frac{u_{j-1}}{u_j} \right)^{-u_{j-1}}
$$

$$
\times \left(\frac{u_{j+1}}{u_j} \right)^{-u_{j+1}} \cdots \left(\frac{u_n}{u_j} \right)^{-a_n} u_j^{-n} \mathrm{d}u_2 \cdots \mathrm{d}u_n
$$

$$
= \int_{\mathbb{R}_+^{n-1}} K(1, u_2, \cdots, u_n) u_2^{-a_2} \cdots u_{j-1}^{-a_{j-1}} u_j^{-\lambda - n - a_j + \sum\limits_{i=1}^{n} a_i}
$$

$$
\times u_{j+1}^{-a_{j+1}} \cdots u_n^{-a_n} \mathrm{d}u_2 \cdots \mathrm{d}u_n
$$

$$
= \int_{\mathbb{R}_+^{n-1}} K(1, u_2, \cdots, u_n) \left(\prod_{i=2}^{n} u_i^{-a_i} \right) \mathrm{d}u_2 \cdots \mathrm{d}u_n = W_1,
$$

所以 $W_1 = W_2 = \cdots = W_n$.

$$\omega_j(x_j) = \int_{\mathbb{R}_+^{n-1}} K(x_1, \cdots, x_n) \left(\prod_{i \neq j}^{n} x_i^{-a_i} \right) \mathrm{d}x_1 \cdots \mathrm{d}x_{j-1} \mathrm{d}x_{j+1} \cdots \mathrm{d}x_n$$

$$= x_j^{\lambda} \int_{\mathbb{R}_+^{n-1}} K\left(\frac{x_1}{x_j}, \cdots, \frac{x_{j-1}}{x_j}, 1, \frac{x_{j+1}}{x_j}, \cdots, \frac{x_n}{x_j} \right)$$

$$\times \left(\prod_{i \neq j}^{n} x_i^{-a_i} \right) \mathrm{d}x_1 \cdots \mathrm{d}y_{j-1} \mathrm{d}x_{j+1} \cdots \mathrm{d}x_n$$

$$= x_j^{\lambda+n-1-\sum\limits_{i\neq j}^{n} a_i} \int_{\mathbb{R}_+^{n-1}} K(t_1, \cdots, t_{j-1}, 1, t_{j+1}, \cdots, t_n)$$

$$\times \left(\prod_{i \neq i}^{n} t_i^{-a_i} \right) \mathrm{d}t_1 \cdots \mathrm{d}t_{j-1} \mathrm{d}t_{j+1} \cdots \mathrm{d}t_n$$

$$= x_j^{\lambda+n-1-\sum\limits_{i\neq j}^{n} a_i} W_j.$$

证毕.

定理 7.1.1　设 $n \geqslant 2$, $\sum\limits_{i=1}^{n} \dfrac{1}{p_i} = 1 \ (p_i > 1)$, $\lambda, a_i \in \mathbb{R} \ (i = 1, 2, \cdots, n)$, $K(x_1, \cdots, x_n)$ 是 λ 阶齐次非负可测函数, 且 $j = 1, 2, \cdots, n$ 时,

$$W_j = \int_{\mathbb{R}_+^{n-1}} K(t_1, \cdots, t_{j-1}, 1, t_{j+1}, \cdots, t_n) \left(\prod_{i \neq j}^{n} t_i^{-a_i} \right) \mathrm{d}t_1 \cdots \mathrm{d}t_{j-1} \mathrm{d}t_{j+1} \cdots \mathrm{d}t_n$$

收敛, 那么

(i) 对 $f_i(x_i) \geqslant 0 \ (i = 1, 2, \cdots, n)$, 有

$$\int_{\mathbb{R}_+^n} K(x_1, \cdots, x_n) \prod_{i=1}^{n} f_i(x_i) \mathrm{d}x_1 \cdots \mathrm{d}x_n$$

$$\leqslant \left(\prod_{i=1}^{n} W_i^{\frac{1}{p_i}} \right) \prod_{i=1}^{n} \left(\int_0^{+\infty} x_i^{\lambda+n-1+a_i p_i - \sum\limits_{k=1}^{n} a_k} f_i^{p_i}(x_i) \mathrm{d}x_i \right)^{\frac{1}{p_i}}. \tag{7.1.1}$$

(ii) 当且仅当 $\sum\limits_{i=1}^{n} a_i = \lambda + n$ 时, (7.1.1) 式的常数因子 $\prod\limits_{i=1}^{n} W_i^{1/p_i}$ 是最佳的, 且当 $\sum\limits_{i=1}^{n} a_i = \lambda + n$ 时, (7.1.1) 式化为

$$\int_{\mathbb{R}_+^n} K\left(x_1,\cdots,x_n\right) \prod_{i=1}^n f_i\left(x_i\right) \mathrm{d}x_1 \cdots \mathrm{d}x_n \leqslant W_1 \prod_{i=1}^n \|f\|_{p_i, a_i p_i - 1}. \tag{7.1.2}$$

证明 (i) 因为 $\sum\limits_{i=1}^n \dfrac{1}{p_i} = 1$, 故

$$\prod_{j=1}^n \left[x_j^{a_j} \left(\prod_{i=1}^n x_i^{-a_i} \right)^{1/p_i} \right] = \prod_{j=1}^n x_j^{a_j} \prod_{i=1}^n x_i^{-a_i} = 1.$$

根据 Hölder 不等式及引理 7.1.1, 有

$$\int_{\mathbb{R}_+^n} K\left(x_1,\cdots,x_n\right) \prod_{i=1}^n f_i\left(x_i\right) \mathrm{d}x_1 \cdots \mathrm{d}x_n$$

$$= \int_{\mathbb{R}_+^n} K\left(x_1,\cdots,x_n\right) \prod_{j=1}^n \left[x_j^{a_j} \left(\prod_{i=1}^n x_i^{-a_i} \right)^{1/p_j} f_j\left(x_j\right) \right] \mathrm{d}x_1 \cdots \mathrm{d}x_n$$

$$\leqslant \prod_{j=1}^n \left(\int_{\mathbb{R}_+^n} x_j^{a_j p_j} \prod_{i=1}^n x_i^{-a_i} f_j^{p_j}(x_j) K(x_1,\cdots,x_n) \mathrm{d}x_1 \cdots \mathrm{d}x_n \right)^{\frac{1}{p_j}}$$

$$= \prod_{j=1}^n \left[\int_0^{+\infty} x_j^{a_j(p_j-1)} f_j^{p_j}\left(x_j\right) \right.$$

$$\left. \times \left(\int_{\mathbb{R}_+^{n-1}} \prod_{i\neq j}^n x_i^{-a_i} K\left(x_1,\cdots,x_n\right) \mathrm{d}x_1 \cdots \mathrm{d}x_{j-1}\mathrm{d}x_{j+1}\cdots \mathrm{d}x_n \right) \mathrm{d}x_j \right]^{\frac{1}{p_j}}$$

$$= \prod_{j=1}^n \left[\int_0^{+\infty} x_j^{a_j(p_j-1)} f_j^{p_j}\left(x_j\right) \omega_j\left(x_j\right) \mathrm{d}x_j \right]^{\frac{1}{p_j}}$$

$$\leqslant \left(\prod_{j=1}^n W_j^{\frac{1}{p_j}} \right) \prod_{j=1}^n \left(\int_0^{+\infty} x_j^{\lambda+n-1+a_j p_j - \sum\limits_{k=1}^n a_k} f_j^{p_j}\left(x_j\right) \mathrm{d}x_j \right)^{\frac{1}{p_j}},$$

故 (7.1.1) 式成立.

(ii) 设 $\sum\limits_{i=1}^n a_i = \lambda + n$, 由引理 7.1.1, 可得 $W_1 = W_2 = \cdots = W_n$, 且

$$\lambda + n - 1 + a_i p_i - \sum_{k=1}^n a_k = a_i p_i - 1, \quad i = 1, 2, \cdots, n.$$

于是 (7.1.1) 式化为 (7.1.2) 式.

若 (7.1.2) 式的常数因子 W_1 不是最佳的, 则存在 $M_0 < W_1$, 使

$$\int_{\mathbb{R}_+^n} K(x_1, \cdots, x_n) \prod_{i=1}^n f_i(x_i) \, \mathrm{d}x_1 \cdots \mathrm{d}x_n \leqslant M_0 \prod_{i=1}^n \|f_i\|_{p_i, a_i p_i - 1}.$$

对充分小的 $\varepsilon > 0$ 及 $\delta > 0$, 取

$$f_1(x_1) = \begin{cases} x_1^{(-a_1 p_1 - \varepsilon)/p_1}, & x_1 \geqslant 1, \\ 0, & 0 < x_1 < 1, \end{cases}$$

$$f_i(x_i) = \begin{cases} x_i^{(-a_i p_i - \varepsilon)/p_i}, & x_i \geqslant \delta, \\ 0, & 0 < x_i < \delta, \end{cases} \quad i = 2, 3, \cdots, n.$$

则

$$\prod_{i=1}^n \|f_i\|_{p_i, a_i p_i - 1} = \left(\int_1^{+\infty} x_1^{-1-\varepsilon} \mathrm{d}x_1 \right)^{\frac{1}{p_1}} \prod_{i=2}^n \left(\int_\delta^{+\infty} x_i^{-1-\varepsilon} \mathrm{d}x_i \right)^{\frac{1}{p_i}}$$

$$= \left(\frac{1}{\varepsilon} \right)^{\frac{1}{p_1}} \prod_{i=2}^n \left(\frac{1}{\varepsilon} \delta^{-\varepsilon} \right)^{\frac{1}{p_i}} = \frac{1}{\varepsilon} \prod_{i=2}^n \delta^{-\frac{\varepsilon}{p_i}},$$

$$\int_{\mathbb{R}_+^n} K(x_1, \cdots, x_n) \prod_{i=1}^n f_i(x_i) \mathrm{d}x_1 \cdots \mathrm{d}x_n$$

$$= \int_1^{+\infty} x_1^{(-a_1 p_1 - \varepsilon)/p_1} \left(\int_\delta^{+\infty} \cdots \int_\delta^{+\infty} K(x_1, \cdots, x_n) \prod_{i=2}^n x_i^{(-a_i p_i - \varepsilon)/p_i} \mathrm{d}x_2 \cdots \mathrm{d}x_n \right) \mathrm{d}x_1$$

$$= \int_1^{+\infty} x_1^{\lambda - \frac{a_1 p_1 + \varepsilon}{p_1}} \left(\int_\delta^{+\infty} \cdots \int_\delta^{+\infty} K\left(1, \frac{x_2}{x_1}, \cdots, \frac{x_n}{x_1}\right) \prod_{i=2}^n x_i^{-\frac{a_i p_i + \varepsilon}{p_i}} \mathrm{d}x_2 \cdots \mathrm{d}x_n \right) \mathrm{d}x_1$$

$$= \int_1^{+\infty} x_1^{\lambda + n - 1 - \frac{a_1 p_1 + \varepsilon}{p_1} - \sum\limits_{k=2}^n \frac{a_k p_k + \varepsilon}{p_k}}$$

$$\times \left(\int_{\frac{\delta}{x_1}}^{+\infty} \cdots \int_{\frac{\delta}{x_1}}^{+\infty} K(1, t_2, \cdots, t_n) \prod_{i=2}^n t_i^{-\frac{a_i p_i + \varepsilon}{p_i}} \mathrm{d}t_2 \cdots \mathrm{d}t_n \right) \mathrm{d}x_1$$

$$\geqslant \int_1^{+\infty} x_1^{\lambda + n - 1 - \sum\limits_{k=1}^n a_k - \varepsilon} \left(\int_\delta^{+\infty} \cdots \int_\delta^{+\infty} K(1, t_2, \cdots, t_n) \prod_{i=2}^n t_i^{-\frac{a_i p_i + \varepsilon}{p_i}} \mathrm{d}t_2 \cdots \mathrm{d}t_n \right) \mathrm{d}x_1$$

$$= \int_1^{+\infty} x_1^{-1-\varepsilon} \mathrm{d}x_1 \left(\int_\delta^{+\infty} \cdots \int_\delta^{+\infty} K(1, t_2, \cdots, t_n) \prod_{i=2}^n t_i^{-\frac{a_i p_i + \varepsilon}{p_i}} \mathrm{d}t_2 \cdots \mathrm{d}t_n \right)$$

$$= \frac{1}{\varepsilon} \int_{\delta}^{+\infty} \cdots \int_{\delta}^{+\infty} K(1, t_2, \cdots, t_n) \prod_{i=2}^{n} t_i^{-\frac{a_i p_i + \varepsilon}{p_i}} \mathrm{d}t_2 \cdots \mathrm{d}t_n.$$

综上, 可得

$$\int_{\delta}^{+\infty} \cdots \int_{\delta}^{+\infty} K(1, t_2, \cdots, t_n) \prod_{i=2}^{n} t_i^{-\frac{a_i p_i + \varepsilon}{p_i}} \mathrm{d}t_2 \cdots \mathrm{d}t_n \leqslant M_0 \prod_{i=2}^{n} \delta^{-\frac{\varepsilon}{p_i}},$$

先令 $\varepsilon \to 0^+$, 再令 $\delta \to 0^+$, 得到

$$W_1 = \int_{\mathbb{R}_+^{n-1}} K(1, t_2, \cdots, t_n) \prod_{i=2}^{n} t_i^{-a_i} \mathrm{d}t_2 \cdots \mathrm{d}t_n \leqslant M_0,$$

这与 $M_0 < W_1$ 矛盾, 故 (7.1.2) 式中的常数因子是最佳的.

反之, 设 (7.1.1) 式的常数因子 $\prod\limits_{i=1}^{n} W_i^{1/p_i}$ 是最佳的. 记 $\sum\limits_{i=1}^{n} a_i - n - \lambda = c$, 则令 $a_k' = a_k - \dfrac{c}{p_k}$ 时, 有

$$\lambda + n - 1 + a_i' p_i - \sum_{k=1}^{n} a_k'$$

$$= \lambda + n - 1 + \left(a_i - \frac{c}{p_i} \right) p_i - \sum_{k=1}^{n} \left(a_k - \frac{c}{p_k} \right)$$

$$= \lambda + n - 1 + a_i p_i - c - \sum_{k=1}^{n} a_k + \sum_{k=1}^{n} \frac{c}{p_k} = \lambda + n - 1 - \sum_{k=1}^{n} a_k + a_i p_i,$$

且当 $j \geqslant 2$ 时, 经计算有

$$W_j = \int_{\mathbb{R}_+^{n-1}} K(1, t_2, \cdots, t_n) \left(\prod_{i=2}^{n} t_i^{-a_i} \right) t_j^c \mathrm{d}t_2 \cdots \mathrm{d}t_n.$$

于是 (7.1.1) 式可等价地写为

$$\int_{\mathbb{R}_+^n} K(x_1, \cdots, x_n) \prod_{i=1}^{n} f_i(x_i) \mathrm{d}x_1 \cdots \mathrm{d}x_n$$

$$\leqslant W_1^{\frac{1}{p_1}} \prod_{j=2}^{n} \left(\int_{\mathrm{R}_+^{n-1}} K(1, t_2, \cdots, t_n) \left(\prod_{i=2}^{n} t_i^{-a_i} \right) t_j^c \mathrm{d}t_2 \cdots \mathrm{d}t_n \right)^{\frac{1}{p_j}}$$

$$\times \prod_{i=1}^{n} \left(\int_0^{+\infty} x_i^{\lambda+n-1+a_i'p_i-\sum\limits_{k=1}^{n} a_k'} f_i^{p_i}(x_i)\, \mathrm{d}x_i \right)^{\frac{1}{p_i}}.$$

又经计算, 有 $\sum\limits_{i=1}^{n} a_i' = n + \lambda$, $\lambda + n - 1 + a_i'p_i - \sum\limits_{k=1}^{n} a_k' = a_i'p_i - 1$, 于是 (7.1.1) 式
进一步可等价地写为

$$\int_{\mathbb{R}_+^n} K(x_1, \cdots, x_n) \prod_{i=1}^{n} f_i(x_i)\, \mathrm{d}x_1 \cdots \mathrm{d}x_n$$

$$\leqslant W_1^{\frac{1}{p_1}} \prod_{j=2}^{n} \left(\int_{\mathbb{R}_+^{n-1}} K(1, t_2, \cdots, t_n) \left(\prod_{i=2}^{n} t_i^{-a_i} \right) t_j^c \mathrm{d}t_2 \cdots \mathrm{d}t_n \right)^{\frac{1}{p_j}} \prod_{i=1}^{n} \|f_i\|_{p_i, a_i'p_i-1}.$$

$$(7.1.3)$$

从而根据假设可知 (7.1.3) 式的常数因子

$$W_1^{\frac{1}{p_1}} \prod_{j=2}^{n} \left(\int_{\mathbb{R}_+^{n-1}} K(1, t_2, \cdots, t_n) \left(\prod_{i=2}^{n} t_i^{-a_i} \right) t_j^c \mathrm{d}t_2 \cdots \mathrm{d}t_n \right)^{\frac{1}{p_j}}$$

是最佳的. 但由前面充分性的证明, 又可知 (7.1.3) 式的最佳常数因子为

$$\int_{\mathbb{R}_+^{n-1}} K(1, t_2, \cdots, t_n) \prod_{i=2}^{n} t_i^{-a_i'} \mathrm{d}t_2 \cdots \mathrm{d}t_n$$

$$= \int_{\mathbb{R}_+^{n-1}} K(1, t_2, \cdots, t_n) \left(\prod_{i=2}^{n} t_i^{-a_i} \right) \prod_{i=2}^{n} t_i^{\frac{c}{p_i}} \mathrm{d}t_2 \cdots \mathrm{d}t_n,$$

记 $K(1, t_2, \cdots, t_n) \left(\prod\limits_{i=2}^{n} t_i^{-a_i} \right) = G(t_2, \cdots, t_n)$, 则由上可得

$$\int_{\mathbb{R}_+^{n-1}} G(t_2, \cdots, t_n) \prod_{i=2}^{n} t^{\frac{c}{p_i}} \mathrm{d}t_2 \cdots \mathrm{d}t_n$$

$$= \left(\int_{\mathbb{R}_+^{n-1}} G(t_2, \cdots, t_n) \mathrm{d}t_2 \cdots \mathrm{d}t_n \right)^{\frac{1}{p_1}} \prod_{j=2}^{n} \left(\int_{\mathbb{R}_+^{n-1}} G(t_2, \cdots, t_n) t_j^c \mathrm{d}t_2 \cdots \mathrm{d}t_n \right)^{\frac{1}{p_j}}.$$

$$(7.1.4)$$

对函数 $1, t_2^{c/p_2}, \cdots, t_n^{c/p_n}$, 应用 Hölder 不等式, 又有

$$\int_{\mathbb{R}_+^{n-1}} G(t_2, \cdots, t_n) \prod_{i=2}^{n} t^{\frac{c}{p_i}} \mathrm{d}t_2 \cdots \mathrm{d}t_n$$

$$\leqslant \left(\int_{\mathbb{R}_+^{n-1}} G\left(t_2, \cdots, t_n\right) \mathrm{d}t \right)^{\frac{1}{p_1}} \prod_{j=2}^{n} \left(\int_{\mathbb{R}_+^{n-1}} G\left(t_2, \cdots, t_n\right) t_j^c \mathrm{d}t_2 \cdots \mathrm{d}t_n \right)^{\frac{1}{p_j}},$$

由 (7.1.4) 式知, 上述不等式应取等号, 根据 Hölder 不等式取等号的条件可得: 当 $j \geqslant 2$ 时, 有

$$\frac{t_j^c}{\displaystyle\int_{\mathbb{R}_+^{n-1}} G\left(t_2, \cdots, t_n\right) t_j^c \mathrm{d}t_2 \cdots \mathrm{d}t_n} = \frac{1}{\displaystyle\int_{\mathbb{R}_+^{n-1}} G\left(t_2, \cdots, t_n\right) \mathrm{d}t_2 \cdots \mathrm{d}t_n}, \quad t_j \in (0, +\infty).$$

故 $t_j^c = $ 常数, 从而 $c = 0$, 即 $\displaystyle\sum_{k=1}^{n} a_k = \lambda + n$. 证毕.

注 记 $\Delta = \displaystyle\sum_{k=1}^{n} a_k - (\lambda + n)$, 则 $a_1, a_2, \cdots, a_n$ 为适配参数的充分必要条件是 $\Delta = 0$, 即当且仅当 $\Delta = 0$, 搭配参数 $a_1, a_2, \cdots, a_n$ 使 (7.1.1) 式具有最佳常数因子. 我们称此 Δ 为参数 $a_1, a_2, \cdots, a_n$ 是否为适配数的判别式.

例 7.1.1 设 $n \geqslant 2$, $\displaystyle\sum_{n=1}^{n} \frac{1}{p_i} = 1$ $(p_i > 1)$, $f_i\left(x_i\right) \in L_{p_i, p_i-1}\left(0, +\infty\right)$ $(i = 1, 2, \cdots, n)$, 求证:

$$\int_{\mathbb{R}_+^n} \frac{\min\left\{x_1, x_2, \cdots, x_n\right\}}{\max\left\{x_1, x_2, \cdots, x_n\right\}} \prod_{i=1}^{n} f_i\left(x_i\right)\mathrm{d}x_1 \cdots \mathrm{d}x_n \leqslant n! \prod_{i=1}^{n} \|f_i\|_{p_i, p_i-1},$$

其中的常数因子是最佳的.

证明 令

$$K\left(x_1, x_2, \cdots, x_n\right) = \frac{\min\left\{x_1, x_2, \cdots, x_n\right\}}{\max\left\{x_1, x_2, \cdots, x_n\right\}}, \quad x_i > 0,$$

则 $K\left(x_1, x_2, \cdots, x_n\right)$ 是 $\lambda = 0$ 阶齐次非负函数. 令 $a_i p_i - 1 = p_i - 1$, 得 $a_i = 1$ $(i = 1, 2, \cdots, n)$, 因 $\Delta = \displaystyle\sum_{k=1}^{n} a_k - (n + \lambda) = 0$, 故 $a_1, a_2, \cdots, a_n$ 是适配数.

下面需要计算:

$$W_1 = W_n = \int_{\mathbb{R}_+^{n-1}} K\left(t_1, \cdots, t_{n-1}, 1\right) \prod_{i=1}^{n-1} t_i^{-a_i} \mathrm{d}t_1 \cdots \mathrm{d}t_{n-1}$$

$$= \int_{\mathbb{R}_+^{n-1}} \frac{\min\left\{t_1, t_2, \cdots, t_{n-1}, 1\right\}}{\max\left\{t_1, t_2, \cdots, t_{n-1}, 1\right\}} \prod_{i=1}^{n-1} t_i^{-1} \mathrm{d}t_1 \cdots \mathrm{d}t_{n-1}.$$

为了计算这个积分值, 我们需要先证明下面几个引理.

引理 7.1.2　设 $c > 0$, $m \in \mathbb{N}$, 则

$$\int_1^c (\ln x)^m \, \mathrm{d}x = c \sum_{i=0}^m (-1)^{m-i} \frac{n!}{i!} (\ln c)^i. \tag{7.1.5}$$

证明　当 $n = 1$ 时, 直接计算得

$$\int_0^c \ln x \mathrm{d}x = (x \ln x - x)|_0^c = c(-1 + \ln c).$$

设 $m = k - 1$ 时, (7.1.5) 式成立, 即

$$\int_0^c (\ln x)^{k-1} \mathrm{d}x = c \sum_{i=1}^{k-1} (-1)^{k-1-i} \frac{(k-1)!}{i!} (\ln c)^i,$$

则 $m = k$ 时, 有

$$\int_0^c (\ln x)^k \, \mathrm{d}x = x(\ln x)^k \Big|_0^c - k \int_0^c (\ln x)^{k-1} \, \mathrm{d}x$$

$$= c(\ln c)^k - ck \sum_{i=0}^{k-1} (-1)^{k-1-i} \frac{(k-1)!}{i!} (\ln c)^i$$

$$= c \sum_{i=0}^k (-1)^{k-i} \frac{k!}{i!} (\ln c)^i.$$

由数学归纳法原理, (7.1.5) 式成立. 证毕.

引理 7.1.3　设 $s > 0$, $t > 0$, $a = \min\{s, 1\}$, $b = \max\{s, 1\}$, $k \in \mathbb{N} \cup \{0\}$, 则

$$\int_0^{+\infty} \frac{\min\{s, t, 1\}}{\max\{s, t, 1\}} \left(\ln \frac{\min\{s, t, 1\}}{\max\{s, t, 1\}} \right)^k t^{-1} \mathrm{d}t$$

$$= \frac{a}{b} \left[-\left(\ln \frac{a}{b} \right)^{k+1} + 2 \sum_{i=0}^k (-1)^{k-i} \frac{k!}{i!} \left(\ln \frac{a}{b} \right)^i \right].$$

证明　根据引理 7.1.2, 有

$$\int_0^{+\infty} \frac{\min\{s, t, 1\}}{\max\{s, t, 1\}} \left(\ln \frac{\min\{s, t, 1\}}{\max\{s, t, 1\}} \right)^k t^{-1} \mathrm{d}t$$

$$= \int_0^{\min\{s, t\}} \frac{t}{\max\{s, 1\}} \left(\ln \frac{t}{\max\{s, 1\}} \right) \frac{1}{t} \mathrm{d}t$$

$$+ \int_{\min\{s,1\}}^{\max\{s,1\}} \frac{\min\{s,1\}}{\max\{s,1\}} \left(\ln \frac{\min\{s,1\}}{\max\{s,1\}} \right)^k \frac{1}{t} \mathrm{d}t$$

$$+ \int_{\max\{s,1\}}^{+\infty} \frac{\min\{s,1\}}{t} \left(\ln \frac{\min\{s,1\}}{t} \right)^k \frac{1}{t} \mathrm{d}t$$

$$= \frac{1}{b} \int_0^a \left(\ln \frac{t}{b} \right)^k \mathrm{d}t + \frac{a}{b} \left(\ln \frac{a}{b} \right)^k \int_a^b t^{-1} \mathrm{d}t + a \int_b^{+\infty} \left(\ln \frac{a}{t} \right)^k t^{-2} \mathrm{d}t$$

$$= \frac{2}{b} \int_0^a \left(\ln \frac{t}{b} \right)^k \mathrm{d}t - \frac{a}{b} \left(\ln \frac{a}{b} \right)^{k+1} = 2 \int_0^{a/b} (\ln x)^k \mathrm{d}x - \frac{a}{b} \left(\ln \frac{a}{b} \right)^{k+1}$$

$$= \frac{a}{b} \left[- \left(\ln \frac{a}{b} \right)^{k+1} + 2 \sum_{i=0}^k (-1)^{k-i} \frac{k!}{i!} \left(\ln \frac{a}{b} \right)^i \right].$$

证毕.

引理 7.1.4 设 $m \geqslant 2$, 则有

$$A_m = \int_{\mathbb{R}_+^{m-1}} \frac{\min\{t_1, t_2, \cdots, t_m, 1\}}{\max\{t_1, t_2, \cdots, t_m, 1\}} \prod_{j=2}^m t_j^{-1} \mathrm{d}t_2 \cdots \mathrm{d}t_m$$

$$= m! \frac{\min\{t_1, 1\}}{\max\{t_1, 1\}} \left[1 + \frac{(-1)^{m-1}}{m!} \left(\ln \frac{\min\{t, 1\}}{\max\{t_1, 1\}} \right)^{n-1} \right]$$

$$+ m! \frac{\min\{t_1, 1\}}{\max\{t_1, 1\}} \left[\sum_{i=0}^{m-3} \frac{(-1)^{i+1}}{i!} \left(\frac{1}{i+1} - \frac{1}{n} \right) \left(\ln \frac{\min\{t_1, 1\}}{\max\{t_1, 1\}} \right)^{i+1} \right].$$

证明 用数学归纳法证明. 当 $m = 2$ 时, 应用引理 7.1.3 中 $k = 0$ 的情形, 可知结论成立.

设 $m = k \geqslant 2$ 时结论成立, 根据引理 7.1.3, 有

$$A_{k+1} = \int_{\mathbb{R}_+^k} \frac{\min\{t_1, t_2, \cdots, t_{k+1}, 1\}}{\max\{t_1, t_2, \cdots, t_{k+1}, 1\}} \prod_{j=2}^{k+1} t_j^{-1} \mathrm{d}t_2 \cdots \mathrm{d}t_{k+1}$$

$$= \int_0^{+\infty} \left(\int_{\mathbb{R}_+^{k-1}} \frac{\min\{t_1, t_2, \cdots, t_{k+1}, 1\}}{\max\{t_1, t_2, \cdots, t_{k+1}, 1\}} \prod_{j=3}^{k+1} t_j^{-1} \mathrm{d}t_3 \cdots \mathrm{d}t_{k+1} \right) \frac{1}{t_2} \mathrm{d}t_2$$

$$= k! \int_0^{+\infty} \frac{\min\{t_1, t_2, 1\}}{\max\{t_1, t_2, 1\}} \left[1 + \frac{(-1)^{k-1}}{k!} \left(\ln \frac{\min\{t_1, t_2, 1\}}{\max\{t_1, t_2, 1\}} \right)^{k-1} \right.$$

$$\left. + \sum_{i=0}^{k-3} \frac{(-1)^{i+1}}{i!} \left(\frac{1}{i+1} - \frac{1}{k} \right) \left(\ln \frac{\min\{t_1, t_2, 1\}}{\max\{t_1, t_2, 1\}} \right)^{i+1} \right] \frac{1}{t_2} \mathrm{d}t_2$$

$$
=k! \frac{\min\{t_1,1\}}{\max\{t_1,1\}} \left\{ 2 - \ln \frac{\min\{t_1,1\}}{\max\{t_1,1\}} + \frac{(-1)^{k-1}}{k!} \right.
$$

$$
\times \left[-\left(\ln \frac{\min\{t_1,1\}}{\max\{t_1,1\}} \right)^k + 2\sum_{i=0}^{k-1} (-1)^{k-1-i} \frac{(k-1)!}{i!} \left(\ln \frac{\min\{t_1,1\}}{\max\{t_1,1\}} \right)^i \right]
$$

$$
+ \sum_{i=0}^{k-3} \frac{(-1)^{i+1}}{i!} \left(\frac{1}{i+1} - \frac{1}{k} \right)
$$

$$
\left. \times \left[-\left(\ln \frac{\min\{t_1,1\}}{\max\{t_1,1\}} \right)^{i+2} + 2\sum_{j=0}^{i+1} (-1)^{i+1-j} \frac{(i+1)!}{j!} \left(\ln \frac{\min\{t_1,1\}}{\max\{t_1,1\}} \right)^j \right] \right\}.
$$

令 $x = \min\{t_1,1\}/\max\{t_1,1\}$，有

$$
A_{k+1} = xk! \left\{ 2 - \ln x + \frac{(-1)^{k-1}}{k!} \left[-(\ln x)^k + 2\sum_{i=0}^{k-1} (-1)^{k-1-i} \frac{(k-1)!}{i!} (\ln x)^i \right] \right.
$$

$$
+ \sum_{i=0}^{k-3} \frac{(-1)^{i+1}}{i!} \left(\frac{1}{i+1} - \frac{1}{k} \right)
$$

$$
\left. \times \left[-(\ln x)^{i+2} + 2\sum_{j=0}^{i+1} (-1)^{i+1-j} \frac{(i+1)!}{j!} (\ln x)^j \right] \right\}
$$

$$
= xk! \left\{ 2 + \frac{2}{k} + 2\sum_{i=0}^{k-3} \left(1 - \frac{i+1}{k} \right) + \frac{(-1)^k}{k!} (\ln x)^k - \ln x \right.
$$

$$
+ \frac{2}{k} \sum_{k=1}^{k-1} \frac{(-1)^i}{i!} (\ln x)^i + \sum_{i=0}^{k-3} \frac{(-1)^i (\ln x)^{i+2}}{(i+1)!} + \frac{1}{k} \sum_{i=0}^{k-3} \frac{(-1)^{i+1}}{i!} (\ln x)^{i+2}
$$

$$
\left. + 2\sum_{i=0}^{k-3} (i+1) \left(\frac{1}{i+1} - \frac{1}{k} \right) \sum_{j=1}^{i+1} \frac{(-1)^j}{j!} (\ln x)^j \right\}
$$

$$
= xk! \left\{ k+1 + \frac{(-1)^k}{k!} (\ln x)^k - \left[1 + \frac{2}{k} + 2\sum_{i=0}^{k-3} \left(1 - \frac{i+1}{k} \right) \right] \ln x \right.
$$

$$
\left. + \sum_{j=2}^{k-1} \left[\frac{2}{k} \frac{(-1)^j}{j!} + \frac{(-1)^j}{(j-1)!} + \frac{1}{k} \frac{(-1)^{j-1}}{(j-2)!} + 2\sum_{i=j-1}^{k-3} \left(1 - \frac{i+1}{k} \right) \frac{(-1)^j}{j!} \right] (\ln x)^j \right\}
$$

$$
= xk! \left\{ k+1 + \frac{(-1)^k}{k!} (\ln x)^k - k \ln x + \sum_{j=2}^{k-1} \frac{(-1)^j}{(j-1)!} \left(\frac{k+1}{j} - 1 \right) (\ln x)^j \right\}
$$

$$= (k+1)! \frac{\min\{t_1, 1\}}{\max\{t_1, 1\}} \left\{ 1 + \frac{(-1)^k}{(k+1)!} \left(\ln \frac{\min\{t_1, 1\}}{\max\{t_1, 1\}} \right)^k \right.$$

$$\left. + \sum_{i=0}^{k-2} \frac{(-1)^{i+1}}{i!} \left(\frac{1}{i+1} + \frac{1}{k+1} \right) \left(\ln \frac{\min\{t_1, 1\}}{\max\{t_1, 1\}} \right)^{i+1} \right\}.$$

故 $m = k+1$ 时结论也成立. 证毕.

根据以上引理, 我们可以计算 W_1 了.

$$W_1 = W_n = \int_{\mathbb{R}_+^{n-1}} \frac{\min\{t_1, t_2, \cdots, t_{n-1}, 1\}}{\max\{t_1, t_2, \cdots, t_{n-1}, 1\}} \prod_{j=1}^{n-1} t_j^{-1} \mathrm{d}t_1 \cdots \mathrm{d}t_{n-1}$$

$$= \int_0^{+\infty} \left(\int_{\mathbb{R}_+^{n-2}} \frac{\min\{t_1, t_2, \cdots, t_{n-1}, 1\}}{\max\{t_1, t_2, \cdots, t_{n-1}, 1\}} \prod_{j=2}^{n-1} t_j^{-1} \mathrm{d}t_2 \cdots \mathrm{d}t_{n-1} \right)$$

$$= (n-1)! \int_0^{+\infty} \frac{\min\{t_1, 1\}}{\max\{t_1, 1\}} \left[1 + \frac{(-1)^{n-2}}{(n-1)!} \left(\ln \frac{\min(t_1, 1)}{\max\{t_1, 1\}} \right)^{n-2} \right.$$

$$\left. + \sum_{i=0}^{n-4} \frac{(-1)^{i+1}}{i!} \left(\frac{1}{i+1} - \frac{1}{n-1} \right) \left(\ln \frac{\min\{t_1, 1\}}{\max\{t_1, 1\}} \right)^{i+1} \right] \frac{1}{t_1} \mathrm{d}t_1.$$

令 $x = \min\{t_1, 1\}/\max\{t_1, 1\}$, 则

$$W_1 = 2(n-1)! \int_0^1 \left[1 + \frac{(-1)^{n-2}}{(n-1)!} (\ln x)^{n-2} \right.$$

$$\left. + \sum_{i=0}^{n-4} \frac{(-1)^{i+1}}{i!} \left(\frac{1}{i+1} - \frac{1}{n-1} \right) (\ln x)^{i+1} \right] \mathrm{d}x$$

$$= 2(n-1)! \left[1 + \frac{1}{n-1} + \sum_{i=0}^{n-4} \left(1 - \frac{i+1}{n-1} \right) \right] = n!.$$

根据定理 7.1.1, 知例 7.1.1 结论成立, 从而完成了例 7.1.1 的证明.

例 7.1.2 设 $\sum_{i=1}^{n} \frac{1}{p_i} = 1$ $(p_i > 1)$, $\lambda > 0$, $f_i(x_i) \in L_{p_i}^{p_i - \lambda - 1}(0, +\infty)$ $(i = 1, 2, \cdots, n)$, $n \geqslant 2$, 求证:

$$\int_{\mathbb{R}_+^n} \frac{1}{(x_1 + x_2 + \cdots + x_n)^\lambda} \prod_{i=1}^{n} f_i(x_i) \mathrm{d}x_1 \cdots \mathrm{d}x_n$$

$$\leqslant \frac{1}{\Gamma(\lambda)} \prod_{i=1}^{n} \Gamma\left(\frac{\lambda}{p_i}\right) \prod_{i=1}^{n} \|f_i\|_{p_i, p_i - \lambda - 1},$$

其中的常数因子 $\dfrac{1}{\Gamma(\lambda)} \displaystyle\prod_{i=1}^{n} \Gamma\left(\dfrac{\lambda}{p_i}\right)$ 是最佳的.

证明 记 $K(x_1, x_2, \cdots, x_n) = 1/(x_1 + x_2 + \cdots + x_n)^{\lambda}$, 则 $K(x_1, x_2, \cdots, x_n)$ 是 $-\lambda$ 阶齐次函数. 令 $a_i p_i - 1 = p_i - \lambda - 1$, 则 $a_i = 1 - \dfrac{\lambda}{p_i}$, 且满足

$$\Delta = \sum_{i=1}^{n} a_i - (n - \lambda) = \sum_{i=1}^{m}\left(1 - \frac{\lambda}{p_i}\right) - n + \lambda = 0.$$

故 $a_i = 1 - \dfrac{\lambda}{p_i} \ (i = 1, 2, \cdots, n)$ 是适配数. 根据定理 1.7.1, 计算可得

$$W_1 = \int_{\mathbb{R}_+^{n-1}} \frac{1}{(1 + t_2 + \cdots + t_n)^{\lambda}} \prod_{i=1}^{n} t_i^{\frac{\lambda}{p_i} - 1} \mathrm{d}t_2 \cdots \mathrm{d}t_n$$

$$= \frac{\Gamma\left(\dfrac{\lambda}{p_2}\right)\Gamma\left(\dfrac{\lambda}{p_3}\right)\cdots\Gamma\left(\dfrac{\lambda}{p_n}\right)}{\Gamma\left(\dfrac{\lambda}{p_2} + \dfrac{\lambda}{p_3} + \cdots + \dfrac{\lambda}{p_n}\right)} \int_0^{+\infty} \frac{1}{(1 + u)^{\lambda}} u^{\frac{\lambda}{p_2} + \cdots + \frac{\lambda}{p_n} - 1} \mathrm{d}u$$

$$= \frac{\Gamma\left(\dfrac{\lambda}{p_2}\right)\Gamma\left(\dfrac{\lambda}{p_3}\right)\cdots\Gamma\left(\dfrac{\lambda}{p_n}\right)}{\Gamma\left(\dfrac{\lambda}{p_2} + \dfrac{\lambda}{p_3} + \cdots + \dfrac{\lambda}{p_n}\right)} B\left(\frac{\lambda}{p_2} + \cdots + \frac{\lambda}{p_n}, \lambda - \frac{\lambda}{p_2} - \cdots - \frac{\lambda}{p_n}\right)$$

$$= \frac{\Gamma\left(\dfrac{\lambda}{p_2}\right)\Gamma\left(\dfrac{\lambda}{p_3}\right)\cdots\Gamma\left(\dfrac{\lambda}{p_n}\right)}{\Gamma\left(\dfrac{\lambda}{p_2} + \dfrac{\lambda}{p_3} + \cdots + \dfrac{\lambda}{p_n}\right)} B\left(\frac{\lambda}{p_2} + \cdots + \frac{\lambda}{p_n}, \frac{\lambda}{p_1}\right) = \frac{1}{\Gamma(\lambda)} \prod_{i=1}^{n} \Gamma\left(\frac{\lambda}{p_i}\right).$$

根据定理 7.1.1, 知本例结论成立. 证毕.

7.1.2 构造齐次核的第一类重积分 Hilbert 型不等式的参数条件

引理 7.1.5 设 $n \geqslant 2$, $\displaystyle\sum_{n=1}^{n} \frac{1}{p_i} = 1 \ (p_i > 1)$, $\alpha_i \in \mathbb{R} \ (i = 1, 2, \cdots, n)$, $\displaystyle\sum_{i=1}^{n} \frac{\alpha_i}{p_i} = \lambda + n - 1$, $K(x_1, x_2, \cdots, x_n)$ 是 λ 阶齐次非负可测函数, 记

$$\omega_j\left(x_j\right) = \int_{\mathbb{R}_+^{n-1}} K\left(x_1,\cdots,x_n\right) \prod_{i\neq j}^{n} x_i^{-(\alpha_i+1)/p_i} \mathrm{d}x_1\cdots\mathrm{d}x_{j-1}\mathrm{d}x_{j+1}\cdots\mathrm{d}x_n,$$

其中 $j = 1, 2, \cdots, n$, 则

$$\omega_j(x_j) = x_j^{(\alpha_j+1)/p_j-1} \int_{\mathbb{R}_+^{n-1}} K\left(u_1,\cdots,u_{j-1},1,u_{j+1},\cdots,u_n\right)$$

$$\times \prod_{i\neq j}^{n} u_i^{-(\alpha_i+1)/p_i} \mathrm{d}u_1\cdots\mathrm{d}u_{j-1}\mathrm{d}u_{j+1}\cdots\mathrm{d}x_n$$

$$= x_j^{(\alpha_j+1)/p_i-1} W_j,$$

且 $W_1 = W_2 = \cdots = W_n$.

证明 由于 $K\left(x_1,\cdots,x_n\right)$ 是 λ 阶齐次函数, 故

$$\omega_j(x_j) = x_j^{\lambda} \int_{\mathbb{R}_+^{n-1}} K\left(\frac{x_1}{x_j},\cdots,\frac{x_{j-1}}{x_j},1,\frac{x_{j+1}}{x_j},\cdots,\frac{x_n}{x_j}\right)$$

$$\times \prod_{i\neq j}^{n} x_i^{-(\alpha_i+1)/p_i} \mathrm{d}x_1\cdots\mathrm{d}x_{j-1}\mathrm{d}x_{j+1}\cdots\mathrm{d}x_n.$$

令 $\dfrac{x_i}{x_j} = u_i\,(i = 1,\cdots,j-1,j+1,\cdots,n)$, 则

$$J = \frac{\partial\left(x_1,\cdots,x_{j-1},x_{j+1},\cdots,x_n\right)}{\partial\left(u_1,\cdots,u_{j-1},u_{j+1},\cdots,x_n\right)} = x_j^{n-1},$$

从而, 有

$$\omega_j(x_j) = x_j^{\lambda+n-1-\sum\limits_{i\neq j}^{n}\frac{\alpha_i+1}{p_i}} \int_{\mathbb{R}_+^{n-1}} K\left(u_1,\cdots,u_{j-1},1,u_{j+1},\cdots u_n\right)$$

$$\times \prod_{i\neq j}^{n} u_i^{-(\alpha_i+1)/p_i} \mathrm{d}u_1\cdots\mathrm{d}u_{j-1}\mathrm{d}u_{j+1}\cdots\mathrm{d}u_n$$

$$= x_j^{(\alpha_j+1)/p_j-1} W_j.$$

对任何 $j = 2,\cdots,n$, 有

$$W_j = \int_{\mathbb{R}_+^{n-1}} K\left(u_1,\cdots,u_{j-1},1,u_{j+1},\cdots,u_n\right)$$

$$\times \prod_{i\neq j}^{n} u_i^{-(\alpha_i+1)/p_i} \mathrm{d}u_1\cdots\mathrm{d}u_{j-1}\mathrm{d}u_{j+1}\cdots\mathrm{d}u_n$$

$$= \int_{\mathbb{R}_+^{n-1}} u_1^\lambda K\left(1, \frac{u_2}{u_1}, \cdots, \frac{u_{j-1}}{u_1}, \frac{1}{u_1}, \frac{u_{j+1}}{u_1}, \cdots, \frac{u_n}{u_1}\right)$$

$$\times \prod_{i \neq j}^n u_i^{-(\alpha_i+1)/p_i} du_1 \cdots du_{j-1} du_{j+1} \cdots dx_n,$$

令

$$\frac{u_2}{u_1} = v_2, \quad \cdots, \quad \frac{u_{j-1}}{u_1} = v_{j-1}, \quad \frac{1}{u_1} = v_j, \quad \frac{u_{j+1}}{u_1} = v_{j+1}, \quad \cdots, \quad \frac{u_n}{u_1} = v_n,$$

则

$$u_1 = \frac{1}{v_j}, \quad u_2 = \frac{1}{v_j} v_2, \quad \cdots, \quad u_{j-1} = \frac{1}{v_j} v_{j-1},$$

$$u_{j+1} = \frac{1}{v_j} v_{j+1}, \quad \cdots, \quad u_n = \frac{1}{v_j} v_n.$$

于是可得

$$W_j = \int_{\mathbb{R}_+^{n-1}} \left(\frac{1}{v_j}\right)^\lambda K\left(1, v_2, \cdots, v_n\right) \left(\frac{1}{v_j}\right)^{-(\alpha_1+1)/p_1} \left(\frac{v_2}{v_j}\right)^{-(\alpha_2+1)/p_2} \cdots$$

$$\times \left(\frac{v_{j-1}}{v_j}\right)^{-(\alpha_{j-1}+1)/p_{j-1}} \left(\frac{v_{j+1}}{v_j}\right)^{-(\alpha_{j+1}+1)/p_{j+1}} \cdots$$

$$\times \left(\frac{v_n}{v_j}\right)^{-(\alpha_n+1)/p_n} v_j^{-n} dv_2 \cdots dv_n$$

$$= \int_{\mathbb{R}_+^{n-1}} K\left(1, v_2, \cdots, v_n\right) v_2^{-(\alpha_2+1)/p_2} \cdots v_{j-1}^{-(\alpha_{j-1}+1)/p_{j-1}}$$

$$\times v_j^{-\lambda-n+\sum\limits_{i \neq j}^n \frac{\alpha_i+1}{p_i}} v_{j+1}^{-(\alpha_{j+1}+1)/p_{j+1}} \cdots v_n^{-(\alpha_n+1)/p_n} dv_2 \cdots dv_n$$

$$= \int_{\mathbb{R}_+^{n-1}} K\left(1, v_2, \cdots, v_n\right) \prod_{i=2}^n v_i^{-(\alpha_i+1)/p_i} dv_2 \cdots dv_n = W_1,$$

所以 $W_1 = W_2 = \cdots = W_n$. 证毕.

定理 7.1.2　设 $n \geqslant 2$, $\sum\limits_{i=1}^n \dfrac{1}{p_i} = 1 \, (p_i > 1)$, $\alpha_i \in \mathbb{R} \, (i = 1, 2, \cdots, n)$, $K(x_1, \cdots, x_n)$ 是 λ 阶齐次非负可测函数, 且

$$W_1 = \int_{\mathbb{R}_+^{n-1}} K\left(1, u_2, \cdots, u_n\right) \prod_{i=2}^n u_i^{-(\alpha_i+1)/p_i} du_2 \cdots du_n$$

收敛, 那么

(i) 当且仅当 $\displaystyle\sum_{i=1}^{n}\frac{\alpha_i}{p_i} = \lambda + n - 1$ 时, 存在常数 $M > 0$, 使

$$\int_{\mathbb{R}_+^n} K(x_1, \cdots, x_n) \prod_{i=1}^{n} f_i(x_i)\, \mathrm{d}x_1 \cdots \mathrm{d}x_n \leqslant M \prod_{i=1}^{n} \|f\|_{p_i, \alpha_i}, \qquad (7.1.6)$$

其中 $f_i(x_i) \in L_{p_i}^{\alpha_i}(0, +\infty)\ (i = 1, 2, \cdots, n)$;

(ii) 若 (7.1.6) 式成立, 即 $\displaystyle\sum_{i=1}^{n}\frac{\alpha_i}{p_i} = \lambda + n - 1$ 时, 则 (7.1.6) 式的最佳常数因子 $\inf M = W_1$.

证明 (i) 设存在常数 $M > 0$, 使 (7.1.6) 式成立. 记 $c = \displaystyle\sum_{i=1}^{n}\frac{\alpha_i}{p_i} - (\lambda + n - 1)$.

若 $c > 0$, 取 $0 < \varepsilon < c$, 令

$$f_i(x_i) = \begin{cases} x_i^{(-\alpha_i - 1 + \varepsilon)/p_i}, & 0 < x_i \leqslant 1, \\ 0, & x_i > 1, \end{cases}$$

其中 $i = 1, 2, \cdots, n$, 于是

$$\prod_{i=1}^{n} \|f_i\|_{p_i, \alpha_i} = \prod_{i=1}^{n} \left(\int_0^1 x_i^{-1+\varepsilon}\ x_i \right)^{\frac{1}{p_i}} = \frac{1}{\varepsilon},$$

而且

$$\int_{\mathbb{R}_+^n} K(x_1, \cdots, x_n) \prod_{i=1}^{n} f_i(x_i)\, \mathrm{d}x_1 \cdots \mathrm{d}x_n$$

$$= \int_0^1 x_n^{(-\alpha_n - 1 + \varepsilon)/p_n} \left(\int_0^1 \cdots \int_0^1 K(x_1, \cdots, x_n) \right.$$

$$\left. \times \prod_{i=1}^{n-1} x_i^{(-\alpha_i - 1 + \varepsilon)/p_i} \mathrm{d}x_1 \cdots \mathrm{d}x_{n-1} \right) \mathrm{d}x_n$$

$$= \int_0^1 x_n^{(-\alpha_n - 1 + \varepsilon)/p_n + \lambda} \left(\int_0^1 \cdots \int_0^1 K\left(\frac{x_1}{x_n}, \cdots, \frac{x_{n-1}}{x_n}, 1 \right) \right.$$

$$\left. \times \prod_{i=1}^{n-1} x_j^{(-\alpha_i - 1 + \varepsilon)/p_i} \mathrm{d}x_1 \cdots \mathrm{d}x_{n-1} \right) \mathrm{d}x_n$$

$$= \int_0^1 x_n^{-\frac{\alpha_n + 1 - \varepsilon}{p_n} + \lambda} \left(\int_0^{\frac{1}{x_n}} \cdots \int_0^{\frac{1}{x_n}} K(t_1, \cdots, t_{n-1}, 1)\, x_n^{n-1} \right.$$

$$
\times \prod_{i=1}^{n-1} (x_n t_i)^{(-\alpha_i-1+\varepsilon)/p_i} \mathrm{d}t_1 \cdots \mathrm{d}t_{n-1} \Bigg) \mathrm{d}x_n
$$

$$
= \int_0^1 x^{-\frac{\alpha_n+1-\varepsilon}{p_n}+\lambda+n-1-\sum\limits_{i=1}^{n-1}\frac{\alpha_i+1-\varepsilon}{p_i}} \left(\int_0^{\frac{1}{x_n}} \cdots \int_0^{\frac{1}{x_n}} K(t_1,\cdots,t_{n-1},1) \right.
$$

$$
\left. \times \prod_{i=1}^{n-1} t_i^{-\frac{\alpha_i+1-\varepsilon}{p_i}} \mathrm{d}t_1 \cdots \mathrm{d}t_{n-1} \right) \mathrm{d}x_n
$$

$$
= \int_0^1 x_n^{-1-c+\varepsilon} \left(\int_0^{\frac{1}{x_n}} \cdots \int_0^{\frac{1}{x_n}} K(t_1,\cdots,t_{n-1},1) \prod_{i=1}^{n-1} t_i^{-\frac{\alpha_i+1-\varepsilon}{p_i}} \mathrm{d}t_1 \cdots \mathrm{d}t_{n-1} \right) \mathrm{d}x_n
$$

$$
\geqslant \int_0^1 x_n^{-1-c+\varepsilon} \mathrm{d}x_n \int_0^1 \cdots \int_0^1 K(t_1,\cdots,t_{n-1},1) \prod_{i=1}^{n-1} t_i^{-\frac{\alpha_i+1-\varepsilon}{p_i}} \mathrm{d}t_1 \cdots \mathrm{d}t_{n-1},
$$

从而得到

$$
\int_0^1 x_n^{-1-c+\varepsilon} \mathrm{d}x_n \left(\int_0^1 \cdots \int_0^1 K(t_1,\cdots,t_{n-1},1) \prod_{i=1}^{n-1} t_i^{-\frac{\alpha_i+1-\varepsilon}{p_i}} \mathrm{d}t_1 \cdots \mathrm{d}t_{n-1} \right)
$$

$$
\leqslant \frac{M}{\varepsilon} < +\infty.
$$

由于 $\varepsilon - c < 0$, 故 $\displaystyle\int_0^1 x_n^{-1-c+\varepsilon} \mathrm{d}x_n = +\infty$, 由此得到矛盾, 从而 $c \leqslant 0$.

若 $c < 0$, 取 $0 < \varepsilon < -c$, 令

$$
f_i(x_i) = \begin{cases} x_i^{(-\alpha_i-1-\varepsilon)/p_i}, & x_i \geqslant 1, \\ 0, & 0 < x_i < 1, \end{cases}
$$

其中 $i = 1, 2, \cdots, n$, 类似地可得

$$
\int_1^{+\infty} x_n^{-1-c-\varepsilon} \mathrm{d}x_n \left(\int_1^{+\infty} \cdots \int_1^{+\infty} K(t_1,\cdots,t_{n-1},1) \prod_{i=1}^{n-1} t_i^{-\frac{\alpha_i+1+\varepsilon}{p_i}} \mathrm{d}t_1 \cdots \mathrm{d}t_{n-1} \right)
$$

$$
\leqslant \frac{M}{\varepsilon} < +\infty.
$$

由于 $-c - \varepsilon > 0$, 故 $\displaystyle\int_1^{+\infty} x_n^{-1-c-\varepsilon} \mathrm{d}x_n = +\infty$, 由此得到矛盾, 从而 $c \geqslant 0$.

综上得 $c = 0$, 即 $\displaystyle\sum_{i=1}^n \frac{\alpha_i}{p_i} = \lambda + n - 1$.

反之, 设 $\sum\limits_{i=1}^{n} \dfrac{\alpha_i}{p_i} = \lambda + n - 1$. 注意到

$$\prod_{j=1}^{n} x_j^{(\alpha_j+1)/p_j} \left(\prod_{i=1}^{n} x_i^{-(\alpha_i+1)/p_i}\right)^{1/p_j} = \prod_{j=1}^{n} x_j^{(\alpha_j+1)/p_j} \prod_{i=1}^{n} x_i^{-(\alpha_i+1)/p_i} = 1,$$

由此并根据 Hölder 不等式及引理 7.1.5, 有

$$\int_{\mathbb{R}_+^n} K(x_1, \cdots, x_n) \prod_{i=1}^{n} f_i(x_i)\, dx_1 \cdots dx_n$$

$$= \int_{\mathbb{R}_+^n} K(x_1, \cdots, x_n) \prod_{j=1}^{n} \left[x_j^{\frac{\alpha_j+1}{p_j}} \left(\prod_{i=1}^{n} x_i^{-\frac{\alpha_i+1}{p_i}}\right)^{1/p_j} f_j(x_j) \right] dx_1 \cdots dx_n$$

$$\leqslant \prod_{j=1}^{n} \left[\int_{\mathbb{R}_+^n} x_j^{\alpha_j+1} \left(\prod_{i=1}^{n} x_i^{-\frac{\alpha_i+1}{p_i}}\right) f_j^{p_j}(x_j) K(x_1, \cdots, x_n)\, dx_1 \cdots dx_n \right]^{\frac{1}{p_j}}$$

$$= \prod_{j=1}^{n} \left[\int_0^{+\infty} x_j^{\alpha_j+1-\frac{\alpha_j+1}{p_j}} f_j^{p_j}(x_j) \right.$$

$$\left. \times \left(\int_{\mathbb{R}_+^{n-1}} \prod_{i \neq j}^{n} x_i^{-\frac{\alpha_i+1}{p_i}} K(x_1, \cdots, x_n)\, dx_1 \cdots dx_{j-1} dx_{j+1} \cdots dx_n \right) dx_j \right]^{\frac{1}{p_j}}$$

$$= \prod_{j=1}^{n} \left(\int_0^{+\infty} x_j^{\alpha_j+1-\frac{\alpha_j+1}{p_j}} f_j^{p_j}(x_j) \omega_j(x_j)\, dx_j \right)^{\frac{1}{p_j}}$$

$$= \prod_{j=1}^{n} \left(\int_0^{+\infty} x_j^{\alpha_j+1-\frac{\alpha_j+1}{p_j}} f_j^{p_j}(x_j) x_j^{\frac{\alpha_j+1}{p_j}-1} W_j\, dx_j \right)^{\frac{1}{p_j}}$$

$$= \left(\prod_{j=1}^{n} W_j^{\frac{1}{p_j}} \right) \prod_{j=1}^{n} \left(\int_0^{+\infty} x_j^{\alpha_j} f_j^{p_j}(x_j)\, dx_j \right)^{\frac{1}{p_j}} = W_1 \prod_{i=1}^{n} \|f_i\|_{p_i, \alpha_i}.$$

据此, 任取 $M \geqslant W_1$, (7.1.6) 式都成立.

(ii) 下证当 (7.1.6) 式成立时, $\inf M = W_1$. 否则存在常数 $M_0 < W_1$, 使得

$$\int_{\mathbb{R}_+^n} K(x_1, \cdots, x_n) \prod_{i=1}^{n} f_i(x_i) dx_1 \cdots dx_n \leqslant M_0 \prod_{i=1}^{n} \|f_i\|_{p_i, \alpha_i}.$$

对充分小的 $\varepsilon > 0$ 及 $\delta > 0$, 令

$$f_1(x_1) = \begin{cases} x_1^{(-\alpha_1-1-\varepsilon)/p_1}, & x_1 \geqslant 1, \\ 0, & 0 < x_1 < 1, \end{cases}$$

当 $i = 2, 3, \cdots, n$ 时, 令

$$f_i(x_i) = \begin{cases} x_i^{(-\alpha_i-1-\varepsilon)/p_i}, & x_i \geqslant \delta, \\ 0, & 0 < x_i < \delta. \end{cases}$$

于是

$$\prod_{i=1}^{n} \|f_i\|_{p_i,\alpha_i} = \left(\int_1^{+\infty} x_1^{-1-\varepsilon} \mathrm{d}x_1\right)^{\frac{1}{p_1}} \prod_{i=2}^{n} \left(\int_\delta^{+\infty} x_i^{-1-\varepsilon} \mathrm{d}x_i\right)^{\frac{1}{p_i}} = \frac{1}{\varepsilon} \prod_{i=2}^{n} \left(\frac{1}{\delta^\varepsilon}\right)^{\frac{1}{p_i}}.$$

又因为此时有

$$\int_{\mathbb{R}_+^n} K(x_1,\cdots,x_n) \prod_{i=1}^{n} f_i(x_i) \mathrm{d}x_1 \cdots \mathrm{d}x_n$$

$$= \int_1^{+\infty} x_1^{-\frac{\alpha_1+1+\varepsilon}{p_1}} \left(\int_\delta^{+\infty} \cdots \int_\delta^{+\infty} K(x_1,\cdots,x_n) \prod_{i=2}^{n} x_i^{-\frac{\alpha_i+1+\varepsilon}{p_i}} \mathrm{d}x_2 \cdots \mathrm{d}x_n\right) \mathrm{d}x_1$$

$$= \int_1^{+\infty} x_1^{\lambda-\frac{\alpha_1+1+\varepsilon}{p_1}} \left(\int_\delta^{+\infty} \cdots \int_\delta^{+\infty} K\left(1,\frac{x_2}{x_1},\cdots,\frac{x_n}{x_1}\right) \prod_{i=2}^{n} x_i^{-\frac{\alpha_i+1+\varepsilon}{p_i}} \mathrm{d}x_2 \cdots \mathrm{d}x_n\right) \mathrm{d}x_1$$

$$= \int_1^{+\infty} x_1^{\lambda-\frac{\alpha_1+1+\varepsilon}{p_1}} \left(\int_{\delta/x_1}^{+\infty} \cdots \int_{\delta/x_1}^{+\infty} K(1,u_2,\cdots,u_n)\right.$$

$$\left. \times \prod_{i=2}^{n} (x_1 u_i)^{-\frac{\alpha_i+1+\varepsilon}{p_i}} x_1^{n-1} \mathrm{d}u_2 \cdots \mathrm{d}u_n\right) \mathrm{d}x_1$$

$$= \int_1^{+\infty} x_1^{-1-\varepsilon} \left(\int_{\delta/x_1}^{+\infty} \cdots \int_{\delta/x_1}^{+\infty} K(1,u_2,\cdots,u_n) \prod_{i=2}^{n} u_i^{-\frac{\alpha_i+1+\varepsilon}{p_i}} \mathrm{d}u_2 \cdots \mathrm{d}u_n\right) \mathrm{d}x_1$$

$$\geqslant \int_1^{+\infty} x_1^{-1-\varepsilon} \left(\int_\delta^{+\infty} \cdots \int_\delta^{+\infty} K(1,u_2,\cdots,u_n) \prod_{i=2}^{n} u_i^{-\frac{\alpha_i+1+\varepsilon}{p_i}} \mathrm{d}u_2 \cdots \mathrm{d}u_n\right) \mathrm{d}x_1$$

$$= \frac{1}{\varepsilon} \int_\delta^{+\infty} \cdots \int_\delta^{+\infty} K(1,u_2,\cdots,u_n) \prod_{i=2}^{n} u_i^{-\frac{\alpha_i+1+\varepsilon}{p_i}} \mathrm{d}u_2 \cdots \mathrm{d}u_n.$$

综上我们可得

$$\int_\delta^{+\infty} \cdots \int_\delta^{+\infty} K(1,u_2,\cdots,u_n) \prod_{i=2}^{n} u_i^{-\frac{\alpha_i+1+\varepsilon}{p_i}} \mathrm{d}u_2 \cdots \mathrm{d}u_n \leqslant M_0 \prod_{i=2}^{n} \left(\frac{1}{\delta^\varepsilon}\right)^{\frac{1}{p_i}}.$$

令 $\varepsilon \to 0^+$ 后, 再令 $\delta \to 0^+$, 便得到

$$W_1 = \int_{\mathbb{R}_+^n} K\left(1, u_2, \cdots, u_n\right) \prod_{i=2}^n u_i^{-\frac{\alpha_i+1}{p_i}} \mathrm{d}u_2 \cdots \mathrm{d}u_n \leqslant M_0,$$

这与 $M_0 < W_1$ 矛盾, 故 $\inf M = W_1$. 证毕.

注 令 $\Delta = \sum_{i=1}^n \frac{\alpha_i}{p_i} - (\lambda + n - 1)$, 则存在常数 $M > 0$, 使 (7.1.6) 式成立的

充要条件是 $\Delta = 0$, 即 $\alpha_1, \alpha_2, \cdots, \alpha_n$ 只有满足 $\Delta = 0$ 时, 我们才可以构建出第一类重积分 Hilbert 型不等式. 今后称此 Δ 是构建具有齐次核的第一类重积分 Hilbert 型不等式的判别式.

例 7.1.3 设 $n \geqslant 2$, $\sum_{i=1}^n \frac{1}{p_i} = 1$ $(p_i > 1)$, $\lambda > 0$, $f_i(x_i) \in L_{p_i}(0, +\infty)$ $(i = 1, 2, \cdots, n)$. 试讨论: 是否存在常数 $M > 0$ 而构造出重积分 Hilbert 型不等式:

$$\int_{\mathbb{R}_+^n} \frac{1}{\sqrt{x_1^\lambda + x_2^\lambda + \cdots + x_n^\lambda}} \prod_{i=1}^n f_i(x_i) \, \mathrm{d}x_1 \cdots \mathrm{d}x_n \leqslant M \prod_{i=1}^n \|f_i\|_{p_i}. \tag{7.1.7}$$

若能构建不等式, 请求出其最佳常数因子.

解 令 $K(x_1, \cdots, x_n) = 1/\sqrt{x_1^\lambda + \cdots + x_n^\lambda}$, 则 $K(x_1, \cdots, x_n)$ 是 $-\frac{\lambda}{2}$ 阶齐次函数.

由于 (7.1.7) 式中的 $\alpha_i = 0$ $(i = 1, 2, \cdots, n)$, 根据定理 7.1.2, 能够构建 (7.1.7) 式的充要条件是

$$\sum_{i=1}^n \frac{\alpha_i}{p_i} = -\frac{\lambda}{2} + n - 1 \quad \Leftrightarrow \quad \lambda = 2(n-1).$$

故当且仅当 $\lambda = 2(n-1)$ 时, 存在常数 $M > 0$ 使 (7.1.7) 式成立.

当 (7.1.7) 式成立时, 其最佳常数因子为

$$W_1 = \int_{\mathbb{R}_+^{n-1}} \frac{1}{\sqrt{1 + u_2^\lambda + \cdots + u_n^\lambda}} \prod_{i=2}^n u_i^{-\frac{1}{p_i}} \mathrm{d}u_2 \cdots \mathrm{d}u_n$$

$$= \frac{\prod_{i=2}^n \Gamma\left(\frac{1}{\lambda}\left(1 - \frac{1}{p_i}\right)\right)}{\lambda^{n-1} \Gamma\left(\frac{1}{\lambda} \sum_{i=2}^n \left(1 - \frac{1}{p_i}\right)\right)} \int_0^{+\infty} \frac{1}{\sqrt{1+u}} u^{\frac{1}{\lambda} \sum_{i=2}^n \left(1 - \frac{1}{p_i}\right) - 1} \mathrm{d}u$$

$$= \frac{\prod\limits_{i=2}^{n} \Gamma\left(\frac{1}{\lambda}\left(1-\frac{1}{p_i}\right)\right)}{\lambda^{n-1}\Gamma\left(\frac{1}{\lambda}\sum\limits_{i=2}^{n}\left(1-\frac{1}{p_i}\right)\right)} B\left(\frac{1}{\lambda}\sum\limits_{i=2}^{n}\left(1-\frac{1}{p_i}\right), \frac{1}{2}-\frac{1}{\lambda}\sum\limits_{i=2}^{n}\left(1-\frac{1}{p_i}\right)\right)$$

$$= \frac{\prod\limits_{i=2}^{n} \Gamma\left(\frac{1}{\lambda}\left(1-\frac{1}{p_i}\right)\right)}{\lambda^{n-1}\Gamma\left(\frac{1}{\lambda}\sum\limits_{i=2}^{n}\left(1-\frac{1}{p_i}\right)\right)} \frac{\Gamma\left(\frac{1}{\lambda}\sum\limits_{i=2}^{n}\left(1-\frac{1}{p_i}\right)\right)\Gamma\left(\frac{1}{2}-\frac{1}{\lambda}\sum\limits_{i=2}^{n}\left(1-\frac{1}{p_i}\right)\right)}{\Gamma\left(\frac{1}{2}\right)}$$

$$= \frac{1}{\lambda^{n-1}\Gamma\left(\frac{1}{2}\right)}\prod\limits_{i=2}^{n} \Gamma\left(\frac{1}{\lambda}\left(1-\frac{1}{p_i}\right)\right)\Gamma\left(\frac{1}{2}-\frac{1}{\lambda}\sum\limits_{i=2}^{n}\left(1-\frac{1}{p_i}\right)\right)$$

$$= \frac{1}{\sqrt{\pi}\left[2(n-1)\right]^{n-1}}\prod\limits_{i=1}^{n} \Gamma\left(\frac{1}{2(n-1)}\left(1-\frac{1}{p_i}\right)\right).$$

解毕.

例 7.1.4 设 $\frac{1}{p}+\frac{1}{q}+\frac{1}{r}=1$ $(p>1,q>1,r>1)$, 试讨论: 是否存在常数 $M>0$ 使不等式:

$$\int_{\mathbb{R}_+^3}\frac{\min\{x,y,z\}}{x^2+y^2+z^2}f(x)g(y)h(z)\,\mathrm{d}x\mathrm{d}y\mathrm{d}z \leqslant M\,||f||_p\,||g||_q\,||h||_r \tag{7.1.8}$$

成立, 其中 $f(x)\in L_p(0,+\infty)$, $g(y)\in L_q(0,+\infty)$, $h(z)\in L_r(0,+\infty)$.

解 令 $K(x,y,z)=\min\{x,y,z\}/\left(x^2+y^2+z^2\right)$, 则 $K(x,y,z)$ 是 $\lambda=-1$ 阶齐次非负函数. 因为不等式中 $\alpha_1=\alpha_2=\alpha_3=0$, $p_1=p,p_2=q,p_3=r$, $n=3$, 故

$$\Delta = \sum_{i=1}^{n}\frac{\alpha_i}{p_i}-(\lambda+n-1)=-(-1+3-1)=-1\neq 0,$$

根据定理 7.1.2, 不存在常数 $M>0$ 使 (7.1.8) 式成立. 解毕.

例 7.1.5 设 $n\geqslant 2$, $\sum\limits_{i=1}^{n}\frac{1}{p_i}=1$ $(p_i>1)$, $\lambda>0$, $f_i(x_i)\in L_{p_i}^{p_i+\lambda-1}(0,+\infty)$ $(i=1,2,\cdots,n)$, 求证:

$$\int_{\mathbb{R}_+^n}\left(\min\{x_1,\cdots,x_n\}\right)^\lambda\prod_{i=1}^{n}f_i(x_i)\,\mathrm{d}x_1\cdots\mathrm{d}x_n \leqslant M_0\prod_{i=1}^{n}||f_i||_{p_i,p_i+\lambda-1},$$

其中 $M_0 = \dfrac{1}{\lambda^{n-1}} \prod\limits_{i=1}^{n} p_i$ 是最佳的.

证明 记 $K(x_1, \cdots, x_n) = (\min\{x_1, \cdots, x_n\})^{\lambda}$, 则 $K(x_1, \cdots, x_n)$ 是 λ 阶齐次函数. 因为 $\alpha_i = p_i + \lambda - 1$, 故

$$\Delta = \sum_{i=1}^{n} \frac{\alpha_i}{p_i} - (n + \lambda - 1) = \sum_{i=1}^{n} \left(1 + \frac{\lambda}{p_i} - \frac{1}{p_i} \right) - p_i - \lambda + 1 = 0.$$

下面证明

$$W = \int_{\mathbb{R}_+^n} K(u_1, \cdots, u_n, 1) \prod_{i=1}^{n} u_i^{-\frac{\alpha_i+1}{p_i}} \mathrm{d}u_1 \cdots \mathrm{d}u_n = \frac{1}{\lambda^{n-1}} \prod_{i=1}^{n} p_i. \qquad (7.1.9)$$

当 $n = 2$ 时, 有

$$W = \int_0^{+\infty} (\min\{u_1, 1\})^{\lambda} u_1^{-\frac{\lambda}{p_1}-1} \mathrm{d}u_1 = \int_0^1 u_1^{\frac{\lambda}{p_2}-1} \mathrm{d}u_1 + \int_1^{+\infty} u_1^{-\frac{\lambda}{p_1}-1} \mathrm{d}u_1$$

$$= \frac{p_2}{\lambda} + \frac{p_1}{\lambda} = \frac{1}{\lambda}(p_1 + p_2) = \frac{1}{\lambda} p_1 p_2,$$

此时, 结论成立.

设 $n = k$ 时, 结论成立, 则 $n = k+1$ 时, 记 $a = \min\{u_2, \cdots, u_k, 1\}$, 有

$$W = \int_{\mathbb{R}_+^k} (\min\{u_1, \cdots, u_k, 1\})^{\lambda} \prod_{i=1}^{k} u_i^{-\frac{\lambda}{p_i}-1} \mathrm{d}u_1 \cdots \mathrm{d}u_k$$

$$= \int_{\mathbb{R}_+^{k-1}} \prod_{i=2}^{k} u_i^{-\frac{\lambda}{p_i}-1} \left(\int_0^{+\infty} (\min\{u_1, \cdots, u_k, 1\})^{\lambda} u_1^{-\frac{\lambda}{p_1}-1} \mathrm{d}u_1 \right) \mathrm{d}u_2 \cdots \mathrm{d}u_k$$

$$= \int_{\mathbb{R}_+^{k-1}} \prod_{i=2}^{k} u_i^{-\frac{\lambda}{p_i}-1} \left(\int_0^{a} u_1^{\lambda-\frac{\lambda}{p_1}-1} \mathrm{d}u_1 + \int_a^{+\infty} a^{\lambda} u_1^{-\frac{\lambda}{p_1}-1} \mathrm{d}u_1 \right) \mathrm{d}u_2 \cdots \mathrm{d}u_k$$

$$= \frac{p_1^2}{\lambda(p_1-1)} \int_{\mathbb{R}_+^{k-1}} (\min\{u_2, \cdots, u_k, 1\})^{\lambda\left(1-\frac{1}{p_1}\right)} \prod_{i=2}^{k} u_i^{-\frac{\lambda(1-1/p_1)}{(1-1/p_1)p_i}-1} \mathrm{d}u_2 \cdots \mathrm{d}u_k$$

$$= \frac{p_1^2}{\lambda(p_1-1)} \frac{1}{[\lambda(1-1/p_1)]^{k-1}} \prod_{i=2}^{k+1} \left(1 - \frac{1}{p_i} \right) p_i = \frac{1}{\lambda^k} \prod_{i=1}^{k+1} p_i,$$

故 $n = k+1$ 时, 结论也成立.

根据数学归纳法原理, 对任何整数 $n \geqslant 2$, (7.1.9) 式都成立.

最后根据定理 7.1.2, 本例结论成立. 证毕.

7.2 拟齐次核的第一类重积分 Hilbert 型不等式

7.2.1 拟齐次核的第一类重积分 Hilbert 型不等式的适配数条件

引理 7.2.1 设 $n \geqslant 2$, $\sum\limits_{i=1}^{n} \dfrac{1}{p_i} = 1\,(p_i > 1)$, $\lambda_i \lambda_j > 0\,(i, j = 1, 2, \cdots, n)$, $K(x_1, \cdots, x_n) = G\left(x_1^{\lambda_1}, \cdots, x_n^{\lambda_n}\right) \geqslant 0$, $G(u, \cdots, u_n)$ 是 λ 阶齐次可测函数, $\sum\limits_{i=1}^{n} \dfrac{a_i}{\lambda_i} = \sum\limits_{i=1}^{n} \dfrac{1}{\lambda_i} + \lambda$, 记

$$W_j = \int_{\mathbb{R}_+^{n-1}} G\left(t_1^{\lambda_1}, \cdots, t_{j-1}^{\lambda_{j-1}}, 1, t_{j+1}^{\lambda_{j+1}}, \cdots, t_n^{\lambda_n}\right) \prod_{i \neq j}^{n} t_i^{-a_i} \mathrm{d}t_1 \cdots \mathrm{d}t_{j-1} \mathrm{d}t_{j+1} \cdots \mathrm{d}t_n,$$

其中 $j = 1, 2, \cdots, n$, 则 $\dfrac{1}{\lambda_1} W_1 = \dfrac{1}{\lambda_2} W_2 = \cdots = \dfrac{1}{\lambda_n} W_n$, 且

$$\omega_j(x_j) = \int_{\mathbb{R}_+^{n-1}} G\left(x_1^{\lambda_1}, \cdots, x_n^{\lambda_n}\right) \prod_{i \neq j}^{n} x_i^{-a_i} \mathrm{d}x_1 \cdots \mathrm{d}x_{j-1} \mathrm{d}x_{j+1} \cdots \mathrm{d}x_n$$

$$= x_j^{\lambda_j \left(\lambda - \sum\limits_{i \neq j}^{n} \frac{a_i}{\lambda_i} + \sum\limits_{i \neq j}^{n} \frac{1}{\lambda_i}\right)} W_j.$$

证明 因为 $\sum\limits_{i=1}^{n} \dfrac{a_i}{\lambda_i} = \lambda + \sum\limits_{i=1}^{n} \dfrac{1}{\lambda_i}$, 故 $j \geqslant 2$ 时, 有

$$W_j = \int_{\mathbb{R}_+^{n-1}} t_1^{\lambda \lambda_1} K(1, t_1^{-\lambda_1/\lambda_2} t_2, \cdots, t_1^{-\lambda_1/\lambda_{j-1}} t_{j-1}, t_1^{-\lambda_1/\lambda_j},$$

$$t_1^{-\lambda_1/\lambda_{j+1}} t_{j+1}, \cdots, t_1^{-\lambda_1/\lambda_n} t_n)$$

$$\times \prod_{i \neq j}^{n} t_i^{-a_i} \mathrm{d}t_1 \cdots \mathrm{d}t_{j-1} \mathrm{d}t_{j+1} \cdots \mathrm{d}x_n,$$

令

$$t_1^{-\frac{\lambda_1}{\lambda_2}} t_2 = u_2, \quad \cdots, \quad t_1^{-\frac{\lambda_1}{\lambda_{j-1}}} t_{j-1} = u_{j-1},$$

$$t_1^{-\frac{\lambda_1}{\lambda_j}} = u_j, \quad t_1^{-\frac{\lambda_1}{\lambda_{j+1}}} t_{j+1} = u_{j+1}, \quad \cdots, \quad t_1^{-\frac{\lambda_1}{\lambda_n}} t_n = u_n,$$

则

$$t_1 = u_j^{-\frac{\lambda_j}{\lambda_1}}, \quad t_2 = u_j^{-\frac{\lambda_j}{\lambda_2}} u_2, \quad \cdots, \quad t_{j-1} = u_j^{-\frac{\lambda_j}{\lambda_{j-1}}} u_{j-1},$$

$$t_{j+1} = u_j^{-\frac{\lambda_j}{\lambda_{j+1}}} u_{j+1}, \quad \cdots, \quad t_n = u_j^{-\frac{\lambda_1}{\lambda_n}} u_n,$$

$$|J| = \left| \frac{\partial(t_1, \cdots, t_{j-1}, t_{j+1}, \cdots, t_n)}{\partial(u_2, u_3, \cdots, u_n)} \right| = \frac{\lambda_j}{\lambda_1} u_j^{-\lambda_j \sum\limits_{i=1}^{n} \frac{1}{\lambda_i}},$$

于是

$$W_j = \frac{\lambda_j}{\lambda_1} \int_{\mathbb{R}_+^{n-1}} K(1, u_2, \cdots, u_n) u_2^{-a_2} \cdots u_{j-1}^{-a_{j-1}} u_j^{\lambda_j \left(\sum\limits_{i=1}^{n} \frac{a_i}{\lambda_i} - \lambda - \sum\limits_{i=1}^{n} \frac{1}{\lambda_i} \right) - a_j}$$

$$\times u_{j+1}^{-a_{j+1}} \cdots u_n^{-a_n} \mathrm{d}u_2 \cdots \mathrm{d}u_n$$

$$= \frac{\lambda_j}{\lambda_1} \int_{\mathbb{R}_+^{n-1}} K(1, u_2, \cdots, u_n) \prod_{i=2}^{n} u_i^{-a_i} \mathrm{d}u_2 \cdots \mathrm{d}u_n = \frac{\lambda_j}{\lambda_1} W_1,$$

故 $\dfrac{1}{\lambda_j} W_j = \dfrac{1}{\lambda_1} W_1 \ (j = 2, 3, \cdots, n)$.

$$\omega_j(x_j) = \int_{\mathbb{R}_+^{n-1}} x_j^{\lambda \lambda_j} K(x_j^{-\lambda_j/\lambda_1} x_1, \cdots, x_j^{-\lambda_j/\lambda_{j-1}} x_{j-1}, 1, x_j^{-\lambda_j/\lambda_{j+1}}$$

$$\times x_{j+1}, \cdots, x_j^{-\lambda_j/\lambda_n} x_n) \prod_{i \neq j}^{n} x_i^{-a_i} \mathrm{d}x_1 \cdots \mathrm{d}x_{j-1} \mathrm{d}x_{j+1} \cdots \mathrm{d}x_n$$

$$= x_j^{-\lambda_j \left(\lambda - \sum\limits_{i \neq j}^{n} \frac{a_i}{\lambda_i} + \sum\limits_{i \neq j}^{n} \frac{1}{\lambda_i} \right)} \int_{\mathbb{R}_+^{n-1}} K(u_1, \cdots, u_{j-1}, 1, u_{j+1}, \cdots, u_n)$$

$$\times \prod_{i \neq j}^{n} u_i^{-a_i} \mathrm{d}u_1 \cdots \mathrm{d}u_{j-1} \mathrm{d}u_{j+1} \cdots \mathrm{d}u_n$$

$$= x_j^{\lambda_j \left(\lambda - \sum\limits_{i \neq j}^{n} \frac{a_i}{\lambda_i} + \sum\limits_{i \neq j}^{n} \frac{1}{\lambda_i} \right)} W_j.$$

证毕.

定理 7.2.1 设 $n \geqslant 2$, $\sum\limits_{i=1}^{n} \dfrac{1}{p_i} = 1 \ (p_i > 1)$, $\lambda, a_i \in \mathbb{R} \ (i = 1, 2, \cdots, n)$, $\lambda_i \lambda_j > 0 \ (i, j = 1, 2, \cdots, n)$, $K(x_1, \cdots, x_n) = G\left(x_1^{\lambda_1}, \cdots, x_n^{\lambda_n}\right) \geqslant 0$, $G(u_1, \cdots, u_n)$ 是 λ 阶齐次可测函数, $j = 1, 2, \cdots, n$ 时,

$$W_j = \int_{\mathbb{R}_+^{n-1}} G\left(t_1^{\lambda_1}, \cdots, t_{j-1}^{\lambda_{j-1}}, 1, t_{j+1}^{\lambda_{j+1}}, \cdots, t_n^{\lambda_n}\right) \prod_{i \neq j}^{n} t_i^{-a_i} \mathrm{d}t_1 \cdots \mathrm{d}t_{j-1} \mathrm{d}t_{j+1} \cdots \mathrm{d}t_n$$

收敛, 那么

(i) 对 $f_i(x_i) \geqslant 0$ $(i = 1, 2, \cdots, n)$, 有

$$
\int_{\mathbb{R}_+^n} G\left(x_1^{\lambda_1}, \cdots, x_n^{\lambda_n}\right) \prod_{i=1}^n f_i(x_i)\, dx_1 \cdots dx_n
$$

$$
\leqslant \left(\prod_{i=1}^n W_i^{\frac{1}{p_i}}\right) \prod_{i=1}^n \left(\int_0^{+\infty} x_i^{\lambda_i\left(\lambda + \sum\limits_{k \neq i}^n \frac{1}{\lambda_k} - \sum\limits_{k=1}^n \frac{a_k}{\lambda_k}\right) + a_i p_i} f_i^{p_i}(x_i)\, dx_i\right)^{\frac{1}{p_i}}. \tag{7.2.1}
$$

(ii) 当且仅当 $\sum\limits_{i=1}^n \dfrac{a_i}{\lambda_i} = \lambda + \sum\limits_{i=1}^n \dfrac{1}{\lambda_i}$ 时, (7.2.1) 式中的常数因子 $\prod\limits_{i=1}^n W_i^{\frac{1}{p_i}}$ 是最

佳的, 且当 $\sum\limits_{i=1}^n \dfrac{a_i}{\lambda_i} = \lambda + \sum\limits_{i=1}^n \dfrac{1}{\lambda_i}$ 时, (7.2.1) 式化为

$$
\int_{\mathbb{R}_+^n} G\left(x_1^{\lambda_1}, x_2^{\lambda_2}, \cdots, x_n^{\lambda_n}\right) \prod_{i=1}^n f_i(x_i)\, dx_1 \cdots dx_n = \prod_{i=1}^n |\lambda_i|^{\frac{1}{p_i}} W_0 \prod_{i=1}^n \|f_i\|_{p_i, a_i p_i - 1},
$$
$$
\tag{7.2.2}
$$

其中 $W_0 = \dfrac{1}{|\lambda_1|} W_1 = \dfrac{1}{|\lambda_2|} W_2 = \cdots = \dfrac{1}{|\lambda_n|} W_n$.

证明　(i) 利用

$$
\prod_{j=1}^n \left[x_j^{a_j} \left(\prod_{i=1}^n x_i^{-a_i}\right)^{1/p_j}\right] = \prod_{j=1}^n x_j^{a_j} \prod_{i=1}^n x_i^{-a_i} = 1,
$$

根据 Hölder 不等式及引理 7.2.1, 有

$$
\int_{\mathbb{R}_+^n} G\left(x_1^{\lambda_1}, x_2^{\lambda_2}, \cdots, x_n^{\lambda_n}\right) \prod_{i=1}^n f_i(x_i)\, dx_1 \cdots dx_n
$$

$$
= \int_{\mathbb{R}_+^n} G\left(x_1^{\lambda_1}, \cdots, x_n^{\lambda_n}\right) \prod_{j=1}^n \left[x_j^{a_j} \prod_{i=1}^n x_i^{-a_i}\right]^{1/p_j} f_j(x_j)\, dx_1 \cdots dx_n
$$

$$
\leqslant \prod_{j=1}^n \left[\int_{\mathbb{R}_+^n} x_j^{a_j p_j} \left(\prod_{i=1}^n x_i^{-a_i}\right) f_j^{p_j}(x_j) G\left(x_1^{\lambda_1}, \cdots, x_n^{\lambda_n}\right) dx_1, \cdots dx_n\right]^{\frac{1}{p_j}}
$$

$$
= \prod_{j=1}^n \left(\int_0^{+\infty} x_j^{a_j p_j - a_j} f_j^{p_j}(x_j)\, \omega_j(x_j)\, dx_j\right)^{\frac{1}{p_j}}
$$

$$= \left(\prod_{i=1}^{n} W_i^{\frac{1}{p_i}}\right) \prod_{i=1}^{n} \left(\int_0^{+\infty} x_i^{\lambda_i\left(\lambda + \sum_{k\neq i}^{n} \frac{1}{\lambda_k} - \sum_{k=1}^{n} \frac{a_k}{\lambda_k}\right) + a_i p_i} f_i^{p_i}(x_i)\, dx_i\right)^{\frac{1}{p_i}}.$$

故 (7.2.1) 式成立.

(ii) 设 $\sum_{i=1}^{n} \frac{a_i}{p_i} = \lambda + \sum_{i=1}^{n} \frac{1}{\lambda_i}$, 根据引理 7.2.1, 有 $\frac{1}{\lambda_1} W_1 = \frac{1}{\lambda_2} W_2 = \cdots = \frac{1}{\lambda_n} W_n$, 且

$$\lambda_i\left(\lambda + \sum_{k\neq i}^{n} \frac{1}{\lambda_k} - \sum_{k=1}^{n} \frac{a_k}{\lambda_k}\right) + a_i p_i = a_i p_i - 1, \quad i = 1, 2, \cdots, n.$$

于是可将 (7.2.1) 式化为 (7.2.2) 式.

若 (7.2.2) 的常数因子不是最佳的, 则存在常数 $M_0 < \prod_{i=1}^{n} |\lambda_i|^{\frac{1}{p_i}} W_0$, 使

$$\int_{\mathbb{R}_+^n} G\left(x_1^{\lambda_1}, \cdots, x_n^{\lambda_n}\right) \prod_{i=1}^{n} f_i(x_i)\, dx_1 \cdots dx_n \leqslant M_0 \prod_{i=1}^{n} \|f_i\|_{p_i, a_i p_i - 1}.$$

取 $\varepsilon > 0$ 及 $\delta > 0$ 充分小, 令

$$f_1(x_1) = \begin{cases} x_1^{(-a_1 p_1 - |\lambda_1|\varepsilon)/p_1}, & x_1 \geqslant 1, \\ 0, & 0 < x_1 < 1, \end{cases}$$

$$f_i(x_i) = \begin{cases} x_i^{(-a_i p_i - |\lambda_i|\varepsilon)/p_i}, & x_i \geqslant \delta, \\ 0, & 0 < x_i < \delta, \end{cases} \quad i = 2, 3, \cdots, n,$$

则有

$$\prod_{i=1}^{n} \|f_i\|_{p_i, a_i p_i - 1} = \left(\int_1^{+\infty} x_1^{-1-|\lambda_1|\varepsilon} dx_1\right)^{\frac{1}{p_1}} \prod_{i=2}^{n} \left(\int_\delta^{+\infty} x_i^{-1-|\lambda_i|\varepsilon} dx_i\right)^{\frac{1}{p_i}}$$

$$= \left(\frac{1}{|\lambda_1|\varepsilon}\right)^{\frac{1}{p_1}} \prod_{i=2}^{n} \left(\frac{1}{|\lambda_i|\varepsilon} \delta^{-|\lambda_i|\varepsilon}\right)^{\frac{1}{p_i}} = \prod_{i=1}^{n} \frac{1}{|\lambda_i|^{1/p_i}} \prod_{i=2}^{n} \delta^{\frac{-|\lambda_i|\varepsilon}{p_i}},$$

$$\int_{\mathbb{R}_+^n} G\left(x_1^{\lambda_1}, \cdots, x_n^{\lambda_n}\right) \prod_{i=1}^{n} f_i(x_i) dx_1 \cdots dx_n$$

$$= \int_1^{+\infty} x_1^{-\frac{a_1 p_1 + |\lambda_1|\varepsilon}{p_1}} \left(\int_\delta^{+\infty} \cdots \int_\delta^{+\infty} K(x_1, \cdots, x_n) \prod_{i=2}^{n} x_i^{-\frac{a_i p_i + |\lambda_i|\varepsilon}{p_i}} dx_2 \cdots dx_n\right) dx_1$$

$$= \int_1^{+\infty} x_1^{-\frac{a_1 p_1 + |\lambda_1|\varepsilon}{p_1}} \left(\int_\delta^{+\infty} \cdots \int_\delta^{+\infty} x_1^{\lambda\lambda_1} K\left(1, x_1^{-\frac{\lambda_1}{\lambda_2}} x_2, \cdots, x_1^{-\frac{\lambda_1}{\lambda_n}} x_n\right)\right.$$

$$\times \prod_{i=2}^{n} x_i^{-\frac{a_i p_i + |\lambda_i|\varepsilon}{p_i}} \, \mathrm{d}x_2 \cdots \mathrm{d}x_n \Bigg) \, \mathrm{d}x_1$$

$$= \int_1^{+\infty} x_1^{\lambda_1\left(\lambda + \sum_{i=2}^{n}\frac{1}{\lambda_i} - \sum_{i=1}^{n}\frac{a_i}{\lambda_i}\right) - |\lambda_1|\varepsilon}$$

$$\times \left(\int_{x_1^{-\lambda_1/x_2}\delta}^{+\infty} \cdots \int_{x_1^{-\lambda_1/x_n}\delta}^{+\infty} K(1, t_2, \cdots, t_n) \prod_{i=2}^{n} t_i^{-\left(a_i + \frac{|\lambda_i|\varepsilon}{p_i}\right)} \mathrm{d}t_2 \cdots \mathrm{d}t_n \right) \mathrm{d}x_1$$

$$\geqslant \int_1^{+\infty} x_1^{-1-|\lambda_1|\varepsilon} \mathrm{d}x_1 \left(\int_\delta^{+\infty} \cdots \int_\delta^{+\infty} K(1, t_2, \cdots, t_n) \prod_{i=2}^{n} t_i^{-\left(a_i + \frac{|\lambda_i|\varepsilon}{p_i}\right)} \mathrm{d}t_2 \cdots \mathrm{d}t_n \right)$$

$$= \frac{1}{|\lambda_1|\varepsilon} \int_\delta^{+\infty} \cdots \int_\delta^{+\infty} G\left(1, t_2^{\lambda_2}, \cdots, t_n^{\lambda_n}\right) \prod_{i=2}^{n} t_i^{-\left(a_i + \frac{|\lambda_i|\varepsilon}{p_i}\right)} \mathrm{d}t_2 \cdots \mathrm{d}t_n.$$

于是, 我们得到

$$\frac{1}{|\lambda_1|} \int_\delta^{+\infty} \cdots \int_\delta^{+\infty} G\left(1, t_2^{\lambda_2}, \cdots, t_n^{\lambda_n}\right) \prod_{i=2}^{n} t_i^{-\left(a_i + \frac{|\lambda_i|\varepsilon}{p_i}\right)} \mathrm{d}t_2 \cdots \mathrm{d}t_n$$

$$\leqslant M_0 \prod_{i=1}^{n} \frac{1}{|\lambda_i|^{1/p_i}} \prod_{i=2}^{n} \delta^{-\frac{|\lambda_i|\varepsilon}{p_i}}.$$

先令 $\varepsilon \to 0^+$, 再令 $\delta \to 0^+$, 得

$$W_0 = \frac{1}{|\lambda_1|} \int_{\mathbb{R}_+^{n-1}} G\left(1, t_2^{\lambda_2}, \cdots, t_n^{\lambda_n}\right) \prod_{i=2}^{n} t_i^{-a_i} \mathrm{d}t_2 \cdots \mathrm{d}t_n \leqslant M_0 \prod_{i=1}^{n} \frac{1}{|\lambda_i|^{1/p_i}},$$

于是 $\prod_{i=1}^{n} |\lambda_i|^{1/p_i} W_0 \leqslant M_0$, 这与 $M_0 < \prod_{i=1}^{n} |\lambda_1|^{1/p_i} W_0$ 矛盾, 故 (7.2.2) 式的最佳常数因子是 $\prod_{i=1}^{n} |\lambda_i|^{1/p_i} W_0$.

反之, 设 (7.2.1) 式的常数因子 $\prod_{i=1}^{n} W_i^{\frac{1}{p_i}}$ 是最佳的. 记 $\sum_{i=1}^{n} \frac{a_i}{\lambda_i} - \left(\lambda + \sum_{i=1}^{n} \frac{1}{\lambda_i}\right) = c$. 令 $a_i' = a_i - \frac{\lambda_i c}{p_i}$, 则

$$\sum_{i=1}^{n} \frac{a_i'}{\lambda_i} - \left(\lambda + \sum_{i=1}^{n} \frac{1}{\lambda_i}\right) = \sum_{i=1}^{n} \left(\frac{a_i}{\lambda_i} - \frac{c}{p_i}\right) - \left(\lambda + \sum_{i=1}^{n} \frac{1}{\lambda_i}\right) = 0.$$

当 $j \geqslant 2$ 时, 计算可得

$$W_j = \frac{\lambda_j}{\lambda_1} \int_{\mathbb{R}_+^{n-1}} G\left(1, t_2^{\lambda_2}, \cdots, t_n^{\lambda_k}\right) \left(\prod_{i=2}^n t_i^{-a_i}\right) t_j^{\lambda_j c} \mathrm{d}t_2 \cdots \mathrm{d}t_n,$$

又因为

$$\lambda_i \left(\lambda + \sum_{k \neq i}^n \frac{1}{\lambda_k} - \sum_{k=1}^n \frac{a'_k}{\lambda_k}\right) + a'_i p_i = \lambda_i \left(\lambda + \sum_{k \neq i}^n \frac{1}{\lambda_k} - \sum_{k=1}^n \frac{a_k}{\lambda_k}\right) + a_i p_i,$$

故 (7.2.1) 式可等价地写为

$$\int_{\mathbb{R}_+^n} G\left(x_1^{\lambda_1}, \cdots, x_n^{\lambda_n}\right) \prod_{i=1}^n f_i(x_i) \mathrm{d}x_1 \cdots \mathrm{d}x_n$$

$$\leqslant W_1^{\frac{1}{p_1}} \prod_{j=2}^n \left(\frac{\lambda_j}{\lambda_1} \int_{\mathbb{R}_+^{n-1}} G\left(1, t_2^{\lambda_2}, \cdots, t_n^{\lambda_n}\right) \left(\prod_{i=2}^n t_i^{-a_i}\right) t_j^{\lambda_j c} \mathrm{d}t_2 \cdots \mathrm{d}t_n\right)^{\frac{1}{p_j}}$$

$$\times \prod_{i=1}^n \left(\int_0^{+\infty} x_i^{\lambda_i\left(\lambda + \sum\limits_{k \neq i}^n \frac{1}{\lambda_k} - \sum\limits_{k=1}^n \frac{a'_k}{\lambda_k}\right) + a'_i p_i} f_i^{p_i}(x_i) \mathrm{d}x_i\right)^{\frac{1}{p_i}}.$$

又由 $\sum\limits_{i=1}^n \frac{a'_i}{\lambda_i} = \lambda + \sum\limits_{i=1}^n \frac{1}{\lambda_i}$, 可得 $\lambda_i \left(\lambda + \sum\limits_{k \neq i}^n \frac{1}{\lambda_k} - \sum\limits_{k=1}^n \frac{a'_k}{\lambda_k}\right) + a'_i p_i = a'_i p_i - 1$, 故 (7.2.1) 式进一步可等价地写为

$$\int_{\mathbb{R}_+^n} G\left(x_1^{\lambda}, \cdots, x_n^{\lambda_n}\right) \prod_{i=1}^n f_i(x_i) \mathrm{d}x_1 \cdots \mathrm{d}x_n$$

$$\leqslant W_1^{\frac{1}{p_1}} \prod_{j=2}^n \left(\frac{\lambda_j}{\lambda_1} \int_{\mathbb{R}_+^{n-1}} G\left(1, t_2^{\lambda_2}, \cdots, t_n^{\lambda_n}\right) \left(\prod_{i=2}^n t_i^{-a_i}\right) t_j^{\lambda_j c} \mathrm{d}t_2 \cdots \mathrm{d}t_n\right)^{\frac{1}{p_i}}$$

$$\times \prod_{i=1}^n \|f_i\|_{p_i, a'_i p_i - 1}. \tag{7.2.3}$$

于是根据假设, (7.1.3) 式的常数因子

$$W_1^{\frac{1}{p_1}} \prod_{j=2}^n \left(\frac{\lambda_j}{\lambda_1} \int_{\mathbb{R}_+^{n-1}} G\left(1, t_2^{\lambda_2}, \cdots, t_n^{\lambda_1}\right) \left(\prod_{i=2}^n t_i^{-a_i}\right) t_j^{\lambda_j c} \mathrm{d}t_2 \cdots \mathrm{d}t_n\right)^{\frac{1}{p_j}}$$

是最佳的. 又由前面充分性的证明, 可知 (7.1.3) 式的最佳常数因子应为

$$\prod_{i=1}^{n} |\lambda_i|^{\frac{1}{p_i}} \left(\frac{1}{|\lambda_1|} W_1' \right)$$

$$= \frac{1}{|\lambda_1|} \prod_{i=1}^{n} |\lambda_i|^{\frac{1}{p_i}} \int_{\mathbb{R}_+^{n-1}} G\left(1, t_2^{\lambda_2}, \cdots, t_n^{\lambda_n}\right) \prod_{i=2}^{n} t_i^{-a_i'} \mathrm{d}t_2 \cdots \mathrm{d}t_n$$

$$= \frac{1}{|\lambda_1|} \prod_{i=1}^{n} |\lambda_i|^{\frac{1}{p_i}} \int_{\mathbb{R}_+^{n-1}} G\left(1, t_2^{\lambda_2}, \cdots, t_n^{\lambda_n}\right) \prod_{i=2}^{n} t_i^{-a_i} \prod_{i=2}^{n} t_i^{\frac{\lambda_i c}{p_i}} \mathrm{d}t_2 \cdots \mathrm{d}t_n.$$

记 $G\left(1, t_2^{\lambda_2}, \cdots, t_n^{\lambda_n}\right) \prod_{i=2}^{n} t_i^{-a_i} = H\left(t_2, \cdots, t_n\right)$, 则由上所述, 可得

$$\frac{1}{|\lambda_1|} \prod_{i=1}^{n} |\lambda_i|^{\frac{1}{p_i}} \int_{\mathbb{R}_+^{n-1}} H\left(t_2, \cdots, t_n\right) \prod_{i=2}^{n} t_i^{\frac{\lambda_i c}{p_i}} \mathrm{d}t_2 \cdots \mathrm{d}t_n$$

$$= W_1^{\frac{1}{p_1}} \prod_{j=2}^{n} \left(\frac{\lambda_j}{\lambda_1} \int_{\mathbb{R}_+^{n-1}} H\left(t_2, \cdots, t_n\right) t_j^{\lambda_1 c} \mathrm{d}t_2 \cdots \mathrm{d}t_n \right)^{\frac{1}{p_j}}.$$

由此可得

$$\int_{\mathbb{R}_+^{n-1}} H\left(t_2, \cdots, t_n\right) \prod_{i=2}^{n} t_i^{\frac{\lambda_i c}{p_i}} \mathrm{d}t_2 \cdots \mathrm{d}t_n$$

$$= W_1^{\frac{1}{p_1}} \prod_{j=2}^{n} \left(\int_{\mathbb{R}_+^{n-1}} H\left(t_2, \cdots, t_n\right) t_j^{\lambda_j c} \mathrm{d}t_2 \cdots \mathrm{d}t_n \right)^{\frac{1}{p_j}}. \tag{7.2.4}$$

对函数 $1, t_2^{\lambda_2 c/p_2}, \cdots, t_n^{\lambda_n c/p_n}$ 应用 Hölder 不等式, 有

$$\int_{\mathbb{R}_+^{n-1}} H\left(t_2, \cdots, t_n\right) \prod_{i=2}^{n} t_i^{\frac{\lambda_i c}{p_i}} \mathrm{d}t_2 \cdots \mathrm{d}t_n$$

$$\leqslant \left(\int_{\mathbb{R}_+^{n-1}} H\left(t_2, \cdots, t_n\right) \mathrm{d}t_2 \cdots \mathrm{d}t_n \right)^{\frac{1}{p_1}} \prod_{j=2}^{n} \left(\int_{\mathbb{R}_+^{n-1}} H\left(t_2, \cdots, t_n\right) t_j^{\lambda_j c} \mathrm{d}t_2 \cdots \mathrm{d}t_n \right)^{\frac{1}{p_j}}$$

$$= W_1^{\frac{1}{p_1}} \prod_{j=2}^{n} \left(\int_{\mathbb{R}_+^{n-1}} H\left(t_2, \cdots, t_n\right) t_j^{\lambda_j c} \mathrm{d}t_2 \cdots \mathrm{d}t_n \right)^{\frac{1}{p_j}}.$$

根据 (7.2.4) 式知上述不等式中等号成立, 于是由 Hölder 不等式中等号成立的条

件可得 $t_j^{\lambda_j c} = $ 常数 $(j = 2, 3, \cdots, n)$, 从而 $c = 0$. 即我们最终得到 $\displaystyle\sum_{i=1}^n \frac{a_i}{\lambda_i} = \lambda + \displaystyle\sum_{i=1}^n \frac{1}{\lambda_i}$. 证毕.

注 今后称

$$\Delta = \sum_{t=1}^n \frac{a_i}{\lambda_i} - \left(\lambda + \sum_{i=1}^n \frac{1}{\lambda_i}\right)$$

为 $a_1, a_2, \cdots, a_n$ 是 (7.2.1) 式适配数的判别式, 即当且仅当 $\Delta = 0$ 时, (7.2.1) 式的常数因子是最佳的.

例 7.2.1 设 $n \geqslant 2$, $\displaystyle\sum_{i=1}^n \frac{1}{p_i} = 1 \ (p_i > 1)$, $\sigma \geqslant 0$, $\lambda > 0$, $\lambda_i > 0$, $a_i < 1$, $f_i(x_i) \in L_{p_i}^{a_i p_i - 1}(0, +\infty) \ (i = 1, 2, \cdots, n)$, $\displaystyle\sum_{i=1}^n \frac{a_i}{\lambda_i} = \sigma - \lambda + \displaystyle\sum_{i=1}^n \frac{1}{\lambda_i}$, 求证:

$$\int_{\mathbb{R}_+^n} \frac{x_1^{\lambda_1 \sigma}}{\left(x_1^{\lambda_1} + \cdots + x_n^{\lambda_n}\right)^\lambda} \prod_{i=1}^n f_i(x_i) \, \mathrm{d}x_1 \cdots \mathrm{d}x_n \leqslant M_0 \prod_{i=1}^n \|f_i\|_{p_i, a_i p_i - 1},$$

其中的常数因子

$$M_0 = \frac{1}{\Gamma(\lambda)} \prod_{i=1}^n \lambda_i^{\frac{1}{p_i} - 1} \Gamma\left(\sigma + \frac{1 - a_1}{\lambda_1}\right) \prod_{i=2}^n \Gamma\left(\frac{1 - a_i}{\lambda_i}\right)$$

是最佳值.

证明 令 $G\left(x_1^{\lambda_1}, x_2^{\lambda_2}, \cdots, x_n^{\lambda_n}\right) = x_1^{\lambda_1 \sigma} / \left(x_1^{\lambda_1} + x_2^{\lambda_2} + \cdots + x_n^{\lambda_n}\right)^\lambda$, 则 $G(u_1, \cdots, u_n)$ 是 $\sigma - \lambda$ 阶的齐次非负函数.

根据定理 1.7.1, 计算得

$$W_0 = \frac{1}{\lambda_1} W_1 = \frac{1}{\lambda_1} \int_{\mathbb{R}_+^{n-1}} G\left(1, t_2^{\lambda_2}, \cdots, t_n^{\lambda_n}\right) \prod_{i=2}^n t_i^{-a_i} \mathrm{d}t_2 \cdots \mathrm{d}t_n$$

$$= \frac{1}{\lambda_1} \int_{\mathbb{R}_+^{n-1}} \frac{1}{\left(1 + t_2^{\lambda_2} + \cdots + t_n^{\lambda_n}\right)^\lambda} \prod_{i=2}^n t_i^{(1-a_i)-1} \mathrm{d}t_2 \cdots \mathrm{d}t_n$$

$$= \frac{\displaystyle\prod_{i=2}^n \Gamma\left(\frac{1 - a_i}{\lambda_i}\right)}{\lambda_1 \lambda_2 \cdots \lambda_n \Gamma\left(\displaystyle\sum_{i=2}^n \frac{1 - a_i}{\lambda_i}\right)} \int_0^{+\infty} \frac{1}{(1 + u)^\lambda} u^{\sum\limits_{i=2}^n \frac{1 - a_i}{\lambda_i} - 1} \mathrm{d}u$$

$$= \frac{1}{\lambda_1 \lambda_2 \cdots \lambda_n} \prod_{i=2}^{n} \Gamma\left(\frac{1-a_i}{\lambda_i}\right) \Gamma\left(\lambda - \sum_{i=2}^{n} \frac{1-a_i}{\lambda_i}\right),$$

由于 $\sum_{i=1}^{n} \frac{a_i}{\lambda_i} = \sigma - \lambda + \sum_{i=1}^{n} \frac{1}{\lambda_i}$, 故 $\lambda - \sum_{i=2}^{n} \frac{1-a_i}{\lambda_i} = \sigma + \frac{1-a_1}{\lambda_1}$, 于是

$$W_0 = \frac{1}{\lambda_1 \lambda_2 \cdots \lambda_n} \Gamma\left(\sigma + \frac{1-a_1}{\lambda_1}\right) \prod_{i=2}^{n} \Gamma\left(\frac{1-a_i}{\lambda_i}\right).$$

根据定理 7.2.1, 知本例结论成立. 证毕.

在例 7.2.1 中, 取 $\sigma = 0$, 则可得:

例 7.2.2　设 $n \geqslant 2$, $\sum_{i=1}^{n} \frac{1}{p_i} = 1$ $(p_i > 1)$, $\lambda > 0$, $\lambda_i > 0$, $a_i < 1$, $f_i(x_i) \in$

$L_{p_i}^{a_i p_i - 1}(0, +\infty)$, $(i = 1, 2, \cdots, n)$, $\sum_{i=1}^{n} \frac{a_i}{\lambda_i} = \sum_{i=1}^{n} \frac{1}{\lambda_i} - \lambda$, 则有

$$\int_{\mathbb{R}_+^n} \frac{1}{(x_1^{\lambda_1} + x_2^{\lambda_2} + \cdots + x_n^{\lambda_n})^\lambda} \prod_{i=1}^{n} f_i(x_i)\, dx_1 \cdots dx_n \leqslant M_0 \prod_{i=1}^{n} \|f_i\|_{p_i, a_i p_i - 1},$$

其中的常数因子

$$M_0 = \frac{1}{\Gamma(\lambda)} \prod_{i=1}^{n} \lambda_i^{\frac{1}{p_i} - 1} \prod_{i=1}^{n} \Gamma\left(\frac{1-a_i}{\lambda_i}\right)$$

是最佳的.

在例 7.2.2 中, 取 $a_i = 1 - \frac{1}{n}\lambda\lambda_i$, 则 $a_i p_i - 1 = \left(1 - \frac{1}{n}\lambda\lambda_i\right)p_i - 1$, 于是可得:

例 7.2.3　设 $n \geqslant 2$, $\sum_{i=1}^{n} \frac{1}{p_i} = 1$ $(p_i > 1)$, $\lambda > 0$, $\lambda_i > 0$, $\alpha_i = \left(1 - \frac{1}{n}\lambda\lambda_i\right)p_i$ -1, $f_i(x_i) \in L_{p_i}^{\alpha_i}(0, +\infty)$ $(i = 1, 2, \cdots, n)$, 则

$$\int_{\mathbb{R}_+^n} \frac{1}{(x_1^{\lambda_1} + \cdots + x_n^{\lambda_n})^\lambda} \prod_{i=1}^{n} f_i(x_i)\, dx_1 \cdots dx_n$$

$$\leqslant \frac{1}{\Gamma(\lambda)} \Gamma^n\left(\frac{\lambda}{n}\right) \prod_{i=1}^{n} \lambda_i^{\frac{1}{p_i} - 1} \prod_{i=1}^{n} \|f_i\|_{p_i, \alpha_j},$$

其中的常数因子是最佳的.

例 7.2.4 设 $n \geqslant 2, \sum_{i=1}^{n} \frac{1}{p_i} = 1$ $(p_i > 1), \lambda_i > 0, f_i(x_i) \in L_{p_i}^{p_i-1}(0, +\infty)$ $(i = 1, 2, \cdots, n)$, 求证:

$$\int_{\mathbb{R}_+^n} \frac{\min\{x_1^{\lambda_1}, \cdots, x_n^{\lambda_n}\}}{\max\{x_1^{\lambda_1}, \cdots, x_n^{\lambda_n}\}} \prod_{i=1}^{n} f_i(x_i) \mathrm{d}x_1 \cdots \mathrm{d}x_2 \leqslant n! \prod_{i=1}^{n} \lambda_i^{\frac{1}{p_i}-1} \prod_{i=1}^{n} \|f_i\|_{p_i, p_i-1},$$

其中的常数因子是最佳的.

证明 令 $G\left(x_1^{\lambda_1}, \cdots, x_n^{\lambda_n}\right) = \min\{x_1^{\lambda_1}, \cdots, x_n^{\lambda_n}\}/\max\{x_1^{\lambda_1}, \cdots, x_n^{\lambda_n}\}$, 则 $G(u, \cdots, u_n)$ 是 $\lambda = 0$ 阶齐次非负函数.

令 $a_i p_i - 1 = p_i - 1$, 则 $a_i = 1$ $(i = 1, 2, \cdots, n)$, 于是

$$\Delta = \prod_{i=1}^{n} \frac{a_i}{\lambda_i} - \left(\lambda + \prod_{i=1}^{n} \frac{1}{\lambda_i}\right) = \sum_{i=1}^{n} \frac{1}{\lambda_i} - \left(0 + \sum_{i=1}^{n} \frac{1}{\lambda_i}\right) = 0.$$

又根据例 7.1.1 证明中的结果, 可得

$$W_0 = \frac{1}{\lambda_n} W_n = \frac{1}{\lambda_n} \int_{\mathbb{R}_+^{n-1}} G\left(t_1^{\lambda_1}, t_2^{\lambda_2}, \cdots, t_{n-1}^{\lambda_{n-1}}, 1\right) \prod_{i=1}^{n-1} t_i^{-a_i} \mathrm{d}t_1 \cdots \mathrm{d}t_{n-1}$$

$$= \frac{1}{\lambda_n} \int_{\mathbb{R}_+^{n-1}} \frac{\min\left\{t_1^{\lambda_1}, \cdots, t_{n-1}^{\lambda_{n-1}}, 1\right\}}{\max\left\{t_1^{\lambda_1}, \cdots, t_{n-1}^{\lambda_{n-1}}, 1\right\}} \prod_{i=1}^{n-1} t_i^{-1} \mathrm{d}t_1 \cdots \mathrm{d}t_{n-1}$$

$$= \frac{1}{\lambda_1 \cdots \lambda_{n-1} \lambda_n} \int_{\mathbb{R}_+^{n-1}} \frac{\min\{u_1, \cdots, u_{n-1}, 1\}}{\max\{u_1, \cdots, u_{n-1}, 1\}} \prod_{i=1}^{n-1} u_i^{-1} \mathrm{d}u_1 \cdots \mathrm{d}u_{n-1}$$

$$= \frac{1}{\lambda_1 \cdots \lambda_{n-1} \lambda_n} n! = n! \prod_{i=1}^{n} \frac{1}{\lambda_i},$$

于是

$$\prod_{i=1}^{n} |\lambda_i|^{\frac{1}{p_i}} W_0 = n! \prod_{i=1}^{n} \lambda_i^{\frac{1}{p_i}} \prod_{i=1}^{n} \frac{1}{\lambda_i} = n! \prod_{i=1}^{n} \lambda_i^{\frac{1}{p_i}-1}.$$

根据定理 7.2.1, 知本例结论成立. 证毕.

7.2.2 构建拟齐次核的第一类重积分 Hilbert 型不等式的参数条件

引理 7.2.2 设 $n \geqslant 2, \sum_{i=1}^{n} \frac{1}{p_i} = 1$ $(p_i > 1), \lambda \in \mathbb{R}, \lambda_i \lambda_j > 0 (i, j = 1, 2, \cdots, n), \sum_{i=1}^{n} \frac{\alpha_i + 1}{\lambda_i p_i} = \lambda + \sum_{i=1}^{n} \frac{1}{\lambda_i}, K(x_1, \cdots, x_n) = G\left(x^{\lambda_1}, \cdots, x^{\lambda_n}\right) \geqslant 0, G(u_1, \cdots$

u_n) 是 λ 阶齐次可测函数, 记

$$W_j = \int_{\mathbb{R}_+^{n-1}} G\left(u_1^{\lambda_1}, \cdots, u_{j-1}^{\lambda_{j-1}}, 1, u_{j+1}^{\lambda_{j+1}}, \cdots, u_n^{\lambda_n}\right)$$

$$\times \prod_{i \neq j}^n u_i^{-\frac{\alpha_i+1}{p_i}} \mathrm{d}u_1 \cdots \mathrm{d}u_{j-1}\mathrm{d}u_{j+1} \cdots \mathrm{d}u_n,$$

则有 $\dfrac{1}{\lambda_1}W_1 = \dfrac{1}{\lambda_2}W_2 = \cdots = \dfrac{1}{\lambda_n}W_n$, 且

$$\omega_j(x_j) = \int_{\mathbb{R}_+^{n-1}} G\left(x_1^{\lambda_1}, \cdots, x_n^{\lambda_n}\right) \prod_{i \neq j}^n x_i^{-\frac{\alpha_i+1}{p_i}} \mathrm{d}x_1 \cdots \mathrm{d}x_{j-1}\mathrm{d}x_{j+1} \cdots \mathrm{d}x_n$$

$$= x_j^{\lambda_j\left(\lambda + \sum\limits_{i \neq j}^n \frac{\alpha_i+1}{\lambda_i p_i} + \sum\limits_{i \neq j}^n \frac{1}{\lambda_i}\right)} W_j,$$

其中 $j = 1, 2, \cdots, n$.

证明 $j \geqslant 2$ 时, 利用 $\sum\limits_{i=1}^n \dfrac{\alpha_i+1}{\lambda_i p_i} = \lambda + \sum\limits_{i=1}^n \dfrac{1}{\lambda_i}$, 有

$$W_j = \int_{\mathbb{R}_+^{n-1}} u_1^{\lambda\lambda_1} K(1, u_1^{-\lambda_1/\lambda_2}u_2, \cdots, u_1^{-\lambda_1/\lambda_{j-1}}u_{j-1}, u_1^{-\lambda_1/\lambda_j},$$

$$u_1^{-\lambda_1/\lambda_{j+1}}u_{j+1}, \cdots, u_1^{-\lambda_1/\lambda_n}u_n) \prod_{i \neq j}^n u_i^{-\frac{\alpha_i+1}{p_i}} \mathrm{d}u_1 \cdots \mathrm{d}u_{j-1}\mathrm{d}u_{j+1} \cdots \mathrm{d}u_n$$

$$= \frac{\lambda_j}{\lambda_1} \int_{\mathbb{R}_+^{n-1}} K\left(1, t_2, \cdots, t_n\right) t_j^{\lambda_j\left(-\lambda - \sum\limits_{i=1}^n \frac{1}{\lambda_i} + \sum\limits_{i \neq j}^n \frac{\alpha_i+1}{\lambda_i p_i}\right)} \prod_{i=2(i \neq j)}^n t_i^{-\frac{\alpha_i+1}{p_i}} \mathrm{d}t_2 \cdots \mathrm{d}t_n$$

$$= \frac{\lambda_j}{\lambda_1} \int_{\mathbb{R}_+^{n-1}} K\left(1, t_2, \cdots, t_n\right) t_j^{\lambda_j\left(-\frac{\alpha_j+1}{\lambda_j p_j}\right)} \prod_{i=2(i \neq j)}^n t_i^{-\frac{\alpha_i+1}{p_i}} \mathrm{d}t_2 \cdots \mathrm{d}t_n$$

$$= \frac{\lambda_j}{\lambda_1} \int_{\mathbb{R}_+^{n-1}} K\left(1, t_2, \cdots, t_n\right) \prod_{i=2}^n t_i^{-\frac{\alpha_i+1}{p_i}} \mathrm{d}t_2 \cdots \mathrm{d}t_n = \frac{\lambda_j}{\lambda_1}W_1.$$

于是有 $\dfrac{1}{\lambda_j}W_j = \dfrac{1}{\lambda_1}W_1 \ (j \geqslant 2)$. 当 $j = 1, 2, \cdots, n$ 时, 有

$$\omega_j\left(x_j\right) = \int_{\mathbb{R}_+^{n-1}} x_j^{\lambda\lambda_j} K(x_j^{-\lambda_j/\lambda_1}x_1, \cdots, x_j^{-\lambda_j/\lambda_{j-1}}x_{j-1}, 1, x_j^{-\lambda_j/\lambda_{j+1}}$$

$$\times\, x_{j+1},\cdots,x_j^{-\lambda_j/\lambda_n}x_n)\prod_{i\neq j}^n x_i^{-\frac{\alpha_i+1}{p_i}}\,\mathrm{d}x_1\cdots\mathrm{d}x_{j-1}\mathrm{d}x_{j+1}\cdots\mathrm{d}x_n$$

$$= x_j^{\lambda\lambda_j-\lambda_j\sum\limits_{i\neq j}^n\frac{\alpha_i+1}{\lambda_i p_i}+\lambda_j\sum\limits_{i\neq j}^n\frac{1}{\lambda_i}}\int_{\mathbb{R}_+^{n-1}}K(u_1,\cdots,u_{j-1},1,u_{j+1},\cdots,u_n)$$

$$\times\prod_{i\neq j}^n u_i^{-\frac{\alpha_i+1}{p_i}}\,\mathrm{d}u_1\cdots\mathrm{d}u_{j-1}\mathrm{d}u_{j+1}\cdots\mathrm{d}u_n$$

$$= x_j^{\lambda_j\left(\lambda+\sum\limits_{i\neq j}^n\frac{\alpha_i+1}{\lambda_i p_i}+\sum\limits_{i\neq j}^n\frac{1}{\lambda_i}\right)}W_j.$$

证毕.

定理 7.2.2 设 $n\geqslant 2$, $\sum\limits_{i=1}^n\frac{1}{p_i}=1$ $(p_i>1)$, $\lambda\in\mathbb{R}$, $\lambda_i\lambda_j>0$ $(i,j=1,2,\cdots,$ $n)$, $\alpha_i\in\mathbb{R}(i=1,2,\cdots,n)$, $K(x_1,\cdots,x_n)=G(x_1^{\lambda_1},\cdots,x_n^{\lambda_n})\geqslant 0$, $G(u_1,\cdots,u_n)$ 是 λ 阶齐次可测函数, 且

$$W_1=\int_{\mathbb{R}_+^{n-1}}G(1,u_2^{\lambda_2},\cdots,u_n^{\lambda_2})\prod_{i=2}^n u_i^{-\frac{\alpha_i+1}{p_i}}\,\mathrm{d}u_2\cdots\mathrm{d}u_n$$

收敛. 那么

(i) 当且仅当 $\sum\limits_{i=1}^n\frac{\alpha_i+1}{\lambda_i p_i}=\lambda+\sum\limits_{i=1}^n\frac{1}{\lambda_i}$ 时, 存在常数 $M>0$, 使

$$\int_{\mathbb{R}_+^n}K(x_1,\cdots,x_n)\prod_{i=1}^n f_i(x_i)\,\mathrm{d}x_1\cdots\mathrm{d}x_n\leqslant M\prod_{i=1}^n\|f_i\|_{p_i,\alpha_i}\qquad(7.2.5)$$

成立, 其中 $f_i(x_i)\in L_{p_i}^{\alpha_i}(0,+\infty)$ $(i=1,2,\cdots,n)$.

(ii) 当 (7.2.5) 式成立时, 其最佳常数因子 $\inf M=\dfrac{W_1}{|\lambda_1|}\prod\limits_{i=1}^n|\lambda_i|^{\frac{1}{p_i}}$.

证明 (i) 设 $\sum\limits_{i=1}^n\frac{\alpha_i+1}{\lambda_i p_i}=\lambda+\sum\limits_{i=1}^n\frac{1}{\lambda_i}$. 由于

$$\prod_{j=1}^n x_j^{\frac{\alpha_j+1}{p_j}}\left(\prod_{i=1}^n x_i^{-\frac{\alpha_i+1}{p_i}}\right)^{1/p_j}=\prod_{j=1}^n x_j^{\frac{\alpha_j+1}{p_j}}\prod_{i=1}^n x_i^{-\frac{\alpha_i+1}{p_i}\sum\limits_{k=1}^n\frac{1}{p_k}}=1.$$

根据 Hölder 不等式及引理 7.2.2, 有

$$\int_{\mathbb{R}_+^n}G(x_1^{\lambda_1},\cdots,x_n^{\lambda_n})\prod_{i=1}^n f_i(x_i)\,\mathrm{d}x_1\cdots\mathrm{d}x_2$$

$$= \int_{\mathbb{R}_+^n} K(x_1, \cdots, x_n) \prod_{j=1}^n \left[x_j^{\frac{\alpha_j+1}{p_j}} \left(\prod_{i=1}^n x_i^{-\frac{\alpha_i+1}{p_i}} \right)^{1/p_j} f_j(x_j) \right] \mathrm{d}x_1 \cdots \mathrm{d}x_n$$

$$\leqslant \prod_{j=1}^n \left[\int_{\mathbb{R}_+^n} x_j^{\alpha_j+1} \left(\prod_{i=1}^n x_i^{-\frac{\alpha_i+1}{p_i}} \right) f_j^{p_j}(x_j) K(x_1, \cdots, x_n) \mathrm{d}x_1 \cdots \mathrm{d}x_n \right]^{\frac{1}{p_j}}$$

$$= \prod_{j=1}^n \left(\int_0^{+\infty} x_j^{\alpha_j+1-\frac{\alpha_j+1}{p_j}} f_j^{p_j}(x_j) \omega_j(x_j) \mathrm{d}x_j \right)^{\frac{1}{p_j}}$$

$$= \prod_{j=1}^n \left(\int_0^{+\infty} x_j^{\alpha_j+1-\frac{\alpha_j+1}{p_j}+\lambda_j \left(\lambda - \sum\limits_{i\neq j} \frac{\alpha_i+1}{\lambda_i p_i} + \sum\limits_{i\neq j} \frac{1}{\lambda_i} \right)} f_j^{p_j}(x_j) W_j \mathrm{d}x_j \right)^{\frac{1}{p_j}}$$

$$= \prod_{i=1}^n W_i^{\frac{1}{p_i}} \prod_{i=1}^n \left(\int_0^{+\infty} x_i^{\alpha_i} f_i^{p_j}(x_i) \mathrm{d}x_i \right)^{\frac{1}{p_i}} = \frac{W_1}{|\lambda_1|} \prod_{i=1}^n |\lambda_i|^{\frac{1}{p_i}} \prod_{i=1}^n \|f_i\|_{p_i,\alpha_i},$$

任取 $M \geqslant \dfrac{W_1}{|\lambda_1|} \prod\limits_{i=1}^n |\lambda_i|^{\frac{1}{p_i}}$, (7.2.5) 式成立.

反之, 设 (7.2.5) 式成立. 记 $c = \sum\limits_{i=1}^n \dfrac{\alpha_i+1}{\lambda_i p_i} - \lambda - \sum\limits_{i=1}^n \dfrac{1}{\lambda_i}$, 下证 $c = 0$ 即可.

先考虑 $\lambda_i > 0 \, (i = 1, 2, \cdots, n)$ 的情形.

若 $c > 0$, 设 $0 < \varepsilon < c$, 取

$$f_i(x_i) = \begin{cases} x_i^{(-\alpha_i-1+\lambda_i\varepsilon)/p_i}, & 0 < x_i \leqslant 1, \\ 0, & x_i > 1, \end{cases}$$

其中 $i = 1, 2, \cdots, n$, 于是

$$\prod_{i=1}^n \|f_i\|_{p_i,\alpha_i} = \prod_{i=1}^n \left(\int_0^1 x_i^{-1+\lambda_i\varepsilon} \mathrm{d}x_i \right)^{\frac{1}{p_i}} = \frac{1}{\varepsilon} \prod_{i=1}^n \left(\frac{1}{\lambda_i} \right)^{\frac{1}{p_i}},$$

$$\int_{\mathbb{R}_+^n} G\left(x_1^{\lambda_1}, \cdots, x_n^{\lambda_n} \right) \prod_{i=1}^n f_i(x_i) \mathrm{d}x_1 \cdots \mathrm{d}x_n$$

$$= \int_0^1 x_1^{-\frac{\alpha_1+1-\lambda_1\varepsilon}{p_1}} \left(\int_0^1 \cdots \int_0^1 K(x_1, \cdots, x_n) \prod_{i=2}^n x_i^{-\frac{\alpha_i+1-\lambda_i\varepsilon}{p_i}} \mathrm{d}x_2 \cdots \mathrm{d}x_n \right) \mathrm{d}x_1$$

$$= \int_0^1 x_1^{\lambda\lambda_1 - \frac{\alpha_1+1-\lambda_1\varepsilon}{p_1}}$$

$$\times \left(\int_0^1 \cdots \int_0^1 K\left(1, x_1^{-\lambda_1/\lambda_2} x_2, \cdots, x_n^{-\lambda_1/\lambda_n} x_n\right) \prod_{i=2}^n x_i^{-\frac{\alpha_i + 1 - \lambda_i \varepsilon}{p_i}} \, dx_2 \cdots dx_n \right) dx_1$$

$$= \int_0^1 x_1^{\lambda \lambda_1 - \frac{\alpha_1 + 1 - \lambda_1 \varepsilon}{p_1} + \lambda_1 \sum\limits_{i=2}^n \frac{1}{\lambda_i} - \lambda_1 \sum\limits_{i=2}^n \frac{\alpha_i + 1 - \lambda_i \varepsilon}{\lambda_i p_i}}$$

$$\times \left(\int_0^{x_1^{-\lambda_1/\lambda_2}} \cdots \int_0^{x_1^{-\lambda_1/\lambda_n}} K\left(1, u_2, \cdots, u_n\right) \prod_{i=2}^n u_i^{-\frac{\alpha_i + 1 - \lambda_i \varepsilon}{p_i}} \, du_2 \cdots du_n \right) du_1$$

$$= \int_0^1 x_1^{\lambda_1 \left(\lambda + \sum\limits_{i=1}^n \frac{1}{\lambda_i} - \sum\limits_{n=1}^n \frac{\alpha_i + 1}{\lambda_i p_i} - \frac{1}{\lambda_1} + \varepsilon \right)}$$

$$\times \left(\int_0^{x_1^{-\lambda_1/\lambda_2}} \cdots \int_0^{x_1^{x_1/\lambda_n}} K\left(1, u_2, \cdots, u_n\right) \prod_{i=2}^n u_i^{-\frac{\alpha_i + 1 - \lambda_i \varepsilon}{p_i}} \, du_2 \cdots du_n \right) dx_1$$

$$\geqslant \int_0^1 x_1^{-1 - \lambda_1 c + \lambda_1 \varepsilon} dx_1 \left(\int_0^1 \cdots \int_0^1 K\left(1, u_2, \cdots, u_n\right) \prod_{i=2}^n u_i^{-\frac{\alpha_i + 1 - \lambda_i \varepsilon}{p_i}} \, du_2 \cdots du_n \right).$$

综上, 我们得到

$$\int_0^1 x_1^{-1 - \lambda_1 c + \lambda_1 \varepsilon} dx_1 \left(\int_0^1 \cdots \int_0^1 K\left(1, u_2, \cdots, u_n\right) \prod_{i=2}^n u_i^{-\frac{\alpha_i + 1 - \lambda_i \varepsilon}{p_i}} \, du_2 \cdots du_n \right)$$

$$\leqslant M \frac{1}{\varepsilon} \prod_{i=1}^n \left(\frac{1}{\lambda_i} \right)^{\frac{1}{p_i}} < +\infty.$$

因为 $-1 - \lambda_1 c + \lambda_1 \varepsilon < -1$, 故 $\int_0^1 x_1^{-1 - \lambda_1 c + \lambda_1 \varepsilon} dx_1 = +\infty$, 这就得到了矛盾, 所以 $c > 0$ 不能成立.

若 $c < 0$, 设 $0 < \varepsilon < -c$, 取

$$f_i(x_i) = \begin{cases} x_i^{(-\alpha_i - 1 - \lambda_i \varepsilon)/p_i}, & x_i \geqslant 1, \\ 0, & 0 < x_i < 1, \end{cases}$$

其中 $i = 1, 2, \cdots, n$. 类似地可得到

$$\int_1^{+\infty} x_1^{-1 - \lambda_1 c - \lambda_1 \varepsilon} dx_1$$

$$\times \left(\int_1^{+\infty} \cdots \int_1^{+\infty} K\left(1, u_2, \cdots, u_n\right) \prod_{i=2}^n u_i^{(-\alpha_i - 1 - \lambda_i \varepsilon)/p_i} \, du_2 \cdots du_n \right)$$

$$\leqslant M\frac{1}{\varepsilon}\prod_{i=1}^{n}\left(\frac{1}{\lambda_i}\right)^{\frac{1}{p_i}}<+\infty.$$

由于 $-1-\lambda_1 c-\lambda_1\varepsilon>-1$, 故 $\displaystyle\int_1^{+\infty}x_1^{-1-\lambda_1 c-\lambda_1\varepsilon}\mathrm{d}x_1=+\infty$, 仍得到矛盾, 所以 $c<0$ 也不能成立.

综上所述, 在 $\lambda_i>0\ (i=1,2,\cdots,n)$ 的情形, 必有 $c=0$.

再考虑 $\lambda_i<0\ (i=1,2,\cdots,n)$ 的情形.

若 $c>0$, 设 $0<\varepsilon<c$, 取

$$f_i(x_i)=\begin{cases}x_i^{(-\alpha_i-1+\lambda_i\varepsilon)/p_i}, & x_i\geqslant 1,\\ 0, & 0<x_i<1,\end{cases}$$

其中 $i=1,2,\cdots,n$, 于是

$$\prod_{i=1}^{n}\|f_i\|_{p_i,\alpha_i}=\prod_{i=1}^{n}\left(\int_1^{+\infty}x_i^{-1+\lambda_i\varepsilon}\mathrm{d}x_i\right)^{\frac{1}{p_i}}=\frac{1}{\varepsilon}\prod_{i=1}^{n}\left(\frac{1}{-\lambda_i}\right)^{\frac{1}{p_i}},$$

$$\int_{\mathbb{R}_+^n}G\left(x_1^{\lambda_1},\cdots,x_n^{\lambda_n}\right)\prod_{i=1}^{n}f_i(x_i)\mathrm{d}x_1\cdots\mathrm{d}x_n$$

$$=\int_1^{+\infty}x_1^{\frac{-\alpha_1+1-\lambda_1\varepsilon}{p_1}}\left(\int_1^{+\infty}\cdots\int_1^{+\infty}x_1^{\lambda\lambda_1}K\left(1,x_1^{-\lambda_1/\lambda_2}x_2,\cdots,x_1^{-\lambda_1/\lambda_n}x_n\right)\right.$$

$$\left.\times\prod_{i=2}^{n}x_i^{-\frac{\alpha_i+1-\lambda_i\varepsilon}{p_i}}\mathrm{d}x_2\cdots\mathrm{d}x_n\right)\mathrm{d}x_1$$

$$=\int_1^{+\infty}x_1^{-\frac{\alpha_1+1-\lambda_1\varepsilon}{p_1}+\lambda_1\lambda+\lambda_1\sum\limits_{i=2}^{n}\frac{1}{\lambda_i}-\lambda_1\sum\limits_{i=1}^{n}\frac{\alpha_1+1-\lambda_1\varepsilon}{\lambda_i p_i}}$$

$$\times\left(\int_{x_1^{-\lambda_1/\lambda_2}}^{+\infty}\cdots\int_{x_1^{-\lambda_1/\lambda_n}}^{+\infty}K\left(1,u_2,\cdots,u_n\right)\prod_{i=2}^{n}u_i^{-\frac{\alpha_i+1-\lambda_i\varepsilon}{p_i}}\mathrm{d}u_2\cdots\mathrm{d}u_n\right)\mathrm{d}x_1$$

$$\geqslant\int_1^{+\infty}x_1^{-1-\lambda_1 c+\lambda_2\varepsilon}\mathrm{d}x_1\left(\int_1^{+\infty}\cdots\int_1^{+\infty}K\left(1,u_2,\cdots,u_n\right)\right.$$

$$\left.\times\prod_{i=2}^{n}u_i^{-\frac{\alpha_i+1-\lambda_i\varepsilon}{p_i}}\mathrm{d}u_2\cdots\mathrm{d}u_n\right).$$

综上所述, 得到

$$\int_1^{+\infty}x_1^{-1-\lambda_1 c+\lambda_2\varepsilon}\mathrm{d}x_1$$

$$\times \left(\int_1^{+\infty} \cdots \int_1^{+\infty} K(1, u_2, \cdots, u_n) \prod_{i=2}^n u_i^{-\frac{\alpha_i + 1 - \lambda_i \varepsilon}{p_i}} \mathrm{d}u_2 \cdots \mathrm{d}u_n \right)$$

$$\leqslant M \frac{1}{\varepsilon} \prod_{i=1}^n \left(\frac{1}{-\lambda_i} \right)^{\frac{1}{p_i}} < +\infty.$$

因为 $-1 - \lambda_1 c + \lambda_1 \varepsilon > -1$, 故 $\int_1^{+\infty} x_1^{-1 - \lambda_1 c + \lambda_1 \varepsilon} \mathrm{d}x_1 = +\infty$, 这与上式矛盾, 所以 $c > 0$ 不能成立.

若 $c < 0$, 设 $0 < \varepsilon < -c$, 取

$$f_i(x_i) = \begin{cases} x_i^{(-\alpha_i - 1 - \lambda_i \varepsilon)/p_i}, & 0 < x_i \leqslant 1, \\ 0, & x_i > 1, \end{cases}$$

其中 $i = 1, 2, \cdots, n$. 类似地可得

$$\int_0^1 x_1^{-1 - \lambda_1 c - \lambda_1 \varepsilon} \mathrm{d}x_1 \left(\int_0^1 \cdots \int_0^1 K(1, u_2, \cdots, u_n) \prod_{i=2}^n u_i^{(-\alpha_i - 1 - \lambda_i \varepsilon)/p_i} \mathrm{d}u_2 \cdots \mathrm{d}u_n \right)$$

$$\leqslant M \frac{1}{\varepsilon} \prod_{i=1}^n \left(\frac{1}{-\lambda_i} \right)^{\frac{1}{p_i}} < +\infty.$$

由于 $-1 - \lambda_1 c - \lambda_1 \varepsilon < -1$, 故 $\int_0^1 x_1^{-1 - \lambda_1 c - \lambda_1 \varepsilon} \mathrm{d}x_1 = +\infty$, 这仍与上式矛盾, 所以 $c < 0$ 也不成立.

综上所述, 在 $\lambda_i < 0 \ (i = 1, 2, \cdots, n)$ 的情况下, 也有 $c = 0$.

(ii) 设 (7.2.5) 式成立. 若 $\inf M \neq \dfrac{W_1}{|\lambda_1|} \prod_{i=1}^n |\lambda_i|^{1/p_i}$, 则存在正的常数 $M_0 <$

$\dfrac{W_1}{|\lambda_1|} \prod_{i=1}^n |\lambda_i|^{1/p_i}$, 使得

$$\int_{\mathbb{R}_+^n} G\left(x_1^{\lambda_1}, \cdots, x_n^{\lambda_n} \right) \prod_{i=1}^n f_i(x_i) \, \mathrm{d}x_1 \cdots \mathrm{d}x_n \leqslant M_0 \prod_{i=1}^n \|f_i\|_{p_i, \alpha_i}.$$

对充分小的 $\varepsilon > 0$ 及 $\delta > 0$, 取

$$f_1(x_1) = \begin{cases} x_1^{(-\alpha_1 - 1 - |\lambda_1| \varepsilon)/p_1}, & x_1 \geqslant 1, \\ 0, & 0 < x_1 < 1. \end{cases}$$

当 $i = 2, 3, \cdots, n$ 时, 取

$$f_i(x_i) = \begin{cases} x_i^{(-\alpha_i-1-|\lambda_i|\varepsilon)/p_i}, & x_i \geqslant \delta, \\ 0, & 0 < x_i < \delta. \end{cases}$$

于是有

$$\prod_{i=1}^{n} \|f_i\|_{p_i,\alpha_i} = \left(\int_1^{+\infty} x_1^{-1-|\lambda_1|\varepsilon}\mathrm{d}x_1\right)^{\frac{1}{p_1}} \prod_{i=2}^{n}\left(\int_\delta^{+\infty} x_i^{-1-|\lambda_i|\varepsilon}\mathrm{d}x_i\right)^{\frac{1}{p_i}}$$

$$= \left(\frac{1}{|\lambda_1|\varepsilon}\right)^{\frac{1}{p_1}} \prod_{i=2}^{n}\left(\frac{1}{|\lambda_i|\varepsilon}\frac{1}{\delta^{|\lambda_i|\varepsilon}}\right)^{\frac{1}{p_i}} = \frac{1}{\varepsilon}\prod_{i=1}^{n}\left(\frac{1}{|\lambda_i|}\right)^{\frac{1}{p_i}}\prod_{i=2}^{n}\left(\frac{1}{\delta^{|\lambda_i|\varepsilon}}\right)^{\frac{1}{p_i}},$$

$$\int_{\mathbb{R}_+^n} G\left(x_1^{\lambda_1},\cdots,x_n^{\lambda_n}\right)\prod_{i=1}^{n} f_i(x_i)\,\mathrm{d}x_1\cdots\mathrm{d}x_n$$

$$= \int_1^{+\infty} x_1^{-\frac{\alpha_1+1+|\lambda_1|\varepsilon}{p_1}}\left(\int_\delta^{+\infty}\cdots\int_\delta^{+\infty} K(x_1,\cdots,x_n)\prod_{i=2}^{n} x_i^{-\frac{\alpha_i+1+|\lambda_i|\varepsilon}{p_i}}\mathrm{d}x_2\cdots\mathrm{d}x_n\right)\mathrm{d}x_1$$

$$= \int_1^{+\infty} x_1^{\lambda\lambda_1-\frac{\alpha_1+1+|\lambda_1|\varepsilon}{p_1}}\left(\int_\delta^{+\infty}\cdots\int_\delta^{+\infty} K\left(1,x_1^{-\lambda_1/\lambda_2}x_2,\cdots,x_1^{-\lambda_1/\lambda_n}x_n\right)\right.$$

$$\left.\times\prod_{i=2}^{n} x_i^{-\frac{\alpha_i+1+|\lambda_i|\varepsilon}{p_i}}\mathrm{d}x_2\cdots\mathrm{d}x_n\right)\mathrm{d}x_1$$

$$= \int_1^{+\infty} x_1^{\lambda\lambda_1-\frac{\alpha_1+1+|\lambda_1|\varepsilon}{p_1}-\lambda_1\sum_{i=2}^{n}\frac{\alpha_i+1+|\lambda_i|\varepsilon}{\lambda_i p_i}+\sum_{i=2}^{n}\frac{\lambda_1}{\lambda_i}}$$

$$\times\left(\int_{\delta x_1^{-\lambda_1/\lambda_2}}^{+\infty}\cdots\int_{\delta x_1^{-\lambda_1/\lambda_n}}^{+\infty} K(1,u_2,\cdots,u_n)\sum_{i=2}^{n} u_i^{-\frac{\alpha_i+1+|\lambda_i|\varepsilon}{p_i}}\mathrm{d}u_2\cdots\mathrm{d}u_n\right)\mathrm{d}x_1$$

$$\geqslant \int_1^{+\infty} x_1^{\lambda_1\left(\lambda-\sum_{i=1}^{n}\frac{\alpha_i+1}{\lambda_i p_i}+\sum_{i=1}^{n}\frac{1}{\lambda_i}\right)-\frac{1}{\lambda_1}-\sum_{i=1}^{n}\frac{|\lambda_i|\varepsilon}{\lambda_i p_i}}\mathrm{d}x_1\left(\int_\delta^{+\infty}\cdots\int_\delta^{+\infty} K(1,u_2,\cdots,u_n)\right.$$

$$\left.\times\prod_{i=2}^{n} u_i^{-\frac{\alpha_i+1+|\lambda_i|\varepsilon}{p_i}}\mathrm{d}u_2\cdots\mathrm{d}u_n\right)$$

$$= \int_1^{+\infty} x_1^{-1-|\lambda_1|\varepsilon}\mathrm{d}x_1\left(\int_\delta^{+\infty}\cdots\int_\delta^{+\infty} K(1,u_2,\cdots,u_n)\prod_{i=2}^{n} u_i^{-\frac{\alpha_i+1+|\lambda_i|\varepsilon}{p_i}}\mathrm{d}u_2\cdots\mathrm{d}u_n\right)$$

$$= \frac{1}{|\lambda_1|\varepsilon}\int_\delta^{+\infty}\cdots\int_\delta^{+\infty} K(1,u_2,\cdots,u_n)\prod_{i=2}^{n} u_i^{-\frac{\alpha_i+1+|\lambda_i|\varepsilon}{p_i}}\mathrm{d}u_2\cdots\mathrm{d}u_n.$$

综上所述, 得到

$$\frac{1}{|\lambda_1|} \int_\delta^{+\infty} \cdots \int_\delta^{+\infty} K(1, u_2, \cdots, u_n) \prod_{i=2}^n u_i^{-\frac{\alpha_i+1+|\lambda_i|\varepsilon}{p_i}} \mathrm{d}u_2 \cdots \mathrm{d}u_n$$

$$\leqslant M_0 \prod_{i=1}^n \left(\frac{1}{|\lambda_i|}\right)^{\frac{1}{p_i}} \prod_{i=2}^n \left(\frac{1}{\delta^{|\lambda_i|\varepsilon}}\right)^{\frac{1}{p_i}}.$$

先令 $\varepsilon \to 0^+$, 再令 $\delta \to 0^+$, 得到

$$\frac{W_1}{|\lambda_1|} \prod_{i=1}^n |\lambda_i|^{\frac{1}{p_i}} = \frac{1}{|\lambda_1|} \prod_{i=1}^n |\lambda_i|^{\frac{1}{p_i}} \int_{\mathbb{R}_+^{n-1}} K(1, u_2, \cdots, u_n) \prod_{i=2}^n u_i^{-\frac{\alpha_i+1}{p_i}} \mathrm{d}u_2 \cdots \mathrm{d}u_n \leqslant M_0,$$

这与 $M_0 < \dfrac{W_1}{|\lambda_1|} \prod\limits_{i=1}^n |\lambda_i|^{1/p_i}$ 矛盾, 故 $\inf M = \dfrac{W_1}{|\lambda_1|} \prod\limits_{i=1}^n |\lambda_i|^{1/p_i}$, 即 $\dfrac{W_1}{|\lambda_1|} \prod\limits_{i=1}^n |\lambda_i|^{1/p_i}$ 是 (7.2.5) 式的最佳常数因子. 证毕.

注 令

$$\Delta = \sum_{i=1}^n \frac{\alpha_i+1}{\lambda_i p_i} - \left(\lambda + \sum_{i=1}^n \frac{1}{\lambda_i}\right)$$

则当且仅当 $\Delta = 0$ 时, 存在常数 $M > 0$, 使 (7.2.5) 式成立. 今后称此 Δ 为构建拟齐次核第一类重积分 Hilbert 型的判别式.

例 7.2.5 设 $n \geqslant 2$, 试讨论是否存在常数 $M > 0$ 使 Hilbert 型重积分不等式

$$\int_{\mathbb{R}_+^{n-1}} \frac{1}{\sqrt{x_1 + x_2^2 + \cdots + x_n^n}} \prod_{i=1}^n f_i(x_i) \mathrm{d}x_1 \cdots \mathrm{d}x_n \leqslant M \prod_{i=1}^n \|f_i\|_n \tag{7.2.6}$$

成立, 其中 $f_i(x_i) \in L_n(0, +\infty)$.

解 令 $G\left(x_1, x_2^2, \cdots, x_n^n\right) = 1/\sqrt{x_1 + x_2^2 + \cdots + x_n^n}$, 则

$$G(u_1, u_2, \cdots, u_n) = 1/\sqrt{u_1 + u_2 + \cdots + u_n}$$

是 $\lambda = -\dfrac{1}{2}$ 阶齐次函数. 由于 (7.2.6) 式中的 $\lambda_i = i$, $\alpha_i = 0$, $p_i = n$ $(i = 1, 2, \cdots, n)$, 故

$$\Delta = \sum_{i=1}^n \frac{\alpha_i+1}{\lambda_i p_i} - \left(\lambda + \sum_{i=1}^n \frac{1}{\lambda_i}\right) = \sum_{i=1}^n \frac{1}{in} - \left(-\frac{1}{2} + \sum_{i=1}^n \frac{1}{i}\right) \neq 0.$$

根据定理 7.2.2, 不存在常数 $M > 0$, 建立出不等式 (7.2.6). 解毕.

例 7.2.6 设 $n \geqslant 2$, $\sum_{i=1}^{n} \dfrac{1}{p_i} = 1 \, (p_i > 1)$, $a > 0$, $\lambda_i > 0$, $\alpha_i \in \mathbb{R}$, $p_i > 1 + \alpha_i$

$(i = 1, 2, \cdots, n)$, 求证: 当且仅当 $\sum_{i=1}^{n} \dfrac{\alpha_i + 1}{\lambda_i p_i} = \sum_{i=1}^{n} \dfrac{1}{\lambda_i} - a$ 时, 存在常数 $M > 0$,

使

$$\int_{\mathbb{R}_+^n} \frac{1}{(x_1^{\lambda_1} + x_2^{\lambda_2} + \cdots + x_n^{\lambda_n})^a} \prod_{i=1}^{n} f_i(x_i) \, \mathrm{d}x_1 \cdots \mathrm{d}x_n \leqslant M \prod_{i=1}^{n} \|f_i\|_{p_i, \alpha_i}. \quad (7.2.7)$$

其中 $f_i(x_i) \in L_{p_i}^{\alpha_i}(0, +\infty) \, (i = 1, 2, \cdots, n)$. 若 (7.2.7) 式成立, 求出其最佳常数因子.

证明 令 $G(x_1^{\lambda_1}, \cdots, x_n^{\lambda_n}) = 1/(x_1^{\lambda_1} + \cdots + x_n^{\lambda_n})^a$, 则 $G(u_1, \cdots, u_n)$ 是 $-a$ 阶齐次函数, 根据定理 7.2.2, 当且仅当

$$\Delta = \sum_{i=1}^{n} \frac{\alpha_i + 1}{\lambda_i p_i} - \left(\sum_{i=1}^{n} \frac{1}{\lambda_i} + \lambda \right) = \sum_{i=1}^{n} \frac{\alpha_i + 1}{\lambda_i p_i} - \left(\sum_{i=1}^{n} \frac{1}{\lambda_i} - a \right) = 0$$

时, 存在常数 M 使 (7.2.7) 式成立.

又因为当 $\Delta = 0$ 时, 有

$$\begin{aligned}
W_1 &= \int_{\mathbb{R}_+^{n-1}} G(1, u_2^{\lambda_2}, \cdots, u_n^{\lambda_n}) \prod_{i=2}^{n} u_i^{-\frac{\alpha_i + 1}{p_i}} \, \mathrm{d}u_2 \cdots \mathrm{d}u_n \\
&= \int_{\mathbb{R}_+^{n-1}} \frac{1}{(1 + u_2^{\lambda_2} + \cdots + u_n^{\lambda_n})^a} \prod_{i=2}^{n} u_i^{-\frac{\alpha_i + 1}{p_i}} \, \mathrm{d}u_2 \cdots \mathrm{d}u_n \\
&= \frac{\prod\limits_{i=2}^{n} \Gamma\left(\dfrac{1}{\lambda_i}\left(1 - \dfrac{\alpha_i + 1}{p_i}\right) \right)}{\lambda_2 \cdots \lambda_n \Gamma\left(\sum\limits_{i=2}^{n} \dfrac{1}{\lambda_i}\left(1 - \dfrac{\alpha_i + 1}{p}\right) \right)} \int_0^{+\infty} \frac{1}{(1+u)^a} u^{\sum\limits_{i=2}^{n} \frac{1}{\lambda_i}\left(1 - \frac{\alpha_i+1}{p_i}\right) - 1} \, \mathrm{d}u \\
&= \frac{\prod\limits_{i=2}^{n} \Gamma\left(\dfrac{1}{\lambda_i}\left(1 - \dfrac{\alpha_i + 1}{p_i}\right) \right)}{\lambda_2 \cdots \lambda_n \Gamma\left(\sum\limits_{i=2}^{n} \dfrac{1}{\lambda_i}\left(1 - \dfrac{\alpha_i + 1}{p_i}\right) \right)} \\
&\quad \times \frac{\Gamma\left(\sum\limits_{i=2}^{n} \dfrac{1}{\lambda_i}\left(1 - \dfrac{\alpha_i + 1}{p_i}\right) \right) \Gamma\left(a - \sum\limits_{i=2}^{n} \dfrac{1}{\lambda_i}\left(1 - \dfrac{\alpha_i + 1}{p_i}\right) \right)}{\Gamma(a)}
\end{aligned}$$

$$= \frac{1}{\Gamma(a)} \prod_{i=2}^{n} \frac{1}{\lambda_i} \prod_{i=2}^{n} \Gamma\left(\frac{1}{\lambda_i}\left(1 - \frac{\alpha_i + 1}{p_i}\right)\right) \Gamma\left(\frac{1}{\lambda_1}\left(1 - \frac{\alpha_1 + 1}{p_1}\right)\right)$$

$$= \frac{1}{\Gamma(a)} \prod_{i=2}^{n} \frac{1}{\lambda_i} \prod_{i=1}^{n} \Gamma\left(\frac{1}{\lambda_i}\left(1 - \frac{\alpha_i + 1}{p_i}\right)\right).$$

根据定理 7.2.2, 当 (7.2.7) 式成立时, 其最佳常数因子为

$$\inf M = \frac{W_1}{\lambda_1} \prod_{i=1}^{n} \lambda_i^{\frac{1}{p_i}} = \frac{1}{\Gamma(a)} \prod_{i=1}^{n} \lambda_i^{\frac{1}{p_i} - 1} \prod_{i=1}^{n} \Gamma\left(\frac{1}{\lambda_i}\left(1 - \frac{\alpha_i + 1}{p_i}\right)\right).$$

证毕.

在例 7.2.6 中, 取 $\alpha_i = 0$, 则可得:

例 7.2.7 设 $n \geqslant 2$, $\sum_{i=1}^{n} \frac{1}{p_i} = 1$ $(p_i > 1)$, $a > 0$, $\lambda_i > 0$, $f_i(x_i) \in L_{p_i}(0, +\infty)$,

$(i = 1, 2, \cdots, n)$, 则当且仅当 $a = \sum_{i=1}^{n} \frac{1}{\lambda_i}\left(1 - \frac{1}{p_i}\right)$ 时, 有

$$\int_{\mathbb{R}_+^n} \frac{1}{\left(x_1^{\lambda_1} + x_2^{\lambda_2} + \cdots + x_n^{\lambda_n}\right)^a} \prod_{i=1}^{n} f_i(x_i) \, dx_1 \cdots dx_n \leqslant M_0 \prod_{i=1}^{n} \|f_i\|_{p_i},$$

其中的常数因子 $M_0 = \frac{1}{\Gamma(a)} \prod_{i=1}^{n} \lambda_i^{\frac{1}{p_i} - 1} \prod_{i=1}^{n} \Gamma\left(\frac{1}{\lambda_i}\left(1 - \frac{1}{p_i}\right)\right)$ 是最佳的.

7.3 第一类重积分 Hilbert 型不等式的应用

设 $n \geqslant 2$, $\sum_{i=1}^{n} \frac{1}{p_i} = 1$ $(p_i > 1)$, $q_n = \left(\sum_{i=1}^{n-1} \frac{1}{p_i}\right)^{-1}$, $\alpha_i \in \mathbb{R}$ $(i = 1, 2, \cdots, n)$.
定义 $L_{p_i}^{\alpha_i}(0, +\infty)$ $(i = 1, 2, \cdots, n-1)$ 的乘积空间为

$$\prod_{i=1}^{n-1} L_{p_i}^{\alpha_i}(0, +\infty) = \left\{(f_1, \cdots, f_{n-1}) : f_i(x_i) \in L_{p_i}^{\alpha_i}(0, +\infty), i = 1, 2, \cdots, n-1\right\}.$$

定义 $\prod_{i=1}^{n-1} L_{p_i}^{\alpha_i}(0, +\infty)$ 上的第一类重积分算子 $T : \prod_{i=1}^{n-1} L_{p_i}^{\alpha_i}(0, +\infty) \to L_{q_n}^{\alpha_n}(0,$

$+\infty)$ 为

$$T(f_1, \cdots, f_{n-1})(x_n) = \int_{\mathbb{R}_+^{n-1}} K(x_1, \cdots, x_{n-1}, x_n) \prod_{i=1}^{n-1} f_i(x_i) \, dx_1 \cdots dx_{n-1},$$

其中 $(f_1, \cdots, f_{n-1}) \in \prod\limits_{i=1}^{n-1} L_{p_i}^{\alpha_i}(0, +\infty)$.

利用 $\dfrac{1}{q_n} + \dfrac{1}{p_n} = 1$, 不难证明如下两个不等式等价:

$$\int_{\mathbb{R}_+^n} K(x_1, \cdots, x_{n-1}, x_n) \prod_{i=1}^n f_i(x_i) \, dx_1 \cdots dx_n \leqslant M \prod_{i=1}^n \|f_i\|_{p_i, \alpha_i}, \qquad (7.3.1)$$

$$\|T(f_1, \cdots, f_{n-1})\|_{q_n, \alpha_n(1-q_n)} \leqslant M \prod_{i=1}^{n-1} \|f_i\|_{p_i, \alpha_i}. \qquad (7.3.2)$$

若 (7.3.2) 式成立, 我们称 T 是有界算子, T 的算子范数为

$$\|T\| = \sup \left\{ \frac{\|T(f_1, \cdots, f_{n-1})\|_{q_n, \alpha_n(1-q_n)}}{\prod\limits_{i=1}^{n-1} \|f_i\|_{p_i, \alpha_i}} : f_i \in L_{p_i}^{\alpha_i}(0, +\infty), \|f_i\|_{p_i, \alpha_i} \neq 0 \right\}.$$

由此可知, 讨论 T 的有界性及算子范数, 其本质就是讨论第一类重积分 Hilbert 型不等式及最佳常数因子.

根据定理 7.2.2, 可得:

定理 7.3.1 设 $n \geqslant 2$, $\sum\limits_{i=1}^n \dfrac{1}{p_i} = 1$ $(p_i > 1)$, $q_n = \left(\sum\limits_{i=1}^{n-1} \dfrac{1}{p_i} \right)^{-1}$, $\lambda \in \mathbb{R}, \lambda_i \lambda_j >$ $0\, (i, j = 1, 2, \cdots, n)$, $\alpha_i \in \mathbb{R}$ $(i = 1, 2, \cdots, n)$, $K(x_1, \cdots, x_n) = G\left(x_1^{\lambda_1}, \cdots, x_n^{\lambda_n}\right)$ $\geqslant 0$, $G(u_1, \cdots, u_n)$ 是 λ 阶齐次可测函数, 且

$$W_1 = \int_{\mathbb{R}_+^{n-1}} G\left(1, u_2^{\lambda_2}, \cdots, u_n^{\lambda_n}\right) \prod_{i=2}^n u_i^{-\frac{\alpha_i + 1}{p_i}} \, du_2 \cdots du_n$$

收敛. 则

(i) 当且仅当 $\sum\limits_{i=1}^n \dfrac{\alpha_i + 1}{\lambda_i p_i} = \lambda + \sum\limits_{i=1}^n \dfrac{1}{\lambda_i}$ 时, 算子 T:

$$T(f_1, \cdots, f_{n-1})(x_n) = \int_{\mathbb{R}_+^{n-1}} K(x_1, \cdots, x_{n-1}, x_n) \prod_{i=1}^{n-1} f_i(x_i) \, dx_1 \cdots dx_{n-1}$$

是从 $\prod\limits_{i=1}^{n-1} L_{p_i}^{\alpha_i}(0, +\infty)$ 到 $L_{q_n}^{\alpha_n(1-q_n)}(0, +\infty)$ 的有界算子.

(ii) 当 $\sum\limits_{i=1}^n \dfrac{\alpha_i + 1}{\lambda_i p_i} = \lambda + \sum\limits_{i=1}^n \dfrac{1}{\lambda_i}$ 时, T 的算子范数 $\|T\| = \dfrac{W_1}{|\lambda_1|} \prod\limits_{i=1}^n |\lambda_i|^{\frac{1}{p_i}}$.

例 7.3.1 设 $n \geqslant 2$, 试讨论算子

$$T(f_1, \cdots, f_{n-1})(x_n) = \int_{\mathbb{R}_+^{n-1}} \frac{\min\{x_1, x_2^2, \cdots, x_n^n\}}{(x_1 + x_2^2 + \cdots + x_n^n)^2} \prod_{i=1}^{n-1} f_i(x_i) \, dx_1 \cdots dx_{n-1}$$

是否是 $\prod_{i=1}^{n-1} L_n(0, +\infty)$ 到 $L_n(0, +\infty)$ 的有界算子.

解 记

$$G(x_1, x_2^2, \cdots, x_n^n) = \frac{\min\{x_1, x_2^2, \cdots, x_n^n\}}{(x_1 + x_2^2 + \cdots + x_n^n)^2},$$

则 $G(u_1, u_2, \cdots, u_n)$ 是 $\lambda = -1$ 阶齐次函数.

因为 $\alpha_1 = \cdots = \alpha_n = 0$, $p_1 = \cdots = p_n = n$, $\lambda_i = i$ $(i = 1, 2, \cdots, n)$, 故

$$\Delta = \sum_{i=1}^n \frac{\alpha_i + 1}{\lambda_i p_i} - \left(\lambda + \sum_{i=1}^n \frac{1}{\lambda_i}\right) = \sum_{i=1}^n \frac{1}{ni} - \sum_{i=1}^n \frac{1}{i} + 1 \neq 0.$$

根据定理 7.3.1, T 不是 $\prod_{i=1}^{n-1} L_n(0, +\infty)$ 到 $L_n(0, +\infty)$ 的有界算子. 解毕.

根据例 7.2.3, 可得:

例 7.3.2 设 $n \geqslant 2$, $\sum_{i=1}^n \frac{1}{p_i} = 1$ $(p_i > 1)$, $\lambda > 0$, $\lambda_i > 0$, $\alpha_i = \left(1 - \frac{1}{n}\lambda\lambda_i\right) \cdot$

$p_i - 1$, $(i = 1, 2, \cdots, n)$, $q_n = \left(\sum_{i=1}^{n-1} \frac{1}{p_i}\right)^{-1}$, 则算子 T:

$$T(f_1, \cdots, f_{n-1})(x_n) = \int_{\mathbb{R}_+^{n-1}} \frac{1}{\left(x_1^{\lambda_1} + \cdots + x_{n-1}^{\lambda_{n-1}} + x_n^{\lambda_n}\right)^\lambda} \prod_{i=1}^{n-1} f_i(\lambda_i) \, dx_1 \cdots dx_{n-1}$$

是 $\prod_{i=1}^{n-1} L_{p_i}^{\alpha_i}(0, +\infty)$ 到 $L_{q_n}^{\alpha_n(1-q_n)}(0, +\infty)$ 的有界算子, 且 T 的算子范数为

$$\|T\| = \frac{1}{\Gamma(\lambda)} \Gamma^n\left(\frac{\lambda}{n}\right) \prod_{i=1}^n \lambda_i^{\frac{1}{p_i} - 1}.$$

根据例 7.2.4, 可得:

例 7.3.3 设 $n \geqslant 2$, $\sum_{i=1}^n \frac{1}{p_i} = 1$ $(p_i > 1)$, $q_n = \left(\sum_{i=1}^{n-1} \frac{1}{p_i}\right)^{-1}$, $\lambda_i > 0$ $(i = 1,$

$2, \cdots, n)$, 则算子 T:

$$T(f_1, \cdots, f_{n-1})(x_n) = \int_{\mathbb{R}_+^{n-1}} \frac{\min\left\{x_1^{\lambda_1}, \cdots, x_n^{\lambda_n}\right\}}{\max\left\{x_1^{\lambda_1}, \cdots, x_n^{\lambda_n}\right\}} \prod_{i=1}^{n-1} f_i(x_i) \, \mathrm{d}x_1 \cdots \mathrm{d}x_{n-1}$$

是 $\prod\limits_{i=1}^{n-1} L_{p_i}^{p_i-1}(0, +\infty)$ 到 $L_{q_n}^{-1}(0, +\infty)$ 的有界算子, 且 T 的算子范数

$$||T|| = n! \prod_{i=1}^{n} \lambda_i^{\frac{1}{p_i}-1}.$$

根据例 7.2.6, 可得:

例 7.3.4　设 $n \geqslant 2$, $\sum\limits_{i=1}^{n} \frac{1}{p_i} = 1$ $(p_i > 1)$, $q_n = \left(\sum\limits_{i=1}^{n-1} \frac{1}{p_i}\right)^{-1}$, $a > 0$, $\lambda_i > 0$ $(i = 1, 2, \cdots, n)$, 则当且仅当 $a = \sum\limits_{i=1}^{n} \frac{1}{\lambda_i}\left(1 - \frac{1}{p_i}\right)$ 时, 算子 T:

$$T(f_1, \cdots, f_{n-1})(x_n) = \int_{\mathbb{R}_+^{n-1}} \frac{1}{\left(x_1^{\lambda_1} + \cdots + x_n^{\lambda_n}\right)^a} \prod_{i=1}^{n-1} f_i(x_i) \, \mathrm{d}x_1 \cdots \mathrm{d}x_{n-1}$$

是 $\prod\limits_{i=1}^{n-1} L_{p_i}(0, +\infty)$ 到 $L_{q_n}(0, +\infty)$ 的有界算子, 且当 $a = \sum\limits_{i=1}^{n} \frac{1}{\lambda_i}\left(1 - \frac{1}{p_i}\right)$ 时, T 的算子范数为

$$||T|| = \frac{1}{\Gamma(a)} \prod_{i=1}^{n} \lambda_i^{\frac{1}{p_i}-1} \prod_{i=1}^{n} \Gamma\left(\frac{1}{\lambda_i}\left(1 - \frac{1}{p_i}\right)\right).$$

参 考 文 献

和炳, 曹俊飞, 杨必成. 2015. 一个全新的多重 Hilbert 型积分不等式 [J]. 数学学报 (中文版), 58(4): 661-672.

洪勇. 2001. 关于 Hardy- Hilbert 积分不等式的全方位推广 [J]. 数学学报, 4(4): 619-626.

李继猛, 刘琼. 2009. 一个推广的 Hardy-Hilbert 不等式及应用 [J]. 数学学报, 52(2): 237-244.

杨必成. 2021. 一个多维逆向的 Hilbert 型积分不等式的等价陈述 [J]. 东莞理工学院学报, 28(3): 1-7.

杨必成. 2003. 关于一个多重的 Hardy- Hilbert 积分不等式 [J]. 数学年刊, 24A(6): 743-750.

Arpad B, Choonghong O. 2006. Best constants for certain multilinear integral operator [J]. Journal of Inequalities and Applications, Art. 1D28582: 112.

Brnetic L, Krnic M, Pecaric J. 2005. Multiple Hilbert and Hardy-Hilbert inequalities with non-conjugate parameters [J]. Bull. Austral. Math. Soc., 71: 447-457.

Cao J F, He B, Hong Y, Yang B C. 2018. Equivalent conditions and applications of a class of Hilbert-type integral inequalities involving multiple functions with quasi-homogeneous kernels[J]. J. Inequal. Appl., 2018(1): 1-12.

El-Marouf S A A. 2015. Generalization of Hilbert inequality with some parameters[J]. Math. Slovaca, 65(3): 493-510.

He B, Hong Y, Li Z. 2021. Conditions for the validity of a class of optimal Hilbert type multiple integral inequalities with nonhomogeneous kernels [J]. J. Inequal. Appl., 2021(1): 1-12.

Hong Y, Liao J Q, Yang B C, Chen Q. 2020.A class of Hilbert-type multiple Integral inequalities with the kernel of generalized homogeneous function and its applications[J]. J. Inequal. Appl., 2020(1): 1-13.

Hong Y. 2006. On multiple Hardy-Hilbert integral inequalities with some parameters[J]. Journal of Inequalities and Applications, Art. ID 94960: 1-11.

Huang Z X, Yang B C. 2015. A multidimensional Hilbert-type integral Inequality [J]. J. Inequal. Appl., 2015(1): 1-13.

Jorge Pérez V H, Freitas T H. 2020. Hilbert-Samuel multiplicity and Northcott's inequality relative to an Artinian module [J]. Internat. J. Algebra Comput., 30(2): 379-396.

Liu Q , Chen D Z. 2017. A Hilbert-type integral inequality on the fractal space[J]. Integral Transforms Spec. Funct., 28(10): 772-780.

Mario K, Vuković P. 2020. Multidimensional Hilbert-type Inequalities obtained via local fractional calculus [J]. Acta Appl. Math., 169: 667-680.

Víctor G G, Salvador P O. 2020. Weighted inequalitiesfor the multilinear Hilbert and Calderón operators and applications [J]. J.Math. Inequal., 14(1): 99-120.

Zhong J H, Yang B C. 2021. On a multiple Hilbert-type integral inequality involving the upper limit functions [J]. J. Inequal. Appl., 17: 9.

Zhong W Y, Yang B C. 2007. On Multiples Hardy-Hilbert integral inequality with kernel [J]. J. Inequal. Appl., 2007(1): 1-17.

第 8 章　第二类重积分 Hilbert 型不等式

设 $\dfrac{1}{p} + \dfrac{1}{q} = 1\ (p > 1)$, $\alpha, \beta \in \mathbb{R}$, $n \geqslant 2$, $x = (x_1, x_2, \cdots, x_n)$, $\rho > 0$, $\|x\|_{\rho,n} = (x_1^\rho + x_2^\rho + \cdots + x_n^\rho)^{1/\rho}$, $K(u,v)$ 非负可测, M 是一个正的常数, 记

$$L_p^\alpha\left(\mathbb{R}_+^n\right) = \left\{ f(x) \geqslant 0 : \|f\|_{p,\alpha} = \left(\int_{\mathbb{R}_+^n} \|x\|_{\rho,m}^\alpha f^p(x)\,\mathrm{d}x \right)^{\frac{1}{p}} < +\infty \right\}.$$

我们称不等式

$$\int_{\mathbb{R}_+^n} \int_{\mathbb{R}_+^m} K\left(\|x\|_{\rho,m}, \|y\|_{\rho,n} \right) f(x)\, g(y)\, \mathrm{d}x\mathrm{d}y \leqslant M \|f\|_{p,\alpha} \|g\|_{q,\beta}$$

为第二类重积分 Hilbert 型不等式.

本章中, 我们将讨论第二类重积分 Hilbert 型不等式的适配参数问题及构建这类不等式的参数条件.

8.1　齐次核的第二类重积分 Hilbert 型不等式

8.1.1　齐次核的第二类重积分 Hilbert 型不等式的适配数条件

引理 8.1.1　设 $m, n \in \mathbb{N}_+$, $\rho > 0$, $\dfrac{1}{p} + \dfrac{1}{q} = 1\,(p > 1)$, $\lambda, a, b \in \mathbb{R}$, $x = (x_1, \cdots, x_m) \in \mathbb{R}_+^m$, $y = (y_1, \cdots, y_n) \in \mathbb{R}_+^n$, $K(u,v)$ 是 λ 阶齐次非负可测函数, $aq + bp = \lambda + m + n$, 记

$$W_0 = \int_0^{+\infty} K(1,t)\, t^{-bp+n-1}\mathrm{d}t,$$

则有

$$W_1(b,p,n) = \int_{\mathbb{R}_+^n} K\left(1, \|y\|_{\rho,n}\right) \|y\|_{\rho,n}^{-bp}\,\mathrm{d}y = \frac{\Gamma^n(1/\rho)}{\rho^{n-1}\Gamma(n/\rho)} W_0,$$

$$W_2(a,q,m) = \int_{\mathbb{R}_+^m} K\left(\|x\|_{\rho,m}, 1\right) \|x\|_{\rho,m}^{-aq}\,\mathrm{d}x = \frac{\Gamma^m(1/\rho)}{\rho^{m-1}\Gamma(m/\rho)} W_0,$$

$$\omega_1 (x) = \int_{\mathbb{R}_+^n} K\left(\|x\|_{\rho,m}, \|y\|_{\rho,n}\right) \|y\|_{\rho,n}^{-bp} \, \mathrm{d}y = \|x\|_{\rho,m}^{\lambda-bp+n} W_1(b,p,n),$$

$$\omega_2 (y) = \int_{\mathbb{R}_+^m} K\left(\|x\|_{\rho,m}, \|y\|_{\rho,n}\right) \|x\|_{\rho,m}^{-aq} \, \mathrm{d}x = \|y\|_{\rho,n}^{\lambda-aq+m} W_2(n,q,m).$$

证明 根据定理 1.7.2, 有

$$W_1(b,p,n) = \int_{\mathbb{R}_+^n} K\left(1, \|y\|_{\rho,n}\right) \|y\|_{\rho,n}^{-bp} \, \mathrm{d}y$$

$$= \frac{\Gamma^n(1/\rho)}{\rho^{n-1}\Gamma(n/\rho)} \int_0^{+\infty} K(1,t)\, t^{-bp+n-1} \mathrm{d}t = \frac{\Gamma^n(1/\rho)}{\rho^{n-1}\Gamma(n/\rho)} W_0,$$

$$W_2(a,q,m) = \frac{\Gamma^m(1/\rho)}{\rho^{m-1}\Gamma(m/\rho)} \int_0^{+\infty} K(t,1)\, t^{-aq+m-1} \mathrm{d}t$$

$$= \frac{\Gamma^m(1/\rho)}{\rho^{m-1}\Gamma(m/\rho)} \int_0^{+\infty} K\left(1,\frac{1}{t}\right) t^{\lambda-aq+m-1} \mathrm{d}t$$

$$= \frac{\Gamma^m(1/\rho)}{\rho^{m-1}\Gamma(m/\rho)} \int_0^{+\infty} K(1,u)\, u^{-\lambda+aq-m-1} \mathrm{d}u$$

$$= \frac{\Gamma^m(1/\rho)}{\rho^{m-1}\Gamma(m/\rho)} \int_0^{+\infty} K(1,u)\, u^{-bp+n-1} \mathrm{d}u = \frac{\Gamma^m(1/\rho)}{\rho^{m-1}\Gamma(m/\rho)} W_0.$$

作变换 $y_1 = z_1 \cdot \|x\|_{\rho,m}, \cdots, y_n = z_n \cdot \|x\|_{\rho,m}$, 则

$$\omega_1(x) = \|x\|_{\rho,m}^{\lambda} \int_{\mathbb{R}_+^n} K\left(1, \frac{\|y\|_{\rho,n}}{\|x\|_{\rho,m}}\right) \|y\|_{\rho,n}^{-bp} \, \mathrm{d}y$$

$$= \|x\|_{\rho,m}^{\lambda-bp} \int_{\mathbb{R}_+^n} K\left(1, \left\|y/\|x\|_{\rho,m}\right\|_{\rho,n}\right) \left\|y/\|x\|_{\rho,m}\right\|_{\rho,n}^{-bp} \, \mathrm{d}y$$

$$= \|x\|_{\rho,m}^{\lambda-bp+n} \int_{\mathbb{R}_+^n} K\left(1, \|z\|_{\rho,n}\right) \|z\|_{\rho,n}^{-bn} \, \mathrm{d}z = \|x\|_{\rho,m}^{\lambda-bp+n} W_1(b,p,n).$$

同理可证 $\omega_2(y) = \|y\|_{\rho,n}^{\lambda-aq+m} W_2(a,q,m)$. 证毕.

定理 8.1.1 设 $m, n \in \mathbb{N}_+$, $\rho > 0$, $\frac{1}{p} + \frac{1}{q} = 1 (p > 1)$, $\lambda, a, b \in \mathbb{R}$, $x = (x_1, \cdots, x_m) \in \mathbb{R}_+^m$, $y = (y_1, \cdots, y_n) \in \mathbb{R}_+^n$, $K(u,v)$ 是 λ 阶齐次非负可测函数,

$$W_1(b,p,n) = \int_{\mathbb{R}_+^n} K\left(1, \|y\|_{\rho,n}\right) \|y\|_{\rho,n}^{-bp} \, \mathrm{d}y,$$

$$W_2\left(a,q,m\right)=\int_{\mathbb{R}_+^m}K\left(\|x\|_{\rho,m},1\right)\|x\|_{\rho,m}^{-aq}\,\mathrm{d}x$$

都收敛, 则

(i) 当 $f(x)\geqslant 0$, $g(y)\geqslant 0$ 时, 有

$$\int_{\mathbb{R}_+^n}\int_{\mathbb{R}_+^m}K\left(\|x\|_{\rho,m},\|y\|_{\rho,n}\right)f(x)\,g(y)\,\mathrm{d}x\mathrm{d}y$$

$$\leqslant W_1^{\frac{1}{p}}\left(b,p,n\right)W_2^{\frac{1}{q}}\left(a,q,m\right)$$

$$\times\left(\int_{\mathbb{R}_+^m}\|x\|_{\rho,m}^{\lambda+p(a-b)+n}f^p(x)\,\mathrm{d}x\right)^{\frac{1}{p}}\left(\int_{\mathbb{R}_+^n}\|y\|_{\rho,n}^{\lambda+q(b-a)+m}g^q(y)\,\mathrm{d}y\right)^{\frac{1}{q}}.\quad(8.1.1)$$

(ii) 当且仅当 $aq+bp=\lambda+m+n$ 时, (8.1.1) 式中的常数因子

$$W_1^{\frac{1}{p}}\left(b,p,n\right)W_2^{\frac{1}{q}}\left(a,q,m\right)$$

是最佳的, 且当 $aq+bp=\lambda+m+n$ 时, (8.1.1) 式化为

$$\int_{\mathbb{R}_+^n}\int_{\mathbb{R}_+^m}K\left(\|x\|_{\rho,m},\|y\|_{\rho,n}\right)f(x)\,g(y)\,\mathrm{d}x\mathrm{d}y\leqslant M_0\,\|f\|_{p,apq-m}\,\|g\|_{q,bpq-n}\,,$$

$$(8.1.2)$$

其中的常数因子

$$M_0=\frac{\Gamma^{\frac{n}{p}+\frac{m}{q}}\left(1/\rho\right)}{\rho^{\frac{n}{p}+\frac{m}{q}-1}\Gamma^{\frac{1}{p}}\left(n/\rho\right)\Gamma^{\frac{1}{q}}\left(m/\rho\right)}\int_0^{+\infty}K\left(1,t\right)t^{-bp+n-1}\mathrm{d}t.$$

证明　(i) 根据 Hölder 不等式及引理 8.1.1, 有

$$\int_{\mathbb{R}_+^n}\int_{\mathbb{R}_+^m}K\left(\|x\|_{\rho,m},\|y\|_{\rho,n}\right)f(x)\,g(y)\,\mathrm{d}x\mathrm{d}y$$

$$=\int_{\mathbb{R}_+^n}\int_{\mathbb{R}_+^m}\left(\frac{\|x\|_{\rho,m}^a}{\|y\|_{\rho,n}^b}f(x)\right)\left(\frac{\|y\|_{\rho,n}^b}{\|x\|_{\rho,m}^a}g(y)\right)K\left(\|x\|_{\rho,m},\|y\|_{\beta,n}\right)\mathrm{d}x\mathrm{d}y$$

$$\leqslant\left(\iint_{\mathbb{R}_+^n}\int_{\mathbb{R}_+^m}\frac{\|x\|_{\rho,m}^{ap}}{\|y\|_{\rho,n}^{bp}}f^p(x)\,K\left(\|x\|_{\rho,m},\|y\|_{\rho,n}\right)\mathrm{d}x\mathrm{d}y\right)^{\frac{1}{p}}$$

$$\times\left(\iint_{\mathbb{R}_+^n}\int_{\mathbb{R}_+^m}\frac{\|y\|_{\rho,n}^{pq}}{\|x\|_{\rho,m}^{aq}}g^q(y)\,K\left(\|x\|_{\rho,m},\|y\|_{\rho,n}\right)\mathrm{d}x\mathrm{d}y\right)^{\frac{1}{q}}$$

$$=\left(\int_{\mathbb{R}_+^m}\|x\|_{\rho,m}^{ap}f^p(x)\,\omega_1(x)\,\mathrm{d}x\right)^{\frac{1}{p}}\left(\int_{\mathbb{R}_+^n}\|y\|_{\rho,n}^{bq}g^q(y)\,\omega_2(y)\,\mathrm{d}y\right)^{\frac{1}{q}}$$

$$= W_1^{\frac{1}{p}}(b,p,n) W_2^{\frac{1}{q}}(a,q,m)$$

$$\times \left(\int_{\mathbb{R}_+^m} ||x||_{\rho,m}^{\lambda+p(a-b)+n} f^p(x)\, \mathrm{d}x \right)^{\frac{1}{p}} \left(\int_{\mathbb{R}_+^n} ||y||_{\rho,n}^{\lambda+q(b-a)+m} g^q(y)\, \mathrm{d}y \right)^{\frac{1}{q}},$$

故 (8.1.1) 式成立.

(ii) 设 $aq+bp = \lambda+m+n$. 由引理 8.1.1, 可知 (8.1.1) 式化为 (8.1.2) 式. 若 (8.1.2) 式的常数因子 M_0 不是最佳的, 则存在常数 $M_0' < M_0$, 使得用 M_0' 代替 M_0 后 (8.1.2) 式仍成立.

取充分小的 $\varepsilon > 0$ 及 $\delta > 0$, 令

$$f(x) = \begin{cases} ||x||_{\rho,m}^{(-apq-\varepsilon)/p}, & ||x||_{\rho,m} \geqslant 1, \\ 0, & 0 < ||x||_{\rho,m} < 1, \end{cases}$$

$$g(y) = \begin{cases} ||y||_{\rho,n}^{(-bpq-\varepsilon)/q}, & ||y||_{\rho,n} \geqslant \delta, \\ 0, & 0 < ||y||_{\rho,n} < \delta. \end{cases}$$

则根据定理 7.1.2, 有

$$||f||_{p,apq-m} ||g||_{q,bpq-n} \left(\int_{||x||_{\rho,m} \geqslant 1} ||x||_{\rho,m}^{-m-\varepsilon}\, \mathrm{d}x \right)^{\frac{1}{p}} \left(\int_{||y||_{\rho,n} \geqslant \delta} ||y||_{\rho,n}^{-n-\varepsilon}\, \mathrm{d}y \right)^{\frac{1}{q}}$$

$$= \left(\frac{\Gamma^m(1/\rho)}{\rho^{m-1}\Gamma(m/\rho)} \right)^{\frac{1}{p}} \left(\frac{\Gamma^n(1/\rho)}{\rho^{n-1}\Gamma(n/\rho)} \right)^{\frac{1}{q}} \left(\int_1^{+\infty} u^{-1-\varepsilon}\mathrm{d}u^{\frac{1}{p}} \right) \left(\int_\delta^{+\infty} u^{-1-\varepsilon}\mathrm{d}u \right)^{\frac{1}{q}}$$

$$= \frac{\Gamma^{\frac{m}{p}+\frac{n}{q}}(1/\rho)}{\rho^{\frac{m}{p}+\frac{n}{q}-1}\Gamma^{\frac{1}{p}}(m/\rho)\Gamma^{\frac{1}{q}}(n/\rho)} \frac{1}{\varepsilon} \delta^{-\frac{\varepsilon}{q}},$$

$$\int_{\mathbb{R}_+^n} \int_{\mathbb{R}_+^m} K\left(||x||_{\rho,m}, ||y||_{\rho,n} \right) f(x) g(y) \mathrm{d}x\mathrm{d}y$$

$$= \int_{||x||_{\rho,m} \geqslant 1} ||x||_{\rho,m}^{\frac{apq+\varepsilon}{p}} \left(||x||_{\rho,m}^{\lambda} \int_{||y||_{\rho,n} \geqslant \delta} K\left(1, \frac{||y||_{\rho,n}}{||x||_{\rho,m}} \right) ||y||_{\rho,n}^{-\frac{bpq+\varepsilon}{q}}\, \mathrm{d}y \right) \mathrm{d}x$$

$$= \frac{\Gamma^n(1/\rho)}{\rho^{n-1}\Gamma(n/\rho)} \int_{||x||_{\rho,m} \geqslant 1} ||x||_{\rho,m}^{\lambda-\frac{apq+\varepsilon}{p}} \left(\int_\delta^{+\infty} K\left(1, \frac{u}{||x||_{\rho,m}} \right) u^{-\frac{bpq+\varepsilon}{q}+n-1}\mathrm{d}u \right) \mathrm{d}x$$

$$= \frac{\Gamma^n(1/\rho)}{\rho^{n-1}\Gamma(n/\rho)} \int_{||x||_{\rho,m} \geqslant 1} ||x||_{\rho,m}^{\lambda-\frac{apq+\varepsilon}{p}-\frac{bpq+\varepsilon}{q}+n} \left(\int_{\delta/||x||_{\rho,m}}^{+\infty} K(1,t) t^{-\frac{bpq+\varepsilon}{q}+n-1}\mathrm{d}t \right) \mathrm{d}x$$

$$\geqslant \frac{\Gamma^n(1/\rho)}{\rho^{n-1}\Gamma(n/\rho)} \int_{||x||_{\rho,m} \geqslant 1} ||x||_{\rho,m}^{-m-\varepsilon}\mathrm{d}x \int_\delta^{+\infty} K(1,t) t^{-\frac{bpq+\varepsilon}{q}+n-1}\mathrm{d}t$$

$$= \frac{\Gamma^{n+m}(1/\rho)}{\rho^{n+m-2}\Gamma(n/\rho)\Gamma(m/\rho)} \int_1^{+\infty} t^{-1-\varepsilon}\mathrm{d}x \int_\delta^{+\infty} K(1,t)\, t^{-\frac{bpq+\varepsilon}{q}+n-1}\mathrm{d}t$$

$$= \frac{\Gamma^{m+n}(1/\rho)}{\varepsilon\rho^{m+n-2}\Gamma(m/\rho)\Gamma(n/\rho)} \int_\delta^{+\infty} K(1,t)\, t^{-\frac{apq+\varepsilon}{q}+n-1}\mathrm{d}t.$$

综上, 可得到

$$\frac{\Gamma^{m+n}(1/\rho)}{\rho^{m+n-2}\Gamma(m/\rho)\Gamma(n/\rho)} \int_\delta^{+\infty} K(1,t)\, t^{-\frac{apq+\varepsilon}{q}+n-1}\mathrm{d}t$$

$$\leqslant \frac{M_0'\Gamma^{\frac{m}{p}+\frac{n}{q}}(1/\rho)}{\rho^{\frac{m}{p}+\frac{n}{q}-1}\Gamma^{\frac{1}{p}}(m/\rho)\Gamma^{\frac{1}{q}}(n/\rho)}\delta^{-\frac{\varepsilon}{q}}.$$

先令 $\varepsilon \to 0^+$, 再令 $\delta \to 0^+$, 有

$$\frac{\Gamma^{m+n}(1/\rho)}{\rho^{m+n-2}\Gamma(m/\rho)\Gamma(n/\rho)} \int_0^{+\infty} K(1,t)^{-bp+n-1}\mathrm{d}t \leqslant M_0' \frac{\Gamma^{\frac{m}{p}+\frac{n}{q}}\left(\frac{1}{\rho}\right)}{\rho^{\frac{m}{p}+\frac{n}{q}-1}\Gamma^{\frac{1}{p}}\left(\frac{m}{\rho}\right)\Gamma^{\frac{1}{q}}\left(\frac{n}{\rho}\right)}.$$

由此可得 $M_0 \leqslant M_0'$, 这与 $M_0' < M_0$ 矛盾, 故 M_0 是 (8.1.2) 式的最佳常数因子.

反之, 设 (8.1.1) 式中的常数因子 $W_1^{\frac{1}{p}}(b,p,n)\, W_2^{\frac{1}{q}}(a,q,m)$ 是最佳的, 记

$$aq + bp - (\lambda + m + n) = c, \quad a_1 = a - \frac{c}{pq}, \quad b_1 = b - \frac{c}{pq},$$

则 $\lambda + p(a-b) + n = \lambda + p(a_1 - b_1) + n$, $\quad \lambda + q(b-a) + m = \lambda + q(b_1 - a_1) + m$.
又记

$$A = \left(\frac{\Gamma^n(1/\rho)}{\rho^{n-1}\Gamma(n/\rho)}\right)^{\frac{1}{p}} \left(\frac{\Gamma^m(1/\rho)}{\rho^{m-1}\Gamma(m/\rho)}\right)^{\frac{1}{q}},$$

根据定理 1.7.2, 有

$$W_1^{\frac{1}{p}}(b,p,n)\, W_2^{\frac{1}{q}}(a,q,m)$$

$$= \left(\int_{\mathbb{R}_+^n} K\left(1,\|y\|_{\rho,n}\right)\|y\|_{\rho,n}^{-bp}\mathrm{d}y\right)^{\frac{1}{p}} \left(\int_{\mathbb{R}_+^m} K\left(\|x\|_{\rho,m},1\right)\|x\|_{\rho,m}^{-aq}\mathrm{d}x\right)^{\frac{1}{q}}$$

$$= A \left(\int_0^{+\infty} K(1,t)^{-bp+n-1}\mathrm{d}t\right)^{\frac{1}{p}} \left(\int_0^{+\infty} K(t,1)\, t^{-aq+m-1}\mathrm{d}t\right)^{\frac{1}{q}}$$

$$= A \left(\int_0^{+\infty} K(1,t)\, t^{-bp+n-1}\mathrm{d}t\right)^{\frac{1}{p}} \left(\int_0^{+\infty} K(1,u)\, u^{-\lambda+aq-m-1}\mathrm{d}t\right)^{\frac{1}{q}}$$

$$= A \left(\int_0^{+\infty} K(1,t) \, t^{-bp+n-1} \mathrm{d}t \right)^{\frac{1}{p}} \left(\int_0^{+\infty} K(1,t) \, t^{-bp+n-1+c} \mathrm{d}t \right)^{\frac{1}{q}},$$

于是 (8.1.1) 式可等价地写为

$$\int_{\mathbb{R}_+^n} \int_{\mathbb{R}_+^m} K\left(\|x\|_{\rho,m}, \|y\|_{\rho,n} \right) f(x) \, g(y) \, \mathrm{d}x \mathrm{d}y$$

$$= A \left(\int_0^{+\infty} K(1,t) \, t^{-bp+n-1} \mathrm{d}t \right)^{\frac{1}{p}} \left(\int_0^{+\infty} K(1,t) \, t^{-bp+n-1+c} \mathrm{d}t \right)^{\frac{1}{q}}$$

$$\times \left(\int_{\mathbb{R}_+^m} \|x\|_{\rho,m}^{\lambda+p(a_1-b_1)+n} f^p(x) \, \mathrm{d}x \right)^{\frac{1}{p}} \left(\int_{\mathbb{R}_+^n} \|y\|_{\rho,n}^{\lambda+q(b_1-a_1)+m} g^q(y) \, \mathrm{d}y \right)^{\frac{1}{q}}.$$

又经计算可得: $a_1 q + b_1 p = \lambda + m + n$, $\lambda + p(a_1-b_1) + n = a_1 pq - m$, $\lambda + q(b_1-a_1) + m = b_1 pq - n$, 故 (8.1.1) 式进一步可等价地写为

$$\int_{\mathbb{R}_+^n} \int_{\mathbb{R}_+^m} K\left(\|x\|_{\rho,m}, \|y\|_{\rho,n} \right) f(x) \, g(y) \, \mathrm{d}x \mathrm{d}y \leqslant A \left(\int_0^{+\infty} K(1,t) \, t^{-bp+n-1} \mathrm{d}t \right)^{\frac{1}{p}}$$

$$\times \left(\int_0^{+\infty} K(1,t) \, t^{-bp+n-1+c} \mathrm{d}t \right)^{\frac{1}{q}} \|f\|_{p,a_1 pq-m} \|g\|_{q,b_1 pq-n}, \qquad (8.1.3)$$

根据假设, 可得 (8.1.3) 式的最佳常数因子为

$$A \left(\int_0^{+\infty} K(1,t) \, t^{-bp+n-1} \mathrm{d}t \right)^{\frac{1}{p}} \left(\int_0^{+\infty} K(1,t) \, t^{-bp+n-1+c} \mathrm{d}t \right)^{\frac{1}{q}}.$$

但由前面充分性的证明, 又可得 (8.1.3) 式的最佳常数因子为

$$W_1^{\frac{1}{p}}(b_1,p,n) \, W_2^{\frac{1}{q}}(a_1,q,m) = A \int_0^{+\infty} K(1,t) \, t^{-b_1 p+n-1} \mathrm{d}t$$

$$= A \int_0^{+\infty} K(1,t) \, t^{-bp+n-1+\frac{c}{q}} \mathrm{d}t.$$

于是

$$\int_0^{+\infty} K(1,t) \, t^{-bp+n-1+\frac{c}{q}} \mathrm{d}t$$

$$= \left(\int_0^{+\infty} K(1,t) \, t^{-bp+n-1} \mathrm{d}t \right)^{\frac{1}{p}} \left(\int_0^{+\infty} K(1,t) \, t^{-bp+n-1+c} \mathrm{d}t \right)^{\frac{1}{q}}. \qquad (8.1.4)$$

针对函数 1 和 $t^{\frac{c}{q}}$, 利用 Hölder 不等式, 又有

$$\int_0^{+\infty} K(1,t)\,t^{-bp+n-1+\frac{c}{q}}\mathrm{d}t = \int_0^{+\infty} 1 \cdot t^{\frac{c}{q}} K(1,t)\,t^{-bp+n-1}\mathrm{d}t$$

$$\leqslant \left(\int_0^{+\infty} K(1,t)\,t^{-bp+n-1}\mathrm{d}t\right)^{\frac{1}{p}}\left(\int_0^{+\infty} K(1,t)\,t^{-bp+n-1+c}\mathrm{d}t\right)^{\frac{1}{q}}.$$

由 (8.1.4) 式, 知上面不等式的等号成立, 根据 Hölder 不等式取等号的条件, 我们得到 $t^c = $ 常数, 故 $c = 0$, 此即 $aq + bp = \lambda + m + n$. 证毕.

例 8.1.1 设 $\dfrac{1}{p} + \dfrac{1}{q} = 1\ (p > 1)$, $m, n \in \mathbb{N}_+$, $\rho > 0$, $\lambda > 0$, $\sigma > 0$, 应怎样选取搭配参数 a, b, 才能利用权系数方法获得具有最佳常数因子的重积分 Hilbert 型不等式

$$\int_{\mathbb{R}_+^n}\int_{\mathbb{R}_+^m} \frac{\min\left\{\|x\|_{\rho,m}\|y\|_{\rho,n}\right\}}{\left(\|x\|_{\rho,m}^{\lambda} + \|y\|_{\rho,n}^{\lambda}\right)^{\sigma}} f(x)\,g(y)\,\mathrm{d}x\mathrm{d}y \leqslant M_0\|f\|_p\|y\|_q. \tag{8.1.5}$$

解 设

$$K\left(\|x\|_{\rho,m}, \|y\|_{\rho,n}\right) = \frac{\min\left\{\|x\|_{\rho,m}, \|y\|_{\rho,n}\right\}}{\left(\|x\|_{\rho,m}^{\lambda} + \|y\|_{\rho,n}^{\lambda}\right)^{\sigma}},$$

则 $K(u,v)$ 是 $1 - \lambda\sigma$ 阶齐次函数.

令 $apq - m = \alpha = 0$, $bpq - n = \beta = 0$, 则 $a = \dfrac{m}{pq}$, $b = \dfrac{n}{pq}$. 根据定理 8.1.1, 要利用权系数方法获得具有最佳常数因子的 Hilbert 型不等式 (8.1.5), 其充要条件是搭配参数 a, b 满足

$$\Delta = aq + bp - (1 - \lambda\sigma + m + n) = \frac{m}{p} + \frac{n}{q} - (1 - \lambda\sigma + m + n) = \lambda\sigma - \frac{m}{q} - \frac{n}{p} = 0.$$

故在 $\lambda\sigma = \dfrac{m}{q} + \dfrac{n}{p}$ 时, 选取 $a = \dfrac{m}{pq}$, $b = \dfrac{n}{pq}$, 则 a, b 是适配数. 解毕.

例 8.1.2 设 $m, n \in \mathbb{N}_+$, $\rho > 0$, $\dfrac{1}{p} + \dfrac{1}{q} = 1\ (p > 1)$, $\dfrac{1}{r} + \dfrac{1}{s} = 1\ (r > 1)$, $\lambda > 0$, $-\dfrac{1}{r} < \sigma < \dfrac{1}{s}$, $\alpha = p\left(\dfrac{m}{q} - \dfrac{1}{r}\right)$, $\beta = q\left(\dfrac{n}{p} - \dfrac{1}{s}\right)$, $f(x) \in L_p^{\alpha}(\mathbb{R}_+^m)$, $g(y) \in L_q^{\beta}(\mathbb{R}_+^n)$, 求证:

$$\int_{\mathbb{R}_+^n}\int_{\mathbb{R}_+^m} \frac{\left(\|x\|_{\rho,m}/\|y\|_{\rho,n}\right)^{\sigma}}{\left(\|x\|_{\rho,m}^{\lambda} + \|y\|_{\rho,n}^{\lambda}\right)^{1/\lambda}} f(x)\,g(y)\,\mathrm{d}x\mathrm{d}y \leqslant M_0\|f\|_{\rho,x}\|y\|_{q,\beta},$$

其中的常数因子

$$M_0 = \frac{\Gamma^{\frac{n}{p}+\frac{m}{q}}\left(1/\rho\right)}{\rho^{\frac{n}{p}+\frac{m}{q}-1}\Gamma^{\frac{1}{p}}\left(n/\rho\right)\Gamma^{\frac{1}{q}}\left(m/\rho\right)}\frac{1}{\lambda}B\left(\frac{1}{\lambda}\left(\frac{1}{s}-\sigma\right),\frac{1}{\lambda}\left(\frac{1}{r}+\sigma\right)\right)$$

是最佳的.

证明 令

$$K\left(||x||_{\rho,m},||y||_{\rho,n}\right) = \frac{\left(||x||_{\rho,m}/||y||_{\rho,n}\right)^{\sigma}}{\left(||x||_{\rho,m}^{\lambda}+||y||_{\rho,n}^{\lambda}\right)^{1/\lambda}},$$

则 $K(u,v)$ 是 -1 阶齐次函数. 令

$$apq - m = \alpha = p\left(\frac{m}{q}-\frac{1}{r}\right), \quad bpq - n = \beta = q\left(\frac{n}{p}-\frac{1}{s}\right),$$

则 $a = \frac{1}{q}\left(m-\frac{1}{r}\right), b = \frac{1}{p}\left(n-\frac{1}{s}\right)$, 且有

$$\Delta = aq + bp - (-1+m+n) = \left(m-\frac{1}{r}\right) + \left(n-\frac{1}{s}\right) + 1 - m - n = 0.$$

又因为

$$\int_0^{+\infty} K(1,t)\,t^{-bp+n-1}\mathrm{d}t = \int_0^{+\infty}\frac{t^{-\sigma}}{(1+t^{\lambda})^{1/\lambda}}t^{-\left(n-\frac{1}{s}\right)+n-1}\mathrm{d}t$$

$$= \frac{1}{\lambda}\int_0^{+\infty}\frac{1}{(1+u)^{1/\lambda}}u^{\frac{1}{\lambda}\left(\frac{1}{s}-\sigma\right)-1}\mathrm{d}t = \frac{1}{\lambda}B\left(\frac{1}{\lambda}\left(\frac{1}{s}-\sigma\right),\frac{1}{\lambda}-\frac{1}{\lambda}\left(\frac{1}{s}-\sigma\right)\right)$$

$$= \frac{1}{\lambda}B\left(\frac{1}{\lambda}\left(\frac{1}{s}-\sigma\right),\frac{1}{\lambda}\left(\frac{1}{r}+\sigma\right)\right).$$

根据定理 8.1.1, 知本例结论成立. 证毕.

例 8.1.3 设 $m,n \in \mathbb{N}_+, \rho > 0, \frac{1}{p}+\frac{1}{q} = 1$ $(p>1), \frac{1}{r}+\frac{1}{s} = 1$ $(r>1), \lambda > 0,$ $0 < m - n < \lambda s\sigma, \alpha = p\left(\frac{m}{r}+\frac{n}{s}\right)-m, \beta = q\left(\frac{m}{s}+\frac{n}{r}\right)-n, f(x) \in L_p^{\alpha}\left(\mathbb{R}_+^m\right),$ $g(y) \in L_q^{\beta}\left(\mathbb{R}_+^n\right)$, 求证

$$\int_{\mathbb{R}_+^n}\int_{\mathbb{R}_+^m}\frac{1}{\left(1+||x||_{\rho,m}^{\lambda}/||y||_{\rho,n}^{\lambda}\right)^{\sigma}}f(x)g(y)\mathrm{d}x\mathrm{d}y \leqslant M_0\,||f||_{\rho,\alpha}\,||g||_{q,\beta},$$

其中的常数因子

$$M_0 = \frac{\Gamma^{\frac{n}{p}+\frac{m}{q}}\left(1/\rho\right)}{\rho^{\frac{n}{p}+\frac{m}{q}-1}\Gamma^{\frac{1}{p}}\left(n/\rho\right)\Gamma^{\frac{1}{q}}\left(m/\rho\right)}\frac{1}{\lambda}B\left(\frac{1}{\lambda s}\left(m-n\right),\sigma-\frac{1}{\lambda s}\left(m-n\right)\right)$$

是最佳的.

证明　令

$$K\left(\|x\|_{\rho,m},\|y\|_{\rho,n}\right) = \frac{1}{\left(1+\|x\|_{\rho,m}^{\lambda}/\|y\|_{\rho,n}^{\lambda}\right)^{\sigma}},$$

则 $K\left(u,v\right)$ 是 0 阶齐次函数. 令

$$apq - m = \alpha = p\left(\frac{m}{r}+\frac{n}{s}\right)-m, \quad bpq - n = \beta = q\left(\frac{m}{s}+\frac{n}{r}\right)-n,$$

则 $a = \frac{1}{q}\left(\frac{m}{r}+\frac{n}{s}\right), b = \frac{1}{p}\left(\frac{m}{s}+\frac{n}{r}\right)$，且

$$\Delta = aq + bp - \left(0+m+n\right) = \left(\frac{m}{r}+\frac{n}{s}\right)+\left(\frac{m}{s}+\frac{n}{r}\right)-m-n = 0.$$

又因为

$$\int_0^{+\infty} K\left(1,t\right)t^{-bp+n-1}\mathrm{d}t = \int_0^{+\infty}\frac{1}{\left(1+t^{-\lambda}\right)^{\sigma}}t^{-\left(\frac{m}{s}+\frac{n}{r}\right)+n-1}\mathrm{d}t$$

$$= \frac{1}{\lambda}\int_0^{+\infty}\frac{1}{\left(1+u\right)^{\sigma}}u^{\frac{1}{\lambda s}\left(m-n\right)-1}\mathrm{d}u = \frac{1}{\lambda}B\left(\frac{1}{\lambda s}\left(m-n\right),\sigma-\frac{1}{\lambda s}\left(m-n\right)\right).$$

根据定理 8.1.1, 知本例结论成立. 证毕.

8.1.2　构建齐次核的第二类重积分 Hilbert 型不等式的参数条件

引理 8.1.2　设 $\frac{1}{p}+\frac{1}{q}=1\ (p>1)$, $\rho>0$, $m,n\in\mathbb{N}_+$, $K\left(u,v\right)$ 是 λ 阶齐次非负可测函数, $\alpha,\beta\in\mathbb{R}$, 那么

$$\omega_1\left(x\right) = \int_{\mathbb{R}_+^n} K\left(\|x\|_{\rho,m},\|y\|_{\rho,n}\right)\|y\|_{\rho,n}^{-\frac{\beta+n}{q}}\,\mathrm{d}y$$

$$= \frac{\Gamma^n\left(1/\rho\right)}{\rho^{n-1}\Gamma\left(n/\rho\right)}\|x\|_{\rho,m}^{\lambda-\frac{\beta+n}{q}+n}\int_0^{+\infty}K\left(1,t\right)t^{-\frac{\beta+n}{q}+n-1}\mathrm{d}t,$$

$$\omega_2\left(y\right) = \int_{\mathbb{R}_+^m} K\left(\|x\|_{\rho,m},\|y\|_{\rho,n}\right)\|x\|_{m,\rho}^{-\frac{\alpha+m}{p}}\,\mathrm{d}x$$

$$= \frac{\Gamma^m \left(1/\rho\right)}{\rho^{m-1}\Gamma \left(m/\rho\right)} \left\|y\right\|_{\rho,n}^{\lambda-\frac{\alpha+m}{p}+m} \int_0^{+\infty} K \left(t,1\right) t^{-\frac{\alpha+m}{p}+m-1}\mathrm{d}t.$$

若还有 $\dfrac{\alpha+m}{p}+\dfrac{\beta+n}{q}=\lambda+m+n$, 则

$$\int_0^{+\infty} K\left(t,1\right) t^{-\frac{\alpha+m}{\beta}+m-1}\mathrm{d}t = \int_0^{+\infty} K\left(1,t\right) t^{-\frac{\beta+n}{q}+n-1}\mathrm{d}t.$$

证明 根据定理 1.7.2, 有

$$\omega_2 \left(y\right) = \frac{\Gamma^n \left(1/\rho\right)}{\rho^{n-1}\Gamma \left(n/\rho\right)} \int_0^{+\infty} K \left(\left\|x\right\|_{\rho,m}, u\right) u^{-\frac{\beta+n}{q}+n-1}\mathrm{d}u$$

$$= \frac{\Gamma^n \left(1/\rho\right)}{\rho^{n-1}\Gamma \left(n/\rho\right)} \left\|x\right\|_{\rho,m}^{\lambda} \int_0^{+\infty} K \left(1, \frac{u}{\left\|x\right\|_{\rho,m}}\right) u^{-\frac{\beta+n}{q}+n-1}\mathrm{d}u$$

$$= \frac{\Gamma^n \left(1/\rho\right)}{\rho^{n-1}\Gamma \left(n/\rho\right)} \left\|x\right\|_{\rho,m}^{\lambda-\frac{\beta+n}{q}+n} \int_0^{+\infty} K \left(1, t\right) t^{-\frac{\beta+n}{q}+n-1}\mathrm{d}t.$$

同理可证 $\omega_1 \left(x\right)$ 的情形.

若 $\dfrac{\alpha+m}{p}+\dfrac{\beta+n}{q}=\lambda+m+n$, 则 $\dfrac{\alpha+m}{p}=-\dfrac{\beta+n}{q}+\lambda+m+n$, 于是

$$\int_0^{+\infty} K\left(t,1\right) t^{-\frac{\alpha+m}{\rho}+m-1}\mathrm{d}t = \int_0^{+\infty} K\left(1, \frac{1}{t}\right)^{\lambda-\frac{\alpha+m}{\rho}-1}\mathrm{d}t$$

$$= \int_1^{+\infty} K\left(1, u\right) u^{-\lambda+\frac{\alpha+m}{p}+m-1}\mathrm{d}u = \int_0^{+\infty} K\left(1, t\right) t^{-\frac{\beta+m}{q}+n-1}\mathrm{d}t.$$

证毕.

定理 8.1.2 设 $\dfrac{1}{p}+\dfrac{1}{q}=1 \ (p>1)$, $\rho>0$, $m,n\in\mathbb{N}_+$, $K\left(u,v\right)$ 是 λ 阶齐次非负可测函数, $\alpha,\beta\in\mathbb{R}$, 且

$$W_0 = \int_0^{+\infty} K\left(t,1\right) t^{-\frac{\alpha+m}{p}+m-1}\mathrm{d}t$$

收敛, 那么

(i) 当且仅当 $\dfrac{\alpha+m}{p}+\dfrac{\beta+n}{q}=\lambda+m+n$ 时, 存在常数 $M>0$, 使

$$\int_{\mathbb{R}_+^n} \int_{\mathbb{R}_+^m} \left(\left\|x\right\|_{\rho,m}, \left\|y\right\|_{\rho,n}\right) f\left(x\right) g\left(y\right) \mathrm{d}x\mathrm{d}y \leqslant M \left\|f\right\|_{p,\alpha} \left\|g\right\|_{q,\beta}. \tag{8.1.6}$$

其中 $x = (x_1, \cdots, x_m)$, $y = (y_1, \cdots, y_n)$, $f(x) \in L_p^{\alpha}(\mathbb{R}_+^m)$, $g(y) \in L_q^{\beta}(\mathbb{R}_+^n)$.

(ii) 当 (8.1.6) 式成立时, 其最佳常数因子为

$$\inf M = \frac{\Gamma^{\frac{n}{p} + \frac{m}{q}}(1/\rho)}{\rho^{\frac{n}{p} + \frac{m}{q} - 1}\Gamma^{\frac{1}{p}}(n/\rho)\,\Gamma^{\frac{1}{q}}(m/\rho)} W_0. \tag{8.1.7}$$

证明　记 $\dfrac{\alpha + m}{p} + \dfrac{\beta + n}{q} - (\lambda + m + n) = c$.

(i) 设 (8.1.6) 式成立. 若 $c > 0$, 取 $0 < \varepsilon < c$. 令

$$f(x) = \begin{cases} \|x\|_{\rho,m}^{(-\alpha - m + \varepsilon)/p}, & 0 < \|x\|_{\rho,m} \leqslant 1, \\ 0, & \|x\|_{\rho,m} > 1, \end{cases}$$

$$g(y) = \begin{cases} \|y\|_{\rho,n}^{(-\beta - n + \varepsilon)/q}, & 0 < \|x\|_{\rho,m} \leqslant 1, \\ 0, & \|y\|_{\rho,n} > 1. \end{cases}$$

则利用定理 1.7.2, 有

$$\|f\|_{p,\alpha}\,\|g\|_{q,\beta} = \left(\int_{\|x\|_{\rho,m} \leqslant 1} \|x\|_{\beta,m}^{-m + \varepsilon}\mathrm{d}x \right)^{\frac{1}{p}} \left(\int_{\|y\|_{\rho,n} \leqslant 1} \|y\|_{\rho,n}^{-n + \varepsilon}\mathrm{d}y \right)^{\frac{1}{q}}$$

$$= \frac{\Gamma^{\frac{m}{p} + \frac{n}{q}}(1/\rho)}{\rho^{\frac{m}{n} + \frac{n}{q} - 1}\Gamma^{\frac{1}{p}}(m/\rho)\,\Gamma^{\frac{1}{q}}(n/\rho)} \frac{1}{\varepsilon},$$

$$\int_{\mathbb{R}_+^n} \int_{\mathbb{R}_+^m} K\left(\|x\|_{\rho,m}, \|y\|_{\rho,n} \right) f(x) g(y)\,\mathrm{d}x\mathrm{d}y$$

$$= \int_{\|y\|_{\rho,n} \leqslant 1} \|y\|_{\rho,n}^{(-\beta - n + \varepsilon)/q} \left(\int_{\|x\|_{\beta,m} \leqslant 1} K\left(\|x\|_{\rho,m}, \|y\|_{\rho,n} \right) \|x\|_{\rho,m}^{(-\alpha - m + \varepsilon)/p}\,\mathrm{d}x \right)\mathrm{d}y$$

$$= \int_{\|y\|_{\rho,n} \leqslant 1} \|y\|_{\rho,n}^{(-\beta - n + \varepsilon)/q} \left(\frac{\Gamma^m(1/\rho)}{\rho^{m-1}\Gamma(m/\rho)} \int_0^1 K\left(u, \|y\|_{\rho,n} \right) u^{-\frac{\alpha + m}{p} + m - 1 - \frac{\varepsilon}{p}}\,\mathrm{d}u \right)\mathrm{d}y$$

$$= \int_{\|y\|_{\rho,n} \leqslant 1} \|y\|_{\rho,n}^{\lambda - \frac{\beta + n}{q} + \frac{\varepsilon}{q}} \left(\frac{\Gamma^m(1/\rho)}{\rho^{m-1}T(n/\rho)} \int_0^1 K\left(\frac{u}{\|y\|_{\rho,n}}, 1 \right) u^{-\frac{\alpha + m}{p} + m - 1 + \frac{\varepsilon}{p}}\,\mathrm{d}u \right)\mathrm{d}y$$

$$= \frac{\Gamma^m(1/\rho)}{\rho^{m-1}\Gamma(m/\rho)} \int_{\|y\|_{\rho,n} \leqslant 1} \|y\|_{\rho,n}^{\lambda - \frac{\beta + n}{q} + \frac{\varepsilon}{q} - \frac{\alpha + m}{p} + m + \frac{\varepsilon}{p}}$$

$$\times \left(\int_0^{\|y\|_{\rho,n}^{-1}} K(t, 1)\, t^{-\frac{\alpha + m}{p} + m - 1 + \frac{\varepsilon}{p}}\mathrm{d}t \right)\mathrm{d}y$$

$$\geqslant \frac{\Gamma^m (1/\rho)}{\rho^{m-1} \Gamma (m/\rho)} \int_{\|y\|_{\rho,n} \leqslant 1} \|y\|_{\rho,n}^{-n+\varepsilon-c} \mathrm{d}y \int_0^1 K(t,1) t^{-\frac{\alpha+m}{p}+m-1+\frac{\varepsilon}{p}} \mathrm{d}t$$

$$= \frac{\Gamma^{m+n} (1/\rho)}{\rho^{m+n-2} \Gamma (m/\rho) \Gamma (n/\rho)} \int_0^1 u^{-1+\varepsilon-c} \mathrm{d}u \int_0^1 K(t,1) t^{-\frac{\alpha+m}{p}+m-1+\frac{\varepsilon}{p}} \mathrm{d}t.$$

于是得到

$$\frac{\Gamma^{m+n} (1/\rho)}{\rho^{m+n-2} \Gamma (m/\rho) \Gamma (n/\rho)} \int_0^1 u^{-1+\varepsilon-c} \mathrm{d}u \int_0^1 K(t,1) t^{-\frac{\alpha+m}{p}+m-1+\frac{\varepsilon}{p}} \mathrm{d}t$$

$$\leqslant \frac{M}{\varepsilon} \frac{\Gamma^{\frac{m}{p}+\frac{n}{q}} (1/\rho)}{\rho^{\frac{m}{p}+\frac{n}{q}-1} \Gamma^{\frac{1}{p}} (m/\rho) \Gamma^{\frac{1}{q}} (n/\rho)} < +\infty.$$

因为 $c-\varepsilon > 0$, 故 $\int_0^1 u^{-1+\varepsilon-c} \mathrm{d}u = +\infty$, 这就得到了矛盾, 所以 $c \leqslant 0$.

若 $c < 0$, 取 $0 < \varepsilon < -c$. 令

$$f(x) = \begin{cases} \|x\|_{\rho,m}^{(-\alpha-m-\varepsilon)/p}, & \|x\|_{\rho,m} \geqslant 1, \\ 0, & 0 < \|x\|_{\rho,m} < 1, \end{cases}$$

$$g(y) = \begin{cases} \|y\|_{\rho,n}^{(-\beta-n-\varepsilon)/q}, & \|y\|_{\rho,n} \geqslant 1, \\ 0, & 0 < \|y\|_{\rho,n} < 1. \end{cases}$$

类似地可得

$$\frac{\Gamma^{m+n} (1/\rho)}{\rho^{m+n-2} \Gamma (m/\rho) \Gamma (n/\rho)} \int_1^{+\infty} u^{-1-c-\varepsilon} \mathrm{d}u \int_1^{+\infty} K(1,t) t^{-\frac{\beta+n}{q}+n-1-\frac{\varepsilon}{q}} \mathrm{d}t$$

$$\leqslant \frac{M}{\varepsilon} \frac{\Gamma^{\frac{m}{p}+\frac{n}{q}} (1/\rho)}{\rho^{\frac{m}{p}+\frac{n}{q}-1} \Gamma^{\frac{1}{p}} (m/\rho) \Gamma^{\frac{1}{q}} (n/\rho)} < +\infty.$$

因为 $c+\varepsilon < 0$, 故 $\int_1^{+\infty} u^{-1-c-\varepsilon} \mathrm{d}u = +\infty$, 这也得到矛盾, 所以 $c \geqslant 0$.

综上得到 $c = 0$, 即 $\dfrac{\alpha+m}{p} + \dfrac{\beta+n}{q} = \lambda + m + n$.

反之, 设 $\dfrac{\alpha+m}{p} + \dfrac{\beta+n}{q} = \lambda + m + n$. 记 $a = \dfrac{\alpha+m}{pq}, b = \dfrac{\beta+n}{pq}$, 根据 Hölder 不等式及引理 8.1.2, 有

$$\int_{\mathbb{R}_+^n} \int_{\mathbb{R}_+^m} K\left(\|x\|_{\rho,m}, \|y\|_{\beta,n}\right) f(x) g(y) \mathrm{d}x \mathrm{d}y$$

$$= \int_{\mathbb{R}_+^n} \int_{\mathbb{R}_+^m} \left(\frac{||x||_{\rho,m}^a}{||y||_{\rho,n}^b} f(x) \right) \left(\frac{||y||_{\rho,n}^b}{||x||_{\rho,m}^a} g(y) \right) K\left(||x||_{\rho,m}, ||y||_{\rho,n} \right) \mathrm{d}x\mathrm{d}y$$

$$\leqslant \left(\int_{\mathbb{R}_+^n} \int_{\mathbb{R}_+^m} ||x||_{\rho,m}^{ap} ||y||_{\rho,n}^{-bp} f^p(x) K\left(||x||_{\rho,m}, ||y||_{\rho,n} \right) \mathrm{d}x\mathrm{d}y \right)^{\frac{1}{p}}$$

$$\times \left(\int_{\mathbb{R}_+^n} \int_{\mathbb{R}_+^m} ||y||_{\rho,n}^{bq} ||x||_{\rho,m}^{-aq} g^q(y) K\left(||x||_{\rho,m}, ||y||_{\rho,n} \right) \mathrm{d}x\mathrm{d}y \right)^{\frac{1}{q}}$$

$$= \left(\int_{\mathbb{R}_+^m} ||x||_{\rho,m}^{\frac{\alpha+m}{q}} f^p(x) \omega_1(x)\mathrm{d}x \right)^{\frac{1}{p}} \left(\int_{\mathbb{R}_+^n} ||y||_{\rho,n}^{\frac{\beta+n}{p}} g^q(y) \omega_2(y)\mathrm{d}y \right)^{\frac{1}{q}}$$

$$= \left(\frac{\Gamma^n(1/\rho)}{\rho^{n-1}\Gamma(n/\rho)} \right)^{\frac{1}{p}} \left(\frac{\Gamma^m(1/\rho)}{\rho^{m-1}\Gamma(m/\rho)} \right)^{\frac{1}{q}} \int_0^{+\infty} K(t,1) t^{-\frac{\alpha+m}{p}+m+1}\mathrm{d}t$$

$$\times \left(\int_{\mathbb{R}_+^m} ||x||_{\rho,m}^{\frac{\alpha+m}{q}+\lambda-\frac{\beta+n}{q}+n} f^p(x)\,\mathrm{d}x \right)^{\frac{1}{p}} \left(\int_{\mathbb{R}_+^n} ||y||_{\rho,n}^{\frac{\beta+n}{p}+\lambda-\frac{\alpha+m}{p}+m} g^q(y)\,\mathrm{d}y \right)^{\frac{1}{q}}$$

$$= \frac{\Gamma^{\frac{n}{p}+\frac{m}{q}}(1/\rho) W_0}{\rho^{\frac{n}{p}+\frac{m}{q}-1}\Gamma^{\frac{1}{p}}(n/\rho)\Gamma^{\frac{1}{q}}(m/\rho)} \left(\int_{\mathbb{R}_+^m} ||x||_{\rho,m}^{\alpha} f^p(x)\,\mathrm{d}x \right)^{\frac{1}{p}} \left(\int_{\mathbb{R}_+^n} ||y||_{\rho,n}^{\beta} g^q(y)\,\mathrm{d}y \right)^{\frac{1}{q}}$$

$$= \frac{\Gamma^{\frac{n}{p}+\frac{m}{\rho}}(1/\rho) W_0}{\rho^{\frac{n}{p}+\frac{m}{q}-1}\Gamma^{\frac{1}{p}}(n/\rho)\Gamma^{\frac{1}{q}}(m/\rho)} W_0 ||f||_{p,\alpha} ||q||_{q,\beta}.$$

任取

$$M \geqslant \frac{\Gamma^{\frac{n}{p}+\frac{m}{q}}(1/\rho)}{\rho^{\frac{n}{p}+\frac{m}{q}-1}\Gamma^{\frac{1}{p}}(n/\rho)\Gamma^{\frac{1}{q}}(m/\rho)} W_0,$$

(8.1.6) 式都成立.

(ii) 若 (8.1.7) 式不成立, 则存在常数

$$M_0 < \frac{\Gamma^{\frac{n}{p}+\frac{m}{q}}(1/\rho)}{\rho^{\frac{n}{p}+\frac{m}{q}-1}\Gamma^{\frac{1}{p}}(n/\rho)\Gamma^{\frac{1}{q}}(m/\rho)} W_0, \tag{8.1.8}$$

使得

$$\int_{\mathbb{R}_+^n} \int_{\mathbb{R}_+^m} K\left(||x||_{\rho,m} ||y||_{\rho,n} \right) f(x)g(y)\,\mathrm{d}x\mathrm{d}y \leqslant M_0 ||f||_{\rho,\alpha} ||g||_{q,\beta}.$$

对充分小的 $\varepsilon > 0$ 及 $\delta > 0$, 取

$$f(x) = \begin{cases} \|x\|_{\rho,m}^{(-\alpha-m-\varepsilon)/p}, & \|x\|_{\rho,m} \geqslant \delta, \\ 0, & 0 < \|x\|_{\rho,m} < \delta, \end{cases}$$

$$g(y) = \begin{cases} \|y\|_{\rho,n}^{(-\beta-n-\varepsilon)/p}, & \|y\|_{\rho,n} \geqslant 1, \\ 0, & 0 < \|y\|_{\rho,n} < 1. \end{cases}$$

那么有

$$\|f\|_{p,\alpha} \|g\|_{q,\beta} = \left(\int_{\|x\|_{\rho,m} \geqslant \delta} \|x\|_{\rho,m}^{-m-\varepsilon} \mathrm{d}x \right)^{\frac{1}{p}} \left(\int_{\|y\|_{\rho,n} \geqslant 1} \|y\|_{\rho,n}^{-n-\varepsilon} \mathrm{d}y \right)^{\frac{1}{q}}$$

$$= \frac{\Gamma^{\frac{n}{p}+\frac{m}{q}}(1/\rho)}{\rho^{\frac{n}{p}+\frac{m}{q}-1}\Gamma^{\frac{1}{p}}(n/\rho)\Gamma^{\frac{1}{q}}(m/\rho)} \frac{1}{\varepsilon} \left(\frac{1}{\delta^\varepsilon} \right)^{\frac{1}{p}},$$

$$\int_{\mathbb{R}_+^n} \int_{\mathbb{R}_+^m} K\left(\|x\|_{\rho,m}, \|y\|_{\rho,n} \right) f(x) g(y) \mathrm{d}x\mathrm{d}y$$

$$= \int_{\|y\|_{\rho,n} \geqslant 1} \|y\|_{\rho,n}^{(-\beta-n-\varepsilon)/q} \left(\int_{\|x\|_{\rho,m} \geqslant \delta} K\left(\|x\|_{\rho,m}, \|y\|_{\rho,n} \right) \|x\|_{\rho,m}^{(-\alpha-m-\varepsilon)/p} \mathrm{d}x \right) \mathrm{d}y$$

$$= \int_{\|y\|_{\rho,n} \geqslant 1} \|y\|_{\rho,n}^{-\frac{\beta+n}{q}-\frac{\varepsilon}{q}} \left(\frac{\Gamma^m(1/\rho)}{\rho^{m-1}\Gamma(m/\rho)} \int_\delta^{+\infty} K\left(u, \|y\|_{\rho,n} \right) u^{-\frac{\alpha+m}{p}-\frac{\varepsilon}{p}+m-1} \mathrm{d}u \right) \mathrm{d}y$$

$$= \int_{\|y\|_{\rho,n} \geqslant 1} \|y\|_{\rho,n}^{\lambda-\frac{\beta+n}{q}-\frac{\varepsilon}{q}} \left(\frac{\Gamma^m(1/\rho)}{\rho^{m-1}\Gamma(m/\rho)} \int_\delta^{+\infty} K\left(\frac{u}{\|y\|_{\rho,n}}, 1 \right) u^{-\frac{\alpha+m}{p}-\frac{\varepsilon}{p}+m-1} \mathrm{d}u \right) \mathrm{d}y$$

$$= \frac{\Gamma^m(1/\rho)}{\rho^{m-1}\Gamma(m/\rho)} \int_{\|y\|_{\rho,n} \geqslant 1} \|y\|_{\rho,n}^{\lambda-\frac{\beta+n}{q}-\frac{\alpha+m}{p}+m-\varepsilon}$$

$$\times \left(\int_{\delta/\|y\|_{\rho,n}}^{+\infty} K(t,1) t^{-\frac{\alpha+m}{p}+m-1-\frac{\varepsilon}{p}} \mathrm{d}t \right) \mathrm{d}y$$

$$\geqslant \frac{\Gamma^m(1/\rho)}{\rho^{m-1}\Gamma(m/\rho)} \int_{\|y\|_{\rho,n} \geqslant 1} \|y\|_{\rho,n}^{-n-\varepsilon} \left(\int_\delta^{+\infty} K(t,1) t^{-\frac{\alpha+m}{p}+m-1-\frac{\varepsilon}{p}} \mathrm{d}t \right) \mathrm{d}y$$

$$= \frac{\Gamma^m(1/\rho)}{\rho^{m-1}\Gamma(m/\rho)} \frac{\Gamma^n(1/\rho)}{\rho^{n-1}\Gamma(n/\rho)} \int_1^{+\infty} u^{-1-\varepsilon} \mathrm{d}u \int_\delta^{+\infty} K(t,1) t^{-\frac{\alpha+m}{p}+m-1-\frac{\varepsilon}{p}} \mathrm{d}t$$

$$= \frac{\Gamma^{m+n}(1/\rho)}{\rho^{m+n-2}\Gamma(m/\rho)\Gamma(n/\rho)} \frac{1}{\varepsilon} \int_\delta^{+\infty} K(t,1) t^{-\frac{\alpha+m}{p}+m-1-\frac{\varepsilon}{p}} \mathrm{d}t.$$

于是得到

$$\frac{\Gamma^{m+n}\left(1/\rho\right)}{\rho^{m+n-2}\Gamma\left(m/\rho\right)\Gamma\left(n/\rho\right)}\int_{\delta}^{+\infty}K\left(t,1\right)t^{-\frac{\alpha+m}{p}+m-1-\frac{\varepsilon}{p}}\mathrm{d}t$$

$$\leqslant M_0\frac{\Gamma^{\frac{m}{p}+\frac{n}{q}}\left(1/\rho\right)}{\rho^{\frac{m}{p}+\frac{n}{q}-1}\Gamma^{\frac{1}{p}}\left(m/\rho\right)\Gamma^{\frac{1}{q}}\left(n/\rho\right)}\left(\frac{1}{\delta^{\varepsilon}}\right)^{\frac{1}{p}},$$

先令 $\varepsilon\to 0^+$, 再令 $\delta\to 0^+$, 可得

$$\frac{\Gamma^{\frac{m}{p}+\frac{n}{q}}\left(1/\rho\right)}{\rho^{\frac{m}{p}+\frac{n}{q}-1}\Gamma^{\frac{1}{p}}\left(n/\rho\right)\Gamma^{\frac{1}{q}}\left(m/\rho\right)}W_0\leqslant M_0.$$

这与 (8.1.8) 式矛盾, 所以 (8.1.7) 式成立. 证毕.
　　注　记

$$\Delta=\frac{\alpha+m}{p}+\frac{\beta+n}{q}-\left(\lambda+m+n\right).$$

今后称此 Δ 为是否可构建齐次核的第二类重积分 Hilbert 型不等式的判别式.
　　例 8.1.4　试讨论: 是否存在常数 $M>0$, 使 Hilbert 型不等式

$$\int_{\mathbb{R}_+^3}\int_{\mathbb{R}_+^2}\frac{f\left(x\right)g\left(y\right)}{\sqrt[4]{x_1^2+x_2^2+y_1^2+y_2^2+y_3^2}}\mathrm{d}x\mathrm{d}y\leqslant M\left\|f\right\|_2\left\|g\right\|_2 \tag{8.1.9}$$

成立. 其中 $f\left(x\right)\in L_2\left(\mathbb{R}_+^2\right)$, $g\left(y\right)\in L_2\left(\mathbb{R}_+^3\right)$.
　　解　令

$$K\left(\left\|x\right\|_{2,2}\left\|y\right\|_{2,3}\right)=\frac{1}{\sqrt[4]{\left\|x\right\|_{2,2}^2+\left\|y\right\|_{2,3}^2}}=\frac{1}{\sqrt[4]{x_1^2+x_2^2+y_1^2+y_2^2+y_3^2}},$$

则 $K\left(u,v\right)$ 是 $\lambda=-\dfrac{1}{2}$ 阶齐次函数.

　　因为 $m=2$, $n=3$, $p=q=2$, $\alpha=\beta=0$, $\lambda=-\dfrac{1}{2}$, 故

$$\Delta=\frac{\alpha+m}{p}+\frac{\beta+n}{q}-\left(\lambda+m+n\right)=\frac{2}{2}+\frac{3}{2}-\left(-\frac{1}{2}+2+3\right)=-2\neq 0.$$

根据定理 8.1.2, 不存在常数 $M>0$, 使 (8.1.9) 式成立. 解毕.
　　例 8.1.5　设 $\dfrac{1}{p}+\dfrac{1}{q}=1\ (p>1)$, $\lambda_0>0$, $\lambda>0$, $r>0$, $\lambda\lambda_0 rp-m\left(p-1\right)<$
$\alpha<\lambda\lambda_0 rp$, $m,n\in\mathbb{N}_+$, $\dfrac{\alpha+m}{p}+\dfrac{\beta+n}{q}=m+n-\lambda\lambda_0 r$, $f\left(x\right)\in L_p^{\alpha}\left(\mathbb{R}_+^m\right)$,

$g(y) \in L_q^\beta\left(\mathbb{R}_+^n\right)$, 求证:

$$\int_{\mathbb{R}_+^n}\int_{\mathbb{R}_+^m} \frac{f(x)g(y)}{\left[\left(\displaystyle\sum_{k=1}^m x_k^\lambda\right)^r + \left(\displaystyle\sum_{k=1}^n y_k^\lambda\right)^r\right]^{\lambda_0}}\mathrm{d}x\mathrm{d}y \leqslant M_0\|f\|_{p,\alpha}\|g\|_{q,\beta},$$

其中的常数因子

$$M_0 = \frac{\Gamma^{\frac{n}{p}+\frac{m}{q}}\left(\dfrac{1}{\lambda}\right)}{\lambda^{\frac{n}{p}+\frac{m}{q}-1}\Gamma^{\frac{1}{p}}\left(\dfrac{n}{\lambda}\right)\Gamma^{\frac{1}{q}}\left(\dfrac{m}{\lambda}\right)} \cdot \frac{\Gamma\left(\dfrac{1}{\lambda r}\left(m-\dfrac{\alpha+m}{p}\right)\right)\Gamma\left(\dfrac{1}{\lambda r}\left(n-\dfrac{\beta+n}{q}\right)\right)}{\lambda r\Gamma(\lambda_0)}$$

是最佳的.

证明 令

$$K\left(\|x\|_{\lambda,m},\|y\|_{\lambda,n}\right) = \frac{1}{\left[\left(\displaystyle\sum_{k=1}^m x_k^\lambda\right)^r + \left(\displaystyle\sum_{k=1}^n y_k^\lambda\right)^r\right]^{\lambda_0}} = \frac{1}{\left(\|x\|_{\lambda,m}^{\lambda r}+\|y\|_{\lambda,n}^{\lambda r}\right)^{\lambda_0}},$$

则 $K(u,v)$ 是 $-\lambda\lambda_0 r$ 阶齐次非负函数. 由 $\lambda\lambda_0 rp - m(p-1) < \alpha < \lambda\lambda_0 rp$, 可得 $0 < \dfrac{1}{\lambda r}\left(m-\dfrac{\alpha+m}{p}\right) < \lambda_0$. 根据 Gamma 函数性质, 有

$$W_0 = \int_0^{+\infty} K(t,1)t^{-\frac{\alpha+m}{p}+m-1}\mathrm{d}t = \int_0^{+\infty}\frac{1}{(t^{\lambda r}+1)^{\lambda_0}}t^{-\frac{\alpha+m}{p}+m-1}\mathrm{d}t$$

$$= \frac{1}{\lambda r}\int_0^{+\infty}\frac{1}{(u+1)^{\lambda_0}}u^{\frac{1}{\lambda r}\left(m-\frac{\alpha+m}{p}\right)-1}\mathrm{d}u$$

$$= \frac{\Gamma\left(\dfrac{1}{\lambda r}\left(m-\dfrac{\alpha+m}{p}\right)\right)\Gamma\left(\lambda_0-\dfrac{1}{\lambda r}\left(m-\dfrac{\alpha+m}{p}\right)\right)}{\lambda r\Gamma(\lambda_0)}$$

$$= \frac{\Gamma\left(\dfrac{1}{\lambda r}\left(m-\dfrac{\alpha+m}{p}\right)\right)\Gamma\left(\dfrac{1}{\lambda r}\left(n-\dfrac{\beta+n}{p}\right)\right)}{\lambda r\Gamma(\lambda_0)}.$$

根据定理 8.1.2, 知本例结论成立. 证毕.

例 8.1.6 设 $\dfrac{1}{p}+\dfrac{1}{q}=1\ (p>1)$, $\lambda>0$, $r>0$, $m(p-1)-\lambda rp < \alpha < m(p-1)$, $m,n\in\mathbb{N}_+$, $\dfrac{\alpha+m}{p}+\dfrac{\beta+n}{q}=m+n-\lambda r$, $f(x)\in L_p^\alpha\left(\mathbb{R}_+^m\right)$, $g(y)\in$

$L_q^\beta\left(\mathbb{R}_+^n\right)$, 求证:

$$\int_{\mathbb{R}_+^n}\int_{\mathbb{R}_+^m}\frac{f\left(x\right)g\left(y\right)}{\max\left\{\left(\sum_{k=1}^m x_k^\lambda\right)^r,\left(\sum_{k=1}^n y_k^\lambda\right)^r\right\}}\mathrm{d}x\mathrm{d}y\leqslant M_0\left\|f\right\|_{p,\alpha}\left\|g\right\|_{q,\beta},$$

其中的常数因子

$$M_0=\frac{\Gamma^{\frac{n}{p}+\frac{m}{q}}\left(1/\lambda\right)}{\lambda^{\frac{n}{p}+\frac{m}{q}-1}\Gamma^{\frac{1}{p}}\left(n/\lambda\right)\Gamma^{\frac{1}{q}}\left(m/\lambda\right)}\left[\left(m-\frac{\alpha+m}{p}\right)^{-1}+\left(n-\frac{\beta+n}{q}\right)^{-1}\right]$$

是最佳的.

证明　令

$$K\left(\left\|x\right\|_{\lambda,m},\left\|y\right\|_{\lambda,n}\right)=\frac{1}{\max\left\{\left(\sum_{k=1}^m x_k^\lambda\right)^r,\left(\sum_{k=1}^n y_k^\lambda\right)^r\right\}}=\frac{1}{\max\left\{\left\|x\right\|_{\lambda,m}^{\lambda r},\left\|y\right\|_{\lambda,n}^{\lambda r}\right\}}.$$

则 $K\left(u,v\right)$ 是 $-\lambda r$ 阶齐次非负函数. 由 $\lambda>0$, $r>0$, $m\left(p-1\right)-\lambda rp<\alpha<m\left(p-1\right)$, 可得 $\frac{1}{r\lambda}\left(m-\frac{\alpha+m}{p}\right)>0$, $\frac{1}{\lambda r}\left(m-\frac{\alpha+m}{p}\right)-1<0$, 于是

$$\begin{aligned}W_0&=\int_0^{+\infty}K\left(t,1\right)t^{-\frac{\alpha+m}{p}+m-1}\mathrm{d}t=\int_0^{+\infty}\frac{t^{-\frac{\alpha+m}{p}+m-1}}{\max\left\{t^{\lambda r},1\right\}}\mathrm{d}t\\&=\frac{1}{\lambda r}\int_0^{+\infty}\frac{1}{\max\left\{u,1\right\}}u^{\frac{1}{\lambda r}\left(m-\frac{\alpha+m}{p}\right)-1}\mathrm{d}u\\&=\frac{1}{\lambda r}\int_0^1 u^{\frac{1}{\lambda r}\left(m-\frac{\alpha+m}{p}\right)-1}\mathrm{d}u+\frac{1}{\lambda r}\int_1^{+\infty}u^{\frac{1}{\lambda r}\left(m-\frac{\alpha+m}{p}\right)-2}\mathrm{d}u\\&=\left(m-\frac{\alpha+m}{p}\right)^{-1}+\left(\lambda r-\left(m-\frac{\alpha+m}{p}\right)\right)^{-1}\\&=\left(m-\frac{\alpha+m}{p}\right)^{-1}+\left(n-\frac{\beta+n}{q}\right)^{-1}.\end{aligned}$$

根据定理 8.1.2, 知本例结论成立. 证毕.

8.2 拟齐次核的第二类重积分 Hilbert 型不等式

8.2.1 拟齐次核的第二类重积分 Hilbert 型不等式的适配数条件

引理 8.2.1 设 $m, n \in \mathbb{N}_+$, $\rho > 0$, $\frac{1}{p} + \frac{1}{q} = 1$ $(p > 1)$, $\lambda_1 \lambda_2 > 0$, $\lambda, a, b \in \mathbb{R}$, $x = (x_1, \cdots, x_m) \in \mathbb{R}_+^m$, $y = (y_1, \cdots, y_n) \in \mathbb{R}_+^n$, $K\left(\|x\|_{\rho,m}, \|y\|_{\rho,n} \right) = G\left(\|x\|_{\rho,m}^{\lambda_1}, \|y\|_{\rho,n}^{\lambda_2} \right) \geqslant 0$, $G(u, v)$ 是 λ 阶齐次可测函数, $\frac{1}{\lambda_1} aq + \frac{1}{\lambda_2} bp = \lambda + \frac{m}{\lambda_1} + \frac{n}{\lambda_2}$, 记

$$W_0 = \int_0^{+\infty} K(1, t) \, t^{-bp+n-1} \mathrm{d}t = \int_0^{+\infty} G\left(1, t^{\lambda_2}\right) t^{-bp+n-1} \mathrm{d}t,$$

则有

$$W_1(b, p, n) = \int_{\mathbb{R}_+^n} G\left(1, \|y\|_{\rho,n}^{\lambda_2}\right) \|y\|_{\rho,n}^{-bp} \mathrm{d}y = \frac{\Gamma^n(1/\rho)}{\rho^{n-1} \Gamma(n/\rho)} W_0,$$

$$W_2(a, q, m) = \int_{\mathbb{R}_+^m} G\left(\|x\|_{\rho,m}^{\lambda_1}, 1\right) \|x\|_{\rho,m}^{-aq} \mathrm{d}x = \frac{\lambda_2}{\lambda_1} \frac{\Gamma^m(1/\rho)}{\rho^{m-1} \Gamma(m/\rho)} W_0,$$

$$\omega_1(x) = \int_{\mathbb{R}_+^n} G\left(\|x\|_{\rho,m}^{\lambda_1}, \|y\|_{\rho,n}^{\lambda_2}\right) \|y\|_{\rho,n}^{-bp} \mathrm{d}y = \|x\|_{\rho,m}^{\lambda\lambda_1 - \frac{\lambda_1}{\lambda_2}(bp-n)} W_1(b, p, n),$$

$$\omega_2(y) = \int_{\mathbb{R}_+^m} G\left(\|x\|_{\rho,m}^{\lambda_1}, \|y\|_{\rho,n}^{\lambda_2}\right) \|x\|_{\rho,m}^{-aq} \mathrm{d}x = \|y\|_{\rho,n}^{\lambda\lambda_2 - \frac{\lambda_2}{\lambda_1}(aq-m)} W_2(a, q, m).$$

证明 根据定理 1.7.2 及 $\frac{1}{\lambda_1} aq + \frac{1}{\lambda_2} bp = \lambda + \frac{m}{\lambda_1} + \frac{n}{\lambda_2}$, 有

$$W_1(b, p, n) = \frac{\Gamma^n(1/\rho)}{\rho^{n-1} \Gamma(n/\rho)} \int_0^{+\infty} G\left(1, t^{\lambda_2}\right) \lambda^{-bp+n-1} \mathrm{d}t = \frac{\Gamma^n(1/\rho)}{\rho^{n-1} \Gamma(n/\rho)} W_0,$$

$$W_2(a, q, m) = \frac{\Gamma^m(1/\rho)}{\rho^{m-1} \Gamma(m/\rho)} \int_0^{+\infty} K(u, 1) u^{-aq+m-1} \mathrm{d}u$$

$$= \frac{\Gamma^m(1/\rho)}{\rho^{m-1} \Gamma(m/\rho)} \int_0^{+\infty} K\left(1, u^{-\lambda_1/\lambda_2}\right) u^{\lambda\lambda_1 - aq + m - 1} \mathrm{d}u$$

$$= \frac{\Gamma^m(1/\rho)}{\rho^{m-1} \Gamma(m/\rho)} \frac{\lambda_2}{\lambda_1} \int_0^{+\infty} K(1, t) \, t^{-\lambda\lambda_2 + \lambda_2\left(\frac{1}{\lambda_1} aq - \frac{m}{\lambda_1}\right) - 1} \mathrm{d}t$$

$$= \frac{\lambda_2}{\lambda_1} \frac{\Gamma^m (1/\rho)}{\rho^{m-1} \Gamma (m/\rho)} \int_0^{+\infty} K (1,t) \, t^{-bp+n-1} \mathrm{d}t = \frac{\lambda_2}{\lambda_1} \frac{\Gamma^m (1/\rho)}{\rho^{m-1} \Gamma (m/\rho)} W_0,$$

$$\omega_1 (x) = \frac{\Gamma^n (1/\rho)}{\rho^{n-1} \Gamma (n/\rho)} \int_0^{+\infty} K \left(\|x\|_{\rho,m}, u \right) u^{-bp+n-1} \mathrm{d}u$$

$$= \frac{\Gamma^n (1/\rho)}{\rho^{n-1} \Gamma (n/\rho)} \|x\|_{\rho,m}^{\lambda \lambda_1} \int_0^{+\infty} K \left(1, \|x\|_{\rho,m}^{-\frac{\lambda_1}{\lambda_2}} u \right) u^{-bp+n-1} \mathrm{d}u$$

$$= \frac{\Gamma^n (1/\rho)}{\rho^{n-1} \Gamma (n/\rho)} \|x\|_{\rho,m}^{\lambda \lambda_1 - \frac{\lambda_1}{\lambda_2}(bp-n)} \int_0^{+\infty} K (1,t) \, t^{-bp+n-1} \mathrm{d}t$$

$$= \|x\|_{\rho,m}^{\lambda \lambda_1 - \frac{\lambda_1}{\lambda_2}(bp-n)} W_1 (b,p,n).$$

同理可证 $\omega_2 (y)$ 的情形. 证毕.

定理 8.2.1　设 $m,n \in \mathbb{N}_+$, $\rho > 0$, $\frac{1}{p} + \frac{1}{q} = 1 (p > 1)$, $\lambda_1 \lambda_2 > 0$, $\lambda, a, b \in \mathbb{R}$, $x = (x_1, \cdots, x_m) \in \mathbb{R}_+^m, y = (y_1, \cdots, y_n) \in \mathbb{R}_+^n, K \left(\|x\|_{\rho,m}, \|y\|_{\rho,n} \right) = G \left(\|x\|_{\rho,m}^{\lambda_1}, \|y\|_{\rho,n}^{\lambda_2} \right) \geqslant 0, G (u,v)$ 是 λ 阶齐次可测函数. 且

$$W_1 (b,p,n) = \int_{\mathbb{R}_+^n} G \left(1, \|y\|_{\rho,n}^{\lambda_2} \right) \|y\|_{\rho,n}^{-bp} \, \mathrm{d}y,$$

$$W_2 (a,q,m) = \int_{\mathbb{R}_+^m} G \left(\|x\|_{\rho,m}^{\lambda_1}, 1 \right) \|x\|_{\rho,m}^{-aq} \, \mathrm{d}x$$

都收敛, 则

(i) 当 $f (x) \geqslant 0, g (y) \geqslant 0$ 时, 有

$$\int_{\mathbb{R}_+^n} \int_{\mathbb{R}_+^m} G \left(\|x\|_{\rho,m}^{\lambda_1}, \|y\|_{\rho,n}^{\lambda_2} \right) f (x) g (y) \mathrm{d}x \mathrm{d}y$$

$$\leqslant W_1^{\frac{1}{p}} (b,p,n) W_2^{\frac{1}{q}} (a,q,m) \times \left(\int_{\mathbb{R}_+^n} \|x\|_{\rho,m}^{\lambda_1 \left[\lambda + \frac{n}{\lambda_2} + p \left(\frac{a}{\lambda_1} - \frac{b}{\lambda_2} \right) \right]} f^p (x) \, \mathrm{d}x \right)^{\frac{1}{p}}$$

$$\times \left(\int_{\mathbb{R}_+^n} \|y\|_{\rho,n}^{\lambda_2 \left[\lambda + \frac{m}{\lambda_1} + q \left(\frac{b}{\lambda_2} - \frac{a}{\lambda_1} \right) \right]} g^q (y) \, \mathrm{d}y \right)^{\frac{1}{q}}. \tag{8.2.1}$$

(ii) 当且仅当 $\frac{1}{\lambda_1} aq + \frac{1}{\lambda_2} bp = \lambda + \frac{m}{\lambda_1} + \frac{n}{\lambda_2}$ 时, (8.2.1) 式的常数因子 $W_1^{\frac{1}{p}} (b,p,n)$·

$W_2^{\frac{1}{q}}(a,q,m)$ 是最佳的. 当 $\dfrac{1}{\lambda_1}aq + \dfrac{1}{\lambda_2}bp = \lambda + \dfrac{m}{\lambda_1} + \dfrac{n}{\lambda_2}$ 时, (8.2.1) 式化为

$$\int_{\mathbb{R}_+^n}\int_{\mathbb{R}_+^m} G\left(||x||_{\rho,m}^{\lambda_1},||y||_{\rho,n}^{\lambda_2}\right)f(x)g(y)\mathrm{d}x\mathrm{d}y \leqslant M_0\,||f||_{p,apq-m}\,||g||_{q,bpq-n}.$$

$$(8.2.2)$$

其中的常数因子

$$M_0 = \left(\frac{\Gamma^m(1/\rho)}{\rho^{m-1}\Gamma(m/\rho)}\right)^{\frac{1}{q}}\left(\frac{\Gamma^n(1/\rho)}{\rho^{n-1}\Gamma(n/\rho)}\right)^{\frac{1}{p}}\left(\frac{\lambda_2}{\lambda_1}\right)^{\frac{1}{q}}\int_0^{+\infty} G\left(1,t^2\right)t^{-bp+n-1}\mathrm{d}t.$$

证明 (i) 根据 Hölder 不等式及引理 8.2.1, 有

$$\int_{\mathbb{R}_+^n}\int_{\mathbb{R}_+^m} G\left(||x||_{\rho,m}^{\lambda_1},||y||_{\rho,n}^{\lambda_2}\right)f(x)g(y)\,\mathrm{d}x\mathrm{d}y$$

$$= \int_{\mathbb{R}_+^n}\int_{\mathbb{R}_+^m}\left(\frac{||x||_{\rho,m}^a}{||y||_{\rho,n}^b}f(x)\right)\left(\frac{||y||_{\rho,n}^b}{||x||_{\rho,m}^a}g(y)\right)G\left(||x||_{\rho,m}^{\lambda_1},||y||_{\rho,n}^{\lambda_2}\right)\mathrm{d}x\mathrm{d}y$$

$$\leqslant \left(\int_{\mathbb{R}_+^m}||x||_{\rho,m}^{ap}f^p(x)\,\omega_1(x)\,\mathrm{d}x\right)^{\frac{1}{p}}\left(\int_{\mathbb{R}_+^n}||y||_{\rho,n}^{bq}g^q(y)\,\omega_2(y)\,\mathrm{d}y\right)^{\frac{1}{q}}$$

$$= W_1^{\frac{1}{p}}(b,p,n)\,W_2^{\frac{1}{q}}(a,q,m)\left(\int_{\mathbb{R}_+^m}||x||_{\rho,m}^{\lambda_1\left[\lambda+\frac{n}{\lambda_2}+p\left(\frac{a}{\lambda_1}-\frac{b}{\lambda_2}\right)\right]}f^p(x)\,\mathrm{d}x\right)^{\frac{1}{p}}$$

$$\times\left(\int_{\mathbb{R}_+^n}||y||_{\rho,n}^{\lambda_2\left[\lambda+\frac{m}{\lambda_1}+q\left(\frac{b}{\lambda_2}-\frac{a}{\lambda_1}\right)\right]}g^q(y)\,\mathrm{d}y\right)^{\frac{1}{q}},$$

故 (8.2.1) 式成立.

(ii) 设 $\dfrac{1}{\lambda_1}aq + \dfrac{1}{\lambda_2}bp = \lambda + \dfrac{m}{\lambda_1} + \dfrac{n}{\lambda_2}$. 由引理 8.2.1, 可知 (8.2.1) 式可化为 (8.2.2) 式. 若 (8.2.2) 式的常数因子 M_0 不是最佳的, 则存在常数 $M_0' < M_0$, 使得用 M_0' 代替 M_0 后 (8.2.2) 式仍成立.

设 $\varepsilon > 0$ 及 $\delta > 0$ 充分小, 取

$$f(x) = \begin{cases} ||x||_{\rho,m}^{(-\alpha pq-|\lambda_1|\varepsilon)/p}, & ||x||_{\rho,m} \geqslant 1, \\ 0, & 0 < ||x||_{\rho,m} < 1, \end{cases}$$

$$g(y) = \begin{cases} ||y||_{\rho,n}^{(-bpq-|\lambda_2|\varepsilon)/q}, & ||y||_{\rho,n} \geqslant \delta, \\ 0, & 0 < ||y||_{\rho,n} < \delta. \end{cases}$$

则计算可得

$$||f||_{p,apq-m} ||g||_{q,bpq-n} = \left(\frac{\Gamma^m (1/\rho)}{\rho^{m-1} \Gamma (m/\rho)} \right)^{\frac{1}{p}} \left(\frac{\Gamma^n (1/\rho)}{\rho^{n-1} \Gamma (n/\rho)} \right)^{\frac{1}{q}} \frac{1}{\varepsilon |\lambda_1|^{1/p} |\lambda_2|^{1/q}} \delta^{-\frac{|\lambda_2|\varepsilon}{q}},$$

$$\int_{\mathbb{R}_+^n} \int_{\mathbb{R}_+^m} G \left(||x||_{\rho,m}^{\lambda_1}, ||y||_{\rho,n}^{\lambda_2} \right) f(x) g(y) \, \mathrm{d}x \mathrm{d}y$$

$$= \int_{||x||_{\rho,m} \geqslant 1} ||x||_{\rho,m}^{-aq-\frac{|\lambda_1|\varepsilon}{p}} \left(\int_{||y||_{\rho,n} \geqslant \delta} K \left(||x||_{\rho,m}, ||y||_{\rho,n} \right) ||y||_{\rho,n}^{-bp-\frac{|\lambda_1|\varepsilon}{q}} \, \mathrm{d}y \right) \mathrm{d}x$$

$$= \frac{\Gamma^n (1/\rho)}{\rho^{n-1} \Gamma (n/\rho)} \int_{||x||_{\rho,m} \geqslant 1} ||x||_{\rho,m}^{-aq-\frac{|\lambda_1|\varepsilon}{p}} \left(\int_{\delta}^{+\infty} K \left(||x||_{\rho,m}, u \right) u^{-bp+n-1-\frac{|\lambda_1|\varepsilon}{q}} \, \mathrm{d}u \right) \mathrm{d}x$$

$$= \frac{\Gamma^n (1/\rho)}{\rho^{n-1} \Gamma (n/\rho)} \int_{||x||_{\rho,m} \geqslant 1} ||x||_{\rho,m}^{\lambda\lambda_1-aq-\frac{|\lambda_1|\varepsilon}{p}}$$

$$\times \left(\int_{\delta}^{+\infty} K \left(1, ||x||_{\rho,m}^{-\lambda_1/\lambda_2} u \right) u^{-bp+n-1-\frac{|\lambda_1|\varepsilon}{q}} \, \mathrm{d}u \right) \mathrm{d}x$$

$$= \frac{\Gamma^n (1/\rho)}{\rho^{n-1} \Gamma (n/\rho)} \int_{||x||_{\rho,m} \geqslant 1} ||x||_{\rho,m}^{-m-|\lambda_1|\varepsilon} \left(\int_{\delta ||x||_{\rho,m}^{-\lambda_1/\lambda_2}}^{+\infty} K (1,t) t^{-bp+n-1-\frac{|\lambda_1|\varepsilon}{q}} \, \mathrm{d}t \right) \mathrm{d}x$$

$$\geqslant \frac{\Gamma^n (1/\rho)}{\rho^{n-1} \Gamma (n/\rho)} \int_{||x||_{\rho,m} \geqslant 1} ||x||_{\rho,m}^{-m-|\lambda_1|\varepsilon} \mathrm{d}x \int_{\delta}^{+\infty} K (1,t) t^{-bp+n-1-\frac{|\lambda_1|\varepsilon}{q}} \, \mathrm{d}t$$

$$= \frac{\Gamma^n (1/\rho)}{\rho^{n-1} \Gamma (n/\rho)} \frac{\Gamma^m (1/\rho)}{\rho^{m-1} \Gamma (m/\rho)} \frac{1}{|\lambda_1| \varepsilon} \int_{\delta}^{+\infty} G \left(1, t^{\lambda_2} \right) t^{-bp+n-1-\frac{|\lambda_2|\varepsilon}{q}} \, \mathrm{d}t.$$

综上可得

$$\frac{\Gamma^n (1/\rho)}{\rho^{n-1} \Gamma (n/\rho)} \frac{\Gamma^m (1/\rho)}{\rho^{m-1} \Gamma (m/\rho)} \frac{1}{|\lambda_1|} \int_{\delta}^{+\infty} G \left(1, t^{\lambda_2} \right)^{-bp+n-1-\frac{|\lambda_2|\varepsilon}{q}} \, \mathrm{d}t$$

$$\leqslant M_0' \left(\frac{\Gamma^m (1/\rho)}{\rho^{m-1} \Gamma (m/\rho)} \right)^{\frac{1}{p}} \left(\frac{\Gamma^n (1/\rho)}{\rho^{n-1} \Gamma (n/\rho)} \right)^{\frac{1}{q}} \frac{1}{|\lambda_1|^{1/p} |\lambda_2|^{1/q}} \delta^{-\frac{|\lambda_2|\varepsilon}{q}}.$$

先令 $\varepsilon \to 0^+$, 再令 $\delta \to 0^+$, 得到

$$M_0 = \left(\frac{\Gamma^m (1/\rho)}{\rho^{m-1} \Gamma (m/\rho)} \right)^{\frac{1}{q}} \left(\frac{\Gamma^n (1/\rho)}{\rho^{n-1} \Gamma (n/\rho)} \right)^{\frac{1}{p}} \left(\frac{\lambda_2}{\lambda_1} \right)^{\frac{1}{q}} \int_0^{+\infty} G \left(1, t^{\lambda_2} \right) t^{-bp+n-1} \mathrm{d}t \leqslant M_0',$$

这与 $M_0' < M_0$ 矛盾, 故 (8.2.2) 式的常数因子 M_0 是最佳的.

反之, 设 (8.2.1) 式的常数因子 $W_1^{\frac{1}{p}}(b,p,n)\,W_2^{\frac{1}{q}}(a,q,m)$ 是最佳的, 记

$$c = \frac{1}{\lambda_1}aq + \frac{1}{\lambda_2}bp - \left(\lambda + \frac{m}{\lambda_1} + \frac{n}{\lambda_2}\right), \quad a_1 = a - \frac{\lambda_1 c}{pq}, \quad b_1 = b - \frac{\lambda_2 c}{pq},$$

则

$$\lambda_1\left[\lambda + \frac{n}{\lambda_2} + p\left(\frac{a}{\lambda_1} - \frac{b}{\lambda_2}\right)\right] = \lambda_1\left[\lambda + \frac{n}{\lambda_2} + p\left(\frac{a_1}{\lambda_1} - \frac{b_1}{\lambda_2}\right)\right],$$

$$\lambda_2\left[\lambda + \frac{m}{\lambda_1} + q\left(\frac{b}{\lambda_2} - \frac{a}{\lambda_1}\right)\right] = \lambda_2\left[\lambda + \frac{m}{\lambda_1} + q\left(\frac{b_1}{\lambda_2} - \frac{a_1}{\lambda_1}\right)\right].$$

记

$$A = \left(\frac{\Gamma^n(1/\rho)}{\rho^{n-1}\Gamma(n/\rho)}\right)^{\frac{1}{p}}\left(\frac{\Gamma^m(1/\rho)}{\rho^{m-1}\Gamma(m/\rho)}\right)^{\frac{1}{q}},$$

则计算可得

$$W_1^{\frac{1}{p}}(b,p,n)\,W_2^{\frac{1}{q}}(a,q,m)$$

$$= A\left(\int_0^{+\infty} G\left(1, t^{\lambda_2}\right) t^{-bp+n-1}\mathrm{d}t\right)^{\frac{1}{p}}\left(\int_0^{+\infty} G\left(t^{\lambda_1}, 1\right) t^{-aq+m-1}\mathrm{d}t\right)^{\frac{1}{q}}$$

$$= A\left(\frac{\lambda_2}{\lambda_1}\right)^{\frac{1}{q}}\left(\int_0^{+\infty} G\left(1, t^{\lambda_2}\right) t^{-bp+n-1}\mathrm{d}t\right)^{\frac{1}{p}}\left(\int_0^{+\infty} G\left(1, t^{\lambda_2}\right) t^{-bp+n-1+\lambda_2 c}\mathrm{d}t\right)^{\frac{1}{q}}.$$

于是 (8.2.1) 式等价于

$$\int_{\mathbb{R}_+^n}\int_{\mathbb{R}_+^m} G\left(\|x\|_{\rho,m}^{\lambda_1}, \|y\|_{\rho,n}^{\lambda_2}\right) f(x)\,g(y)\,\mathrm{d}x\mathrm{d}y$$

$$\leqslant A\left(\frac{\lambda_2}{\lambda_1}\right)^{\frac{1}{q}}\left(\int_0^{+\infty} G\left(1, t^{\lambda_2}\right) t^{-bp+n-1}\mathrm{d}t\right)^{\frac{1}{p}}\left(\int_0^{+\infty} G\left(1, t^{\lambda_2}\right) t^{-bp+n-1+\lambda_2 c}\mathrm{d}t\right)^{\frac{1}{q}}$$

$$\times\left(\int_{\mathbb{R}_+^m}\|x\|_{\rho,m}^{\lambda_1\left(\lambda + \frac{n}{\lambda_2} + p\left(\frac{a_1}{\lambda_1} - \frac{b_1}{\lambda_2}\right)\right)} f^p(x)\,\mathrm{d}x\right)^{\frac{1}{p}}$$

$$\times\left(\int_{\mathbb{R}_+^n}\|y\|_{\rho,n}^{\lambda_2\left(\lambda + \frac{m}{\lambda_1} + q\left(\frac{b_1}{\lambda_2} - \frac{a_1}{\lambda_1}\right)\right)} g^q(y)\,\mathrm{d}y\right)^{\frac{1}{q}}.$$

又由于 $\dfrac{1}{\lambda_1}a_1 q + \dfrac{1}{\lambda_2}b_1 p = \lambda + \dfrac{m}{\lambda_1} + \dfrac{n}{\lambda_2}$, 则

$$\lambda_1\left(\lambda + \frac{n}{\lambda_2} + p\left(\frac{a_1}{\lambda_1} - \frac{b_1}{\lambda_2}\right)\right) = a_1 pq - m,$$

$$\lambda_2 \left(\lambda + \frac{m}{\lambda_1} + q \left(\frac{b_1}{\lambda_2} - \frac{a_1}{\lambda_1} \right) \right) = b_1 pq - n,$$

故 (8.2.1) 式进一步等价于

$$\int_{\mathbb{R}_+^n} \int_{\mathbb{R}_+^m} G(\|x\|_{\rho,m}^{\lambda_1}, \|y\|_{\rho,n}^{\lambda_2}) f(x) g(y) \, dxdy$$

$$\leqslant A \left(\frac{\lambda_2}{\lambda_1} \right)^{\frac{1}{q}} \left(\int_0^{+\infty} G\left(1, t^{\lambda_2}\right) t^{-bp+n-1} dt \right)^{\frac{1}{p}}$$

$$\times \left(\int_0^{+\infty} G\left(1, t^{\lambda_2}\right) t^{-bp+n-1+\lambda_2 c} dt \right)^{\frac{1}{q}} \|f\|_{p,a_1 pq-m} \|g\|_{q,b_1 pq-n}. \tag{8.2.3}$$

根据假设, 可知 (8.2.3) 式的最佳常数因子是

$$A \left(\frac{\lambda_2}{\lambda_1} \right)^{\frac{1}{q}} \left(\int_0^{+\infty} G\left(1, t^{\lambda_2}\right) t^{-bp+n-1} dt \right)^{\frac{1}{p}} \left(\int_0^{+\infty} G\left(1, t^{\lambda_2}\right) t^{-bp+n-1+\lambda_2 c} dt \right)^{\frac{1}{q}}.$$

由前面充分性的证明, 又可知 (8.2.3) 式的常数因子为

$$A \left(\frac{\lambda_2}{\lambda_1} \right)^{\frac{1}{q}} \int_0^{+\infty} G\left(1, t^{\lambda_2}\right) t^{-b_1 p+n-1} dt,$$

从而

$$\int_0^{+\infty} G\left(1, t^{\lambda_2}\right) t^{-b_1 p+n-1} dt = \int_0^{+\infty} G\left(1, t^{\lambda_2}\right) t^{-bp+n-1+\frac{\lambda_2 c}{q}} dt$$

$$= \left(\int_0^{+\infty} G\left(1, t^{\lambda_2}\right) t^{-bp+n-1} dt \right)^{\frac{1}{p}} \left(\int_0^{+\infty} G\left(1, t^{\lambda_2}\right) t^{-bp+n-1+\lambda_2 c} dt \right)^{\frac{1}{q}}. \tag{8.2.4}$$

针对函数 1 和 $t^{\lambda_2 c/q}$, 利用 Hölder 不等式, 有

$$\int_0^{+\infty} G\left(1, t^{\lambda_2}\right) t^{-bp+n-1+\frac{\lambda_2 c}{q}} dt = \int_0^{+\infty} 1 \cdot t^{\frac{\lambda_2 c}{q}} G\left(1, t^{\lambda_2}\right) t^{-bp+n-1} dt$$

$$\leqslant \left(\int_0^{+\infty} G\left(1, t^{\lambda_2}\right) t^{-bp+n-1} dt \right)^{\frac{1}{p}} \left(\int_0^{+\infty} G\left(1, t^{\lambda_2}\right) t^{-bp+n-1+\lambda_2 c} dt \right)^{\frac{1}{q}}.$$

由 (8.2.4) 式, 知上式等号成立, 根据 Hölder 不等式取等号的条件, 可得 $t^{\lambda_2 c} =$ 常数, 于是 $c = 0$, 此即 $\frac{1}{\lambda_1} aq + \frac{1}{\lambda_2} bp = \lambda + \frac{m}{\lambda_1} + \frac{n}{\lambda_2}$. 证毕.

注 令

$$\Delta = \frac{1}{\lambda_1} aq + \frac{1}{\lambda_2} bp - \left(\lambda + \frac{m}{\lambda_1} + \frac{n}{\lambda_2} \right),$$

则 a, b 是 (8.2.1) 式的适配数的充要条件是 $\Delta = 0$. 今后称此 Δ 为 a, b 是否是拟齐次核的第二类重积分 Hilbert 型不等式适配数的判别式.

若 $K\left(||x||_{\rho,m}, ||y||_{\rho,n} \right) = G\left(||x||_{\rho,m}^{\lambda_1} / ||y||_{\rho,n}^{\lambda_2} \right)$. 由于 $G(u/v)$ 是 0 阶齐次函数, 于是根据定理 8.2.2, 可得:

推论 8.2.1 设 $m, n \in \mathbb{N}_+$, $\rho > 0$, $\frac{1}{p} + \frac{1}{q} = 1 \, (p > 1)$, $\lambda_1 \lambda_2 > 0$, $\lambda, a, b \in \mathbb{R}$, $x = (x_1, \cdots, x_m) \in \mathbb{R}_+^m$, $y = (y_1, \cdots, y_n) \in \mathbb{R}_+^n$, $K\left(||x||_{\rho,m}, ||y||_{\rho,n} \right) = G\big(||x||_{\rho,n}^{\lambda_1} / ||y||_{\rho,n}^{\lambda_2} \big)$ 非负可测, 且

$$W_1(b, p, n) = \int_{\mathbb{R}_+^n} K\left(1, ||y||_{p,n} \right) ||y||_{\rho,n}^{-bp} \, \mathrm{d}y,$$

$$W_2(a, q, m) = \int_{\mathbb{R}_+^m} K\left(||x||_{\rho,m}, 1 \right) ||x||_{\rho,m}^{-aq} \, \mathrm{d}x$$

都收敛, 则

(i) 当 $f(x) \geqslant 0$, $g(y) \geqslant 0$ 时, 有

$$\int_{\mathbb{R}_+^n} \int_{\mathbb{R}_+^m} G\left(||x||_{\rho,m}^{\lambda_1} \Big/ ||y||_{\rho,n}^{\lambda_2} \right) f(x) g(y) \, \mathrm{d}x\mathrm{d}y$$

$$\leqslant W_1^{\frac{1}{p}}(b, p, n) W_2^{\frac{1}{q}}(a, q, m)$$

$$\times \left(\int_{\mathbb{R}_+^m} ||x||_{\rho,m}^{\lambda_1 \left[\frac{n}{\lambda_2} + p\left(\frac{a}{\lambda_1} - \frac{b}{\lambda_2} \right) \right]} f^p(x) \, \mathrm{d}x \right)^{\frac{1}{p}} \left(\int_{\mathbb{R}_+^n} ||y||_{\rho,n}^{\lambda_2 \left[\frac{m}{\lambda_1} + q\left(\frac{b}{\lambda_2} - \frac{a}{\lambda_1} \right) \right]} g^q(y) \, \mathrm{d}y \right)^{\frac{1}{q}}. \tag{8.2.5}$$

(ii) 当且仅当 $\frac{1}{\lambda_1} aq + \frac{1}{\lambda_2} bp = \frac{m}{\lambda_1} + \frac{n}{\lambda_2}$ 时, (8.2.5) 式的常数因子 $W_1^{\frac{1}{p}}(b, p, n) \cdot W_2^{\frac{1}{q}}(a, q, m)$ 是最佳的, 且当 $\frac{1}{\lambda_1} aq + \frac{1}{\lambda_2} bp = \frac{m}{\lambda_1} + \frac{n}{\lambda_2}$ 时, (8.2.5) 式化为

$$\int_{\mathbb{R}_+^n} \int_{\mathbb{R}_+^m} G\left(||x||_{\rho,m}^{\lambda_1} / ||y||_{\rho,n}^{\lambda_2} \right) f(x) g(y) \, \mathrm{d}x\mathrm{d}y \leqslant M_0 ||f||_{p, apq-m} ||g||_{q, bpq-n},$$

其中的常数因子

$$M_0 = \left(\frac{\Gamma^m(1/\rho)}{\rho^{m-1} \Gamma(m/\rho)} \right)^{\frac{1}{q}} \left(\frac{\Gamma^n(1/\rho)}{\rho^{n-1} \Gamma(n/\rho)} \right)^{\frac{1}{p}} \left(\frac{\lambda_2}{\lambda_1} \right)^{\frac{1}{q}} \int_0^{+\infty} G\left(t^{-\lambda_2} \right) t^{-bp+n-1} \mathrm{d}t.$$

例 8.2.1　设 $m,n \in \mathbb{N}_+$, $\rho > 0$, $\dfrac{1}{p}+\dfrac{1}{q}=1$ $(p>1)$, $\dfrac{1}{r}+\dfrac{1}{s}=1$ $(r>1)$, $\lambda_1\lambda_2 > 0$, $f(x) \in L_p^{p\left(m-\frac{\lambda_1}{r}\right)-m}(\mathbb{R}_+^m)$, $g(y) \in L_q^{q\left(n-\frac{\lambda_2}{\varepsilon}\right)-n}(\mathbb{R}_+^n)$, 求证:

$$\int_{\mathbb{R}_+^n}\int_{\mathbb{R}_+^m}\frac{\ln\left(||x||_{\rho,m}^{\lambda_1}/||y||_{\rho,n}^{\lambda_2}\right)}{||x||_{\rho,m}^{\lambda_1}+||y||_{\rho,n}^{\lambda_2}}f(x)g(y)\,\mathrm{d}x\mathrm{d}y$$

$$\leqslant M_0\,||f||_{p,p\left(m-\frac{\lambda_1}{r}\right)-m}\,||g||_{q,q\left(n-\frac{\lambda_2}{s}\right)-n},$$

其中的常数因子

$$M_0 = \left(\frac{\Gamma^m(1/\rho)}{\rho^{m-1}\Gamma(m/\rho)}\right)^{\frac{1}{q}}\left(\frac{\Gamma^n(1/\rho)}{\rho^{n-1}\Gamma(n/\rho)}\right)^{\frac{1}{p}}\frac{1}{|\lambda_1|^{1/q}|\lambda_2|^{1/p}}\left(\frac{\pi}{\sin(\pi/s)}\right)^2$$

是最佳的.

证明　记

$$G\left(||x||_{\rho,m}^{\lambda_1},||y||_{\rho,n}^{\lambda_2}\right)=\frac{\ln\left(||x||_{\rho,m}^{\lambda_1}/||y||_{\rho,n}^{\lambda_2}\right)}{||x||_{\rho,m}^{\lambda_1}+||y||_{\rho,n}^{\lambda_2}},$$

则 $G(u,v)=\dfrac{\ln(u/v)}{u-v}$ 是 $\lambda = -1$ 阶齐次非负函数.

令 $apq-m = p\left(m-\dfrac{\lambda_1}{r}\right)-m$, $bpq-n=q\left(n-\dfrac{\lambda_2}{s}\right)-n$, 则 $a=\dfrac{1}{q}\left(m-\dfrac{\lambda_1}{r}\right)$, $b=\dfrac{1}{p}\left(n-\dfrac{\lambda_2}{s}\right)$. 因为

$$\Delta = \frac{1}{\lambda_1}aq+\frac{1}{\lambda_2}bp-\left(\lambda+\frac{m}{\lambda_1}+\frac{n}{\lambda_2}\right)$$

$$=\frac{1}{\lambda_1}\left(m-\frac{\lambda_1}{r}\right)+\frac{1}{\lambda_2}\left(n-\frac{\lambda_2}{s}\right)+1-\frac{m}{\lambda_1}-\frac{n}{\lambda_2}=0,$$

故 a,b 是适配数. 又因为

$$\int_0^{+\infty}G\left(1,t^{\lambda_2}\right)t^{-bp+n-1}\mathrm{d}t=\int_0^{+\infty}\frac{\ln t^{-\lambda_2}}{1-t^{\lambda_2}}t^{-\left(n-\frac{\lambda_2}{s}\right)+n-1}\mathrm{d}t$$

$$=\int_0^{+\infty}\frac{\ln t^{\lambda_2}}{t^{\lambda_2}-1}t^{\frac{\lambda_2}{s}-1}\mathrm{d}t=\frac{1}{|\lambda_2|}\int_0^{+\infty}\frac{\ln u}{u-1}u^{\frac{1}{s}-1}\mathrm{d}u$$

$$=\frac{1}{|\lambda_2|}B^2\left(\frac{1}{s},1-\frac{1}{s}\right)=\frac{1}{|\lambda_2|}\left(\frac{\pi}{\sin(\pi/s)}\right)^2.$$

根据定理 8.2.1, 知本例结论成立. 证毕.

例 8.2.2　设 $m, n \in \mathbb{N}_+, \rho > 0, \dfrac{1}{p} + \dfrac{1}{q} = 1 \ (p > 1), \lambda > 0, \lambda_1 \lambda_2 > 0,$ 试讨论: 在什么条件下, 选取什么样的适配数 a, b, 可以得到具有最佳常数因子的 Hilbert 型不等式:

$$\int_{\mathbb{R}_+^n} \int_{\mathbb{R}_+^m} \frac{1}{\left(\|x\|_{\rho,m}^{\lambda_1} + \|y\|_{\rho,n}^{\lambda_2} \right)^{\lambda}} f(x) g(y) \,\mathrm{d}x\mathrm{d}y \leqslant M \|f\|_p \|g\|_q, \tag{8.2.6}$$

并求出最佳常数因子.

解　令

$$G\left(\|x\|_{\rho,m}^{\lambda_1}, \|y\|_{\rho,n}^{\lambda_2} \right) = \frac{1}{\left(\|x\|_{\rho,m}^{\lambda_1} + \|y\|_{\rho,n}^{\lambda_2} \right)^{\lambda}},$$

则 $G(u, v)$ 是 $-\lambda$ 阶齐次非负函数.

令 $apq - m = \alpha = 0, bpq - n = \beta = 0$, 则 $a = \dfrac{m}{pq}, b = \dfrac{n}{pq}$. 因为

$$\Delta = \frac{1}{\lambda_1} aq + \frac{1}{\lambda_2} bp - \left(-\lambda + \frac{m}{\lambda_1} + \frac{n}{\lambda_2} \right) = \lambda - \frac{m}{\lambda_1 q} - \frac{n}{\lambda_2 p},$$

故 $\Delta = 0$ 等价于 $\dfrac{m}{\lambda_1 q} + \dfrac{n}{\lambda_2 p} = \lambda$. 而 $\dfrac{m}{\lambda_1 q} + \dfrac{n}{\lambda_2 p} = \lambda$ 时, 有

$$\int_0^{+\infty} G\left(1, t^{\lambda_2} \right) t^{-bp+n-1} \mathrm{d}t = \int_0^{+\infty} \frac{1}{(1 + t^{\lambda_2})^{\lambda}} t^{-\frac{n}{q}+n-1} \mathrm{d}t$$

$$= \int_0^{+\infty} \frac{1}{(1 + t^{\lambda_2})^{\lambda}} t^{\frac{n}{p}-1} \mathrm{d}t = \frac{1}{\lambda_2} \int_0^{+\infty} \frac{1}{(1 + u)^{\lambda}} u^{\frac{n}{\lambda_2 p}-1} \mathrm{d}u$$

$$= \frac{1}{\lambda_2} B\left(\frac{n}{\lambda_2 p}, \lambda - \frac{n}{\lambda_2 p} \right) = \frac{1}{\lambda_2} B\left(\frac{n}{\lambda_2 p}, \frac{m}{\lambda_1 q} \right).$$

综上并根据定理 8.2.1 知, 只有当 $\dfrac{m}{\lambda_1 q} + \dfrac{n}{\lambda_2 p} = \lambda$ 时, 取适配数 $a = \dfrac{m}{pq}, b = \dfrac{n}{pq}$, 可以得到最佳 Hilbert 型不等式 (8.2.6). 其最佳常数因子为

$$M_0 = \left(\frac{\Gamma^m(1/\rho)}{\rho^{m-1}\Gamma(m/\rho)} \right)^{\frac{1}{q}} \left(\frac{\Gamma^n(1/\rho)}{\rho^{n-1}\Gamma(n/\rho)} \right)^{\frac{1}{p}} \left(\frac{\lambda_2}{\lambda_1} \right)^{\frac{1}{q}} \frac{1}{\lambda_2} B\left(\frac{n}{\lambda_2 p}, \frac{m}{\lambda_1 q} \right).$$

解毕.

8.2.2　构建拟齐次核的第二类重积分 Hilbert 型不等式的参数条件

引理 8.2.2　设 $m, n \in \mathbb{N}_+$, $\rho > 0$, $\frac{1}{p} + \frac{1}{q} = 1$ $(p > 1)$, $\lambda_1 \lambda_2 > 0$, $x \in (x_1, \cdots, x_m) \in \mathbb{R}_+^m$, $y = (y_1, \cdots, y_n) \in \mathbb{R}_+^n$, $K\left(\|x\|_{\rho,m}, \|y\|_{\rho,n}\right) = G\left(\|x\|_{\rho,m}^\lambda, \|y\|_{\rho,n}^\lambda\right) \geqslant 0$, $G(u, v)$ 是 λ 阶齐次可测函数, 记

$$W_1 = \int_{\mathbb{R}_+^n} K\left(1, \|y\|_{\rho,n}\right) \|y\|_{\rho,n}^{-\frac{\beta+n}{q}} \, \mathrm{d}y, \quad W_2 = \int_{\mathbb{R}_+^m} K\left(\|x\|_{\rho,m}, 1\right) \|x\|_{\rho,m}^{-\frac{\alpha+m}{p}} \, \mathrm{d}x,$$

那么

$$\omega_1(x) = \int_{\mathbb{R}_+^n} K\left(\|x\|_{\rho,m}, \|y\|_{\rho,n}\right) \|y\|_{\rho,n}^{-\frac{\beta+n}{q}} \, \mathrm{d}y = \|x\|_{\rho,m}^{\lambda\lambda_1 - \frac{\lambda_1}{\lambda_2}\left(\frac{\beta+n}{q} - n\right)} W_1,$$

$$\omega_2(y) = \int_{\mathbb{R}_+^m} K\left(\|x\|_{\rho,m}, \|y\|_{\rho,n}\right) \|x\|_{\rho,m}^{-\frac{\alpha+m}{p}} \, \mathrm{d}x = \|y\|_{\rho,n}^{\lambda\lambda_2 - \frac{\lambda_2}{\lambda_1}\left(\frac{\alpha+m}{p} - m\right)} W_2.$$

证明　由于 $G(u, v)$ 是 λ 阶齐次函数, 故有

$$\omega_1(x) = \int_{\mathbb{R}_+^n} \|x\|_{\rho,m}^{\lambda\lambda_1} K\left(1, \|x\|_{\rho,m}^{-\lambda_1/\lambda_2} \|y\|_{\rho,n}\right) \|y\|_{\rho,n}^{-\frac{\beta+n}{q}} \, \mathrm{d}y$$

$$= \|x\|_{\rho,m}^{\lambda\lambda_1} \int_{\mathbb{R}_+^n} K\left(1, \|x\|_{\rho,m}^{-\lambda_1/\lambda_2} \|y\|_{\rho,n}\right) \|y\|_{\rho,n}^{-\frac{\beta+n}{q}} \, \mathrm{d}y$$

$$= \|x\|_{\rho,m}^{\lambda\lambda_1} \int_{\mathbb{R}_+^n} K\left(1, \|z\|_{\rho,n}\right) \left(\|x\|_{\rho,m}^{-\lambda_1/\lambda_2} \|z\|_{\rho,n}\right)^{-\frac{\beta+m}{q}} \|x\|_{\rho,m}^{n\frac{\lambda_1}{\lambda_2}} \, \mathrm{d}z$$

$$= \|x\|_{\rho,m}^{\lambda\lambda_1 - \frac{\lambda_1}{\lambda_2}\left(\frac{\beta+n}{q} - n\right)} \int_{\mathbb{R}_+^n} K\left(1, \|z\|_{\rho,n}\right) \|z\|_{\rho,n}^{-\frac{\beta+n}{q}} \, \mathrm{d}z = \|x\|_{\rho,m}^{\lambda\lambda_1 - \frac{\lambda_1}{\lambda_2}\left(\frac{\beta+n}{q} - n\right)} W_1.$$

同理可证 $\omega_2(y) = \|y\|_{\rho,n}^{\lambda\lambda_2 - \frac{\lambda_2}{\lambda_1}\left(\frac{\alpha+m}{p} - m\right)} W_2$. 证毕.

定理 8.2.2　设 $m, n \in \mathbb{N}_+$, $\rho > 0$, $\frac{1}{p} + \frac{1}{q} = 1$ $(p > 1)$, $\lambda, a, \beta \in \mathbb{R}$, $x = (x_1, \cdots, x_m) \in \mathbb{R}_+^m$, $y = (y_1, \cdots, y_n) \in \mathbb{R}_+^n$, $K\left(\|y\|_{\rho,m} \|y\|_{\rho,n}\right) = G\left(\|x\|_{\rho,m}^{\lambda_1}, \|y\|_{\rho,n}^{\lambda_2}\right) \geqslant 0$, $G(u, v)$ 是 λ 阶齐次函数, 且

$$W_0 = \int_0^{+\infty} G\left(t^{\lambda_1}, 1\right) t^{-\frac{\alpha+m}{p} + m - 1} \mathrm{d}t$$

收敛, 那么

(i) 当且仅当 $\dfrac{\alpha+m}{\lambda_1 p} + \dfrac{\beta+n}{\lambda_2 q} = \lambda + \dfrac{m}{\lambda_1} + \dfrac{n}{\lambda_2}$ 时, 存在常数 $M > 0$, 使

$$\int_{\mathbb{R}_+^n} \int_{\mathbb{R}_+^m} G\left(\|x\|_{\rho,m}^{\lambda_1}, \|y\|_{\rho,n}^{\lambda_2}\right) f(x)\, g(y)\mathrm{d}x\mathrm{d}y \leqslant M\, \|f\|_{p,\alpha}\, \|g\|_{q,\beta}, \qquad (8.2.7)$$

其中 $f(x) = L_p^\alpha\left(\mathbb{R}_+^m\right)$, $g(y) \in L_q^\beta\left(\mathbb{R}_+^n\right)$.

(ii) 当 (8.2.7) 式成立时, 其最佳常数因子为

$$\inf M = \left(\frac{\Gamma^m(1/\rho)}{\rho^{m-1}\Gamma(m/\rho)}\right)^{\frac{1}{q}} \left(\frac{\Gamma^n(1/\rho)}{\rho^{n-1}\Gamma(n/\rho)}\right)^{\frac{1}{p}} \left(\frac{\lambda_1}{\lambda_2}\right)^{\frac{1}{p}} W_0.$$

证明 根据定理 1.7.2, 当 $\dfrac{\alpha+m}{\lambda_1 p} + \dfrac{\beta+n}{\lambda_2 q} = \lambda + \dfrac{m}{\lambda_1} + \dfrac{n}{\lambda_2}$ 时, 有

$$W_2 = \int_{\mathbb{R}_+^m} K\left(\|x\|_{\rho,m}, 1\right) \|x\|_{\rho,m}^{-\frac{\alpha+m}{p}}\, \mathrm{d}x$$

$$= \frac{\Gamma^m(1/\rho)}{\rho^{m-1}\Gamma(m/\rho)} \int_0^{+\infty} K(u,1)\, u^{-\frac{\alpha+m}{p}+m-1}\mathrm{d}u = \frac{\Gamma^m(1/\rho)}{\rho^{m-1}\Gamma(m/\rho)} W_0,$$

$$W_1 = \int_{\mathbb{R}_+^n} K\left(1, \|y\|_{\rho,n}\right) \|y\|_{\rho,n}^{-\frac{\beta+n}{q}}\, \mathrm{d}y = \frac{\Gamma^n(1/\rho)}{\rho^{n-1}\Gamma(n/\rho)} \int_0^{+\infty} K(1,u)\, u^{-\frac{\beta+n}{q}+n-1}\mathrm{d}u$$

$$= \frac{\Gamma^n(1/\rho)}{\rho^{n-1}\Gamma(n/\rho)} \int_0^{+\infty} K\left(u^{-\lambda_2/\lambda_1}, 1\right) u^{\lambda\lambda_2 - \frac{\beta+n}{q}+n-1}\mathrm{d}u$$

$$= \frac{\Gamma^n(1/\rho)}{\rho^{n-1}\Gamma(n/\rho)} \frac{\lambda_1}{\lambda_2} \int_0^{+\infty} K(t,1)\, t^{-\frac{\lambda_1}{\lambda_2}\left(\lambda\lambda_2 - \frac{\beta+n}{q}+n-1\right)-\frac{\lambda_1}{\lambda_2}-1}\mathrm{d}t$$

$$= \frac{\Gamma^n(1/\rho)}{\rho^{n-1}\Gamma(n/\rho)} \frac{\lambda_1}{\lambda_2} \int_0^{+\infty} K(t,1)\, t^{-\frac{\alpha+m}{p}+m-1}\mathrm{d}t = \frac{\Gamma^n(1/\rho)}{\rho^{n-1}\Gamma(n/\rho)} \frac{\lambda_1}{\lambda_2} W_0.$$

因为 W_0 收敛, 故当 $\dfrac{\alpha+m}{\lambda_1 p} + \dfrac{\beta+n}{\lambda_2 q} = \lambda + \dfrac{m}{\lambda_1} + \dfrac{n}{\lambda_2}$ 时, W_1 与 W_2 收敛.

下面我们记 $\dfrac{\alpha+m}{\lambda_1 p} + \dfrac{\beta+n}{\lambda_2 q} - \left(\lambda + \dfrac{m}{\lambda_1} + \dfrac{n}{\lambda_2}\right) = \dfrac{c}{\lambda_2}$.

(i) 设 (8.2.7) 式成立. 若 $c > 0$, 取 $c < \varepsilon < \dfrac{c}{|\lambda_2|}$, 令

$$f(x) = \begin{cases} \|x\|_{\rho,m}^{(-\alpha-m+|\lambda_1|\varepsilon)/p}, & 0 < \|x\|_{\rho,m} \leqslant 1, \\ 0, & \|x\|_{\rho,m} > 1, \end{cases}$$

$$g\left(y\right) = \begin{cases} ||y||_{\rho,n}^{(-\beta-n+|\lambda_2|\varepsilon)/q}, & 0 > ||y||_{\rho,n} \leqslant 1, \\ 0, & ||y||_{\rho,n} > 1. \end{cases}$$

则有

$$||f||_{\rho,\alpha}\,||g||_{q,\beta} = \left(\int_{||x||_{\rho,m}\leqslant 1} ||x||_{\rho,m}^{-m+|\lambda_1|\varepsilon}\mathrm{d}x\right)^{\frac{1}{p}} \left(\int_{||y||_{\rho,m}\leqslant 1} ||y||_{\rho,n}^{-n+|\lambda_2|\varepsilon}\mathrm{d}y\right)^{\frac{1}{q}}$$

$$= \left(\frac{\Gamma^m\left(1/\rho\right)}{\rho^{m-1}\Gamma\left(m/\rho\right)}\right)^{\frac{1}{p}} \left(\frac{\Gamma^n\left(1/\rho\right)}{\rho^{n-1}\Gamma\left(n/\rho\right)}\right)^{\frac{1}{q}} \left(\int_0^1 u^{-1+|\lambda_1|\varepsilon}\mathrm{d}u\right)^{\frac{1}{p}} \left(\int_0^1 u^{-1+|\lambda_2|\varepsilon}\mathrm{d}u\right)^{\frac{1}{q}}$$

$$= \left(\frac{\Gamma^m\left(1/\rho\right)}{\rho^{m-1}\Gamma\left(m/\rho\right)}\right)^{\frac{1}{p}} \left(\frac{\Gamma^n\left(1/\rho\right)}{\rho^{n-1}\Gamma\left(n/\rho\right)}\right)^{\frac{1}{q}} \frac{1}{\varepsilon\,|\lambda_1|^{1/p}\,|\lambda_2|^{1/q}},$$

$$\int_{\mathbb{R}_+^n}\int_{\mathbb{R}_+^m} G\left(||x||_{\rho,m}^{\lambda_1}, ||y||_{\rho,n}^{\lambda_2}\right) f\left(x\right) g\left(y\right) \mathrm{d}x\mathrm{d}y$$

$$= \int_{||y||_{\rho,n}\leqslant 1} ||y||_{\rho,n}^{-\frac{\beta+n-|\lambda_2|\varepsilon}{q}} \left(\int_{||x||_{\rho,m}\leqslant 1} K\left(||x||_{\rho,m}, ||y||_{\rho,n}\right) ||x||_{\rho,m}^{-\frac{\alpha+m-|\lambda_1|\varepsilon}{p}} \mathrm{d}x\right) \mathrm{d}y$$

$$= \frac{\Gamma^m\left(1/\rho\right)}{\rho^{m-1}\Gamma\left(m/\rho\right)} \int_{||y||_{\rho,n}\leqslant 1} ||y||_{\rho,n}^{-\frac{\beta+n-|\lambda_2|\varepsilon}{q}}$$

$$\times \left(\int_0^1 K\left(u, ||y||_{\rho,n}\right) u^{-\frac{\alpha+m-|\lambda_1|\varepsilon}{p}+m-1} \mathrm{d}u\right) \mathrm{d}y$$

$$= \frac{\Gamma^m\left(1/\rho\right)}{\rho^{m-1}\Gamma\left(m/\rho\right)} \int_{||y||_{\rho,n}\leqslant 1} ||y||_{\rho,n}^{-\frac{\beta+n-|\lambda_2|\varepsilon}{q}}$$

$$\times \left(\int_0^1 K\left(||y||_{\rho,n}^{-\lambda_2/\lambda_1} u, 1\right) ||y||_{\rho,n}^{\lambda\lambda_2} u^{-\frac{\alpha+m-|\lambda_1|\varepsilon}{p}+m-1} \mathrm{d}u\right) \mathrm{d}y$$

$$= \frac{\Gamma^m\left(1/\rho\right)}{\rho^{m-1}\Gamma\left(m/\rho\right)} \int_{||y||_{\rho,n}\leqslant 1} ||y||_{\rho,n}^{\lambda\lambda_2-\frac{\beta+n-|\lambda_2|\varepsilon}{q}-\frac{\lambda_2}{\lambda_1}\left(\frac{\alpha+m-|\lambda_1|\varepsilon}{p}-m\right)}$$

$$\times \left(\int_0^{||y||_{\rho,n}^{-\lambda_2/\lambda_1}} K\left(t,1\right) t^{-\frac{\alpha+m-|\lambda_1|\varepsilon}{p}+m-1} \mathrm{d}t\right) \mathrm{d}y$$

$$\geqslant \frac{\Gamma^m\left(1/\rho\right)}{\rho^{m-1}\Gamma\left(m/\rho\right)} \int_{||y||_{\rho,n}\leqslant 1} ||y||_{\rho,n}^{-n-c+|\lambda_2|\varepsilon} \mathrm{d}y \int_0^1 K\left(t,1\right) t^{-\frac{\alpha+m-|\lambda_1|\varepsilon}{p}+m-1} \mathrm{d}t$$

$$= \frac{\Gamma^m\left(1/\rho\right)}{\rho^{m-1}\Gamma\left(m/\rho\right)} \frac{\Gamma^n\left(1/\rho\right)}{\rho^{n-1}\Gamma\left(n/\rho\right)} \int_0^1 u^{-1-c+|\lambda_2|\varepsilon}\mathrm{d}u \int_0^1 K\left(t,1\right) t^{-\frac{\alpha+m-|\lambda_1|\varepsilon}{p}+m-1}\mathrm{d}t.$$

综上, 我们得到

$$\frac{\Gamma^m\left(1/\rho\right)}{\rho^{m-1}\Gamma\left(m/\rho\right)}\frac{\Gamma^n\left(1/\rho\right)}{\rho^{n-1}\Gamma\left(n/\rho\right)}\int_0^1 u^{-1-c+|\lambda_2|\varepsilon}\mathrm{d}u\int_0^1 K\left(t,1\right)t^{-\frac{\alpha+m-|\lambda_1|\varepsilon}{\rho}+m-1}\mathrm{d}t$$

$$\leqslant M\left(\frac{\Gamma^m\left(1/\rho\right)}{\rho^{m-1}\Gamma\left(m/\rho\right)}\right)^{\frac{1}{p}}\left(\frac{\Gamma^n\left(1/\rho\right)}{\rho^{n-1}\Gamma\left(n/\rho\right)}\right)^{\frac{1}{q}}\frac{1}{\varepsilon\left|\lambda_1\right|^{1/p}\left|\lambda_2\right|^{1/q}}<+\infty.$$

因为 $0<\varepsilon<\dfrac{c}{|\lambda_2|}$, 故 $c-|\lambda_2|\varepsilon>0$, 从而 $\displaystyle\int_0^1 u^{-1-c+|\lambda_2|\varepsilon}\mathrm{d}u=+\infty$, 这就得到了矛盾, 所以 $c>0$ 不成立.

若 $c<0$, 取 $0<\varepsilon<-\dfrac{c}{|\lambda_2|}$, 令

$$f\left(x\right)=\begin{cases}||x||_{\rho,m}^{(-\alpha-m-|\lambda_1|\varepsilon)/p}, & ||x||_{\rho,m}\geqslant 1,\\ 0, & 0<||x||_{\rho,m}<1,\end{cases}$$

$$g\left(y\right)=\begin{cases}||y||_{\rho,n}^{(-\beta-n-|\lambda_2|\varepsilon)/q}, & ||y||_{\rho,n}\geqslant 1,\\ 0, & 0<||y||_{\rho,n}<1.\end{cases}$$

类似地, 我们可得

$$\frac{\Gamma^m\left(1/\rho\right)}{\rho^{m-1}\Gamma\left(m/\rho\right)}\frac{\Gamma^n\left(1/\rho\right)}{\rho^{n-1}\Gamma\left(n/\rho\right)}\int_1^{+\infty} u^{-1-c-|\lambda_2|\varepsilon}\mathrm{d}u\int_1^{+\infty} K\left(t,1\right)t^{-\frac{\alpha+m+|\lambda_1|\varepsilon}{\rho}+m-1}\mathrm{d}t$$

$$\leqslant M\left(\frac{\Gamma^m\left(1/\rho\right)}{\rho^{m-1}\Gamma\left(m/\rho\right)}\right)^{\frac{1}{p}}\left(\frac{\Gamma^n\left(1/\rho\right)}{\rho^{n-1}\Gamma\left(n/\rho\right)}\right)^{\frac{1}{q}}\frac{1}{\varepsilon\left|\lambda_1\right|^{1/p}\left|\lambda_2\right|^{1/q}}<+\infty.$$

因为 $0<\varepsilon<-\dfrac{c}{|\lambda_2|}$, 故 $c+|\lambda_2|\varepsilon<0$, 从而 $\displaystyle\int_1^{+\infty} u^{-1-c-|\lambda_2|\varepsilon}\mathrm{d}u=+\infty$, 这也得到矛盾, 所以 $c<0$ 也不能成立.

综上所述, 我们有 $c=0$, 即 $\dfrac{\alpha+m}{\lambda_1 p}+\dfrac{\beta+n}{\lambda_2 q}=\lambda+\dfrac{m}{\lambda_1}+\dfrac{n}{\lambda_2}$.

反之, 设 $\dfrac{\alpha+m}{\lambda_1 p}+\dfrac{\beta+n}{\lambda_2 q}=\lambda+\dfrac{m}{\lambda_1}+\dfrac{n}{\lambda_2}$, 记 $a=\dfrac{\alpha+m}{pq}$, $b=\dfrac{\beta+n}{pq}$. 根据 Hölder 不等式及引理 8.2.2, 有

$$\int_{\mathbb{R}_+^n}\int_{\mathbb{R}_+^m} G\left(||x||_{\rho,m}^{\lambda_1},||y||_{\rho,n}^{\lambda_2}\right)f\left(x\right)g\left(y\right)\mathrm{d}x\mathrm{d}y$$

$$=\int_{\mathbb{R}_+^n}\int_{\mathbb{R}_+^m}\left(\frac{||x||_{\rho,m}^a}{||y||_{\rho,n}^b}f\left(x\right)\right)\left(\frac{||y||_{\rho,n}^b}{||x||_{\rho,m}^a}g\left(x\right)\right)K\left(||x||_{\rho,m},||y||_{\rho,n}\right)\mathrm{d}x\mathrm{d}y$$

$$\leqslant \left(\int_{\mathbb{R}_+^m} \|x\|_{\rho,m}^{ap} f^p(x) \omega_1(x) \mathrm{d}x \right)^{\frac{1}{p}} \left(\int_{\mathbb{R}_+^n} \|y\|_{\rho,n}^{bq} g^q(y) \omega_2(y) \mathrm{d}y \right)^{\frac{1}{q}}$$

$$= \left(\int_{\mathbb{R}_+^m} \|x\|_{\rho,m}^{\frac{\alpha+m}{q} + \lambda\lambda_1 - \frac{\lambda_1}{\lambda_2}\left(\frac{\beta+n}{q} - n\right)} f^p(x) W_1 \mathrm{d}x \right)^{\frac{1}{p}}$$

$$\times \left(\int_{\mathbb{R}_+^n} \|y\|_{\rho,n}^{\frac{\beta+n}{p} + \lambda\lambda_2 - \frac{\lambda_2}{\lambda_1}\left(\frac{\alpha+m}{p} - m\right)} g^q(y) W_2 \mathrm{d}y \right)^{\frac{1}{q}}$$

$$= W_1^{\frac{1}{p}} W_2^{\frac{1}{q}} \left(\int_{\mathbb{R}_+^m} \|x\|_{\rho,m}^{\alpha} f^p(x) \, \mathrm{d}x \right)^{\frac{1}{p}} \left(\int_{\mathbb{R}_+^n} \|y\|_{\rho,n}^{\beta} g^q(y) \, \mathrm{d}y \right)^{\frac{1}{q}}$$

$$= W_1^{\frac{1}{p}} W_2^{\frac{1}{q}} \|f\|_{p,\alpha} \|g\|_{q,\beta} \, .$$

任取 $M \geqslant W_1^{\frac{1}{p}} W_2^{\frac{1}{q}}$, 都可得到 (8.2.7) 式.

(ii) 当 (8.2.7) 式成立时, 设其最佳常数因子为 M_0, 则 $M_0 \leqslant W_1^{\frac{1}{p}} W_2^{\frac{1}{q}}$, 且用 M_0 替换 (8.2.7) 式中的 M 后, (8.2.7) 式仍成立. 此时取 $\varepsilon > 0$ 及 $\delta > 0$ 充分小, 令

$$f(x) = \begin{cases} \|x\|_{\rho,m}^{(-\alpha - m - |\lambda_1|\varepsilon)/p}, & \|x\|_{\rho,m} \geqslant \delta, \\ 0, & 0 < \|x\|_{\rho,m} < \delta, \end{cases}$$

$$g(y) = \begin{cases} \|y\|_{\rho,n}^{(-\beta - n - |\lambda_2|\varepsilon)/q}, & \|y\|_{\rho,n} \geqslant 1, \\ 0, & 0 < \|y\|_{\rho,n} < 1. \end{cases}$$

则计算可得

$$\|f\|_{\rho,\alpha} \|g\|_{q,\beta} = \left(\frac{\Gamma^m(1/\rho)}{\rho^{m-1}\Gamma(m/\rho)} \right)^{\frac{1}{p}} \left(\frac{\Gamma^n(1/\rho)}{\rho^{n-1}\Gamma(n/\rho)} \right)^{\frac{1}{q}} \frac{1}{\varepsilon |\lambda_1|^{1/p} |\lambda_2|^{1/q}} \delta^{-\frac{|\lambda_1|\varepsilon}{p}},$$

$$\int_{\mathbb{R}_+^n} \int_{\mathbb{R}_+^m} G\left(\|x\|_{\rho,m}^{\lambda_1}, \|y\|_{\rho,n}^{\lambda_2} \right) f(x) g(y) \, \mathrm{d}x \mathrm{d}y$$

$$= \int_{\|y\|_{\rho,n} \geqslant 1} \|y\|_{\rho,n}^{-\frac{\beta+n+|\lambda_2|\varepsilon}{q}} \left(\int_{\|x\|_{\rho,m} \geqslant \delta} K\left(\|x\|_{\rho,m}, \|y\|_{\rho,n} \right) \|x\|_{\rho,m}^{-\frac{\alpha+m+|\lambda_1|\varepsilon}{p}} \, \mathrm{d}x \right) \mathrm{d}y$$

$$= \frac{\Gamma^m(1/\rho)}{\rho^{m-1}\Gamma(m/\rho)} \int_{\|y\|_{\rho,n} \geqslant 1} \|y\|_{\rho,n}^{-\frac{\beta+n+|\lambda_2|\varepsilon}{q}}$$

$$\times \left(\int_{\delta}^{+\infty} K\left(u, \|y\|_{\rho,n} \right) u^{-\frac{\alpha+m+|\lambda_1|\varepsilon}{p} + m - 1} \mathrm{d}u \right) \mathrm{d}y$$

$$= \frac{\Gamma^m (1/\rho)}{\rho^{m-1}\Gamma (m/\rho)} \int_{||y||_{\rho,n}\geqslant 1} ||y||_{\rho,n}^{\lambda\lambda_2 - \frac{\beta+n+|\lambda_2|\varepsilon}{q}}$$

$$\times \left(\int_\delta^{+\infty} K\left(||y||_{\rho,n}^{-\lambda_2/\lambda_1} u, 1\right) u^{-\frac{\alpha+m+|\lambda_1|\varepsilon}{p}+m-1} \mathrm{d}u \right) \mathrm{d}y$$

$$= \frac{\Gamma^m (1/\rho)}{\rho^{m-1}\Gamma (m/\rho)} \int_{||y||_{\rho,n}\geqslant 1} ||y||_{\rho,n}^{\lambda\lambda_2 - \frac{\beta+n+|\lambda_2|\varepsilon}{q} - \frac{\lambda_2}{\lambda_1}\left(\frac{\alpha+m+|\lambda_1|\varepsilon}{p} - m\right)}$$

$$\times \left(\int_{\delta||y||_{\rho,n}^{-\lambda_2/\lambda_1}}^{+\infty} K(t,1) t^{-\frac{\alpha+m+|\lambda_1|\varepsilon}{p}+m-1} \mathrm{d}t \right) \mathrm{d}y$$

$$\geqslant \frac{\Gamma^m (1/\rho)}{\rho^{m-1}\Gamma (m/\rho)} \int_{||y||_{\rho,n}\geqslant 1} ||y||_{\rho,n}^{-m-|\lambda_2|\varepsilon} \mathrm{d}y \int_\delta^{+\infty} K(t,1) t^{-\frac{\alpha+m+|\lambda_1|\varepsilon}{p}+m-1} \mathrm{d}t$$

$$= \frac{\Gamma^m (1/\rho)}{\rho^{m-1}\Gamma (m/\rho)} \frac{\Gamma^n (1/\rho)}{\rho^{n-1}\Gamma (n/\rho)} \int_1^{+\infty} u^{-1-\lambda_2\varepsilon} \mathrm{d}u \int_\delta^{+\infty} K(t,1) t^{-\frac{\alpha+m+|\lambda_1|\varepsilon}{p}+m-1} \mathrm{d}t$$

$$= \frac{\Gamma^m (1/\rho)}{\rho^{m-1}\Gamma (m/\rho)} \frac{\Gamma^n (1/\rho)}{\rho^{n-1}\Gamma (n/\rho)} \frac{1}{|\lambda_2|\varepsilon} \int_\delta^{+\infty} K(t,1) t^{-\frac{\alpha+m+|\lambda_1|\varepsilon}{p}+m-1} \mathrm{d}t.$$

于是得到

$$\frac{\Gamma^m (1/\rho)}{\rho^{m-1}\Gamma (m/\rho)} \frac{\Gamma^n (1/\rho)}{\rho^{n-1}\Gamma (n/\rho)} \frac{1}{|\lambda_2|} \int_\delta^{+\infty} K(t,1) t^{-\frac{\alpha+m+|\lambda_1|\varepsilon}{p}+m-1} \mathrm{d}t$$

$$\leqslant M_0 \left(\frac{\Gamma^m (1/\rho)}{\rho^{m-1}\Gamma (m/\rho)} \right)^{\frac{1}{p}} \left(\frac{\Gamma^n (1/\rho)}{\rho^{n-1}\Gamma (n/\rho)} \right)^{\frac{1}{q}} \frac{1}{|\lambda_1|^{1/p}|\lambda_2|^{1/q}} \delta^{-\frac{|\lambda_1|\varepsilon}{p}}.$$

先令 $\varepsilon \to 0^+$, 再令 $\delta \to 0^+$, 求二次极限, 有

$$\frac{\Gamma^m (1/\rho)}{\rho^{m-1}\Gamma (m/\rho)} \frac{\Gamma^n (1/\rho)}{\rho^{n-1}\Gamma (n/\rho)} \frac{1}{|\lambda_2|} \int_0^{+\infty} K(t,1) t^{-\frac{\alpha+m}{p}+m-1} \mathrm{d}t$$

$$\leqslant M_0 \left(\frac{\Gamma^m (1/\rho)}{\rho^{m-1}\Gamma (m/\rho)} \right)^{\frac{1}{p}} \left(\frac{\Gamma^n (1/\rho)}{\rho^{n-1}\Gamma (n/\rho)} \right)^{\frac{1}{q}} \frac{1}{|\lambda_1|^{1/p}|\lambda_2|^{1/q}}.$$

由此得到

$$\left(\frac{\Gamma^m (1/\rho)}{\rho^{m-1}\Gamma (m/\rho)} \right)^{\frac{1}{q}} \left(\frac{\Gamma^n (1/\rho)}{\rho^{n-1}\Gamma (n/\rho)} \right)^{\frac{1}{p}} \left(\frac{\lambda_1}{\lambda_2} \right)^{\frac{1}{p}} W_0 \leqslant M_0.$$

又由于

$$M_0 \leqslant W_1^{\frac{1}{p}} W_2^{\frac{1}{q}} = \left(\frac{\Gamma^m (1/\rho)}{\rho^{m-1}\Gamma (m/\rho)} \right)^{\frac{1}{q}} \left(\frac{\Gamma^n (1/\rho)}{\rho^{n-1}\Gamma (n/\rho)} \right)^{\frac{1}{p}} \left(\frac{\lambda_1}{\lambda_2} \right)^{\frac{1}{\rho}} W_0,$$

故 (8.2.7) 式的最佳常数因子

$$M_0 = \left(\frac{\Gamma^m(1/\rho)}{\rho^{m-1}\Gamma(m/\rho)}\right)^{\frac{1}{q}}\left(\frac{\Gamma^n(1/\rho)}{\rho^{n-1}\Gamma(n/\rho)}\right)^{\frac{1}{p}}\left(\frac{\lambda_1}{\lambda_2}\right)^{\frac{1}{p}}W_0.$$

证毕.

推论 8.2.2　设 $m,n \in \mathbb{N}_+$, $\rho > 0$, $\frac{1}{p} + \frac{1}{q} = 1\,(p > 1)$, $\alpha,\beta \in \mathbb{R}$, $x = (x_1,\cdots,x_m) \in \mathbb{R}_+^m$, $y = (y_1,\cdots,y_n) \in \mathbb{R}_+^n$,

$$K\left(\|x\|_{\rho,m}^{\lambda_1}, \|y\|_{\rho,n}^{\lambda_2}\right) = G\left(\|x\|_{\rho,m}^{\lambda_1}/\|y\|_{\rho,n}^{\lambda_2}\right)$$

非负可测, 且

$$W_0 = \int_0^{+\infty} G\left(t^{\lambda_1}\right) t^{-\frac{\alpha+m}{p}+m-1}\mathrm{d}t$$

收敛, 那么

(i) 当且仅当 $\frac{\alpha+m}{\lambda_1 p} + \frac{\beta+n}{\lambda_2 q} = \frac{m}{\lambda_1} + \frac{n}{\lambda_2}$ 时, 存在常数 $M > 0$, 使

$$\int_{\mathbb{R}_+^n}\int_{\mathbb{R}_+^m} G\left(\|x\|_{\rho,m}^{\lambda_1}/\|y\|_{\rho,n}^{\lambda_2}\right)f(x)\,g(y)\,\mathrm{d}x\mathrm{d}y \leqslant M\,\|f\|_{p,\alpha}\,\|y\|_{q,\beta}, \qquad (8.2.8)$$

其中 $f(x) \in L_p^{\alpha}(\mathbb{R}_+^m)$, $g(y) \in L_q^{\beta}(\mathbb{R}_+^n)$.

(ii) 当 (8.2.8) 式成立时, 其最佳常数因子为

$$\inf M = \left(\frac{\Gamma^m(1/\rho)}{\rho^{m-1}\Gamma(m/\rho)}\right)^{\frac{1}{q}}\left(\frac{\Gamma^n(1/\rho)}{\rho^{n-1}\Gamma(n/\rho)}\right)^{\frac{1}{p}}\left(\frac{\lambda_1}{\lambda_2}\right)^{\frac{1}{p}}W_0.$$

例 8.2.3　设 $\frac{1}{p} + \frac{1}{q} = 1\,(p > 1)$, 试讨论是否存在常数 $M > 0$, 使 $f(x) \in L_p(\mathbb{R}_+^2)$, $g(y) \in L_q(\mathbb{R}_+^3)$ 时, 有

$$\int_{\mathbb{R}_+^3}\int_{\mathbb{R}_+^2} \frac{f(x)\,g(y)}{\left(\sqrt{x_1^2 + x_2^2} + \sqrt[3]{y_1^2 + y_2^2 + y_3^2}\right)^2}\mathrm{d}x\mathrm{d}y \leqslant M\,\|f\|_p\,\|g\|_q. \qquad (8.2.9)$$

若存在, 请求出不等式的最佳常数因子.

解　令

$$G\left(\|x\|_{2,2}, \|y\|_{2,3}^{\frac{2}{3}}\right) = \frac{1}{\left(\|x\|_{2,2} + \|y\|_{2,3}^{2/3}\right)^2} = \frac{1}{\left(\sqrt{x_1^2 + y_1^2} + \sqrt[3]{y_1^2 + y_2^2 + y_3^2}\right)^2},$$

则 $G(u,v)$ 是 $\lambda = -2$ 阶齐次非负函数. 因为 $\lambda_1 = 1$, $\lambda_2 = \dfrac{2}{3}$, $m = 2$, $n = 3$, $\alpha = \beta = 0$, $\lambda = -2$, 故

$$\Delta = \frac{\alpha + m}{\lambda_1 p} + \frac{\beta + n}{\lambda_2 q} - \left(\lambda + \frac{m}{\lambda_1} + \frac{n}{\lambda_2}\right) = \frac{2}{p} + \frac{9}{2q} - \left(-2 + 2 + \frac{9}{2}\right) = -\frac{1}{2p} \neq 0.$$

根据定理 8.2.2, 不存在常数 $M > 0$, 使 (8.2.9) 式成立. 解毕.

例 8.2.4 设 $m, n \in \mathbb{N}_+$, $\rho > 0$, $\dfrac{1}{p} + \dfrac{1}{q} = 1$ $(p > 1)$, $\dfrac{m}{\lambda_1 q} + \dfrac{n}{\lambda_2 p} = 1$, $\lambda_1 > 0$, $\lambda_2 > 0$, $f(x) \in L_p\left(\mathbb{R}_+^m\right)$, $g(y) \in L_q\left(\mathbb{R}_+^n\right)$, 试讨论是否存在常数 $M > 0$, 使

$$\int_{\mathbb{R}_+^n} \int_{\mathbb{R}_+^m} \frac{\ln\left(\|x\|_{\rho,m}^{\lambda_1}/\|y\|_{\rho,n}^{\lambda_2}\right)}{\|x\|_{\rho,m}^{\lambda_1} - \|y\|_{\rho,n}^{\lambda_2}} f(x) g(y)\,\mathrm{d}x\mathrm{d}y \leqslant M \|f\|_p \|g\|_q. \tag{8.2.10}$$

若存在, 请求出不等式的最佳常数因子.

解 令

$$G\left(\|x\|_{\rho,m}^{\lambda_1}, \|y\|_{\rho,n}^{\lambda_2}\right) = \frac{\ln\left(\|x\|_{\rho,m}^{\lambda_1}/\|y\|_{\rho,n}^{\lambda_2}\right)}{\|x\|_{\rho,m}^{\lambda_1} - \|y\|_{\rho,n}^{\lambda_2}},$$

则 $G(u,v)$ 是 $\lambda = -1$ 阶齐次非负函数. 因为 $\alpha = \beta = 0$, $\lambda = -1$, $\dfrac{m}{\lambda_1 q} + \dfrac{n}{\lambda_2 p} = 1$, 故

$$\Delta = \frac{\alpha + m}{\lambda_1 p} + \frac{\beta + n}{\lambda_2 q} - \left(\lambda + \frac{m}{\lambda_1} + \frac{n}{\lambda_2}\right) = \frac{m}{\lambda_1 p} + \frac{n}{\lambda_2 q} - \frac{m}{\lambda_1} - \frac{n}{\lambda_2} + 1$$

$$= 1 - \frac{m}{\lambda_1 q} - \frac{n}{\lambda_2 p} = 0.$$

又因为

$$\int_0^{+\infty} G\left(t^{\lambda_1}, 1\right) t^{-\frac{\alpha+m}{p} + m - 1}\mathrm{d}t = \int_0^{+\infty} \frac{\ln t^{\lambda_1}}{t^{\lambda_1} - 1} t^{-\frac{m}{p} + m - 1}\mathrm{d}t$$

$$= \frac{1}{\lambda_1} \int_0^{+\infty} \frac{\ln u}{u - 1} u^{\frac{m}{\lambda_1 q} - 1}\mathrm{d}u = \frac{1}{\lambda_1} B^2\left(\frac{m}{\lambda_1 q}, 1 - \frac{m}{\lambda_1 q}\right) = \frac{1}{\lambda_1} B^2\left(\frac{m}{\lambda_1 q}, \frac{n}{\lambda_2 p}\right).$$

根据定理 8.2.2, 存在常数 $M > 0$, 使 (8.2.10) 式成立, 且它的最佳常数因子为

$$M_0 = \left(\frac{\Gamma^m(1/\rho)}{\rho^{m-1}\Gamma(m/\rho)}\right)^{\frac{1}{q}} \left(\frac{\Gamma^n(1/\rho)}{\rho^{n-1}\Gamma(n/\rho)}\right)^{\frac{1}{p}} \frac{1}{\lambda_1^{1/q}\lambda_2^{1/p}} B^2\left(\frac{m}{\lambda_1 q}, \frac{n}{\lambda_2 p}\right).$$

解毕.

例 8.2.5 设 $m, n \in \mathbb{N}_+$, $\rho > 0$, $\dfrac{1}{p} + \dfrac{1}{q} = 1$ $(p > 1)$, $\dfrac{1}{r} + \dfrac{1}{s} = 1$ $(r > 1)$, $\lambda_1 \lambda_2 > 0$, $\lambda > \sigma$, $\alpha = m(p-1) + \dfrac{\lambda_1 p}{r}(\sigma - \lambda)$, $\beta = n(q-1) + \dfrac{\lambda_2 q}{s}(\sigma - \lambda)$, 求证: 当 $f(x) \in L_p^\alpha(\mathbb{R}_+^m)$, $g(y) \in L_q^\beta(\mathbb{R}_+^n)$ 时, 有

$$\int_{\mathbb{R}_+^n} \int_{\mathbb{R}_+^m} \frac{\left| \|x\|_{\rho,m}^{\lambda_1} - \|y\|_{\rho,n}^{\lambda_2} \right|^\sigma}{\left(\max\left\{ \|x\|_{\rho,m}^{\lambda_1}, \|y\|_{\rho,n}^{\lambda_2} \right\} \right)^\lambda} f(x) g(y)\, dx dy \leqslant M_0 \|f\|_{p,\alpha} \|g\|_{q,\beta},$$

其中的常数因子

$$M_0 = \left(\frac{\Gamma^m(1/\rho)}{\rho^{m-1}\Gamma(m/\rho)} \right)^{\frac{1}{q}} \left(\frac{\Gamma^n(1/\rho)}{\rho^{n-1}\Gamma(n/\rho)} \right)^{\frac{1}{p}} \frac{1}{|\lambda_1|^{1/q}|\lambda_2|^{1/p}}$$
$$\times \left[B\left(1+\sigma, \frac{1}{r}(\lambda-\sigma)\right) + B\left(1+\sigma, \frac{1}{s}(\lambda-\sigma)\right) \right]$$

是最佳的.

证明 记

$$G\left(\|x\|_{\rho,m}^{\lambda_1}, \|y\|_{\rho,n}^{\lambda_2}\right) = \frac{\left| \|x\|_{\rho,m}^{\lambda_1} - \|y\|_{\rho,n}^{\lambda_2} \right|^\sigma}{\left(\max\left\{ \|x\|_{\rho,m}^{\lambda_1}, \|y\|_{\rho,n}^{\lambda_2} \right\} \right)^\lambda},$$

则 $G(u,v)$ 是 $\sigma - \lambda$ 阶齐次非负函数.

因为 $\alpha = m(p-1) + \dfrac{\lambda_1 p}{r}(\sigma - \lambda)$, $\beta = n(q-1) + \dfrac{\lambda_2 q}{s}(\sigma - \lambda)$, 故有

$$\Delta = \frac{\alpha+m}{\lambda_1 p} + \frac{\beta+n}{\lambda_2 q} - \left(\sigma - \lambda + \frac{m}{\lambda_1} + \frac{n}{\lambda_2} \right) = 0.$$

又因为

$$\int_0^{+\infty} G\left(t^{\lambda_1}, 1\right) t^{-\frac{\alpha+m}{p}+m-1} dt = \int_0^{+\infty} \frac{|t^{\lambda_1}-1|^\sigma}{(\max\{t^{\lambda_1}, 1\})^\lambda} t^{\frac{\lambda_1}{r}(\lambda-\sigma)-1} dt$$

$$= \frac{1}{|\lambda_1|} \int_0^{+\infty} \frac{|u-1|^\sigma}{(\max\{u, 1\})^\lambda} u^{\frac{1}{r}(\lambda-\sigma)-1} du$$

$$= \frac{1}{|\lambda_1|} \int_0^1 (1-u)^\sigma u^{\frac{1}{r}(\lambda-\sigma)-1} du + \frac{1}{|\lambda_1|} \int_1^{+\infty} (u-1)^\sigma u^{-\lambda+\frac{1}{r}(\lambda-\sigma)-1} du$$

$$= \frac{1}{|\lambda_1|} B\left(1+\sigma, \frac{1}{r}(\lambda-\sigma)\right) + \frac{1}{|\lambda_1|} \int_0^1 (1-t)^\sigma t^{\frac{1}{s}(\lambda-\sigma)-1} \mathrm{d}t$$

$$= \frac{1}{|\lambda_1|} B\left(1+\sigma, \frac{1}{r}(\lambda-\sigma)\right) + \frac{1}{|\lambda_1|} B\left(1+\sigma, \frac{1}{s}(\lambda-\sigma)\right).$$

根据定理 8.2.2, 可知本例结论成立. 证毕.

8.3 一类非齐次核的第二类重积分 Hilbert 型不等式

8.3.1 一类非齐次核的第二类重积分 Hilbert 型不等式的适配数条件

引理 8.3.1 设 $m, n \in \mathbb{N}_+$, $\rho > 0$, $\frac{1}{p} + \frac{1}{q} = 1$ $(p > 1)$, $\lambda_1 \lambda_2 > 0$, $a, b \in \mathbb{R}$, $x = (x_1, \cdots, x_m) \in \mathbb{R}_+^m$, $y = (y_1, \cdots, y_n) \in \mathbb{R}_+^n$, $\frac{1}{\lambda_1}(aq - m) = \frac{1}{\lambda_2}(bp - n)$, $K\left(\|x\|_{\rho,m}, \|y\|_{\rho,n}\right) = G\left(\|x\|_{\rho,n}^{\lambda_1} \|y\|_{\rho,n}^{\lambda_2}\right)$, 记

$$W_0 = \int_0^{+\infty} K(1,t) t^{-bp+n-1} \mathrm{d}t = \int_0^{+\infty} G\left(t^{\lambda_2}\right) t^{-bp+n-1} \mathrm{d}t,$$

则有

$$W_1(b,p,n) = \int_{\mathbb{R}_+^n} G\left(\|y\|_{\rho,n}^{\lambda_2}\right) \|y\|_{\rho,n}^{-bp} \mathrm{d}y = \frac{\Gamma^n(1/\rho)}{\rho^{n-1}\Gamma(n/\rho)} W_0,$$

$$W_2(a,q,m) = \int_{\mathbb{R}_+^m} G\left(\|x\|_{\rho,m}^{\lambda_1}\right) \|x\|_{\rho,m}^{-aq} \mathrm{d}x = \frac{\Gamma^m(1/\rho)}{\rho^{m-1}\Gamma(m/\rho)} \frac{\lambda_1}{\lambda_2} W_0,$$

$$\omega_1(x) = \int_{\mathbb{R}_+^n} G\left(\|x\|_{\rho,m}^{\lambda_1} \|y\|_{\rho,n}^{\lambda_2}\right) \|y\|_{\rho,n}^{-bp} \mathrm{d}y = \|x\|_{\rho,m}^{\frac{\lambda_1}{\lambda_2}(bp-n)} W_1(b,p,n),$$

$$\omega_2(y) = \int_{\mathbb{R}_+^m} G\left(\|x\|_{\rho,m}^{\lambda_1} \|y\|_{\rho,n}^{\lambda_2}\right) \|x\|_{\rho,m}^{-aq} \mathrm{d}x = \|y\|_{\rho,n}^{\frac{\lambda_2}{\lambda_1}(aq-m)} W_2(a,q,m).$$

证明 根据定理 1.7.2, 有

$$W_1(b,p,n) = \frac{\Gamma^n(1/\rho)}{\rho^{n-1}\Gamma(n/\rho)} \int_0^{+\infty} G\left(u^{\lambda_2}\right) u^{-bp+n-1} \mathrm{d}u = \frac{\Gamma^n(1/\rho)}{\rho^{n-1}\Gamma(n/\rho)} W_0.$$

根据 $\frac{1}{\lambda_1}(aq - m) = \frac{1}{\lambda_2}(bp - n)$, 有

$$W_2(a,q,m) = \frac{\Gamma^m(1/\rho)}{\rho^{m-1}\Gamma(m/\rho)} \int_0^{+\infty} G\left(u^{\lambda_1}\right) u^{-aq+m-1} \mathrm{d}u$$

$$= \frac{\Gamma^m(1/\rho)}{\rho^{m-1}\Gamma(m/\rho)} \int_0^{+\infty} K(u,1)\, u^{-aq+m-1} \mathrm{d}u$$

$$= \frac{\Gamma^m(1/\rho)}{\rho^{m-1}\Gamma(m/\rho)} \int_0^{+\infty} K\left(1, u^{\lambda_1/\lambda_2}\right) u^{-aq+m-1} \mathrm{d}u$$

$$= \frac{\Gamma^m(1/\rho)}{\rho^{m-1}\Gamma(m/\rho)} \frac{\lambda_2}{\lambda_1} \int_0^{+\infty} K(1,t)\, t^{\frac{\lambda_2}{\lambda_1}(-aq+m)-1} \mathrm{d}t$$

$$= \frac{\Gamma^m(1/\rho)}{\rho^{m-1}\Gamma(m/\rho)} \frac{\lambda_2}{\lambda_1} \int_0^{+\infty} G\left(t^{\lambda_2}\right) t^{-bp+n-1} \mathrm{d}t = \frac{\Gamma^m(1/\rho)}{\rho^{m-1}\Gamma(m/\rho)} \frac{\lambda_2}{\lambda_1} W_0,$$

$$\omega_1(x) = \frac{\Gamma^n(1/\rho)}{\rho^{n-1}\Gamma(n/\rho)} \int_0^{+\infty} K\left(\|x\|_{\rho,m}, u\right) u^{-bp+n-1} \mathrm{d}u$$

$$= \frac{\Gamma^n(1/\rho)}{\rho^{n-1}\Gamma(n/\rho)} \int_0^{+\infty} K\left(1, \|x\|_{\rho,m}^{\lambda_1/\lambda_2} u\right) u^{-bp+n-1} \mathrm{d}u$$

$$= \|x\|_{\rho,m}^{\frac{\lambda_1}{\lambda_2}(bp-n)} \frac{\Gamma^n(1/\rho)}{\rho^{n-1}\Gamma(n/\rho)} \int_0^{+\infty} K(1,t)\, t^{-bp+n-1} \mathrm{d}t$$

$$= \|x\|_{\rho,m}^{\frac{\lambda_1}{\lambda_2}(bp-n)} W_1(b,p,n),$$

同理可证 $\omega_2(y)$ 的情形. 证毕.

定理 8.3.1　设 $m,n \in \mathbb{N}_+$, $\rho > 0$, $\frac{1}{p} + \frac{1}{q} = 1\,(p>1)$, $\lambda_1\lambda_2 > 0$, $a,b \in \mathbb{R}$, $x = (x_1, \cdots, x_m) \in \mathbb{R}_+^m$, $y = (y_1, \cdots, y_n) \in \mathbb{R}_+^n$, $K\left(\|x\|_{\rho,m}, \|y\|_{\rho,n}\right) = G\left(\|x\|_{\rho,m}^{\lambda_1} \|y\|_{\rho,n}^{\lambda_2}\right)$ 非负可测, 且

$$W_1(b,p,n) = \int_{\mathbb{R}_+^n} G\left(\|y\|_{\rho,n}^{\lambda_2}\right) \|y\|_{\rho,n}^{-bp}\, \mathrm{d}y,$$

$$W_2(a,q,m) = \int_{\mathbb{R}_+^m} G\left(\|x\|_{\rho,m}^{\lambda_1}\right) \|x\|_{\rho,m}^{-aq}\, \mathrm{d}x$$

都收敛, 则

(i) 当 $f(x) \geqslant 0$, $g(y) \geqslant 0$ 时, 有

$$\int_{\mathbb{R}_+^n} \int_{\mathbb{R}_+^m} G\left(\|x\|_{\rho,m}^{\lambda_1} \|y\|_{\rho,n}^{\lambda_2}\right) f(x)\, g(y)\, \mathrm{d}x \mathrm{d}y$$

$$\leqslant W_1^{\frac{1}{p}}(b,p,n) W_2^{\frac{1}{q}}(a,q,m) \left(\int_{\mathbb{R}_+^m} \|x\|_{\rho,m}^{\lambda_1\left[p\left(\frac{a}{\lambda_1}+\frac{b}{\lambda_2}\right)-\frac{n}{\lambda_2}\right]} f^p(x)\, \mathrm{d}x \right)^{\frac{1}{p}}$$

$$\times \left(\int_{\mathbb{R}_+^n} \|y\|_{\rho,n}^{\lambda_2\left[q\left(\frac{a}{\lambda_1}+\frac{b}{\lambda_2}\right)-\frac{m}{\lambda_1}\right]} g^q(y)\, \mathrm{d}y \right)^{\frac{1}{q}}. \tag{8.3.1}$$

(ii) 当且仅当 $\frac{1}{\lambda_1}(aq-m) = \frac{1}{\lambda_2}(bp-n)$ 时, (8.3.1) 式的常数因子 $W_1^{\frac{1}{p}}(b,p,n) \cdot$
$W_2^{\frac{1}{q}}(a,q,m)$ 是最佳的. 当 $\frac{1}{\lambda_1}(aq-m) = \frac{1}{\lambda_2}(bp-n)$ 时, (8.3.1) 式化为

$$\int_{\mathbb{R}_+^n}\int_{\mathbb{R}_+^m} G\left(\|x\|_{\rho,m}^{\lambda}\|y\|_{\rho,n}^{\lambda_2}\right) f(x)g(y)\,\mathrm{d}x\mathrm{d}y \leqslant M_0 \|f\|_{p,apq-m}\|g\|_{q,bpq-n}, \quad (8.3.2)$$

其中的常数因子

$$M_0 = \left(\frac{\Gamma^m(1/\rho)}{\rho^{m-1}\Gamma(m/\rho)}\right)^{\frac{1}{q}}\left(\frac{\Gamma^n(1/\rho)}{\rho^{n-1}\Gamma(n/\rho)}\right)^{\frac{1}{p}}\left(\frac{\lambda_2}{\lambda_1}\right)^{\frac{1}{q}}\int_0^{+\infty} G\left(t^{\lambda_2}\right) t^{-bp+n-1}\mathrm{d}t$$

是最佳的.

证明 (i) 根据 Hölder 不等式及引理 8.3.1, 有

$$\int_{\mathbb{R}_+^n}\int_{\mathbb{R}_+^m} G\left(\|x\|_{\rho,m}^{\lambda_1}\|y\|_{\rho,n}^{\lambda_2}\right) f(x)g(y)\,\mathrm{d}x\mathrm{d}y$$

$$= \int_{\mathbb{R}_+^n}\int_{\mathbb{R}_+^m}\left(\frac{\|x\|_{\rho,m}^{a}}{\|y\|_{\rho,n}^{b}}f(x)\right)\left(\frac{\|y\|_{\rho,n}^{b}}{\|x\|_{\rho,m}^{a}}g(y)\right) G\left(\|x\|_{\rho,m}^{\lambda_1}\|y\|_{\rho,n}^{\lambda_2}\right)\mathrm{d}x\mathrm{d}y$$

$$\leqslant \left(\int_{\mathbb{R}_+^m}\|x\|_{\rho,m}^{ap}f^p(x)\omega_1(x)\,\mathrm{d}x\right)^{\frac{1}{p}}\left(\int_{\mathbb{R}_+^n}\|y\|_{\rho,n}^{bq}g^q(y)\omega_2(y)\,\mathrm{d}y\right)^{\frac{1}{q}}$$

$$= W_1^{\frac{1}{p}}(b,p,n)W_2^{\frac{1}{q}}(a,q,m)\left(\int_{\mathbb{R}_+^m}\|x\|_{\rho,m}^{\lambda_1\left[p\left(\frac{a}{\lambda_1}+\frac{b}{\lambda_2}\right)-\frac{n}{\lambda_2}\right]}f^p(x)\,\mathrm{d}x\right)^{\frac{1}{p}}$$

$$\times \left(\int_{\mathbb{R}_+^n}\|y\|_{\rho,n}^{\lambda_2\left[q\left(\frac{a}{\lambda_1}+\frac{b}{\lambda_2}\right)-\frac{m}{\lambda_1}\right]}g^q(y)\,\mathrm{d}y\right)^{\frac{1}{q}}.$$

故 (8.3.1) 式成立.

(ii) 设 $\frac{1}{\lambda_1}(aq-m) = \frac{1}{\lambda_2}(bp-n)$. 此时, (8.3.1) 式可化为 (8.3.2) 式. 若 (8.3.2) 式的常数因子 M_0 不是最佳的, 则存在常数 $M_0' < M_0$, 使得用 M_0' 替换 (8.3.2) 式中的 M_0 后, (8.3.2) 式仍成立.

取 $\varepsilon > 0$ 充分小, 自然数 N 足够大. 令

$$f(x) = \begin{cases} \|x\|_{\rho,m}^{(-\alpha pq-|\lambda_1|\varepsilon)/p}, & \|x\|_{\rho,m} \geqslant 1, \\ 0, & 0 < \|x\|_{\rho,m} < 1, \end{cases}$$

$$g\left(y\right)=\begin{cases}\left\|y\right\|_{\rho,n}^{(-bpq+|\lambda_2|\varepsilon)/q}, & 0<\left\|y\right\|_{\rho,n}\leqslant N,\\ 0, & \left\|y\right\|_{\rho,n}>N.\end{cases}$$

则有

$$\left\|f\right\|_{p,apq-m}\left\|g\right\|_{q,bpq-n}$$

$$=\left(\int_{\|x\|_{\rho,m}\geqslant1}\|x\|_{\rho,m}^{-m-|\lambda_1|\varepsilon}\mathrm{d}x\right)^{\frac{1}{p}}\left(\int_{\|y\|_{\rho,n}\leqslant n}\|y\|_{\rho,n}^{-n+|\lambda_2|\varepsilon}\mathrm{d}y\right)^{\frac{1}{q}}$$

$$=\left(\frac{\Gamma^m\left(1/\rho\right)}{\rho^{m-1}\Gamma\left(m/\rho\right)}\right)^{\frac{1}{p}}\left(\frac{\Gamma^n\left(1/\rho\right)}{\rho^{n-1}\Gamma\left(n/\rho\right)}\right)^{\frac{1}{q}}\frac{1}{\varepsilon\left|\lambda_1\right|^{1/p}\left|\lambda_2\right|^{1/q}}N^{\frac{|\lambda_2|\varepsilon}{q}},$$

$$\int_{\mathbb{R}_+^n}\int_{\mathbb{R}_+^m}G\left(\|x\|_{\rho,m}^{\lambda_1}\|y\|_{\rho,n}^{\lambda_2}\right)f\left(x\right)g\left(y\right)\mathrm{d}x\mathrm{d}y$$

$$=\int_{\|x\|_{\rho,m}\geqslant1}\|x\|_{\rho,m}^{-\frac{apq+|\lambda_1|\varepsilon}{p}}\left(\int_{\|y\|_{\rho,n}\leqslant N}K\left(\|x\|_{\rho,m},\|y\|_{\rho,n}\right)\|y\|_{\rho,n}^{-\frac{bpq-|\lambda_2|\varepsilon}{q}}\mathrm{d}y\right)\mathrm{d}x$$

$$=\frac{\Gamma^n\left(1/\rho\right)}{\rho^{n-1}\Gamma\left(n/\rho\right)}\int_{\|x\|_{\rho,m}\geqslant1}\|x\|_{\rho,m}^{-\frac{apq+|\lambda_1|\varepsilon}{p}}\left(\int_0^N K\left(\|x\|_{\rho,m},u\right)u^{-\frac{bpq-|\lambda_2|\varepsilon}{q}+n-1}\mathrm{d}u\right)\mathrm{d}x$$

$$=\frac{\Gamma^n\left(1/\rho\right)}{\rho^{n-1}\Gamma\left(n/\rho\right)}\int_{\|x\|_{\rho,m}\geqslant1}\|x\|_{\rho,m}^{-\frac{apq+|\lambda_1|\varepsilon}{p}}$$

$$\times\left(\int_0^N K\left(1,\|x\|_{\rho,m}^{\lambda_1/\lambda_2}u\right)u^{-\frac{bpq-|\lambda_2|\varepsilon}{q}+n-1}\mathrm{d}u\right)\mathrm{d}x$$

$$=\frac{\Gamma^n\left(1/\rho\right)}{\rho^{n-1}\Gamma\left(n/\rho\right)}\int_{\|x\|_{\rho,m}\geqslant1}\|x\|_{\rho,m}^{-m-|\lambda_1|\varepsilon}\left(\int_0^{N\|x\|_{\rho,m}^{\lambda_1/\lambda_2}}K\left(1,t\right)t^{-\frac{bpq-|\lambda_2|\varepsilon}{q}+n-1}\mathrm{d}t\right)\mathrm{d}x$$

$$\geqslant\frac{\Gamma^n\left(1/\rho\right)}{\rho^{n-1}\Gamma\left(n/\rho\right)}\int_{\|x\|_{\rho,m}\geqslant1}\|x\|_{\rho,m}^{-m-|\lambda_1|\varepsilon}\mathrm{d}x\int_0^N K\left(1,t\right)t^{-\frac{bpq-|\lambda_2|\varepsilon}{q}+n-1}\mathrm{d}t$$

$$=\frac{\Gamma^m\left(1/\rho\right)}{\rho^{m-1}\Gamma\left(m/\rho\right)}\frac{\Gamma^n\left(1/\rho\right)}{\rho^{n-1}\Gamma\left(n/\rho\right)}\int_1^{+\infty}t^{-1-|\lambda_1|\varepsilon}\mathrm{d}t\int_0^N K\left(1,t\right)t^{-\frac{bpq-|\lambda_2|\varepsilon}{q}+n-1}\mathrm{d}t$$

$$=\frac{\Gamma^m\left(1/\rho\right)}{\rho^{m-1}\Gamma\left(m/\rho\right)}\frac{\Gamma^n\left(1/\rho\right)}{\rho^{n-1}\Gamma\left(n/\rho\right)}\frac{1}{|\lambda_1|\varepsilon}\int_0^N K\left(1,t\right)t^{-\frac{bpq-|\lambda_2|\varepsilon}{q}+n-1}\mathrm{d}t.$$

于是我们得到

$$\frac{\Gamma^m\left(1/\rho\right)}{\rho^{m-1}\Gamma\left(m/\rho\right)}\frac{\Gamma^n\left(1/\rho\right)}{\rho^{n-1}\Gamma\left(n/\rho\right)}\frac{1}{|\lambda_1|}\int_0^N K\left(1,t\right)t^{-\frac{bpq-|\lambda_2|\varepsilon}{q}+n-1}\mathrm{d}t$$

$$\leqslant M_0' \left(\frac{\Gamma^m \left(1/\rho \right)}{\rho^{m-1}\Gamma \left(m/\rho \right)} \right)^{\frac{1}{p}} \left(\frac{\Gamma^n \left(1/\rho \right)}{\rho^{n-1}\Gamma \left(n/\rho \right)} \right)^{\frac{1}{q}} \frac{1}{|\lambda_1|^{1/p} |\lambda_2|^{1/q}} N^{\frac{|\lambda_2|\varepsilon}{q}}.$$

先令 $\varepsilon \to 0^+$, 再令 $N \to +\infty$, 求二次极限, 可得

$$\left(\frac{\Gamma^m \left(1/\rho \right)}{\rho^{m-1}\Gamma \left(m/\rho \right)} \right)^{\frac{1}{q}} \left(\frac{\Gamma^n \left(1/\rho \right)}{\rho^{n-1}\Gamma \left(n/\rho \right)} \right)^{\frac{1}{p}} \left(\frac{\lambda_2}{\lambda_1} \right)^{\frac{1}{q}} \int_0^{+\infty} G \left(t^{\lambda_2} \right) t^{-bp+n-1}\mathrm{d}t \leqslant M_0',$$

故 $M_0 \leqslant M_0'$, 这与 $M_0' < M_0$ 矛盾. 所以 (8.3.2) 式的常数因子 M_0 是最佳的.

反之, 设 (8.3.1) 式的常数因子 $W_1^{\frac{1}{p}} \left(b, p, n \right) W_2^{\frac{1}{q}} \left(a, q, m \right)$ 是最佳的, 记

$$\frac{1}{\lambda_1} \left(aq - m \right) - \frac{1}{\lambda_2} \left(bp - n \right) = c, \quad a_1 = a - \frac{\lambda_1 c}{pq}, \quad b_1 = b + \frac{\lambda_2 c}{pq},$$

则 $\frac{1}{\lambda_1} \left(a_1 q - m \right) - \frac{1}{\lambda_2} \left(b_1 p - n \right) = 0$,

$$\lambda_1 \left[p \left(\frac{a_1}{\lambda_1} + \frac{b_1}{\lambda_2} \right) - \frac{n}{\lambda_2} \right] = \lambda_1 \left[p \left(\frac{a}{\lambda_1} + \frac{b}{\lambda_2} \right) - \frac{n}{\lambda_2} \right],$$

$$\lambda_2 \left[q \left(\frac{a_1}{\lambda_1} + \frac{b_1}{\lambda_2} \right) - \frac{m}{\lambda_1} \right] = \lambda_2 \left[q \left(\frac{a}{\lambda_1} + \frac{b}{\lambda_2} \right) - \frac{m}{\lambda_1} \right].$$

记

$$A = \left(\frac{\Gamma^n \left(1/\rho \right)}{\rho^{n-1}\Gamma \left(n/\rho \right)} \right)^{\frac{1}{p}} \left(\frac{\Gamma^m \left(1/\rho \right)}{\rho^{m-1}\Gamma \left(m/\rho \right)} \right)^{\frac{1}{q}}.$$

则有

$$W_1^{\frac{1}{p}} \left(b, p, n \right) W_2^{\frac{1}{q}} \left(a, q, m \right)$$

$$= A \left(\int_0^{+\infty} G \left(t^{\lambda_2} \right) t^{-bp+n-1}\mathrm{d}t \right)^{\frac{1}{p}} \left(\int_0^{+\infty} G \left(t^{\lambda_1} \right) t^{-aq+m-1}\mathrm{d}t \right)^{\frac{1}{q}}$$

$$= A \left(\frac{\lambda_2}{\lambda_1} \right)^{\frac{1}{q}} \left(\int_0^{+\infty} G \left(t^{\lambda_2} \right) t^{-bp+n-1}\mathrm{d}t \right)^{\frac{1}{p}} \left(\int_0^{+\infty} G \left(t^{\lambda_2} \right) t^{-bp+n-1-\lambda_2 c}\mathrm{d}t \right)^{\frac{1}{q}}.$$

于是 (8.3.1) 式可等价地写为

$$\int_{\mathbb{R}_+^n} \int_{\mathbb{R}_+^m} G \left(\|x\|_{\rho,m}^{\lambda_1} \|y\|_{\rho,n}^{\lambda_2} \right) f \left(x \right) g \left(y \right)\mathrm{d}x\mathrm{d}y$$

$$\leqslant A \left(\frac{\lambda_2}{\lambda_1}\right)^{\frac{1}{q}} \left(\int_0^{+\infty} G\left(t^{\lambda_2}\right) t^{-bp+n-1} \mathrm{d}t\right)^{\frac{1}{p}} \left(\int_0^{+\infty} G\left(t^{\lambda_2}\right) t^{-bp+n-1-\lambda_2 c} \mathrm{d}t\right)^{\frac{1}{q}}$$

$$\times \|f\|_{p,a_1 pq-m} \|y\|_{q,b_1 pq-n}. \tag{8.3.3}$$

根据假设可知, (8.3.3) 式的最佳常数因子是

$$A \left(\frac{\lambda_2}{\lambda_1}\right)^{\frac{1}{q}} \left(\int_0^{+\infty} G\left(t^{\lambda_2}\right) t^{-bp+n-1} \mathrm{d}t\right)^{\frac{1}{p}} \left(\int_0^{+\infty} G\left(t^{\lambda_2}\right) t^{-bp+n-1-\lambda_2 c} \mathrm{d}t\right)^{\frac{1}{q}}.$$

又因 $\frac{1}{\lambda_1}\left(a_1 q - m\right) = \frac{1}{\lambda_2}\left(b_1 p - n\right)$, 由前面充分性的证明可知, (8.3.3) 式的最佳常数因子应为

$$A \left(\frac{\lambda_2}{\lambda_1}\right)^{\frac{1}{q}} \int_0^{+\infty} G\left(t^{\lambda_2}\right) t^{-b_1 p+n-1} \mathrm{d}t.$$

从而有

$$\int_0^{+\infty} G\left(t^{\lambda_2}\right) t^{-b_1 p+n-1} \mathrm{d}t = \int_0^{+\infty} G\left(t^{\lambda_2}\right) t^{-bp+n-1-\frac{\lambda_2 c}{q}} \mathrm{d}t$$

$$= \left(\int_0^{+\infty} G\left(t^{\lambda_2}\right) t^{-bp+n-1} \mathrm{d}t\right)^{\frac{1}{p}} \left(\int_0^{+\infty} G\left(t^{\lambda_2}\right) t^{-bp+n-1-\lambda_2 c} \mathrm{d}t\right)^{\frac{1}{q}}. \tag{8.3.4}$$

针对函数 1 和 $t^{-\lambda_2 c/q}$, 根据 Hölder 不等式, 有

$$\int_0^{+\infty} G\left(t^{\lambda_2}\right) t^{-bp+n-1-\frac{\lambda_2 c}{q}} \mathrm{d}t = \int_0^{+\infty} 1 \cdot t^{-\frac{\lambda_2 c}{q}} G\left(t^{\lambda_2}\right) t^{-bp+n-1} \mathrm{d}t$$

$$\leqslant \left(\int_0^{+\infty} G\left(t^{\lambda_2}\right) t^{-bp+n-1} \mathrm{d}t\right)^{\frac{1}{p}} \left(\int_0^{+\infty} G\left(t^{\lambda_2}\right) t^{-bp+n-1-\lambda_2 c} \mathrm{d}t\right)^{\frac{1}{q}}.$$

由 (8.3.4) 式, 知上式取等式, 根据 Hölder 不等式取等号的条件, 得到 $t^{-\lambda_2 c} = $ 常数, 故 $c = 0$, 即 $\frac{1}{\lambda_1}\left(aq - m\right) = \frac{1}{\lambda_2}\left(bp - n\right)$. 证毕.

例 8.3.1 设 $x = x_1 \in \mathbb{R}_+, y = (y_1, y_2) \in \mathbb{R}_+^2$, 试讨论 λ 满足什么条件时, 可选取适当的搭配参数 a, b, 利用权系数方法得到具有最佳常数因子的 Hilbert 型不等式:

$$\int_{\mathbb{R}_+^2} \int_{\mathbb{R}_+} \frac{f(x)\, g(y)}{\left|1 - x_1 \sqrt{x_1^2 + y_2^2}\right|^\lambda} \mathrm{d}x \mathrm{d}y \leqslant M \|f\|_3 \|g\|_{\frac{3}{2}}, \tag{8.3.5}$$

其中 $f(x) \in L_3\left(\mathbb{R}_+\right)$, $g(y) \in L_{3/2}\left(\mathbb{R}_+^2\right)$, 并求出最佳常数因子.

解 记

$$G\left(\|x\|_{2,1}\|y\|_{2,2}\right) = \frac{1}{\left|1 - \|x\|_{2,1}\|y\|_{2,2}\right|^\lambda} = \frac{1}{\left|1 - x_1\sqrt{y_1^2 + y_2^2}\right|^\lambda},$$

则 $G > 0$. 因为 $p = 3$, $q = \dfrac{3}{2}$, 故 $\dfrac{1}{p} + \dfrac{1}{q} = 1$. 令 $apq - m = apq - 1 = 0$,
$bpq - n = bpq - 2 = 0$, 故 $a = \dfrac{1}{pq} = \dfrac{2}{9}$, $b = \dfrac{2}{pq} = \dfrac{4}{9}$, 因为 $\lambda_1 = \lambda_2 = 1$, $m = 1$,
$n = 2$, 故

$$\Delta = \frac{1}{\lambda_1}\left(aq - m\right) - \frac{1}{\lambda_2}\left(bp - n\right) = \left(\frac{1}{3} - 1\right) - \left(\frac{4}{3} - 2\right) = 0.$$

又因为

$$\begin{aligned}
W_0 &= \int_0^{+\infty} G\left(t^{\lambda_2}\right) t^{-bp+n-1}\mathrm{d}t = \int_0^{+\infty} \frac{1}{|1-t|^\lambda} t^{-\frac{1}{3}}\mathrm{d}t \\
&= \int_0^1 (1-t)^{-\lambda} t^{-\frac{1}{3}}\mathrm{d}t + \int_1^{+\infty} (t-1)^{-\lambda} t^{-\frac{1}{3}}\mathrm{d}t \\
&= \int_0^1 (1-t)^{(1-\lambda)-1} t^{\frac{2}{3}-1}\mathrm{d}t + \int_0^1 (1-u)^{(1-\lambda)-1} u^{\left(\lambda-\frac{2}{3}\right)-1}\mathrm{d}u,
\end{aligned}$$

由此可知, 当且仅当 $\dfrac{2}{3} < \lambda < 1$ 时, W_0 收敛, 且

$$W_0 = B\left(1-\lambda, \frac{2}{3}\right) + B\left(1-\lambda, \lambda - \frac{2}{3}\right).$$

根据定理 8.3.1, 当且仅当 $\dfrac{2}{3} < \lambda < 1$ 时, 取适配数 $a = \dfrac{2}{9}$, $b = \dfrac{4}{9}$, 我们可以得到
(8.3.5) 式, 其中的最佳常数因子为

$$\begin{aligned}
\inf M &= \left(\frac{\Gamma^m\left(1/\rho\right)}{\rho^{m-1}\Gamma\left(m/\rho\right)}\right)^{\frac{1}{q}} \left(\frac{\Gamma^n\left(1/\rho\right)}{\rho^{n-1}\Gamma\left(n/\rho\right)}\right)^{\frac{1}{p}} \left(\frac{\lambda_2}{\lambda_1}\right)^{\frac{1}{q}} W_0 \\
&= \left(\frac{\pi}{2}\right)^{\frac{1}{3}} \left[B\left(1-\lambda, \frac{2}{3}\right) + B\left(1-\lambda, \lambda - \frac{2}{3}\right)\right].
\end{aligned}$$

解毕.

例 8.3.2　设 $m, n \in \mathbb{N}_+$, $\rho > 0$, $\frac{1}{p} + \frac{1}{q} = 1$ $(p > 1)$, $\tau > -1$, $0 < \sigma < \lambda$, $\alpha = p\left(\frac{m}{q} - \lambda_1\sigma\right)$, $\beta = q\left(\frac{n}{p} - \lambda_2\sigma\right)$, 求证: 当 $f(x) \in L_p^\alpha(\mathbb{R}_+^m)$, $g(y) \in L_q^\beta(\mathbb{R}_+^n)$ 时, 有

$$\int_{\mathbb{R}_+^n} \int_{\mathbb{R}_+^m} \frac{\left|\ln\left(\|x\|_{\rho,m}^{\lambda_1} \|y\|_{\rho,n}^{\lambda_2}\right)\right|^\tau}{\left(\max\left\{1, \|x\|_{\rho,m}^{\lambda_1} \|y\|_{\rho,n}^{\lambda_2}\right\}\right)^\lambda} f(x) g(y) \mathrm{d}x\mathrm{d}y \leqslant M_0 \|f\|_{p,\alpha} \|g\|_{q,\beta},$$

其中的常数因子

$$M_0 = \left(\frac{\Gamma^m(1/\rho)}{\rho^{m-1}\Gamma(m/\rho)}\right)^{\frac{1}{q}} \left(\frac{\Gamma^n(1/\rho)}{\rho^{n-1}\Gamma(n/\rho)}\right)^{\frac{1}{p}}$$

$$\times \frac{1}{|\lambda_1|^{1/q} |\lambda_2|^{1/p}} \Gamma(1+\tau)\left(\frac{1}{\sigma^{1+\tau}} + \frac{1}{(\lambda-\sigma)^{1+\tau}}\right)$$

是最佳的.

证明　记

$$G\left(\|x\|_{\rho,m}^{\lambda_1} \|y\|_{\rho,n}^{\lambda_2}\right) = \frac{\left|\ln\left(\|x\|_{\rho,m}^{\lambda_1} \|y\|_{\rho,n}^{\lambda_2}\right)\right|^\tau}{\left(\max\left\{1, \|x\|_{\rho,m}^{\lambda_1} \|y\|_{\rho,m}^{\lambda_2}\right\}\right)^\lambda},$$

则 $G > 0$. 令 $apq - m = \alpha = p\left(\frac{m}{q} - \lambda_1\sigma\right)$, $bpq - n = \beta = q\left(\frac{n}{p} - \lambda_2\sigma\right)$, 则 $a = \frac{1}{q}(m - \lambda_1\sigma)$, $b = \frac{1}{p}(n - \lambda_2\sigma)$, 从而

$$\Delta = \frac{1}{\lambda_1}(aq - m) - \frac{1}{\lambda_2}(bp - n) = -\sigma + \sigma = 0.$$

根据例 5.5.15 的计算有

$$\int_0^{+\infty} G\left(t^{\lambda_2}\right) t^{-bp+n-1} \mathrm{d}t = \frac{1}{|\lambda_2|} \int_0^{+\infty} \frac{\left|\ln t^{\lambda_2}\right|^\tau}{(\max\{1, t^{\lambda_2}\})^\lambda} t^{\lambda_2\sigma-1} \mathrm{d}t$$

$$= \frac{1}{|\lambda_2|} \int_0^{+\infty} \frac{u^{\sigma-1}}{(\max\{1, u\})^\lambda} |\ln u|^\tau \mathrm{d}u = \frac{1}{|\lambda_2|} \Gamma(1+\tau)\left(\frac{1}{\sigma^{1+\tau}} + \frac{1}{(\lambda-\sigma)^{1+\tau}}\right).$$

综上所述并根据定理 8.3.1, 本例结论成立. 证毕.

8.3.2 构建一类非齐次核的第二类重积分 Hilbert 型不等式的参数条件

引理 8.3.2 设 $m, n \in \mathbb{N}_+$, $\rho > 0$, $\frac{1}{p} + \frac{1}{q} = 1 \, (p > 1)$, $\lambda_1 \lambda_2 > 0$, $x = (x_1, \cdots, x_m) \in \mathbb{R}_+^m$, $y = (y_1, \cdots, y_n) \in \mathbb{R}_+^n$, $K\left(\|x\|_{\rho,m}, \|y\|_{\rho,n}\right) = G\left(\|x\|_{\rho,m}^{\lambda_1} \|y\|_{\rho,n}^{\lambda_2}\right)$ 非负可测, $\alpha, \beta \in \mathbb{R}$, $\frac{1}{\lambda_1}\left(\frac{\alpha}{p} - \frac{m}{q}\right) = \frac{1}{\lambda_2}\left(\frac{\beta}{q} - \frac{n}{p}\right)$, 记

$$W_0 = \int_0^{+\infty} G\left(t^{\lambda_1}\right) t^{-\frac{\alpha}{p} + \frac{m}{q} - 1} \mathrm{d}t,$$

则

$$W_1\left(\alpha, p, n\right) = \int_{\mathbb{R}_+^n} G\left(\|y\|_{\rho,n}^{\lambda_2}\right) \|y\|_{\rho,n}^{-\frac{\beta+n}{q}} \, \mathrm{d}y = \frac{\lambda_1}{\lambda_2} \frac{\Gamma^n\left(1/\rho\right)}{\rho^{n-1}\Gamma\left(n/\rho\right)} W_0,$$

$$W_2\left(\beta, q, m\right) = \int_{\mathbb{R}_+^m} G\left(\|x\|_{\rho,m}^{\lambda_1}\right) \|x\|_{\rho,m}^{-\frac{\alpha+m}{p}} \, \mathrm{d}x = \frac{\Gamma^m\left(1/\rho\right)}{\rho^{m-1}\Gamma\left(m/\rho\right)} W_0,$$

$$\omega_1\left(x\right) = \int_{\mathbb{R}_+^n} G\left(\|x\|_{\rho,m}^{\lambda_1} \|y\|_{\rho,n}^{\lambda_2}\right) \|y\|_{\rho,n}^{-\frac{\beta+n}{q}} \, \mathrm{d}y = \|x\|_{\rho,m}^{\frac{\lambda_1}{\lambda_2}\left(\frac{\beta}{q} - \frac{n}{p}\right)} W_1\left(\alpha, p, n\right),$$

$$\omega_2\left(y\right) = \int_{\mathbb{R}_+^m} G\left(\|x\|_{\rho,m}^{\lambda_1} \|y\|_{\rho,n}^{\lambda_2}\right) \|x\|_{\rho,m}^{-\frac{\alpha+m}{p}} \, \mathrm{d}x = \|y\|_{\rho,n}^{\frac{\lambda_2}{\lambda_1}\left(\frac{\alpha}{p} - \frac{n}{q}\right)} W_2\left(\beta, q, m\right).$$

证明 因为 $\frac{1}{\lambda_1}\left(\frac{\alpha}{p} - \frac{m}{q}\right) = \frac{1}{\lambda_2}\left(\frac{\beta}{q} - \frac{n}{p}\right)$, 根据定理 1.7.2, 有

$$\begin{aligned}
W_1\left(\alpha, p, n\right) &= \frac{\Gamma^n\left(1/\rho\right)}{\rho^{n-1}\Gamma\left(n/\rho\right)} \int_0^{+\infty} G\left(t^{\lambda_2}\right) t^{-\frac{\beta+n}{q} + n - 1} \mathrm{d}t \\
&= \frac{\Gamma^n\left(1/\rho\right)}{\rho^{n-1}\Gamma\left(n/\rho\right)} \int_0^{+\infty} K\left(1, t\right) t^{-\frac{\beta}{q} + \frac{n}{p} - 1} \mathrm{d}t \\
&= \frac{\Gamma^n\left(1/\rho\right)}{\rho^{n-1}\Gamma\left(n/\rho\right)} \int_0^{+\infty} K\left(t^{\lambda_2/\lambda_1}, 1\right) t^{-\frac{\beta}{q} + \frac{n}{p} - 1} \mathrm{d}t \\
&= \frac{\lambda_1}{\lambda_2} \frac{\Gamma^n\left(1/\rho\right)}{\rho^{n-1}\Gamma\left(n/\rho\right)} \int_0^{+\infty} K\left(u, 1\right) u^{\frac{\lambda_1}{\lambda_2}\left(-\frac{\beta}{q} + \frac{n}{p} - 1\right) + \frac{\lambda_1}{\lambda_2} - 1} \mathrm{d}u \\
&= \frac{\lambda_1}{\lambda_2} \frac{\Gamma^n\left(1/\rho\right)}{\rho^{n-1}\Gamma\left(n/\rho\right)} \int_0^{+\infty} G\left(u^{\lambda_1}\right) u^{-\frac{\alpha}{p} + \frac{m}{q} - 1} \mathrm{d}u \\
&= \frac{\lambda_1}{\lambda_2} \frac{\Gamma^n\left(1/\rho\right)}{\rho^{n-1}\Gamma\left(n/\rho\right)} W_0,
\end{aligned}$$

$$W_2\left(\beta,q,m\right)=\frac{\Gamma^m\left(1/\rho\right)}{\rho^{m-1}\Gamma\left(m/\rho\right)}\int_0^{+\infty}G\left(t^{\lambda_1}\right)t^{-\frac{\alpha}{p}+\frac{m}{q}-1}\mathrm{d}t=\frac{\Gamma^m\left(1/\rho\right)}{\rho^{m-1}\Gamma\left(m/\rho\right)}W_0,$$

$$\omega_1\left(x\right)=\frac{\Gamma^n\left(1/\rho\right)}{\rho^{n-1}\Gamma\left(n/\rho\right)}\int_0^{+\infty}K\left(\|x\|_{\rho,m},u\right)u^{-\frac{\beta+n}{q}+n-1}\mathrm{d}u$$

$$=\frac{\Gamma^n\left(1/\rho\right)}{\rho^{n-1}\Gamma\left(n/\rho\right)}\int_0^{+\infty}K\left(1,\|x\|_{\rho,m}^{\lambda_1/\lambda_2}u\right)u^{-\frac{\beta}{q}+\frac{n}{p}-1}\mathrm{d}u$$

$$=\frac{\Gamma^n\left(1/\rho\right)}{\rho^{n-1}\Gamma\left(n/\rho\right)}\|x\|_{\rho,m}^{\frac{\lambda_1}{\lambda_2}\left(\frac{\beta}{q}-\frac{n}{p}\right)}\int_0^{+\infty}K\left(1,t\right)t^{-\frac{\beta}{q}+\frac{n}{p}-1}\mathrm{d}t$$

$$=\|x\|_{\rho,m}^{\frac{\lambda_1}{\lambda_2}\left(\frac{\beta}{q}-\frac{n}{p}\right)}W_1\left(\alpha,p,n\right).$$

同理可证 $\omega_2\left(y\right)$ 的情形. 证毕.

定理 8.3.2 设 $m,n\in\mathbb{N}_+$, $\rho>0$, $\frac{1}{p}+\frac{1}{q}=1\,(p>1)$, $\lambda_1\lambda_2>0$, $x=(x_1,\cdots,x_n)\in\mathbb{R}_+^m$, $y=(y_1,\cdots,y_n)\in\mathbb{R}_+^n$, $K\left(\|x\|_{\rho,m},\|y\|_{\rho,n}\right)=G\left(\|x\|_{\rho,m}^{\lambda_1}\|y\|_{\rho,n}^{\lambda_2}\right)$ 非负可测, $\alpha,\beta\in\mathbb{R}$, 且

$$W_0=\int_0^{+\infty}G\left(t^{\lambda_1}\right)t^{-\frac{\alpha}{p}+\frac{m}{q}-1}\mathrm{d}t$$

收敛, 则

(i) 当且仅当 $\frac{1}{\lambda_1}\left(\frac{\alpha}{p}-\frac{m}{q}\right)=\frac{1}{\lambda_2}\left(\frac{\beta}{q}-\frac{n}{p}\right)$ 时, 存在常数 $M>0$, 使

$$\int_{\mathbb{R}_+^n}\int_{\mathbb{R}_+^m}G\left(\|x\|_{\rho,m}^{\lambda_1}\|y\|_{\rho,n}^{\lambda_2}\right)f\left(x\right)g\left(y\right)\mathrm{d}x\mathrm{d}y\leqslant M\|f\|_{p,\alpha}\|g\|_{q,\beta},\tag{8.3.6}$$

其中 $f\left(x\right)\in L_p^\alpha\left(\mathbb{R}_+^m\right)$, $g\left(y\right)\in L_q^\beta\left(\mathbb{R}_+^n\right)$.

(ii) 当 (8.3.6) 式成立时, 其最佳常数因子为

$$\inf M=\left(\frac{\Gamma^m\left(1/\rho\right)}{\rho^{m-1}\Gamma\left(m/\rho\right)}\right)^{\frac{1}{q}}\left(\frac{\Gamma^n\left(1/\rho\right)}{\rho^{n-1}\Gamma\left(n/\rho\right)}\right)^{\frac{1}{p}}\left(\frac{\lambda_1}{\lambda_2}\right)^{\frac{1}{p}}W_0.$$

证明 记 $\frac{1}{\lambda_1}\left(\frac{\alpha}{p}-\frac{m}{q}\right)-\frac{1}{\lambda_2}\left(\frac{\beta}{q}-\frac{n}{p}\right)=\frac{c}{\lambda_1}$.

(i) 设 (8.3.6) 式成立, 我们需证明 $c=0$.
若 $c<0$, 取 $\varepsilon=-\frac{c}{2\left|\lambda_1\right|}>0$, 令

$$f(x) = \begin{cases} ||x||_{\rho,m}^{(-\alpha-m-|\lambda_1|\varepsilon)/p}, & ||x||_{\rho,m} \geqslant 1, \\ 0, & 0 < ||x||_{\rho,m} < 1, \end{cases}$$

$$g(y) = \begin{cases} ||y||_{\rho,n}^{(-\beta-n+|\lambda_2|\varepsilon)/q}, & 0 < ||y||_{\rho,n} \leqslant 1, \\ 0, & ||y||_{\rho,n} > 1. \end{cases}$$

则有

$$M\,||f||_{p,\alpha}\,||g||_{q,\beta}$$

$$= M \left(\int_{||x||_{\rho,m} \geqslant 1} ||x||_{\rho,m}^{-m-|\lambda_1|\varepsilon}\mathrm{d}x \right)^{\frac{1}{p}} \left(\int_{||y||_{\rho,m} \leqslant 1} ||y||_{\rho,n}^{-n-|\lambda_2|\varepsilon}\,\mathrm{d}y \right)^{\frac{1}{q}}$$

$$= \frac{M}{\varepsilon}\,\frac{1}{|\lambda_1|^{1/p}\,|\lambda_2|^{1/q}} \left(\frac{\Gamma^m(1/\rho)}{\rho^{m-1}\Gamma(m/\rho)} \right)^{\frac{1}{p}} \left(\frac{\Gamma^n(1/\rho)}{\rho^{n-1}\Gamma(n/\rho)} \right)^{\frac{1}{q}}$$

$$= \frac{2M}{-c} \left(\frac{\lambda_1}{\lambda_2} \right)^{\frac{1}{q}} \left(\frac{\Gamma^m(1/\rho)}{\rho^{m-1}\Gamma(m/\rho)} \right)^{\frac{1}{p}} \left(\frac{\Gamma^n(1/\rho)}{\rho^{n-1}\Gamma(n/\rho)} \right)^{\frac{1}{q}} < +\infty,$$

$$\int_{\mathbb{R}_+^n} \int_{\mathbb{R}_+^m} G\left(||x||_{\rho,m}^{\lambda_1} ||y||_{\rho,n}^{\lambda_2} \right) f(x)\,g(y)\mathrm{d}x\mathrm{d}y$$

$$= \int_{||y||_{\rho,n} \leqslant 1} ||y||_{\rho,n}^{\frac{-\beta-n+d|\lambda_2|\varepsilon}{q}} \left(\int_{||x||_{\rho,m} \geqslant 1} G\left(||x||_{\rho,m}^{\lambda_1} ||y||_{\rho,n}^{\lambda_2} \right) ||x||_{\rho,m}^{-\frac{\alpha+m+|\lambda_1|\varepsilon}{p}}\,\mathrm{d}x \right)\mathrm{d}y$$

$$= \frac{\Gamma^m(1/\rho)}{\rho^{m-1}\Gamma(m/\rho)} \int_{||y||_{\rho,n} \leqslant 1} ||y||_{\rho,n}^{\frac{-\beta-n+|\lambda_2|\varepsilon}{q}}$$

$$\times \left(\int_1^{+\infty} K\left(u, ||y||_{\rho,n} \right) u^{\frac{-\alpha-m-|\lambda_1|\varepsilon}{p}+m-1}\mathrm{d}u \right)\mathrm{d}y$$

$$= \frac{\Gamma^m(1/\rho)}{\rho^{m-1}\Gamma(m/\rho)} \int_{||y||_{\rho,n} \leqslant 1} ||y||_{\rho,n}^{\frac{-\beta-n+|\lambda_2|\varepsilon}{q}}$$

$$\times \left(\int_1^{+\infty} K\left(u\,||y||_\rho^{\lambda_2/\lambda_1}, 1 \right) u^{\frac{-\alpha-m-|\lambda_1|\varepsilon}{p}+m-1}\mathrm{d}u \right)\mathrm{d}y$$

$$= \frac{\Gamma^m(1/\rho)}{\rho^{m-1}\Gamma(m/\rho)} \int_{||y||_{\rho,n} \leqslant 1} ||y||_{\rho,n}^{-n+\frac{\lambda_2}{\lambda_1}c+|\lambda_2|\varepsilon} \left(\int_{||y||_\rho^{\lambda_2/\lambda_1}}^{+\infty} K(t,1)\,t^{\frac{-\alpha-m-|\lambda_1|\varepsilon}{p}}\mathrm{d}t \right)\mathrm{d}y$$

$$\geqslant \frac{\Gamma^m(1/\rho)}{\rho^{m-1}\Gamma(m/\rho)} \int_{||y||_{\rho,n} \leqslant 1} ||y||_{\rho,n}^{-n+\frac{\lambda_2}{\lambda_1}c+|\lambda_2|\varepsilon}\,\mathrm{d}y \int_1^{+\infty} K(t,1)\,t^{\frac{-\alpha-m-|\lambda_1|\varepsilon}{p}+m-1}\mathrm{d}t$$

$$= \frac{\Gamma^m (1/\rho)}{\rho^{m-1}\Gamma (m/\rho)} \frac{\Gamma^n (1/\rho)}{\rho^{n-1}\Gamma (n/\rho)} \int_0^1 t^{-1+\frac{c}{2}\frac{\lambda_2}{\lambda_1}}\mathrm{d}t \int_1^{+\infty} K (t,1) t^{\frac{-\alpha-m-|\lambda_1|\varepsilon}{p}+m-1}\mathrm{d}t.$$

于是可得

$$\int_0^1 t^{-1+\frac{c}{2}\frac{\lambda_2}{\lambda_1}}\mathrm{d}t \int_1^{+\infty} K (t,1) t^{\frac{-\alpha-m-|\lambda_1|\varepsilon}{p}+m-1}\mathrm{d}t < +\infty.$$

因为 $\dfrac{c}{2}\dfrac{\lambda_2}{\lambda_1} < 0$, 故 $\displaystyle\int_0^1 t^{-1+\frac{c}{2}\frac{\lambda_2}{\lambda_1}}\mathrm{d}t = +\infty$, 这就得到矛盾, 所以 $c \geqslant 0$.

若 $c > 0$, 取 $\varepsilon = \dfrac{c}{2|\lambda_1|} > 0$, 令

$$f (x) = \begin{cases} \|x\|_{\rho,m}^{(-\alpha-m+|\lambda_1|\varepsilon)/p}, & 0 < \|x\|_{\rho,m} \leqslant 1, \\ 0, & \|x\|_{\rho,m} > 1, \end{cases}$$

$$g (y) = \begin{cases} \|y\|_{\rho,n}^{(-\beta-n-|\lambda_2|\varepsilon)/q}, & \|y\|_{\rho,n} \geqslant 1, \\ 0, & 0 < \|y\|_{\rho,n} < 1. \end{cases}$$

同样地, 我们可得

$$\int_1^{+\infty} t^{-1+\frac{c}{2}\frac{\lambda_2}{\lambda_1}}\mathrm{d}t \int_0^1 K (t,1) t^{\frac{-\alpha-m+|\lambda_1|\varepsilon}{p}}\mathrm{d}t < +\infty,$$

因为 $\dfrac{c}{2}\dfrac{\lambda_2}{\lambda_1} > 0$, 故 $\displaystyle\int_1^{+\infty} t^{-1+\frac{c}{2}\frac{\lambda_2}{\lambda_1}}\mathrm{d}t = +\infty$, 这也得到矛盾, 所以 $c \leqslant 0$.

综上两方面, 得到 $c = 0$.

反之, 设 $\dfrac{1}{\lambda_1}\left(\dfrac{\alpha}{p} - \dfrac{m}{q}\right) = \dfrac{1}{\lambda_2}\left(\dfrac{\beta}{q} - \dfrac{n}{p}\right)$, 根据 Hölder 不等式及引理 8.3.2, 有

$$\int_{\mathbb{R}_+^n}\int_{\mathbb{R}_+^m} G\left(\|x\|_{\rho,m}^{\lambda_1}\|y\|_{\rho,n}^{\lambda_2}\right) f (x) g (y)\, \mathrm{d}x\mathrm{d}y$$

$$= \int_{\mathbb{R}_+^n}\int_{\mathbb{R}_+^m} \left(\frac{\|x\|_{\rho,m}^{(\alpha+m)/(pq)}}{\|y\|_{\rho,n}^{(\beta+n)/(pq)}} f (x)\right)\left(\frac{\|y\|_{\rho,n}^{(\beta+n)/(pq)}}{\|x\|_{\rho,m}^{(\alpha+m)/(pq)}} g (y)\right) G\left(\|x\|_{\rho,m}^{\lambda_1}\|y\|_{\rho,n}^{\lambda_2}\right)\mathrm{d}x\mathrm{d}y$$

$$\leqslant \left(\int_{\mathbb{R}_+^m} \|x\|_{\rho,m}^{\frac{\alpha+m}{q}} f^p (x)\, \omega_1 (x)\, \mathrm{d}x\right)^{\frac{1}{p}}\left(\int_{\mathbb{R}_+^n} \|y\|_{\rho,n}^{\frac{\beta+1}{p}} g^q (y)\, \omega_2 (y)\, \mathrm{d}y\right)^{\frac{1}{q}}$$

$$= W_1^{\frac{1}{p}} (\alpha,p,n)\, W_2^{\frac{1}{q}} (\beta,q,m)\left(\int_{\mathbb{R}_+^m} \|x\|_{\rho,m}^{\frac{\alpha+m}{q}+\frac{\lambda_1}{\lambda_2}\left(\frac{\beta}{q}-\frac{n}{p}\right)} f^p (x)\, \mathrm{d}x\right)^{\frac{1}{p}}$$

$$\times \left(\int_{\mathbb{R}_+^n} ||y||_{\rho,n}^{\frac{\beta+n}{p}+\frac{\lambda_2}{\lambda_1}\left(\frac{\alpha}{p}-\frac{m}{q}\right)} g^q(y)\,\mathrm{d}y \right)^{\frac{1}{q}}$$

$$= W_1^{\frac{1}{p}}(\alpha,p,n) W_2^{\frac{1}{q}}(\beta,q,m) \left(\int_{\mathbb{R}_+^m} ||x||_{\rho,m}^{\alpha} f^p(x)\,\mathrm{d}x \right)^{\frac{1}{p}} \left(\int_{\mathbb{R}_+^n} ||y||_{\rho,n}^{\beta} g^q(y)\,\mathrm{d}y \right)^{\frac{1}{q}}$$

$$= \left(\frac{\Gamma^m(1/\rho)}{\rho^{m-1}\Gamma(m/\rho)} \right)^{\frac{1}{q}} \left(\frac{\Gamma^n(1/\rho)}{\rho^{n-1}\Gamma(n/\rho)} \right)^{\frac{1}{p}} \left(\frac{\lambda_1}{\lambda_2} \right)^{\frac{1}{p}} W_0 ||f||_{p,\alpha} ||g||_{q,\beta}.$$

任取

$$M \geqslant \left(\frac{\Gamma^m(1/\rho)}{\rho^{m-1}\Gamma(m/\rho)} \right)^{\frac{1}{q}} \left(\frac{\Gamma^n(1/\rho)}{\rho^{n-1}\Gamma(n/\rho)} \right)^{\frac{1}{p}} \left(\frac{\lambda_1}{\lambda_2} \right)^{\frac{1}{p}} W_0$$

都可得到 (8.3.6) 式.

(ii) 当 (8.3.6) 式成立时, 由 (i) 可知 $\frac{1}{\lambda_1}\left(\frac{\alpha}{p}-\frac{m}{q}\right) = \frac{1}{\lambda_2}\left(\frac{\beta}{q}-\frac{n}{p}\right)$, 设 (8.3.6) 式的最佳常数因子为 M_0, 则有

$$M_0 \leqslant \left(\frac{\Gamma^m(1/\rho)}{\rho^{m-1}\Gamma(m/\rho)} \right)^{\frac{1}{q}} \left(\frac{\Gamma^n(1/\rho)}{\rho^{n-1}\Gamma(n/\rho)} \right)^{\frac{1}{p}} \left(\frac{\lambda_1}{\lambda_2} \right)^{\frac{1}{p}} W_0,$$

且将 (8.3.6) 式的 M 换成 M_0, (8.3.6) 式仍成立.

对充分小的 $\varepsilon > 0$ 及足够大的自然数 N, 取

$$f(x) = \begin{cases} ||x||_{\rho,m}^{(-\alpha-m-|\lambda_1|\varepsilon)/p}, & ||x||_{\rho,m} \geqslant 1, \\ 0, & 0 < ||x||_{\rho,m} < 1, \end{cases}$$

$$g(y) = \begin{cases} ||y||_{\rho,n}^{(-\beta-n+|\lambda_2|\varepsilon)/q}, & 0 < ||y||_{\rho,n} \leqslant N, \\ 0, & ||y||_{\rho,n} > N. \end{cases}$$

则计算可得

$$||f||_{p,\alpha} ||g||_{q,\beta} = \frac{1}{\varepsilon |\lambda_1|^{1/p} |\lambda_2|^{1/q}} \left(\frac{\Gamma^m(1/\rho)}{\rho^{m-1}\Gamma(m/\rho)} \right)^{\frac{1}{p}} \left(\frac{\Gamma^n(1/\rho)}{\rho^{n-1}\Gamma(n/\rho)} \right)^{\frac{1}{q}} N^{\frac{|\lambda_2|\varepsilon}{q}},$$

$$\int_{\mathbb{R}_+^n}\int_{\mathbb{R}_+^m} G\left(||x||_{\rho,m}^{\lambda_1} ||y||_{\rho,n}^{\lambda_2}\right) f(x) g(y)\,\mathrm{d}x\mathrm{d}y$$

$$= \int_{||x||_{\rho,m}\geqslant 1} ||x||_{\rho,m}^{-\frac{\alpha+m+|\lambda_1|\varepsilon}{p}} \left(\int_{||y||_{\rho,n}\leqslant N} K\left(||x||_{\rho,m}, ||y||_{\rho,n}\right) ||y||_{\rho,n}^{-\frac{\beta+n-|\lambda_2|\varepsilon}{q}}\,\mathrm{d}y \right)\mathrm{d}x$$

$$= \frac{\Gamma^n\left(1/\rho\right)}{\rho^{n-1}\Gamma\left(n/\rho\right)} \int_{\|x\|_{\rho,m}\geqslant 1} \|x\|_{\rho,m}^{-\frac{\alpha+m+|\lambda_1|\varepsilon}{p}}$$

$$\times \left(\int_0^N K\left(\|x\|_{\rho,m}, u\right) u^{-\frac{\beta+n-|\lambda_2|\varepsilon}{q}+n-1} \mathrm{d}u \right) \mathrm{d}x$$

$$= \frac{\Gamma^n\left(1/\rho\right)}{\rho^{n-1}\Gamma\left(n/\rho\right)} \int_{\|x\|_{\rho,m}\geqslant 1} \|x\|_{\rho,m}^{-\frac{\alpha+m+|\lambda_1|\varepsilon}{p}}$$

$$\times \left(\int_0^N K\left(1, u\|x\|_{\rho,m}^{\lambda_1/\lambda_2}\right) u^{-\frac{\beta+n-|\lambda_2|\varepsilon}{q}+n-1} \mathrm{d}u \right) \mathrm{d}x$$

$$= \frac{\Gamma^n\left(1/\rho\right)}{\rho^{n-1}\Gamma\left(n/\rho\right)} \int_{\|x\|_{\rho,m}\geqslant 1} \|x\|_{\rho,m}^{-\frac{\alpha+m+|\lambda_1|\varepsilon}{p}+\frac{\lambda_1}{\lambda_2}\frac{\beta+n-|\lambda_2|\varepsilon}{q}-\frac{\lambda_1}{\lambda_2}}$$

$$\times \left(\int_0^{N\|x\|_{\rho,m}^{\lambda_1/\lambda_2}} K\left(1, t\right) t^{-\frac{\beta+n-|\lambda_2|\varepsilon}{q}+n-1} \mathrm{d}t \right) \mathrm{d}x$$

$$\geqslant \frac{\Gamma^n\left(1/\rho\right)}{\rho^{n-1}\Gamma\left(n/\rho\right)} \int_{\|x\|_{\rho,m}\geqslant 1} \|x\|_{\rho,m}^{-m-|\lambda_1|\varepsilon} \mathrm{d}x \int_0^N G\left(t^{\lambda_2}\right) t^{-\frac{\beta+n-|\lambda_2|\varepsilon}{q}+n-1} \mathrm{d}t$$

$$= \frac{\Gamma^m\left(1/\rho\right)}{\rho^{m-1}\Gamma\left(m/\rho\right)} \frac{\Gamma^n\left(1/\rho\right)}{\rho^{n-1}\Gamma\left(n/\rho\right)} \int_1^{+\infty} t^{-1-|\lambda_1|\varepsilon} \mathrm{d}t \int_0^N G\left(t^{\lambda_2}\right) t^{-\frac{\beta+n-|\lambda_2|\varepsilon}{q}+n-1} \mathrm{d}t$$

$$= \frac{1}{|\lambda_1|\varepsilon} \frac{\Gamma^m\left(1/\rho\right)}{\rho^{m-1}\Gamma\left(m/\rho\right)} \frac{\Gamma^n\left(1/\rho\right)}{\rho^{n-1}\Gamma\left(n/\rho\right)} \int_0^N G\left(t^{\lambda_2}\right) t^{-\frac{\beta+n-|\lambda_2|\varepsilon}{q}+n-1} \mathrm{d}t.$$

于是我们得到

$$\frac{1}{|\lambda_1|} \frac{\Gamma^m\left(1/\rho\right)}{\rho^{m-1}\Gamma\left(m/\rho\right)} \frac{\Gamma^n\left(1/\rho\right)}{\rho^{n-1}\Gamma\left(n/\rho\right)} \int_0^N G\left(t^{\lambda_2}\right) t^{-\frac{\beta+n-|\lambda_2|\varepsilon}{q}} \mathrm{d}t$$

$$\leqslant \frac{M_0}{|\lambda_1|^{1/p}|\lambda_2|^{1/q}} \left(\frac{\Gamma^m\left(1/\rho\right)}{\rho^{m-1}\Gamma\left(m/\rho\right)} \right)^{\frac{1}{p}} \left(\frac{\Gamma^n\left(1/\rho\right)}{\rho^{n-1}\Gamma\left(n/\rho\right)} \right)^{\frac{1}{q}} N^{\frac{|\lambda_2|\varepsilon}{q}}.$$

先令 $\varepsilon \to 0^+$, 再令 $N \to +\infty$, 求二次极限, 可得

$$\left(\frac{\Gamma^m\left(1/\rho\right)}{\rho^{m-1}\Gamma\left(m/\rho\right)} \right)^{\frac{1}{q}} \left(\frac{\Gamma^n\left(1/\rho\right)}{\rho^{n-1}\Gamma\left(n/\rho\right)} \right)^{\frac{1}{p}} \left(\frac{\lambda_2}{\lambda_1} \right)^{\frac{1}{q}} \int_0^{+\infty} G\left(t^{\lambda_2}\right) t^{-\frac{\beta}{q}+\frac{n}{p}-1} \mathrm{d}t \leqslant M_0,$$

再根据引理 8.3.2, 得到

$$\left(\frac{\Gamma^m\left(1/\rho\right)}{\rho^{m-1}\Gamma\left(m/\rho\right)} \right)^{\frac{1}{q}} \left(\frac{\Gamma^n\left(1/\rho\right)}{\rho^{n-1}\Gamma\left(n/\rho\right)} \right)^{\frac{1}{p}} \left(\frac{\lambda_1}{\lambda_2} \right)^{\frac{1}{p}} W_0 \leqslant M_0,$$

故 (8.3.6) 式的最佳常数因子

$$M_0 = \left(\frac{\Gamma^m (1/\rho)}{\rho^{m-1}\Gamma (m/\rho)} \right)^{\frac{1}{q}} \left(\frac{\Gamma^n (1/\rho)}{\rho^{n-1}\Gamma (n/\rho)} \right)^{\frac{1}{p}} \left(\frac{\lambda_1}{\lambda_2} \right)^{\frac{1}{p}} W_0.$$

证毕.

例 8.3.3 设 $p = 2$, $q = 2$, $x = (x_1, x_2, x_3) \in \mathbb{R}_+^3$, $y = (y_1, y_2) \in \mathbb{R}_+^2$, 试讨论: 是否存在常数 $M > 0$, 使

$$\int_{\mathbb{R}_+^2} \int_{\mathbb{R}_+^3} \frac{f(x)g(y)}{\left[1 + (x_1^3 + x_2^3 + x_3^3)^2 (y_1^3 + y_2^3) \right]^2} \mathrm{d}x\mathrm{d}y = M \|f\|_p \|g\|_q, \qquad (8.3.7)$$

其中 $f(x) \in L_p(\mathbb{R}_+^3)$, $g(y) \in L_q(\mathbb{R}_+^2)$.

解 记

$$G\left(\|x\|_{\rho,m}^{\lambda_1} \|y\|_{\rho,n}^{\lambda_2} \right) = G\left(\|x\|_{3,3}^6 \|y\|_{3,2}^3 \right) = \frac{1}{\left(1 + \|x\|_{3,3}^6 \|y\|_{3,2}^3 \right)^2}$$

$$= \frac{1}{\left[1 + (x_1^3 + x_2^3 + x_3^3)^2 (y_1^3 + y_2^3) \right]^2},$$

则 $G > 0$, 因为 $m = 3$, $n = 2$, $\rho = 3$, $\lambda_1 = 6$, $\lambda_2 = 3$, $p = q = 2$, $\alpha = \beta = 0$, 故

$$\Delta = \frac{1}{\lambda_1} \left(\frac{\alpha}{p} - \frac{m}{q} \right) - \frac{1}{\lambda_2} \left(\frac{\beta}{q} - \frac{n}{p} \right) = \frac{1}{6} \left(0 - \frac{3}{2} \right) - \frac{1}{3} \left(0 - \frac{2}{2} \right) = \frac{1}{12} \neq 0.$$

根据定理 8.3.2, 不存在常数 M 使 (8.3.7) 式成立. 解毕.

例 8.3.4 设 $m, n \in \mathbb{N}_+$, $\rho > 0$, $\frac{1}{p} + \frac{1}{q} = 1$ $(p > 1)$, $-1 < \sigma_1 < \lambda < 1$, $\lambda_1 \lambda_2 > 0$, $\alpha = p\left(\frac{m}{q} - \lambda_1 \sigma_1 \right)$, $\beta = q\left(\frac{n}{p} - \lambda_2 \sigma_2 \right)$, 求证: 当且仅当 $\sigma_1 = \sigma_2$ 时, 存在常数 $M > 0$, 当 $f(x) \in L_p^\alpha(\mathbb{R}_+^m)$, $g(y) \in L_q^\beta(\mathbb{R}_+^n)$ 时, 有 Hilbert 型不等式

$$\int_{\mathbb{R}_+^n} \int_{\mathbb{R}_+^m} \frac{\min\left\{ 1, \|x\|_{\rho,m}^{\lambda_1} \|y\|_{\rho,n}^{\lambda_2} \right\}}{\left| 1 - \|x\|_{\rho,m}^{\lambda_1} \|y\|_{\rho,n}^{\lambda_2} \right|^\lambda} f(x)g(y)\,\mathrm{d}x\mathrm{d}y \leqslant M \|f\|_{p,\alpha} \|g\|_{q,\beta} \qquad (8.3.8)$$

成立, 并在不等式成立时求其最佳常数因子.

证明 记

$$G\left(\|x\|_{\rho,m}^{\lambda_1}\|y\|_{\rho,n}^{\lambda_2}\right)=\frac{\min\left\{1,\|x\|_{\rho,m}^{\lambda_1}\|y\|_{\rho,n}^{\lambda_2}\right\}}{\left|1-\|x\|_{\rho,m}^{\lambda_1}\|y\|_{\rho,n}^{\lambda_2}\right|^{\lambda}},$$

则 $G\geqslant 0$. 由于 $-1<\sigma_1<\lambda<1$, 故

$$W_0=\int_0^{+\infty}G\left(t^{\lambda_1}\right)t^{-\frac{\alpha}{p}+\frac{m}{q}-1}\mathrm{d}t=\int_0^{+\infty}\frac{\min\left\{1,t^{\lambda_1}\right\}}{|1-t^{\lambda_1}|^{\lambda}}t^{\lambda_1\sigma_1-1}\mathrm{d}t$$

$$=\frac{1}{|\lambda_1|}\int_0^{+\infty}\frac{\min\{1,u\}}{|1-u|^{\lambda}}u^{\sigma_1-1}\mathrm{d}u$$

$$=\frac{1}{|\lambda_1|}\left(\int_0^1\frac{1}{(1-u)^{\lambda}}u^{\sigma_1}\mathrm{d}u+\int_1^{+\infty}\frac{1}{(u-1)^{\lambda}}u^{\sigma_1-1}\mathrm{d}u\right)$$

$$=\frac{1}{|\lambda_1|}\left(\int_0^1(1-u)^{(1-\lambda)-1}u^{(1-\sigma_1)-1}\mathrm{d}u+\int_0^1(1-t)^{(1-\lambda)-1}t^{(\lambda-\sigma_1)-1}\mathrm{d}t\right)$$

$$=\frac{1}{|\lambda_1|}\left[B\left(1-\lambda,1+\sigma_1\right)+B\left(1-\lambda,\lambda-\sigma_1\right)\right]<+\infty.$$

因为 $\alpha=p\left(\dfrac{m}{q}-\lambda_1\sigma_1\right)$, $\beta=q\left(\dfrac{n}{p}-\lambda_2\sigma_2\right)$, 故 $\dfrac{1}{\lambda_1}\left(\dfrac{\alpha}{p}-\dfrac{m}{q}\right)=-\sigma_1$, $\dfrac{1}{\lambda_2}\left(\dfrac{\beta}{q}-\dfrac{n}{p}\right)=-\sigma_2$, 故 $\sigma_1=\sigma_2$ 等价于 $\dfrac{1}{\lambda_1}\left(\dfrac{\alpha}{p}-\dfrac{m}{q}\right)=\dfrac{1}{\lambda_2}\left(\dfrac{\beta}{q}-\dfrac{n}{p}\right)$.

　　根据定理 8.3.2, 当且仅当 $\sigma_1=\sigma_2$ 时, 存在常数 $M>0$, 使不等式 (8.3.8) 成立. 式 (8.3.8) 成立时, 其最佳常数因子为

$$\inf M=\left(\frac{\Gamma^m(1/\rho)}{\rho^{m-1}\Gamma(m/\rho)}\right)^{\frac{1}{q}}\left(\frac{\Gamma^n(1/\rho)}{\rho^{n-1}\Gamma(n/\rho)}\right)^{\frac{1}{p}}\left(\frac{\lambda_1}{\lambda_2}\right)^{\frac{1}{p}}W_0$$

$$=\left(\frac{\Gamma^m(1/\rho)}{\rho^{m-1}\Gamma(m/\rho)}\right)^{\frac{1}{q}}\left(\frac{\Gamma^n(1/\rho)}{\rho^{n-1}\Gamma(n/\rho)}\right)^{\frac{1}{p}}\frac{1}{|\lambda_1|^{1/q}|\lambda_2|^{1/p}}$$

$$\times\left[B\left(1-\lambda,1+\sigma_1\right)+B\left(1-\lambda,\lambda-\sigma_1\right)\right].$$

证毕.

　　在例 8.3.4 中, 取 $\alpha=\beta=0$, 则 $\sigma_1=\dfrac{m}{\lambda_1 q}$, $\sigma_2=\dfrac{n}{\lambda_2 p}$, 于是可得:

例 8.3.5 设 $m,n\in\mathbb{N}_+$, $\rho>0$, $\dfrac{1}{p}+\dfrac{1}{q}=1$ $(p>1)$, $-1<\dfrac{m}{\lambda_1 q}<\lambda<1$,

$\lambda_1\lambda_2 > 0$, 则当且仅当 $\dfrac{m}{\lambda_1 q} = \dfrac{n}{\lambda_2 p}$ 时, 对于 $f(x) \in L_p(\mathbb{R}_+^m)$, $g(y) \in L_q(\mathbb{R}_+^n)$, 有

$$\int_{\mathbb{R}_+^n} \int_{\mathbb{R}_+^m} \frac{\min\left\{1, \|x\|_{\rho,m}^{\lambda_1} \|y\|_{\rho,n}^{\lambda_2}\right\}}{\left|1 - \|x\|_{\rho,m}^{\lambda_1} \|y\|_{\rho,n}^{\lambda_2}\right|^{\lambda}} f(x) g(y)\, \mathrm{d}x\mathrm{d}y \leqslant M_0 \|f\|_p \|g\|_q,$$

其中的常数因子

$$M_0 = \left(\frac{\Gamma^m(1/\rho)}{\rho^{m-1}\Gamma(m/\rho)}\right)^{\frac{1}{q}} \left(\frac{\Gamma^n(1/\rho)}{\rho^{n-1}\Gamma(n/\rho)}\right)^{\frac{1}{p}} \frac{1}{|\lambda_1|^{1/q} |\lambda_2|^{1/p}}$$

$$\times \left[B\left(1-\lambda, 1+\frac{m}{\lambda_1 q}\right) + B\left(1-\lambda, \lambda - \frac{m}{\lambda_1 q}\right)\right]$$

是最佳的.

在例 8.3.4 中取 $\sigma_1 = \sigma_2 = 0$, 则 $\alpha = m(p-1)$, $\beta = n(q-1)$. 于是可得:

例 8.3.6 设 $m, n \in \mathbb{N}_+$, $\rho > 0$, $\dfrac{1}{p} + \dfrac{1}{q} = 1$ $(p > 1)$, $0 < \lambda < 1$, $\lambda_1\lambda_2 > 0$, 则当 $f(x) \in L_p^{m(p-1)}(\mathbb{R}_+^m)$, $g(y) \in L_q^{n(q-1)}(\mathbb{R}_+^n)$ 时, 有

$$\int_{\mathbb{R}_+^n} \int_{\mathbb{R}_+^m} \frac{\min\left\{1, \|x\|_{\rho,m}^{\lambda_1} \|y\|_{\rho,n}^{\lambda_2}\right\}}{\left|1 - \|x\|_{\rho,m}^{\lambda_1} \|y\|_{\rho,n}^{\lambda_2}\right|^{\lambda}} f(x) g(y)\, \mathrm{d}x\mathrm{d}y \leqslant M_0 \|f\|_{p,m(p-1)} \|g\|_{q,n(q-1)},$$

其中的常数因子

$$M_0 = \left(\frac{\Gamma^m(1/\rho)}{\rho^{m-1}\Gamma(m/\rho)}\right)^{\frac{1}{q}} \left(\frac{\Gamma^n(1/\rho)}{\rho^{n-1}\Gamma(n/\rho)}\right)^{\frac{1}{p}}$$

$$\times \frac{1}{|\lambda_1|^{1/q} |\lambda_2|^{1/p}} \left[B(1-\lambda, 1) + B(1-\lambda, \lambda)\right]$$

是最佳的.

8.4 第二类重积分 Hilbert 型不等式的应用

根据定理 8.2.2, 我们可得:

定理 8.4.1 设 $m, n \in \mathbb{N}_+$, $\rho > 0$, $\dfrac{1}{p} + \dfrac{1}{q} = (p > 1)$, $\lambda, \alpha, \beta \in \mathbb{R}$, $x = (x_1, \cdots,$ $x_m) \in \mathbb{R}_+^m, y = (y_1, \cdots, y_n) \in \mathbb{R}_+^n, K\left(\|x\|_{\rho,m}, \|y\|_{\rho,n}\right) = G\left(\|x\|_{\rho,m}^{\lambda_1}, \|y\|_{\rho,n}^{\lambda_2}\right),$

$G(u, v)$ 是 λ 阶齐次非负可测函数, 且

$$W_0 = \int_0^{+\infty} G\left(t^{\lambda_1}, 1\right) t^{-\frac{\alpha}{p} + \frac{m}{q} - 1} \mathrm{d}t < +\infty.$$

定义奇异积分算子 T_1 与 T_2 为

$$T_1(f)(y) = \int_{\mathbb{R}_+^m} G\left(\|x\|_{\rho,m}^{\lambda_1}, \|y\|_{\rho,n}^{\lambda_2}\right) f(x)\,\mathrm{d}x,\ f(x) \in L_p^\alpha\left(\mathbb{R}_+^m\right),$$

$$T_2(g)(x) = \int_{\mathbb{R}_+^n} G\left(\|x\|_{\rho,m}^{\lambda_1}, \|y\|_{\rho,n}^{\lambda_2}\right) g(y)\,\mathrm{d}y,\ g(y) \in L_q^\beta\left(\mathbb{R}_+^n\right),$$

那么

(i) 当且仅当 $\dfrac{\alpha+m}{\lambda_1 p} + \dfrac{\beta+n}{\lambda_2 q} = \lambda + \dfrac{m}{\lambda_1} + \dfrac{n}{\lambda_2}$ 时, T_1 是 $L_p^\alpha\left(\mathbb{R}_+^m\right)$ 到 $L_p^{\beta(1-p)}\left(\mathbb{R}_+^n\right)$ 的有界算子, T_2 是 $L_q^\beta\left(\mathbb{R}_+^n\right)$ 到 $L_q^{\alpha(1-q)}\left(\mathbb{R}_+^m\right)$ 的有界算子.

(ii) 若 $T_1: L_p^\alpha\left(\mathbb{R}_+^m\right) \to L_p^{\beta(1-p)}\left(\mathbb{R}_+^n\right)$ 及 $T_2: L_q^\beta\left(\mathbb{R}_+^n\right) \to L_q^{\alpha(1-q)}\left(\mathbb{R}_+^m\right)$ 是有界算子, 则 T_1 与 T_2 的算子范数为

$$\|T_1\| = \|T_2\| = \left(\frac{\Gamma^m(1/\rho)}{\rho^{m-1}\Gamma(m/\rho)}\right)^{\frac{1}{q}} \left(\frac{\Gamma^n(1/\rho)}{\rho^{n-1}\Gamma(n/\rho)}\right)^{\frac{1}{p}} \left(\frac{\lambda_1}{\lambda_2}\right)^{\frac{1}{p}} W_0.$$

根据定理 8.3.2, 我们可得:

定理 8.4.2 设 $m, n \in \mathbb{N}_+$, $\rho > 0$, $\dfrac{1}{p} + \dfrac{1}{q} = 1\ (p > 1)$, $\lambda_1 \lambda_2 > 0$, $\alpha, \beta \in \mathbb{R}$, $x = (x_1, \cdots, x_m) \in \mathbb{R}_+^m$, $y = (y_1, \cdots, y_n) \in \mathbb{R}_+^n$, $K\left(\|x\|_{\rho,m}, \|y\|_{\rho,n}\right) = G\left(\|x\|_{\rho,m}^{\lambda_1} \|y\|_{\rho,n}^{\lambda_2}\right)$ 非负可测, 且

$$W_0 = \int_0^{+\infty} G\left(t^{\lambda_1}\right) t^{-\frac{\alpha}{p} + \frac{m}{q} - 1} \mathrm{d}t < +\infty,$$

定义奇异积分算子 T_1 与 T_2 为

$$T_1(f)(y) = \int_{\mathbb{R}_+^m} G\left(\|x\|_{\rho,m}^{\lambda_1} \|y\|_{\rho,n}^{\lambda_2}\right) f(x)\,\mathrm{d}x,\quad f(x) \in L_p^\alpha\left(\mathbb{R}_+^m\right),$$

$$T_2(g)(x) = \int_{\mathbb{R}_+^n} G\left(\|x\|_{\rho,m}^{\lambda_1} \|y\|_{\rho,n}^{\lambda_2}\right) g(y)\,\mathrm{d}y,\quad g(y) \in L_q^\beta\left(\mathbb{R}_+^n\right),$$

那么

(i) 当且仅当 $\dfrac{1}{\lambda_1}\left(\dfrac{\alpha}{p}-\dfrac{m}{q}\right)=\dfrac{1}{\lambda_2}\left(\dfrac{\beta}{q}-\dfrac{n}{p}\right)$ 时, T_1 是 $L_p^\alpha\left(\mathbb{R}_+^m\right)$ 到 $L_p^{\beta(1-p)}\left(\mathbb{R}_+^n\right)$ 的有界算子, T_2 是 $L_q^\beta\left(\mathbb{R}_+^n\right)$ 到 $L_q^{\alpha(1-q)}\left(\mathbb{R}_+^m\right)$ 的有界算子.

(ii) 若 $T_1: L_p^\alpha\left(\mathbb{R}_+^m\right)\to L_p^{\beta(1-p)}\left(\mathbb{R}_+^n\right)$ 及 $T_2: L_q^\beta\left(\mathbb{R}_+^n\right)\to L_q^{\alpha(1-q)}\left(\mathbb{R}_+^m\right)$ 是有界算子时, T_1 与 T_2 的算子范数为

$$||T_1||=||T_2||=\left(\frac{\Gamma^m\left(1/\rho\right)}{\rho^{m-1}\Gamma\left(m/\rho\right)}\right)^{\frac{1}{q}}\left(\frac{\Gamma^n\left(1/\rho\right)}{\rho^{n-1}\Gamma\left(n/\rho\right)}\right)^{\frac{1}{p}}\left(\frac{\lambda_1}{\lambda_2}\right)^{\frac{1}{p}}W_0.$$

例 8.4.1 设 $m, n\in\mathbb{N}_+, \rho>0, \dfrac{1}{p}+\dfrac{1}{q}=1\,(p>1), \lambda>0, x=(x_1,\cdots,x_m)\in\mathbb{R}_+^m, y=(y_1,\cdots,y_n)\in\mathbb{R}_+^n$. 试讨论: 在什么条件下, 积分算子 T:

$$T\left(f\right)\left(y\right)=\int_{\mathbb{R}_+^m}\frac{\ln\left(1+||x||_{\rho,m}^2\,||y||_{\rho,n}^3\right)}{\left(1+||x||_{\rho,m}^2\,||y||_{\rho,n}^3\right)^\lambda}f\left(x\right)\mathrm{d}x,\quad f\left(x\right)\in L_p\left(\mathbb{R}_+^m\right),$$

是 $L_p\left(\mathbb{R}_+^m\right)$ 到 $L_p\left(\mathbb{R}_+^n\right)$ 的有界算子.

解 记

$$G\left(||x||_{\rho,m}^2\,||y||_{\rho,n}^3\right)=\frac{\ln\left(1+||x||_{\rho,m}^2\,||y||_{\rho,n}^3\right)}{\left(1+||x||_{\rho,m}^2\,||y||_{\rho,n}^3\right)^\lambda},$$

则 $G\geqslant 0$. 因为 $\lambda_1=2, \lambda_2=3, \alpha=\beta=0$, 故

$$W_0=\int_0^{+\infty}G\left(t^{\lambda_1}\right)t^{-\frac{\alpha}{p}+\frac{m}{q}-1}\mathrm{d}t=\int_0^{+\infty}\frac{\ln\left(1+t^2\right)}{\left(1+t^2\right)^\lambda}t^{\frac{m}{q}-1}\mathrm{d}t$$

$$=\frac{1}{2}\int_0^{+\infty}\frac{\ln\left(1+u\right)}{\left(1+u\right)^\lambda}u^{\frac{m}{2q}-1}\mathrm{d}u=\frac{1}{2}\int_0^1\frac{\ln\left(1+u\right)}{\left(1+u\right)^\lambda\,u^{1-m/(2q)}}\mathrm{d}u$$

$$+\frac{1}{2}\int_1^{+\infty}\frac{\ln\left(1+u\right)}{\left(1+u\right)^\lambda\,u^{1-m/(2q)}}\mathrm{d}u=I_1+I_2,$$

当 $u\to 0^+$ 时, 由于

$$\frac{\ln\left(1+u\right)}{\left(1+u\right)^\lambda\,u^{1-m/(2q)}}\sim\frac{u}{\left(1+u\right)^\lambda\,u^{1-m/(2q)}}=\frac{1}{\left(1+u\right)^\lambda\,u^{-m/(2q)}}.$$

故可知 I_1 是收敛的. 当 $u \to +\infty$ 时, 由于

$$\frac{\ln(1+u)}{(1+u)^\lambda u^{1-m/(2q)}} \sim \frac{\ln(1+u)}{u^{\lambda+1-m/(2q)}},$$

若 $\lambda - \dfrac{m}{2q} \leqslant 0$, 则

$$\lim_{u \to +\infty} \frac{\ln(1+u)}{u^{\lambda+1-m/(2q)}} \bigg/ \frac{1}{u} = \lim_{u \to +\infty} \frac{\ln(1+u)}{u^{\lambda-m/(2q)}} = +\infty.$$

故此时 I_2 发散. 若 $\lambda - \dfrac{m}{2q} > 0$, 则 $\lambda + 1 - \dfrac{m}{2q} > 1$, 记 $\lambda + 1 - \dfrac{m}{2q} = 1 + \varepsilon \ (\varepsilon > 0)$. 于是有

$$\lim_{u \to +\infty} \frac{\ln(1+u)}{u^{\lambda+1-m/(2q)}} \bigg/ \frac{1}{u^{1+\varepsilon/2}} = \lim_{u \to +\infty} \frac{\ln(1+u)}{u^{\varepsilon/2}} = 0.$$

故此时 I_2 收敛. 所以得到, 当且仅当 $\lambda > \dfrac{m}{2q}$ 时, I_2 收敛.

综上可知, 当且仅当 $\lambda > \dfrac{m}{2q}$ 时, W_0 是收敛的.

又因为 $\Delta = \dfrac{1}{\lambda_1}\left(\dfrac{\alpha}{p} - \dfrac{m}{q}\right) - \dfrac{1}{\lambda_2}\left(\dfrac{\beta}{q} - \dfrac{n}{p}\right) = \dfrac{m}{2q} - \dfrac{n}{3p} = 0$ 等价于 $\dfrac{m}{2q} = \dfrac{n}{3p}$. 根据定理 8.4.2, 我们得到: 当且仅当 $\lambda > \dfrac{m}{2q} = \dfrac{n}{3p}$ 时, T 是 $L_p\left(\mathbb{R}_+^2\right)$ 到 $L_p\left(\mathbb{R}_+^3\right)$ 的有界算子. 解毕.

例 8.4.2 设 $m, n \in \mathbb{N}_+$, $\rho > 0$, $\dfrac{1}{p} + \dfrac{1}{q} = 1 \ (p > 1)$, $\lambda_1 > 0$, $\lambda_2 > 0$, $\lambda, \alpha, \beta \in \mathbb{R}$, $x = (x_1, \cdots, x_m) \in \mathbb{R}_+^m$, $y = (y_1, \cdots, y_n) \in \mathbb{R}_+^n$, 试讨论: 在什么条件下, 积分算子 T:

$$T(f)(y) = \int_{\mathbb{R}_+^m} \frac{\left|\|x\|_{\rho,m}^{\lambda_1} - \|y\|_{\rho,n}^{\lambda_2}\right|}{\left(\max\left\{\|x\|_{\rho,m}^{\lambda_1}, \|y\|_{\rho,n}^{\lambda_2}\right\}\right)^\lambda} f(x)\,\mathrm{d}x, \quad f(x) \in L_p^\alpha\left(\mathbb{R}_+^m\right),$$

是 $L_p^\alpha\left(\mathbb{R}_+^m\right)$ 到 $L_p^{\beta(1-p)}\left(\mathbb{R}_+^n\right)$ 的有界算子, 且在 T 是有界算子时求出 T 的算子范数.

解 记

$$G\left(\|x\|_{\rho,m}^{\lambda_1}, \|y\|_{\rho,n}^{\lambda_2}\right) = \frac{\left|\|x\|_{\rho,m}^{\lambda_1} - \|y\|_{\rho,n}^{\lambda_2}\right|}{\left(\max\left\{\|x\|_{\rho,m}^{\lambda_1}, \|y\|_{\rho,n}^{\lambda_2}\right\}\right)^\lambda},$$

则 $G(u,v)$ 是 $1-\lambda$ 阶齐次非负函数. 当

$$\Delta = \frac{\alpha+m}{\lambda_1 p} + \frac{\beta+n}{\lambda_2 q} - \left(1-\lambda+\frac{m}{\lambda_1}+\frac{n}{\lambda_2}\right) = 0$$

时, 有

$$
\begin{aligned}
W_0 &= \int_0^{+\infty} G\left(t^{\lambda_1}\right) t^{-\frac{\alpha}{p}+\frac{m}{q}-1}\mathrm{d}t = \frac{1}{\lambda_1}\int_0^{+\infty} G(u)\, u^{\frac{1}{\lambda_1}\left(\frac{m}{q}-\frac{\alpha}{p}\right)-1}\mathrm{d}u \\
&= \frac{1}{\lambda_1}\int_0^{+\infty} \frac{|u-1|}{(\max\{u,1\})^\lambda}\, u^{\frac{1}{\lambda_1}\left(\frac{m}{q}-\frac{\alpha}{p}\right)-1}\mathrm{d}u \\
&= \frac{1}{\lambda_1}\int_0^1 (1-u)\, u^{\frac{1}{\lambda_1}\left(\frac{m}{q}-\frac{\alpha}{p}\right)-1}\mathrm{d}u + \frac{1}{\lambda_1}\int_1^{+\infty}(u-1)\, u^{-\lambda+\frac{1}{\lambda_1}\left(\frac{m}{q}-\frac{\alpha}{p}\right)-1}\mathrm{d}u \\
&= \frac{1}{\lambda_1}\int_0^1 (1-u)\, u^{\frac{1}{\lambda_1}\left(\frac{m}{q}-\frac{\alpha}{p}\right)-1}\mathrm{d}u + \frac{1}{\lambda_1}\int_0^1(1-t)\, t^{\lambda-\frac{1}{\lambda_1}\left(\frac{m}{q}-\frac{\alpha}{p}\right)-2}\mathrm{d}t \\
&= \frac{1}{\lambda_1}\int_0^1 (1-u)\, u^{\frac{1}{\lambda_1}\left(\frac{m}{q}-\frac{\alpha}{p}\right)-1}\mathrm{d}u + \frac{1}{\lambda_1}\int_0^1(1-t)\, t^{\frac{1}{\lambda_2}\left(\frac{n}{p}-\frac{\beta}{q}\right)-1}\mathrm{d}t,
\end{aligned}
$$

由此可见, 只有当 $\dfrac{1}{\lambda_1}\left(\dfrac{m}{q}-\dfrac{\alpha}{p}\right)>0$, $\dfrac{1}{\lambda_2}\left(\dfrac{n}{p}-\dfrac{\beta}{q}\right)>0$, 即 $\dfrac{m}{q}>\dfrac{\alpha}{p}$, $\dfrac{n}{p}>\dfrac{\beta}{q}$ 时, W_0 才收敛, 且

$$W_0 = \frac{1}{\lambda_1}\left[B\left(2,\frac{1}{\lambda_1}\left(\frac{m}{q}-\frac{\alpha}{p}\right)\right)+B\left(2,\frac{1}{\lambda_2}\left(\frac{n}{p}-\frac{\beta}{q}\right)\right)\right].$$

综上并根据定理 8.4.1, 当且仅当 $\dfrac{m}{q}>\dfrac{\alpha}{p}$, $\dfrac{n}{p}>\dfrac{\beta}{q}$, $\dfrac{\alpha+m}{\lambda_1 p}+\dfrac{\beta+m}{\lambda_2 q}=1-\lambda+\dfrac{m}{\lambda_1}+\dfrac{n}{\lambda_2}$ 时, $T: L_p^\alpha\left(\mathbb{R}_+^m\right)\to L_p^{\beta(1-p)}\left(\mathbb{R}_+^n\right)$ 是有界算子, 且当 T 是有界算子时, T 的算子范数为

$$
\begin{aligned}
\|T\| = {}& \left(\frac{\Gamma^m(1/\rho)}{\rho^{m-1}\Gamma(m/\rho)}\right)^{\frac{1}{q}}\left(\frac{\Gamma^n(1/\rho)}{\rho^{n-1}\Gamma(n/\rho)}\right)^{\frac{1}{p}}\frac{1}{\lambda_1^{1/q}\lambda_2^{1/p}} \\
& \times \left[B\left(2,\frac{1}{\lambda_1}\left(\frac{m}{q}-\frac{\alpha}{p}\right)\right)+B\left(2,\frac{1}{\lambda_2}\left(\frac{n}{p}-\frac{\beta}{q}\right)\right)\right].
\end{aligned}
$$

解毕.

根据例 8.2.4, 可得:

例 8.4.3 设 $m,n\in\mathbb{N}_+$, $\rho>0$, $\dfrac{1}{p}+\dfrac{1}{q}=1\ (p>1)$, $\lambda_1>0$, $\lambda_2>0$, 则当且

仅当 $\dfrac{m}{\lambda_1 q} + \dfrac{n}{\lambda_2 p} = 1$ 时, 积分算子 T:

$$T\left(f\right)\left(y\right) = \int_{\mathbb{R}_+^m} \frac{\ln\left(\|x\|_{\rho,m}^{\lambda_1} / \|y\|_{\rho,n}^{\lambda_2}\right)}{\|x\|_{\rho,m}^{\lambda_1} - \|y\|_{\rho,n}^{\lambda_2}} f\left(x\right) \mathrm{d}x, \quad f\left(x\right) \in L_p\left(\mathbb{R}_+^m\right)$$

是 $L_p\left(\mathbb{R}_+^m\right)$ 到 $L_p\left(\mathbb{R}_+^n\right)$ 的有界算子, 且当 T 有界时, 其算子范数为

$$\|T\| = \left(\frac{\Gamma^m\left(1/\rho\right)}{\rho^{m-1}\Gamma\left(m/\rho\right)}\right)^{\frac{1}{q}} \left(\frac{\Gamma^n\left(1/\rho\right)}{\rho^{n-1}\Gamma\left(n/\rho\right)}\right)^{\frac{1}{p}} \frac{1}{\lambda_1^{1/q}\lambda_2^{1/p}} B^2\left(\frac{m}{\lambda_1 q}, \frac{n}{\lambda_2 p}\right).$$

参 考 文 献

洪勇. 2008. 一个 Hilbert 型奇异重积分算子的范数 [J]. 西南师范大学学报 (自然科学版), (3): 24-29.

杨必成. 2001. 关于 Hilbert 重级数定理的一个推广 [J]. 南京大学学报数学半年刊, 18(1): 145-151.

Gao M Z. 2006. A new Hardy-Hilbert's type inequality for double series and its applications [J]. The Australian Journal of Mathematical Analysis and Applications, 3(1): 1-10.

Hamiaz A, Abuelela W. 2020. Some new discrete Hilbert's Inequalities involving Fenchel-Legendre [J]. J. Inequal. Appl., 2020(1): 1-14.

He B , Hong Y, Li Z. 2021. Conditions for the validity of a class of optimal Hilbert type multiple integral inequalities with nonhomogeneous kernels [J]. J. Inequal. Appl., (1): 1-12.

Hong Y , Huang Q L, Yang B C, Liao J Q. 2017. The necessary and sufficient conditions for the existence of a kind of Hilbert-type multiple integral inequality with the non-homogeneous kernel and its applications [J]. J.Inequal. Appl., Paper No. 316, 12.

Hong Y , Liao J Q, Yang B C, Chen Q .2020. A class of Hilbert-type multiple integral inequalities with the kernel of generalized homogeneous function and its applications [J]. J. Inequal. Appl., 2020(1): 1-13.

Hong Y. 2002. An extension and improvement of Hardy-Hilbert's double series inequality [J]. Mathematics in Practice and Theory, 32(5): 850-854.

Rassias M Th, Yang B C. 2014. On a multidimensional Hilbert-type integral inequality associated to the gamma function [J]. Appl. Math. Comput., 249: 408-418.

Yang B C, Debnath L. 2005. On a new extension of Hilbert's double series theorem and applications [J]. Journal of Interdisciplinary Mathematics, 8(2): 265-275.

Zhong J H, Yang B C. 2021. An extension of a multidimensional Hilbert-type inequality [J]. J. Inequal. Appl., (1): 1-12.

第 9 章 n 重级数的 Hilbert 型不等式

设 $n \geqslant 2$, $\sum\limits_{i=1}^{n} \dfrac{1}{p_i} = 1\,(p_i > 1)$, $\alpha_i \in \mathbb{R}\,(i = 1, 2, \cdots, n)$, M 是一个常数, $K(x_1, x_2, \cdots, x_n)$ 非负可测, $\tilde{a}(i) = \left\{ a_{m_i}^{(i)} \right\} \in l_{p_i}^{\alpha_i}$. 我们称

$$\sum_{m_1=1}^{\infty} \sum_{m_2=1}^{\infty} \cdots \sum_{m_n=1}^{\infty} k(m_1, m_2, \cdots, m_n) \prod_{i=1}^{n} a_{m_i}^{(i)} \leqslant M \prod_{i=1}^{n} \|\tilde{a}(i)\|_{p_i, \alpha_i}$$

为 n 重级数的 Hilbert 型不等式.

本章中, 我们首先讨论选取怎样的搭配数 $a_i\,(i = 1, 2, \cdots, n)$, 可以利用权系数方法获得具有最佳常数因子的 n 重级数 Hilbert 型不等式, 即讨论适配数的条件; 其次讨论构建 n 重级数 Hilbert 型不等式需要什么样的参数条件; 最后讨论 n 重级数 Hilbert 型不等式在级数算子中的应用.

9.1 齐次核的 n 重级数 Hilbert 型不等式

9.1.1 齐次核的 n 重级数 Hilbert 型不等式的适配数条件

引理 9.1.1 设 $n \geqslant 2$, $\sum\limits_{i=1}^{\infty} \dfrac{1}{p_i} = 1\,(p_i > 1)$, $a_i \in \mathbb{R}\,(i = 1, 2, \cdots, n)$, $K(x_1, x_2, \cdots, x_n)$ 是 λ 阶非负可测函数, $\sum\limits_{i=1}^{n} a_i - (\lambda - n) = c$, 每个 $K(x_2, \cdots, x_i, \cdots, x_n)\, x_i^{-a_i}$ 关于 x_i 在 $(0, +\infty)$ 上递减, 记

$$W_j = \int_{\mathbb{R}_+^{n-1}} K(t_1 \cdots, t_{j-1}, 1, t_{j+1}, \cdots, t_n) \prod_{i \neq j}^{n} t_i^{-a_i} \mathrm{d}t_1 \cdots \mathrm{d}t_{j-1} \mathrm{d}t_{j+1} \cdots \mathrm{d}t_n,$$

则 $j = 1, 2, \cdots, n$ 时, 有

$$\omega_j(a_1, \cdots, a_{j-1}, a_{j+1}, \cdots, a_i; m_j)$$
$$= \sum_{m_1=1}^{\infty} \cdots \sum_{m_{j-1}=1}^{\infty} \sum_{m_{j+1}=1}^{\infty} \cdots \sum_{m_n=1}^{\infty} K(m_1, \cdots, m_j, \cdots, m_n) \prod_{i \neq j}^{n} m_i^{-a_i}$$

$$\leqslant m_j^{\lambda+n-1-\sum\limits_{i\neq j}^{n} a_i} W_j.$$

且当 $c = 0$ 时, 有 $W_1 = W_2 = \cdots = W_n$.

证明　由于 $K(x_1, \cdots, x_i, \cdots, x_n) x_i^{-a_i}$ 关于 x_i 在 $(0, +\infty)$ 上递减, 故 $j = 1$ 时,

$$\omega_1(a_2, \cdots, a_n, m_1) = \sum_{m_2=1}^{\infty} \cdots \sum_{m_n=1}^{\infty} K(m_1, m_2, \cdots, m_n) \prod_{i=2}^{n} m_i^{-a_i}$$

$$\leqslant \sum_{m_2=1}^{\infty} \cdots \sum_{m_{n-1}=1}^{\infty} \left(\int_0^{+\infty} K(m_1, m_2, \cdots, m_{n-1}, t_n) t_n^{-a_n} \mathrm{d}t_n \right) \prod_{i=2}^{n} m_i^{-a_i}$$

$$= \sum_{m_2=1}^{\infty} \cdots \sum_{m_{n-2}=1}^{\infty} \left(\int_0^{+\infty} \sum_{m_{n-1}=1}^{\infty} K(m_1, \cdots, m_{n-1}, t_n) m_{n-1}^{-a_{n-1}} t_n^{-a_n} \mathrm{d}t_n \right) \prod_{i=2}^{n-2} m_i^{-a_i}$$

$$\leqslant \sum_{m_2=1}^{\infty} \cdots \sum_{m_{n-2}=1}^{\infty} \left(\int_0^{+\infty} \left(\int_0^{+\infty} K(m_1, \cdots, m_{n-2}, t_{n-1}, t_n) t_{n-1}^{-a_{n-1}} t_n^{-a_n} \mathrm{d}t_{n-1} \right) \mathrm{d}t_n \right)$$

$$\times \prod_{i=2}^{n-2} m_i^{-a_i}$$

$$= \sum_{m_2=1}^{\infty} \cdots \sum_{m_{n-2}=1}^{\infty} \left(\int_{\mathbb{R}_+^2} K(m_1, \cdots, m_{n-2}, t_{n-1}, t_n) \prod_{i=n-1}^{n} t_i^{-a_i} \mathrm{d}t_{n-1}\mathrm{d}t_n \right) \prod_{i=2}^{n-2} m_i^{-a_i}$$

$$\leqslant \cdots\cdots$$

$$\leqslant \int_{\mathbb{R}_+^{n-1}} K(m_1, t_2, \cdots, t_n) \prod_{i=2}^{n} t_i^{-a_i} \mathrm{d}t_2 \cdots \mathrm{d}t_n$$

$$= m_1^{\lambda} \int_{\mathbb{R}_+^{n-1}} K\left(1, \frac{t_2}{m_1}, \cdots, \frac{t_n}{m_1} \right) \prod_{i=2}^{n} t_i^{-a_i} \mathrm{d}t_2 \cdots \mathrm{d}t_n$$

$$= m_1^{\lambda+n-1} \int_{\mathbb{R}_+^{n-1}} K(1, u, \cdots, u_n) \prod_{i=2}^{n} (m_1 u_i)^{-a_i} \mathrm{d}u_2 \cdots \mathrm{d}u_n$$

$$= m_1^{\lambda+n-1-\sum\limits_{i=2}^{n} a_i} \int_{\mathbb{R}_+^{n-1}} K(1, u_2, \cdots, u_n) \prod_{i=2}^{n} u_i^{-a_i} \mathrm{d}u_2 \cdots \mathrm{d}u_n = m_1^{\lambda+n-1-\sum\limits_{i=2}^{n} a_i} W_1.$$

同理可证 $j = 2, 3, \cdots, n$ 的情形.

当 $c = 0$ 时, 若 $j > 1$, 有

$$W_j = \int_{\mathbb{R}_+^{n-1}} t_1^\lambda K\left(1, \frac{t_2}{t_1}, \cdots, \frac{t_{j-1}}{t_1}, \frac{1}{t_1}, \frac{t_{j+1}}{t_i}, \cdots, \frac{t_n}{t_1}\right) \prod_{i\neq j}^n t_i^{-a_i} dt_1 \cdots dt_{j-1} dt_{j+1} \cdots dt_n.$$

令 $\dfrac{t_2}{\lambda_1} = u_2, \cdots, \dfrac{t_{j-1}}{t_1} = u_{j-1}, \dfrac{1}{t_1} = u_j, \dfrac{t_{j+1}}{t_1} = u_{j+1}, \cdots, \dfrac{t_n}{t_1} = u_n$, 则

$$W_j = \int_{\mathbb{R}_+^{n-1}} u_j^{-\lambda-n+\sum\limits_{i\neq j}^n a_i} K(1, u_2, \cdots, u_n) \prod_{i=2(\neq j)}^n u_i^{-a_i} du_2 \cdots du_n$$

$$= \int_{\mathbb{R}_+^{n-1}} u_j^{-a_j} K(1, u_2, \cdots, u_n) \prod_{i=2(\neq j)}^n u_i^{-a_i} du_2 \cdots du_n$$

$$= \int_{\mathbb{R}_+^{n-1}} K(1, u_2, \cdots, u_n) \prod_{i=2}^n u_i^{-a_i} du_2 \cdots du_n = W_1,$$

故 $W_1 = W_2 = \cdots = W_n$. 证毕.

定理 9.1.1 设 $n \geqslant 2$, $\sum\limits_{i=1}^n \dfrac{1}{p_i} = 1 \ (p_i > 1)$, $\lambda, a_i \in \mathbb{R} \ (i=1,2,\cdots,n)$, $K(x_1, \cdots, x_n)$ 是 λ 阶齐次非负可测函数, $\sum\limits_{i=1}^n a_i - (\lambda+n) = c$, 每个 $K(x_1, \cdots, x_i, \cdots, x_n)x_i^{-a_i}$ 和 $K(x_1, \cdots, x_i, \cdots, x_n)x^{-a_i+c}$ 关于 x_i 都在 $(0, +\infty)$ 上递减, 且对 $j = 1, 2, \cdots, n$,

$$W_j = \int_{\mathbb{R}_+^{n-1}} K(t_1, \cdots, t_{j-1}, 1, t_{j+1}, \cdots, t_n) \prod_{i\neq j}^n t_i^{-a_i} dt_1 \cdots dt_{j-1} dt_{j+1} \cdots dt_n$$

都收敛, 则

(i) 记 $\alpha_i = \lambda + n - 1 + a_i p_i - \sum\limits_{k=1}^n a_k$, 则

$$\sum_{m_1=1}^\infty \cdots \sum_{m_n=1}^\infty K(m_1, m_2, \cdots, m_n) \prod_{i=1}^n a_{m_i}^{(i)} \leqslant \left(\prod_{i=1}^n W_i^{\frac{1}{p_i}}\right) \prod_{i=1}^n \|\widetilde{a}(i)\|_{p_i, \alpha_i}, \quad (9.1.1)$$

其中 $\widetilde{a}(i) = \left\{a_{m_i}^{(i)}\right\} \in l_{p_i}^{\alpha_i} \ (i=1,2,\cdots,n)$.

(ii) 当且仅当 $c = 0$ 时, (9.1.1) 式中的常数因子 $\prod\limits_{i=1}^n W_i^{\frac{1}{p_i}}$ 是最佳的, 且当 $c = 0$ 时, (9.1.1) 式化为

$$\sum_{m_1=1}^{\infty}\cdots\sum_{m_n=1}^{\infty}K(m_1,m_2,\cdots,m_n)\prod_{i=1}^{n}a_{m_i}^{(i)}\leqslant W_1\prod_{i=1}^{n}\|\widetilde{a}(i)\|_{p_i,a_ip_i-1}. \tag{9.1.2}$$

证明　(i) 根据 Hölder 不等式及引理 9.1.1, 有

$$\sum_{m_1=1}^{\infty}\cdots\sum_{m_n=1}^{\infty}K(m_1,m_2,\cdots,m_n)\prod_{i=1}^{n}a_{m_i}^{(i)}$$

$$=\sum_{m_1=1}^{\infty}\cdots\sum_{m_n=1}^{\infty}K(m_1,\cdots,m_n)\prod_{j=1}^{n}\left[m_j^{a_j}a_{m_j}^{(j)}\left(\prod_{i=1}^{n}m_i^{-a_i}\right)^{1/p_j}\right]$$

$$\leqslant\prod_{j=1}^{n}\left[\sum_{m_1=1}^{\infty}\cdots\sum_{m_n=1}^{\infty}m_j^{a_jp_j}\left(a_{m_j}^{(j)}\right)^{p_j}\left(\prod_{i=1}^{n}m_i^{-a_i}\right)K(m_1,\cdots,m_n)\right]^{\frac{1}{p_j}}$$

$$=\prod_{j=1}^{n}\left(\sum_{m_j=1}^{\infty}m_j^{a_jp_j-a_j}\left(a_{m_j}^{(j)}\right)^{p_j}\omega_j(a_1,\cdots,a_{j-1},a_{j+1},\cdots,a_{n_j};m_j)\right)^{\frac{1}{p_j}}$$

$$\leqslant\left(\prod_{j=1}^{n}W_j^{\frac{1}{p_j}}\right)\prod_{j=1}^{n}\left(\sum_{m_j=1}^{\infty}m_j^{a_jp_j-a_j+\lambda+n-1-\sum_{i\neq j}^{n}a_i}\left(a_{m_j}^{(j)}\right)^{p_j}\right)^{\frac{1}{p_j}}$$

$$=\left(\prod_{i=1}^{n}W_i^{\frac{1}{p_i}}\right)\prod_{i=1}^{n}\left(\sum_{m_i=1}^{\infty}m_i^{\lambda+n-1+a_ip_i-\sum_{k=1}^{n}a_k}\left(a_{m_i}^{(i)}\right)^{p_i}\right)^{\frac{1}{p_i}},$$

故 (9.1.1) 式成立.

(ii) 设 $c=0$, 即 $\sum_{i=1}^{n}a_i=\lambda+n$. 则由引理 9.1.1, 可将 (9.1.1) 式化为 (9.1.2) 式, 若 (9.1.2) 式的常数因子 W_1 不是最佳的, 则存在常数 $M_0<W_1$, 使

$$\sum_{m_1=1}^{\infty}\cdots\sum_{m_n=1}^{\infty}K(m_1,\cdots,m_n)\prod_{i=1}^{n}a_{m_i}^{(i)}\leqslant M_0\prod_{i=1}^{n}\|\widetilde{a}(i)\|_{p_i,a_ip_i-1}.$$

对充分小的 $\varepsilon>0$, 取 $a_{m_i}^{(i)}=m_i^{(-a_ip_i-\varepsilon)/p_i}$ $(i=1,2,\cdots,n)$, 则

$$\prod_{i=1}^{n}\|\widetilde{a}(i)\|_{p_i,a_ip_i-1}=\sum_{m=1}^{\infty}m^{-1-\varepsilon}<1+\int_{1}^{+\infty}t^{-1-\varepsilon}\mathrm{d}t=1+\frac{1}{\varepsilon}.$$

又因为 $K(x_1,\cdots,x_i,\cdots,x_n)x_i^{-a_i}$ $(i=1,2,\cdots,n)$ 关于 x_i 都在 $(0,+\infty)$ 上递

减, 故有

$$\sum_{m_1=1}^{\infty} \cdots \sum_{m_n=1}^{\infty} K\left(m_1, m_2, \cdots, m_n\right) \prod_{i=1}^{n} a_{m_i}^{(i)}$$

$$= \sum_{m_1=1}^{\infty} \cdots \sum_{m_{n-1}=1}^{\infty} \prod_{i=1}^{n-1} m_i^{(-a_i p_i - \varepsilon)/p_i} \left(\sum_{m_n=1}^{\infty} K\left(m_1, \cdots, m_{n-1}, m_n\right) m_n^{(-a_n p_n - \varepsilon)/p_n} \right)$$

$$\geqslant \sum_{m_1=1}^{\infty} \cdots \sum_{m_{n-1}=1}^{\infty} \prod_{i=1}^{n-1} m_i^{(-a_i p_i - \varepsilon)/p_i}$$

$$\times \left(\int_1^{+\infty} K\left(m_1, \cdots, m_{n-1}, u_n\right) u_n^{(-a_n p_n - \varepsilon)/p_n} \mathrm{d}u_n \right)$$

$$= \sum_{m_1=1}^{\infty} \cdots \sum_{m_{n-2}=1}^{\infty} \prod_{i=1}^{n-2} m_i^{(-a_i p_i - \varepsilon)/p_i}$$

$$\times \left(\int_1^{+\infty} \left(\sum_{m_{n-1}=1}^{\infty} K\left(m_1, \cdots, m_{n-2}, m_{n-1}, u_n\right) m_{n-1}^{(-a_{n-1} p_{n-1} - \varepsilon)/p_{n-1}} \right) \right.$$

$$\left. \times u_n^{(-a_n p_n - \varepsilon)/p_n} \mathrm{d}u_n \right)$$

$$\geqslant \sum_{m_1=1}^{\infty} \cdots \sum_{m_{n-2}=1}^{\infty} \prod_{i=1}^{n-2} m_i^{(-a_i p_i - \varepsilon)/p_i}$$

$$\times \left(\int_1^{+\infty} \left(\int_1^{+\infty} K\left(m_1, \cdots, m_{n-2}, u_{n-1}, u_n\right) u_{n-1}^{(-a_{n-1} p_{n-1} - \varepsilon)/p_{n-1}} \mathrm{d}u_{n-1} \right) \right.$$

$$\left. \times u_n^{(-a_n p_n - \varepsilon)/p_n} \mathrm{d}u_n \right)$$

$$= \sum_{m_1=1}^{\infty} \cdots \sum_{m_{n-2}=1}^{\infty} \prod_{i=1}^{n-2} m_i^{(-a_i p_i - \varepsilon)/p_i}$$

$$\times \int_1^{+\infty} \int_1^{+\infty} K\left(m_1, \cdots, m_{n-2}, u_{n-1}, u_n\right) \prod_{i=n-1}^{n} u^{(-a_i p_i - \varepsilon)/p_i} \mathrm{d}u_{n-1} \mathrm{d}u_n$$

$$= \cdots \cdots$$

$$= \sum_{m_1=1}^{\infty} m_1^{(-a_1 p_1 - \varepsilon)/p_1} \int_1^{+\infty} \cdots \int_1^{+\infty} K\left(m_1, u_2, \cdots, u_n\right) \prod_{i=2}^{n} u_i^{(-a_i p_i - \varepsilon)/p_i} \mathrm{d}u_2 \cdots \mathrm{d}u_n$$

$$= \sum_{m_1=1}^{\infty} m_1^{(-a_1 p_1 - \varepsilon)/p_1 + \lambda} \int_1^{+\infty} \cdots \int_1^{+\infty} K\left(1, \frac{u_2}{m_1}, \cdots, \frac{u_n}{m_1}\right)$$

$$\times \prod_{i=2}^{n} u_i^{(-a_i p_i - \varepsilon)/p_i} \mathrm{d}u_2 \cdots \mathrm{d}u_n$$

$$= \sum_{m_1=1}^{\infty} m_1^{\lambda + n - 1 + (-a_1 p_1 - \varepsilon)/p + \sum\limits_{i=2}^{n}(-a_i p_i - \varepsilon)/p_i} \int_{1/m_1}^{+\infty} \cdots \int_{1/m_1}^{+\infty} K\left(1, t_2, \cdots, t_n\right)$$

$$\times \prod_{i=2}^{n} t_i^{(-a_i p_i - \varepsilon)/p_i} \mathrm{d}t_2 \cdots \mathrm{d}t_n$$

$$= \sum_{m_1=1}^{\infty} m_1^{-1-\varepsilon} \int_{1/m_1}^{+\infty} \cdots \int_{1/m_1}^{+\infty} K\left(1, t_2, \cdots, t_n\right) \prod_{i=2}^{n} t_i^{(-a_i p_i - \varepsilon)/p_i} \mathrm{d}t_2 \cdots \mathrm{d}t_n,$$

对充分小的 $\delta > 0$, 存在 N, 使得当 $m_1 > N$ 时, 有 $\dfrac{1}{m_1} < \delta$. 记

$$A\left(\varepsilon, N\right) = \sum_{m_1=1}^{N} m_1^{-1-\varepsilon} \int_{1/m_1}^{+\infty} \cdots \int_{1/m_1}^{+\infty} K\left(1, t_2, \cdots, t_n\right) \prod_{i=2}^{n} t_i^{(-a_i p_i - \varepsilon)/p_i} \mathrm{d}t_2 \cdots \mathrm{d}t_n,$$

则有

$$\sum_{m_1=1}^{\infty} \cdots \sum_{m_n=1}^{\infty} K\left(m_1, \cdots, m_n\right) \prod_{i=1}^{n} a_{m_i}^{(i)}$$

$$\geqslant A\left(\varepsilon, N\right) + \sum_{m_1=N+1}^{\infty} m_1^{-1-\varepsilon} \int_{1/m_1}^{+\infty} \cdots \int_{1/m_1}^{+\infty} K\left(1, t_2, \cdots, t_n\right)$$

$$\times \prod_{i=2}^{n} t_i^{(-a_i p_i - \varepsilon)/p_i} \mathrm{d}t_2 \cdots \mathrm{d}t_n$$

$$\geqslant A\left(\varepsilon, N\right) + \sum_{m_1=N+1}^{\infty} m_1^{-1-\varepsilon} \int_{\delta}^{+\infty} \cdots \int_{\delta}^{+\infty} K\left(1, t_2, \cdots, t_n\right)$$

$$\times \prod_{i=2}^{n} t_i^{(-a_i p_i - \varepsilon)/p_i} \mathrm{d}t_2 \cdots \mathrm{d}t_n$$

$$\geqslant A\left(\varepsilon, N\right) + \int_{N+1}^{+\infty} t_1^{-1-\varepsilon} \mathrm{d}t_1 \int_{\delta}^{+\infty} \cdots \int_{\delta}^{+\infty} K\left(1, t_2, \cdots, t_n\right)$$

$$\times \prod_{i=2}^{n} t_i^{(-a_i p_i - \varepsilon)/p_i} \mathrm{d}t_2 \cdots \mathrm{d}t_n$$

$$= A\left(\varepsilon, N\right) + \frac{1}{\varepsilon}\left(N+1\right)^{-\varepsilon} \int_{\delta}^{+\infty} \cdots \int_{\delta}^{+\infty} K\left(1, t_2, \cdots, t_n\right)$$

$$\times \prod_{i=2}^{n} t_i^{(-a_i p_i - \varepsilon)/p_i} \mathrm{d}t_2 \cdots \mathrm{d}t_n.$$

于是, 我们可得到

$$\varepsilon A\left(\varepsilon, N\right) + \left(N+1\right)^{-\varepsilon} \int_{\delta}^{+\infty} \cdots \int_{\delta}^{+\infty} K\left(1, t_2, \cdots, t_n\right)$$

$$\times \prod_{i=2}^{n} t_i^{(-a_i p_i - \varepsilon)/p_i} \mathrm{d}t_2 \cdots \mathrm{d}t_n \leqslant M_0\left(\varepsilon + 1\right).$$

令 $\varepsilon \to 0^+$, 得

$$\int_{\delta}^{+\infty} \cdots \int_{\delta}^{+\infty} K\left(1, t_2, \cdots, t_n\right) \prod_{i=2}^{n} t_i^{-a_i} \mathrm{d}t_2 \cdots \mathrm{d}t_n \leqslant M_0,$$

再令 $\delta \to 0^+$, 得

$$W_1 = \int_{\mathbb{R}_+^{n-1}} K\left(1, t_2, \cdots, t_n\right) \prod_{i=2}^{n} t_i^{-a_i} \mathrm{d}t_2 \cdots \mathrm{d}t_n \leqslant M_0,$$

这与 $M_0 < W_1$ 矛盾, 故 (9.1.2) 式的最佳常数因子是 W_1.

反之, 设 $\prod_{i=1}^{n} W_i^{1/p_i}$ 是 (9.1.2) 式的最佳常数因子, 我们可证 $c = 0$.

令 $a_k' = a_k - \dfrac{c}{p_k}$ $(k = 1, 2, \cdots, n)$, 则计算可知

$$\lambda + n - 1 + a_i' p_i - \sum_{k=1}^{n} a_k' = \lambda + n - 1 + a_i p_i - \sum_{k=1}^{n} a_k, \quad \sum_{i=1}^{n} a_i' = n + \lambda,$$

且 $j \geqslant 2$ 时, 有

$$W_j = \int_{\mathbb{R}_+^{n-1}} K\left(1, t_2, \cdots, t_n\right) \left(\prod_{i=2}^{n} t_i^{-a_i}\right) t_j^c \mathrm{d}t_2 \cdots \mathrm{d}t_n,$$

于是 (9.1.1) 式等价地化为

$$\sum_{m_1=1}^{\infty} \cdots \sum_{m_n=1}^{\infty} K\left(m_1, \cdots, m_n\right) \prod_{i=1}^{n} a_{m_i}^{(i)}$$

$$\leqslant W_1^{\frac{1}{p_1}} \prod_{j=2}^{n} \left(\int_{\mathbb{R}_+^{n-1}} K\left(1, t_2, \cdots, t_n\right) \left(\prod_{i=2}^{n} t_i^{-a_i} \right) t_j^c \mathrm{d}t_2 \cdots \mathrm{d}t_n \right)^{\frac{1}{p_j}} \prod_{i=1}^{n} \|\widetilde{a}\left(i\right)\|_{p_i a_i' p_i - 1}.$$

$$(9.1.3)$$

根据假设可知, (9.1.3) 式的最佳常数因子为

$$W_1^{\frac{1}{p}} \prod_{j=2}^{n} \left(\int_{\mathbb{R}_+^{n-1}} K\left(1, t_2, \cdots, t_n\right) \left(\prod_{i=2}^{n} t_i^{-a_i} \right) t_j^c \, \mathrm{d}t_2 \cdots \mathrm{d}t_n \right).$$

又根据前面充分性的证明, (9.1.3) 式的最佳常数因子是

$$\int_{\mathbb{R}_+^{n-1}} K\left(1, t_2, \cdots, t_n\right) \prod_{i=1}^{n} t_i^{-a_i'} \mathrm{d}t_2 \cdots \mathrm{d}t_n$$

$$= \int_{\mathbb{R}_+^{n-1}} K\left(1, t_2, \cdots, t_n\right) \left(\prod_{i=1}^{n} t_i^{-a_i} \right) \prod_{i=2}^{n} t_i^{-\frac{\varepsilon}{p_i}} \mathrm{d}t_2 \cdots \mathrm{d}t_n.$$

记 $K\left(1, t_2, \cdots, t_n\right) \prod_{i=2}^{n} t_i^{-a_i} = G\left(t_2, \cdots, t_n\right)$, 则用定理 7.1.1 的证明方法, 便可得 $c = 0$. 证毕.

例 9.1.1 设 $n \geqslant 2$, $\sum_{i=1}^{n} \dfrac{1}{p_i} = 1 \ (p_i > 1)$, $\lambda > 0$, $s > 0$, $0 < a_i < 1 \ (i = 1, 2, \cdots, n)$, 求证: 当且仅当 $\sum_{i=1}^{n} a_i = n - \lambda s$ 时, 对 $\widetilde{a}\left(i\right) = \left\{ a_{m_i}^{(i)} \right\} \in l_{p_i}^{a_i p_i - 1}$, 有

$$\sum_{m_1=1}^{\infty} \cdots \sum_{m_n=1}^{\infty} \frac{1}{\left(m_1^{\lambda} + \cdots + m_n^{\lambda}\right)^s} \prod_{i=1}^{n} a_{m_i}^{(i)}$$

$$\leqslant \frac{1}{\lambda^{n-1} \Gamma\left(s\right)} \prod_{i=1}^{n} \Gamma\left(\frac{1 - a_i}{\lambda} \right) \prod_{i=1}^{n} \|\widetilde{a}\left(i\right)\|_{p_i, a_i p_i - 1}, \qquad (9.1.4)$$

其中的常数因子是最佳的.

证明 令

$$K\left(x_1, \cdots, x_n\right) = \frac{1}{\left(x_1^{\lambda} + \cdots + x_n^{\lambda}\right)^s},$$

则 $K\left(x_1, \cdots, x_n\right)$ 是 $-\lambda s$ 阶齐次非负函数. 由于 $\lambda > 0$, $s > 0$, 可知

$$K\left(x_1, \cdots, x_i, \cdots, x_n\right) x_i^{-a} = \frac{1}{\left(x_1^{\lambda} + \cdots + x_i^{\lambda} + \cdots + x_n^{\lambda}\right)^s} x_i^{-a_i}$$

关于 x_i 在 $(0, +\infty)$ 上递减. 根据定理 1.7.1, 当 $\sum\limits_{i=1}^{n} a_i = n - \lambda s$ 时, 有

$$
\begin{aligned}
W_1 &= \int_{\mathbb{R}_+^{n-1}} \frac{1}{\left(1 + t_2^\lambda + \cdots + t_n^\lambda\right)^s} \prod_{i=2}^{n} t_i^{-a_i} \mathrm{d}t_2 \cdots \mathrm{d}t_n \\
&= \frac{\prod\limits_{i=2}^{n} \Gamma\left(\dfrac{1-a_i}{\lambda}\right)}{\lambda^{n-1} \Gamma\left(\sum\limits_{i=2}^{n} \dfrac{1-a_i}{\lambda}\right)} \int_0^{+\infty} \frac{1}{(1+u)^s} u^{\sum\limits_{i=2}^{n} \frac{1-a_i}{\lambda} - 1} \mathrm{d}u \\
&= \frac{\prod\limits_{i=2}^{n} \Gamma\left(\dfrac{1-a_i}{\lambda}\right)}{\lambda^{n-1} \Gamma\left(\sum\limits_{i=2}^{n} \dfrac{1-a_i}{\lambda}\right)} B\left(\sum\limits_{i=2}^{n} \frac{1-a_i}{\lambda}, s - \sum\limits_{i=2}^{n} \frac{1-a_i}{\lambda}\right) \\
&= \frac{\prod\limits_{i=2}^{n} \Gamma\left(\dfrac{1-a_i}{\lambda}\right)}{\lambda^{n-1} \Gamma\left(\sum\limits_{i=2}^{n} \dfrac{1-a_i}{\lambda}\right)} \cdot \frac{\Gamma\left(\sum\limits_{i=2}^{n} \dfrac{1-a_i}{\lambda}\right) \Gamma\left(s - \sum\limits_{i=2}^{n} \dfrac{1-a_i}{\lambda}\right)}{\Gamma(s)} \\
&= \frac{1}{\lambda^{n-1} \Gamma(s)} \Gamma\left(s - \sum\limits_{i=2}^{n} \frac{1-a_i}{\lambda}\right) \prod_{i=2}^{n} \Gamma\left(\frac{1-a_i}{\lambda}\right) = \frac{1}{\lambda^{n-1} \Gamma(s)} \prod_{i=1}^{n} \Gamma\left(\frac{1-a_i}{\lambda}\right).
\end{aligned}
$$

于是根据定理 9.1.1, 当且仅当 $\sum\limits_{i=1}^{n} a_i = n - \lambda s$ 时, (9.1.4) 式成立, 且常数因子是最佳的. 证毕.

在例 9.1.1 中, 取 $a_i = 1 - \dfrac{1}{p_i} \lambda s$, 则 $a_i p_i - 1 = p_i - 1 - \lambda s$, $\dfrac{1-a_i}{\lambda} = \dfrac{s}{p_i}$, 于是可得:

例 9.1.2 设 $n \geqslant 2$, $\sum\limits_{i=1}^{n} \dfrac{1}{p_i} = 1$ $(p_i > 1)$, $\lambda > 0$, $s > 0$, $\alpha_i = p_i - 1 - \lambda s$, 则当 $\widetilde{a}(i) = \left\{a_{m_i}^{(i)}\right\} \in l_{p_i}^{\alpha_i}$ $(i = 1, 2, \cdots, n)$ 时, 有

$$
\sum_{m_1=1}^{\infty} \cdots \sum_{m_n=1}^{\infty} \frac{1}{\left(m_1^\lambda + \cdots + m_n^\lambda\right)^s} \prod_{i=1}^{n} a_{m_i}^{(i)} \leqslant \frac{1}{\lambda^{n-1} \Gamma(s)} \prod_{i=1}^{n} \Gamma\left(\frac{s}{p_i}\right) \prod_{i=1}^{n} \|\widetilde{a}(i)\|_{p_i, \alpha_i},
$$

其中的常数因子是最佳的.

例 9.1.3　设 $n \geqslant 2$, $\sum\limits_{i=1}^{n} \dfrac{1}{p_i} = 1\ (p_i > 1)$, $\lambda > 0$, 则当 $\widetilde{a}(i) = \{a_{m_i}^{(i)}\} \in l_{p_i}^{p_i-1}\ (i = 1,2,\cdots,n)$ 时, 有

$$\sum_{m_1=1}^{\infty} \cdots \sum_{m_n=1}^{\infty} \frac{\min\{m_1^{\lambda},\cdots,m_n^{\lambda}\}}{\max\{m_1^{\lambda},\cdots,m_n^{\lambda}\}} \prod_{i=1}^{n} a_{m_i}^{(i)} \leqslant \frac{n!}{\lambda^{n-1}} \prod_{i=1}^{n} \|\widetilde{a}(i)\|_{p_i,p_i-1},$$

其中的常数因子 $\dfrac{n!}{\lambda^{n-1}}$ 是最佳的.

证明　记

$$K(x_1,\cdots,x_n) = \frac{\min\{x_1^{\lambda},\cdots,x_n^{\lambda}\}}{\max\{x_1^{\lambda},\cdots,x_n^{\lambda}\}},$$

则 $K(x_1,\cdots,x_n)$ 是 $\lambda = 0$ 阶齐次非负函数. 取 $a_i = 1\ (i = 1,2,\cdots,n)$, 则

$$\sum_{i=1}^{n} a_i = n + 0 = n + \lambda.$$

根据例 7.1.1 的结论, 我们有

$$W_1 = \int_{\mathbb{R}_+^{n-1}} \frac{\min\{1,t_2^{\lambda},\cdots,t_n^{\lambda}\}}{\max\{1,t_2^{\lambda},\cdots,t_n^{\lambda}\}} \prod_{i=1}^{n} t_i^{-a_i} \mathrm{d}t_2 \cdots \mathrm{d}t_n$$

$$= \frac{1}{\lambda^{n-1}} \int_{\mathbb{R}_+^{n-1}} \frac{\min\{1,u_2,\cdots,u_n\}}{\max\{1,u_2\cdots,u_n\}} \prod_{i=2}^{n} u_i^{-1} \mathrm{d}u_2 \cdots \mathrm{d}u_n = \frac{n!}{\lambda^{n-1}}.$$

根据定理 9.1.1 知, 本例结论成立. 证毕.

9.1.2　构建齐次核的 n 重级数 Hilbert 型不等式的参数条件

引理 9.1.2　设 $n \geqslant 2$, $\sum\limits_{p=1}^{n} \dfrac{1}{p_i} = 1\ (p_i > 1)$, $\alpha_i \in \mathbb{R}\ (i = 1,2,\cdots,n)$, $K(x_1, x_2,\cdots,x_n)$ 是 λ 阶齐次非负可测函数, $\sum\limits_{i=1}^{n} \dfrac{\alpha_i}{p_i} - (\lambda + n - 1) = c$, 每个 $K(x_1,\cdots, x_i,\cdots,x_n)x_i^{-(\alpha_i+1)/p_i}$ 都在 $(0,+\infty)$ 上递减, 记

$$W_j = \int_{\mathbb{R}_+^{n-1}} K(t_1,\cdots,t_{j-1},1,t_{j+1},\cdots,t_n) \prod_{i \neq j}^{n} t_i^{-\frac{\alpha_i+1}{p_i}} \mathrm{d}t_1 \cdots \mathrm{d}t_{j-1} \mathrm{d}t_{j+1} \cdots \mathrm{d}t_n,$$

则 $j = 1,2,\cdots,n$ 时, 有

$$\omega_j\left(m_j\right) = \sum_{m_1=1}^{\infty} \cdots \sum_{m_{j-1}=1}^{\infty} \sum_{m_{j+1}=1}^{\infty} \cdots \sum_{m_n=1}^{\infty} K\left(m_1,\cdots,m_j,\cdots,m_n\right) \prod_{i\neq j}^{n} m_i^{-\frac{\alpha_i+1}{p_i}}$$

$$\leqslant m_j^{\lambda+n-1-\sum\limits_{i\neq j}^{n} \frac{\alpha_i+1}{p_i}} W_j,$$

且当 $c=0$ 时, 有 $W_1 = W_2 = \cdots = W_n$.

证明 因为 $K\left(x_1,\cdots,x_i,\cdots,x_n\right) x_i^{-(\alpha_i+1)/p_i}$ 关于 x_i 在 $(0,+\infty)$ 上递减, 故

$$\omega_1\left(m_1\right) = \sum_{m_2=1}^{\infty} \cdots \sum_{m_n=1}^{\infty} K\left(m_1,m_2,\cdots,m_n\right) \prod_{i=2}^{n} m_i^{-\frac{\alpha_i+1}{p_i}}$$

$$\leqslant \sum_{m_2=1}^{\infty} \cdots \sum_{m_{n-1}=1}^{\infty} \left(\int_0^{+\infty} K\left(m_1,m_2,\cdots,m_{n-1},t_n\right) t_n^{-\frac{\alpha_n+1}{p_n}} \mathrm{d}t_n\right) \prod_{i=2}^{n-1} m_i^{-\frac{\alpha_i+1}{p_i}}$$

$$\leqslant \sum_{m_2=1}^{\infty} \cdots \sum_{m_{n-2}=1}^{\infty} \left(\int_{\mathbb{R}_+^2} K\left(m_1,m_2,\cdots,t_{n-1},t_n\right) \prod_{i=n-1}^{n} t_i^{-\frac{\alpha_i+1}{p_i}} \mathrm{d}t_{n-1}\mathrm{d}t_n\right) \prod_{i=2}^{n-2} m_i^{-\frac{\alpha_i+1}{p_i}}$$

$$\leqslant \cdots\cdots$$

$$\leqslant \int_{\mathbb{R}_+^{n-1}} K\left(m_1,t_2,\cdots,t_n\right) \prod_{i=2}^{n} t_i^{-\frac{\alpha_i+1}{p_i}} \mathrm{d}t_2\cdots\mathrm{d}t_n$$

$$= m_1^{\lambda} \int_{\mathbb{R}_+^{n-1}} K\left(1,\frac{t_2}{m_1},\cdots,\frac{t_n}{m_1}\right) \prod_{i=2}^{n} t_i^{-\frac{\alpha_i+1}{p_i}} \mathrm{d}t_2\cdots\mathrm{d}t_n$$

$$= m_1^{\lambda+n-1-\sum\limits_{i=1}^{n} \frac{\alpha_i+1}{p_i}} \int_{\mathbb{R}_+^{n-1}} K\left(1,u_2,\cdots,u_n\right) \prod_{i=2}^{n} u_i^{-\frac{\alpha_i+1}{p_i}} \mathrm{d}u_2\cdots\mathrm{d}u_n$$

$$= m_1^{\lambda+n-1-\sum\limits_{i=2}^{n} \frac{\alpha_i+1}{p_i}} W_1.$$

同理可证 $j=2,\cdots,n$ 的情形.

当 $c=0$ 时, 对于 $j=2,\cdots,n$, 有

$$W_j = \int_{\mathbb{R}_+^{n-1}} t_1^{\lambda} K\left(1,\frac{t_2}{t_1},\cdots,\frac{t_{j-1}}{t_1},\frac{1}{t_1},\frac{t_{j+1}}{t_1},\cdots,\frac{t_n}{t_1}\right)$$

$$\times \prod_{i\neq j}^{n} t_i^{-\frac{\alpha_i+1}{p_i}} \mathrm{d}t_1\cdots\mathrm{d}t_{j-1}\mathrm{d}t_{j+1}\cdots\mathrm{d}t_n$$

$$= \int_{\mathbb{R}_+^{n-1}} u_j^{-\lambda-n+\sum\limits_{i\neq j}^{n} \frac{\alpha_i+1}{p_i}} K\left(1,u_2,\cdots,u_n\right) \prod_{i=2(\neq j)}^{n} u_i^{-\frac{\alpha_i+1}{p_i}} \mathrm{d}u_2\cdots\mathrm{d}u_n$$

$$= \int_{\mathbb{R}_+^{n-1}} u_j^{-\frac{\alpha_{j+1}}{p_j}} K(1, u_2, \cdots, u_n) \prod_{i=2(\neq j)}^n u_i^{-\frac{\alpha_i+1}{p_i}} \mathrm{d}u_2 \cdots \mathrm{d}u_n$$

$$= \int_{\mathbb{R}_+^{n-1}} K(1, u_2, \cdots, u_n) \prod_{i=2}^n u_i^{-\frac{\alpha_i+1}{p_i}} \mathrm{d}u_2 \cdots \mathrm{d}u_n = W_1,$$

故 $W_1 = W_2 = \cdots = W_n$. 证毕.

定理 9.1.2　设 $n \geqslant 2$, $\sum_{i=1}^n \frac{1}{p_i} = 1\,(p_i > 1)$, $\alpha_i \in \mathbb{R}\,(i = 1, 2, \cdots, n)$, $K(x_1, \cdots, x_n)$ 是 λ 阶齐次非负可测函数, $\sum_{i=1}^n \frac{\alpha_i}{p_i} - (\lambda + n - 1) = c$, 每个 $K(x_1, \cdots, x_i, \cdots, x_n)x_i^{-(\alpha_i+1)/p_i}$ 关于 x_i 都在 $(0, +\infty)$ 上递减, 且对于 $j = 1, 2, \cdots, n$,

$$W_j = \int_{\mathbb{R}_+^{n-1}} K(t_1, \cdots, t_{j-1}, 1, t_{j+1}, \cdots, t_n) \prod_{i\neq j}^n t_i^{-\frac{\alpha_i+1}{p_i}} \mathrm{d}t_1 \cdots \mathrm{d}t_{j-1}\mathrm{d}t_{j+1} \cdots \mathrm{d}t_n$$

都收敛, 则

(i) 当且仅当 $c \geqslant 0$ 时, 存在常数 $M > 0$, 使

$$\sum_{m_1=1}^\infty \cdots \sum_{m_n=1}^\infty K(m_1, \cdots, m_n) \prod_{i=1}^n a_{m_i}^{(i)} \leqslant M \prod_{i=1}^n \|\widetilde{a}(i)\|_{p_i, \alpha_i}, \tag{9.1.5}$$

其中 $\widetilde{a}(i) = \{a_{m_i}^{(i)}\} \in l_{p_i}^{\alpha_i}\,(i = 1, 2, \cdots, n)$.

(ii) 当 $c = 0$ 时, (9.1.5) 式的最佳常数因子为 $\inf M = W_1$.

证明　(i) 设存在 $M > 0$, 使 (9.1.5) 式成立.

若 $c < 0$, 取 $0 < \varepsilon < -c$, 令 $a_{m_i}^{(i)} = m_i^{(-\alpha_i-1-\varepsilon)/p_i}\,(i = 1, 2, \cdots, n)$, 则

$$\prod_{i=1}^n \|\widetilde{a}(i)\|_{p_i, \alpha_i} = \prod_{i=1}^n \left(\sum_{m_i=1}^\infty m_i^{-1-\varepsilon}\right)^{\frac{1}{p_i}} = \prod_{i=1}^n \left(1 + \sum_{m_i=2}^\infty m_i^{-1-\varepsilon}\right)^{\frac{1}{p_i}}$$

$$\leqslant \prod_{i=1}^n \left(1 + \int_1^{+\infty} t_i^{-1-\varepsilon}\mathrm{d}t_i\right)^{\frac{1}{p_i}} = \frac{1}{\varepsilon}\prod_{i=1}^n (1+\varepsilon)^{\frac{1}{p_i}}.$$

根据 $K(x_1, \cdots, x_i, \cdots, x_n) x_i^{-(\alpha_i+1)/p_i}$ 关于 x_i 在 $(0, +\infty)$ 上递减, 有

$$\sum_{m_1=1}^\infty \cdots \sum_{m_n=1}^\infty K(m_1, \cdots, m_n) \prod_{i=1}^n a_{m_i}^{(i)}$$

$$= \sum_{m_1=1}^{\infty} \cdots \sum_{m_{n-1}=1}^{\infty} \prod_{i=1}^{n-1} m_i^{-(\alpha_i+1+\varepsilon)/p_i}$$

$$\times \left(\sum_{m_n=1}^{\infty} K(m_1, \cdots, m_{n-1}, m_n) m_n^{-(\alpha_n+1+\varepsilon)/p_n} \right)$$

$$\geqslant \sum_{m_1=1}^{\infty} \cdots \sum_{m_{n-1}=1}^{\infty} \prod_{i=1}^{n-1} m_i^{-(\alpha_i+1+\varepsilon)/p_i}$$

$$\times \left(\int_1^{+\infty} K(m_1, \cdots, m_{n-1}, t_n) t_n^{-(\alpha_n+1+\varepsilon)/p_n} \mathrm{d}t_n \right)$$

$$\geqslant \sum_{m_1=1}^{\infty} \cdots \sum_{m_{n-2}=1}^{\infty} \prod_{i=1}^{n-2} m_i^{-(\alpha_i+1+\varepsilon)/p_i} \left(\int_1^{+\infty} \int_1^{+\infty} K(m_1, \cdots, m_{n-2}, t_{n-1}, t_n) \right.$$

$$\left. \times \prod_{i=n-1}^{n} t_i^{-(\alpha_i+1+\varepsilon)/p_i} \mathrm{d}t_{n-1} \mathrm{d}t_n \right)$$

$$\geqslant \cdots \cdots$$

$$\geqslant \sum_{m_1=1}^{\infty} m_1^{-(\alpha_1+1+\varepsilon)/p_1} \left(\int_1^{+\infty} \cdots \int_1^{+\infty} K(m_1, t_2, \cdots, t_n) \right.$$

$$\left. \times \prod_{i=2}^{n} t_i^{-(\alpha_i+1+\varepsilon)/p_i} \mathrm{d}t_2 \cdots \mathrm{d}t_n \right)$$

$$= \sum_{m_1=1}^{\infty} m_1^{\lambda - \frac{\alpha_1+1+\varepsilon}{p_1}} \left(\int_1^{+\infty} \cdots \int_1^{+\infty} K\left(1, \frac{t_2}{m_1}, \cdots, \frac{t_n}{m_1}\right) \right.$$

$$\left. \times \prod_{i=2}^{n} t_i^{-(\alpha_i+1+\varepsilon)/p_i} \mathrm{d}t_2 \cdots \mathrm{d}t_n \right)$$

$$= \sum_{m_1=1}^{\infty} m_1^{\lambda+n-1-\sum\limits_{i=1}^{n} \frac{\alpha_i+1+\varepsilon}{p_i}} \left(\int_{1/m_1}^{+\infty} \cdots \int_{1/m_1}^{+\infty} K(1, u_2, \cdots, u_n) \right.$$

$$\left. \times \prod_{i=2}^{n} u_i^{-(\alpha_i+1+\varepsilon)/p_i} \mathrm{d}u_2 \cdots \mathrm{d}u_n \right)$$

$$\geqslant \sum_{m_1=1}^{\infty} m_1^{\lambda+n-2-\sum\limits_{i=1}^{n} \frac{\alpha_i}{p_i}-\varepsilon} \left(\int_1^{+\infty} \cdots \int_1^{+\infty} K(1, u_2, \cdots, u_n) \right.$$

$$\times \prod_{i=2}^{n} u_i^{-(\alpha_i+1+\varepsilon)/p_i} \mathrm{d}u_2 \cdots \mathrm{d}u_n \Bigg)$$

$$= \sum_{m_1=1}^{\infty} m_1^{-1-c-\varepsilon} \left(\int_1^{+\infty} \cdots \int_1^{+\infty} K(1, u_2, \cdots, u_n) \prod_{i=2}^{n} u_i^{-(\alpha_i+1+\varepsilon)/p_i} \mathrm{d}u_2 \cdots \mathrm{d}u_n \right),$$

因此, 我们可得

$$\sum_{m_1=1}^{\infty} m_1^{-1-c-\varepsilon} \left(\int_1^{+\infty} \cdots \int_1^{+\infty} K(1, u_2, \cdots, u_n) \prod_{i=2}^{n} u_i^{-(\alpha_i+1+\varepsilon)/p_i} \mathrm{d}u_2 \cdots \mathrm{d}u_n \right)$$

$$\leqslant M \frac{1}{\varepsilon} \prod_{i=1}^{n} (1+\varepsilon)^{\frac{1}{p_i}} < +\infty.$$

由于 $\varepsilon < -c$, 故 $\displaystyle\sum_{m_1=1}^{\infty} m_1^{-1-c-\varepsilon} = +\infty$, 这就得到了矛盾, 所以 $c \geqslant 0$.

反之, 设 $c \geqslant 0$, 根据 Hölder 不等式及引理 9.1.2, 有

$$\sum_{m_1=1}^{\infty} \cdots \sum_{m_n=1}^{\infty} K(m_1, \cdots, m_n) \prod_{i=1}^{n} a_{m_i}^{(i)}$$

$$\leqslant \prod_{j=1}^{n} \left(\sum_{m_j=1}^{\infty} m_j^{\alpha_j+1-\frac{\alpha_j+1}{p_j}} \left(a_{m_j}^{(j)} \right)^{p_j} \omega_j(m_j) \right)^{\frac{1}{p_j}}$$

$$\leqslant \left(\prod_{j=1}^{n} W_j^{\frac{1}{p_j}} \right) \prod_{j=1}^{n} \left(\sum_{m_j=1}^{\infty} m_j^{\alpha_j+1-\frac{\alpha_j+1}{p_j}+\lambda+n-1-\sum_{i\neq j}^{\infty} \frac{\alpha_i+1}{p_i}} \left(a_{m_j}^{(j)} \right)^{p_j} \right)^{\frac{1}{p_j}}$$

$$= \left(\prod_{i=1}^{n} W_i^{\frac{1}{p_j}} \right) \prod_{j=1}^{n} \left(\sum_{m_j=1}^{\infty} m_j^{\alpha_j-c} \left(a_{m_j}^{(j)} \right)^{p_j} \right)^{\frac{1}{p_j}}$$

$$\leqslant \left(\prod_{i=1}^{n} W_i^{\frac{1}{p_i}} \right) \prod_{i=1}^{n} \left(\sum_{m_i=1}^{\infty} m_i^{\alpha_i} \left(a_{m_i}^{(i)} \right)^{p_i} \right)^{\frac{1}{p_i}} = \left(\prod_{i=1}^{n} W_i^{\frac{1}{p_i}} \right) \prod_{i=1}^{n} \|\widetilde{a}(i)\|_{p_i,\alpha_i}.$$

任取 $M \geqslant \displaystyle\prod_{i=1}^{n} W_i^{1/p_i}$, 都可得到 (9.1.5) 式.

(ii) 当 $c=0$ 时, 由引理 9.1.2, $W_1 = W_2 = \cdots = W_n$, 故 $\displaystyle\sum_{i=1}^{n} W_i^{1/p_i} = W_1$. 若

W_1 不是 (9.1.5) 式的最佳常数因子, 则由 (i) 的证明可知, 存在常数 $M_0 < W_1$, 使得用 M_0 替换 (9.1.5) 式中的 M 后, (9.1.5) 式仍成立.

对充分小的 $\varepsilon > 0$ 及足够大的自然数 N, 取

$$a_{m_1}^{(1)} = \begin{cases} m_1^{(-\alpha_1-1-\varepsilon)/p_1}, & m_1 = N+1, N+2, \cdots, \\ 0, & m_1 = 1, 2, \cdots, N, \end{cases}$$

对于 $i = 2, 3, \cdots, n$, 取

$$a_{m_i}^{(i)} = m_i^{(-\alpha_i-1-\varepsilon)/p_i}, \quad m_i = 1, 2, \cdots$$

于是有

$$\prod_{i=1}^{n} \|\widetilde{a}(i)\|_{p_i, \alpha_i} = \left(\sum_{m_1=N+1}^{\infty} m_1^{-1-\varepsilon} \right)^{\frac{1}{p_1}} \prod_{i=2}^{n} \left(\sum_{m_i=1}^{\infty} m_i^{-1-\varepsilon} \right)^{\frac{1}{p_i}}$$

$$\leqslant \left(\int_{N}^{+\infty} t_1^{-1-\varepsilon} \mathrm{d}t_1 \right)^{\frac{1}{p_1}} \prod_{i=2}^{n} \left(1 + \int_{1}^{+\infty} t_i^{-1-\varepsilon} \mathrm{d}t_i \right)^{\frac{1}{p_i}} = \frac{1}{\varepsilon} N^{-\frac{\varepsilon}{p_1}} \prod_{i=2}^{n} (1+\varepsilon)^{\frac{1}{p_i}}.$$

因为 $K(x_1, \cdots, x_i, \cdots, x_n) x_i^{-(\alpha_i+1)/p_i}$ 关于 x_i 在 $(0, +\infty)$ 上递减, 故有

$$\sum_{m_1=1}^{\infty} \cdots \sum_{m_n=1}^{\infty} K(m_1, \cdots, m_n) \prod_{i=1}^{n} a_{m_i}^{(i)}$$

$$= \sum_{m_1=N+1}^{\infty} m_1^{-(\alpha_1+1+\varepsilon)/p_1} \left(\sum_{m_2=1}^{\infty} \cdots \sum_{m_n=1}^{\infty} K(m_1, \cdots, m_n) \prod_{i=2}^{n} m_i^{-(\alpha_i+1+\varepsilon)/p_i} \right)$$

$$\geqslant \sum_{m_1=N+1}^{\infty} m_1^{-(\alpha_1+1+\varepsilon)/p_1} \left(\sum_{m_2=1}^{\infty} \cdots \sum_{m_{n-1}=1}^{\infty} \prod_{i=2}^{n-1} m_i^{-(\alpha_i+1+\varepsilon)/p_i} \right.$$

$$\left. \times \int_{1}^{+\infty} K(m_1, \cdots, m_{n-1}, t_n) t_n^{-(\alpha_n+1+\varepsilon)/p_n} \mathrm{d}t_n \right)$$

$$\geqslant \sum_{m_1=N+1}^{\infty} m_1^{-(\alpha_1+1+\varepsilon)/p_1} \sum_{m_2=1}^{\infty} \cdots \sum_{m_{n-2}=1}^{\infty} \prod_{i=2}^{n-2} m_i^{-(\alpha_i+1+\varepsilon)/p_i}$$

$$\times \int_{1}^{+\infty} \int_{1}^{+\infty} K(m_1, \cdots, m_{n-2}, t_{n-1}, t_n) \prod_{i=n-1}^{n} t_i^{-(\alpha_i+1+\varepsilon)/p_i} \mathrm{d}t_{n-1} \mathrm{d}t_n$$

$$\geqslant \cdots \cdots$$

$$\geqslant \sum_{m_1=N+1}^{\infty} m_1^{-(\alpha_1+1+\varepsilon)/p_1} \left(\int_1^{+\infty} \cdots \int_1^{+\infty} K\left(m_1, t_2, \cdots, t_n\right) \right.$$

$$\left. \times \prod_{i=2}^n t_i^{-(\alpha_i+1+\varepsilon)/p_i} \mathrm{d}t_2 \cdots \mathrm{d}t_n \right)$$

$$= \sum_{m_1=N+1}^{\infty} m_1^{\lambda - \frac{\alpha_1+1+\varepsilon}{p_1}} \left(\int_1^{+\infty} \cdots \int_1^{+\infty} K\left(1, \frac{t_2}{m_1}, \cdots, \frac{t_n}{m_1}\right) \right.$$

$$\left. \times \prod_{i=2}^n t_i^{-(\alpha_i+1+\varepsilon)/p_i} \mathrm{d}t_2 \cdots \mathrm{d}t_n \right)$$

$$= \sum_{m_1=N+1}^{\infty} m_1^{\lambda - \frac{\alpha_1+1+\varepsilon}{p_1}+n-1-\sum\limits_{n=2}^{\infty}\frac{\alpha_i+1+\varepsilon}{p_i}} \left(\int_{1/m_1}^{+\infty} \cdots \int_{1/m_1}^{+\infty} K\left(1, u_2, \cdots, u_2\right) \right.$$

$$\left. \times \prod_{i=2}^n u_i^{-(\alpha_i+1+\varepsilon)/p_i} \mathrm{d}u_2 \cdots \mathrm{d}u_n \right)$$

$$\geqslant \sum_{m_1=N+1}^{\infty} m_1^{-1-\varepsilon} \left(\int_{1/(N+1)}^{+\infty} \cdots \int_{1/(N+1)}^{+\infty} K\left(1, u_2, \cdots, u_n\right) \right.$$

$$\left. \times \prod_{i=2}^n u_i^{-(\alpha_i+1+\varepsilon)/p_i} \mathrm{d}u_2 \cdots \mathrm{d}u_n \right)$$

$$\geqslant \int_{N+1}^{+\infty} t_1^{-1-\varepsilon} \mathrm{d}t_1 \left(\int_{1/(N+1)}^{+\infty} \cdots \int_{1/(N+1)}^{+\infty} K\left(1, u_2, \cdots, u_n\right) \right.$$

$$\left. \times \prod_{i=2}^n u_i^{-(\alpha_i+1+\varepsilon)/p_i} \mathrm{d}u_2 \cdots \mathrm{d}u_n \right)$$

$$= \frac{1}{\varepsilon} \left(N+1\right)^{-\varepsilon} \int_{1/(N+1)}^{+\infty} \cdots \int_{1/(N+1)}^{+\infty} K\left(1, u_2, \cdots, u_n\right) \prod_{i=2}^n u_i^{-(\alpha_i+1+\varepsilon)/p_i} \mathrm{d}u_2 \cdots \mathrm{d}u_n.$$

综上所述, 可得

$$\left(N+1\right)^{-\varepsilon} \int_{1/(N+1)}^{+\infty} \cdots \int_{1/(N+1)}^{+\infty} K\left(1, u_2, \cdots, u_n\right) \prod_{i=2}^n u_i^{-(\alpha_i+1+\varepsilon)/p_i} \mathrm{d}u_2 \cdots \mathrm{d}u_n$$

$$\leqslant M_0 N^{-\frac{\varepsilon}{p_1}} \prod_{i=2}^n \left(1+\varepsilon\right)^{\frac{1}{p_i}}.$$

先令 $\varepsilon \to 0^+$, 再令 $N \to +\infty$, 则可得

$$W_1 = \int_{\mathbb{R}_+^{n-1}} K(1, u_2, \cdots, u_n) \prod_{i=2}^{n} u_i^{-\frac{\alpha_i+1}{p_i}} \, du_2 \cdots du_n \leqslant M_0.$$

这与 $M_0 < W_1$ 矛盾. 故 W_1 是 (9.1.5) 式的最佳常数因子. 证毕.

例 9.1.4 设 $\dfrac{1}{p} + \dfrac{1}{q} + \dfrac{1}{r} = 1 \ (p > 1, q > 1, r > 1)$, 试讨论是否存在常数 $M > 0$, 使 $\widetilde{a} = \{a_i\} \in l_p, \widetilde{b} = \{b_j\} \in l_q, \widetilde{c} = \{c_k\} \in l_r$ 时, 有

$$\sum_{k=1}^{\infty} \sum_{j=1}^{\infty} \sum_{i=1}^{\infty} \frac{a_i b_j c_k}{\sqrt{i^3 + 2j^3 + 3k^3}} \leqslant M \, \|\widetilde{a}\|_p \, \left\|\widetilde{b}\right\|_q \, \|\widetilde{c}\|_r, \tag{9.1.6}$$

解 令

$$K(x_1, x_2, x_3) = \frac{1}{\sqrt{x_1^3 + 2x_2^3 + 3x_3^3}},$$

则 $K(x_1, x_2, x_3)$ 是 $\lambda = -\dfrac{3}{2}$ 阶非负齐次函数.

因为 $n = 3$, $\alpha_1 = \alpha_2 = \alpha_3 = 0$, $p_1 = p$, $p_2 = q$, $p_3 = r$, 故每个

$$K(x_1, x_2, x_3) \, x_1^{-\frac{\alpha_1+1}{p_1}}, \quad K(x_1, x_2, x_3) \, x_2^{-\frac{\alpha_2+1}{p_2}}, \quad K(x_1, x_2, x_3) \, x_3^{-\frac{\alpha_3+1}{p_3}}$$

都在 $(0, +\infty)$ 上递减, 又由于

$$\sum_{i=1}^{n} \frac{\alpha_i}{p_i} - (\lambda + n - 1) = 0 - \left(-\frac{3}{2} + 3 - 1\right) = -\frac{1}{2} < 0,$$

根据定理 9.1.2, 不存在常数 $M > 0$, 使 (9.1.6) 式成立. 解毕.

例 9.1.5 设 $n \geqslant 2$, $\displaystyle\sum_{i=1}^{n} \frac{1}{p_i} = 1 \ (p_i > 1)$, $\lambda > 0$, $\sigma > 0$, $-1 < \alpha_i < p_i - 1 \ (i = 1, 2, \cdots, n)$, 求证: 当且仅当 $\displaystyle\sum_{i=1}^{n} \frac{\alpha_i}{p_i} > n - \lambda\sigma - 1$ 时, 存在常数 $M > 0$, 使

$$\sum_{m_1=1}^{\infty} \cdots \sum_{m_n=1}^{\infty} \frac{1}{(m_1^\lambda + 2m_2^\lambda + \cdots + nm_n^\lambda)^\sigma} \prod_{i=1}^{n} a_{m_i}^{(i)} \leqslant M \prod_{i=1}^{n} \|\widetilde{a}(i)\|_{p_i, \alpha_i},$$

其中 $\widetilde{a}\,(i) = \left\{ a_{m_i}^{(i)} \right\} \in l_{p_i}^{\alpha_i}\ (i = 1, 2, \cdots, n)$, 且当 $\displaystyle\sum_{i=1}^{n} \frac{\alpha_i}{p_i} = n - \lambda\sigma - 1$ 时, 常数因子

$$M = \frac{1}{\lambda^{n-1}\,(n!)^{1/\lambda}\,\Gamma\,(\sigma)} \prod_{i=1}^{n} i^{\frac{\alpha_i+1}{\lambda p_i}} \prod_{i=1}^{n} \Gamma\left(\frac{1}{\lambda}\left(1 - \frac{\alpha_i+1}{p_i}\right)\right)$$

是最佳的.

证明　记 $c = \displaystyle\sum_{i=1}^{n} \frac{\alpha_i}{p_i} - (n - \lambda\sigma - 1)$, 并令

$$K\,(x_1, \cdots, x_n) = \frac{1}{\left(x_1^\lambda + 2x_2^\lambda + \cdots + nx_n^\lambda\right)^\sigma},$$

则 $K\,(x_1, \cdots, x_n)$ 是 $-\lambda\sigma$ 阶齐次非负函数. 因为 $\lambda > 0$, $\sigma > 0$, $-1 < \alpha_i$, 可知每个 $K\,(x_1, \cdots, x_i, \cdots, x_n)\, x_i^{-(\alpha_i+1)/p}$ 关于 x_i 都在 $(0, +\infty)$ 上递减.

又根据 $\lambda > 0$, $\alpha_i < p_i - 1$, 可知 $\dfrac{1}{\lambda}\left(1 - \dfrac{\alpha_i+1}{p_i}\right) > 0$, 故当 $c > 0$ 时, 有

$$\begin{aligned}
W_1 &= \int_{\mathbb{R}_+^{n-1}} K\,(1, t_2, \cdots, t_n) \prod_{i=1}^{n} t_i^{-\frac{\alpha_i+1}{p_i}}\, \mathrm{d}t_2 \cdots \mathrm{d}t_n \\
&= \int_{\mathbb{R}_+^{n-1}} \frac{1}{\left(1 + 2t_2^\lambda + \cdots + nt_n^\lambda\right)^\sigma} \prod_{i=1}^{n} t_i^{-\frac{\alpha_i+1}{p_i}}\, \mathrm{d}t_2 \cdots \mathrm{d}t_n \\
&= \frac{1}{(n!)^{1/\lambda}} \prod_{i=1}^{n} i^{\frac{\alpha_i+1}{\lambda p_i}} \int_{\mathbb{R}_+^{n-1}} \frac{1}{\left(1 + u_2^\lambda + \cdots + u_n^\lambda\right)^\sigma} \prod_{i=2}^{n} u_i^{-\frac{\alpha_i+1}{p_i}}\, \mathrm{d}u_2 \cdots \mathrm{d}u_n \\
&= \frac{1}{(n!)^{1/\lambda}} \prod_{i=1}^{n} i^{\frac{\alpha_i+1}{\lambda p_i}} \frac{\displaystyle\prod_{i=2}^{n} \Gamma\left(\frac{1}{\lambda}\left(1 - \frac{\alpha_i+1}{p_i}\right)\right)}{\lambda^{n-1}\Gamma\left(\displaystyle\sum_{i=2}^{n} \frac{1}{\lambda}\left(1 - \frac{a_i+1}{p_i}\right)\right)} \\
&\qquad \times \int_0^{+\infty} \frac{1}{(1+u)^\sigma} u^{\sum\limits_{i=2}^{n} \frac{1}{\lambda}\left(1 - \frac{\alpha_i+1}{p_i}\right) - 1}\, \mathrm{d}u \\
&= \frac{1}{\lambda^{n-1}\,(n!)^{1/\lambda}} \prod_{i=1}^{n} i^{\frac{\alpha_i+1}{\lambda p_i}} \frac{\displaystyle\prod_{i=2}^{n} \Gamma\left(\frac{1}{\lambda}\left(1 - \frac{\alpha_i+1}{p_i}\right)\right)}{\Gamma\left(\displaystyle\sum_{i=2}^{n} \frac{1}{\lambda}\left(1 - \frac{\alpha_i+1}{p_i}\right)\right)}
\end{aligned}$$

$$\times B\left(\sum_{i=1}^{n}\frac{1}{\lambda}\left(1-\frac{\alpha_i+1}{p_i}\right),\sigma-\sum_{i=2}^{n}\frac{1}{\lambda}\left(1-\frac{\alpha_i+1}{p_i}\right)\right)$$

$$=\frac{1}{\lambda^{n-1}\Gamma(\sigma)(n!)^{1/\lambda}}\prod_{i=1}^{n}i^{\frac{\alpha_i+1}{\lambda p_i}}\prod_{i=2}^{n}\Gamma\left(\frac{1}{\lambda}\left(1-\frac{\alpha_i+1}{p_i}\right)\right)$$

$$\times\Gamma\left(\sigma-\sum_{i=2}^{n}\frac{1}{\lambda}\left(1-\frac{\alpha_i+1}{p_i}\right)\right)$$

$$=\frac{1}{\lambda^{n-1}\Gamma(\sigma)(n!)^{1/\lambda}}\prod_{i=1}^{n}i^{\frac{\alpha_i+1}{\lambda p_i}}\prod_{i=2}^{n}\Gamma\left(\frac{1}{\lambda}\left(1-\frac{\alpha_i+1}{p_i}\right)\right)$$

$$\times\Gamma\left(\frac{1}{\lambda}\left(1-\frac{\alpha_1+1}{p_1}\right)+\frac{c}{\lambda}\right),$$

从而 W_1 收敛.

同理可知 $W_j\,(j=2,\cdots,n)$ 也收敛. 当 $c=0$ 时, 进一步有

$$W_1=\frac{1}{\lambda^{n-1}\Gamma(\sigma)(n!)^{1/\lambda}}\prod_{i=1}^{n}i^{\frac{\alpha_i+1}{\lambda p_i}}\prod_{i=1}^{n}\Gamma\left(\frac{1}{\lambda}\left(1-\frac{\alpha_i+1}{p_i}\right)\right).$$

根据定理 9.1.2, 知本例结论成立. 证毕.

本例 9.1.5 中, 取 $\alpha_i=p_i-\lambda\sigma-1$, 则 $\sum_{i=1}^{n}\frac{\alpha_i}{p_i}=n-\lambda\sigma-1$, 于是可得:

例 9.1.6 设 $n\geqslant 2$, $\sum_{i=1}^{n}\frac{1}{p_i}=1\,(p_i>1)$, $\lambda>0$, $\sigma>0$, $\lambda\sigma<p_i(i=1,2,\cdots,$ $n)$, $\alpha_i=p_i-\lambda\sigma-1\,(i=1,2,\cdots,n)$, 则当 $\tilde{a}(i)=\left\{a_{m_i}^{(i)}\right\}\in l_{p_i}^{\alpha_i}$ 时, 有

$$\sum_{m_1=1}^{\infty}\cdots\sum_{m_n=1}^{\infty}\frac{1}{\left(m_1^\lambda+2m_2^\lambda+\cdots+nm_n^\lambda\right)^\sigma}\prod_{i=1}^{n}a_{m_i}^{(i)}\leqslant M_0\prod_{i=1}^{n}\|\tilde{a}(i)\|_{p_i,\alpha_i},$$

其中的常数因子

$$M_0=\frac{1}{\lambda^{n-1}(n!)^{1/\lambda}\Gamma(\sigma)}\prod_{i=1}^{n}i^{\frac{1}{\lambda}-\frac{\sigma}{p_i}}\prod_{i=1}^{n}\Gamma\left(\frac{\sigma}{p_i}\right)$$

是最佳值.

若设 $\sum_{i=1}^{n}\frac{1}{q_i}=1\,(q_i>1)$, 并在例 9.1.5 中取 $\alpha_i=\frac{p_i}{q_i}(n-\lambda\sigma-1)$, 则 $\sum_{i=1}^{n}\frac{\alpha_i}{p_i}=n-\lambda\sigma-1$, 于是可得:

例 9.1.7　设 $n \geqslant 2$, $\displaystyle\sum_{i=1}^{n} \frac{1}{p_i} = 1 \ (p_i > 1)$, $\displaystyle\sum_{i=1}^{n} \frac{1}{q_i} = 1 \ (q_i > 1)$, $\lambda > 0$, $\sigma > 0$, $n - 1 + \dfrac{q_i}{p_i} - q_i < \lambda\sigma < n - 1 + \dfrac{q_i}{p_i}$, $\alpha_i = \dfrac{p_i}{q_i} (n - \lambda\sigma - 1) \ (i = 1, 2, \cdots, n)$, 则当 $\widetilde{a}(i) = \left\{ a_{m_i}^{(i)} \right\} \in l_{p_i}^{\alpha_i}$ 时, 有

$$\sum_{m_1=1}^{\infty} \cdots \sum_{m_n=1}^{\infty} \frac{1}{\left(m_1^{\lambda} + 2m_2^{\lambda} + \cdots + nm_n^{\lambda} \right)^{\sigma}} \prod_{i=1}^{n} a_{m_i}^{(i)} \leqslant M_0 \prod_{i=1}^{n} \| \widetilde{a}(i) \|_{p_i, \alpha_i},$$

其中的常数因子

$$M_0 = \frac{1}{\lambda^{n-1} (n!)^{1/\lambda} \Gamma(\sigma)} \prod_{i=1}^{n} i^{\frac{1}{\lambda} \left[\frac{1}{p_i} + \frac{1}{q_i} (n - \lambda\sigma - 1) \right]}$$

$$\times \prod_{i=1}^{n} \Gamma \left(\frac{1}{\lambda} \left(1 - \frac{1}{p_i} - \frac{1}{q_i} (n - \lambda\sigma - 1) \right) \right)$$

是最佳值.

在例 9.1.7 中, 取 $p_i = q_i \ (i = 1, 2, \cdots, n)$, 则可得:

例 9.1.8　设 $n \geqslant 2$, $\displaystyle\sum_{i=1}^{n} \frac{1}{p_i} = 1 \ (p_i > 1)$, $\lambda > 0$, $\sigma > 0$, $n - p_i < \lambda\sigma < n$, $\alpha_i = n - \lambda\sigma - 1 \ (i = 1, 2, \cdots, n)$, 则当 $\widetilde{a}(i) = \left\{ a_{m_i}^{(i)} \right\} \in l_{p_i}^{\alpha_i}$ 时, 有

$$\sum_{m_1=1}^{\infty} \cdots \sum_{m_n=1}^{\infty} \frac{1}{\left(m_1^{\lambda} + 2m_2^{\lambda} + \cdots + nm_n^{\lambda} \right)^{\sigma}} \prod_{i=1}^{n} a_{m_i}^{(i)} \leqslant M_0 \prod_{i=1}^{n} \| \widetilde{a}(i) \|_{p_i, \alpha_i},$$

其中的常数因子

$$M_0 = \frac{1}{\lambda^{n-1} (n!)^{1/\lambda} \Gamma(\sigma)} \prod_{i=2}^{n} i^{\frac{1}{\lambda p_i} (n - \lambda\sigma)} \prod_{i=1}^{n} \Gamma \left(\frac{1}{\lambda} \left(1 - \frac{1}{p_i} (n - \lambda\sigma) \right) \right)$$

是最佳的.

9.2　拟齐次核的 n 重级数 Hilbert 型不等式

9.2.1　拟齐次核的 n 重级数 Hilbert 型不等式的适配数条件

引理 9.2.1　设 $n \geqslant 2$, $\displaystyle\sum_{i=1}^{n} \frac{1}{p_i} = 1 \ (p_i > 1)$, $a_i \in \mathbb{R}$, $\lambda_i \lambda_j > 0 \ (i, j = 1, 2, \cdots, n)$, $K(x_1, \cdots, x_n) = G\left(x_1^{\lambda_1}, \cdots, x_m^{\lambda_n} \right) \geqslant 0$, $G(u_1, \cdots, u_n)$ 是 λ 阶齐次可测函数,

$\displaystyle\sum_{i=1}^{n}\frac{a_i}{\lambda_i}-\left(\sum_{i=1}^{n}\frac{1}{\lambda_i}+\lambda\right)=c$, 每个 $K\left(x_1,\cdots,x_i,\cdots,x_n\right)x_i^{-a_i}$ 关于 x_i 在 $(0,+\infty)$ 上递减, 记

$$W_j=\int_{\mathbb{R}_+^{n-1}}G\left(t_1^{\lambda_1},\cdots,t_{j-1}^{\lambda_{j-1}},1,t_{j+1}^{\lambda_{j+1}},\cdots,t_n^{\lambda_n}\right)\prod_{i\neq j}^{n}t_i^{-a_i}\mathrm{d}t_1\cdots\mathrm{d}t_{j-1}\mathrm{d}t_{j+1}\cdots\mathrm{d}t_n,$$

其中 $j=1,2,\cdots,n$, 则

$$\omega_j\left(m_j\right)=\sum_{m_1=1}^{\infty}\cdots\sum_{m_{j-1}=1}^{\infty}\sum_{m_{j+1}=1}^{\infty}\cdots\sum_{m_n=1}^{\infty}G\left(m_1^{\lambda_1},\cdots,m_n^{\lambda_n}\right)\prod_{i\neq j}^{n}m_i^{-a_i}$$

$$\leqslant m_j^{\lambda_j\left(\lambda-\sum\limits_{i\neq j}^{n}\frac{a_i}{\lambda_i}+\sum\limits_{i\neq j}^{n}\frac{1}{\lambda_i}\right)}W_j,$$

且当 $c=0$ 时, 有 $\dfrac{1}{\lambda_1}W_1=\dfrac{1}{\lambda_2}W_2=\cdots=\dfrac{1}{\lambda_n}W_n$.

证明 因为 $K\left(x_1,\cdots,x_i,\cdots,x_n\right)x_i^{-a_i}$ 关于 x_i 在 $(0,+\infty)$ 上递减, 当 $j=1$ 时, 有

$$\omega_1\left(m_1\right)=\sum_{m_2=1}^{\infty}\cdots\sum_{m_n=1}^{\infty}G\left(m_1^{\lambda_1},m_2^{\lambda_2},\cdots,m_n^{\lambda_n}\right)\prod_{i=2}^{n}m_i^{-a_i}$$

$$\leqslant\sum_{m_2=1}^{\infty}\cdots\sum_{m_{n-1}=1}^{\infty}\prod_{i=2}^{n-1}m_i^{-a_i}\int_0^{+\infty}K\left(m_1,m_2,\cdots,m_{n-1},t_n\right)t_n^{-a_n}\mathrm{d}t_n$$

$$\leqslant\sum_{m_2=1}^{\infty}\cdots\sum_{m_{n-2}=1}^{\infty}\prod_{i=2}^{n-2}m_i^{-a_i}\int_{\mathbb{R}_+^2}K\left(m_1,m_2,\cdots,m_{n-2},t_{n-1},t_n\right)\prod_{i=n-1}^{n}t_i^{-a_i}\mathrm{d}t_{n-1}\mathrm{d}t_n$$

$$\leqslant\cdots\cdots$$

$$\leqslant\int_{\mathbb{R}_+^{n-1}}K\left(m_1,t_2,\cdots,t_n\right)\prod_{i=2}^{n}t_i^{-a_i}\mathrm{d}t_2\cdots\mathrm{d}t_n$$

$$=m_1^{\lambda\lambda_1}\int_{\mathbb{R}_+^{n-1}}K\left(1,m_1^{-\lambda_1/\lambda_2}t_2,\cdots,m_1^{-\lambda_1/\lambda_n}t_n\right)\prod_{i=2}^{n}t_i^{-a_i}\mathrm{d}t_2\cdots\mathrm{d}t_n$$

$$=m_1^{\lambda_1\left(\lambda-\sum\limits_{i=2}^{n}\frac{a_i}{\lambda_i}+\sum\limits_{i=2}^{n}\frac{1}{\lambda_i}\right)}\int_{\mathbb{R}_+^{n-1}}K\left(1,u_2,\cdots,u_n\right)\prod_{i=2}^{n}u_i^{-a_i}\mathrm{d}u_2\cdots\mathrm{d}u_n$$

$$=m_1^{\lambda_1\left(\lambda-\sum\limits_{i=2}^{n}\frac{a_i}{\lambda_i}+\sum\limits_{i=2}^{n}\frac{1}{\lambda_i}\right)}W_1.$$

同理可证 $j = 2, \cdots, n$ 的情形.

当 $c = 0$ 时, 利用与引理 7.2.1 相同的方法, 可得 $\dfrac{1}{\lambda_1} W_1 = \dfrac{1}{\lambda_2} W_2 = \cdots = \dfrac{1}{\lambda_n} W_n$. 证毕.

定理 9.2.1 设 $n \geqslant 2, \sum\limits_{i=1}^{n} \dfrac{1}{p_i} = 1 \ (p_i > 1), a_i \in \mathbb{R}, \lambda_i \lambda_j > 0, (i, j = 1, 2, \cdots, n), K(x_1, \cdots, x_n) = G(x_1^{\lambda_1}, \cdots, x_n^{\lambda_n}) \geqslant 0, G(u_1, \cdots, u_n)$ 是 λ 阶齐次可测函数, $\sum\limits_{i=1}^{n} \dfrac{a_i}{\lambda_i} - \left(\lambda + \sum\limits_{i=1}^{n} \dfrac{1}{\lambda_i} \right) = c$, 每个 $K(x_1, \cdots, x_i, \cdots, x_n) x_i^{-a_i}$ 关于 x_i 都在 $(0, +\infty)$ 上递减, 且对 $j = 1, 2, \cdots, n$,

$$W_j = \int_{\mathbb{R}_+^{n-1}} G\left(t_1^{\lambda_1}, \cdots, t_{j-1}^{\lambda_{j-1}}, 1, t_{j+1}^{\lambda_{j+1}}, \cdots, t_n^{\lambda_n} \right) \prod_{i \neq j}^{n} t_i^{-a_i} \mathrm{d}t_1 \cdots \mathrm{d}t_{j-1} \mathrm{d}t_{j+1} \cdots \mathrm{d}t_n$$

都收敛, 那么

(i) 记 $\alpha_i = \lambda_i \left(\lambda + \sum\limits_{k \neq i}^{n} \dfrac{1}{\lambda_k} - \sum\limits_{k=1}^{n} \dfrac{a_k}{\lambda_k} \right) + a_i p_i$, 则

$$\sum_{m_1=1}^{\infty} \cdots \sum_{m_n=1}^{\infty} G\left(m_1^{\lambda_1}, \cdots, m_n^{\lambda_n} \right) \prod_{i=1}^{n} a_{m_i}^{(i)} \leqslant \left(\prod_{i=1}^{n} W_i^{\frac{1}{p_i}} \right) \prod_{i=1}^{n} \| \widetilde{a}(i) \|_{p_i, \alpha_i}, \quad (9.2.1)$$

其中 $\widetilde{a}(i) = \left\{ a_{m_j}^{(i)} \right\} \in l_{p_i}^{\alpha_i} \ (i = 1, 2, \cdots, n)$.

(ii) 当且仅当 $c = 0$ 时, (9.2.1) 式中的常数因子 $\prod\limits_{i=1}^{n} W_i^{1/p_i}$ 是最佳的, 且当 $c = 0$ 时, (9.2.1) 式化为

$$\sum_{m_1=1}^{\infty} \cdots \sum_{m_n=1}^{\infty} G\left(m_1^{\lambda_1}, \cdots, m_n^{\lambda_n} \right) \prod_{i=1}^{n} a_{m_i}^{(i)} \leqslant \left(\prod_{i=1}^{n} |\lambda_i|^{\frac{1}{p_i}} W_0 \right) \prod_{i=1}^{n} \| \widetilde{a}(i) \|_{p_i, \alpha_i},$$
$$(9.2.2)$$

其中 $W_0 = \dfrac{1}{|\lambda_1|} W_1 = \dfrac{1}{|\lambda_2|} W_2 = \cdots = \dfrac{1}{|\lambda_n|} W_n$.

证明 (i) 根据 Hölder 不等式及引理 9.1.1, 有

$$\sum_{m_1=1}^{\infty} \cdots \sum_{m_n=1}^{\infty} G\left(m_1^{\lambda_1}, \cdots, m_n^{\lambda_n} \right) \prod_{i=1}^{n} a_{m_i}^{(i)}$$

$$= \sum_{m_1=1}^{\infty} \cdots \sum_{m_n=1}^{\infty} K\left(m_1, \cdots, m_n\right) \prod_{j=1}^{n} \left[m_j^{a_j} a_{m_j}^{(j)} \left(\prod_{i=1}^{n} m_i^{-a_i} \right)^{1/p_j} \right]$$

$$\leqslant \prod_{j=1}^{n} \left(\sum_{m_j=1}^{\infty} m_j^{a_j p_j - a_j} \left(a_{m_j}^{(j)} \right)^{p_j} \omega_j\left(m_j\right) \right)^{\frac{1}{p_j}}$$

$$\leqslant \left(\prod_{j=1}^{n} W_j^{\frac{1}{p_j}} \right) \prod_{j=1}^{n} \left(\sum_{m_j=1}^{\infty} m_j^{a_j p_j - a_j + \lambda_j \left(\lambda - \sum\limits_{i \neq j}^{n} \frac{a_i}{\lambda_i} + \sum\limits_{i \neq j}^{n} \frac{1}{\lambda_i} \right)} \left(a_{m_j}^{(j)} \right)^{p_j} \right)^{\frac{1}{p_j}}$$

$$= \left(\prod_{i=1}^{n} W_i^{\frac{1}{p_i}} \right) \prod_{i=1}^{n} \left(\sum_{m_i=1}^{\infty} m_i^{\alpha_i} \left(a_{m_i}^{(i)} \right)^{p_i} \right)^{\frac{1}{p_i}} = \left(\prod_{i=1}^{n} W_i^{\frac{1}{p_i}} \right) \prod_{i=1}^{n} \|\widetilde{a}\,(i)\|_{p_i, \alpha_i},$$

故 (9.2.1) 式成立.

(ii) 设 $c = 0$. 由引理 9.2.1, 容易将 (9.2.1) 式化为 (9.2.2) 式. 若此时 (9.2.2) 式的常数因子不是最佳的, 则存在 $M_0 < \prod\limits_{i=1}^{n} |\lambda_i|^{1/p_i} W_0$, 使得用 M_0 替换 (9.2.2) 式的常数因子后, (9.2.2) 式仍成立.

取 $\varepsilon > 0$ 充分小, 令 $a_{m_i}^{(i)} = m_i^{(-a_i p_i - |\lambda_i| \varepsilon)/p_i}$ $(i = 2, 3, \cdots, n)$, 且对充分大的 N, 取

$$a_{m_1}^{(1)} = \begin{cases} m_1^{(-a_1 p_1 - |\lambda_1| \varepsilon)/p_1}, & m_1 = N, N+1, \cdots, \\ 0, & m_1 = 1, 2, \cdots, N-1, \end{cases}$$

则

$$\prod_{i=1}^{n} \|\widetilde{a}\,(i)\|_{p_i, a_i p_i - 1} \leqslant \frac{1}{\varepsilon} \prod_{i=1}^{n} |\lambda_i|^{-\frac{1}{p_i}} (N-1)^{-|\lambda_1| \varepsilon / p_1} \prod_{i=2}^{n} \left(|\lambda_i| \varepsilon + 1 \right)^{\frac{1}{p_i}}.$$

因为 $K\left(x_1, \cdots, x_i, \cdots, x_n\right) x_i^{-a_i}$ $(i = 1, 2, \cdots, n)$ 关于 x_i 在 $(0, +\infty)$ 上递减, 有

$$\sum_{m_1=1}^{\infty} \cdots \sum_{m_n=1}^{\infty} G\left(m_1^{\lambda_1}, \cdots, m_n^{\lambda_n}\right) \prod_{i=1}^{n} a_{m_i}^{(i)}$$

$$= \sum_{m_1=N}^{\infty} m_1^{-\frac{a_1 p_1 + |\lambda_1| \varepsilon}{p_1}} \sum_{m_2=1}^{\infty} \cdots \sum_{m_n=1}^{\infty} K\left(m_1, \cdots, m_n\right) \prod_{i=2}^{n} m_i^{-\frac{a_i p_i + |\lambda_i| \varepsilon}{p_i}}$$

$$\geqslant \sum_{m_1=N}^{\infty} m_1^{-\frac{a_1 p_1 + |\lambda_1| \varepsilon}{p_1}} \sum_{m_2=1}^{\infty} \cdots \sum_{m_{n-1}=1}^{\infty} \prod_{i=2}^{n-1} m_i^{-\frac{a_i p_i + |\lambda_i| \varepsilon}{p_i}}$$

$$\times \left(\int_1^{+\infty} K(m_1,\cdots,m_{n-1},u_n) u_n^{-\frac{a_n p_n + |\lambda_n|\varepsilon}{p_n}} \mathrm{d}u_n \right)$$

$$\geqslant \sum_{m_1=N}^{\infty} m_1^{-\frac{a_1 p_1 + |\lambda_1|\varepsilon}{p_1}} \sum_{m_2=1}^{\infty} \cdots \sum_{m_{n-2}=1}^{\infty} \prod_{i=2}^{n-2} m_i^{-\frac{a_i p_i + |\lambda_i|\varepsilon}{p_i}}$$

$$\times \left(\int_1^{+\infty}\int_1^{+\infty} K(m_1,\cdots,m_{n-2},u_{n-1},u_n) \prod_{i=n-1}^{n} u_i^{-\frac{a_i p_i + |\lambda_i|\varepsilon}{p_i}} \mathrm{d}u_{n-1}\mathrm{d}u_n \right)$$

$$\geqslant \cdots\cdots$$

$$\geqslant \sum_{m_1=N}^{\infty} m_1^{-\frac{a_1 p + |\lambda_1|\varepsilon}{p_1}} \left(\int_1^{+\infty}\cdots\int_1^{+\infty} K(m_1,u_2,\cdots,u_n) \prod_{i=2}^{n} u_i^{-\frac{a_i p_i + |\lambda_i|\varepsilon}{p_i}} \mathrm{d}u_2\cdots\mathrm{d}u_n \right)$$

$$= \sum_{m_1=N}^{\infty} m_1^{\lambda\lambda_1 - \frac{a_1 p_1 + |\lambda_1|\varepsilon}{p_1}} \left(\int_1^{+\infty}\cdots\int_1^{+\infty} K\left(1, m_1^{-\lambda_1/\lambda_2}u_2, \cdots, m_1^{-\lambda_1/\lambda_n}u_n\right) \right.$$

$$\left. \times \prod_{i=2}^{n} u_i^{-\frac{a_i p_i + |\lambda_i|\varepsilon}{p_i}} \mathrm{d}u_2\cdots\mathrm{d}u_n \right)$$

$$= \sum_{m_1=N}^{\infty} m_1^{\lambda\lambda_1 - \frac{a_1 p_1 + |\lambda_1|\varepsilon}{p_1} - \lambda_1 \sum_{i=2}^{n} \frac{a_i p_i + |\lambda_i|\varepsilon}{\lambda_i p_i} + \lambda_1 \sum_{i=2}^{n} \frac{1}{\lambda_i}}$$

$$\times \left(\int_{m_1^{-\lambda_1/\lambda_2}}^{+\infty}\cdots\int_{m_1^{-\lambda_1/\lambda_n}}^{+\infty} K(1,t_2,\cdots,t_n) \prod_{i=2}^{n} t_i^{-\frac{a_i p_i + |\lambda_i|\varepsilon}{p_i}} \mathrm{d}t_2\cdots\mathrm{d}t_n \right)$$

$$\geqslant \sum_{m_1=N}^{\infty} m_1^{-1-|\lambda_1|\varepsilon} \left(\int_{N^{-\lambda_1/\lambda_2}}^{+\infty}\cdots\int_{N^{-\lambda_1/\lambda_n}}^{+\infty} K(1,t_2,\cdots,t_n) \prod_{i=2}^{n} t_i^{-\frac{a_i p_i + |\lambda_i|\varepsilon}{p_i}} \mathrm{d}t_2\cdots\mathrm{d}t_n \right)$$

$$\geqslant \int_N^{+\infty} t_1^{-1-|\lambda_1|\varepsilon}\mathrm{d}t_1 \int_{N^{-\lambda_1/\lambda_2}}^{+\infty}\cdots\int_{N^{-\lambda_1/\lambda_n}}^{+\infty} K(1,t_2,\cdots,t_n) \prod_{i=2}^{n} t_i^{-\frac{a_i p_i + |\lambda_i|\varepsilon}{p_i}} \mathrm{d}t_2\cdots\mathrm{d}t_n$$

$$= \frac{1}{|\lambda_1|\varepsilon} N^{-|\lambda_1|\varepsilon} \int_{N^{-\lambda_1/\lambda_2}}^{+\infty}\cdots\int_{N^{-\lambda_1/\lambda_n}}^{+\infty} K(1,t_2,\cdots,t_n) \prod_{i=2}^{n} t_i^{-\frac{a_i p_i + |\lambda_i|\varepsilon}{p_i}} \mathrm{d}t_2\cdots\mathrm{d}t_n.$$

于是可得

$$\frac{1}{|\lambda_1|} N^{-|\lambda_1|\varepsilon} \int_{N^{-\lambda_1/\lambda_2}}^{+\infty}\cdots\int_{N^{-\lambda_1/\lambda_n}}^{+\infty} K(1,t_2,\cdots,t_n) \prod_{i=2}^{n} t_i^{-\frac{a_i p_i + |\lambda_i|\varepsilon}{p_i}} \mathrm{d}t_2\cdots\mathrm{d}t_n$$

$$\leqslant M_0 \prod_{i=2}^{n} |\lambda_i|^{-\frac{1}{p_i}} (N-1)^{-|\lambda_1|\varepsilon/p_1} \prod_{i=2}^{n} (|\lambda_i|\varepsilon + 1)^{\frac{1}{p_i}}.$$

先令 $\varepsilon \to 0^+$, 再令 $N \to +\infty$, 求二次极限, 得到

$$\frac{1}{|\lambda_1|} \int_{\mathbb{R}_+^{n-1}} K(1, t_2, \cdots, t_n) \prod_{i=2}^{n} t_i^{-a_i} \mathrm{d}t_2 \cdots \mathrm{d}t_n \leqslant M_0 \prod_{i=1}^{n} |\lambda_i|^{-\frac{1}{p_i}},$$

由此可得

$$\prod_{i=1}^{n} |\lambda_i|^{\frac{1}{p_i}} W_0 = \prod_{i=1}^{n} |\lambda_i|^{\frac{1}{p_i}} \left(\frac{1}{|\lambda_1|} W_1 \right) \leqslant M_0,$$

这与 $M_0 < \prod\limits_{i=1}^{n} |\lambda_i|^{1/p_i} W_0$ 矛盾, 故 $\prod\limits_{i=1}^{n} |\lambda_i|^{1/p_i} W_0$ 是 (9.2.2) 式的最佳常数因子.

反之, 设 (9.2.1) 式的常数因子 $\prod\limits_{i=1}^{n} W_i^{1/p_i}$ 是最佳的. 下证 $c = 0$.

令 $a_i' = a_i - \dfrac{\lambda_i c}{p_i}$ $(i = 1, 2, \cdots, n)$, 则

$$\sum_{i=1}^{n} \frac{a_i'}{\lambda_i} - \left(\lambda + \sum_{i=1}^{n} \frac{1}{\lambda_i} \right) = \sum_{i=1}^{n} \left(\frac{a_i}{\lambda_i} - \frac{c}{p_i} \right) - \left(\lambda + \sum_{i=1}^{n} \frac{1}{\lambda_i} \right) = 0.$$

利用与定理 7.2.1 同样的证明方法, 便可得 $c = 0$. 证毕.

例 9.2.1 设 $n \geqslant 2$, $\sum\limits_{i=1}^{n} \dfrac{1}{p_i} = 1$ $(p_i > 1)$, $0 < \lambda_i \leqslant 1$ $(i = 1, 2, \cdots, n)$, 求证:

$$\sum_{m_1=1}^{\infty} \cdots \sum_{m_n=1}^{\infty} \frac{\min\{m_1^{\lambda_1}, \cdots, x_n^{\lambda_n}\}}{\max\{m_1^{\lambda_1}, \cdots, x_n^{\lambda_n}\}} \prod_{i=1}^{n} a_{m_i}^{(i)} \leqslant n! \prod_{i=1}^{n} \lambda_i^{\frac{1}{p_i}-1} \prod_{i=1}^{n} ||\widetilde{a}(i)||_{p_i, p_i-1},$$

其中 $\widetilde{a}(i) = \{a_{m_i}^{(i)}\} \in l_{p_i}^{p_i-1}$ $(i = 1, 2, \cdots, n)$, 常数因子 $n! \prod\limits_{i=1}^{n} \lambda_i^{\frac{1}{p_i}-1}$ 是最佳的.

证明 令

$$G\left(x_1^{\lambda_1}, \cdots, x_n^{\lambda_n}\right) = \frac{\min\{x_1^{\lambda_1}, \cdots, x_n^{\lambda_n}\}}{\max\{x_1^{\lambda_1}, \cdots, x_n^{\lambda_n}\}},$$

则 $G(u_1, \cdots, u_n)$ 是 $\lambda = 0$ 阶齐次非负函数. 令 $a_i p_i - 1 = p_i - 1$, 得 $a_i = 1$. 选取 $a_i = 1$ $(i = 1, 2, \cdots, n)$ 为搭配参数, 有

$$c = \sum_{i=1}^{n} \frac{a_i}{\lambda_i} - \left(\lambda + \sum_{i=1}^{n} \frac{1}{\lambda_i} \right) = \sum_{i=1}^{n} \frac{1}{\lambda_i} - \left(0 + \sum_{i=1}^{n} \frac{1}{\lambda_i} \right) = 0.$$

故 $a_i = 1$ $(i = 1, 2, \cdots, n)$ 是适配数.

因为 $0 < \lambda_i \leqslant 1$, 故

$$G\left(x_1^{\lambda_1}, \cdots, x_i^{\lambda_i}, \cdots, x_n^{\lambda_n}\right) x_i^{-a_i} = \frac{\min\left\{x_1^{\lambda_1}, \cdots, x_i^{\lambda_i}, \cdots, x_n^{\lambda_n}\right\}}{\max\left\{x_1^{\lambda_1}, \cdots, x_i^{\lambda_i}, \cdots, x_n^{\lambda_n}\right\}} x_i^{-1}$$

关于 x_i 显然在 $(0, +\infty)$ 上递减, 且根据例 7.1.1 的结论, 可计算得

$$W_1 = \int_{\mathbb{R}_+^{n-1}} G\left(1, t_2^{\lambda_2}, \cdots, t_n^{\lambda_n}\right) \prod_{i=2}^{n} t_i^{-a_i} \mathrm{d}t_2 \cdots \mathrm{d}t_n$$

$$= \int_{\mathbb{R}_+^{n-1}} \frac{\min\left\{1, t_2^{\lambda_2}, \cdots, t_n^{\lambda_n}\right\}}{\max\left\{1, t_2^{\lambda_2}, \cdots, t_n^{\lambda_n}\right\}} \prod_{i=2}^{n} t_i^{-1} \mathrm{d}t_2 \cdots \mathrm{d}t_n$$

$$= \prod_{i=2}^{n} \frac{1}{\lambda_i} \int_{\mathbb{R}_+^{n-1}} \frac{\min\left\{1, u_2, \cdots, u_n\right\}}{\max\left\{1, u_2, \cdots, u_n\right\}} \prod_{i=2}^{n} u_i^{-1} \mathrm{d}u_2 \cdots \mathrm{d}u_n = n! \prod_{i=2}^{n} \frac{1}{\lambda_i}.$$

根据定理 9.2.1, 本例结论成立. 证毕.

例 9.2.2   设 $n \geqslant 2$, $\sum_{i=1}^{n} \frac{1}{p_i} = 1$ $(p_i > 1)$, $1 \leqslant k < n$, $\lambda > 0$, $\lambda_i > 0$,

$0 < a_i < 1\,(i = 1, 2, \cdots, n)$, $0 \leqslant \sigma \leqslant \min\left\{\frac{a_1}{\lambda_1}, \cdots, \frac{a_k}{\lambda_k}\right\}$, $\widetilde{a}\,(i) = \left\{a_{m_i}^{(i)}\right\} \in$

$l_{p_i}^{a_i p_i - 1}$ $(i = 1, 2, \cdots, n)$, 求证: 当 $\sum_{i=1}^{n} \frac{a_i}{\lambda_i} = \sigma - \lambda + \sum_{i=1}^{n} \frac{1}{\lambda_i}$ 时, 有

$$\sum_{m_1=1}^{\infty} \cdots \sum_{m_n=1}^{\infty} \frac{\left(m_1^{\lambda_1} + \cdots + m_k^{\lambda_k}\right)^{\sigma}}{\left(m_1^{\lambda_1} + \cdots + m_k^{\lambda_k} + \cdots + m_n^{\lambda_n}\right)^{\lambda}} \prod_{i=1}^{n} a_{m_i}^{(i)} \leqslant M_0 \prod_{i=1}^{n} \|\widetilde{a}\,(i)\|_{p_i, a_i p_i - 1},$$

$$(9.2.3)$$

其中的常数因子

$$M_0 = \frac{1}{\Gamma(\lambda)} \prod_{i=1}^{n} \lambda_i^{\frac{1}{p_i} - 1} \frac{\Gamma\left(\sigma + \sum_{i=1}^{k} \frac{1 - a_i}{\lambda_i}\right)}{\Gamma\left(\sum_{i=1}^{k} \frac{1 - a_i}{\lambda_i}\right)} \prod_{i=1}^{n} \Gamma\left(\frac{1 - a_i}{\lambda_i}\right)$$

是最佳值.

证明   令

$$G\left(x_1^{\lambda_1}, \cdots, x_n^{\lambda_n}\right) = \frac{\left(x_1^{\lambda_1} + \cdots + x_k^{\lambda_k}\right)^{\sigma}}{\left(x_1^{\lambda_1} + \cdots + x_k^{\lambda_k} + \cdots + x_n^{\lambda_n}\right)^{\lambda}},$$

则 $G(u_1, \cdots, u_n)$ 是 $\sigma - \lambda$ 阶齐次非负函数.

当 $i > k$ 时, 由 $\lambda > 0$, $\lambda_i > 0$, $a_i > 0$, 可知

$$G\left(x_1^{\lambda_1}, \cdots, x_n^{\lambda_n}\right) x_i^{-a_i} = \frac{\left(x_1^{\lambda_1} + \cdots + x_k^{\lambda_k}\right)^{\sigma}}{\left(x_1^{\lambda_1} + \cdots + x_k^{\lambda_k} + \cdots + x_n^{\lambda_n}\right)^{\lambda}} x_i^{-a_i}$$

关于 x_i 在 $(0, +\infty)$ 上递减.

当 $1 \leqslant i \leqslant k$ 时, 由 $\lambda > 0$, $\lambda_i > 0$, $a_i > 0$ 及 $0 < \sigma \leqslant \min\left\{\dfrac{a_1}{\lambda_1}, \cdots, \dfrac{a_k}{\lambda_k}\right\}$, 可知

$$G\left(x_1^{\lambda_1}, \cdots, x_n^{\lambda_n}\right) x_i^{-a_i} = \frac{\left(x_i^{-a_i/\sigma} x_1^{\lambda_1} + \cdots + x_i^{\lambda_i - a_i/\sigma} + \cdots + x_i^{-a_i/\sigma} x_k^{\lambda_k}\right)^{\sigma}}{\left(x_1^{\lambda_1} + \cdots + x_k^{\lambda_k} + \cdots + x_n^{\lambda_n}\right)^{\lambda}}$$

也关于 x_i 在 $(0, +\infty)$ 上递减. 根据定理 1.7.1, 可计算得

$$W_n = \int_{\mathbb{R}_+^{n-1}} G\left(t_1^{\lambda_1}, \cdots, t_{n-1}^{\lambda_{n-1}}, 1\right) \prod_{i=1}^{n-1} t_i^{-a_i} \mathrm{d}t_1 \cdots \mathrm{d}t_{n-1}$$

$$= \int_{\mathbb{R}_+^{n-1}} \frac{\left(t_1^{\lambda_1} + \cdots + t_k^{\lambda_k}\right)^{\sigma}}{\left(t_1^{\lambda_1} + \cdots + t_k^{\lambda_k} + t_{k+1}^{\lambda_{k+1}} + \cdots + x_{n-1}^{\lambda_{n-1}} + 1\right)^{\lambda}} \prod_{i=1}^{n-1} t_i^{-a_i} \mathrm{d}t_2 \cdots \mathrm{d}t_{n-1}$$

$$= \int_{\mathbb{R}_+^{n-k-1}} \prod_{i=k+1}^{n-1} t_i^{-a_i} \left(\int_{\mathbb{R}_+^{k}} \frac{\left(t_1^{\lambda_1} + \cdots + t_k^{\lambda_k}\right)^{\sigma}}{\left[\left(t_1^{\lambda_1} + \cdots + t_k^{\lambda_k}\right) + \left(t_{k+1}^{\lambda_{k+1}} + \cdots + x_{n-1}^{\lambda_{n-1}}\right) + 1\right]^{\lambda}}\right.$$

$$\left. \times \prod_{i=1}^{k} t_i^{-a_i} \mathrm{d}t_1 \cdots \mathrm{d}t_k \right) \mathrm{d}t_{k+1} \cdots \mathrm{d}t_{n-1}$$

$$= \frac{\prod\limits_{i=1}^{k} \Gamma\left(\dfrac{1 - a_i}{\lambda_i}\right)}{\prod\limits_{i=1}^{k} \lambda_i \Gamma\left(\sum\limits_{i=1}^{k} \dfrac{1 - a_i}{\lambda_i}\right)} \int_{\mathbb{R}_+^{n-k-1}} \prod_{i=k+1}^{n-1} t_i^{-a_i}$$

$$\times \left(\int_0^{+\infty} \frac{u^{\sigma}}{\left[u + \left(t_{k+1}^{\lambda_{k+1}} + \cdots + t_{n-1}^{\lambda_{n-1}}\right) + 1\right]^{\lambda}} u^{\sum\limits_{i=1}^{n} \frac{1 - a_i}{\lambda_i} - 1} \mathrm{d}u\right) \times \mathrm{d}t_{k+1} \cdots \mathrm{d}t_{n-1}$$

$$
= \frac{\prod\limits_{i=1}^{k} \Gamma\left(\dfrac{1-a_i}{\lambda_i}\right)}{\prod\limits_{i=1}^{k} \lambda_i \Gamma\left(\sum\limits_{i=1}^{k} \dfrac{1-a_i}{\lambda_i}\right)} \int_0^{+\infty} u^{\sigma + \sum\limits_{i=1}^{k} \frac{1-a_i}{\lambda_i} - 1}
$$

$$
\times \left(\int_{\mathbb{R}_+^{n-k-1}} \frac{1}{\left[1+u+\left(t_{k+1}^{\lambda_{k+1}} + \cdots + t_{n-1}^{\lambda_{n-1}}\right)\right]^{\lambda}} \prod_{i=k+1}^{n-1} t_i^{-a_i} \mathrm{d}t_{k+1} \cdots \mathrm{d}t_{n-1} \right) \mathrm{d}u
$$

$$
= \frac{\prod\limits_{i=1}^{k} \Gamma\left(1-\dfrac{a_i}{\lambda_i}\right)}{\prod\limits_{i=1}^{k} \lambda_i \Gamma\left(\sum\limits_{i=1}^{k} \dfrac{1-a_i}{\lambda_i}\right)} \frac{\prod\limits_{i=1}^{n-1} \Gamma\left(\dfrac{1-a_i}{\lambda_i}\right)}{\prod\limits_{i=k+1}^{n-1} \lambda_i \Gamma\left(\sum\limits_{i=k+1}^{n-1} \dfrac{1-a_i}{\lambda_i}\right)} \int_0^{+\infty} u^{\sigma + \sum\limits_{i=1}^{k} \frac{1-a_i}{\lambda_i} - 1}
$$

$$
\times \left(\int_0^{+\infty} \frac{1}{(1+u+v)^{\lambda}} v^{\sum\limits_{i=k+1}^{n-1} \frac{1-a_i}{\lambda_i} - 1} \mathrm{d}v \right) \mathrm{d}u
$$

$$
= \frac{\prod\limits_{i=1}^{n-1} \Gamma\left(\dfrac{1-a_i}{\lambda_i}\right)}{\prod\limits_{i=k+1}^{n-1} \lambda_i \Gamma\left(\sum\limits_{i=1}^{k} \dfrac{1-a_i}{\lambda_i}\right) \Gamma\left(\sum\limits_{i=k+1}^{n-1} \dfrac{1-a_i}{\lambda_i}\right)}
$$

$$
\times \int_{\mathbb{R}_+^2} \frac{1}{(1+u+v)^{\lambda}} u^{\sigma + \sum\limits_{i=1}^{k} \frac{1-a_i}{\lambda_i} - 1} v^{\sum\limits_{i=k+1}^{n-1} \frac{1-a_i}{\lambda_i} - 1} \mathrm{d}u\mathrm{d}v
$$

$$
= \frac{\prod\limits_{i=1}^{n-1} \Gamma\left(\dfrac{1-a_i}{\lambda_i}\right)}{\prod\limits_{i=1}^{n-1} \lambda_i \Gamma\left(\sum\limits_{i=1}^{k} \dfrac{1-a_i}{\lambda_i}\right) \Gamma\left(\sum\limits_{i=k+1}^{n-1} \dfrac{1-a_i}{\lambda_i}\right)} \frac{\Gamma\left(\sigma + \sum\limits_{i=1}^{k} \dfrac{1-a_i}{\lambda_i}\right) \Gamma\left(\sum\limits_{i=k+1}^{n-1} \dfrac{1-a_i}{\lambda_i}\right)}{\Gamma\left(\sigma + \sum\limits_{i=1}^{k} \dfrac{1-a_i}{\lambda_i} + \sum\limits_{n=k+1}^{n-1} \dfrac{1-a_i}{\lambda_i}\right)}
$$

$$
\times \int_0^{+\infty} \frac{1}{(1+t)^{\lambda}} t^{\sigma + \sum\limits_{i=1}^{n-1} \frac{1-a_i}{\lambda_i} - 1} \mathrm{d}t
$$

$$
= \frac{\prod\limits_{i=1}^{n-1} \Gamma\left(\dfrac{1-a_i}{\lambda_i}\right) \Gamma\left(\sigma + \sum\limits_{i=1}^{k} \dfrac{1-a_i}{\lambda_i}\right)}{\prod\limits_{i=1}^{n-1} \lambda_i \Gamma\left(\sum\limits_{i=1}^{k} \dfrac{1-a_i}{\lambda_i}\right) \Gamma\left(\sigma + \sum\limits_{i=1}^{n-1} \dfrac{1-a_i}{\lambda_i}\right)}
$$

$$\times \frac{\Gamma\left(\sigma + \sum_{i=1}^{n-1} \frac{1-a_i}{\lambda_i}\right)\Gamma\left(\lambda - \sigma - \sum_{i=1}^{n-1}\frac{1-a_i}{\lambda_i}\right)}{\Gamma(\lambda)}$$

$$= \frac{\prod_{i=2}^{n}\Gamma\left(\frac{1-a_i}{\lambda_i}\right)\Gamma\left(\sigma + \sum_{i=1}^{k}\frac{1-a_i}{\lambda_i}\right)}{\Gamma(\lambda)\prod_{i=1}^{n-1}\lambda_i\Gamma\left(\sum_{i=1}^{k}\frac{1-a_i}{\lambda_i}\right)}\Gamma\left(\frac{1-a_1}{\lambda_1}\right)$$

$$= \frac{\prod_{i=1}^{n}\Gamma\left(\frac{1-a_i}{\lambda_i}\right)\Gamma\left(\sigma + \sum_{i=1}^{k}\frac{1-a_i}{\lambda_i}\right)}{\Gamma(\lambda)\prod_{i=1}^{n-1}\lambda_i\Gamma\left(\sum_{i=1}^{k}\frac{1-a_i}{\lambda_i}\right)}.$$

于是得到

$$W_0 = \frac{1}{\lambda_n}W_n = \frac{1}{\Gamma(\lambda)}\prod_{i=1}^{n}\lambda_i^{-1}\frac{\Gamma\left(\sigma + \sum_{i=1}^{k}\frac{1-a_i}{\lambda_i}\right)}{\Gamma\left(\sum_{i=1}^{k}\frac{1-a_i}{\lambda_i}\right)}\prod_{i=1}^{n}\Gamma\left(\frac{1-a_i}{\lambda_i}\right).$$

根据定理 9.2.1, 当 $\sum_{i=1}^{n}\frac{a_i}{\lambda_i} = \sigma - \lambda + \sum_{i=1}^{n}\frac{1}{\lambda_i}$ 时, (9.2.3) 式成立, 且其常数因子 M_0 是最佳的. 证毕.

在例 9.2.2 中, 取 $\sigma = 0$, 则可得:

例 9.2.3 设 $n \geqslant 2$, $\sum_{i=1}^{n}\frac{1}{p_i} = 1$ $(p_i > 1)$, $\lambda > 0$, $\lambda_i > 0$, $0 < a_i < 1$, $\sum_{i=1}^{n}\frac{a_i}{\lambda_i} = -\lambda + \sum_{i=1}^{n}\frac{1}{\lambda_i}$, $\widetilde{a}(i) = \{a_{m_i}^{(i)}\} \in l_{p_i}^{a_i p_i - 1}$ $(i = 1, 2, \cdots, n)$, 则有

$$\sum_{m_1=1}^{\infty}\cdots\sum_{m_n=1}^{\infty}\frac{1}{\left(m_1^{\lambda_1} + \cdots + m_n^{\lambda_n}\right)^{\lambda}}\prod_{i=1}^{n}a_{m_i}^{(i)} \leqslant M_0\prod_{i=1}^{n}\|\widetilde{a}(i)\|_{p_i, a_i p_i - 1},$$

其中的常数因子

$$M_0 = \frac{1}{\Gamma(\lambda)}\prod_{i=1}^{n}\lambda_i^{\frac{1}{p_i}-1}\prod_{i=1}^{n}\Gamma\left(\frac{1-a_i}{\lambda_i}\right)$$

是最佳的.

在例 9.2.2 中, 取 $a_i = \dfrac{\lambda_i}{p_i}(\sigma - \lambda) - 1$ $(i = 1, 2, \cdots, n)$, 则可得:

例 9.2.4　设 $n \geqslant 2$, $\displaystyle\sum_{i=1}^{n} \frac{1}{p_i} = 1$ $(p_i > 1)$, $1 \leqslant k < n$, $\lambda > 0$, $\lambda_i > 0$,
$0 < \lambda - \sigma < \dfrac{p_i}{\lambda_i}$, $\alpha_i = \lambda_i(\sigma - \lambda) + p_i - 1$, $\widetilde{a}(i) = \{a_{m_i}^{(i)}\} \in l_{p_i}^{\alpha_i}$ $(i = 1, 2, \cdots, n)$,
$0 < \sigma < \left(1 - \dfrac{1}{p_i}\right)^{-1} \left(\dfrac{1}{\lambda_i} - \dfrac{\lambda}{p_i}\right)$, $(i = 1, 2, \cdots, k)$, 则有

$$\sum_{m_1=1}^{\infty} \cdots \sum_{m_n=1}^{\infty} \frac{\left(m_1^{\lambda_1} + \cdots + m_k^{\lambda_k}\right)^{\sigma}}{\left(m_1^{\lambda_1} + \cdots + m_k^{\lambda_k} + \cdots + m_n^{\lambda_n}\right)^n} \prod_{i=1}^{n} a_{m_i}^{(i)} \leqslant M_0 \prod_{i=1}^{n} \|\widetilde{a}(i)\|_{p_i, \alpha_i},$$

其中的常数因子

$$M_0 = \frac{1}{\Gamma(\lambda)} \prod_{i=1}^{n} \lambda_i^{\frac{1}{p_i} - 1} \frac{\Gamma\left(\sigma + \displaystyle\sum_{i=1}^{k} \frac{\lambda - \sigma}{p_i}\right)}{\Gamma\left(\displaystyle\sum_{i=1}^{k} \frac{\lambda - \sigma}{p_i}\right)} \prod_{i=1}^{n} \Gamma\left(\frac{\lambda - \sigma}{p_i}\right)$$

是最佳的.

9.2.2　构建拟齐次核的 n 重级数 Hilbert 型不等式的参数条件

引理 9.2.2　设 $n \geqslant 2$, $\displaystyle\sum_{i=1}^{n} \frac{1}{p_i} = 1$ $(p_i > 1)$, $\lambda \in \mathbb{R}$, $\alpha_i \in \mathbb{R}$, $\lambda_i \lambda_j > 0 (i, j = 1,$
$2, \cdots, n)$, $K(x_1, \cdots, x_n) = G(x_1^{\lambda_1}, \cdots, x_n^{\lambda_n}) \geqslant 0$, $G(u_1, \cdots, u_n)$ 是 λ 阶齐次可测函数, 每个 $K(x_1, \cdots, x_i, \cdots, x_n) x_i^{-(\alpha_i+1)/p_i}$ 在 $(0, +\infty)$ 上递减, 记

$$W_j = \int_{\mathbb{R}_+^{n-1}} G\left(t_1^{\lambda_1}, \cdots, t_{j-1}^{\lambda_{j-1}}, 1, t_{j+1}^{\lambda_{j+1}}, \cdots, t_n^{\lambda_n}\right) \prod_{i \neq j}^{n} t_i^{-\frac{\alpha_i+1}{p_i}} \, \mathrm{d}t_1 \cdots \mathrm{d}t_{j-1} \mathrm{d}t_{j+1} \cdots \mathrm{d}t_n,$$

则有

$$\omega_j(m_j) = \sum_{m_i=1}^{\infty} \cdots \sum_{m_{j-1}=1}^{\infty} \sum_{m_{j+1}=1}^{\infty} \cdots \sum_{m_n=1}^{\infty} G\left(m_1^{\lambda_1}, \cdots, m_n^{\lambda_n}\right) \prod_{i \neq j}^{n} m_i^{-\frac{\alpha_i+1}{p_i}}$$

$$\leqslant m_j^{\lambda_j\left(\lambda - \sum\limits_{i \neq j}^{n} \frac{\alpha_i+1}{\lambda_i p_i} + \sum\limits_{i \neq j}^{n} \frac{1}{\lambda_i}\right)} W_j.$$

当 $\sum\limits_{i=1}^{n} \dfrac{\alpha_i + 1}{\lambda_i p_i} = \lambda + \sum\limits_{i=1}^{n} \dfrac{1}{\lambda_i}$ 时, $\dfrac{1}{\lambda_1} W_1 = \dfrac{1}{\lambda_2} W_2 = \cdots = \dfrac{1}{\lambda_n} W_n$.

证明 因为 $K\left(x_1, \cdots, x_i, \cdots, x_n\right) x_i^{-(\alpha_i+1)/p_i}$ 都关于 x_i 在 $(0, +\infty)$ 上递减, 故 $j = 1$ 时, 有

$$\omega_1\left(m_1\right) = \sum_{m_2=1}^{\infty} \cdots \sum_{m_n=1}^{\infty} G\left(m_1^{\lambda_1}, m_2^{\lambda_2}, \cdots, m_n^{\lambda_n}\right) \prod_{i=2}^{n} m_i^{-\frac{\alpha_i+1}{p_i}}$$

$$\leqslant \sum_{m_2=1}^{\infty} \cdots \sum_{m_{n-1}=1}^{\infty} \prod_{i=2}^{n-1} m_i^{-\frac{\alpha_i+1}{p_i}} \int_0^{+\infty} K\left(m_1, m_2, \cdots, m_{n-1}, t_n\right) t_n^{-\frac{\alpha_n+1}{p_n}} \mathrm{d}t_n$$

$$\leqslant \cdots\cdots$$

$$\leqslant \int_{\mathbb{R}_+^{n-1}} K\left(m_1, t_2, \cdots, t_n\right) \prod_{i=2}^{n} t_i^{-\frac{\alpha_i+1}{p_i}} \mathrm{d}t_2 \cdots \mathrm{d}t_n$$

$$= m_1^{\lambda_1 \lambda} \int_{\mathbb{R}_+^{n-1}} K\left(1, m_1^{-\lambda_1/\lambda_2} t_2, \cdots, m_1^{-\lambda_1/\lambda_n} t_n\right) \prod_{i=2}^{n} t_i^{-\frac{\alpha_i+1}{p_i}} \mathrm{d}t_2 \cdots \mathrm{d}t_n$$

$$= m_1^{\lambda_1\left(\lambda - \sum\limits_{i=2}^{n} \frac{\alpha_i+1}{\lambda_i p_i} + \sum\limits_{i=2}^{n} \frac{1}{\lambda_1}\right)} \int_{\mathbb{R}_+^{n-1}} K\left(1, u_2, \cdots, u_n\right) \prod_{i=2}^{n} u_i^{-\frac{\alpha_1+1}{p_i}} \mathrm{d}u_2 \cdots \mathrm{d}u_n$$

$$= m_1^{\lambda_1\left(\lambda - \sum\limits_{i=2}^{n} \frac{\alpha_i+1}{\lambda_i p_i} + \sum\limits_{i=2}^{n} \frac{1}{\lambda_i}\right)} W_1.$$

同理可证 $j = 2, 3, \cdots, n$ 的情形.

当 $\sum\limits_{i=1}^{n} \dfrac{\alpha_i + 1}{\lambda_i p_i} = \lambda + \sum\limits_{i=1}^{n} \dfrac{1}{\lambda_i}$ 时, 根据引理 7.2.2, 有 $\dfrac{1}{\lambda_1} W_1 = \dfrac{1}{\lambda_2} W_2 = \cdots = \dfrac{1}{\lambda_n} W_n$. 证毕.

定理 9.2.2 设 $n \geqslant 2$, $\sum\limits_{i=1}^{n} \dfrac{1}{p_i} = 1\ (p_i > 1)$, $\lambda \in \mathbb{R}$, $\alpha_i \in \mathbb{R}$, $\lambda_i \lambda_j > 0\ (i, j = 1, 2, \cdots, n)$, $K\left(x_1, \cdots, x_n\right) = G\left(x_1^{\lambda_1}, \cdots, x_n^{\lambda_n}\right) \geqslant 0$, $G\left(u_1, \cdots, u_n\right)$ 是 λ 阶齐次可测函数,

$$\lambda_1 \left[\sum_{i=1}^{n} \frac{\alpha_i + 1}{\lambda_i p_i} - \left(\lambda + \sum_{i=1}^{n} \frac{1}{\lambda_i}\right)\right] = c,$$

每个 $K\left(x_1, \cdots, x_i, \cdots, x_n\right) x_i^{-\frac{\alpha_i+1}{p_i}}$ 关于 x_i 都在 $(0, +\infty)$ 上递减, 且对 $j = 1, 2, \cdots, n$,

$$W_j = \int_{\mathbb{R}_+^{n-1}} G\left(t_1^{\lambda_1}, \cdots, t_{j-1}^{\lambda_{j-1}}, 1, t_{j+1}^{\lambda_{j+1}}, \cdots, t_n^{\lambda_n}\right) \prod_{i \neq j}^n t_i^{-\frac{\alpha_i+1}{p_i}} \mathrm{d}t_1 \cdots \mathrm{d}t_{j-1} \mathrm{d}t_{j+1} \cdots \mathrm{d}t_n$$

都收敛, 那么

(i) 当且仅当 $c \geqslant 0$ 时, 存在常数 $M > 0$, 使

$$\sum_{m_1=1}^\infty \cdots \sum_{m_n=1}^\infty G\left(m_1^{\lambda_1}, \cdots, m_n^{\lambda_n}\right) \prod_{i=1}^n a_{m_i}^{(i)} \leqslant M \prod_{i=1}^n \|\widetilde{a}(i)\|_{p_i,\alpha_i}, \tag{9.2.4}$$

其中 $\widetilde{a}(i) = \left\{a_{m_i}^{(i)}\right\} \in l_{p_i}^{\alpha_i}$ $(i = 1, 2, \cdots, n)$.

(ii) 当 $c = 0$, (9.2.4) 式的最佳常数因子为 $\inf M = \dfrac{W_1}{|\lambda_1|} \prod_{i=1}^n |\lambda_i|^{\frac{1}{p_i}}$.

证明 (i) 设存在 $M > 0$, 使 (9.2.4) 式成立.

若 $c < 0$, 取 $0 < \varepsilon < -\dfrac{c}{|\lambda_1|}$, 令 $a_{m_i}^{(i)} = m_i^{(-\alpha_i-1-|\lambda_1|\varepsilon)/p_i} (i = 1, 2, \cdots, n)$, 则计算可得

$$\prod_{i=1}^n \|\widetilde{a}(i)\|_{p_i,\alpha_i} = \prod_{i=1}^n \left(\sum_{m_i=1}^\infty m_i^{-1-|\lambda_i|\varepsilon}\right)^{\frac{1}{p_i}} \leqslant \frac{1}{\varepsilon} \prod_{i=1}^n |\lambda_i|^{-\frac{1}{p_i}} \prod_{i=1}^n (1 + |\lambda_i|\varepsilon)^{\frac{1}{p_i}}.$$

由于 $K(x_1, \cdots, x_i, \cdots, x_n) x_i^{(-\alpha_i+1)/p_i}$ $(i = 1, 2, \cdots, n)$ 在 $(0, +\infty)$ 上递减, 故有

$$\sum_{m_1=1}^\infty \cdots \sum_{m_n=1}^\infty G\left(m_1^{\lambda_1}, \cdots, m_n^{\lambda_n}\right) \prod_{i=1}^n a_{m_i}^{(i)}$$

$$= \sum_{m_1=1}^\infty \cdots \sum_{m_{n-1}=1}^\infty \prod_{i=1}^{n-1} m_i^{(-\alpha_1-1-|\lambda_i|\varepsilon)/p_i}$$

$$\times \left(\sum_{m_n=1}^\infty K(m_1, \cdots, m_{n-1}, m_n) m_n^{(-\alpha_n-1-|\lambda_n|\varepsilon)/p_n}\right)$$

$$\geqslant \sum_{m_1=1}^\infty \cdots \sum_{m_{n-1}=1}^\infty \prod_{i=1}^{n-1} m_i^{(-\alpha_i-1-|\lambda_i|\varepsilon)/p_i}$$

$$\times \left(\int_1^{+\infty} K(m_1, \cdots, m_{n-1}, t_n) t_n^{(-\alpha_n-1-|\lambda_n|\varepsilon)/p_n} \mathrm{d}t_n\right)$$

$$\geqslant \cdots \cdots$$

$$\geqslant \sum_{m_1=1}^\infty m_1^{(-\alpha_1-1-|\lambda_1|\varepsilon)/p_1} \left(\int_1^{+\infty} \cdots \int_1^{+\infty} K(m_1, t_2, \cdots, t_n)\right.$$

$$\times \prod_{i=2}^{n} t_i^{(-\alpha_i-1-|\lambda_i|\varepsilon)/p_i} \mathrm{d}t_2 \cdots \mathrm{d}t_n \Bigg)$$

$$= \sum_{m_1=1}^{\infty} m_1^{\lambda\lambda_1 - \frac{\alpha_1+1+|\lambda_1|\varepsilon}{p_1}} \left(\int_1^{+\infty} \cdots \int_1^{+\infty} K\left(1, m_1^{-\lambda_1/\lambda_2} t_2, \cdots, m_1^{-\lambda_1/\lambda_n} t_n\right) \right.$$

$$\left. \times \prod_{i=2}^{n} t_i^{-\frac{\alpha_i+1+|\lambda_i|\varepsilon}{p_i}} \mathrm{d}t_2 \cdots \mathrm{d}t_n \right)$$

$$= \sum_{m_1=1}^{\infty} m_1^{\lambda\lambda_1 - \frac{\alpha_1+1+|\lambda_1|\varepsilon}{p_1} + \lambda_1 \sum_{i=2}^{n} \frac{1}{\lambda_i} - \lambda_1 \sum_{i=2}^{n} \frac{\alpha_i+1+|\lambda_i|\varepsilon}{\lambda_i p_i}}$$

$$\times \left(\int_{m_1^{-\lambda_1/\lambda_2}}^{+\infty} \cdots \int_{m_1^{-\lambda_1/\lambda_n}}^{+\infty} K\left(1, u_2, \cdots, u_n\right) \prod_{i=2}^{n} u_i^{-\frac{\alpha_i+1+|\lambda_i|\varepsilon}{p_i}} \mathrm{d}u_2 \cdots \mathrm{d}u_n \right)$$

$$\geqslant \sum_{m_1=1}^{\infty} m_1^{-1-c-|\lambda_1|\varepsilon} \left(\int_1^{+\infty} \cdots \int_1^{+\infty} K\left(1, u_2, \cdots, u_n\right) \prod_{i=2}^{n} u_i^{-\frac{\alpha_i+1+|\lambda_i|\varepsilon}{p_i}} \mathrm{d}u_2 \cdots \mathrm{d}u_n \right).$$

于是可得

$$\sum_{m_1=1}^{\infty} m_1^{-1-c-|\lambda_1|\varepsilon} \left(\int_1^{+\infty} \cdots \int_1^{+\infty} K\left(1, u_2, \cdots, u_n\right) \prod_{i=2}^{n} u_i^{-\frac{\alpha_i+1+|\lambda_i|\varepsilon}{p_i}} \mathrm{d}u_2 \cdots \mathrm{d}u_n \right)$$

$$\leqslant \frac{M}{\varepsilon} \prod_{i=1}^{n} |\lambda_i|^{-\frac{1}{p_i}} \prod_{i=1}^{n} (1 + |\lambda_i|\varepsilon)^{\frac{1}{p_i}} < +\infty.$$

因为 $\varepsilon < -c/|\lambda_1|$, 故 $c + |\lambda_1|\varepsilon < 0$, 从而 $\displaystyle\sum_{m_1=1}^{\infty} m_1^{-1-c-|\lambda_1|\varepsilon} = +\infty$, 这就得到了矛盾, 故 $c \geqslant 0$,

反之, 设 $c \geqslant 0$. 根据 Hölder 不等式及引理 9.2.2, 有

$$\sum_{m_1=1}^{\infty} \cdots \sum_{m_n=1}^{\infty} G\left(m_1^{\lambda_1}, \cdots, m_n^{\lambda_n}\right) \prod_{i=1}^{n} a_{m_i}^{(i)}$$

$$\leqslant \prod_{j=1}^{n} \left(\sum_{m_j=1}^{\infty} m_j^{\alpha_j+1-\frac{\alpha_j+1}{p_j}} \left(a_{m_j}^{(j)}\right)^{p_j} \omega_j(m_j) \right)^{\frac{1}{p_j}}$$

$$\leqslant \left(\prod_{j=1}^{n} W_j^{\frac{1}{p_j}} \right) \prod_{j=1}^{n} \left(\sum_{m_j=1}^{\infty} m_j^{\alpha_j+1-\frac{\alpha_j+1}{p_j}+\lambda_j\left(\lambda-\sum_{i\neq j}^{n}\frac{\alpha_i+1}{\lambda_i p_i}+\sum_{i\neq j}^{n}\frac{1}{\lambda_i}\right)} \left(a_{m_j}^{(j)}\right)^{p_j} \right)^{\frac{1}{p_j}}$$

$$= \left(\prod_{j=1}^{n} W_j^{\frac{1}{p_j}}\right) \prod_{j=1}^{n} \left(\sum_{m_j=1}^{\infty} m_j^{\lambda_j\left(\frac{\alpha_j}{\lambda_j} - \sum\limits_{i=1}^{n} \frac{\alpha_i+1}{\lambda_i p_i} + \lambda + \sum\limits_{i=1}^{n} \frac{1}{\lambda_i}\right)} \left(a_{m_j}^{(j)}\right)^{p_j}\right)^{\frac{1}{p_j}}$$

$$= \left(\prod_{i=1}^{n} W_i^{\frac{1}{p_i}}\right) \prod_{j=1}^{n} \left(\sum_{m_j=1}^{\infty} m_j^{\lambda_j\left(\frac{\alpha_j}{\lambda_j} - \frac{c}{\lambda_1}\right)} \left(a_{m_j}^{(j)}\right)^{p_j}\right)^{\frac{1}{p_j}}$$

$$= \left(\prod_{i=1}^{n} W_i^{\frac{1}{p_i}}\right) \prod_{j=1}^{n} \left(\sum_{m_j=1}^{\infty} m_j^{\alpha_j - \frac{\lambda_j}{\lambda_1} c} \left(a_{m_j}^{(j)}\right)^{p_j}\right)^{\frac{1}{p_j}}$$

$$\leqslant \left(\prod_{i=1}^{n} W_i^{\frac{1}{p_i}}\right) \prod_{j=1}^{n} \left(\sum_{m_j=1}^{\infty} m_j^{\alpha_j} \left(a_{m_j}^{(j)}\right)^{p_j}\right)^{\frac{1}{p_j}} = \left(\prod_{i=1}^{n} W_i^{\frac{1}{p_i}}\right) \prod_{i=1}^{n} ||\widetilde{a}\,(i)||_{p_i,\alpha_i}.$$

任取 $M \geqslant \prod_{i=1}^{n} W_i^{1/p_i}$, 都可得到 (9.2.4) 式.

(ii) 当 $c = 0$ 时, 由引理 9.2.2, 可得 $W_i = \dfrac{|\lambda_i|}{|\lambda_1|} W_1$, 故

$$\prod_{i=1}^{n} W_i^{\frac{1}{p_i}} = \prod_{i=1}^{n} \left(\frac{|\lambda_i|}{|\lambda_1|} W_1\right)^{\frac{1}{p_i}} = \frac{W_1}{|\lambda_1|} \prod_{i=1}^{n} |\lambda_i|^{\frac{1}{p_i}}.$$

若 $\dfrac{W_1}{|\lambda_1|} \prod_{i=1}^{n} |\lambda_i|^{1/p_i}$ 不是 (9.2.4) 式的最佳常数因子, 则存在常数 $M_0 < \dfrac{W_1}{|\lambda_1|} \prod_{i=1}^{n} |\lambda_i|^{1/p_i}$, 使得

$$\sum_{m_1=1}^{\infty} \cdots \sum_{m_n=1}^{\infty} G\left(m_1^{\lambda_1}, \cdots, m_n^{\lambda_n}\right) \prod_{i=1}^{n} a_{m_i}^{(i)} \leqslant M_0 \prod_{i=1}^{n} ||\widetilde{a}\,(i)||_{p_i,\alpha_i}.$$

对充分小的 $\varepsilon > 0$, 足够大的自然数 N, 取

$$a_{m_1}^{(1)} = \begin{cases} m_1^{(-\alpha_1-1-|\lambda_1|\varepsilon)/p_1}, & m_1 = N, N+1, \cdots, \\ 0, & m_1 = 1, 2, \cdots, N-1, \end{cases}$$

而当 $i = 2, 3, \cdots, n$ 时, 令

$$a_{m_i}^{(i)} = m_i^{(-\alpha_i-1-|\lambda_i|\varepsilon)/p_i}, \quad m_i = 1, 2, \cdots.$$

于是计算可得

$$\prod_{i=1}^{n} \|\widetilde{a}(i)\|_{p_i,\alpha_i} = \left(\sum_{m_1=N}^{\infty} m_1^{-1-|\lambda_1|\varepsilon}\right)^{\frac{1}{p_1}} \prod_{i=2}^{n} \left(\sum_{m_i=1}^{\infty} m_i^{-1-|\lambda_i|\varepsilon}\right)^{\frac{1}{p_i}}$$

$$\leqslant \left(\int_{N}^{+\infty} t_1^{-1-|\lambda_1|\varepsilon}\mathrm{d}t_1\right)^{\frac{1}{p_1}} \prod_{i=2}^{n}\left(1+\int_{1}^{+\infty} t_i^{-1-|\lambda_i|\varepsilon}\mathrm{d}t_i\right)^{\frac{1}{p_i}}$$

$$= \frac{1}{\varepsilon}(N-1)^{-\frac{|\lambda_1|\varepsilon}{p_1}} \prod_{i=1}^{n} |\lambda_i|^{-\frac{1}{p_i}} \prod_{i=2}^{n}(1+|\lambda_i|\varepsilon)^{\frac{1}{p_i}}.$$

因为 $K(x_1,\cdots,x_i,\cdots,x_n)x_i^{-(\alpha_i+1)/p_i}$ 关于 x_i 在 $(0,+\infty)$ 上递减, 故有

$$\sum_{m_1=1}^{\infty}\cdots\sum_{m_n=1}^{\infty} G(m_1^{\lambda_1},\cdots,m_n^{\lambda_n})\prod_{i=1}^{n} a_{m_i}^{(i)}$$

$$= \sum_{m_1=N}^{\infty} m_1^{-(\alpha_1+1+|\lambda_1|\varepsilon)/p_1}\left(\sum_{m_2=1}^{\infty}\cdots\sum_{m_n=1}^{\infty} K(m_1,\cdots,m_n)\prod_{i=2}^{n} m_i^{-(\alpha_i+1+|\lambda_i|\varepsilon)/p_i}\right)$$

$$\geqslant \sum_{m_1=N}^{\infty} m_1^{(-\alpha_1+1+|\lambda_1|\varepsilon)/p_1}\sum_{m_2=1}^{\infty}\cdots\sum_{m_{n-1}=1}^{\infty}\prod_{i=2}^{n-1} m_i^{-(\alpha_i+1+|\lambda_i|\varepsilon)/p_i}$$

$$\times \int_{1}^{+\infty} K(m_1,\cdots,m_{n-1},t_n)t_n^{-(\alpha_n+1+|\lambda_n|\varepsilon)/p_n}\mathrm{d}t_n$$

$$\geqslant \cdots\cdots$$

$$\geqslant \sum_{m_1=N}^{\infty} m_1^{-(\alpha_1+1+|\lambda_1|)/p_1}\left(\int_{1}^{+\infty}\cdots\int_{1}^{+\infty} K(m_1,t_2,\cdots,t_n)\right.$$

$$\left.\times \prod_{i=2}^{n} t_i^{-(\alpha_i+1+|\lambda_i|\varepsilon)/p_i}\mathrm{d}t_2\cdots\mathrm{d}t_n\right)$$

$$= \sum_{m_1=N}^{\infty} m_1^{\lambda\lambda_1-\frac{\alpha_1+1+|\lambda_1|\varepsilon}{p_1}}\left(\int_{1}^{+\infty}\cdots\int_{1}^{+\infty} K(1,m_1^{-\lambda_1/\lambda_2}t_2,\cdots,m_1^{-\lambda_1/\lambda_n}t_n)\right.$$

$$\left.\times \prod_{i=2}^{n} t_i^{-(\alpha_i+1+|\lambda_i|\varepsilon)/p_i}\mathrm{d}t_2\cdots\mathrm{d}t_n\right)$$

$$= \sum_{m_1=N}^{\infty} m_1^{\lambda\lambda_1-\frac{\alpha_1+1+|\lambda_1|\varepsilon}{p_1}-\lambda_1\sum_{i=2}^{n}\frac{\alpha_i+1+|\lambda_i|\varepsilon}{\lambda_i p_i}+\lambda_1\sum_{i=2}^{n}\frac{1}{\lambda_i}}$$

$$\times \left(\int_{m_1^{-\lambda_1/\lambda_2}}^{+\infty} \cdots \int_{m_1^{-\lambda_1/\lambda_n}}^{+\infty} K\left(1, u_2, \cdots, u_n\right) \prod_{i=2}^{n} u_i^{-\frac{\alpha_i+1+|\lambda_i|\varepsilon}{p_i}} \mathrm{d}u_2 \cdots \mathrm{d}u_n \right)$$

$$\geqslant \sum_{m_1=N}^{\infty} m_1^{-1-|\lambda_1|\varepsilon} \left(\int_{N^{-\lambda_1/\lambda_2}}^{+\infty} \cdots \int_{N^{-\lambda_1/\lambda_n}}^{+\infty} K\left(1, u_2, \cdots, u_n\right) \right.$$

$$\left. \times \prod_{i=2}^{n} u_i^{-\frac{\alpha_i+1+|\lambda_i|\varepsilon}{p_i}} \mathrm{d}u_2 \cdots \mathrm{d}u_n \right)$$

$$\geqslant \int_{N}^{+\infty} t_1^{-1-|\lambda_1|\varepsilon} \mathrm{d}t_1 \left(\int_{N^{-\lambda_1/\lambda_n}}^{+\infty} \cdots \int_{N^{-\lambda_1/\lambda_n}}^{+\infty} K\left(1, u_2, \cdots, u_n\right) \right.$$

$$\left. \times \prod_{i=2}^{n} u_i^{-\frac{\alpha_i+1+|\lambda_i|\varepsilon}{p_i}} \mathrm{d}u_2 \cdots \mathrm{d}u_n \right)$$

$$= \frac{1}{|\lambda_1|\,\varepsilon} \int_{N^{-\lambda_1/\lambda_2}}^{+\infty} \cdots \int_{N^{-\lambda_1/\lambda_2}}^{+\infty} K\left(1, u_2, \cdots, u_n\right) \prod_{i=2}^{n} u_i^{-\frac{\alpha_i+1+|\lambda_i|\varepsilon}{p_i}} \mathrm{d}u_2 \cdots \mathrm{d}u_n.$$

综上, 可得

$$\frac{1}{|\lambda_1|} \int_{N^{-\lambda_1/\lambda_2}}^{+\infty} \cdots \int_{N^{-\lambda_1/\lambda_n}}^{+\infty} K\left(1, u_2, \cdots, u_n\right) \prod_{i=2}^{n} u_i^{-\frac{\alpha_i+1+|\lambda_i|\varepsilon}{p_i}} \mathrm{d}u_2 \cdots \mathrm{d}u_n$$

$$\leqslant M_0 \left(N-1\right)^{-\frac{|\lambda_1|\varepsilon}{p_1}} \prod_{i=1}^{n} |\lambda_i|^{-\frac{1}{p_i}} \prod_{i=2}^{n} \left(1+|\lambda_i|\varepsilon\right)^{\frac{1}{p_i}},$$

先令 $\varepsilon \to 0^+$, 再令 $N \to +\infty$, 则有

$$\frac{1}{|\lambda_1|} \int_{\mathbb{R}_+^{n-1}} K\left(1, u_2, \cdots, u_n\right) \prod_{i=2}^{n} u_i^{-\frac{\alpha_i+1}{p_i}} \mathrm{d}u_2 \cdots \mathrm{d}u_n \leqslant M_0 \prod_{i=1}^{n} |\lambda_i|^{-\frac{1}{p_i}},$$

由此可得 $\dfrac{W_1}{|\lambda_1|} \displaystyle\prod_{i=1}^{n} |\lambda_i|^{1/p_i} \leqslant M_0$, 这与 $M_0 < \dfrac{W_1}{|\lambda_1|} \displaystyle\prod_{i=1}^{n} |\lambda_i|^{1/p_i}$ 矛盾, 故 $\dfrac{W_1}{|\lambda_1|} \displaystyle\prod_{i=1}^{n} |\lambda_i|^{1/p_i}$ 是 (9.2.4) 式的最佳常数因子. 证毕.

例 9.2.5　设 $\widetilde{a} = \{a_m\} \in l_3$, $\widetilde{b} = \{b_n\} \in l_3$, $\widetilde{c} = \{c_l\} \in l_3$, $\lambda > 0$, 试讨论: λ 满足什么条件时? 存在常数 $M > 0$, 使

$$\sum_{l=1}^{\infty} \sum_{n=1}^{\infty} \sum_{m=1}^{\infty} \frac{a_m b_n c_l}{(m^2+n^3+l^4)^{\lambda}} \leqslant M \left\|\widetilde{a}\right\|_3 \left\|\widetilde{b}\right\|_3 \left\|\widetilde{c}\right\|_3, \tag{9.2.5}$$

并在 (9.2.5) 式成立时, 求某种特定情况下的最佳常数因子 $\inf M$.

解 记

$$G\left(x_1^{\lambda_1}, x_2^{\lambda_2}, x_3^{\lambda_3}\right) = \frac{1}{\left(x_1^{\lambda_1} + x_2^{\lambda_2} + x_3^{\lambda_3}\right)^\lambda},$$

则 $G\left(u_1, u_2, u_3\right)$ 是 $-\lambda$ 阶齐次非负函数. 因为 $\lambda_1 = 2$, $\lambda_2 = 3$, $\lambda_3 = 4$, $p_1 = p_2 = p_3 = 3$, $\alpha_1 = \alpha_2 = \alpha_3 = 0$, 故

$$c = \lambda_1\left[\sum_{i=1}^3 \frac{\alpha_i + 1}{\lambda_i p_i} - \left(-\lambda + \sum_{i=3}^3 \frac{1}{\lambda_3}\right)\right] = 2\left(\lambda - \frac{13}{18}\right),$$

故 $c \geqslant 0$ 等价于 $\lambda \geqslant \dfrac{13}{18}$. 又因为当 $\lambda \geqslant \dfrac{13}{18}$ 时, 有

$$W_1 = \int_{\mathbb{R}_+^2} G\left(1, u_2^{\lambda_2}, u_3^{\lambda_3}\right) \prod_{i=2}^3 u_i^{-\frac{\alpha_i+1}{p_i}} \mathrm{d}u_2 \mathrm{d}u_3$$

$$= \int_{\mathbb{R}_+^2} \frac{1}{\left(1 + u_2^3 + u_3^4\right)^\lambda} u_2^{-\frac{1}{3}} u_3^{-\frac{1}{3}} \mathrm{d}u_2 \mathrm{d}u_3$$

$$= \frac{\Gamma\left(\frac{2}{9}\right)\Gamma\left(\frac{2}{12}\right)}{3 \times 4 \Gamma\left(\frac{2}{9} + \frac{2}{12}\right)} \int_0^{+\infty} \frac{1}{(1+u)^\lambda} u^{\frac{2}{9}+\frac{2}{12}-1} \mathrm{d}u$$

$$= \frac{\Gamma\left(\frac{2}{9}\right)\Gamma\left(\frac{1}{6}\right)}{12\Gamma\left(\frac{7}{18}\right)} \int_0^{+\infty} \frac{1}{(1+u)^\lambda} u^{\frac{7}{18}-1} \mathrm{d}u$$

$$= \frac{\Gamma\left(\frac{2}{9}\right)\Gamma\left(\frac{1}{6}\right)\Gamma\left(\lambda - \frac{7}{18}\right)}{12\Gamma(\lambda)} < +\infty.$$

同理也有 $W_2 < +\infty$, $W_3 < +\infty$.

因为 $\lambda > 0$, 故

$$\frac{1}{\left(x_1^2 + x_2^3 + x_3^4\right)^\lambda} x_1^{-\frac{1}{3}}, \quad \frac{1}{\left(x_1^2 + x_2^3 + x_3^4\right)^\lambda} x_2^{-\frac{1}{3}}, \quad \frac{1}{\left(x_1^2 + x_2^3 + x_3^4\right)^\lambda} x_3^{-\frac{1}{3}},$$

分别关于 x_1, x_2 和 x_3 在 $(0, +\infty)$ 上递减.

根据定理 9.2.2, 当且仅当 $\lambda \geqslant \dfrac{13}{18}$ 时, 存在常数 $M > 0$, 使 (9.2.5) 式成立, 当

$\lambda = \dfrac{13}{18}$ 时, 在此特定条件下, (9.2.5) 式的最佳常数因子为

$$\inf M = \frac{W_1}{|\lambda_1|} \prod_{i=1}^{3} |\lambda_i|^{\frac{1}{p_i}} = \frac{3\sqrt{3}}{12} \frac{\Gamma\left(\frac{2}{9}\right)\Gamma\left(\frac{1}{6}\right)\Gamma\left(\frac{1}{3}\right)}{\Gamma\left(\frac{13}{18}\right)}.$$

解毕.

例 9.2.6　设 $n \geqslant 2$, $\sum\limits_{i=1}^{n} \dfrac{1}{p_i} = 1$ $(p_i > 1)$, $1 < k < n$, $\lambda > 0$, $\sigma_1 \geqslant 0$, $\sigma_2 \geqslant 0$, $\lambda_i > 0$, $\alpha_i < p_i - 1$ $(i = 1, 2, \cdots, n)$, 且当 $1 \leqslant i \leqslant k$ 时, $\sigma_1 \lambda_i \leqslant \dfrac{\alpha_i + 1}{p_i}$, 当 $k+1 \leqslant i \leqslant n$ 时, $\sigma_2 \lambda_i \leqslant \dfrac{\alpha_i + 1}{p_i}$, 求证: 当 $\sum\limits_{i=1}^{n} \dfrac{\alpha_i + 1}{\lambda_i p_i} = \sigma_1 + \sigma_2 - \lambda + \sum\limits_{i=1}^{n} \dfrac{1}{\lambda_i}$ 时, 有

$$\sum_{m_1=1}^{\infty} \cdots \sum_{m_n=1}^{\infty} \frac{\left(m_1^{\lambda_1} + \cdots + m_k^{\lambda_k}\right)^{\sigma_1} \left(m_{k+1}^{\lambda_{k+1}} + \cdots + m_n^{\lambda_n}\right)^{\sigma_2}}{\left(m_1^{\lambda_1} + \cdots + m_k^{\lambda_k} + m_{k+1}^{\lambda_{k+1}} + \cdots + m_n^{\lambda_n}\right)^{\lambda}} \prod_{i=1}^{n} a_{m_i}^{(i)}$$

$$\leqslant M_0 \prod_{i=1}^{n} \|\widetilde{a}(i)\|_{p_i, \alpha_i},$$

其中 $\widetilde{a}(i) = \left\{a_{m_i}^{(i)}\right\} \in l_{p_i}^{\alpha_i}$ $(i = 1, 2, \cdots, n)$, 常数因子

$$M_0 = \prod_{i=1}^{n} \lambda_i^{\frac{1}{p_i} - 1} \prod_{i=1}^{n} \Gamma\left(\frac{1}{\lambda_i}\left(1 - \frac{\alpha_i + 1}{p_i}\right)\right) \frac{1}{\Gamma(\lambda)}$$

$$\times \frac{\Gamma\left(\sigma_1 + \sum\limits_{i=1}^{k} \frac{1}{\lambda_i}\left(1 - \frac{\alpha_i + 1}{p_i}\right)\right) \Gamma\left(\sigma_2 + \sum\limits_{i=k+1}^{n} \frac{1}{\lambda_i}\left(1 - \frac{\alpha_i + 1}{p_i}\right)\right)}{\Gamma\left(\sum\limits_{i=1}^{k} \frac{1}{\lambda_i}\left(1 - \frac{\alpha_i + 1}{p_i}\right)\right) \Gamma\left(\sum\limits_{i=k+1}^{n} \frac{1}{\lambda_i}\left(1 - \frac{\alpha_i + 1}{p_i}\right)\right)}$$

是最佳的.

证明　记

$$G\left(x_1^{\lambda_1}, \cdots, x_n^{\lambda_n}\right) = \frac{\left(x_1^{\lambda_1} + \cdots + x_k^{\lambda_k}\right)^{\sigma_1} \left(x_{k+1}^{\lambda_{k+1}} + \cdots + x_n^{\lambda_n}\right)^{\sigma_2}}{\left(x_1^{\lambda_1} + \cdots + x_k^{\lambda_k} + x_{k+1}^{\lambda_{k+1}} + \cdots + x_n^{\lambda_n}\right)^{\lambda}},$$

则 $G(u_1, \cdots, u_n)$ 是 $\sigma_1 + \sigma_2 - \lambda$ 阶齐次非负函数.

因为当 $1 \leqslant i \leqslant k$ 时, 若 $\sigma_1 > 0$, 则有

$$
G\left(x_1^{\lambda_1}, \cdots, x_i^{\lambda_i}, \cdots, x_n^{\lambda_n}\right) x_i^{-(\alpha_i+1)/p_i}
$$

$$
= \frac{\left(x_1^{\lambda_1} x_i^{-(\alpha_i+1)/(\sigma_1 p_i)} + \cdots + x_i^{\lambda_i - (\alpha_i+1)/(\sigma_1 p_i)} + \cdots + x_k^{\lambda_k} x_i^{-(\alpha_i+1)/(\sigma_1 p_i)}\right)^{\sigma_1}}{\left(x_1^{\lambda_1} + \cdots + x_i^{\lambda_i} + \cdots + x_n^{\lambda_n}\right)^{\lambda}}
$$

$$
\times \left(x_{k+1}^{\lambda_{k+1}} + \cdots + x_n^{\lambda_n}\right)^{\sigma_2}.
$$

而 $\lambda > 0$, $\sigma_1 > 0$, $\lambda_i - \dfrac{\alpha_i + 1}{\sigma_1 p_i} \leqslant 0$, 故此时的 $G\left(x_1^{\lambda_1}, \cdots, x_n^{\lambda_n}\right) x_i^{-(\alpha_i+1)/p_i}$ 关于 x_i 在 $(0, +\infty)$ 上递减.

同样地, 当 $k+1 \leqslant i \leqslant n$ 时, 若 $\sigma_2 > 0$, 也有 $G\left(x_1^{\lambda_1}, \cdots, x_n^{\lambda_n}\right) x_i^{-(\alpha_i+1)/p_i}$ 关于 x_i 在 $(0, +\infty)$ 上递减. 若 $\sigma_1 = \sigma_2 = 0$ 时, 显然 $G\left(x_1^{\lambda_1}, \cdots, x_n^{\lambda_n}\right) x_i^{-(\alpha_i+1)/p_i}$ 关于 x_i 在 $(0, +\infty)$ 上递减.

由于 $\displaystyle\sum_{i=1}^{n} \frac{\alpha_i + 1}{\lambda_i p_i} = \sigma_1 + \sigma_2 - \lambda + \sum_{i=1}^{n} \frac{1}{\lambda_i}$, 由定理 1.7.1, 不妨设 $k \geqslant 2$, 计算可得

$$
W_1 = \int_{\mathbb{R}_+^{n-1}} G\left(1, t_2^{\lambda_2}, \cdots, t_n^{\lambda_n}\right) \prod_{i=2}^{n} t_i^{-\frac{\alpha_i+1}{p_i}} \, \mathrm{d}t_2 \cdots \mathrm{d}t_n
$$

$$
= \int_{\mathbb{R}_+^{n-1}} \frac{\left(1 + t_2^{\lambda_2} + \cdots + t_k^{\lambda_k}\right)^{\sigma_1} \left(t_{k+1}^{\lambda_{k+1}} + \cdots + t_n^{\lambda_n}\right)^{\sigma_2}}{\left(1 + t_2^{\lambda_2} + \cdots + t_k^{\lambda_k} + t_{k+1}^{\lambda_{k+1}} + \cdots + t_n^{\lambda_n}\right)^{\lambda}} \prod_{i=2}^{n} t_i^{-\frac{\alpha_i+1}{p_i}} \, \mathrm{d}t_2 \cdots \mathrm{d}t_n
$$

$$
= \frac{\displaystyle\prod_{i=2}^{k} \Gamma\left(\frac{1}{\lambda_i}\left(1 - \frac{\alpha_i+1}{p_i}\right)\right)}{\lambda_2 \cdots \lambda_k \Gamma\left(\displaystyle\sum_{i=2}^{n} \frac{1}{\lambda_i}\left(1 - \frac{\alpha_i+1}{p_i}\right)\right)}
$$

$$
\times \int_0^{+\infty} \int_{\mathbb{R}_+^{n-k}} \frac{(1+u_1)^{\sigma_1} \left(t_{k+1}^{\lambda_{k+1}} + \cdots + t_n^{\lambda_n}\right)^{\sigma_2}}{\left(1 + u_1 + t_{k+1}^{\lambda_{k+1}} + \cdots + t_n^{\lambda_n}\right)^{\lambda}}
$$

$$
\times \prod_{i=k+1}^{n} t_i^{-\frac{\alpha_i+1}{p_i}} \, u_1^{\sum_{i=2}^{k} \frac{1}{\lambda_i}\left(1 - \frac{\alpha_i+1}{p_i}\right) - 1} \, \mathrm{d}t_{k+1} \cdots \mathrm{d}t_n \mathrm{d}u_1
$$

$$= \frac{\prod\limits_{i=2}^{k} \Gamma\left(\frac{1}{\lambda_i}\left(1 - \frac{\alpha_i+1}{p_i}\right)\right)}{\lambda_2\cdots\lambda_k \Gamma\left(\sum\limits_{i=2}^{n} \frac{1}{\lambda_i}\left(1 - \frac{\alpha_i+1}{p_i}\right)\right)} \frac{\prod\limits_{i=k+1}^{n} \Gamma\left(\frac{1}{\lambda_i}\left(1 - \frac{\alpha_i+1}{p_i}\right)\right)}{\lambda_{k+1}\cdots\lambda_n \Gamma\left(\sum\limits_{i=k+1}^{n} \frac{1}{\lambda_i}\left(1 - \frac{\alpha_i+1}{p_i}\right)\right)}$$

$$\times \int_0^{+\infty}\int_0^{+\infty} \frac{(1+u_1)^{\sigma_1} u_2^{\sigma_2}}{(1+u_1+u_2)^{\lambda}} u_1^{\sum\limits_{i=2}^{k}\frac{1}{\lambda_i}\left(1-\frac{\alpha_i+1}{p_i}\right)-1} u_2^{\sum\limits_{i=k+1}^{n}\frac{1}{\lambda_i}\left(1-\frac{\alpha_i+1}{p_i}\right)-1}\, \mathrm{d}u_1 \mathrm{d}u_2$$

$$= \frac{\prod\limits_{i=2}^{n} \Gamma\left(\frac{1}{\lambda_i}\left(1 - \frac{\alpha_i+1}{p_i}\right)\right)}{\lambda_2\cdots\lambda_n \Gamma\left(\sum\limits_{i=2}^{k} \frac{1}{\lambda_i}\left(1 - \frac{\alpha_i+1}{p_i}\right)\right) \Gamma\left(\sum\limits_{i=k+1}^{n} \frac{1}{\lambda_i}\left(1 - \frac{\alpha_i+1}{p_i}\right)\right)}$$

$$\times \int_0^{+\infty}\int_0^{+\infty} \frac{(1+u_1)^{\sigma_1} u_2^{\sigma_2}}{(1+u_1+u_2)^{\lambda}} u_1^{\sum\limits_{i=2}^{k}\frac{1}{\lambda_i}\left(1-\frac{\alpha_i+1}{p_i}\right)-1} u_2^{\sum\limits_{i=k+1}^{n}\frac{1}{\lambda_i}\left(1-\frac{\alpha_i+1}{p_i}\right)-1}\, \mathrm{d}u_1 \mathrm{d}u_2.$$

为方便计, 我们记 $\sum\limits_{i=2}^{k} \frac{1}{\lambda_i}\left(1 - \frac{\alpha_i+1}{p_i}\right) = a_1$, $\sum\limits_{i=k+1}^{n} \frac{1}{\lambda_i}\left(1 - \frac{\alpha_i+1}{p_i}\right) = a_2$. 作变换 $\frac{1}{u_2} = v_1$, $\frac{u_1}{u_2} = v_2$, 即 $u_1 = \frac{v_2}{v_1}$, $u_2 = \frac{1}{v_1}$, 有

$$\int_0^{+\infty}\int_0^{+\infty} \frac{(1+u_1)^{\sigma_1} u_2^{\sigma_2}}{(1+u_1+u_2)^{\lambda}} u_1^{\sum\limits_{i=2}^{k}\frac{1}{\lambda_i}\left(1-\frac{\alpha_i+1}{p_i}\right)-1} u_2^{\sum\limits_{i=k+1}^{n}\frac{1}{\lambda_i}\left(1-\frac{\alpha_i+1}{p_i}\right)-1}\, \mathrm{d}u_1 \mathrm{d}u_2$$

$$= \int_0^{+\infty}\int_0^{+\infty} \frac{(1/u_2 + u_1/u_2)^{\sigma_1}}{(1/u_2 + u_1/u_2 + 1)^{\lambda}} u_1^{a_1-1} u_2^{\sigma_1+\sigma_2-\lambda+a_2-1}\, \mathrm{d}u_1 \mathrm{d}u_2$$

$$= \int_0^{+\infty}\int_0^{+\infty} \frac{(v_1+v_2)^{\sigma_1}}{(v_1+v_2+1)^{\lambda}} v_1^{\lambda-\sigma_1-\sigma_2-a_1-a_2-1} v_2^{a_1-1}\, \mathrm{d}v_1 \mathrm{d}v_2$$

$$= \frac{\Gamma(a_1)\Gamma(\lambda-\sigma_1-\sigma_2-a_1-a_2)}{\Gamma(\lambda-\sigma_1-\sigma_2-a_2)} \int_0^{+\infty} \frac{1}{(u+1)^{\lambda}} u^{\lambda-\sigma_2-a_2-1}\, \mathrm{d}u$$

$$= \frac{\Gamma(a_1)\Gamma(\lambda-\sigma_1-\sigma_2-a_1-a_2)}{\Gamma(\lambda-\sigma_1-\sigma_2-a_2)} \cdot \frac{\Gamma(\lambda-\sigma_2-a_2)\Gamma(\sigma_2+a_2)}{\Gamma(\lambda)}$$

$$= \frac{\Gamma\left(\sum\limits_{i=2}^{k} \frac{1}{\lambda_i}\left(1 - \frac{\alpha_i+1}{p_i}\right)\right) \Gamma\left(\frac{1}{\lambda_1}\left(1 - \frac{\alpha_1+1}{p_1}\right)\right)}{\Gamma(\lambda)\Gamma\left(\sum\limits_{i=1}^{k} \frac{1}{\lambda_i}\left(1 - \frac{\alpha_i+1}{p_i}\right)\right)}$$

$$\times \Gamma\left(\sigma_1 + \sum_{i=1}^{k} \frac{1}{\lambda_i}\left(1 - \frac{\alpha_i+1}{p_i}\right)\right)\Gamma\left(\sigma_2 + \sum_{i=k+1}^{n} \frac{1}{\lambda_i}\left(1 - \frac{\alpha_i+1}{p_i}\right)\right)$$

于是得到

$$W_1 = \frac{\prod_{i=1}^{n}\Gamma\left(\frac{1}{\lambda_i}\left(1 - \frac{\alpha_i+1}{p_i}\right)\right)}{\lambda_2 \cdots \lambda_n \Gamma(\lambda)}$$

$$\times \frac{\Gamma\left(\sigma_1 + \sum_{i=1}^{k}\frac{1}{\lambda_i}\left(1 - \frac{\alpha_i+1}{p_i}\right)\right)\Gamma\left(\sigma_2 + \sum_{i=k+1}^{n}\frac{1}{\lambda_i}\left(1 - \frac{\alpha_i+1}{p_i}\right)\right)}{\Gamma\left(\sum_{i=1}^{k}\frac{1}{\lambda_i}\left(1 - \frac{\alpha_i+1}{p_i}\right)\right)\Gamma\left(\sum_{i=k+1}^{n}\frac{1}{\lambda_i}\left(1 - \frac{\alpha_i+1}{p_i}\right)\right)} < +\infty,$$

所以

$$\frac{W_1}{\lambda_1}\prod_{i=1}^{n}\lambda_i^{\frac{1}{p_i}} = \prod_{i=1}^{n}\lambda_i^{\frac{1}{p_i}-1}\prod_{i=1}^{n}\Gamma\left(\frac{1}{\lambda_i}\left(1 - \frac{\alpha_i+1}{p_i}\right)\right)\frac{1}{\Gamma(\lambda)}$$

$$\times \frac{\Gamma\left(\sigma_1 + \sum_{i=1}^{k}\frac{1}{\lambda_i}\left(1 - \frac{\alpha_i+1}{p_i}\right)\right)\Gamma\left(\sigma_2 + \sum_{i=k+1}^{n}\frac{1}{\lambda_i}\left(1 - \frac{\alpha_i+1}{p_i}\right)\right)}{\Gamma\left(\sum_{i=1}^{k}\frac{1}{\lambda_i}\left(1 - \frac{\alpha_i+1}{p_i}\right)\right)\Gamma\left(\sum_{i=k+1}^{n}\frac{1}{\lambda_i}\left(1 - \frac{\alpha_i+1}{p_i}\right)\right)}$$

$$= M_0.$$

根据定理 9.2.2, 知本例结论成立. 证毕.

在例 9.2.6 中, 取 $\sigma_1 = \sigma_2 = 0$, 则可得:

例 9.2.7 设 $n \geqslant 2$, $\sum_{i=1}^{n}\frac{1}{p_i} = 1$ $(p_i > 1)$, $\lambda > 0$, $\lambda_i > 0$, $\alpha_i < p_i - 1$, 则当

$$\sum_{i=1}^{n}\frac{\alpha_i+1}{\lambda_i p_i} = -\lambda + \sum_{i=1}^{n}\frac{1}{\lambda_i} \text{ 时, 有}$$

$$\sum_{m_1=1}^{\infty}\cdots\sum_{m_n=1}^{\infty}\frac{1}{\left(m_1^{\lambda_1}+\cdots+m_n^{\lambda_n}\right)^{\lambda}}\prod_{i=1}^{n}a_{m_i}^{(i)} \leqslant M_0\prod_{i=1}^{n}\|\widetilde{a}(i)\|_{p_i,\alpha_i},$$

其中 $\widetilde{a}(i) = \{a_{m_i}^{(i)}\} \in l_{p_i}^{\alpha_i}$ $(i=1,2,\cdots,n)$, 常数因子

$$M_0 = \frac{1}{\Gamma(\lambda)}\prod_{i=1}^{n}\lambda_i^{\frac{1}{p_i}-1}\prod_{i=1}^{n}\Gamma\left(\frac{1}{\lambda_1}\left(1 - \frac{\alpha_i+1}{p_i}\right)\right)$$

是最佳值.

在例 9.2.6 中, 取 $\alpha_i = 0$ $(i = 1, 2, \cdots, n)$, 则可得:

例 9.2.8　设 $n \geqslant 2$, $\sum\limits_{i=1}^{n} \dfrac{1}{p_i} = 1$ $(p_i > 1)$, $1 < k < n$, $\lambda > 0$, $\sigma_1 \geqslant 0$, $\sigma_2 \geqslant 0$,

$\lambda_i > 0$, $\dfrac{1}{p_i} \geqslant \max\{\sigma_1\lambda_i, \sigma_2\lambda_i\}$ $(i = 1, 2, \cdots, n)$, 则当 $\sum\limits_{i=1}^{n} \dfrac{1}{\lambda_i}\left(1 - \dfrac{1}{p_i}\right) = \lambda - \sigma_1 - \sigma_2$

时, 有

$$\sum_{m_1=1}^{\infty} \cdots \sum_{m_n=1}^{\infty} \frac{\left(m_1^{\lambda_1} + \cdots + m_k^{\lambda_k}\right)^{\sigma_1}\left(m_{k+1}^{\lambda_{k+1}} + \cdots + m_n^{\lambda_n}\right)^{\sigma_2}}{\left(m_1^{\lambda_1} + \cdots + m_k^{\lambda_k} + m_{k+1}^{\lambda_{k+1}} + \cdots + m_n^{\lambda_n}\right)^{\lambda}} \prod_{i=1}^{n} a_{m_i}^{(i)} \leqslant M_0 \prod_{i=1}^{n} \|\widetilde{a}(i)\|_{p_i},$$

其中 $\widetilde{a}(i) = \left\{a_{m_i}^{(i)}\right\} \in l_{p_i}$ $(i = 1, 2, \cdots, n)$, 常数因子

$$M_0 = \frac{1}{\Gamma(\lambda)} \prod_{i=1}^{n} \lambda_i^{\frac{1}{p_i}-1} \prod_{i=1}^{n} \Gamma\left(\frac{1}{\lambda_i}\left(1 - \frac{1}{p_i}\right)\right)$$

$$\times \frac{\Gamma\left(\sigma_1 + \sum\limits_{i=1}^{k} \dfrac{1}{\lambda_i}\left(1 - \dfrac{1}{p_i}\right)\right) \Gamma\left(\sigma_2 + \sum\limits_{i=k+1}^{n} \dfrac{1}{\lambda_i}\left(1 - \dfrac{1}{p_i}\right)\right)}{\Gamma\left(\sum\limits_{i=1}^{k} \dfrac{1}{\lambda_i}\left(1 - \dfrac{1}{p_i}\right)\right) \Gamma\left(\sum\limits_{i=k+1}^{n} \dfrac{1}{\lambda_i}\left(1 - \dfrac{1}{p_i}\right)\right)}$$

是最佳值.

例 9.2.9　设 $n \geqslant 2$, $\sum\limits_{i=1}^{n} \dfrac{1}{p_i} = 1$ $(p_i > 1)$, $1 < k < n$, $\lambda > 0$, $\sigma_1 \geqslant 0$,

$\sigma_2 \geqslant 0$, $\lambda_i > 0$, $\alpha_i < p_i - 1$ $(i = 1, 2, \cdots, n)$, $\sigma_1\lambda_i \leqslant \dfrac{\alpha_i + 1}{p_i}$ $(1 \leqslant i \leqslant k)$, $\sigma_2\lambda_i \leqslant$

$\dfrac{\alpha_i + 1}{p_i}$ $(k + 1 \leqslant i \leqslant n)$, 求证: 当 $\sum\limits_{i=1}^{n} \dfrac{\alpha_i + 1}{\lambda_i p_i} = \sigma_1 + \sigma_2 - \lambda + \sum\limits_{i=1}^{n} \dfrac{1}{\lambda_i}$ 时, 有

$$\sum_{m_1=1}^{\infty} \cdots \sum_{m_n=1}^{\infty} \frac{\left(m_1^{\lambda_1} + \cdots + m_k^{\lambda_k}\right)^{\sigma_1}\left(m_{k+1}^{\lambda_{k+1}} + \cdots + m_n^{\lambda_n}\right)^{\sigma_2}}{\left(\max\left\{m_1^{\lambda_1} + \cdots + m_k^{\lambda_k}, m_{k+1}^{\lambda_{k+1}} + \cdots + m_n^{\lambda_n}\right\}\right)^{\lambda}} \prod_{i=1}^{n} a_{m_i}^{(i)}$$

$$\leqslant M_0 \prod_{i=1}^{n} \|\widetilde{a}(i)\|_{p_i, \alpha_i},$$

其中 $\widetilde{a}\,(i) = \left\{a_{m_i}^{(i)}\right\} \in l_{p_i}^{\alpha_i}$ $(i = 1, 2, \cdots, n)$, 常数因子

$$M_0 = \prod_{i=1}^{n} \lambda_i^{\frac{1}{p_i} - 1} \prod_{i=1}^{n} \Gamma\left(\frac{1}{\lambda_i}\left(1 - \frac{\alpha_i + 1}{p_i}\right)\right)$$

$$\times \frac{1}{\Gamma\left(\sum_{i=1}^{k} \frac{1}{\lambda_i}\left(1 - \frac{\alpha_i + 1}{p_i}\right)\right) \Gamma\left(\sum_{i=k+1}^{n} \frac{1}{\lambda_i}\left(1 - \frac{\alpha_i + 1}{p_i}\right)\right)}$$

$$\times \left[\left(\sigma_1 + \sum_{i=1}^{k} \frac{1}{\lambda_i}\left(1 - \frac{\alpha_i + 1}{p_i}\right)\right)^{-1} + \left(\sigma_2 + \sum_{i=k+1}^{n} \frac{1}{\lambda_i}\left(1 - \frac{\alpha_i + 1}{p_i}\right)\right)^{-1}\right]$$

是最佳值.

证明 令

$$G\left(x_1^{\lambda_1}, \cdots, x_n^{\lambda_n}\right) = \frac{\left(x_1^{\lambda_1} + \cdots + x_k^{\lambda_k}\right)^{\sigma_1} \left(x_{k+1}^{\lambda_{k+1}} + \cdots + x_n^{\lambda_n}\right)^{\sigma_2}}{\left(\max\left\{x_1^{\lambda_1} + \cdots + x_k^{\lambda_k}, x_{k+1}^{\lambda_{k+1}} + \cdots + x_n^{\lambda_n}\right\}\right)^{\lambda}},$$

则 $G\,(u_1, \cdots, u_n)$ 是 $\sigma_1 + \sigma_2 - \lambda$ 阶齐次非负函数.

由已知条件, 用类似于例 9.2.6 的证明方法可知, 对每个 $i = 1, 2, \cdots, n$,

$$G\left(x_1^{\lambda_1}, \cdots, x_i^{\lambda_i}, \cdots, x_n^{\lambda_n}\right) x_i^{-\frac{\alpha_i + 1}{p_i}}$$

$$= \frac{\left(x_1^{\lambda_1} + \cdots + x_k^{\lambda_k}\right)^{\sigma_1} \left(x_{k+1}^{\lambda_{k+1}} + \cdots + x_n^{\lambda_n}\right)^{\sigma_2}}{\left(\max\left\{x_1^{\lambda_1} + \cdots + x_k^{\lambda_k}, x_{k+1}^{\lambda_{k+1}} + \cdots + x_n^{\lambda_n}\right\}\right)^{\lambda}} x_i^{-\frac{\alpha_i + 1}{p_i}}$$

关于 x_i 在 $(0, +\infty)$ 上递减. 又因为

$$W_1 = \int_{\mathbb{R}_+^{n-1}} G\left(1, t_2^{\lambda_2}, \cdots, t_n^{\lambda_n}\right) \prod_{i=2}^{n} t_i^{-\frac{\alpha_i + 1}{p_i}} \, \mathrm{d}t_2 \cdots \mathrm{d}t_n$$

$$= \int_{\mathbb{R}_+^{n-1}} \frac{\left(1 + t_2^{\lambda_2} + \cdots + t_k^{\lambda_k}\right)^{\sigma_1} \left(t_{k+1}^{\lambda_{k+1}} + \cdots + t_n^{\lambda_n}\right)^{\sigma_2}}{\left(\max\left\{1 + t_2^{\lambda_2} + \cdots + t_k^{\lambda_k}, t_{k+1}^{\lambda_{k+1}} + \cdots + t_n^{\lambda_n}\right\}\right)^{\lambda}} \prod_{i=2}^{n} t_i^{-\frac{\alpha_i + 1}{p_i}} \, \mathrm{d}t_2 \cdots \mathrm{d}t_n$$

$$= \frac{\prod_{i=2}^{k} \Gamma\left(\frac{1}{\lambda_i}\left(1 - \frac{\alpha_i + 1}{p_i}\right)\right)}{\lambda_2 \cdots \lambda_k \Gamma\left(\sum_{i=2}^{k} \frac{1}{\lambda_i}\left(1 - \frac{\alpha_i + 1}{p_i}\right)\right)}$$

$$\times \int_0^{+\infty} \int_{\mathbb{R}_+^{n-k}} \frac{(1+u_1)^{\sigma_1} \left(t_{k+1}^{\lambda_{k+1}} + \cdots + t_n^{\lambda_n}\right)^{\sigma_2}}{\left(\max\left\{1+u_1, t_{k+1}^{\lambda_{k+1}} + \cdots + t_n^{\lambda_n}\right\}\right)^{\lambda}}$$

$$\times \prod_{i=k+1}^{n} t_i^{-\frac{\alpha_i+1}{p_i}} u_1^{\sum\limits_{i=2}^{k} \frac{1}{\lambda_i}\left(1-\frac{\alpha_i+1}{p_i}\right)-1} \mathrm{d}t_{k+1}\cdots \mathrm{d}t_n \mathrm{d}u_1$$

$$= \frac{\prod\limits_{i=2}^{k} \Gamma\left(\frac{1}{\lambda_i}\left(1-\frac{\alpha_i+1}{p_i}\right)\right)}{\lambda_2\cdots\lambda_k \Gamma\left(\sum\limits_{i=2}^{k}\frac{1}{\lambda_i}\left(1-\frac{\alpha_i+1}{p_i}\right)\right)} \frac{\prod\limits_{i=k+1}^{n} \Gamma\left(\frac{1}{\lambda_i}\left(1-\frac{\alpha_i+1}{p_i}\right)\right)}{\lambda_{k+1}\cdots\lambda_n \Gamma\left(\sum\limits_{i=k+1}^{n}\frac{1}{\lambda_i}\left(1-\frac{\alpha_i+1}{p_i}\right)\right)}$$

$$\times \int_0^{+\infty} \int_0^{+\infty} \frac{(1+u_1)^{\sigma_1} u_2^{\sigma_2}}{(\max\{1+u_1, u_2\})^{\lambda}} u_1^{\sum\limits_{i=2}^{k}\frac{1}{\lambda_i}\left(1-\frac{\alpha_i+1}{p_i}\right)-1} u_2^{\sum\limits_{i=k+1}^{n}\frac{1}{\lambda_i}\left(1-\frac{\alpha_i+1}{p_i}\right)-1} \mathrm{d}u_1 \mathrm{d}u_2$$

$$= \frac{\prod\limits_{i=2}^{n} \Gamma\left(\frac{1}{\lambda_i}\left(1-\frac{\alpha_i+1}{p_i}\right)\right)}{\lambda_2\cdots\lambda_n \Gamma\left(\sum\limits_{i=2}^{k}\frac{1}{\lambda_i}\left(1-\frac{\alpha_i+1}{p_i}\right)\right) \Gamma\left(\sum\limits_{i=k+1}^{n}\frac{1}{\lambda_i}\left(1-\frac{\alpha_i+1}{p_i}\right)\right)}$$

$$\times \int_0^{+\infty} \int_0^{+\infty} \frac{(1+u_1)^{\sigma_1} u_2^{\sigma_2}}{(\max\{1+u_1, u_2\})^{\lambda}} u_1^{\sum\limits_{i=2}^{k}\frac{1}{\lambda_i}\left(1-\frac{\alpha_i+1}{p_i}\right)-1} u_2^{\sum\limits_{i=k+1}^{n}\frac{1}{\lambda_i}\left(1-\frac{\alpha_i+1}{p_i}\right)-1} \mathrm{d}u_1 \mathrm{d}u_2.$$

记 $\sum\limits_{i=2}^{k}\frac{1}{\lambda_i}\left(1-\frac{\alpha_i+1}{p_i}\right) = a_1$, $\sum\limits_{i=k+1}^{k}\frac{1}{\lambda_i}\left(1-\frac{\alpha_i+1}{p_i}\right) = a_2$, 则

$$\int_0^{+\infty} \int_0^{+\infty} \frac{(1+u_1)^{\sigma_1} u_2^{\sigma_2}}{(\max\{1+u_1, u_2\})^{\lambda}} u_1^{\sum\limits_{i=2}^{k}\frac{1}{\lambda_i}\left(1-\frac{\alpha_i+1}{p_i}\right)-1} u_2^{\sum\limits_{i=k+1}^{n}\frac{1}{\lambda_i}\left(1-\frac{\alpha_i+1}{p_i}\right)-1} \mathrm{d}u_1 \mathrm{d}u_2$$

$$= \int_0^{+\infty} \int_0^{+\infty} \frac{(1+u_1)^{\sigma_1} u_2^{\sigma_2}}{(\max\{1+u_1, u_2\})^{\lambda}} u_1^{a_1-1} u_2^{a_2-1} \mathrm{d}u_1 \mathrm{d}u_2$$

$$= \int_0^{+\infty} \int_0^{+\infty} \frac{(1/u_2 + u_1/u_2)^{\sigma_1}}{(\max\{1/u_2 + u_1/u_2, 1\})^{\lambda}} u_1^{a_1-1} u_2^{\sigma_1+\sigma_2-\lambda+a_2-1} \mathrm{d}u_1 \mathrm{d}u_2$$

$$= \int_0^{+\infty} \int_0^{+\infty} \frac{(v_1+v_2)^{\sigma_1}}{(\max\{v_1+v_2, 1\})^{\lambda}} v_1^{\lambda-\sigma_1-\sigma_2-a_1-a_2-1} v_2^{a_1-1} \mathrm{d}v_1 \mathrm{d}v_2$$

$$= \frac{\Gamma(a_1)\Gamma(\lambda-\sigma_1-\sigma_2-a_1-a_2)}{\Gamma(\lambda-\sigma_1-\sigma_2-a_2)} \int_0^{+\infty} \frac{1}{(\max\{u, 1\})^{\lambda}} u^{\lambda-\sigma_2-a_2-1} \mathrm{d}u$$

$$= \frac{\Gamma(a_1)\Gamma(\lambda - \sigma_1 - \sigma_2 - a_1 - a_2)}{\Gamma(\lambda - \sigma_1 - \sigma_2 - a_2)} \left(\int_0^1 u^{\lambda - \sigma_2 - a_2 - 1} \mathrm{d}u + \int_1^{+\infty} u^{-\sigma_2 - a_2 - 1} \mathrm{d}u \right)$$

$$= \frac{\Gamma(a_1)\Gamma(\lambda - \sigma_1 - \sigma_2 - a_1 - a_2)}{\Gamma(\lambda - \sigma_1 - \sigma_2 - a_2)} \left(\frac{1}{\lambda - \sigma_2 - a_2} + \frac{1}{\sigma_2 + a_2} \right)$$

$$= \frac{\Gamma\left(\sum_{i=2}^k \frac{1}{\lambda_i} \left(1 - \frac{\alpha_i + 1}{p_i} \right) \right) \Gamma\left(\frac{1}{\lambda_1} \left(1 - \frac{\alpha_1 + 1}{p_1} \right) \right)}{\Gamma\left(\sum_{i=1}^k \frac{1}{\lambda_i} \left(1 - \frac{\alpha_i + 1}{p_i} \right) \right)}$$

$$\times \left[\left(\sigma_1 + \sum_{i=1}^k \frac{1}{\lambda_i} \left(1 - \frac{\alpha_i + 1}{p_i} \right) \right)^{-1} + \left(\sigma_2 + \sum_{i=k+1}^n \frac{1}{\lambda_i} \left(1 - \frac{\alpha_i + 1}{p_i} \right) \right)^{-1} \right],$$

于是有

$$\frac{1}{\lambda_1} W_1 = \frac{\prod_{i=1}^n \Gamma\left(\frac{1}{\lambda_i} \left(1 - \frac{\alpha_i + 1}{p_i} \right) \right)}{\lambda_1 \cdots \lambda_n \Gamma\left(\sum_{i=1}^k \frac{1}{\lambda_i} \left(1 - \frac{\alpha_i + 1}{p_i} \right) \right) \Gamma\left(\sum_{i=k+1}^n \frac{1}{\lambda_i} \left(1 - \frac{\alpha_i + 1}{p_i} \right) \right)}$$

$$\times \left[\left(\sigma_1 + \sum_{i=1}^k \frac{1}{\lambda_i} \left(1 - \frac{\alpha_i + 1}{p_i} \right) \right)^{-1} + \left(\sigma_2 + \sum_{i=k+1}^n \frac{1}{\lambda_i} \left(1 - \frac{\alpha_i + 1}{p_i} \right) \right)^{-1} \right].$$

根据定理 9.2.2 知, 本例结论成立. 证毕.

9.3　n 重级数 Hilbert 型不等式的应用

设 $n \geqslant 2$, $\sum_{i=1}^n \frac{1}{p_i} = 1$ $(p_i > 1)$, $q_n = \left(\sum_{i=1}^{n-1} \frac{1}{p_i} \right)^{-1}$, $\alpha_i \in \mathbb{R}$, 定义 $l_{p_i}^{\alpha_i}$ $(i = 1, 2, \cdots, n-1)$ 的乘积空间为

$$\prod_{i=1}^{n-1} l_{p_i}^{\alpha_i} = \left\{ (\tilde{a}(1), \cdots, \tilde{a}(n-1)) : \tilde{a}(i) = \left\{ a_{m_i}^{(i)} \right\} \in l_{p_i}^{\alpha_i},\ i = 1, \cdots, n-1 \right\},$$

定义 $\prod_{i=1}^{n-1} l_{p_i}^{\alpha_i}$ 上的多重级数算 $T: \prod_{i=1}^{n-1} l_{p_i}^{\alpha_i} \to l_{q_n}^{\alpha_n}$ 为

$$T\left(\widetilde{a}\left(1\right),\cdots,\widetilde{a}\left(n-1\right)\right)_{m_n}=\sum_{m_1=1}^{\infty}\cdots\sum_{m_{n-1}=1}^{\infty}K\left(m_1,\cdots,m_{n-1},m_n\right)\prod_{i=1}^{n-1}a_{m_i}^{(i)},$$

其中 $K\left(m_1,\cdots,m_n\right)\geqslant 0,\left(\widetilde{a}\left(1\right),\cdots,\widetilde{a}\left(n-1\right)\right)\in\prod_{i=1}^{n-1}l_{p_i}^{\alpha_i}.$

由 $\dfrac{1}{q_n}+\dfrac{1}{p_n}=1$ $(p_n>1)$, 我们不难证明下面的两个不等式等价:

$$\sum_{m_1=1}^{\infty}\cdots\sum_{m_n=1}^{\infty}K\left(m_1,\cdots,m_{n-1},m_n\right)\prod_{i=1}^{n}a_{m_i}^{(i)}\leqslant M\prod_{i=1}^{n}\|\widetilde{a}\left(i\right)\|_{p_i,\alpha_i},\qquad(9.3.1)$$

$$\|T\left(\widetilde{a}\left(1\right),\cdots,\widetilde{a}\left(n-1\right)\right)\|_{q_n,\alpha_n(1-q_n)}=M\prod_{i=1}^{n-1}\|\widetilde{a}\left(i\right)\|_{p_i,\alpha_i}.\qquad(9.3.2)$$

若 (9.3.2) 式成立, 我们称 T 是有界算子, T 的算子范数定义为

$$\|T\|=\sup\left\{\frac{\|T\left(\widetilde{a}\left(1\right),\cdots,\widetilde{a}\left(n-1\right)\right)\|_{q_n,\alpha_n(1-q_n)}}{\displaystyle\prod_{i=1}^{n-1}\|\widetilde{a}\left(i\right)\|_{p_i,\alpha_i}}:\widetilde{a}\left(i\right)\in l_{p_i}^{\alpha_i},\|\widetilde{a}\left(i\right)\|_{p_i,\alpha_i}\neq 0\right\}.$$

根据定理 9.2.2, 可得如下的等价定理:

定理 9.3.1 设 $n\geqslant 2,\displaystyle\sum_{i=1}^{n}\frac{1}{p_i}=1$ $(p_i>1)$, $q_n=\left(\displaystyle\sum_{i=1}^{n-1}\frac{1}{p_i}\right)^{-1}$, $\lambda\in\mathbb{R}$, $\alpha_i\in\mathbb{R}$, $\lambda_i\lambda_j>0$ $(i,j=1,2,\cdots,n)$, $G\left(u_1,\cdots,u_n\right)$ 是 λ 阶齐次非负函数, $\lambda_1\left[\displaystyle\sum_{i=1}^{n}\frac{\alpha_i+1}{\lambda_ip_i}-\left(\lambda+\displaystyle\sum_{i=1}^{n}\frac{1}{\lambda_i}\right)\right]=c$, 每个 $G\left(x_1^{\lambda_1},\cdots,x_i^{\lambda_i},\cdots,x_n^{\lambda_n}\right)x_i^{-(\alpha_i+1)/p_i}$ 关于 x_i 都在 $(0,+\infty)$ 上递减, 且

$$W_j=\int_{\mathbb{R}_+^{n-1}}G\left(t_1^{\lambda_1},\cdots,t_{j-1}^{\lambda_{j-1}},1,\,t_{j+1}^{\lambda_{j+1}},\cdots,t_n^{\lambda_n}\right)$$

$$\times\prod_{i\neq j}^{n}t_i^{-\frac{\alpha_i+1}{p_i}}\mathrm{d}t_1\cdots\mathrm{d}t_{j-1}\mathrm{d}t_{j+1}\cdots\mathrm{d}t_n\,(j=1,2,\cdots,n)$$

都收敛, 那么

(i) 当且仅当 $c\geqslant 0$ 时, 多重级数算子:

$$T\left(\widetilde{a}\left(1\right),\cdots,\widetilde{a}\left(n-1\right)\right)_{m_n} = \sum_{m_1=1}^{\infty}\cdots\sum_{m_{n-1}=1}^{\infty} G\left(m_1^{\lambda_1},\cdots,m_{n-1}^{\lambda_{n-1}},m_n^{\lambda_n}\right)\prod_{i=1}^{n-1} a_{m_i}^{(i)},$$

$$\left(\widetilde{a}\left(i\right) = \left\{a_{m_i}^{(i)}\right\}\in l_{p_i}^{\alpha_i}\ (i=1,2,\cdots,n-1)\right)$$

是 $\displaystyle\prod_{i=1}^{n-1} l_{p_i}^{\alpha_i}$ 到 $l_{q_n}^{\alpha_n(1-q_n)}$ 的有界算子.

(ii) 当 $c=0$ 时, T 的算子范数为 $\|T\| = \dfrac{W_1}{|\lambda_1|}\displaystyle\prod_{i=1}^{n}|\lambda_i|^{1/p_i}$.

用例 9.2.5 的结果, 可以得到下列结论:

例 9.3.1 设 $\lambda > 0$, $\widetilde{a} = \{a_m\}\in l_3$, $\widetilde{b} = \{b_n\}\in l_3$, 定义重级数算子 T 为

$$T\left(\widetilde{a},\widetilde{b}\right)_l = \sum_{n=1}^{\infty}\sum_{m=1}^{\infty}\frac{a_m b_n}{\left(m^2+n^3+l^4\right)^{\lambda}},\quad \left(\widetilde{a},\widetilde{b}\right)\in l_3\times l_3,$$

则当且仅当 $\lambda \geqslant \dfrac{13}{18}$ 时, T 是 $l_3\times l_3 \to l_{3/2}$ 的有界算子, 且当 $\lambda = \dfrac{13}{18}$ 时, T 的算子范数

$$\|T\| = \frac{3\sqrt{3}}{12}\frac{\Gamma\left(\dfrac{2}{9}\right)\Gamma\left(\dfrac{1}{6}\right)\Gamma\left(\dfrac{1}{3}\right)}{\Gamma\left(\dfrac{13}{18}\right)}.$$

根据例 9.2.6, 可得如下结果:

例 9.3.2 设 $n\geqslant 2$, $\displaystyle\sum_{i=1}^{n}\frac{1}{p_i}=1\ (p_i>1)$, $q_n = \left(\displaystyle\sum_{i=1}^{n-1}\frac{1}{p_i}\right)^{-1}$, $1<k<n$, $\lambda>0$, $\sigma_1>0$, $\sigma_2>0$, $\lambda_i>0$, $\alpha_i<p_i-1\ (i=1,2,\cdots,n)$, 且 $1\leqslant i\leqslant k$ 时, $\sigma_1\lambda_i\leqslant \dfrac{\alpha_i+1}{p_i}$, $k+1\leqslant i\leqslant n$ 时, $\sigma_2\lambda_i\leqslant \dfrac{\alpha_i+1}{p_i}$, 则当 $\displaystyle\sum_{i=1}^{n}\frac{\alpha_i+1}{p_i}=\sigma_1+\sigma_2-\lambda+\displaystyle\sum_{i=1}^{n}\frac{1}{\lambda_i}$ 时, 多重级数算子 T:

$$T\left(\widetilde{a}\left(1\right),\cdots,\widetilde{a}\left(n-1\right)\right)_{m_n}$$

$$= \sum_{m_1=1}^{\infty}\cdots\sum_{m_{n-1}=1}^{\infty}\frac{\left(m_1^{\lambda_1}+\cdots+m_k^{\lambda_k}\right)^{\sigma_1}\left(m_{k+1}^{\lambda_{k+1}}+\cdots+m_n^{\lambda_n}\right)^{\sigma_2}}{\left(m_1^{\lambda_1}+\cdots+m_k^{\lambda_k}+m_{k+1}^{\lambda_{k+1}}+\cdots+m_n^{\lambda_n}\right)^{\lambda}}\prod_{i=1}^{n-1} a_{m_i}^{(i)},$$

$$\left(\widetilde{a}\left(i\right) = \left\{a_{m_i}^{(i)}\right\}\in l_{p_i}^{\alpha_i}\ (i=1,2,\cdots,n-1)\right)$$

是 $\displaystyle\prod_{i=1}^{n-1} l_{p_i}^{\alpha_i}$ 到 $\displaystyle\prod_{i=1}^{n-1} l_{q_n}^{\alpha_n(1-q_n)}$ 的有界算子, 且 T 的算子范数为

$$\|T\| = \prod_{i=1}^{n} \lambda_i^{\frac{1}{p_i}-1} \prod_{i=1}^{n} \Gamma\left(\frac{1}{\lambda_i}\left(1-\frac{\alpha_i+1}{p_i}\right)\right) \frac{1}{\Gamma(\lambda)}$$

$$\times \frac{\Gamma\left(\sigma_1 + \displaystyle\sum_{i=1}^{k} \frac{1}{\lambda_i}\left(1-\frac{\alpha_i+1}{p_i}\right)\right) \Gamma\left(\sigma_2 + \displaystyle\sum_{i=k+1}^{n} \frac{1}{\lambda_i}\left(1-\frac{\alpha_i+1}{p_i}\right)\right)}{\Gamma\left(\displaystyle\sum_{i=1}^{k} \frac{1}{\lambda_i}\left(1-\frac{\alpha_i+1}{p_i}\right)\right) \Gamma\left(\displaystyle\sum_{i=k+1}^{n} \frac{1}{\lambda_i}\left(1-\frac{\alpha_i+1}{p_i}\right)\right)}.$$

根据例 9.2.9 可得如下结果:

例 9.3.3 设 $n \geqslant 2$, $\displaystyle\sum_{i=1}^{n} \frac{1}{p_i} = 1$ $(p_i > 1)$, $q_n = \left(\displaystyle\sum_{i=1}^{n-1} \frac{1}{p_i}\right)^{-1}$, $1 < k < n$, $\lambda > 0$, $\sigma_1 \geqslant 0$, $\sigma_2 \geqslant 0$, $\lambda_i > 0$, $\alpha_i < p_i - 1\,(i = 1,2,\cdots,n)$, 当 $1 \leqslant i \leqslant k$ 时, $\sigma_1 \lambda_i \leqslant \dfrac{\alpha_i+1}{p_i}$, 当 $k+1 \leqslant i \leqslant n$ 时, $\sigma_2 \lambda_i \leqslant \dfrac{\alpha_i+1}{p_i}$. 则当 $\displaystyle\sum_{i=1}^{n} \frac{\alpha_i+1}{\lambda_i p_i} = \sigma_1 + \sigma_2 - \lambda + \displaystyle\sum_{i=1}^{n} \frac{1}{\lambda_i}$ 时, 多重级数算子 T:

$$T\left(\widetilde{a}\,(1),\cdots,\widetilde{a}\,(n-1)\right)_{m_n}$$

$$= \sum_{m_1=1}^{\infty} \cdots \sum_{m_{n-1}=1}^{\infty} \frac{\left(m_1^{\lambda_1}+\cdots+m_k^{\lambda_k}\right)^{\sigma_1}\left(m_{k+1}^{\lambda_{k+1}}+\cdots+m_n^{\lambda_n}\right)^{\sigma_2}}{\left(\max\left\{m_1^{\lambda_1}+\cdots+m_k^{\lambda_k},\,m_{k+1}^{\lambda_{k+1}}+\cdots+m_n^{\lambda_n}\right\}\right)^{\sigma_2}} \prod_{i=1}^{n-1} a_{m_i}^{(i)},$$

$$\left(\widetilde{a}\,(i) = \left\{a_{m_i}^{(i)}\right\} \in l_{p_i}^{\alpha_i}\;\;(i=1,2,\cdots,n-1)\right)$$

是 $\displaystyle\prod_{i=1}^{n-1} l_{p_i}^{\alpha_i}$ 到 $\displaystyle\prod_{i=1}^{n-1} l_{q_n}^{\alpha_n(1-q_n)}$ 的有界算子, 且 T 的算子范数为

$$\|T\| = \prod_{i=1}^{n} \lambda_i^{\frac{1}{p_i}-1} \prod_{i=1}^{n} \Gamma\left(\frac{1}{\lambda_i}\left(1-\frac{\alpha_i+1}{p_i}\right)\right)$$

$$\times \frac{1}{\Gamma\left(\displaystyle\sum_{i=1}^{k} \frac{1}{\lambda_i}\left(1-\frac{\alpha_i+1}{p_i}\right)\right) \Gamma\left(\displaystyle\sum_{i=k+1}^{n} \frac{1}{\lambda_i}\left(1-\frac{\alpha_i+1}{p_i}\right)\right)}$$

$$\times \left[\left(\sigma_1 + \sum_{i=1}^{k} \frac{1}{\lambda_i} \left(1 - \frac{\alpha_i + 1}{p_i} \right) \right)^{-1} + \left(\sigma_2 + \sum_{i=k+1}^{n} \frac{1}{\lambda_i} \left(1 - \frac{\alpha_i + 1}{p_i} \right) \right)^{-1} \right].$$

参 考 文 献

洪勇. 2019. 齐次核的 Hilbert 型多重级数不等式取最佳常数因子的等价条件及应用 [J]. 吉林大学学报 (理学版), 57(2): 191-198.

洪勇. 2014. 一类具有准齐次核的涉及多个函数的 Hilbert 型积分不等式 [J]. 数学学报, 57(5): 833-840.

聂凤飞, 王春雷, 阚建秋, 张波, 宝音特古斯. 2012. 关于重级数 Hilbert 型不等式的一个推广 [J]. 内蒙古民族大学学报 (自然科学版), 27(2): 151-154.

周昱, 高明哲. 2010. Hilbert 重级数定理的一个新推广 [J]. 纯粹数学与应用数学, 26(2): 231-240.

He B, Wang Q R. 2015. A multiple Hilbert-type discrete inequality with a new kernel and best possible constant factor[J]. J. Math. Anal. Appl., 431(2): 889-902.

Mario K, Predrag V. 2020. Multidimensional Hilbert-type inequalities obtained via local fractional calculus[J]. Acta Appl. Math., 169: 667-680.

Mario K. 2014. On a strengthened multidimensional Hilbert-type Inequality [J]. Math. Slovaca, 64(5): 1165-1182.

Shi Y P, Yang B C. 2015. On a multidimensional Hilbert-type inequality with parameters [J]. J. Inequal. Appl., 2015(1): 1-14.

Predrag V. 2014. On a multidimensional version of the Hilbert-type inequality in the whole Plane [J]. J. Inequal. Appl., 2014(1): 1-9.

Yang B C, Chen Q. 2018. A more accurate multidimensional Hardy-Hilbert type inequality with a general homogeneous kernel [J]. J. Math. Inequal., 12(1): 113-128.

Yang B C. 2018. A more accurate multidimensional Hardy-Hilbert's Inequality [J]. J. Appl. Anal. Comput., 8(2): 558-572.

Yang B C. 2015. On a more accurate multidimensional Hilbert-type inequality with parameters [J]. Math. Inequal. Appl., 18(2): 429-441.

第 10 章 半离散 Hilbert 型重积分不等式

设 $m \in \mathbb{N}_+$, $\rho > 0$, $\dfrac{1}{p} + \dfrac{1}{q} = 1$ $(p > 1)$, $x = (x_1, \cdots, x_m) \in \mathbb{R}_+^m$, $\alpha, \beta \in \mathbb{R}$, $\widetilde{a} = \{a_n\} \in l_p^\alpha$, $f(x) \in L_q^\beta (\mathbb{R}_+^m)$, $K\left(n, \|x\|_{\rho,m}\right)$ 非负可测, 称

$$\int_{\mathbb{R}_+^m} \sum_{n=1}^\infty K\left(n, \|x\|_{\rho,m}\right) a_n f(x)\, \mathrm{d}x$$

$$= \sum_{n=1}^\infty \int_{\mathbb{R}_+^m} K\left(n, \|x\|_{\rho,m}\right) a_n f(x)\, \mathrm{d}x \leqslant M \|\widetilde{a}\|_{p,\alpha} \|f\|_{q,\beta}$$

为半离散 Hilbert 型重积分不等式.

本章将讨论具有各种核的半离散 Hilbert 型重积分不等式的适配数条件及构建这些不等式的参数条件, 并讨论它们在算子研究中的应用.

10.1 齐次核的半离散 Hilbert 型重积分不等式

10.1.1 齐次核的半离散 Hilbert 型重积分不等式的适配数条件

引理 10.1.1 设 $m \in \mathbb{N}_+$, $x = (x_1, \cdots, x_m) \in \mathbb{R}_+^m$, $\rho > 0$, $a, b \in \mathbb{R}$, $\dfrac{1}{p} + \dfrac{1}{q} = 1$ $(p > 1)$, $K(u,v)$ 是 λ 阶齐次非负可测函数, $K(t,1)\, t^{-aq}$ 在 $(0, +\infty)$ 上递减, 记

$$W_1 = \int_0^{+\infty} K(1,t)\, t^{-bp+m+1} \mathrm{d}t, \quad W_2 = \int_0^{+\infty} K(t,1)\, t^{-aq} \mathrm{d}t.$$

那么

$$\omega_1(n) = \int_{\mathbb{R}_+^m} K\left(n, \|x\|_{\rho,m}\right) \|x\|_{\rho,m}^{-bp}\, \mathrm{d}x = \frac{\Gamma^m(1/\rho)}{\rho^{m-1} \Gamma(m/\rho)} n^{\lambda - bp + m} W_1,$$

$$\omega_2\left(\|x\|_{\rho,m}\right) = \sum_{n=1}^\infty K\left(n, \|x\|_{\rho,m}\right) n^{-aq} \leqslant \|x\|_{\rho,m}^{\lambda - aq + 1} W_2,$$

且当 $aq + bp = \lambda + m + 1$ 时, 有 $W_1 = W_2$.

证明 根据定理 1.7.1, 有

$$\omega_1(n) = \frac{\Gamma^m(1/\rho)}{\rho^{m-1}\Gamma(m/\rho)} \int_0^{+\infty} K(n,u) u^{-bp+m-1} \mathrm{d}u$$

$$= \frac{\Gamma^m(1/\rho)}{\rho^{m-1}\Gamma(m/\rho)} n^\lambda \int_0^{+\infty} K\left(1,\frac{u}{n}\right) u^{-bp+m-1} \mathrm{d}u$$

$$= \frac{\Gamma^m(1/\rho)}{\rho^{m-1}\Gamma(m/\rho)} n^{\lambda-bp+m} \int_0^{+\infty} K(1,t) t^{-bp+m-1} \mathrm{d}u$$

$$= \frac{\Gamma^m(1/\rho)}{\rho^{m-1}\Gamma(m/\rho)} n^{\lambda-bp+m} W_1.$$

根据 $K(t,1) t^{-aq}$ 在 $(0,+\infty)$ 上递减, 有

$$\omega_2\left(\|x\|_{\rho,m}\right) = \|x\|_{\rho,m}^{\lambda-aq} \sum_{n=1}^\infty K\left(\frac{n}{\|x\|_{\rho,m}},1\right)\left(\frac{n}{\|x\|_{\rho,m}}\right)^{-aq}$$

$$\leqslant \|x\|_{\rho,m}^{\lambda-aq} \int_0^{+\infty} K\left(\frac{u}{\|x\|_{\rho,m}},1\right)\left(\frac{u}{\|x\|_{\rho,m}}\right)^{-aq} \mathrm{d}u$$

$$= \|x\|_{\rho,m}^{\lambda-aq+1} \int_0^{+\infty} K(t,1) t^{-aq} \mathrm{d}t = \|x\|_{\rho,m}^{\lambda-aq+1} W_2.$$

当 $aq+bp=\lambda+m+1$ 时, 有 $-\lambda+bp-m-1=-aq$, 故

$$W_1 = \int_0^{+\infty} t^\lambda K\left(\frac{1}{t},1\right) t^{-bp+m-1} \mathrm{d}t = \int_0^{+\infty} K(u,1) u^{-\lambda+bp-m-1} \mathrm{d}u$$

$$= \int_0^{+\infty} K(u,1) u^{-aq} \mathrm{d}u = W_2.$$

证毕.

定理 10.1.1 设 $m \in \mathbb{N}_+$, $\rho > 0$, $x = (x_1,\cdots,x_m) \in \mathbb{R}_+^m$, $\frac{1}{p}+\frac{1}{q}=1$ $(p>1)$, $a,b \in \mathbb{R}$, $K(u,v)$ 是 λ 阶齐次非负可测函数, $aq+bp-(\lambda+m+1)=c$, $K(t,1) t^{-aq}$ 及 $K(t,1) t^{-aq+c/p}$ 都在 $(0,+\infty)$ 上递减, 且

$$W_1 = \int_0^{+\infty} K(1,t) t^{-bp+m-1} \mathrm{d}t, \quad W_2 = \int_0^{+\infty} K(t,1) t^{-aq} \mathrm{d}t$$

收敛, 那么

(i) 记 $\alpha = \lambda+m+p(a-b)$, $\beta = \lambda+1+q(b-a)$, 则

$$\int_{\mathbb{R}_+^m} \sum_{n=1}^\infty K\left(n,\|x\|_{\rho,m}\right) a_n f(x) \mathrm{d}x \leqslant \left(\frac{\Gamma^m(1/\rho)}{\rho^{m-1}\Gamma(m/\rho)}\right)^{1/p} W_1^{\frac{1}{p}} W_2^{\frac{1}{q}} \|\widetilde{a}\|_{p,\alpha} \|f\|_{q,\beta},$$

$$(10.1.1)$$

其中 $\widetilde{a} = \{a_n\} \in l_p^\alpha$, $f(x) \in L_q^\beta (\mathbb{R}_+^m)$.

(ii) 当且仅当 $c = 0$ 时, (10.1.1) 式中的常数因子是最佳的, 且当 $c = 0$ 时, (10.1.1) 式化为

$$\int_{\mathbb{R}_+^m} \sum_{n=1}^\infty K\left(n, \|x\|_{\rho,m}\right) a_n f(x)\, \mathrm{d}x \leqslant \left(\frac{\Gamma^m(1/\rho)}{\rho^{m-1}\Gamma(m/\rho)}\right)^{1/p} W_1 \|\widetilde{a}\|_{p,apq-1} \|f\|_{q,bpq-m},$$

$$(10.1.2)$$

其中 $\widetilde{a} = \{a_n\} \in l_p^{apq-1}$, $f(x) \in L_q^{bpq-m}(\mathbb{R}_+^m)$.

证明 (i) 根据混合型 Hölder 不等式及引理 10.1.1, 有

$$\int_{\mathbb{R}_+^m} \sum_{n=1}^\infty K\left(n, \|x\|_{\rho,m}\right) a_n f(x)\, \mathrm{d}x$$

$$= \int_{\mathbb{R}_+^m} \sum_{n=1}^\infty \left(\frac{n^a}{\|x\|_{\rho,m}^b} a_n\right)\left(\frac{\|x\|_{\rho,m}^b}{n^a} f(x)\right) K\left(n, \|x\|_{\rho,m}\right) \mathrm{d}x$$

$$\leqslant \left(\int_{\mathbb{R}_+^m} \sum_{n=1}^\infty n^{ap} a_n^p \|x\|_{\rho,m}^{-bp} K\left(n, \|x\|_{\rho,m}\right) \mathrm{d}x\right)^{\frac{1}{p}}$$

$$\times \left(\int_{\mathbb{R}_+^m} \sum_{n=1}^\infty \|x\|_{\rho,m}^{bq} f^q(x) n^{-aq} K\left(n, \|x\|_{\rho,m}\right) \mathrm{d}x\right)^{\frac{1}{q}}$$

$$= \left(\sum_{n=1}^\infty n^{ap} a_n^p \omega_1(n)\right)^{\frac{1}{p}} \left(\int_{\mathbb{R}_+^m} \|x\|_{\rho,m}^{bq} f^q(x) \omega_2\left(\|x\|_{\rho,m}\right) \mathrm{d}x\right)^{\frac{1}{q}}$$

$$\leqslant \left(\frac{\Gamma^m(1/\rho)}{\rho^{m-1}\Gamma(m/\rho)}\right)^{\frac{1}{p}} W_1^{\frac{1}{p}} W_2^{\frac{1}{q}} \left(\sum_{n=1}^\infty n^{ap+\lambda-bp+m} a_n^p\right)^{\frac{1}{p}}$$

$$\times \left(\int_{\mathbb{R}_+^m} \|x\|_{\rho,m}^{bq+\lambda-aq+1} f^q(x) \mathrm{d}x\right)^{\frac{1}{q}}$$

$$= \left(\frac{\Gamma^m(1/\rho)}{\rho^{m-1}\Gamma(m/\rho)}\right)^{1/p} W_1^{\frac{1}{p}} W_2^{\frac{1}{q}} \|\widetilde{a}\|_{p,\alpha} \|f\|_{q,\beta},$$

故 (10.1.1) 式成立.

(ii) 设 $c = 0$, 由引理 10.1.1, 已知 (10.1.1) 式可化为 (10.1.2) 式, 若 (10.1.2) 式的常数因子不是最佳的, 则存在常数 $M_0 > 0$, 使

$$M_0 < \left(\frac{\Gamma^m(1/\rho)}{\rho^{m-1}\Gamma(m/\rho)}\right)^{1/p} W_1,$$

$$\int_{\mathbb{R}_+^m} \sum_{n=1}^{\infty} K\left(n, \|x\|_{\rho,m}\right) a_n f\left(x\right) \mathrm{d}x \leqslant M_0 \left\|\widetilde{a}\right\|_{p,apq-1} \|f\|_{q,bpq-m}.$$

设 $\varepsilon > 0$ 及 $\delta > 0$ 充分小, 取 $a_n = n^{(-apq-\varepsilon)/p}(n = 1, 2, \cdots)$,

$$f\left(x\right) = \begin{cases} \|x\|_{\rho,m}^{(-bpq-\varepsilon)/q}, & \|x\|_{\rho,m} \geqslant \delta, \\ 0, & 0 < \|x\|_{\rho,m} < \delta, \end{cases}$$

则计算可得

$$\left\|\widetilde{a}\right\|_{p,apq-1} \|f\|_{q,bpq-m} = \left(\sum_{n=1}^{\infty} n^{-1-\varepsilon}\right)^{\frac{1}{p}} \left(\int_{\|x\|_{\rho,m} \geqslant \delta} \|x\|_{\rho,m}^{-m-\varepsilon} \mathrm{d}x\right)^{\frac{1}{q}}$$

$$\leqslant \left(\frac{\Gamma^m\left(1/\rho\right)}{\rho^{m-1}\Gamma\left(m/\rho\right)}\right)^{\frac{1}{q}} \frac{1}{\varepsilon} \left(1+\varepsilon\right)^{\frac{1}{p}} \delta^{-\frac{\varepsilon}{q}},$$

$$\int_{\mathbb{R}_+^m} \sum_{n=1}^{\infty} K\left(n, \|x\|_{\rho,m}\right) a_n f\left(x\right) \mathrm{d}x$$

$$= \sum_{n=1}^{\infty} n^{-\frac{apq+\varepsilon}{p}} \left(\int_{\|x\|_{\rho,m} \geqslant \delta} K\left(n, \|x\|_{\rho,m}\right) \|x\|_{\rho,m}^{-\frac{bpq+\varepsilon}{q}} \mathrm{d}x\right)$$

$$= \frac{\Gamma^m\left(1/\rho\right)}{\rho^{m-1}\Gamma\left(m/\rho\right)} \sum_{n=1}^{\infty} n^{-\frac{apq+\varepsilon}{p}} \left(\int_{\delta}^{+\infty} K\left(n, u\right) u^{m-1-\frac{bpq+\varepsilon}{q}} \mathrm{d}u\right)$$

$$= \frac{\Gamma^m\left(1/\rho\right)}{\rho^{m-1}\Gamma\left(m/\rho\right)} \sum_{n=1}^{\infty} n^{\lambda-\frac{apq+\varepsilon}{p}} \left(\int_{\delta}^{+\infty} K\left(1, \frac{u}{n}\right) u^{m-1-\frac{bpq+\varepsilon}{q}} \mathrm{d}u\right)$$

$$= \frac{\Gamma^m\left(1/\rho\right)}{\rho^{m-1}\Gamma\left(m/\rho\right)} \sum_{n=1}^{\infty} n^{\lambda+m-\frac{apq+\varepsilon}{p}-\frac{bpq+\varepsilon}{q}} \left(\int_{\frac{\delta}{n}}^{+\infty} K\left(1, t\right) t^{m-1-\frac{bpq+\varepsilon}{q}} \mathrm{d}t\right)$$

$$\geqslant \frac{\Gamma^m\left(1/\rho\right)}{\rho^{m-1}\Gamma\left(m/\rho\right)} \sum_{n=1}^{\infty} n^{-1-\varepsilon} \left(\int_{\delta}^{+\infty} K\left(1, t\right) t^{m-1-\frac{bpq+\varepsilon}{q}} \mathrm{d}t\right)$$

$$\geqslant \frac{\Gamma^m\left(1/\rho\right)}{\varepsilon\rho^{m-1}\Gamma\left(m/\rho\right)} \int_{\delta}^{+\infty} K\left(1, t\right) t^{m-1-\frac{bpq+\varepsilon}{q}} \mathrm{d}t.$$

综上可得

$$\frac{\Gamma^m\left(1/\rho\right)}{\rho^{m-1}\Gamma\left(m/\rho\right)} \int_{\delta}^{+\infty} K\left(1, t\right) t^{-m-1-\frac{bpq+\varepsilon}{q}} \mathrm{d}t \leqslant M_0 \left(\frac{\Gamma^m\left(1/\rho\right)}{\rho^{m-1}\Gamma\left(m/\rho\right)}\right)^{\frac{1}{q}} \left(1+\varepsilon\right)^{\frac{1}{p}} q^{-\frac{\varepsilon}{q}},$$

先令 $\varepsilon \to 0^+$, 再令 $\delta \to 0^+$, 得到

$$\frac{\Gamma^m (1/\rho)}{\rho^{m-1}\Gamma (m/\rho)} \int_0^{+\infty} K (1,t) t^{-bp+m-1}\mathrm{d}t \leqslant M_0 \left(\frac{\Gamma^m (1/\rho)}{\rho^{m-1}\Gamma (m/\rho)} \right)^{1/q},$$

由此得到

$$\left(\frac{\Gamma^m (1/\rho)}{\rho^{m-1}\Gamma (m/\rho)} \right)^{1/p} W_1 \leqslant M_0.$$

这就得到了矛盾, 从而 (10.1.2) 式中的常数因子是最佳的.

反之, 设 (10.1.1) 式中的常数因子是最佳的. 令 $a' = a - \dfrac{c}{pq}$, $b' = b - \dfrac{c}{pq}$, 则
$\lambda+m+p (a - b) = \lambda+m+p (a' - b') = \alpha'$, $\lambda+1+q (b - a) = \lambda+1+q (b' - a') = \beta'$,
$a'q + b'p = \lambda + m + 1$, 且

$$W_2 = \int_0^{+\infty} K (t,1) t^{-aq}\mathrm{d}t = \int_0^{+\infty} K \left(1,\frac{1}{t} \right) t^{\lambda-aq}\mathrm{d}t$$
$$= \int_0^{+\infty} K (1,u) u^{-\lambda+aq-2}\mathrm{d}u = \int_0^{+\infty} K (1,u) u^{-bp+m-1+c}\mathrm{d}u.$$

于是 (10.1.1) 式可等价地写为

$$\int_{\mathbb{R}_+^m} \sum_{n=1}^{\infty} K \left(n, \|x\|_{\rho,m} \right) a_n f (x)\, \mathrm{d}x$$
$$\leqslant \left(\frac{\Gamma^m (1/\rho)}{\rho^{m-1}\Gamma (m/\rho)} \right)^{1/p}$$
$$\times W_1^{\frac{1}{p}} \left(\int_0^{+\infty} K (1,u) u^{-bp+m-1+c}\mathrm{d}u \right)^{\frac{1}{q}} \|\widetilde{a}\|_{p,a'pq-1} \|f\|_{q,b'pq-m}. \qquad (10.1.3)$$

由假设条件, (10.1.3) 式的最佳常数因子为

$$\left(\frac{\Gamma^m (1/\rho)}{\rho^{m-1}\Gamma (m/\rho)} \right)^{1/p} W_1^{\frac{1}{p}} \left(\int_0^{+\infty} K (1,u) u^{-bp+m-1+c}\mathrm{d}u \right)^{\frac{1}{q}}.$$

因为 $a'q + b'p = \lambda + m + 1$ 及 $K (t,1) t^{-a'q} = K (t,1) t^{-aq+c/p}$ 在 $(0,+\infty)$ 上递减, 根据前面充分性的证明, (10.1.3) 式的最佳常数因子是

$$\left(\frac{\Gamma^m (1/\rho)}{\rho^{m-1}\Gamma (m/\rho)} \right)^{1/p} \int_0^{+\infty} K (1,u) u^{-b' p+m-1}\mathrm{d}u$$

$$= \left(\frac{\Gamma^m (1/\rho)}{\rho^{m-1} \Gamma (m/\rho)} \right)^{1/p} \int_0^{+\infty} K (1, u) \, u^{-bp+m-1+\frac{c}{q}} \mathrm{d}u,$$

于是有

$$\int_0^{+\infty} K (1, u) \, u^{-bp+m-1+\frac{c}{q}} \mathrm{d}u = W_1^{\frac{1}{p}} \left(\int_0^{+\infty} K (1, u) \, u^{-bp+m-1+c} \mathrm{d}u \right)^{\frac{1}{q}}. \quad (10.1.4)$$

对函数 1 及 $u^{c/q}$ 利用 Hölder 不等式, 有

$$\int_0^{+\infty} K (1, u) \, u^{-bp+m-1+\frac{c}{q}} \mathrm{d}u$$

$$= \int_0^{+\infty} 1 \cdot t^{\frac{c}{q}} K (1, u) \, u^{-bp+m-1} \mathrm{d}u$$

$$\leqslant \left(\int_0^{+\infty} K (1, u) \, u^{-bp+m-1} \mathrm{d}u \right)^{\frac{1}{p}} \left(\int_0^{+\infty} K (1, u) \, u^{-bp+m-1+c} \mathrm{d}u \right)^{\frac{1}{q}}$$

$$= W_1^{\frac{1}{p}} \left(\int_0^{+\infty} K (1, u) \, u^{-bp+m-1+c} \mathrm{d}u \right)^{\frac{1}{q}}.$$

由 (10.1.4) 式, 知此不等式中的等号成立. 根据 Hölder 不等式中等号成立的条件, 可得 $u^c = $ 常数. 从而 $c = 0$. 证毕.

例 10.1.1 设 $m \in \mathbb{N}_+$, $\rho > 0$, $\frac{1}{p} + \frac{1}{q} = 1$ $(p > 1)$, $x = (x_1, \cdots, x_m) \in \mathbb{R}_+^m$, $\max \left\{ \frac{m}{p}, \frac{1}{q} \right\} < \lambda \leqslant 1 + \frac{m}{p} + \frac{1}{q}$, 试讨论: λ 满足什么条件并选取怎样的适配数 a, b 时? 可得到具有最佳常数因子的 Hilbert 型不等式:

$$\int_{\mathbb{R}_+^m} \sum_{n=1}^{\infty} \frac{a_n f (x)}{\left(n + \|x\|_{\rho,m} \right)^{\lambda}} \mathrm{d}x \leqslant M_0 \|\widetilde{a}\|_p \|f\|_q, \quad (10.1.5)$$

并求出其最佳常数因子 M_0, 其中 $\widetilde{a} = \{a_n\} \in l_p$, $f (x) \in L_q (\mathbb{R}_+^m)$.

解 记 $K (u, v) = 1/(u + v)^{\lambda}$, 则 $K (u, v)$ 是 $-\lambda$ 阶齐次非负函数. 令 $apq - 1 = 0$, $bpq - m = 0$, 则 $a = \frac{1}{pq}$, $b = \frac{m}{pq}$, $c = aq + bp - (-\lambda + m + 1) = \lambda - \frac{m}{p} - \frac{1}{q}$.

因为 $\max \left\{ \frac{m}{p}, \frac{1}{q} \right\} < \lambda \leqslant 1 + \frac{m}{p} + \frac{1}{q}$, 故知

$$K (t, 1) \, t^{-aq} = \frac{1}{(t + 1)^{\lambda}} t^{-\frac{1}{p}}, \quad K (t, 1) \, t^{-aq+\frac{c}{p}} = \frac{1}{(t + 1)^{\lambda}} t^{-\frac{1}{p} \left(1 + \frac{m}{p} + \frac{1}{q} - \lambda \right)}$$

都在 $(0, +\infty)$ 上递减, 且易知 W_1 及 W_2 均收敛.

当 $c = 0$ 即 $\lambda = \dfrac{m}{p} + \dfrac{1}{q}$ 时, 有

$$W_1 = \int_0^{+\infty} K(1,t)\, t^{-bp+m-1} \mathrm{d}t = \int_0^{+\infty} \frac{1}{(1+t)^\lambda} t^{\frac{m}{p}-1} \mathrm{d}t$$

$$= B\left(\frac{m}{p}, \lambda - \frac{m}{p}\right) = B\left(\frac{m}{p}, \frac{1}{q}\right).$$

根据定理 10.1.1, 当且仅当 $\lambda = \dfrac{m}{p} + \dfrac{1}{q}$ 并取适配数 $a = \dfrac{1}{pq}$, $b = \dfrac{m}{pq}$ 时, 可得具有最佳常数因子的不等式 (10.1.5), 其最佳常数因子是

$$M_0 = \left(\frac{\Gamma^m(1/\rho)}{\rho^{m-1}\Gamma(m/\rho)}\right)^{1/p} B\left(\frac{m}{p}, \frac{1}{q}\right).$$

解毕.

10.1.2　构建齐次核的半离散 Hilbert 型重积分不等式的参数条件

引理 10.1.2　设 $m \in \mathbb{N}_+$, $\rho > 0$, $x = (x_1, \cdots, x_m) \in \mathbb{R}_+^m$, $\alpha, \beta \in \mathbb{R}$, $K(u,v)$ 是 λ 阶齐次非负可测函数, $\dfrac{\alpha+1}{p} + \dfrac{\beta+m}{q} - (\lambda + m + 1) = c$, $K(t,1)\, t^{-\frac{\alpha+1}{p}+c}$ 在 $(0, +\infty)$ 上递减, 记

$$W_1 = \int_0^{+\infty} K(1,t)\, t^{-\frac{\beta+m}{q}+m-1} \mathrm{d}t, \quad W_2 = \int_0^{+\infty} K(t,1)\, t^{-\frac{\alpha+1}{p}+c} \mathrm{d}t,$$

则 $W_1 = W_2$, 且

$$\omega_1(n) = \int_{\mathbb{R}_+^m} K\left(n, \|x\|_{\rho,m}\right) \|x\|_{\rho,m}^{-\frac{\beta+m}{q}} \mathrm{d}x = \frac{\Gamma^m(1/\rho)}{\rho^{m-1}\Gamma(m/\rho)} n^{\lambda - \frac{\beta}{q} + \frac{m}{p}} W_1,$$

$$\omega_2\left(\|x\|_{\rho,m}\right) = \sum_{n=1}^{\infty} K\left(n, \|x\|_{\rho,m}\right) n^{-\frac{\alpha+1}{p}+c} \leqslant \|x\|_{\rho,m}^{n-\frac{\alpha}{q}+\frac{1}{q}+c} W_2.$$

证明　由 $\dfrac{\alpha+1}{p} + \dfrac{\beta+m}{q} - (\lambda + m + 1) = c$, 有 $-\lambda + \dfrac{\beta+m}{p} - m - 1 = -\dfrac{\alpha+1}{p} + c$, 故

$$W_1 = \int_0^{+\infty} K\left(\frac{1}{t}, 1\right) t^{\lambda - \frac{\beta+m}{q}+m-1} \mathrm{d}t = \int_0^{+\infty} K(u,1)\, u^{-\lambda + \frac{\beta+m}{q}+m-1} \mathrm{d}u$$

$$= \int_0^{+\infty} K(u,1) u^{-\frac{\alpha+1}{p}+c} \mathrm{d}u = W_2.$$

根据定理 1.7.1, 有

$$\omega_1(n) = \frac{\Gamma^m(1/\rho)}{\rho^{m-1}\Gamma(m/\rho)} \int_0^{+\infty} K(n,u) u^{-\frac{\beta+m}{q}+m-1} \mathrm{d}u$$

$$= \frac{\Gamma^m(1/\rho)}{\rho^{m-1}\Gamma(m/\rho)} n^{\lambda} \int_0^{+\infty} K\left(1,\frac{u}{n}\right) u^{-\frac{\beta+m}{q}+m-1} \mathrm{d}u$$

$$= \frac{\Gamma^m(1/\rho)}{\rho^{m-1}\Gamma(m/\rho)} n^{\lambda-\frac{\beta}{q}+\frac{m}{p}} \int_0^{+\infty} K(1,t) t^{-\frac{\beta+m}{q}+m-1} \mathrm{d}t$$

$$= \frac{\Gamma^m(1/\rho)}{\rho^{m-1}\Gamma(m/\rho)} n^{\lambda-\frac{\beta}{q}+\frac{m}{p}} W_1.$$

根据 $K(t,1) t^{-\frac{\alpha+1}{p}+c}$ 在 $(0,+\infty)$ 上递减, 有

$$\omega_2\left(\|x\|_{\rho,m}\right) = \|x\|_{\rho,m}^{\lambda} \sum_{n=1}^{\infty} K\left(n/\|x\|_{\rho,m},1\right) n^{-\frac{\alpha+1}{p}+c}$$

$$= \|x\|_{\rho,m}^{\lambda-\frac{\alpha+1}{p}+c} \sum_{n=1}^{\infty} K\left(\frac{n}{\|x\|_{\rho,m}},1\right) \left(\frac{n}{\|x\|_{\rho,m}}\right)^{-\frac{\alpha+1}{p}+c}$$

$$\leqslant \|x\|_{\rho,m}^{\lambda-\frac{\alpha+1}{p}+c} \int_0^{+\infty} K\left(u/\|x\|_{\rho,m},1\right) \left(u/\|x\|_{\rho,m}\right)^{-\frac{\alpha+1}{p}+c} \mathrm{d}u$$

$$= \|x\|_{\rho,m}^{\lambda-\frac{\alpha}{p}+\frac{1}{q}+c} \int_0^{+\infty} K(t,1) t^{-\frac{\alpha+1}{p}+c} \mathrm{d}t = \|x\|_{\rho,m}^{\lambda-\frac{\alpha}{p}+\frac{1}{q}+c} W_2.$$

证毕.

定理 10.1.2 设 $m \in \mathbb{N}_+$, $\rho > 0$, $x = (x_1,\cdots,x_m) \in \mathbb{R}_+^m$, $\alpha,\beta \in \mathbb{R}$, $K(u,v)$ 是 λ 阶齐次非负可测函数, $c = \dfrac{\alpha+1}{p} + \dfrac{\beta+m}{q} - (\lambda+m+1)$, $K(t,1) t^{-\frac{\alpha+1}{p}}$ 及 $K(t,1) t^{-\frac{\alpha+1}{p}+c}$ 都在 $(0,+\infty)$ 上递减, 且 $W_1 = \displaystyle\int_0^{+\infty} K(1,t) t^{-\frac{\beta+1}{q}+m-1} \mathrm{d}t$ 收敛, 则

(i) 当且仅当 $c \geqslant 0$ 时, 存在常数 $M > 0$, 使

$$\int_{\mathbb{R}_+^m} \sum_{n=1}^{\infty} K\left(n,\|x\|_{\rho,m}\right) a_n f(x) \mathrm{d}x \leqslant M \|\widetilde{a}\|_{p,\alpha} \|f\|_{q,\beta}, \qquad (10.1.6)$$

其中 $\widetilde{a} = \{a_n\} \in l_p^\alpha$, $f(x) \in L_q^\beta\left(\mathbb{R}_+^m\right)$.

(ii) 当 $c = 0$ 时, (10.1.6) 式的最佳值常数因子为

$$\inf M = \left(\frac{\Gamma^m\left(1/\rho\right)}{\rho^{m-1}\Gamma\left(m/\rho\right)}\right)^{1/p} W_1.$$

证明　(i) 设存在常数 $M > 0$ 使 (10.1.6) 式成立. 若 $c < 0$, 取 $0 < \varepsilon < -c$, $a_n = n^{(-\alpha-1-\varepsilon)/p}$ $(n = 1, 2, \cdots, n)$, 且

$$f(x) = \begin{cases} \|x\|_{\rho,m}^{(-\beta-m-\varepsilon)/q}, & \|x\|_{\rho,m} \geqslant 1, \\ 0, & 0 < \|x\|_{\rho,m} < 1. \end{cases}$$

则有

$$\|\widetilde{a}\|_{p,\alpha}\|f\|_{q,\beta} = \frac{1}{\varepsilon}\left(\frac{\Gamma^m\left(1/\rho\right)}{\rho^{m-1}\Gamma\left(m/\rho\right)}\right)^{1/q}(1+\varepsilon)^{1/p}.$$

根据 $K(t,1)\,t^{-(\alpha+1)/p}$ 在 $(0, +\infty)$ 上递减, 有

$$\int_{\mathbb{R}_+^m}\sum_{n=1}^\infty K\left(n, \|x\|_{\rho,m}\right)a_n f(x)\,\mathrm{d}x$$

$$= \int_{\|x\|_{\rho,m}\geqslant 1}\|x\|_{\rho,m}^{-\frac{\beta+m+\varepsilon}{q}}\left(\sum_{n=1}^\infty K\left(n, \|x\|_{\rho,m}\right)n^{-\frac{\alpha+1+\varepsilon}{p}}\right)\mathrm{d}x$$

$$= \int_{\|x\|_{\rho,m}\geqslant 1}\|x\|_{\rho,m}^{\lambda-\frac{\beta+m+\varepsilon}{q}-\frac{\alpha+1+\varepsilon}{p}}\left(\sum_{n=1}^\infty K\left(n\big/\|x\|_{\rho,m}, 1\right)\left(n\big/\|x\|_{\rho,m}\right)^{-\frac{\alpha+1+\varepsilon}{p}}\right)\mathrm{d}x$$

$$\geqslant \int_{\|x\|_{\rho,m}\geqslant 1}\|x\|_{\rho,m}^{\lambda-\frac{\beta+m}{q}-\frac{\alpha+1}{p}-\varepsilon}\left(\int_1^{+\infty}K\left(u\big/\|x\|_{\rho,m}, 1\right)\left(u\big/\|x\|_{\rho,m}\right)^{-\frac{\alpha+1+\varepsilon}{p}}\mathrm{d}u\right)\mathrm{d}x$$

$$= \int_{\|x\|_{\rho,m}\geqslant 1}\|x\|_{\rho,m}^{-m-c-\varepsilon}\left(\int_{1/\|x\|_{\rho,m}}^{+\infty}K(t,1)\,t^{-\frac{\alpha+1+\varepsilon}{p}}\mathrm{d}t\right)\mathrm{d}x$$

$$\geqslant \int_{\|x\|_{\rho,m}\geqslant 1}\|x\|_{\rho,m}^{-m-c-\varepsilon}\mathrm{d}x\int_1^{+\infty}K(t,1)\,t^{-\frac{\alpha+1+\varepsilon}{p}}\mathrm{d}t$$

$$= \frac{\Gamma^m\left(1/\rho\right)}{\rho^{m-1}\Gamma\left(m/\rho\right)}\int_1^{+\infty}t^{-1-(c+\varepsilon)}\mathrm{d}t\int_1^{+\infty}K(t,1)\,t^{-\frac{\alpha+1+\varepsilon}{p}}\mathrm{d}t,$$

于是可得

$$\int_1^{+\infty}t^{-1-(c+\varepsilon)}\mathrm{d}t\int_1^{+\infty}K(t,1)\,t^{-\frac{\alpha+1+\varepsilon}{p}}\mathrm{d}t$$

$$\leqslant \frac{M}{\varepsilon}\left(\frac{\Gamma^m\left(1/\rho\right)}{\rho^{m-1}\Gamma\left(m/\rho\right)}\right)^{-1/p}\left(1+\varepsilon\right)^{\frac{1}{p}}<+\infty.$$

由于 $c+\varepsilon<0$, 故 $\displaystyle\int_1^{+\infty}t^{-1-(c+\varepsilon)}\mathrm{d}t=+\infty$, 这就得到了矛盾, 所以 $c\geqslant 0$.

反之, 设 $c\geqslant 0$, 记 $a=(\alpha+1-cp)/(pq)$, $b=(\beta+m)/(pq)$. 根据 Hölder 不等式及引理 10.1.2, 有

$$\int_{\mathbb{R}_+^m}\sum_{n=1}^{\infty}K\left(n,\|x\|_{\rho,m}\right)a_nf\left(x\right)\mathrm{d}x$$

$$=\int_{\mathbb{R}_+^m}\sum_{n=1}^{\infty}\left(\frac{n^a}{\|x\|_{\rho,m}^b}a_n\right)\left(\frac{\|x\|_{\rho,m}^b}{n^a}f\left(x\right)\right)K\left(n,\|x\|_{\rho,m}\right)\mathrm{d}x$$

$$\leqslant\left(\int_{\mathbb{R}_+^m}\sum_{n=1}^{\infty}\frac{n^{ap}}{\|x\|_{\rho,m}^{bp}}a_n^pK\left(n,\|x\|_{\rho,m}\right)\mathrm{d}x\right)^{\frac{1}{p}}$$

$$\times\left(\int_{\mathbb{R}_+^m}\sum_{n=1}^{\infty}\frac{\|x\|_{\rho,m}^{bq}}{n^{aq}}f^q\left(x\right)K\left(n,\|x\|_{\rho,m}\right)\mathrm{d}x\right)^{\frac{1}{q}}$$

$$=\left(\sum_{n=1}^{\infty}n^{\frac{\alpha+1-cp}{q}}a_n^p\omega_1\left(n\right)\right)^{\frac{1}{p}}\left(\int_{\mathbb{R}_+^m}\|x\|_{\rho,m}^{\frac{\beta+m}{p}}f^q\left(x\right)\omega_2\left(\|x\|_{\rho,m}\right)\mathrm{d}x\right)^{\frac{1}{q}}$$

$$\leqslant\left(\frac{\Gamma^m\left(1/\rho\right)}{\rho^{m-1}\Gamma\left(m/\rho\right)}\right)^{1/p}W_1^{\frac{1}{p}}W_2^{\frac{1}{q}}\left(\sum_{n=1}^{\infty}n^{\frac{\alpha+1-cp}{q}+\lambda-\frac{\beta}{q}+\frac{m}{p}}a_n^p\right)^{\frac{1}{p}}$$

$$\times\left(\int_{\mathbb{R}_+^m}\|x\|_{\rho,m}^{\frac{\beta+m}{p}+\lambda-\frac{\alpha}{p}+\frac{1}{q}+c}f^q\left(x\right)\mathrm{d}x\right)^{\frac{1}{q}}$$

$$=\left(\frac{\Gamma^m\left(1/\rho\right)}{\rho^{m-1}\Gamma\left(m/\rho\right)}\right)^{1/p}W_1\left(\sum_{n=1}^{\infty}n^{\alpha-cp}a_n^p\right)^{\frac{1}{p}}\left(\int_{\mathbb{R}_+^m}\|x\|_{\rho,m}^{\beta}f^q\left(x\right)\mathrm{d}x\right)^{\frac{1}{q}}$$

$$\leqslant\left(\frac{\Gamma^m\left(1/\rho\right)}{\rho^{m-1}\Gamma\left(m/\rho\right)}\right)^{1/p}W_1\left(\sum_{n=1}^{\infty}n^{\alpha}a_n^p\right)^{\frac{1}{p}}\left(\int_{\mathbb{R}_+^m}\|x\|_{\rho,m}^{\beta}f^q\left(x\right)\mathrm{d}x\right)^{\frac{1}{q}}$$

$$=\left(\frac{\Gamma^m\left(1/\rho\right)}{\rho^{m-1}\Gamma\left(m/\rho\right)}\right)^{1/p}W_1\|\widetilde{a}\|_{p,\alpha}\|f\|_{q,\beta}.$$

任取 $M\geqslant\left(\dfrac{\Gamma^m\left(1/\rho\right)}{\rho^{m-1}\Gamma\left(m/\rho\right)}\right)^{1/p}W_1$, 可得 (10.1.6) 式.

(ii) 当 $c = 0$ 时, 有 $\dfrac{\alpha+1}{p} + \dfrac{\beta+m}{q} = \lambda + m + 1$. 若 (10.1.6) 式的最佳常数因子是 M_0, 则由上面证明可知

$$M_0 \leqslant \left(\frac{\Gamma^m(1/\rho)}{\rho^{m-1}\Gamma(m/\rho)}\right)^{1/p} W_1,$$

$$\int_{\mathbb{R}_+^m} \sum_{n=1}^{\infty} K\left(n, \|x\|_{\rho,m}\right) a_n f(x)\, dx \leqslant M_0 \|\widetilde{a}\|_{p,\alpha} \|f\|_{q,\beta}.$$

对充分小的 $\varepsilon > 0$ 和足够大的自然数 N, 令

$$a_n = \begin{cases} n^{-(\alpha-1-\varepsilon)/p}, & n = N, N+1, \cdots, \\ 0, & n = 1, 2, \cdots, N-1, \end{cases}$$

$$f(x) = \begin{cases} \|x\|_{\rho,m}^{(-\beta-m-\varepsilon)/q}, & \|x\|_{\rho,m} \geqslant 1, \\ 0, & 0 < \|x\|_{\rho,m} < 1. \end{cases}$$

则

$$\|\widetilde{a}\|_{p,\alpha} \|f\|_{q,\beta} = \left(\sum_{n=N}^{\infty} n^{-1-\varepsilon}\right)^{\frac{1}{p}} \left(\int_{\|x\|_{\rho,m}\geqslant 1} \|x\|_{\rho,m}^{-m-\varepsilon}\, dx\right)^{\frac{1}{q}}$$

$$\leqslant \left(\int_{N-1}^{+\infty} t^{-1-\varepsilon}\, dt\right)^{\frac{1}{p}} \left(\frac{\Gamma^m(1/\rho)}{\rho^{m-1}\Gamma(m/\rho)} \int_1^{+\infty} t^{-1-\varepsilon}\, dt\right)^{\frac{1}{q}}$$

$$= \left(\frac{\Gamma^m(1/\rho)}{\rho^{m-1}\Gamma(m/\rho)}\right)^{1/q} \frac{1}{\varepsilon} (N-1)^{-\frac{\varepsilon}{p}},$$

$$\int_{\mathbb{R}_+^m} \sum_{n=1}^{\infty} K\left(n, \|x\|_{\rho,m}\right) a_m f(x)\, dx$$

$$= \sum_{n=N}^{\infty} n^{-\frac{\alpha+1+\varepsilon}{p}} \left(\int_{\|x\|_{\rho,m}\geqslant 1} \|x\|_{\rho,m}^{-\frac{\beta+m+\varepsilon}{q}} K\left(n, \|x\|_{\rho,m}\right) dx\right)$$

$$= \frac{\Gamma^m(1/\rho)}{\rho^{m-1}\Gamma(m/\rho)} \sum_{n=N}^{\infty} n^{-\frac{\alpha+1+\varepsilon}{p}} \left(\int_1^{+\infty} u^{-\frac{\beta+m+\varepsilon}{q}+m-1} K(n, u)\, du\right)$$

$$= \frac{\Gamma^m(1/\rho)}{\rho^{m-1}\Gamma(m/\rho)} \sum_{n=N}^{\infty} n^{\lambda-\frac{\alpha+1+\varepsilon}{p}} \left(\int_1^{+\infty} u^{-\frac{\beta+m+\varepsilon}{q}+m-1} K\left(1, \frac{u}{n}\right) du\right)$$

$$= \frac{\Gamma^m(1/\rho)}{\rho^{m-1}\Gamma(m/\rho)} \sum_{n=N}^{\infty} n^{\lambda-\frac{\alpha+1+\varepsilon}{p}-\frac{\beta+m+\varepsilon}{q}} \left(\int_{1/n}^{+\infty} t^{-\frac{\beta+m+\varepsilon}{q}+m-1} K(1, t)\, dt\right)$$

$$\geqslant \frac{\Gamma^m\left(1/\rho\right)}{\rho^{m-1}\Gamma\left(m/\rho\right)} \sum_{n=N}^{\infty} n^{-1-\varepsilon} \int_{1/N}^{+\infty} K\left(1,t\right) t^{-\frac{\beta+m+\varepsilon}{q}+m-1} \mathrm{d}t$$

$$\geqslant \frac{\Gamma^m\left(1/\rho\right)}{\rho^{m-1}\Gamma\left(m/\rho\right)} \frac{1}{\varepsilon} N^{-\varepsilon} \int_{1/N}^{+\infty} K\left(1,t\right) t^{-\frac{\beta+m+\varepsilon}{q}+m-1} \mathrm{d}t.$$

于是可得

$$\frac{\Gamma^m\left(1/\rho\right)}{\rho^{m-1}\Gamma\left(m/\rho\right)} N^{-\varepsilon} \int_{1/N}^{+\infty} K\left(1,t\right) t^{-\frac{\beta+m+\varepsilon}{q}+m-1} \mathrm{d}t$$

$$\leqslant \left(\frac{\Gamma^m\left(1/\rho\right)}{\rho^{m-1}\Gamma\left(m/\rho\right)}\right)^{1/q} \left(N-1\right)^{-\frac{\varepsilon}{p}} M_0.$$

先令 $\varepsilon \to 0^+$, 再令 $N \to +\infty$, 得

$$\frac{\Gamma^m\left(1/\rho\right)}{\rho^{m-1}\Gamma\left(m/\rho\right)} \int_0^{+\infty} K\left(1,t\right) t^{-\frac{\beta+m}{q}+m-1} \mathrm{d}t \leqslant M_0 \left(\frac{\Gamma^m\left(1/\rho\right)}{\rho^{m-1}\Gamma\left(m/\rho\right)}\right)^{1/q}.$$

从而

$$\left(\frac{\Gamma^m\left(1/\rho\right)}{\rho^{m-1}\Gamma\left(m/\rho\right)}\right)^{1/p} W_1 \leqslant M_0.$$

故 (10.2.6) 式的最佳常数因子

$$M_0 = \left(\frac{\Gamma^m\left(1/\rho\right)}{\rho^{m-1}\Gamma\left(m/\rho\right)}\right)^{1/p} W_1.$$

证毕.

例 10.1.2 设 $m \in \mathbb{N}_+$, $\lambda > 0$, $x = (x_1, \cdots, x_m) \in \mathbb{R}_+^m$, $\frac{1}{p} + \frac{1}{q} = 1$ $(p > 1)$, $\sigma > 0$, $\frac{\alpha+1}{p} + \frac{\beta+m}{q} - (m+1-\lambda\sigma) = c$, $\alpha \geqslant \max\{-1, pc-1\}$, $0 < m - \frac{\beta+m}{q} < \lambda\sigma$, 则

(i) 当且仅当 $c \geqslant 0$ 时, 存在常数 $M > 0$, 使

$$\int_{\mathbb{R}_+^m} \sum_{n=1}^{\infty} \frac{a_n f\left(x\right)}{\left(n^\lambda + x_1^\lambda + \cdots + x_m^\lambda\right)^\sigma} \mathrm{d}x \leqslant M \left\|\widetilde{a}\right\|_{p,\alpha} \left\|f\right\|_{q,\beta}, \tag{10.1.7}$$

其中 $\widetilde{a} = \{a_n\} \in l_p^\alpha$, $f(x) \in L_q^\beta\left(\mathbb{R}_+^m\right)$.

(ii) 当 $c = 0$ 时, (10.1.7) 式的最佳常数因子为

$$\inf M = \left(\frac{\Gamma^m \left(1/\lambda \right)}{\lambda^{m-1} \Gamma \left(m/\lambda \right)} \right)^{\frac{1}{p}} \frac{\Gamma \left(\frac{1}{\lambda} \left(m - \frac{\beta+m}{q} \right) \right) \Gamma \left(\frac{1}{\lambda} \left(1 - \frac{\alpha+1}{p} \right) \right)}{\lambda \Gamma \left(\sigma \right)}.$$

证明　记

$$K \left(n, \|x\|_{\lambda,m} \right) = \frac{1}{\left(n^\lambda + x_1^\lambda + \cdots + x_m^\lambda \right)^\sigma} = \frac{1}{\left(n^\lambda + \|x\|_{\lambda,m}^\lambda \right)^\sigma},$$

则 $K \left(u, v \right)$ 是 $-\lambda\sigma$ 阶齐次非负可测函数. 因为 $\alpha \geqslant \max \{-1, pc-1\}$, 故 $-\frac{\alpha+1}{p}$ $\leqslant 0, -\frac{\alpha+1}{p} + c \leqslant 0$, 从而

$$K \left(t, 1 \right) t^{-\frac{\alpha+1}{p}} = \frac{1}{\left(t^\lambda + 1 \right)^\sigma} t^{-\frac{\alpha+1}{p}}, \quad K \left(t, 1 \right) t^{-\frac{\alpha+1}{p} + c} = \frac{1}{\left(t^\lambda + 1 \right)^\sigma} t^{-\frac{\alpha+1}{p} + c}$$

都在 $(0, +\infty)$ 上递减.

因为 $0 < m - \frac{\beta+m}{q} < \lambda\sigma$, 故 $\frac{1}{\lambda} \left(m - \frac{\beta+m}{q} \right) > 0, \sigma - \frac{1}{\lambda} \left(m - \frac{\beta+m}{q} \right) > 0$, 由 Gamma 函数定义, 有

$$W_1 = \int_0^{+\infty} K \left(1, u \right) u^{-\frac{\beta+m}{q} + m - 1} \mathrm{d}u = \int_0^{+\infty} \frac{1}{\left(1 + u^\lambda \right)^\sigma} u^{-\frac{\beta+m}{q} + m - 1} \mathrm{d}u$$

$$= \frac{1}{\lambda} \int_0^{+\infty} \frac{1}{\left(1 + t \right)^\sigma} t^{\frac{1}{\lambda} \left(m - \frac{\beta+m}{q} \right) - 1} \mathrm{d}t$$

$$= \frac{\Gamma \left(\frac{1}{\lambda} \left(m - \frac{\beta+m}{q} \right) \right) \Gamma \left(\sigma - \frac{1}{\lambda} \left(m - \frac{\beta+m}{q} \right) \right)}{\lambda \Gamma \left(\sigma \right)}.$$

特别地, 当 $c = 0$ 时, 有 $\frac{\alpha+1}{p} + \frac{\beta+m}{q} = m + 1 - \lambda\sigma$, 从而

$$W_1 = \frac{\Gamma \left(\frac{1}{\lambda} \left(m - \frac{\beta+m}{q} \right) \right) \Gamma \left(\frac{1}{\lambda} \left(1 - \frac{\alpha+1}{p} \right) \right)}{\lambda \Gamma \left(\sigma \right)}.$$

于是根据定理 10.1.2, 知本例结论成立. 证毕.

设 $\frac{1}{r} + \frac{1}{s} = 1 \, (r > 1)$, 在例 10.1.2 中取 $\alpha = p \left(1 - \frac{1}{r} \lambda\sigma \right) - 1, \beta = q \left(m - \frac{1}{s} \lambda\sigma \right) - m$, 则 $\frac{\alpha+1}{p} + \frac{\beta+m}{q} - (m + 1 - \lambda\sigma) = c = 0$. 由此可得下面结论:

例 10.1.3 设 $m \in \mathbb{N}_+$, $\lambda > 0$, $x = (x_1, \cdots, x_m) \in \mathbb{R}_+^m$, $\frac{1}{p} + \frac{1}{q} = 1$ $(p > 1)$, $\frac{1}{r} + \frac{1}{s} = 1$ $(r > 1)$, $\sigma > 0$, $\alpha = p\left(1 - \frac{1}{r}\lambda\sigma\right) - 1, \beta = q\left(m - \frac{1}{s}\lambda\sigma\right) - m, \lambda\sigma \leqslant r$, 则

$$\int_{\mathbb{R}_+^m} \sum_{n=1}^{\infty} \frac{a_n f(x)}{(n^\lambda + x_1^\lambda + \cdots + x_m^\lambda)^\sigma} dx \leqslant \left(\frac{\Gamma^m(1/\lambda)}{\lambda^{m-1}\Gamma(m/\lambda)}\right)^{\frac{1}{p}} \frac{1}{\lambda} B\left(\frac{\sigma}{r}, \frac{\sigma}{s}\right) \|\tilde{a}\|_{p,\alpha} \|f\|_{q,\beta},$$

其中 $\tilde{a} = \{a_n\} \in l_p^\alpha$, $f(x) \in L_q^\beta(\mathbb{R}_+^m)$, 常数因子是最佳的.

10.2 拟齐次核的半离散 Hilbert 型重积分不等式

10.2.1 拟齐次核的半离散 Hilbert 型重积分不等式的适配数条件

引理 10.2.1 设 $m \in \mathbb{N}_+$, $\rho > 0$, $x = (x_1, \cdots, x_m) \in \mathbb{R}_+^m$, $a, b \in \mathbb{R}$, $\frac{1}{p} + \frac{1}{q} = 1$ $(p > 1)$, $\lambda_1\lambda_2 > 0$, $K\left(n, \|x\|_{\rho,m}\right) = G\left(n^{\lambda_1}, \|x\|_{\rho,m}^{\lambda_2}\right) \geqslant 0$, $G(u,v)$ 是 λ 阶齐次可测函数, $K(t,1)t^{-aq}$ 在 $(0,+\infty)$ 上递减, 记

$$W_1 = \int_0^{+\infty} K(1,t)t^{-bp+m-1}dt, \quad W_2 = \int_0^{+\infty} K(t,1)t^{-aq}dt,$$

那么

$$\omega_1(n) = \int_{\mathbb{R}_+^m} G\left(n^{\lambda_1}, \|x\|_{\rho,m}^{\lambda_2}\right) \|x\|_{\rho,m}^{-bp} dx = \frac{\Gamma^m(1/\rho)}{\rho^{m-1}\Gamma(m/\rho)} n^{\lambda_1\lambda - \frac{\lambda_1}{\lambda_2}(bp-m)} W_1,$$

$$\omega_2\left(\|x\|_{\rho,m}\right) = \sum_{n=1}^{\infty} G\left(n^{\lambda_1}, \|x\|_{\rho,m}^{\lambda_2}\right) n^{-aq} \leqslant \|x\|_{\rho,m}^{\lambda_2\lambda - \frac{\lambda_2}{\lambda_1}(aq-1)} W_2.$$

当 $\frac{1}{\lambda_1}aq + \frac{1}{\lambda_2}bp = \lambda + \frac{1}{\lambda_1} + \frac{m}{\lambda_2}$ 时, $\frac{1}{\lambda_1}W_1 = \frac{1}{\lambda_2}W_2$.

证明 根据定理 1.7.1, 有

$$\omega_1(n) = \frac{\Gamma^m(1/\rho)}{\rho^{m-1}(m/\rho)} \int_0^{+\infty} K(n,u) u^{-bp+m-1}du$$

$$= \frac{\Gamma^m(1/\rho)}{\rho^{m-1}(m/\rho)} n^{\lambda_1\lambda} \int_0^{+\infty} K\left(1, n^{-\lambda_1/\lambda_2}u\right) u^{-bp+m-1}du$$

$$= \frac{\Gamma^m(1/\rho)}{\rho^{m-1}(m/\rho)} n^{\lambda_1\lambda + \frac{\lambda_1}{\lambda_2}(-bp+m-1)+\frac{\lambda_1}{\lambda_2}} \int_0^{+\infty} K(1,t) t^{-bp+m-1}\mathrm{d}t$$

$$= \frac{\Gamma^m(1/\rho)}{\rho^{m-1}(m/\rho)} n^{\lambda_1\lambda - \frac{\lambda_1}{\lambda_2}(bp-m)} W_1.$$

因为 $K(t,1) t^{-aq}$ 在 $(0,+\infty)$ 上递减, 故

$$\omega_2\left(\|x\|_{\rho,m}\right) = \|x\|_{\rho,m}^{\lambda_2\lambda} \sum_{n=1}^{\infty} K\left(\|x\|_{\rho,m}^{-\lambda_2/\lambda_1} n, 1\right) n^{-aq}$$

$$= \|x\|_{\rho,m}^{\lambda_2\lambda - \frac{\lambda_2}{\lambda_1}aq} \sum_{n=1}^{\infty} K\left(\|x\|_{\rho,m}^{-\lambda_2/\lambda_1} n, 1\right) \left(\|x\|_{\rho,m}^{-\lambda_2/\lambda_1} n\right)^{-aq}$$

$$\leqslant \|x\|_{\rho,m}^{\lambda_2\lambda - \frac{\lambda_2}{\lambda_1}aq} \int_0^{+\infty} K\left(\|x\|_{\rho,m}^{-\lambda_2/\lambda_1} u, 1\right) \left(\|x\|_{\rho,m}^{-\lambda_2/\lambda_1} u\right)^{-aq} \mathrm{d}u$$

$$= \|x\|_{\rho,m}^{\lambda_2\lambda - \frac{\lambda_2}{\lambda_1}(aq-1)} \int_0^{+\infty} K(t,1) t^{-aq}\mathrm{d}t = \|x\|_{\rho,m}^{\lambda_2\lambda - \frac{\lambda_2}{\lambda_1}(aq-1)} W_2.$$

当 $\frac{1}{\lambda_1}aq + \frac{1}{\lambda_2}bp = \lambda + \frac{1}{\lambda_1} + \frac{m}{\lambda_2}$ 时,

$$W_1 = \int_0^{+\infty} K\left(t^{-\lambda_2/\lambda_1}, 1\right) t^{\lambda_2\lambda - bp+m-1}\mathrm{d}t = \frac{\lambda_1}{\lambda_2} \int_0^{+\infty} K(u,1) u^{-\frac{\lambda_1}{\lambda_2}(\lambda_2\lambda - bp+m)-1}\mathrm{d}u$$

$$= \frac{\lambda_1}{\lambda_2} \int_0^{+\infty} K(u,1) u^{-aq}\mathrm{d}u = \frac{\lambda_1}{\lambda_2} W_2.$$

从而 $\frac{1}{\lambda_1}W_1 = \frac{1}{\lambda_2}W_2$. 证毕.

定理 10.2.1　设 $m \in \mathbb{N}_+$, $\rho > 0$, $x = (x_1, \cdots, x_m) \in \mathbb{R}_+^m$, $\frac{1}{p} + \frac{1}{q} = 1$ $(p > 1)$, $\lambda_1\lambda_2 > 0$, $a,b \in \mathbb{R}$, $K\left(n, \|x\|_{\rho,m}\right) = G\left(n^{\lambda_1}, \|x\|_{\rho,m}^{\lambda_2}\right) \geqslant 0$, $G(u,v)$ 是 λ 阶齐次可测函数, $\frac{1}{\lambda_1}aq + \frac{1}{\lambda_2}bp - \left(\lambda + \frac{1}{\lambda_1} + \frac{m}{\lambda_2}\right) = c$, $K(t,1) t^{-aq}$ 及 $K(t,1) t^{-aq+\frac{\lambda_1 c}{p}}$ 都在 $(0,+\infty)$ 上递减, 且

$$W_1 = \int_0^{+\infty} K(1,t) t^{-bp+m-1}\mathrm{d}t, \quad W_2 = \int_0^{+\infty} K(t,1) t^{-aq}\mathrm{d}t$$

收敛, 则

(i) 记 $\alpha = \lambda_1 \left[\lambda + \dfrac{m}{\lambda_2} + p \left(\dfrac{a}{\lambda_1} - \dfrac{b}{\lambda_2} \right) \right]$, $\beta = \lambda_2 \left[\lambda + \dfrac{1}{\lambda_1} + q \left(\dfrac{b}{\lambda_2} - \dfrac{a}{\lambda_1} \right) \right]$,

有

$$\int_{\mathbb{R}_+^m} \sum_{n=1}^{\infty} G \left(n^{\lambda_1}, \|x\|_{\rho,m}^{\lambda_2} \right) a_n f(x)\, \mathrm{d}x \leqslant \left(\frac{\Gamma^m (1/\rho)}{\rho^{m-1} \Gamma(m/\rho)} \right)^{1/p} W_1^{\frac{1}{p}} W_2^{\frac{1}{q}} \|\widetilde{a}\|_{p,\alpha} \|f\|_{q,\beta},$$

$$(10.2.1)$$

其中 $\widetilde{a} = \{a_n\} \in l_p^\alpha$, $f(x) \in L_q^\beta (\mathbb{R}_+^m)$.

(ii) 当且仅当 $c = 0$ 时, (10.2.1) 式的常数因子是最佳的, 且当 $c = 0$ 时, (10.2.1) 式化为

$$\int_{\mathbb{R}_+^m} \sum_{n=1}^{\infty} G \left(n^{\lambda_1}, \|x\|_{\rho,m}^{\lambda_2} \right) a_n f(x)\, \mathrm{d}x$$

$$= \left(\frac{\Gamma^m (1/\rho)}{\rho^{m-1} \Gamma(m/\rho)} \right)^{1/p} \left(\frac{\lambda_2}{\lambda_1} \right)^{\frac{1}{q}} W_1 \|\widetilde{a}\|_{p,apq-1} \|f\|_{q,bpq-m}. \tag{10.2.2}$$

证明 (i) 根据 Hölder 不等式及引理 10.2.1, 有

$$\int_{\mathbb{R}_+^m} \sum_{n=1}^{\infty} G \left(n^{\lambda_1}, \|x\|_{\rho,m}^{\lambda_2} \right) a_n f(x)\, \mathrm{d}x$$

$$= \int_{\mathbb{R}_+^m} \sum_{n=1}^{\infty} \left(\frac{n^a}{\|x\|_{\rho,m}^b} a_n \right) \left(\frac{\|x\|_{\rho,m}^b}{n^a} f(x) \right) K \left(n, \|x\|_{\rho,m} \right) \mathrm{d}x$$

$$\leqslant \left(\sum_{n=1}^{\infty} n^{ap} a_n^p \omega_1(n) \right)^{\frac{1}{p}} \left(\int_{\mathbb{R}_+^m} \|x\|_{\rho,m}^{bq} f^q(x) \omega_2 \left(\|x\|_{\rho,m} \right) \mathrm{d}x \right)^{\frac{1}{q}}$$

$$\leqslant \left(\frac{\Gamma^m (1/\rho)}{\rho^{m-1} \Gamma(m/\rho)} \right)^{1/p} W_1^{\frac{1}{p}} W_2^{\frac{1}{q}} \left(\sum_{n=1}^{\infty} n^{ap + \lambda_1 \lambda - \frac{\lambda_1}{\lambda_2}(bp-m)} a_n^p \right)^{\frac{1}{p}}$$

$$\times \left(\int_{\mathbb{R}_+^m} \|x\|_{\rho,m}^{bq + \lambda_2 \lambda - \frac{\lambda_2}{\lambda_1}(aq-1)} f^q(x)\, \mathrm{d}x \right)^{\frac{1}{q}}$$

$$= \left(\frac{\Gamma^m (1/\rho)}{\rho^{m-1} \Gamma(m/\rho)} \right)^{1/p} W_1^{\frac{1}{p}} W_2^{\frac{1}{q}} \|\widetilde{a}\|_{p,\alpha} \|f\|_{q,\beta},$$

故 (10.2.1) 式成立.

(ii) 设 $c = 0$, 即 $\dfrac{1}{\lambda_1} aq + \dfrac{1}{\lambda_2} bp - \left(\lambda + \dfrac{1}{\lambda_1} + \dfrac{m}{\lambda_2} \right) = 0$, 由引理 10.2.1 可知 (10.2.1) 式可化为 (10.2.2) 式. 若 (10.2.2) 式的常数因子不是最佳的, 则存在

$M_0 > 0$, 使

$$M_0 < \left(\frac{\Gamma^m (1/\rho)}{\rho^{m-1}\Gamma (m/\rho)} \right)^{1/p} \left(\frac{\lambda_2}{\lambda_1} \right)^{\frac{1}{q}} W_1,$$

$$\int_{\mathbb{R}_+^m} \sum_{n=1}^{\infty} G\left(n^{\lambda_1}, \|x\|_{\rho,m}^{\lambda_2} \right) a_m f(x)\, \mathrm{d}x \leqslant M_0 \, \|\widetilde{a}\|_{p,apq-1} \, \|f\|_{q,bpq-m}.$$

对充分小的 $\varepsilon > 0$ 及 $\delta > 0$, 取 $a_n = n^{(-apq-|\lambda_1|\varepsilon)/p}$ $(n = 1, 2, \cdots)$, 且

$$f(x) = \begin{cases} \|x\|_{\rho,m}^{(-bpq-|\lambda_2|\varepsilon)/q}, & \|x\|_{\rho,m} \geqslant \delta, \\ 0, & 0 < \|x\|_{\rho,m} < \delta. \end{cases}$$

则可得

$$\|\widetilde{a}\|_{p,apq-1} \, \|f\|_{q,bpq-m} \leqslant \frac{1}{\varepsilon \, |\lambda_1|^{1/p} \, |\lambda_2|^{1/q}} \left(\frac{\Gamma^m (1/\rho)}{\rho^{m-1}\Gamma (m/\rho)} \right)^{1/q} (1 + |\lambda_1|\, \varepsilon)^{\frac{1}{p}} \, \delta^{-\frac{|\lambda_2|\varepsilon}{q}},$$

$$\int_{\mathbb{R}_+^m} \sum_{n=1}^{\infty} G\left(n^{\lambda_1}, \|x\|_{\rho,m}^{\lambda_2} \right) a_n f(x)\, \mathrm{d}x$$

$$= \frac{\Gamma^m (1/\rho)}{\rho^{m-1}\Gamma (m/\rho)} \sum_{n=1}^{\infty} n^{-\frac{apq+|\lambda_1|\varepsilon}{p}} \left(\int_{\delta}^{+\infty} K(n,u)^{m-1-\frac{bpq+|\lambda_2|\varepsilon}{q}}\, \mathrm{d}u \right)$$

$$= \frac{\Gamma^m (1/\rho)}{\rho^{m-1}\Gamma (m/\rho)} \sum_{n=1}^{\infty} n^{\lambda_1\lambda-\frac{apq+|\lambda_1|\varepsilon}{p}} \left(\int_{\delta}^{+\infty} K(1, n^{-\lambda_1/\lambda_2} u) u^{m-1-\frac{bpq+|\lambda_2|\varepsilon}{q}}\, \mathrm{d}u \right)$$

$$= \frac{\Gamma^m (1/\rho)}{\rho^{m-1}\Gamma (m/\rho)} \sum_{n=1}^{\infty} n^{\lambda_1\lambda-\frac{apq+|\lambda_1|\varepsilon}{p}+\frac{\lambda_1}{\lambda_2}\left(m-\frac{bpq+|\lambda_2|\varepsilon}{q} \right)}$$

$$\times \left(\int_{\delta n^{-\lambda_1/\lambda_2}}^{+\infty} K(1,t)\, t^{m-1-\frac{bpq+|\lambda_2|\varepsilon}{q}}\, \mathrm{d}t \right)$$

$$\geqslant \frac{\Gamma^m (1/\rho)}{\rho^{m-1}\Gamma (m/\rho)} \sum_{n=1}^{\infty} n^{-1-|\lambda_1|\varepsilon} \int_{\delta}^{+\infty} K(1,t)\, t^{-\frac{bpq+|\lambda_2|\varepsilon}{q}+m-1}\mathrm{d}t$$

$$\geqslant \frac{\Gamma^m (1/\rho)}{\rho^{m-1}\Gamma (m/\rho)} \frac{1}{|\lambda_1|\,\varepsilon} \int_{\delta}^{+\infty} K(1,t)\, t^{-\frac{bpq+|\lambda_2|\varepsilon}{q}+m-1}\mathrm{d}t.$$

于是有

$$\frac{\Gamma^m (1/\rho)}{\rho^{m-1}\Gamma (m/\rho)} \frac{1}{|\lambda_1|} \int_{\delta}^{+\infty} K(1,t)\, t^{-\frac{bpq+|\lambda_2|\varepsilon}{q}+m-1}\mathrm{d}t$$

$$\leqslant \frac{M_0}{\left|\lambda_1\right|^{1/p}\left|\lambda_2\right|^{1/q}}\left(\frac{\Gamma^m\left(1/\rho\right)}{\rho^{m-1}\Gamma\left(m/\rho\right)}\right)^{1/q}\left(1+\left|\lambda_1\right|\varepsilon\right)^{\frac{1}{p}}\delta^{-\frac{|\lambda_2|\varepsilon}{q}}.$$

先令 $\varepsilon \to 0^+$, 再令 $\delta \to 0^+$, 则有

$$\frac{1}{\left|\lambda_1\right|}\frac{\Gamma^m\left(1/\rho\right)}{\rho^{m-1}\Gamma\left(m/\rho\right)}\int_0^{+\infty}K\left(1,t\right)t^{-bp+m-1}\mathrm{d}t \leqslant \frac{M_0}{\left|\lambda_1\right|^{1/p}\left|\lambda_2\right|^{1/q}}\left(\frac{\Gamma^m\left(1/\rho\right)}{\rho^{m-1}\Gamma\left(m/\rho\right)}\right)^{1/q}.$$

由此得到

$$\left(\frac{\Gamma^m\left(1/\rho\right)}{\rho^{m-1}\Gamma\left(m/\rho\right)}\right)^{1/p}\left(\frac{\lambda_2}{\lambda_1}\right)^{\frac{1}{q}}W_1 \leqslant M_0.$$

这就得到了矛盾, 故 (10.2.2) 式的常数因子是最佳的.

反之, 设 (10.2.1) 式中的常数因子是最佳的. 令 $a'=a-\frac{\lambda_1 c}{pq}$, $b'=b-\frac{\lambda_2 c}{pq}$, 则

$$\alpha = \lambda_1\left[\lambda+\frac{m}{\lambda_2}+p\left(\frac{a}{\lambda_1}-\frac{b}{\lambda_2}\right)\right]=\lambda_1\left[\lambda+\frac{m}{\lambda_2}+p\left(\frac{a'}{\lambda_1}-\frac{b'}{\lambda_2}\right)\right],$$

$$\beta = \lambda_2\left[\lambda+\frac{1}{\lambda_1}+q\left(\frac{b}{\lambda_2}-\frac{a}{\lambda_1}\right)\right]=\lambda_2\left[\lambda+\frac{1}{\lambda_1}+q\left(\frac{b'}{\lambda_2}-\frac{a'}{\lambda_1}\right)\right],$$

$$\frac{1}{\lambda_1}a'q+\frac{1}{\lambda_2}b'p=\lambda+\frac{1}{\lambda_1}+\frac{m}{\lambda_2}.$$

再利用类似于定理 10.1.1 的证明方法, 可得 $c=0$. 证毕.

例 10.2.1 设 $m\in\mathbb{N}_+$, $\rho>0$, $x=(x_1,\cdots,x_m)\in\mathbb{R}_+^m$, $\frac{1}{p}+\frac{1}{q}=1$ $(p>1)$, $0<\lambda_1\leqslant\frac{1}{p}$, $\lambda_2>0$, $\frac{m}{\lambda_2 p}<1$, $\max\left\{\frac{1}{\lambda_1 q}+1,\frac{m}{\lambda_2 p}-1\right\}<\lambda\leqslant\frac{1}{\lambda_1 q}+\frac{m}{\lambda_2 p}+\frac{1}{\lambda_1}-p$, 试讨论 $\lambda_1,\lambda_2,\lambda$ 满足什么条件并选取怎样的适配数 a,b 时, 可得具有最佳常数因子的 Hilbert 型不等式:

$$\int_{\mathbb{R}_+^m}\sum_{n=1}^{\infty}\frac{n^{\lambda_1}\Big/\left\|x\right\|_{\rho,m}^{\lambda_2}}{\left(n^{\lambda_1}+\left\|x\right\|_{\rho,m}^{\lambda_2}\right)^{\lambda}}a_n f\left(x\right)\mathrm{d}x \leqslant M_0\left\|\widetilde{a}\right\|_p\left\|f\right\|_q, \tag{10.2.3}$$

其中 $\widetilde{a}=\{a_n\}\in l_p$, $f(x)=L_q\left(\mathbb{R}_+^m\right)$. 并求出其最佳常数因子 M_0.

解 令

$$K\left(n,\left\|x\right\|_{\rho,m}\right)=G\left(n^{\lambda_1},\left\|x\right\|_{\rho,m}^{\lambda_2}\right)=\frac{n^{\lambda_1}\Big/\left\|x\right\|_{\rho,m}^{\lambda_2}}{\left(n^{\lambda_1}+\left\|x\right\|_{\rho,m}^{\lambda_2}\right)^{\lambda}},$$

则 $G\left(u,v\right)$ 是 $-\lambda$ 阶齐次非负函数. 令 $apq-1=\alpha=0$, $bpq-m=\beta=0$, 则

$$a=\frac{1}{pq}, \quad b=\frac{m}{pq}, \quad c=\frac{1}{\lambda_1}aq+\frac{1}{\lambda_2}bp-\left(-\lambda+\frac{1}{\lambda_1}+\frac{m}{\lambda_2}\right)=\lambda-\frac{1}{\lambda_1 q}-\frac{m}{\lambda_2 p}.$$

因为 $0<\lambda_1\leqslant\dfrac{1}{p}$, $\lambda\leqslant\dfrac{1}{\lambda_1 q}+\dfrac{1}{\lambda_2 p}+\dfrac{1}{\lambda_1}-p$, 故知

$$K\left(t,1\right)t^{-aq}=\frac{1}{\left(t^{\lambda_1}+1\right)^{\lambda}}t^{\lambda_1-\frac{1}{p}},$$

$$K\left(t,1\right)t^{-aq+\frac{\lambda_1 c}{p}}=\frac{1}{\left(t^{\lambda}+1\right)^{\lambda}}t^{-\frac{\lambda_1}{p}\left(\frac{1}{\lambda_1 q}+\frac{m}{\lambda_2 p}+\frac{1}{\lambda_1}-p-\lambda\right)}$$

都在 $(0,+\infty)$ 上递减. 因为 $\dfrac{m}{\lambda_2 p}<1$, $\max\left\{\dfrac{1}{\lambda_1 q}+1,\dfrac{m}{\lambda_2 p}-1\right\}<\lambda$, 故计算可知

$$W_1=\int_0^{+\infty}K\left(1,t\right)t^{-bp+m-1}\mathrm{d}t=\frac{1}{\lambda_2}B\left(\frac{m}{\lambda_2 p}-1,\lambda+1-\frac{m}{\lambda_2 p}\right),$$

$$W_2=\int_0^{+\infty}K\left(t,1\right)t^{-aq}\mathrm{d}t=\frac{1}{\lambda_1}B\left(\frac{1}{\lambda_1 q}+1,\lambda-1-\frac{1}{\lambda_1 q}\right)$$

都收敛, 且当 $c=0$, 即 $\lambda=\dfrac{1}{\lambda_1 q}+\dfrac{m}{\lambda_2 p}$ 时,

$$\frac{1}{\lambda_1}W_1=\frac{1}{\lambda_2}W_2=\frac{1}{\lambda_1\lambda_2}B\left(\frac{1}{\lambda_1 q}+1,\frac{m}{\lambda_2 p}-1\right).$$

根据定理 10.2.1, 当且仅当 $\lambda=\dfrac{1}{\lambda_1 q}+\dfrac{m}{\lambda_2 p}$, 并取适配数 $a=\dfrac{1}{pq}$, $b=\dfrac{m}{pq}$ 时, 可得具有最佳常数因子的不等式 (10.2.3), 且其最佳常数因子

$$M_0=\left(\frac{\Gamma^m\left(1/\rho\right)}{\rho^{m-1}\Gamma\left(m/\rho\right)}\right)^{1/p}\frac{1}{\lambda_1^{1/q}\lambda_2^{1/p}}B\left(\frac{1}{\lambda_1 q}+1,\frac{m}{\lambda_2 p}-1\right).$$

解毕.

10.2.2　构建拟齐次核的半离散 Hilbert 型重积分不等式的参数条件

引理 10.2.2　设 $m\in\mathbb{N}_+$, $\rho>0$, $\dfrac{1}{p}+\dfrac{1}{q}=1$ $(p>1)$, $x=(x_1,\cdots,x_m)\in\mathbb{R}_+^m$, $\alpha,\beta\in\mathbb{R}$, , $\lambda_1\lambda_2>0$, $K\left(n,||x||_{\rho,m}\right)=G\left(n^{\lambda_1},||x||_{\rho,m}^{\lambda_2}\right)\geqslant 0$, $G\left(u,v\right)$ 是 λ 阶齐

次可测函数, $\lambda_1 \left(\dfrac{\alpha}{\lambda_1 p} + \dfrac{\beta}{\lambda_2 p} - \lambda - \dfrac{1}{\lambda_1 q} - \dfrac{m}{\lambda_2 p} \right) = c$, $K(t,1) t^{-\frac{\alpha+1}{p}+c}$ $(0,+\infty)$ 上递减, 记

$$W_1 = \int_0^{+\infty} K(1,t) t^{-\frac{\beta+m}{q}+m-1} \mathrm{d}t, \quad W_2 = \int_0^{+\infty} K(t,1) t^{-\frac{\alpha+1}{p}+c} \mathrm{d}t,$$

则 $\dfrac{1}{\lambda_1} W_1 = \dfrac{1}{\lambda_2} W_2$, 且

$$\omega_1(n) = \int_{\mathbb{R}_+^m} K\left(n, \|x\|_{\rho,m} \right) \|x\|_{\rho,n}^{-\frac{\rho+m}{q}} \, \mathrm{d}x = \frac{\Gamma^m(1/\rho)}{\rho^{m-1}\Gamma(m/\rho)} n^{\frac{\alpha+1}{p}-1-c} W_1,$$

$$\omega_2(x) = \sum_{n=1}^{\infty} K\left(n, \|x\|_{\rho,m} \right) n^{-\frac{\alpha+1}{p}+c} \leqslant \|x\|_{\rho,m}^{\frac{\beta+m}{q}-m} W_2.$$

证明 因为 $\lambda_1 \left(\dfrac{\alpha}{\lambda_1 p} + \dfrac{\beta}{\lambda_2 p} - \lambda - \dfrac{1}{\lambda_1 q} - \dfrac{m}{\lambda_2 p} \right) = c$, 故

$$-\frac{\lambda_1}{\lambda_2} \left(\lambda\lambda_2 - \frac{\beta+m}{q} + m - 1 \right) - \frac{\lambda_1}{\lambda_2} - 1 = -\frac{\alpha+1}{p} + c.$$

于是

$$W_1 = \int_0^{+\infty} K\left(t^{-\lambda_2/\lambda_1}, 1 \right) t^{\lambda\lambda_2 - \frac{\beta+m}{q}+m-1} \mathrm{d}t$$

$$= \frac{\lambda_1}{\lambda_2} \int_0^{+\infty} K(u,1) u^{-\frac{\lambda_1}{\lambda_2}\left(\lambda\lambda_2 - \frac{\beta+m}{q}+m-1 \right) - \frac{\lambda_1}{\lambda_2}-1} \mathrm{d}u$$

$$= \frac{\lambda_1}{\lambda_2} \int_0^{+\infty} K(u,1) u^{-\frac{\alpha+1}{p}+c} \mathrm{d}u = \frac{\lambda_1}{\lambda_2} W_2,$$

故 $\dfrac{1}{\lambda_1} W_1 = \dfrac{1}{\lambda_2} W_2$.

根据定理 1.7.1, 有

$$\omega_1(n) = \frac{\Gamma^m(1/\rho)}{\rho^{m-1}\Gamma(m/\rho)} \int_0^{+\infty} K(n,t) t^{-\frac{\beta+m}{q}+m-1} \mathrm{d}t$$

$$= \frac{\Gamma^m(1/\rho)}{\rho^{m-1}\Gamma(m/\rho)} \int_0^{+\infty} n^{\lambda\lambda_1} K\left(1, n^{-\lambda_1/\lambda_2} t \right) t^{-\frac{\beta+m}{q}+m-1} \mathrm{d}t$$

$$= \frac{\Gamma^m(1/\rho)}{\rho^{m-1}\Gamma(m/\rho)} n^{\lambda\lambda_1 - \frac{\lambda_1}{\lambda_2}\left(\frac{\beta+m}{q}-m+1 \right) + \frac{\lambda_1}{\lambda_2}} \int_0^{+\infty} K(1,u) u^{-\frac{\beta+m}{q}+m-1} \mathrm{d}u$$

$$= \frac{\Gamma^m(1/\rho)}{\rho^{m-1}\Gamma(m/\rho)} n^{\frac{\alpha+1}{p}-1-c} W_1.$$

根据 $K(t,1)\, t^{-\frac{\alpha+1}{p}+c}$ 在 $(0,+\infty)$ 上递减, 有

$$
\begin{aligned}
\omega_2(x) &= \sum_{n=1}^{\infty} \|x\|_{\rho,m}^{\lambda\lambda_2} K\left(\|x\|_{\rho,m}^{-\lambda_2/\lambda_1} n, 1\right) n^{-\frac{\alpha+1}{p}+c} \\
&= \|x\|_{\rho,m}^{\lambda\lambda_2 - \frac{\lambda_2}{\lambda_1}\left(\frac{\alpha+1}{p}-c\right)} \sum_{n=1}^{\infty} K\left(\|x\|_{\rho,m}^{-\lambda_2/\lambda_1} n, 1\right) \left(\|x\|_{\rho,m}^{-\lambda_2/\lambda_1} n\right)^{-\frac{\alpha+1}{p}+c} \\
&\leqslant \|x\|_{\rho,m}^{\lambda\lambda_2 - \frac{\lambda_2}{\lambda_1}\left(\frac{\alpha+1}{p}-c\right)} \int_0^{+\infty} K\left(\|x\|_{\rho,m}^{-\lambda_2/\lambda_1} t, 1\right) \left(\|x\|_{\rho,m}^{-\lambda_2/\lambda_1} t\right)^{-\frac{\alpha+1}{p}+c} \mathrm{d}t \\
&= \|x\|_{\rho,m}^{\lambda\lambda_2 - \frac{\lambda_2}{\lambda_1}\left(\frac{\alpha+1}{p}-c\right)+\frac{\lambda_2}{\lambda_1}} \int_0^{+\infty} K(u,1)\, u^{-\frac{\alpha+1}{p}+c} \mathrm{d}u = \|x\|_{\rho,m}^{\frac{\beta+m}{q}-m} W_2.
\end{aligned}
$$

证毕.

定理 10.2.2　设 $m \in \mathbb{N}_+$, $\rho > 0$, $x = (x_1, \cdots, x_m) \in \mathbb{R}_+^m$, $\frac{1}{p} + \frac{1}{q} = 1\ (p > 1)$, $\alpha, \beta \in \mathbb{R}$,　$\lambda_1\lambda_2 > 0$, $K\left(n, \|x\|_{\rho,m}\right) = G\left(n^{\lambda_1}, \|x\|_{\rho,m}^{\lambda_2}\right) \geqslant 0$, $G(u,v)$ 是 λ 阶齐次可测函数, $\lambda_1\left(\dfrac{\alpha}{\lambda_1 p} + \dfrac{\beta}{\lambda_2 q} - \lambda - \dfrac{1}{\lambda_1 q} - \dfrac{m}{\lambda_2 p}\right) = c$, $K(t,1)\, t^{-\frac{\alpha+1}{p}}$ 及 $K(t,1)^{-\frac{\alpha+1}{p}+c}$ 都在 $(0,+\infty)$ 上递减, 且

$$W_1 = \int_0^{+\infty} G\left(1, t^{\lambda_2}\right) t^{-\frac{\beta+m}{q}+m-1} \mathrm{d}t$$

收敛, 则

(i) 当且仅当 $c \geqslant 0$ 时, 存在常数 $M > 0$, 使

$$\int_{\mathbb{R}_+^m} \sum_{n=1}^{\infty} G\left(n^{\lambda_1}, \|x\|_{m,\rho}^{\lambda_2}\right) a_n f(x)\, \mathrm{d}x \leqslant M \|\tilde{a}\|_{p,\alpha} \|f\|_{q,\beta}. \tag{10.2.1}$$

其中 $\tilde{a} = \{a_n\} \in l_p^\alpha$, $f(x) \in L_q^\beta(\mathbb{R}_+^m)$.

(ii) 当 $c = 0$, 即 $\dfrac{\alpha}{\lambda_1 p} + \dfrac{\beta}{\lambda_2 q} = \lambda + \dfrac{1}{\lambda_1 q} + \dfrac{m}{\lambda_2 p}$ 时, (10.2.1) 式的最佳常数因子为

$$\inf M = \left(\frac{\Gamma^m(1/\rho)}{\rho^{m-1}\Gamma(m/\rho)}\right)^{1/p} \left(\frac{\lambda_2}{\lambda_1}\right)^{\frac{1}{q}} W_1.$$

证明 (i) 设存在常数 $M > 0$, 使 (10.2.1) 式成立. 若 $c < 0$, 取 $\varepsilon = -\dfrac{c}{2|\lambda_1|} > 0$, 令 $a_n = n^{(-\alpha-1-|\lambda_1|\varepsilon)/p}$ $(n = 1, 2, \cdots)$,

$$f(x) = \begin{cases} ||x||_{\rho,m}^{(-\beta-m-|\lambda_2|\varepsilon)/q}, & ||x||_{\rho,m} \geqslant 1, \\ 0, & 0 < ||x||_{\rho,m} < 1. \end{cases}$$

根据引理 1.7.2, 有

$$M \, ||\widetilde{a}||_{p,\alpha} \, ||f||_{q,\beta} = M \left(\sum_{n=1}^{\infty} n^{-1-|\lambda_1|\varepsilon} \right)^{\frac{1}{p}} \left(\int_{||x||_{\rho,m} \geqslant 1} ||x||_{\rho,m}^{-m-|\lambda_2|\varepsilon} \mathrm{d}x \right)^{\frac{1}{q}}$$

$$\leqslant M \left(1 + \int_1^{+\infty} t^{-1-|\lambda_1|\varepsilon} \mathrm{d}t \right)^{\frac{1}{p}} \left(\frac{\Gamma^m(1/\rho)}{\rho^{m-1}\Gamma(m/\rho)} \int_1^{+\infty} t^{-1-|\lambda_2|\varepsilon} \mathrm{d}t \right)^{\frac{1}{q}}$$

$$= \frac{M}{|\lambda_1|^{1/p} |\lambda_2|^{1/q}} \left(\frac{\Gamma^m(1/\rho)}{\rho^{m-1}\Gamma(m/\rho)} \right)^{\frac{1}{q}} (1 + |\lambda_1|\varepsilon)^{\frac{1}{p}}$$

$$= \frac{2M}{-c} \left(\frac{\lambda_1}{\lambda_2} \right)^{\frac{1}{q}} \left(1 - \frac{c}{2} \right)^{\frac{1}{p}} \left(\frac{\Gamma^m(1/\rho)}{\rho^{m-1}\Gamma(m/\rho)} \right)^{\frac{1}{q}}.$$

根据 $K(t,1) t^{-\frac{\alpha+1}{p}}$ 在 $(0, +\infty)$ 上递减, 有

$$\int_{\mathbb{R}_+^m} \sum_{n=1}^{\infty} G\left(n^{\lambda_1}, ||x||_{\rho,m}^{\lambda_2} \right) a_n f(x) \, \mathrm{d}x$$

$$= \int_{||x||_{\rho,m} \geqslant 1} ||x||_{\rho,m}^{-\frac{\beta+m+|\lambda_2|\varepsilon}{q}} \left(\int_1^{+\infty} K\left(n, ||x||_{\rho,m} \right) n^{-\frac{\alpha+1+|\lambda_1|\varepsilon}{p}} \right) \mathrm{d}x$$

$$= \int_{||x||_{\rho,m} \geqslant 1} ||x||_{\rho,m}^{\lambda\lambda_2 - \frac{\beta+m+|\lambda_2|\varepsilon}{q} - \frac{\lambda_2}{\lambda_1}\frac{\alpha+1+|\lambda_1|\varepsilon}{p}}$$

$$\times \left(\sum_{n=1}^{\infty} K\left(||x||_{\rho,m}^{-\lambda_2/\lambda_1} n, 1 \right) \left(||x||_{\rho,m}^{-\lambda_2/\lambda_1} n \right)^{-\frac{\alpha+1+|\lambda_1|\varepsilon}{\rho}} \right) \mathrm{d}x$$

$$\geqslant \int_{||x||_{\rho,m} \geqslant 1} ||x||_{\rho,m}^{\lambda\lambda_2 - \frac{\beta+m+|\lambda_2|\varepsilon}{q} - \frac{\lambda_2}{\lambda_1}\frac{\alpha+1+|\lambda_1|\varepsilon}{p}}$$

$$\times \left(\int_1^{+\infty} K\left(||x||_{\rho,m}^{-\lambda_2/\lambda_1} u, 1 \right) \left(||x||_{\rho,m}^{-\lambda_2/\lambda_1} u \right)^{-\frac{\alpha+1+|\lambda_1|\varepsilon}{p}} \mathrm{d}u \right) \mathrm{d}x$$

$$= \int_{||x||_{\rho,m} \geqslant 1} ||x||_{\rho,m}^{\lambda\lambda_2 - \frac{\beta+m+|\lambda_2|}{q} - \frac{\lambda_2}{\lambda_1}\frac{\alpha+1+|\lambda_1|\varepsilon}{p} + \frac{\lambda_2}{\lambda_1}}$$

$$\times \left(\int_{||x||_{\rho,m}^{-\lambda_2/\lambda_1}}^{+\infty} K(t,1)\, t^{-\frac{\alpha+1+|\lambda_1|\varepsilon}{p}}\mathrm{d}t \right)\mathrm{d}x$$

$$\geqslant \frac{\Gamma^m(1/\rho)}{\rho^{m-1}\Gamma(m/\rho)} \int_1^{+\infty} t^{-1-\frac{\lambda_2}{\lambda_1}c-|\lambda_2|\varepsilon}\mathrm{d}t \int_1^{+\infty} K(t,1)\, t^{-\frac{\alpha+1+|\lambda_1|\varepsilon}{p}}\mathrm{d}t$$

$$= \frac{\Gamma^m(1/\rho)}{\rho^{m-1}\Gamma(m/\rho)} \int_1^{+\infty} t^{-1-\frac{\lambda_2}{2\lambda_1}c}\mathrm{d}t \int_1^{+\infty} K(t,1)\, t^{-\frac{\alpha+1+|\lambda_1|\varepsilon}{p}}\mathrm{d}t.$$

于是有

$$\int_1^{+\infty} t^{-1-\frac{\lambda_2}{2\lambda_1}c}\mathrm{d}t \int_1^{+\infty} K(t,1)\, t^{-\frac{\alpha+1+|\lambda_1|\varepsilon}{p}}\mathrm{d}t$$

$$\leqslant \frac{2M}{-c}\left(\frac{\lambda_1}{\lambda_2}\right)^{\frac1q}\left(1-\frac{c}{2}\right)^{\frac1p}\left(\frac{\Gamma^m(1/\rho)}{\rho^{m-1}\Gamma(m/\rho)}\right)^{-1/p} < +\infty.$$

因为 $\frac{\lambda_2}{2\lambda_1}c < 0$, 故 $\int_1^{+\infty} t^{-1-\frac{\lambda_2}{2\lambda_1}c}\mathrm{d}t = +\infty$. 这就得到了矛盾. 从而知 $c \geqslant 0$.

反之, 设 $c \geqslant 0$. 根据 Hölder 不等式及引理 10.2.2, 有

$$\int_{\mathbb{R}_+^m} \sum_{n=1}^\infty G\left(n^{\lambda_1}, ||x||_{\rho,m}^{\lambda_2}\right) a_n f(x)\,\mathrm{d}x$$

$$= \int_{\mathbb{R}_+^m} \sum_{n=1}^\infty \left(\frac{n^{(\alpha+1-cp)/(pq)}}{||x||_{\rho,m}^{(\beta+m)/(pq)}}a_n\right)\left(\frac{||x||_{\rho,m}^{(\beta+m)/(pq)}}{n^{(\alpha+1-cp)/(pq)}}f(x)\right) K\left(n, ||x||_{\rho,m}\right)\mathrm{d}x$$

$$\leqslant \left(\sum_{n=1}^\infty n^{\frac{\alpha+1-cp}{q}} a_n^p \omega_1(n)\right)^{\frac1p}\left(\int_{\mathbb{R}_+^m} ||x||_{\rho,m}^{\frac{\beta+m}{\rho}} f^q(x)\omega_2(x)\,\mathrm{d}x\right)^{\frac1q}$$

$$= W_1^{\frac1p} W_2^{\frac1q}\left(\frac{\Gamma^m(1/\rho)}{\rho^{m-1}\Gamma(m/\rho)}\right)^{\frac1p}\left(\sum_{n=1}^\infty n^{\frac{\alpha+1-cp}{q}+\frac{\alpha+1}{p}-1-c}a_n^p\right)^{\frac1p}$$

$$\times \left(\int_{\mathbb{R}_+^m} ||x||_{\rho,m}^{\frac{\beta+m}{p}+\frac{\beta+m}{q}-m} f^q(x)\,\mathrm{d}x\right)^{\frac1q}$$

$$= \left(\frac{\lambda_2}{\lambda_1}\right)^{\frac1q} W_1\left(\frac{\Gamma^m(1/\rho)}{\rho^{m-1}\Gamma(m/\rho)}\right)^{\frac1p}\left(\sum_{n=1}^\infty n^{\alpha-cp}a_n^p\right)^{\frac1p}\left(\int_{\mathbb{R}_+^m} ||x||_{\rho,m}^{\beta} f^q(x)\,\mathrm{d}x\right)^{\frac1q}$$

$$\leqslant \left(\frac{\Gamma^m(1/\rho)}{\rho^{m-1}\Gamma(m/\rho)}\right)^{\frac1p}\left(\frac{\lambda_2}{\lambda_1}\right)^{\frac1q} W_1 ||\widetilde{a}||_{p,\alpha}\, ||f||_{q,\beta}.$$

任取 $M \geqslant \left(\dfrac{\Gamma^m (1/\rho)}{\rho^{m-1}\Gamma (m/\rho)} \right)^{\frac{1}{p}} \left(\dfrac{\lambda_2}{\lambda_1} \right)^{\frac{1}{q}} W_1$, 都可得到 (10.2.1) 式.

(ii) 当 $c = 0$ 时, 设 (10.2.1) 式的最佳常数因子为 M_0, 则由上述证明可知

$$M_0 \leqslant \left(\frac{\Gamma^m (1/\rho)}{\rho^{m-1}\Gamma (m/\rho)} \right)^{\frac{1}{p}} \left(\frac{\lambda_2}{\lambda_1} \right)^{\frac{1}{q}} W_1,$$

$$\int_{\mathbb{R}_+^m} \sum_{n=1}^{\infty} K \left(n, ||x||_{\rho,m} \right) a_n f (x) \, dx \leqslant M_0 \, ||\tilde{a}||_{p,\alpha} \, ||f||_{q,\beta}.$$

取 $\varepsilon > 0$ 及 $\delta > 0$ 充分小, 令 $a_n = n^{(-\alpha-1-|\lambda_1|\varepsilon)/p} \ (n = 1, 2, \cdots)$, 且

$$f (x) = \begin{cases} ||x||_{\rho,m}^{(-\beta-m-|\lambda_2|\varepsilon)/q}, & ||x||_{\rho,m} \geqslant \delta, \\ 0, & 0 < ||x||_{\rho,m} < \delta. \end{cases}$$

则计算可得

$$M_0 \, ||\tilde{a}||_{p,\alpha} \, ||f||_{q,\beta} \leqslant \frac{M_0}{\varepsilon \, |\lambda_1|^{1/p} \, |\lambda_2|^{1/q}} \left(\frac{\Gamma^m (1/\rho)}{\rho^{m-1}\Gamma (m/\rho)} \right)^{\frac{1}{q}} (1 + |\lambda_1| \varepsilon)^{\frac{1}{p}} \delta^{-\frac{|\lambda_2|\varepsilon}{q}},$$

$$\int_{\mathbb{R}_+^m} \sum_{n=1}^{\infty} G \left(n^{\lambda_1}, ||x||_{\rho,m}^{\lambda_2} \right) a_n f (x) \, dx$$

$$= \sum_{n=1}^{\infty} n^{-\frac{\alpha+1+|\lambda_1|\varepsilon}{p}} \left(\int_{||x||_{\rho,m} \geqslant \delta} ||x||_{\rho,m}^{-\frac{\beta+m+|\lambda_2|\varepsilon}{q}} K \left(n, ||x||_{\rho,m} \right) dx \right)$$

$$= \frac{\Gamma^m (1/\rho)}{\rho^{m-1}\Gamma (m/\rho)} \sum_{n=1}^{\infty} n^{-\frac{\alpha+1+|\lambda_1|\varepsilon}{p}} \left(\int_{\delta}^{+\infty} K (n,u) u^{-\frac{\beta+m+|\lambda_2|\varepsilon}{q}+m-1} du \right)$$

$$= \frac{\Gamma^m (1/\rho)}{\rho^{m-1}\Gamma (m/\rho)} \sum_{n=1}^{\infty} n^{\lambda\lambda_1-\frac{\alpha+1+|\lambda_1|\varepsilon}{p}} \left(\int_{\delta}^{+\infty} K (1,n^{-\lambda_1/\lambda_2}u) u^{-\frac{\beta+m+|\lambda_2|\varepsilon}{q}+m-1} du \right)$$

$$= \frac{\Gamma^m (1/\rho)}{\rho^{m-1}\Gamma (m/\rho)} \sum_{n=1}^{\infty} n^{\lambda\lambda_1-\frac{\alpha+1+|\lambda_1|\varepsilon}{p}-\frac{\lambda_1}{\lambda_2}\left(\frac{\beta+m+|\lambda_2|\varepsilon}{q}-m+1\right)+\frac{\lambda_1}{\lambda_2}}$$

$$\times \left(\int_{\delta n^{-\lambda_1/\lambda_2}}^{+\infty} K (1,t) t^{-\frac{\beta+m+|\lambda_2|\varepsilon}{q}+m-1} dt \right)$$

$$\geqslant \frac{\Gamma^m (1/\rho)}{\rho^{m-1}\Gamma (m/\rho)} \sum_{n=1}^{\infty} n^{-1-|\lambda_1|\varepsilon} \int_{\delta}^{+\infty} K (1,t) t^{-\frac{\beta+m+|\lambda_2|\varepsilon}{q}+m-1} dt$$

$$\geqslant \frac{1}{|\lambda_1| \varepsilon} \frac{\Gamma^m (1/\rho)}{\rho^{m-1}\Gamma (m/\rho)} \int_{\delta}^{+\infty} K (1,t) t^{-\frac{\beta+m+|\lambda_2|\varepsilon}{q}+m-1} dt.$$

于是得到

$$\left(\frac{\Gamma^m(1/\rho)}{\rho^{m-1}\Gamma(m/\rho)}\right)^{\frac{1}{p}}\left(\frac{\lambda_2}{\lambda_1}\right)^{\frac{1}{q}}\int_\delta^{+\infty}K(1,t)t^{-\frac{\beta+m+|\lambda_2|\varepsilon}{q}+m-1}\mathrm{d}t$$

$$\leqslant M_0\left(1+|\lambda_1|\varepsilon\right)^{\frac{1}{p}}\delta^{-\frac{|\lambda_1|\varepsilon}{q}}.$$

先令 $\varepsilon\to0^+$, 再令 $\delta\to0^+$, 得

$$\left(\frac{\Gamma^m(1/\rho)}{\rho^{m-1}\Gamma(m/\rho)}\right)^{\frac{1}{p}}\left(\frac{\lambda_2}{\lambda_1}\right)^{\frac{1}{q}}W_1\leqslant M_0,$$

故 (10.2.1) 式的最佳常数因子为

$$M_0=\left(\frac{\Gamma^m(1/\rho)}{\rho^{m-1}\Gamma(m/\rho)}\right)^{\frac{1}{p}}\left(\frac{\lambda_2}{\lambda_1}\right)^{\frac{1}{q}}W_1.$$

证毕.

推论 10.2.1　设 $m\in\mathbb{N}_+,\rho>0,x=(x_1,\cdots,x_m)\in\mathbb{R}_+^m,\frac{1}{p}+\frac{1}{q}=1\ (p>1),$ $\alpha,\beta\in\mathbb{R},\lambda_1\lambda_2>0,G\left(n^{\lambda_1}\big/\|x\|_{\rho,m}^{\lambda_2}\right)$ 非负可测, $\lambda_1\left(\frac{\alpha}{\lambda_1 p}+\frac{\beta}{\lambda_2 q}-\frac{1}{\lambda_1 q}-\frac{m}{\lambda_2 p}\right)=c,G\left(t^{\lambda_1}\right)t^{-\frac{\alpha+1}{p}}$ 及 $G\left(t^{\lambda_1}\right)t^{-\frac{\alpha+1}{p}+c}$ 都在 $(0,+\infty)$ 上递减, 且

$$W_1=\int_0^{+\infty}G\left(t^{-\lambda_2}\right)t^{-\frac{\beta+m}{q}+m-1}\mathrm{d}t$$

收敛, 则

(i) 当且仅当 $c\geqslant0$ 时, 存在常数 $M>0$, 使

$$\int_{\mathbb{R}_+^m}\sum_{n=1}^\infty G\left(n^{\lambda_1}\big/\|x\|_{\rho,m}^{\lambda_2}\right)a_nf(x)\mathrm{d}x\leqslant M\|\widetilde{a}\|_{\rho,\alpha}\|f\|_{q,\beta},\tag{10.2.2}$$

其中 $\widetilde{a}=\{a_n\}\in l_p^\alpha,f(x)\in L_q^\beta(\mathbb{R}_+^m).$

(ii) 当 $c=0$, 即 $\frac{\alpha}{\lambda_1 p}+\frac{\beta}{\lambda_2 q}=\frac{1}{\lambda_1 q}+\frac{m}{\lambda_2 p}$ 时, (10.2.2) 式的最佳常数因子为

$$\inf M=\left(\frac{\Gamma^m(1/\rho)}{\rho^{m-1}\Gamma(m/\rho)}\right)^{\frac{1}{p}}\left(\frac{\lambda_2}{\lambda_1}\right)^{\frac{1}{q}}W_1.$$

证明　因为 $G(u/v)$ 是 0 阶齐次函数, 根据定理 10.2.2, 知本推论成立. 证毕.

例 10.2.2　设 $m\in\mathbb{N}_+,x=(x_1,\cdots,x_m)\in\mathbb{R}_+^m,\frac{1}{p}+\frac{1}{q}=1\ (p>1),a>0,$ $\lambda_1>0,\lambda_2>0,\lambda_1\left(\frac{\alpha}{\lambda_1 p}+\frac{\beta}{\lambda_2 q}+a-\frac{1}{\lambda_1 q}-\frac{m}{\lambda_2 p}\right)=c,\max\{1-\lambda_1 a+c,\lambda_1 b+$

$c, 0, \lambda_1 b\} < \dfrac{\alpha+1}{p} < 1 + \lambda_1 b + c,\ \rho > 0$, 并记

$$W_0 = \int_0^1 \frac{1}{(1+t)^a} \left(t^{b + \frac{1}{\lambda_1}\left(1 - \frac{\alpha+1}{p}\right) - 1},\ t^{a - \frac{1}{\lambda_1}\left(1 - \frac{\alpha+1}{p}\right) - 1} \right) \mathrm{d}t.$$

求证:

(i) 当且仅当 $c \geqslant 0$ 时, 存在常数 $M > 0$, 使

$$\int_{\mathbb{R}_+^m} \sum_{n=1}^{\infty} \frac{\left(\min\left\{1, n^{\lambda_1}/\|x\|_{\rho,m}^{\lambda_2}\right\}\right)^b}{\left(n^{\lambda_1} + \|x\|_{\rho,m}^{\lambda_2}\right)^a} a_n f(x)\, \mathrm{d}x \leqslant M\, \|\widetilde{a}\|_{p,\alpha}\, \|f\|_{q,\beta}, \qquad (10.2.3)$$

其中 $\widetilde{a} = \{a_n\} \in l_p^\alpha$, $f(x) \in L_q^\beta\left(\mathbb{R}_+^m\right)$.

(ii) 当 $c = 0$ 时, (10.2.3) 式的最佳常数因子为

$$\inf M = \frac{W_0}{\lambda_1^{1/q} \lambda_2^{1/p}} \left(\frac{\Gamma^m(1/\rho)}{\rho^{m-1}\Gamma(m/\rho)} \right)^{1/p}.$$

证明 记

$$G(u, v) = \frac{(\min\{1, u/v\})^b}{(u+v)^a},$$

则 $G(u, v)$ 是 $-a$ 阶齐次非负函数. 根据 $1 - \lambda_1 a + c < \dfrac{\alpha+1}{p} < 1 + \lambda_1 b + c$, 有

$$b + \frac{1}{\lambda_1} - \left(1 - \frac{\alpha+1}{p} + c\right) > 0, \quad a - \frac{1}{\lambda_1}\left(1 - \frac{\alpha+1}{p} + c\right) > 0,$$

故有

$$W_1 = \frac{\lambda_1}{\lambda_2} W_2 = \frac{\lambda_1}{\lambda_2} \int_0^{+\infty} G\left(t^{\lambda_1}, t\right) t^{-\frac{\alpha+1}{p} + c}\, \mathrm{d}t$$

$$= \frac{1}{\lambda_2} \int_0^{+\infty} \frac{\left(\min\left\{1, t^{\lambda_1}\right\}\right)^b}{\left(t^{\lambda_1} + 1\right)^a} t^{-\frac{\alpha+1}{p} + c}\, \mathrm{d}t$$

$$= \frac{1}{\lambda_2} \int_0^{+\infty} \frac{(\min\{1, u\})^b}{(1+u)^a} u^{\frac{1}{\lambda_1}\left(1 - \frac{\alpha+1}{p} + c\right) - 1}\, \mathrm{d}u$$

$$= \frac{1}{\lambda_2} \int_0^1 \frac{1}{(1+u)^a} u^{b + \frac{1}{\lambda_1}\left(1 - \frac{\alpha+1}{p} + c\right) - 1}\, \mathrm{d}u + \frac{\lambda_1}{\lambda_2} \int_1^{+\infty} \frac{1}{(1+u)^a} u^{\frac{1}{\lambda_1}\left(1 - \frac{\alpha+1}{p} + c\right) - 1}\, \mathrm{d}u$$

$$= \frac{1}{\lambda_2} \int_0^1 \frac{1}{(1+t)^a} \left(t^{b + \frac{1}{\lambda_1}\left(1 - \frac{\alpha+1}{p} + c\right) - 1} + t^{a - \frac{1}{\lambda_1}\left(1 + \frac{\alpha+1}{p} + c\right) - 1} \right) \mathrm{d}t < +\infty.$$

由 $\max\{c, \lambda_1 b + c\} < \dfrac{\alpha+1}{p}$, 可知 $\lambda_1 b - \dfrac{\alpha+1}{p} + c < 0 - \dfrac{\alpha+1}{p} + c < 0$, 故有

$$G\left(t^{\lambda_1}, 1\right) t^{-\frac{\alpha+1}{p}+c} = \begin{cases} \dfrac{1}{\left(1+t^{\lambda_1}\right)^a} t^{\lambda_1 b - \frac{\alpha+1}{p}+c}, & 0 < t \leqslant 1, \\ \dfrac{1}{\left(1+t^{\lambda_1}\right)^a} t^{-\frac{\alpha+1}{p}+c}, & t > 1. \end{cases}$$

在 $(0, +\infty)$ 上递减. 由 $\max\{0, \lambda_1 b\} < \dfrac{\alpha+1}{p}$, 同样可知 $G\left(t^{\lambda_1}, 1\right) t^{-\frac{\alpha+1}{p}}$ 在 $(0, +\infty)$ 上递减.

当 $c = 0$ 时, $W_1 = \dfrac{1}{\lambda_2} W_0$, 故此时有

$$\left(\frac{\Gamma^m(1/\rho)}{\rho^{m-1}\Gamma(m/\rho)}\right)^{\frac{1}{p}} \left(\frac{\lambda_2}{\lambda_1}\right)^{\frac{1}{q}} W_1 = \frac{W_0}{\lambda_1^{1/q}\lambda_2^{1/p}} \left(\frac{\Gamma^m(1/\rho)}{\rho^{m-1}\Gamma(m/\rho)}\right)^{\frac{1}{p}}.$$

根据定理 10.2.2, 知本例结论成立. 证毕.

在例 10.2.2 中, 取 $b = 0$, 由 Beta 函数性质, 有

$$W_0 = \int_0^{+\infty} \frac{1}{(1+t)^a} \left(t^{\frac{1}{\lambda_1}\left(1-\frac{\alpha+1}{p}\right)-1} + t^{a-\frac{1}{\lambda_1}\left(1-\frac{\alpha+1}{p}\right)-1}\right) \mathrm{d}t$$

$$= B\left(\frac{1}{\lambda_1}\left(1-\frac{\alpha+1}{p}\right), a - \frac{1}{\lambda_1}\left(1-\frac{\alpha+1}{p}\right)\right).$$

于是可得:

例 10.2.3　设 $m \in \mathbb{N}_+$, $\rho > 0$, $x = (x_1, \cdots, x_m) \in \mathbb{R}_+^m$, $\dfrac{1}{p} + \dfrac{1}{q} = 1$ $(p > 1)$, $a > 0$, $\lambda_1 > 0$, $\lambda_2 > 0$, $\lambda_1\left(\dfrac{\alpha}{\lambda_1 p} + \dfrac{\beta}{\lambda_2 q} + a - \dfrac{1}{\lambda_1 q} - \dfrac{m}{\lambda_2 p}\right) = c$, $\max\{1 - \lambda_1 a + c, 0, c\} < \dfrac{\alpha+1}{p} < 1 + c$, 则

(i) 当且仅当 $c \geqslant 0$ 时, 存在常数 $M > 0$, 使

$$\int_{\mathbb{R}_+^m} \sum_{n=1}^{\infty} \frac{a_n f(x)}{\left(n^{\lambda_1} + \|x\|_{\rho,m}^{\lambda_2}\right)^a} \mathrm{d}x \leqslant M \|\widetilde{a}\|_{p,\alpha} \|f\|_{q,\beta}, \tag{10.2.4}$$

其中 $\widetilde{a} = \{a_n\} \in l_p^{\alpha}$, $f(x) \in L_q^{\beta}(\mathbb{R}_+^m)$.

(ii) 当 $c = 0$ 时, (10.2.4) 式的最佳常数因子是

$$\inf M = \frac{1}{\lambda_1^{1/q}\lambda_2^{1/p}} B\left(\frac{1}{\lambda_1}\left(1-\frac{\alpha+1}{p}\right), a - \frac{1}{\lambda_1}\left(1-\frac{\alpha+1}{p}\right)\right) \left(\frac{\Gamma^m(1/\rho)}{\rho^{m-1}\Gamma(m/\rho)}\right)^{1/p}.$$

在例 10.2.3 中, 取 $\alpha = \dfrac{\lambda_1}{\lambda_2}\left(1 - \dfrac{p}{r}a\lambda_2\right)$, $\beta = \dfrac{\lambda_2}{\lambda_1}\left(1 - \dfrac{q}{s}a\lambda_1\right)$, $m = 1$, $\dfrac{1}{r} + \dfrac{1}{s} = 1$ $(r > 1)$, 则 $\dfrac{\alpha}{\lambda_1 p} + \dfrac{\beta}{\lambda_2 q} + a - \dfrac{1}{\lambda_1 q} - \dfrac{m}{\lambda_2 p} = 0$, 于是可得:

例 10.2.4 设 $\dfrac{1}{p} + \dfrac{1}{q} = 1$ $(p > 1)$, $\dfrac{1}{r} + \dfrac{1}{s} = 1$ $(r > 1)$, $a > 0$, $\lambda_1 > 0$, $\lambda_2 > 0$,

$$\max\{0, 1 - \lambda_1 a\} < \frac{\alpha + 1}{p} < 1, \quad \alpha = \frac{\lambda_1}{\lambda_2}\left(1 - \frac{p}{r}a\lambda_2\right), \quad \beta = \frac{\lambda_2}{\lambda_1}\left(1 - \frac{q}{s}a\lambda_1\right), \ 则$$

$$\int_0^{+\infty} \sum_{n=1}^{\infty} \frac{a_n f(x)}{(n^{\lambda_1} + x^{\lambda_2})^a}\mathrm{d}x \leqslant M_0 \, \|\widetilde{a}\|_{p,\alpha} \, \|f\|_{q,\beta},$$

其中 $\widetilde{a} = \{a_n\} \in l_p^{\alpha}$, $f(x) \in L_q^{\beta}(0, +\infty)$, 其常数因子

$$M_0 = \frac{1}{\lambda_1^{1/q}\lambda_2^{1/p}} B\left(\frac{a\lambda_2}{r} + \frac{1}{\lambda_1 q} - \frac{1}{\lambda_2 p}, \frac{a\lambda_1}{s} + \frac{1}{\lambda_2 p} - \frac{1}{\lambda_1 q}\right)$$

是最佳的.

10.3 一类非齐次核的半离散 Hilbert 型重积分不等式

10.3.1 一类非齐次核的半离散 Hilbert 型重积分不等式的适配数条件

引理 10.3.1 设 $m \in \mathbb{N}_+$, $\rho > 0$, $x = (x_1, \cdots, x_m) \in \mathbb{R}_+^m$, $\dfrac{1}{p} + \dfrac{1}{q} = 1$ $(p > 1)$, $\lambda_1\lambda_2 > 0$, $a, b \in \mathbb{R}$, $K\left(n, \|x\|_{\rho,m}\right) = G\left(n^{\lambda_1}\|x\|_{\rho,m}^{\lambda_2}\right)$ 非负可测, $K(t, 1)\, t^{-aq}$ 在 $(0, +\infty)$ 上递减, 记

$$W_1 = \int_0^{+\infty} K(1, t)\, t^{-bp+m-1}\mathrm{d}t, \quad W_2 = \int_0^{+\infty} K(t, 1)^{-aq}\mathrm{d}t.$$

则

$$\omega_1(n) = \int_{\mathbb{R}_+^m} G\left(n^{\lambda_1}\|x\|_{\rho,m}^{\lambda_2}\right)\|x\|_{\rho,m}^{-bp}\mathrm{d}x = \frac{\Gamma^m(1/\rho)}{\rho^{m-1}\Gamma(m/\rho)} n^{\frac{\lambda_1}{\lambda_2}(bp-m)} W_1,$$

$$\omega_2(x) = \sum_{n=1}^{\infty} K\left(n^{\lambda_1}\|x\|_{\rho,m}^{\lambda_2}\right) n^{-aq} \leqslant \|x\|_{\rho,m}^{\frac{\lambda_2}{\lambda_1}(aq-1)} W_2.$$

当 $\dfrac{1}{\lambda_1}(aq-1) = \dfrac{1}{\lambda_2}(bp-m)$ 时, 有 $\dfrac{1}{\lambda_1}W_1 = \dfrac{1}{\lambda_2}W_2$.

证明　由定理 1.7.1, 有

$$\omega_1(n) = \int_{\mathbb{R}_+^m} K\left(n, \|x\|_{\rho,m}\right) \|x\|_{\beta,m}^{-bp} \mathrm{d}x$$

$$= \frac{\Gamma^m(1/\rho)}{\rho^{m-1}\Gamma(m/\rho)} \int_0^{+\infty} K(n,u) u^{-bp+m-1}\mathrm{d}u$$

$$= \frac{\Gamma^m(1/\rho)}{\rho^{m-1}\Gamma(m/\rho)} \int_0^{+\infty} K\left(1, n^{\lambda_1/\lambda_2}u\right) u^{-bp+m-1}\mathrm{d}u$$

$$= \frac{\Gamma^m(1/\rho)}{\rho^{m-1}\Gamma(m/\rho)} n^{\frac{\lambda_1}{\lambda_2}(bp-m)} \int_0^{+\infty} K(1,t) t^{-bp+m-1}\mathrm{d}t$$

$$= \frac{\Gamma^m(1/\rho)}{\rho^{m-1}\Gamma(m/\rho)} n^{\frac{\lambda_1}{\lambda_2}(bp-m)} W_1 \quad.$$

根据 $K(t,1) t^{-aq}$ 在 $(0,+\infty)$ 上的递减性, 有

$$\omega_2(n) = \sum_{n=1}^{\infty} K\left(n, \|x\|_{\rho,m}\right) n^{-aq}$$

$$= \|x\|_{\rho,m}^{\frac{\lambda_2}{\lambda_1}aq} \sum_{n=1}^{\infty} K\left(\|x\|_{\rho,m}^{\lambda_2/\lambda_1} n, 1\right) \left(\|x\|_{\rho,m}^{\lambda_2/\lambda_1} n\right)^{-aq}$$

$$\leqslant \|x\|_{\rho,m}^{\frac{\lambda_2}{\lambda_1}aq} \int_0^{+\infty} K\left(\|x\|_{\rho,m}^{\lambda_2/\lambda_1} u, 1\right) \left(\|x\|_{\rho,m}^{\lambda_2/\lambda_1} u\right)^{-aq} \mathrm{d}u$$

$$= \|x\|_{\rho,m}^{\frac{\lambda_2}{\lambda_1}(aq-1)} \int_0^{+\infty} K(t,1) t^{-aq}\mathrm{d}t = \|x\|_{\rho,m}^{\frac{\lambda_2}{\lambda_1}(aq-1)} W_2 \quad.$$

因为 $\frac{1}{\lambda_1}(aq-1) = \frac{1}{\lambda_2}(bp-m)$, 故 $\frac{\lambda_1}{\lambda_2}(-bp+m) - 1 = -aq$, 于是

$$W_1 = \int_0^{+\infty} K\left(t^{\lambda_2/\lambda_1}, 1\right) t^{-bp+m-1}\mathrm{d}t = \frac{\lambda_1}{\lambda_2} \int_0^{+\infty} K(u,1) u^{\frac{\lambda_1}{\lambda_2}(-bp+m)-1}\mathrm{d}u = \frac{\lambda_1}{\lambda_2} W_2,$$

故 $\frac{1}{\lambda_1} W_1 = \frac{1}{\lambda_2} W_2$. 证毕.

定理 10.3.1　设 $m \in \mathbb{N}_+$, $\rho > 0$, $x = (x_1, \cdots, x_m) \in \mathbb{R}_+^m$, $\frac{1}{p} + \frac{1}{q} = 1$ $(p>1)$, $\lambda_1\lambda_2 > 0$, $a,b \in \mathbb{R}$, $K\left(n, \|x\|_{\rho,m}\right) = G\left(n^{\lambda_1} \|x\|_{\rho,m}^{\lambda_2}\right)$ 非负可测, $\frac{1}{\lambda_1}(aq-1) - \frac{1}{\lambda_2}(bp-m) = c$, $K(t,1) t^{-aq}$ 及 $K(t,1) t^{-aq+\frac{\lambda_1 \varepsilon}{p}}$ 都在 $(0,+\infty)$ 上递减, 且

$$W_1 = \int_0^{+\infty} K(1,t) t^{-bp+m-1} \mathrm{d}t, \quad W_2 = \int_0^{+\infty} K(t,1) t^{-aq} \mathrm{d}t$$

收敛, 那么

(i) 记 $\alpha = \lambda_1 \left[p \left(\dfrac{a}{\lambda_1} + \dfrac{b}{\lambda_2} \right) - \dfrac{m}{\lambda_2} \right]$, $\beta = \lambda_2 \left[q \left(\dfrac{a}{\lambda_1} + \dfrac{b}{\lambda_2} \right) - \dfrac{1}{\lambda_1} \right]$, 则

$$\int_{\mathbb{R}_+^m} \sum_{n=1}^{\infty} G \left(n^{\lambda_1} \|x\|_{\rho,m}^{\lambda_2} \right) a_n f(x) \, \mathrm{d}x \leqslant \left(\frac{\Gamma^m(1/\rho)}{\rho^{m-1} \Gamma(m/\rho)} \right)^{1/p} W_1^{\frac{1}{p}} W_2^{\frac{1}{q}} \|\widetilde{a}\|_{p,\alpha} \|f\|_{q,\beta},$$

(10.3.1)

其中 $\widetilde{a} = \{a_n\} \in l_p^{\alpha}$, $f(x) \in L_q^{\beta}(\mathbb{R}_+^m)$.

(ii) 当且仅当 $c = 0$ 时, (10.3.1) 式的常数因子是最佳的, 且当 $c = 0$ 时, (10.3.1) 式化为:

$$\int_{\mathbb{R}_+^m} \sum_{n=1}^{\infty} G \left(n^{\lambda_1} \|x\|_{\rho,m}^{\lambda_2} \right) a_n f(x) \, \mathrm{d}x$$

$$\leqslant \left(\frac{\Gamma^m(1/\rho)}{\rho^{m-1} \Gamma(m/\rho)} \right)^{\frac{1}{p}} \left(\frac{\lambda_2}{\lambda_1} \right)^{\frac{1}{q}} W_1 \|\widetilde{a}\|_{p,apq-1} \|f\|_{q,bpq-m}.$$

(10.3.2)

证明 (i) 由 Hölder 不等式及引理 10.3.1, 有

$$\int_{\mathbb{R}_+^m} \sum_{n=1}^{\infty} G \left(n^{\lambda_1} \|x\|_{\rho,m}^{\lambda_2} \right) a_n f(x) \, \mathrm{d}x$$

$$= \int_{\mathbb{R}_+^m} \sum_{n=1}^{\infty} G \left(n^{\lambda_1} \|x\|_{\rho,m}^{\lambda_2} \right) \left(\frac{n^a}{\|x\|_{\rho,m}^b} a_n \right) \left(\frac{\|x\|_{\rho,m}^b}{n^a} f(x) \right) \mathrm{d}x$$

$$\leqslant \left(\sum_{n=1}^{\infty} n^{ap} a_n^p \omega_1(n) \right)^{\frac{1}{p}} \left(\int_{\mathbb{R}_+^m} \|x\|_{\rho,m}^{bq} f^q(x) \omega_2(x) \, \mathrm{d}x \right)^{\frac{1}{q}}$$

$$\leqslant \left(\frac{\Gamma^m(1/\rho)}{\rho^{m-1} \Gamma(m/\rho)} \right)^{\frac{1}{p}} W_1^{\frac{1}{p}} W_2^{\frac{1}{q}} e \left(\sum_{n=1}^{\infty} n^{\lambda_1 \left[p \left(\frac{a}{\lambda_1} + \frac{b}{\lambda_2} \right) - \frac{m}{\lambda_2} \right]} a_n^p \right)^{\frac{1}{p}}$$

$$\times \left(\int_{\mathbb{R}_+^m} \|x\|_{\rho,m}^{\lambda_2 \left[q \left(\frac{a}{\lambda_1} + \frac{b}{\lambda_2} \right) - \frac{1}{\lambda_1} \right]} f^q(x) \, \mathrm{d}x \right)^{\frac{1}{q}}$$

$$= \left(\frac{\Gamma^m(1/\rho)}{\rho^{m-1} \Gamma(m/\rho)} \right)^{1/p} W_1^{\frac{1}{p}} W_2^{\frac{1}{q}} \|\widetilde{a}\|_{p,\alpha} \|f\|_{q,\beta},$$

故 (10.3.1) 式成立.

(ii) 当 $c = 0$ 时, 容易将 (10.3.1) 式化为 (10.3.2) 式. 此时, 若 (10.3.2) 式的常数因子不是最佳的, 则存在常数 $M_0 > 0$, 使

$$M_0 < \left(\frac{\Gamma^m (1/\rho)}{\rho^{m-1}\Gamma (m/\rho)} \right)^{\frac{1}{p}} \left(\frac{\lambda_2}{\lambda_1} \right)^{\frac{1}{q}} W_1,$$

且将 (10.3.2) 式的常数因子换成 M_0 后不等式仍成立.

对充分小的 $\varepsilon > 0$ 及足够大的 N, 取 $a_n = n^{(-apq-|\lambda_1|\varepsilon)/p}$ $(n = 1, 2, \cdots)$,

$$f(x) = \begin{cases} ||x||_{\rho,m}^{(-bpq+|\lambda_2|\varepsilon)/q}, & 0 < ||x||_{\rho,m} \leqslant N, \\ 0, & ||x||_{\rho,m} > N. \end{cases}$$

则计算可得

$$||\widetilde{a}||_{p,qpq-1} \, ||f||_{q,bpq-m} \leqslant \left(\frac{\Gamma^m (1/\rho)}{\rho^{m-1}\Gamma (m/\rho)} \right)^{1/q} \frac{1}{\varepsilon |\lambda|^{1/p} |\lambda_2|^{1/q}} N^{\frac{|\lambda_2|\varepsilon}{q}},$$

$$\int_{\mathbb{R}_+^m} \sum_{n=1}^{\infty} G\left(n^{\lambda_1} ||x||_{\rho,m}^{\lambda_2} \right) a_n f(x)\, dx$$

$$= \sum_{n=1}^{\infty} n^{-\frac{apq+|\lambda_1|\varepsilon}{p}} \left(\int_{||x||_{\rho,m} \leqslant N} K\left(n, ||x||_{\rho,m} \right) ||x||_{\rho,m}^{-\frac{bpq-|\lambda_2|\varepsilon}{q}}\, dx \right)$$

$$= \frac{\Gamma^m (1/\rho)}{\rho^{m-1}\Gamma (m/\rho)} \sum_{n=1}^{\infty} n^{-\frac{apq+|\lambda_1|\varepsilon}{p}} \left(\int_0^N K(n,u)\, u^{-\frac{bpq-|\lambda_2|\varepsilon}{q}+m-1}\, du \right)$$

$$= \frac{\Gamma^m (1/\rho)}{\rho^{m-1}\Gamma (m/\rho)} \sum_{n=1}^{\infty} n^{-\frac{apq+|\lambda_1|\varepsilon}{p}} \left(\int_0^N K(1, n^{\lambda_1/\lambda_2} u)\, u^{-\frac{bpq-|\lambda_2|\varepsilon}{q}+m-1}\, du \right)$$

$$= \frac{\Gamma^m (1/\rho)}{\rho^{m-1}\Gamma (m/\rho)} \sum_{n=1}^{\infty} n^{-1-|\lambda_1|\varepsilon} \left(\int_0^{Nn^{\lambda_1/\lambda_2}} K(1,t)\, t^{-\frac{bpq-|\lambda_2|\varepsilon}{q}+m-1}\, dt \right)$$

$$\geqslant \frac{\Gamma^m (1/\rho)}{\rho^{m-1}\Gamma (m/\rho)} \int_1^{+\infty} t^{-1-|\lambda_1|\varepsilon}\, dt \int_0^N K(1,t)\, t^{-\frac{bpq-|\lambda_2|\varepsilon}{q}+m-1}\, dt$$

$$= \frac{\Gamma^m (1/\rho)}{\rho^{m-1}\Gamma (m/\rho)} \frac{1}{|\lambda_1|\,\varepsilon} \int_0^N K(1,t)\, t^{-\frac{bpq-|\lambda_2|\varepsilon}{q}+m-1}\, dt.$$

于是得到

$$\frac{\Gamma^m (1/\rho)}{\rho^{m-1}\Gamma (m/\rho)} \frac{1}{|\lambda_1|} \int_0^N K(1,t)\, t^{-\frac{bpq-|\lambda_2|\varepsilon}{q}+m-1}\, dt$$

$$\leqslant \left(\frac{\Gamma^m (1/\rho)}{\rho^{m-1}\Gamma (m/\rho)} \right)^{1/q} \frac{M_0}{|\lambda_1|^{1/p} |\lambda_2|^{1/q}} N^{\frac{|\lambda_2|\varepsilon}{q}}.$$

先令 $\varepsilon \to 0^+$, 再令 $N \to +\infty$. 则

$$\frac{\Gamma^m(1/\rho)}{\rho^{m-1}\Gamma(m/\rho)}\frac{1}{|\lambda_1|}\int_0^{+\infty}K(1,t)\,t^{-bp+m-1}\mathrm{d}t \leqslant \left(\frac{\Gamma^m(1/\rho)}{\rho^{m-1}\Gamma(m/\rho)}\right)^{1/q}\frac{M_0}{|\lambda_1|^{1/p}\,|\lambda_2|^{1/q}}.$$

由此可得

$$\left(\frac{\Gamma^m(1/\rho)}{\rho^{m-1}\Gamma(m/\rho)}\right)^{\frac{1}{p}}\left(\frac{\lambda_2}{\lambda_1}\right)^{\frac{1}{q}}W_1 \leqslant M_0,$$

这就得到了矛盾, 故 (10.3.2) 式的常数因子是最佳的.

反之, 设 (10.3.1) 式的常数因子是最佳的. 令 $a' = a - \dfrac{\lambda_1 c}{pq}$, $b' = b + \dfrac{\lambda_2 c}{pq}$, 则

$$\frac{1}{\lambda_1}(a'q-1)-\frac{1}{\lambda_2}(b'p-m)=0,$$

$$\alpha' = \lambda_1\left[p\left(\frac{a'}{\lambda_1}+\frac{b'}{\lambda_1}\right)-\frac{m}{\lambda_2}\right]=\lambda_1\left[p\left(\frac{a}{\lambda_1}+\frac{b}{\lambda_2}\right)-\frac{m}{\lambda_2}\right]=\alpha,$$

$$\beta' = \lambda_2\left[q\left(\frac{a'}{\lambda_1}+\frac{b'}{\lambda_2}\right)-\frac{1}{\lambda_1}\right]=\lambda_2\left[q\left(\frac{a}{\lambda_1}+\frac{b}{\lambda_2}\right)-\frac{1}{\lambda_1}\right]=\beta.$$

又因为

$$W_2 = \int_0^{+\infty}K\left(1,u^{\lambda_1/\lambda_2}\right)u^{-aq}\mathrm{d}u=\frac{\lambda_2}{\lambda_1}\int_0^{+\infty}K(1,t)\,t^{-bp+m-1-\lambda_2 c}\mathrm{d}t,$$

于是 (10.3.1) 式等价于

$$\int_{\mathbb{R}_+^m}\sum_{n=1}^{\infty}G\left(n^{\lambda_1}\|x\|_{\rho,m}^{\lambda_2}\right)a_n f(x)\,\mathrm{d}x$$

$$\leqslant \left(\frac{\Gamma^m(1/\rho)}{\rho^{m-1}\Gamma(m/\rho)}\right)^{\frac{1}{p}}\left(\frac{\lambda_2}{\lambda_1}\right)^{\frac{1}{q}}W_1^{\frac{1}{p}}$$

$$\times\left(\int_0^{+\infty}K(1,t)\,t^{-bp+m-1-\lambda_2 c}\mathrm{d}t\right)^{1/q}\|\widetilde{a}\|_{p,\alpha'}\,\|f\|_{q,\beta'}. \qquad (10.3.3)$$

根据假设, (10.3.3) 式的最佳常数因子是

$$\left(\frac{\Gamma^m(1/\rho)}{\rho^{m-1}\Gamma(m/\rho)}\right)^{\frac{1}{p}}\left(\frac{\lambda_2}{\lambda_1}\right)^{\frac{1}{q}}W_1^{\frac{1}{p}}\left(\int_0^{+\infty}K(1,t)\,t^{-b'p+m-1-|\lambda_2|c}\mathrm{d}t\right)^{\frac{1}{q}}.$$

但由于 $\dfrac{1}{\lambda_2}(a'q-1)-\dfrac{1}{\lambda_2}(b'p-m)=0$, 根据上面充分性的证明, 又知 (10.3.3) 的最佳常数因子是

$$\left(\frac{\Gamma^m\left(1/\rho\right)}{\rho^{m-1}\Gamma\left(m/\rho\right)}\right)^{\frac{1}{p}}\left(\frac{\lambda_2}{\lambda_1}\right)^{\frac{1}{q}}\int_0^{+\infty}K\left(1,t\right)t^{-b'p+m-1}\mathrm{d}t.$$

故可得

$$\int_1^{+\infty}K\left(1,t\right)t^{-b'p+m-1}\mathrm{d}t=\int_0^{+\infty}K\left(1,t\right)t^{-bp+m-1-\frac{\lambda_2 c}{q}}\mathrm{d}t$$

$$=\left(\int_0^{+\infty}K\left(1,t\right)t^{-bp+m-1}\mathrm{d}t\right)^{\frac{1}{p}}$$

$$\times\left(\int_0^{+\infty}K\left(1,t\right)t^{-bp+m-1-\lambda_2 c}\mathrm{d}t\right)^{\frac{1}{q}}.$$

下面再利用与定理 8.3.1 相同的证明方法, 可得 $c=0$. 证毕.

例 10.3.1 设 $m\in\mathbb{N}_+$, $\rho>0$, $x=(x_1,\cdots,x_m)\in\mathbb{R}_+^m$, $\frac{1}{p}+\frac{1}{q}=1$ $(p>1)$, $\lambda_1>0$, $\lambda_2>0$, $\frac{m}{\lambda_2 p}<\frac{1}{\lambda_2 q}\left(1+q\right)$, 试讨论在什么条件下取怎样的适配数 a,b, 能得到具有最佳常数因子的 Hilbert 型不等式

$$\int_{\mathbb{R}_+^m}\sum_{n=1}^{\infty}e^{-n^{\lambda_1}||x||_{\beta,m}^{\lambda_2}}a_nf\left(x\right)\mathrm{d}x\leqslant M_0\left\|\widetilde{a}\right\|_p\left\|f\right\|_q,\tag{10.3.4}$$

其中 $\widetilde{a}=\{a_n\}\in l_p$, $f(x)\in L_q\left(\mathbb{R}_+^m\right)$, 并求出其最佳常数因子 M_0.

解 记 $c=\frac{1}{\lambda_1}\left(aq-1\right)-\frac{1}{\lambda_2}\left(bp-m\right)$,

$$K\left(n,||x||_{\rho,m}\right)=G\left(n^{\lambda_1}||x||_{\rho,m}^{\lambda_2}\right)=e^{-n^{\lambda_1}||x||_{\rho,m}^{\lambda_2}}.$$

令 $apq-1=\alpha=0$, $bpq-m=\beta=0$, 得 $a=\frac{1}{pq}$, $b=\frac{m}{pq}$. 因为 $-aq=-\frac{1}{p}$, $\frac{m}{\lambda_2 p}<\frac{1}{\lambda_1 q}\left(1+q\right)$, 故 $-aq<0$, $-aq+\frac{\lambda_1 c}{p}<0$, 从而

$$K\left(t,1\right)t^{-aq}=t^{-aq}e^{-t^\lambda},\quad K\left(t,1\right)t^{-aq+\frac{\lambda_1 c}{p}}=t^{-aq+\frac{\lambda_1 c}{p}}e^{-t^{\lambda_1}}$$

都在 $(0,+\infty)$ 上递减. 又因为

$$W_1=\int_0^{+\infty}K\left(1,t\right)t^{-bp+m-1}\mathrm{d}t=\int_0^{+\infty}t^{\frac{m}{p}-1}e^{-t^{\lambda_2}}\mathrm{d}t$$

$$=\frac{1}{\lambda_2}\int_0^{+\infty}u^{\frac{m}{\lambda_2 p}-1}e^{-u}\mathrm{d}u=\frac{1}{\lambda_2}\Gamma\left(\frac{m}{\lambda_2 p}\right)<+\infty,$$

$$W_2 = \int_0^{+\infty} K(t,1) t^{-aq} t = \int_0^{+\infty} t^{\frac{1}{q}-1} e^{-t^{\lambda_1}} \mathrm{d}t$$

$$= \frac{1}{\lambda_1} \int_0^{+\infty} u^{\frac{1}{\lambda_1 q}-1} e^{-u} \mathrm{d}u = \frac{1}{\lambda_1} \Gamma\left(\frac{1}{\lambda_1 q}\right) < +\infty.$$

综上, 根据定理 10.3.1, 当且仅当 $c = 0$, 即 $\dfrac{1}{\lambda_1 q} = \dfrac{m}{\lambda_2 p}$ 时, 取适配数 $a = \dfrac{1}{pq}$, $b = \dfrac{m}{pq}$, 可得具有最佳常数因子的 Hilbert 型不等式 (10.3.4), 其最佳常数因子为

$$M_0 = \left(\frac{\Gamma^m(1/\rho)}{\rho^{m-1}\Gamma(m/\rho)}\right)^{\frac{1}{p}} \left(\frac{\lambda_2}{\lambda_1}\right)^{\frac{1}{q}} W_1 = \left(\frac{\Gamma^m(1/\rho)}{\rho^{m-1}\Gamma(m/\rho)}\right)^{\frac{1}{p}} \frac{1}{\lambda_1^{1/q}\lambda_2^{1/p}} \Gamma\left(\frac{m}{\lambda_2 p}\right).$$

解毕.

10.3.2 构建一类非齐次核的半离散 Hilbert 型重积分不等式的参数条件

引理 10.3.2 设 $m \in \mathbb{N}_+$, $\rho > 0$, $x = (x_1, \cdots, x_m) \in \mathbb{R}_+^m$, $\dfrac{1}{p}+\dfrac{1}{q} = 1 \ (p > 1)$, $\lambda_1 \lambda_2 > 0$, $K\left(n, \|x\|_{\rho,m}\right) = G\left(n^{\lambda_1}\|x\|_{\rho,m}^{\lambda_2}\right)$ 非负可测, $\lambda_1\left[\dfrac{1}{\lambda_1}\left(\dfrac{\alpha+1}{p}-1\right) - \dfrac{1}{\lambda_2}\left(\dfrac{\beta+m}{q}-m\right)\right] = c$, $K(t,1) t^{-(\alpha+1)/p+c}$ 在 $(0,+\infty)$ 上递减, 记

$$W_1 = \int_0^{+\infty} K(1,t) t^{-\frac{\beta+m}{q}+m-1}\mathrm{d}t, \quad W_2 = \int_0^{+\infty} K(t,1) t^{-\frac{\alpha+1}{p}+c}\mathrm{d}t,$$

则 $\dfrac{1}{\lambda_1}W_1 = \dfrac{1}{\lambda_2}W_2$, 且

$$\omega_1(n) = \int_{\mathbb{R}_+^m} K\left(n, \|x\|_{\rho,m}\right) \|x\|_{\rho,m}^{-\frac{\beta+m}{q}}\mathrm{d}x = n^{\frac{\lambda_1}{\lambda_2}\left(\frac{\beta+m}{q}-m\right)} \frac{\Gamma^m(1/\rho)}{\rho^{m-1}\Gamma(m/\rho)} W_1,$$

$$\omega_2(x) = \sum_{n=1}^{\infty} K\left(n, \|x\|_{\rho,m}\right) n^{-\frac{\alpha+1}{p}+c} \leqslant \|x\|_{\rho,m}^{\frac{\lambda_2}{\lambda_1}\left(\frac{\alpha+1}{\rho}-1-c\right)} W_2.$$

证明 根据

$$\lambda_1\left[\frac{1}{\lambda_1}\left(\frac{\alpha+1}{p}-1\right) - \frac{1}{\lambda_2}\left(\frac{\beta+m}{q}-m\right)\right] = 0,$$

可得

$$\frac{\lambda_2}{\lambda_1}\left(-\frac{\alpha+1}{p}+c\right) + \frac{\lambda_2}{\lambda_1} - 1 = -\frac{\beta+m}{q}+m-1.$$

于是

$$W_2 = \int_0^{+\infty} K\left(1, t^{\lambda_1/\lambda_2}\right) t^{-\frac{\alpha+1}{p}+c} \mathrm{d}t = \frac{\lambda_2}{\lambda_1} \int_0^{+\infty} K\left(1, u\right) u^{\frac{\lambda_2}{\lambda_1}\left(-\frac{\alpha+1}{p}+c\right)+\frac{\lambda_2}{\lambda_1}-1} \mathrm{d}u$$

$$= \frac{\lambda_2}{\lambda_1} \int_0^{+\infty} K\left(1, u\right) u^{-\frac{\beta+m}{q}+m-1} \mathrm{d}u = \frac{\lambda_2}{\lambda_1} W_1,$$

故 $\dfrac{1}{\lambda_1} W_1 = \dfrac{1}{\lambda_2} W_2$.

根据定理 1.7.2, 有

$$\omega_1(n) = \frac{\Gamma^m(1/\rho)}{\rho^{m-1}\Gamma(m/\rho)} \int_0^{+\infty} K(n, t) t^{-\frac{\beta+m}{q}+m-1} \mathrm{d}t$$

$$= \frac{\Gamma^m(1/\rho)}{\rho^{m-1}\Gamma(m/\rho)} \int_0^{+\infty} K\left(1, n^{\lambda_1/\lambda_2} t\right) t^{-\frac{\beta+m}{q}+m-1} \mathrm{d}t$$

$$= \frac{\Gamma^m(1/\rho)}{\rho^{m-1}\Gamma(m/\rho)} n^{-\frac{\lambda_1}{\lambda_2}\left(-\frac{\beta+m}{q}+m-1\right)-\frac{\lambda_1}{\lambda_2}} \int_0^{+\infty} K\left(1, u\right) u^{-\frac{\beta+m}{q}+m-1} \mathrm{d}u$$

$$= n^{\frac{\lambda_1}{\lambda_2}\left(\frac{\beta+m}{q}-m\right)} \frac{\Gamma^m(1/\rho)}{\rho^{m-1}\Gamma(m/\rho)} W_1.$$

因为 $K(t,1) t^{-(\alpha+1)/p+c}$ 在 $(0, +\infty)$ 上递减, 有

$$\omega_2(x) = \sum_{n=1}^{\infty} K\left(n \|x\|_{\rho,m}^{\lambda_2/\lambda_1}, 1\right) n^{-\frac{\alpha+1}{p}+c}$$

$$= \|x\|_{\rho,m}^{\frac{\lambda_2}{\lambda_1}\left(\frac{\alpha+1}{p}-c\right)} \sum_{n=1}^{\infty} K\left(n \|x\|_{\rho,m}^{\lambda_2/\lambda_1}, 1\right) \left(n \|x\|_{\rho,m}^{\lambda_2/\lambda_1}\right)^{-\frac{\alpha+1}{p}+c}$$

$$\leqslant \|x\|_{\rho,m}^{\frac{\lambda_2}{\lambda_1}\left(\frac{\alpha+1}{p}-c\right)} \int_0^{+\infty} K\left(t \|x\|_{\rho,m}^{\lambda_2/\lambda_1}, 1\right) \left(t \|x\|_{\rho,m}^{\lambda_2/\lambda_1}\right)^{-\frac{\alpha+1}{p}+c} \mathrm{d}t$$

$$= \|x\|_{\rho,m}^{\frac{\lambda_2}{\lambda_1}\left(\frac{\alpha+1}{p}-1-c\right)} \int_0^{+\infty} K(u, 1) u^{-\frac{\alpha+1}{p}+c} \mathrm{d}u = \|x\|_{\rho,m}^{\frac{\lambda_2}{\lambda_1}\left(\frac{\alpha+1}{p}-1-c\right)} W_2.$$

证毕.

定理 10.3.2　设 $m \in \mathbb{N}_+, \rho > 0, x = (x_1, \cdots, x_m) \in \mathbb{R}_+^m, \dfrac{1}{p} + \dfrac{1}{q} = 1 \ (p > 1)$, $\lambda_1 \lambda_2 > 0, K\left(n, \|x\|_{\rho,m}\right) = G\left(n^{\lambda_1} \|x\|_{\rho,m}^{\lambda_2}\right)$ 非负可测, $\lambda_1\left[\dfrac{1}{\lambda_1}\left(\dfrac{\alpha+1}{p} - 1\right) - \dfrac{1}{\lambda_2}\left(\dfrac{\beta+m}{q} - m\right)\right] = c, K(t,1) t^{-(\alpha+1)/p}$ 及 $K(t,1) t^{-(\alpha+1)/p+c}$ 在 $(0, +\infty)$ 上

递减, 且

$$W_1 = \int_0^{+\infty} K(1,t)\, t^{-\frac{\beta+m}{q}+m-1}\mathrm{d}t$$

收敛, 则

(i) 当且仅当 $c \geqslant 0$ 时, 存在常数 $M > 0$, 使

$$\int_{\mathbb{R}_+^m} \sum_{n=1}^{\infty} G\left(n^{\lambda_1} \|x\|_{\rho,m}^{\lambda_2}\right) a_n f(x)\, \mathrm{d}x \leqslant M \|\widetilde{a}\|_{p,\alpha} \|f\|_{q,\beta}, \tag{10.3.5}$$

其中 $\widetilde{a} = \{a_n\} \in l_p^{\alpha}$, $f(x) \in L_q^{\beta}(\mathbb{R}_+^m)$.

(ii) 当 $c = 0$, 即 $\dfrac{1}{\lambda_1}\left(\dfrac{\alpha+1}{\rho}-1\right) = \dfrac{1}{\lambda_2}\left(\dfrac{\beta+m}{q}-m\right)$ 时, (10.3.5) 式的最佳常数因子为

$$\inf M = \left(\frac{\Gamma^m(1/\rho)}{\rho^{m-1}\Gamma(m/\rho)}\right)^{\frac{1}{p}} \left(\frac{\lambda_2}{\lambda_1}\right)^{\frac{1}{q}} W_1.$$

证明 (i) 设 (10.3.4) 式成立. 若 $c < 0$, 取 $\varepsilon = -\dfrac{c}{2|\lambda_1|} > 0$, $a_n = n^{(-\alpha-1-|\lambda_1|\varepsilon)/p}$ $(n = 1, 2, \cdots)$,

$$f(x) = \begin{cases} \|x\|_{\rho,m}^{(-\beta-m+|\lambda_2|\varepsilon)/q} & 0 < \|x\|_{\rho,m} \leqslant 1, \\ 0, & \|x\|_{\rho,m} > 1. \end{cases}$$

则计算可得

$$M \|\widetilde{a}\|_{p,\alpha} \|f\|_{q,\beta} = M \left(\sum_{n=1}^{\infty} n^{-1-|\lambda_1|\varepsilon}\right)^{\frac{1}{p}} \left(\int_{\|x\|_{\rho,m} \leqslant 1} \|x\|_{\rho,m}^{-m+|\lambda_2|\varepsilon}\mathrm{d}x\right)^{\frac{1}{q}}$$

$$\leqslant \frac{M}{\varepsilon |\lambda_1|^{1/p} |\lambda_2|^{1/q}} (1+|\lambda_1|\varepsilon)^{1/p} \left(\frac{\Gamma^m(1/\rho)}{\rho^{m-1}\Gamma(m/\rho)}\right)^{1/q}$$

$$= \frac{2M}{-c} \left(\frac{\lambda_1}{\lambda_2}\right)^{\frac{1}{q}} \left(1-\frac{c}{2}\right)^{\frac{1}{p}} \left(\frac{\Gamma^m(1/\rho)}{\rho^{m-1}\Gamma(m/\rho)}\right)^{\frac{1}{q}} < +\infty.$$

根据 $K(t,1)\, t^{-(\alpha+1)/p}$ 在 $(0, +\infty)$ 上递减, 有

$$\int_{\mathbb{R}_+^m} \sum_{n=1}^{\infty} G\left(n^{\lambda_1} \|x\|_{\rho,m}^{\lambda_2}\right) a_n f(x)\, \mathrm{d}x$$

$$= \int_{\|x\|_{\rho,m} \leqslant 1} \|x\|_{\rho,m}^{(-\beta-m+|\lambda_2|\varepsilon)/q} \left(\sum_{n=1}^{\infty} K\left(n, \|x\|_{\rho,m}\right) n^{(-\alpha-1-|\lambda_1|\varepsilon)/p}\right) \mathrm{d}x$$

$$= \int_{\|x\|_{\rho,m} \leqslant 1} \|x\|_{\rho,m}^{\frac{-\beta-m+|\lambda_2|\varepsilon}{q} - \frac{\lambda_2}{\lambda_1} \frac{-\alpha-1-|\lambda_1|\varepsilon}{p}}$$

$$\times \left(\sum_{n=1}^{\infty} K\left(n\|x\|_{\rho,m}^{\lambda_2/\lambda_1}, 1\right) \left(n\|x\|_{\rho,m}^{\lambda_2/\lambda_1}\right)^{(-\alpha-1-|\lambda_1|\varepsilon)/p} \right) \mathrm{d}x$$

$$\geqslant \int_{\|x\|_{\rho,m} \leqslant 1} \|x\|_{\rho,m}^{-\frac{\beta+m-|\lambda_2|\varepsilon}{q} + \frac{\lambda_2}{\lambda_1} \frac{\alpha+1+|\lambda_1|\varepsilon}{p}}$$

$$\times \left(\int_1^{+\infty} K\left(u\|x\|_{\rho,m}^{\lambda_2/\lambda_1}, 1\right) \left(u\|x\|_{\rho,m}^{\lambda_2/\lambda_1}\right)^{-\frac{\alpha+1+|\lambda_1|\varepsilon}{p}} \mathrm{d}u \right) \mathrm{d}x$$

$$= \int_{\|x\|_{\rho,m} \leqslant 1} \|x\|_{\rho,m}^{-\frac{\beta+m-|\lambda_1|}{q} + \frac{\lambda_2}{\lambda_1} \frac{\alpha+1+|\lambda_1|\varepsilon}{p} - \frac{\lambda_2}{\lambda_1}} \left(\int_{\|x\|_{\rho,m}^{\lambda_2/\lambda_1}}^{+\infty} K(t,1) t^{-\frac{\alpha+1+|\lambda_1|\varepsilon}{p}} \mathrm{d}t \right) \mathrm{d}x$$

$$\geqslant \int_{\|x\|_{\rho,m} \leqslant 1} \|x\|_{\rho,m}^{-m + \frac{\lambda_2}{\lambda_1}c + |\lambda_2|\varepsilon} \left(\int_1^{+\infty} K(t,1) t^{-\frac{\alpha+1+|\lambda_1|\varepsilon}{p}} \mathrm{d}t \right) \mathrm{d}x$$

$$= \frac{\Gamma^m(1/\rho)}{\rho^{m-1}\Gamma(m/\rho)} \int_0^1 t^{-1 + \frac{\lambda_2}{2\lambda_1}c} \mathrm{d}t \int_1^{+\infty} K(t,1) t^{-\frac{\alpha+1+|\lambda_1|\varepsilon}{p}} \mathrm{d}t.$$

于是可得

$$\int_1^{+\infty} t^{-1 + \frac{\lambda_2}{2\lambda_1}c} \mathrm{d}t \int_1^{+\infty} K(t,1) t^{-\frac{\alpha+1+|\lambda_1|\varepsilon}{p}} \mathrm{d}t$$

$$\leqslant \frac{2M}{-c} \left(\frac{\lambda_1}{\lambda_2} \right)^{\frac{1}{q}} \left(1 - \frac{c}{2} \right)^{\frac{1}{p}} \left(\frac{\Gamma^m(1/\rho)}{\rho^{m-1}\Gamma(m/\rho)} \right)^{-\frac{1}{q}} < +\infty.$$

因为 $\frac{\lambda_2}{2\lambda_1}c < 0$, 故 $\int_1^{+\infty} t^{-1+\frac{\lambda_2}{2\lambda_1}c} \mathrm{d}t = +\infty$. 这就得到了矛盾, 所以 $c \geqslant 0$.

反之, 设 $c \geqslant 0$. 根据 Hölder 不等式及引理 10.3.2, 有

$$\int_{\mathbb{R}_+^m} \sum_{n=1}^{\infty} G\left(n^{\lambda_1} \|x\|_{\rho,m}^{\lambda_2}\right) a_n f(x) \mathrm{d}x$$

$$= \int_{\mathbb{R}_+^m} \sum_{n=1}^{\infty} \left(\frac{n^{(-\alpha+1-pc)/(pq)}}{\|x\|_{\rho,m}^{(\beta+m)/(pq)}} a_n \right) \left(\frac{\|x\|_{\rho,m}^{(\beta+m)/(pq)}}{n^{(\alpha+1-pc)/(pq)}} f(x) \right) K\left(n, \|x\|_{\rho,m}\right) \mathrm{d}x$$

$$\leqslant \left(\sum_{n=1}^{\infty} n^{\frac{\alpha+1-pc}{q}} a_n^p \omega_1(n) \right)^{\frac{1}{p}} \left(\int_{\mathbb{R}_+^m} \|x\|_{\rho,m}^{\frac{\beta+m}{q}} f^q(x) \omega_2(x) \mathrm{d}x \right)^{\frac{1}{q}}$$

$$\leqslant W_1^{\frac{1}{p}} W_1^{\frac{1}{q}} \left(\frac{\Gamma^m(1/\rho)}{\rho^{m-1}\Gamma(m/\rho)} \right)^{\frac{1}{p}} \left(\sum_{n=1}^{\infty} n^{\frac{\alpha+1-pc}{q} + \frac{\lambda_2}{\lambda_1}\left(\frac{\beta+m}{q}-m\right)} a_n^p \right)^{\frac{1}{p}}$$

$$\times \left(\int_{\mathbb{R}_+^m} ||x||_{\rho,m}^{\frac{\beta+m}{p} + \frac{\lambda_2}{\lambda_1}\left(\frac{\alpha+1}{p}-1-c\right)} f^q(x) \, \mathrm{d}x \right)^{\frac{1}{q}}$$

$$= \left(\frac{\Gamma^m(1/\rho)}{\rho^{m-1}\Gamma(m/\rho)} \right)^{\frac{1}{p}} \left(\frac{\lambda_2}{\lambda_1} \right)^{\frac{1}{q}} W_1 \left(\sum_{n=1}^{\infty} n^{\alpha-pc} a_n \right)^{\frac{1}{p}} \left(\int_{\mathbb{R}_+^m} ||x||_{\rho,m}^{\beta} f^q(x) \, \mathrm{d}x \right)^{\frac{1}{q}}$$

$$\leqslant \left(\frac{\Gamma^m(1/\rho)}{\rho^{m-1}\Gamma(m/\rho)} \right)^{\frac{1}{p}} \left(\frac{\lambda_2}{\lambda_1} \right)^{\frac{1}{q}} W_1 \, ||\widetilde{a}||_{p,\alpha} \, ||f||_{q,\beta} \,.$$

任取 $M \geqslant \left(\dfrac{\Gamma^m(1/\rho)}{\rho^{m-1}\Gamma(m/\rho)} \right)^{\frac{1}{p}} \left(\dfrac{\lambda_2}{\lambda_1} \right)^{\frac{1}{q}} W_1$, 可得到 (10.3.5) 式.

(ii) 当 $c = 0$ 时, 设 (10.3.4) 式的最佳常数因子为 M_0, 由上述证明可知

$$M_0 \leqslant \left(\frac{\Gamma^m(1/\rho)}{\rho^{m-1}\Gamma(m/\rho)} \right)^{\frac{1}{p}} \left(\frac{\lambda_2}{\lambda_1} \right)^{\frac{1}{q}} W_1,$$

且用 M_0 替换 (10.3.4) 式中的常数因子后, (10.3.5) 式仍成立.

取充分小的 $\varepsilon > 0$ 及足够大的正整数 N, 令 $a_n = n^{(-\alpha-1-|\lambda_1|\varepsilon)/p}$ ($n = 1, 2, \cdots$),

$$f(x) = \begin{cases} ||x||_{\rho,m}^{(-\beta-m+|\lambda_2|\varepsilon)/q}, & 0 < ||x||_{\rho,m} \leqslant N, \\ 0, & ||x||_{\rho,m} > N. \end{cases}$$

则有

$$M_0 \, ||\widetilde{a}||_{p,\alpha} \, ||f||_{q,\beta} = M_0 \left(\sum_{n=1}^{\infty} n^{-1-|\lambda_1|\varepsilon} \right)^{\frac{1}{p}} \left(\int_{||x||_{\rho,m} \leqslant N} ||x||_{\rho,m}^{-m+|\lambda_2|\varepsilon} \, \mathrm{d}x \right)^{\frac{1}{q}}$$

$$\leqslant \frac{M}{\varepsilon \, |\lambda_1|^{1/p} \, |\lambda_2|^{1/q}} \left(\frac{\Gamma^m(1/\rho)}{\rho^{m-1}\Gamma(m/\rho)} \right)^{1/q} N^{|\lambda_2|\varepsilon/q} (1 + |\lambda_1|\,\varepsilon)^{\frac{1}{p}},$$

$$\int_{\mathbb{R}_+^m} \sum_{n=1}^{\infty} G \left(n^{\lambda_1} ||x||_{\rho,m}^{\lambda_2} \right) a_n f(x) \, \mathrm{d}x$$

$$= \sum_{n=1}^{\infty} n^{-\frac{\alpha+1+|\lambda_1|\varepsilon}{p}} \left(\int_{||x||_{\rho,m} \leqslant N} K\left(n, ||x||_{\rho,m}\right) ||x||_{\rho,m}^{-\frac{\beta+m-|\lambda_2|\varepsilon}{q}} \, \mathrm{d}x \right)$$

$$= \frac{\Gamma^m(1/\rho)}{\rho^{m-1}\Gamma(m/\rho)} \sum_{n=1}^{\infty} n^{-\frac{\alpha+1+|\lambda_1|\varepsilon}{p}} \left(\int_0^N K(n,t) \, t^{-\frac{\beta+m-|\lambda_2|\varepsilon}{q}+m-1} \, \mathrm{d}t \right)$$

$$= \frac{\Gamma^m(1/\rho)}{\rho^{m-1}\Gamma(m/\rho)} \sum_{n=1}^{\infty} n^{-\frac{\alpha+1+|\lambda_1|\varepsilon}{p}} \left(\int_0^N K\left(1, n^{\lambda_1/\lambda_2}t\right) t^{-\frac{\beta+m-|\lambda_2|\varepsilon}{q}+m-1} \mathrm{d}t \right)$$

$$= \frac{\Gamma^m(1/\rho)}{\rho^{m-1}\Gamma(m/\rho)} \sum_{n=1}^{\infty} n^{-\frac{\alpha+1+|\lambda_1|\varepsilon}{p}+\frac{\lambda_1}{\lambda_2}\left(\frac{\beta+m-|\lambda_2|\varepsilon}{q}-m+1\right)-\frac{\lambda_1}{\lambda_2}}$$

$$\times \int_0^{n^{\lambda_1/\lambda_2}N} K\left(1, u\right) u^{-\frac{\beta+m-|\lambda_2|\varepsilon}{q}+m-1} \mathrm{d}u$$

$$= \frac{\Gamma^m(1/\rho)}{\rho^{m-1}\Gamma(m/\rho)} \sum_{n=1}^{\infty} n^{-1-|\lambda_1|\varepsilon} \int_0^{n^{\lambda_1/\lambda_2}N} K\left(1, u\right) u^{-\frac{\beta+m-|\lambda_2|\varepsilon}{q}+m-1} \mathrm{d}u$$

$$\geqslant \frac{\Gamma^m(1/\rho)}{\rho^{m-1}\Gamma(m/\rho)} \sum_{n=1}^{\infty} n^{-1-|\lambda_1|\varepsilon} \int_0^{N} K\left(1, u\right) u^{-\frac{\beta+m-|\lambda_2|\varepsilon}{q}+m-1} \mathrm{d}u$$

$$\geqslant \frac{1}{|\lambda_1|\,\varepsilon} \frac{\Gamma^m(1/\rho)}{\rho^{m-1}\Gamma(m/\rho)} \int_0^{N} K\left(1, u\right) u^{-\frac{\beta+m-|\lambda_2|\varepsilon}{q}+m-1} \mathrm{d}u.$$

于是可得

$$\left(\frac{\Gamma^m(1/\rho)}{\rho^{m-1}\Gamma(m/\rho)} \right)^{\frac{1}{p}} \left(\frac{\lambda_2}{\lambda_1} \right)^{\frac{1}{q}} \int_0^{N} K\left(1, u\right) u^{-\frac{\beta+m-|\lambda_2|\varepsilon}{q}+m-1} \mathrm{d}u$$

$$\leqslant M_0 N^{|\lambda_2|\varepsilon/q} \left(1+|\lambda_1|\,\varepsilon\right)^{\frac{1}{p}},$$

先令 $\varepsilon \to 0^+$, 再令 $N \to +\infty$, 得

$$\left(\frac{\Gamma^m(1/\rho)}{\rho^{m-1}\Gamma(m/\rho)} \right)^{\frac{1}{p}} \left(\frac{\lambda_2}{\lambda_1} \right)^{\frac{1}{q}} W_1 \leqslant M_0,$$

故 (10.3.4) 式的最佳常数因子

$$M_0 = \left(\frac{\Gamma^m(1/\rho)}{\rho^{m-1}\Gamma(m/\rho)} \right)^{\frac{1}{p}} \left(\frac{\lambda_2}{\lambda_1} \right)^{\frac{1}{q}} W_1.$$

证毕.

例 10.3.2 设 $m \in \mathbb{N}_+$, $\rho > 0$, $x = (x_1, \cdots, x_m) \in \mathbb{R}_+^m$, $\frac{1}{p} + \frac{1}{q} = 1$ $(p > 1)$, $a > 0$, $\lambda_1 > 0$, $\lambda_2 > 0$, $\lambda_1 \left[\frac{1}{\lambda_1} \left(\frac{\alpha+1}{p} - 1 \right) - \frac{1}{\lambda_2} \left(\frac{\beta+m}{q} - m \right) \right] = l$, $\frac{q}{p} m + q\lambda_2(b-a) < \beta < \frac{q}{p} m + q\lambda_2 c$, $\alpha \geqslant \frac{p}{q} + \max\{ p(\lambda_1 b - 1), p(\lambda_1 c - 1), p(\lambda_1 b + l - 1), $

$p\left(\lambda_1 c + l - 1\right)\}$, 且

$$W_0 = \int_0^1 \frac{1}{(1+t)^a} \left(t^{c+\frac{1}{\lambda_2}\left(m-\frac{\beta+m}{q}\right)-1} + t^{a-b-\frac{1}{\lambda_2}\left(m-\frac{\beta+m}{q}\right)-1}\right) \mathrm{d}t.$$

求证:

(i) 当且仅当 $l \geqslant 0$ 时, 存在常数 $M > 0$, 使

$$\int_{\mathbb{R}_+^m} \sum_{n=1}^\infty \frac{\left(\max\left\{1, n^{\lambda_1}\|x\|_{\rho,m}^{\lambda_2}\right\}\right)^b \left(\min\left\{1, n^{\lambda_1}\|x\|_{\rho,m}^{\lambda_2}\right\}\right)^c}{\left(1+n^{\lambda_1}\|x\|_{\rho,m}^{\lambda_2}\right)^a} a_n f(x) \, \mathrm{d}x$$

$$\leqslant M \|\widetilde{a}\|_{\rho,\alpha} \|f\|_{q,\beta}, \tag{10.3.6}$$

其中 $\widetilde{a} = \{a_n\} \in l_p^\alpha$, $f(x) \in L_q^\beta\left(\mathbb{R}_+^m\right)$.

(ii) 当 $l = 0$ 时, (10.3.6) 式的最佳常数因子为

$$\inf M = \frac{W_0}{\lambda_1^{1/q}\lambda_2^{1/p}} \left(\frac{\Gamma^m(1/\rho)}{\rho^{m-1}\Gamma(m/\rho)}\right)^{\frac{1}{p}}.$$

证明 根据 $\frac{q}{p}m + q\lambda_2(b-a) < \beta < \frac{q}{p}m + q\lambda_2 c$, 可知 $c + \frac{1}{\lambda_2}\left(m - \frac{\beta+m}{q}\right) > 0$, $a - b - \frac{1}{\lambda_2}\left(m - \frac{\beta+m}{q}\right) > 0$, 从而知 W_0 收敛. 记

$$K\left(n, \|x\|_{\rho,m}\right) = \frac{\left(\max\left\{1, n^{\lambda_1}\|x\|_{\rho,m}^{\lambda_2}\right\}\right)^b \left(\min\left\{1, n^{\lambda_1}\|x\|_{\rho,m}^{\lambda_2}\right\}\right)^c}{\left(1+n^{\lambda_1}\|x\|_{\rho,m}^{\lambda_2}\right)^a}$$

则有

$$W_1 = \int_0^{+\infty} K(1,t) \, t^{-\frac{\beta+m}{q}+m-1} \mathrm{d}t$$

$$= \int_0^{+\infty} \frac{\left(\max\left\{1, t^{\lambda_2}\right\}\right)^b \left(\min\left\{1, t^{\lambda_2}\right\}\right)^c}{(1+t^{\lambda_2})^a} t^{-\frac{\beta+m}{q}+m-1} \mathrm{d}t$$

$$= \frac{1}{\lambda_2} \int_0^{+\infty} \frac{\left(\max\{1, u\}\right)^b \left(\min\{1, u\}\right)^c}{(1+u)^a} u^{\frac{1}{\lambda_2}\left(m-\frac{\beta+m}{q}\right)-1} \mathrm{d}u$$

$$= \frac{1}{\lambda_2} \int_0^1 \frac{1}{(1+u)^a} u^{c+\frac{1}{\lambda_2}\left(m-\frac{\beta+m}{q}\right)-1} \mathrm{d}u + \frac{1}{\lambda_2} \int_1^{+\infty} \frac{1}{(1+u)^a} u^{b+\frac{1}{\lambda_2}\left(m-\frac{\beta+m}{q}\right)-1} \mathrm{d}u$$

$$= \frac{1}{\lambda_2} \int_0^1 \frac{1}{(1+t)^a} \left(t^{c+\frac{1}{\lambda_2}\left(m-\frac{\beta+m}{q}\right)-1} + t^{a-b-\frac{1}{\lambda_2}\left(m-\frac{\beta+m}{q}\right)-1} \right) dt = \frac{1}{\lambda_2} W_0.$$

根据 $\alpha \geqslant \frac{p}{q} + p(\lambda_1 b - 1)$, $\alpha \geqslant \frac{p}{q} + p(\lambda_1 c - 1)$, 可得 $\lambda_1 b - \frac{\alpha+1}{p} \leqslant 0$,
$\lambda_1 c - \frac{\alpha+1}{p} \leqslant 0$, 而

$$K(t,1)t^{-\frac{\alpha+1}{p}} = \frac{\left(\max\{1, t^{\lambda_1}\}\right)^b \left(\min\{1, t^{\lambda_1}\}\right)^c}{(1+t^{\lambda_1})^a} t^{-\frac{\alpha+1}{p}}$$

$$= \begin{cases} \dfrac{1}{(1+t^{\lambda_1})^a} t^{\lambda_1 c - \frac{\alpha+1}{p}}, & 0 < t \leqslant 1, \\ \dfrac{1}{(1+t^{\lambda_1})^a} t^{\lambda_1 b - \frac{\alpha+1}{p}}, & t > 1. \end{cases}$$

故 $K(t,1)t^{-(\alpha+1)/p}$ 在 $(0, +\infty)$ 上递减.

根据 $\alpha \geqslant \frac{p}{q} + p(\lambda_1 b + l - 1)$, $\alpha \geqslant \frac{p}{q} + p(\lambda_1 c + l - 1)$, 可得 $\lambda_1 b - \frac{\alpha+1}{p} + l \leqslant 0$,
$\lambda_1 c - \frac{\alpha+1}{p} + l \leqslant 0$, 而

$$K(t,1)t^{-\frac{\alpha+1}{p}+l} = \frac{\left(\max\{1, t^{\lambda_1}\}\right)^b \left(\min\{1, t^{\lambda_1}\}\right)^c}{(1+t^{\lambda_1})^a} t^{-\frac{\alpha+1}{p}+l}$$

$$= \begin{cases} \dfrac{1}{(1+t^{\lambda_1})^a} t^{\lambda_1 c - \frac{\alpha+1}{p}+l}, & 0 < t \leqslant 1, \\ \dfrac{1}{(1+t^{\lambda_1})^a} t^{\lambda_1 b - \frac{\alpha+1}{p}+l}, & t > 1. \end{cases}$$

故 $K(t,1)t^{-(\alpha+1)/p+l}$ 在 $(0, +\infty)$ 上递减.

根据定理 10.3.2, 当且仅当 $l \geqslant 0$ 时, 存在常数 $M > 0$, 使 (10.3.6) 式成立, 且当 $l = 0$ 时, (10.3.6) 式的最佳常数因子为

$$\inf M \left(\frac{\Gamma^m(1/\rho)}{\rho^{m-1}\Gamma(m/\rho)} \right)^{\frac{1}{p}} \left(\frac{\lambda_2}{\lambda_1} \right)^{\frac{1}{q}} W_1 = \frac{W_0}{\lambda_1^{1/q} \lambda_2^{1/p}} \left(\frac{\Gamma^m(1/\rho)}{\rho^{m-1}\Gamma(m/\rho)} \right)^{\frac{1}{p}}.$$

证毕.

在例 10.3.2 中, 取 $c = b$. 由 Beta 函数的性质, 有

$$W_0 = \int_0^1 \frac{1}{(1+t)^a} \left(t^{b+\frac{1}{\lambda_2}\left(m-\frac{\beta+m}{q}\right)-1} + t^{a-\left[b+\frac{1}{\lambda_2}\left(m-\frac{\beta+m}{q}\right)\right]-1} \right) dt$$

$$= B\left(b + \frac{1}{\lambda_2}\left(m - \frac{\beta+m}{q}\right), a - \left[b + \frac{1}{\lambda_2}\left(m - \frac{\beta+m}{q}\right) \right] \right).$$

于是可得:

例 10.3.3　设 $m \in \mathbb{N}_+$, $\rho > 0$, $x = (x_1, \cdots, x_m) \in \mathbb{R}_+^m$, $\frac{1}{p} + \frac{1}{q} = 1$ $(p > 1)$, $a > 0$, $\lambda_1 > 0$, $\lambda_2 > 0$, $\alpha \geqslant \frac{p}{q} + \max\{p(\lambda_1 b - 1), p(\lambda_1 b + l - 1)\}$, $\frac{q}{p}m + q\lambda_2(b-a) < \beta < \frac{q}{p}m + q\lambda_2 b$, $\lambda_1 \left[\frac{1}{\lambda_1} \left(\frac{\alpha+1}{p} - 1 \right) - \frac{1}{\lambda_2} \left(\frac{\beta+m}{q} - m \right) \right] = l$, 则

(i) 当且仅当 $l \geqslant 0$ 时, 存在常数 $M > 0$, 使

$$\int_{\mathbb{R}_+^m} \sum_{n=1}^{\infty} \frac{\left(n^{\lambda_1} \|x\|_{\beta,m}^{\lambda_2} \right)^b}{\left(1 + n^{\lambda_1} \|x\|_{\rho,m}^{\lambda_2} \right)^a} a_n f(x) \, dx \leqslant M \|\widetilde{a}\|_{\rho,\alpha} \|f\|_{q,\beta}, \tag{10.3.7}$$

其中 $\widetilde{a} = \{a_n\} \in l_p^\alpha$, $f(x) \in L_q^\beta(\mathbb{R}_+^m)$.

(ii) 当 $l = 0$ 时, (10.3.7) 式的最佳常数因子为

$$\inf M = \frac{1}{\lambda_1^{1/q} \lambda_1^{1/p}} \left(\frac{\Gamma^m(1/\rho)}{\rho^{m-1} \Gamma(m/\rho)} \right)^{\frac{1}{p}}$$

$$\times B \left(b + \frac{1}{\lambda_2} \left(m - \frac{\beta+m}{q} \right), a - \left[b + \frac{1}{\lambda_2} \left(m - \frac{\beta+m}{q} \right) \right] \right).$$

在例 10.3.3 中, 取 $b = 0$, 可得:

例 10.3.4　设 $m \in \mathbb{N}_+$, $\rho > 0$, $x = (x_1, \cdots, x_m) \in \mathbb{R}_+^m$, $\frac{1}{p} + \frac{1}{q} = 1$ $(p > 1)$, $a > 0$, $\lambda_1 > 0$, $\lambda_2 > 0$, $\lambda_1 \left[\frac{1}{\lambda_1} \left(\frac{\alpha+1}{p} - 1 \right) - \frac{1}{\lambda_2} \left(\frac{\beta+m}{q} - m \right) \right] = l$, $\alpha \geqslant \max\{-1, -1 + pl\}$, $\frac{q}{p}m - q\lambda_2 a < \beta < \frac{q}{p}m$, 则

(i) 当且仅当 $l \geqslant 0$ 时, 存在常数 $M > 0$, 使

$$\int_{\mathbb{R}_+^m} \sum_{n=1}^{\infty} \frac{1}{\left(1 + n^{\lambda_1} \|x\|_{\rho,m}^{\lambda_2} \right)^a} a_n f(x) \, dx \leqslant M \|\widetilde{a}\|_{p,\alpha} \|f\|_{q,\beta}, \tag{10.3.8}$$

其中 $\widetilde{a} = \{a_n\} \in l_p^\alpha$, $f(x) \in L_q^\beta(\mathbb{R}_+^m)$.

(ii) 当 $l = 0$ 时, (10.3.8) 式的最佳常数因子为

$$\inf M = \frac{1}{\lambda_1^{1/q} \lambda_2^{1/p}} \left(\frac{\Gamma^m(1/\rho)}{\rho^{m-1} \Gamma(m/\rho)} \right)^{1/p} B \left(\frac{1}{\lambda_2} \left(m - \frac{\beta+m}{q} \right), a - \frac{1}{\lambda_2} \left(m - \frac{\beta+1}{q} \right) \right)$$

$$= \frac{1}{\lambda_1^{1/q} \lambda_2^{1/p}} \left(\frac{\Gamma^m (1/\rho)}{\rho^{m-1} \Gamma (m/\rho)} \right)^{1/p} B \left(\frac{1}{\lambda_1} \left(1 - \frac{\alpha+1}{p} \right), a - \frac{1}{\lambda_1} \left(1 - \frac{\alpha+1}{p} \right) \right).$$

10.4　半离散 Hilbert 型重积分不等式的应用

根据定理 10.2.2, 可得到下面的等价定理:

定理 10.4.1　设 $m \in \mathbb{N}_+$, $\rho > 0$, $x = (x_1, \cdots, x_m) \in \mathbb{R}_+^m$, $\frac{1}{p} + \frac{1}{q} = 1$ $(p > 1)$, $\alpha, \beta \in \mathbb{R}$, $\lambda_1 \lambda_2 > 0$, $\lambda_1 \left(\frac{\alpha}{\lambda_1 p} + \frac{\beta}{\lambda_2 q} - \lambda - \frac{1}{\lambda_1 q} - \frac{1}{\lambda_2 p} \right) = c$, $K \left(n, ||x||_{\rho,m} \right) = G \left(n^{\lambda_1}, ||x||_{\rho,m}^{\lambda_2} \right) \geqslant 0$, $G(u, v)$ 是 λ 阶齐次可测函数, $K(t, 1) t^{-(\alpha+1)/p}$ 及 $K(t, 1) t^{-(\alpha+1)/p+c}$ 都在 $(0, +\infty)$ 上递减, 且

$$W_1 = \int_0^{+\infty} G \left(1, t^{\lambda_2} \right) t^{-\frac{\beta+m}{q} + m - 1} \mathrm{d}t$$

收敛, 定义算子 T_1 和 T_2 为

$$T_1 (\widetilde{a}) (x) = \sum_{n=1}^{\infty} G \left(n^{\lambda_1}, ||x||_{\rho,m}^{\lambda_2} \right) a_n, \quad \widetilde{a} = \{a_n\} \in l_p^{\alpha},$$

$$T_2 (f)_n = \int_{\mathbb{R}_+^m} G \left(n^{\lambda_1}, ||x||_{\rho,m}^{\lambda_2} \right) f(x) \, \mathrm{d}x, \quad f(x) \in L_q^{\beta} (\mathbb{R}_+^m).$$

那么

(i) 当且仅当 $c \geqslant 0$ 时, T_1 是 l_p^{α} 到 $L_p^{\beta(1-p)} (\mathbb{R}_+^m)$ 的有界算子, T_2 是 $L_q^{\beta} (\mathbb{R}_+^m)$ 到 $l_q^{\alpha(1-q)}$ 的界算子.

(ii) 当 $c = 0$ 时, T_1 与 T_2 的算子范数为

$$||T_1|| = ||T_2|| = \left(\frac{\Gamma^m (1/\rho)}{\rho^{m-1} \Gamma (m/\rho)} \right)^{\frac{1}{p}} \left(\frac{\lambda_2}{\lambda_1} \right)^{\frac{1}{q}} W_1.$$

根据定理 10.3.2, 可得如下的等价定理:

定理 10.4.2　设 $m \in \mathbb{N}_+$, $\rho > 0$, $x = (x_1, \cdots, x_m) \in \mathbb{R}_+^m$, $\frac{1}{p} + \frac{1}{q} = 1$ $(p > 1)$, $\lambda_1 \lambda_2 > 0$, $\alpha, \beta \in \mathbb{R}$, $\lambda_1 \left[\frac{1}{\lambda_1} \left(\frac{\alpha+1}{p} - 1 \right) - \frac{1}{\lambda_2} \left(\frac{\beta+m}{q} - m \right) \right] = c$, $K \left(n, ||x||_{\rho,m} \right) = G \left(n^{\lambda_1} ||x||_{\rho,m}^{\lambda_2} \right)$ 非负可测, $K(t, 1) t^{-(\alpha+1)/p}$ 及 $K(t, 1) t^{-(\alpha+1)/p+c}$

在 $(0, +\infty)$ 上递减, 且

$$W_1 = \int_0^{+\infty} G\left(t^{\lambda_2}\right) t^{-\frac{\beta+m}{q}+m-1} \mathrm{d}t$$

收敛, 定义算子 T_1 与 T_2 为

$$T_1\left(\widetilde{a}\right)(x) = \sum_{n=1}^{\infty} G\left(n^{\lambda_1} \|x\|_{\rho,m}^{\lambda_2}\right) a_n, \quad \widetilde{a} = \{a_n\} \in l_p^\alpha,$$

$$T_2\left(f\right)_n = \int_{\mathbb{R}_+^m} G\left(n^{\lambda_1} \|x\|_{\rho,m}^{\lambda_2}\right) f(x) \,\mathrm{d}x, \quad f(x) \in L_q^\beta\left(\mathbb{R}_+^m\right),$$

那么

(i) 当且仅当 $c \geqslant 0$ 时, T_1 是 l_p^α 到 $L_p^{\beta(1-p)}\left(\mathbb{R}_+^m\right)$ 的有界算子, T_2 是 $L_q^\beta\left(\mathbb{R}_+^m\right)$ 到 $l_q^{\alpha(1-q)}$ 的有界算子;

(ii) 当 $c = 0$ 时, T_1 与 T_2 的算子范数为

$$\|T_1\| = \|T_2\| = \left(\frac{\Gamma^m(1/\rho)}{\rho^{m-1}\Gamma(m/\rho)}\right)^{\frac{1}{p}} \left(\frac{\lambda_2}{\lambda_1}\right)^{\frac{1}{q}} W_1.$$

例 10.4.1 设 $x = (x_1, x_2, x_3) \in \mathbb{R}_+^3$, $\frac{1}{p} + \frac{1}{q} = 1 \ (p > 1)$, $\lambda_1\lambda_2 > 0$, 定义算子 T_1 和 T_2 分别为

$$T_1\left(\widetilde{a}\right)(x) = \sum_{n=1}^{\infty} \frac{\left(\min\left\{1, n^{\lambda_1}\big/(x_1^2 + x_2^2 + x_3^2)^{\lambda_2}\right\}\right)^2}{\left[n^{\lambda_1} + (x_1^2 + x_2^2 + x_3^2)^{\lambda_2}\right]^3} a_n, \quad \widetilde{a} = \{a_n\} \in l_p,$$

$$T_2\left(f\right)_n = \int_{\mathbb{R}_+^3} \frac{\left(\min\left\{1, n^{\lambda_1}\big/(x_1^2 + x_2^2 + x_3^2)^{\lambda_2}\right\}\right)^2}{\left[n^{\lambda_1} + (x_1^2 + x_2^2 + x_3^2)^{\lambda_2}\right]^3} f(x) \,\mathrm{d}x, \quad f(x) \in L_q\left(\mathbb{R}_+^3\right).$$

试讨论: 在什么条件下, T_1 是 l_p 到 $L_p\left(\mathbb{R}_+^3\right)$ 的有界算子, T_2 是 $L_q\left(\mathbb{R}_+^3\right)$ 到 l_q 的有界算子?

解 记 $\lambda_1' = \lambda_1$, $\lambda_2' = 2\lambda_2$, $m = 3$, $\rho = 2$, 并令

$$K\left(n, \|x\|_{\rho,m}\right) = G\left(n^{\lambda_1'}, \|x\|_{\rho,m}^{\lambda_2'}\right) = \frac{\left(\min\left\{1, n^{\lambda_1'}/\|x\|_{\rho,m}^{\lambda_2'}\right\}\right)^2}{\left(n^{\lambda_1'} + \|x\|_{\rho,m}^{\lambda_2'}\right)^3}$$

$$= \frac{\left(\min\left\{1,\, n^{\lambda_1} / (x_1^2 + x_2^2 + x_3^2)^{\lambda_2}\right\}\right)^2}{\left[n^{\lambda_1} + (x_1^2 + x_2^2 + x_3^2)^{\lambda_2}\right]^3}.$$

则 $K(u,v)$ 是 -3 阶齐次非负函数.

因为 $m = 3$, $\rho = 2$, $\lambda_1' = \lambda_1$, $\lambda_2' = 2\lambda_2$, $\lambda = -3$, $\alpha = \beta = 0$, 故

$$c = \lambda_1'\left(\frac{\alpha}{\lambda_1' p} + \frac{\beta}{\lambda_2' q} - \lambda - \frac{1}{\lambda_1' q} - \frac{1}{\lambda_2' p}\right) = \lambda_1\left(3 - \frac{1}{\lambda_1 q} - \frac{1}{2\lambda_2 p}\right).$$

因为

$$W_1 = \int_0^{+\infty} G\left(1, t^{\lambda_2'}\right) t^{-\frac{\beta+m}{q} + m - 1}\mathrm{d}t = \int_0^{+\infty} \frac{\left(\min\left\{1, t^{-\lambda_2'}\right\}\right)^2}{\left(1 + t^{\lambda_2'}\right)^3} t^{\frac{3}{p} - 1}\mathrm{d}t$$

$$= \frac{1}{|\lambda_2'|} \int_0^{+\infty} \frac{\left(\min\left\{1, u^{-1}\right\}\right)^2}{\left(1+u\right)^3} u^{\frac{3}{2\lambda_1 p} - 1}\mathrm{d}u$$

$$= \frac{1}{|\lambda_1'|}\left(\int_0^1 \frac{1}{(1+u)^3} u^{\frac{3}{2\lambda_2 p} - 3}\mathrm{d}u + \int_1^{+\infty} \frac{1}{(1+u)^3} u^{\frac{3}{2\lambda_2 p} - 1}\mathrm{d}u\right)$$

$$= \frac{1}{|\lambda_2'|}\int_0^1 \frac{1}{(1+t)^3}\left(t^{\left(\frac{3}{2\lambda_2 p} - 2\right) - 1} + t^{\frac{3}{2\lambda_2 p} - 1}\right)\mathrm{d}t,$$

由此可知, 只有当 $\dfrac{3}{2\lambda_2 p} - 2 > 0$, $\dfrac{3}{2\lambda_2 p} > 0$, 即 $0 < \lambda_2 < \dfrac{3}{4p}$ 时, W_1 才收敛.
又因为

$$K(t, 1) t^{-\frac{\alpha+1}{p}} = \frac{\left(\min\left\{t^{\lambda_1}, 1\right\}\right)^2}{\left(1 + t^{\lambda_1}\right)^3} = \begin{cases} \dfrac{1}{\left(1 + t^{\lambda_1}\right)^3} t^{-2\lambda_1 - \frac{1}{p}}, & 0 < t \leqslant 1, \\[3mm] \dfrac{1}{\left(1 + t^{\lambda_2}\right)^3} t^{-\frac{1}{p}}, & t > 1. \end{cases}$$

$$K(t, 1) t^{-\frac{\alpha+1}{p} + c} = \begin{cases} \dfrac{1}{\left(1 + t^{\lambda_1}\right)^3} t^{\lambda_1\left(5 - \frac{1}{\lambda_1 q} - \frac{1}{2\lambda_2 p}\right) - \frac{1}{p}}, & 0 < t \leqslant 1, \\[3mm] \dfrac{1}{\left(1 + t^{\lambda_1}\right)^3} t^{\lambda_1\left(3 - \frac{1}{\lambda_1 q} - \frac{1}{2\lambda_2 p}\right) - \frac{1}{p}}, & t > 1. \end{cases}$$

可见当 $0 < \lambda_1 < \dfrac{1}{2p}$, $3 - \dfrac{1}{\lambda_1 p} \leqslant \dfrac{1}{\lambda_1 q} + \dfrac{1}{2\lambda_2 p} \leqslant 3$ 时, $K(t, 1)\, t^{-(\alpha+1)/p}$ 及 $K(t, 1)\, t^{-(\alpha+1)/p + c}$ 都在 $(0, +\infty)$ 上递减.

综上讨论并根据定理 10.4.1, 当 $0 < \lambda_1 < \dfrac{1}{2p}$, $0 < \lambda_2 < \dfrac{3}{4p}$, $3 - \dfrac{1}{\lambda_1 p} < \dfrac{1}{\lambda_1 q} + \dfrac{1}{2\lambda_2 p} < 3$ 时, T_1 是 l_p 到 $L_p\left(\mathbb{R}_+^3\right)$ 的有界算子, T_2 是 $L_q\left(\mathbb{R}_+^3\right)$ 到 l_q 的有界算子. 解毕.

根据例 10.3.2, 可得:

例 10.4.2 设 $m \in \mathbb{N}_+$, $\rho > 0$, $x = (x_1, \cdots, x_m) \in \mathbb{R}_+^m$, $\dfrac{1}{p} + \dfrac{1}{q} = 1 \ (p > 1)$, $a > 0$, $\lambda_1 > 0$, $\lambda_2 > 0$, $\dfrac{1}{\lambda_1}\left[\dfrac{1}{\lambda_1}\left(\dfrac{\alpha + 1}{p} - 1\right) - \dfrac{1}{\lambda_2}\left(\dfrac{\beta + m}{q} - m\right)\right] = l$, $\dfrac{q}{p}m + q\lambda_2(b - a) < \beta < \dfrac{q}{p}m + q\lambda_2 c$, $\alpha \geqslant \dfrac{p}{q} + \max\{p(\lambda_1 b - 1), p(\lambda_1 c - 1), p(\lambda_1 b + l - 1), p(\lambda_1 c + l - 1)\}$, 且

$$W_0 = \int_0^1 \dfrac{1}{(1 + t)^a}\left(t^{c + \frac{1}{\lambda_2}\left(m - \frac{\beta + m}{q}\right) - 1} + t^{a - b - \frac{1}{\lambda_2}\left(m - \frac{\beta + m}{q}\right) - 1}\right)\mathrm{d}t,$$

定义算子 T_1 与 T_2 为

$$T_1(\widetilde{a})(x) = \sum_{n=1}^{\infty} \dfrac{\left(\max\left\{1, n^{\lambda_1}\|x\|_{\rho,m}^{\lambda_2}\right\}\right)^b \left(\min\left\{1, n^{\lambda_1}\|x\|_{\rho,m}^{\lambda_2}\right\}\right)^c}{\left(1 + n^{\lambda_1}\|x\|_{\rho,m}^{\lambda_2}\right)^a} a_n,$$

$$\widetilde{a} = \{a_n\} \in l_p^{\alpha},$$

$$T_2(f)_n = \int_0^{+\infty} \dfrac{\left(\max\left\{1, n^{\lambda_1}\|x\|_{\rho,m}^{\lambda_2}\right\}\right)^b \left(\min\left\{1, n^{\lambda_1}\|x\|_{\rho,m}^{\lambda_2}\right\}\right)^c}{\left(1 + n^{\lambda_1}\|x\|_{\rho,m}^{\lambda_2}\right)^a} f(x)\,\mathrm{d}x,$$

$$f \in L_q^{\beta}\left(\mathbb{R}_+^m\right),$$

那么

(i) 当且仅当 $l \geqslant 0$ 时, T_1 是 l_p^{α} 到 $L_p^{\beta(1-p)}\left(\mathbb{R}_+^m\right)$ 的有界算子, T_2 是 $L_q^{\beta}\left(\mathbb{R}_+^m\right)$ 到 $l_q^{\alpha(1-q)}$ 的有界算子.

(ii) 当 $l = 0$ 时, T_1 与 T_2 的算子范数为

$$\|T_1\| = \|T_2\| = \dfrac{W_0}{\lambda_1^{1/q}\lambda_2^{1/p}}\left(\dfrac{\Gamma^m(1/\rho)}{\rho^{m-1}\Gamma(m/\rho)}\right)^{\frac{1}{p}}.$$

根据例 10.3.4, 可得:

例 10.4.3 设 $m \in \mathbb{N}_+$, $\rho > 0$, $x = (x_1, \cdots, x_m) \in \mathbb{R}_+^m$, $\dfrac{1}{p} + \dfrac{1}{q} = 1$ $(p > 1)$, $a > 0$, $\lambda_1 > 0$, $\lambda_2 > 0$, $\lambda_1 \left[\dfrac{1}{\lambda_1} \left(\dfrac{\alpha+1}{p} - 1 \right) - \dfrac{1}{\lambda_2} \left(\dfrac{\beta+m}{q} - m \right) \right] = l$, $\alpha \geqslant \max\{-1, -1+pl\}$, $\dfrac{q}{p}m - q\lambda_2 a < \beta < \dfrac{q}{p}m$, 定义算子 T_1 和 T_2 为

$$T_1\left(\widetilde{a}\right)(x) = \sum_{n=1}^{\infty} \frac{1}{\left(1 + n^{\lambda_1} \|x\|_{\rho,m}^{\lambda_2}\right)^a} a_n, \quad \widetilde{a} = \{a_n\} \in l_p^\alpha,$$

$$T_2\left(f\right)_n = \int_{\mathbb{R}_+^m} \frac{f(x)}{\left(1 + n^{\lambda_1} \|x\|_{\rho,m}^{\lambda_2}\right)^a} \mathrm{d}x, \quad f(x) \in L_q^\beta\left(\mathbb{R}_+^m\right),$$

则

(i) 当且仅当 $l \geqslant 0$ 时, T_1 是 l_p^α 到 $L_p^{\beta(1-p)}\left(\mathbb{R}_+^m\right)$ 的有界算子, T_2 是 $L_q^\beta\left(\mathbb{R}_+^m\right)$ 到 $l_q^{\alpha(1-q)}$ 的有界算子.

(ii) 当 $l = 0$ 时, T_1 与 T_2 的算子范数为

$$\|T_1\| = \|T_2\|$$

$$= \frac{1}{\lambda_1^{1/q} \lambda_2^{1/p}} \left(\frac{\Gamma^m(1/\rho)}{\rho^{m-1}\Gamma(m/\rho)} \right)^{\frac{1}{p}} B\left(\frac{1}{\lambda_1}\left(1 - \frac{\alpha+1}{p}\right), a - \frac{1}{\lambda_1}\left(1 - \frac{\alpha+1}{p}\right) \right).$$

参 考 文 献

洪勇, 和炳. 2021. 具有非齐次核的半离散 Hilbert 型多重积分不等式的最佳搭配参数及其应用 (英文版) [J]. Chinese Quarterly Journal of Mathematics, 36(3): 252-262.

黄启亮, 杨必成. 2020. 具有一般齐次核多维的半离散 Hardy-Hilbert 型不等式 [J]. 数学学报 (中文版), 63(5): 427-442.

Batbold T, Azar L E. 2018. New half-discrete Hilbert inequalities for three Variables [J]. J. Inequal. Appl., Paper No. 1, 15 pp.

Chen Q, He B, Hong Y, Li Z. 2020. Equivalent parameter conditions for the validity of half-discrete Hilbert-type multiple integral inequality with generalized homogeneous kernel [J]. J. Funct. Spaces Art. ID7414861, 6 pp.

He B, Hong Y, Chen Q. 2021.The equivalent parameter conditions for constructing multiple integral half-discrete Hilbert-type Inequalities with a class of nonhomogeneous kernels and their applications [J]. Open Math., 19(1): 400-411.

He B, Hong Y, Li Z, Yang B C. 2021.Necessary and sufficient conditions and optimal constant factors for the validity of multiple integral half-discrete Hilbert type inequalities with a class of quasi-homogeneous kernels [J]. J. Appl. Anal. Comput., 11 (1): 521-531.

He B, Yang B C, Chen Q. 2015.A new multiple half-discrete Hilbert-type inequality with parameters and a best possible constant factor [J]. Mediterr. J.Math., 12(4): 1227-1244.

He B, Yang B C. 2014. A new multiple half-discrete Hilbert-type inequality [J]. Math. Inequal. Appl., 17 (4): 1471-1485.

Ma Q W, Yang B C, He L P. 2016.A half-discrete Hilbert-type inequality in the whole plane with multiparameters [J]. J. Funct. Spaces,Art. ID 6059065,9 pp.

Rassias M Th, Yang B C. 2014. On a multidimensional half-discrete Hilbert-type inequality related to the hyperbolic cotangent function [J]. Appl. Math. Comput., 242: 800-813.

Xin D M, Yang B C, Chen Q. 2016. A discrete Hilbert-type inequality in the whole plane [J]. J. Inequal. Appl., (1): 1-12.

Yang B C. 2015. On more accurate reverse multidimensional half-discrete Hilbert-type Inequalities [J]. Math. Inequal. Appl., 18(2): 589-605.